隧道火灾动力学
Tunnel Fire Dynamics

［冰岛］赫伊屈尔·英格森
（Haukur Ingason）

李颖臻　著
（Ying Zhen Li）

［瑞典］安德斯·洛纳马克
（Anders Lönnermark）

徐　琳　赵胜中　雷文君　译

张林华　曲云霞　校

U0250036

中国建筑工业出版社

著作权合同登记图字：01-2023-1147号

图书在版编目（CIP）数据

隧道火灾动力学 /（冰）赫伊屈尔·英格森
（Haukur Ingason），李颖臻，（瑞典）安德斯·洛纳马克
（Anders Lönnermark）著；徐琳等译. -- 北京：中国
建筑工业出版社，2024.10. -- ISBN 978-7-112-30492
-9

Ⅰ. U459.2

中国国家版本馆CIP数据核字第2024DD3124号

Tunnel Fire Dynamics / By Haukur Ingason, Ying Zhen Li &Anders Lönnermark
Copyright © Springer Science + Business Media New York, 2015

This edition has been translated and published under licence from Springer Science +
Business Media New York.

本书由Springer Nature正式授权我社翻译、出版、发行本书简体中文版

责任编辑：戚琳琳　吴　尘
书籍设计：锋尚设计
责任校对：王　烨

隧道火灾动力学
Tunnel Fire Dynamics

［冰岛］赫伊屈尔·英格森（Haukur Ingason）
李颖臻（Ying Zhen Li）　　　　　　　　　　著
［瑞典］安德斯·洛纳马克（Anders Lönnermark）

徐　琳　赵胜中　雷文君　译

张林华　曲云霞　校

*

中国建筑工业出版社出版、发行（北京海淀三里河路9号）

各地新华书店、建筑书店经销

北京锋尚制版有限公司制版

廊坊市金虹宇印务有限公司印刷

*

开本：787毫米×1092毫米　1/16　印张：22　字数：616千字
2025年2月第一版　　2025年2月第一次印刷
定价：**88.00**元

ISBN 978-7-112-30492-9
（43629）

前言

    隧道消防安全工程对于隧道使用者安全保障至关重要。基于新的研究和对实际火灾事故的分析,在过去几十年里,人们对隧道消防安全的了解不断增加。本书的主要目的是帮助全世界研究人员、工程师和管理部门更好地了解隧道火灾现象及其背后的物理问题。书中给出了关于热释放速率、临界(通风)速度、热烟气扩散、烟气温度、热流通量、火灾蔓延和火焰长度等重要参数的计算方法及其背后的理论分析。全面论述了不同车辆火灾的发展过程,及不同物理参数(可燃性、通风和几何形状等)对火灾的影响。尽管书中对隧道消防安全设计的部分内容进行了描述,但本书的重点并不在此,而是更加关注隧道和其他地下建筑工程中的火灾动力学和火灾的发展。

    伴随着隧道结构越来越复杂,基于性能设计的需求也随之增加。我们认为有必要收集、介绍火灾研究的最新成果和实验获得的经验数据。因此,本书的重点是火灾物理本质和其与工程的关系。这将为读者提供良好、扎实的知识背景,以便在日常研究和工程项目中加以使用。

    书中所呈现的信息大部分来自我们所参与的多项研究,还有部分来自其他研究人员开展的大尺度试验和实际工程经验。对于有志于探究隧道消防安全工程基础知识的大学生,本书还可以作为学习的参考书目,以便他们熟悉并使用不同领域的经验公式。

    本书分为若干章节,内容范围涵盖现象、物理本质以及高级计算模型等。以隧道火灾动力学为主题,对发生在隧道中的特大火灾进行了分析。这些火灾事故让人们认识到这一问题的重要性。不同国家众多研究人员通过大量试验、理论分析工作,显著提升了人们对火灾物理的认知水平。对于在日常工作中寻找解决方法的工程师而言,这些知识是需要了解的。因此,我们希望这本书可以作为一个工具平台,满足项目工程师、研究人员和学生们解决隧道消防安全问题的需要。

赫伊屈尔·英格森

李颖臻

安德斯·洛纳马克

2014年7月6日于布罗斯(Borås)

致谢

　　我们要感谢瑞典国家技术研究院火灾研究所的玛格丽特·麦克纳米（Margaret McNamee）博士、弗朗辛·阿蒙（Francine Amon）博士和戴维·兰格（David Lange）博士为本书提出了很多宝贵意见。还要感谢火灾研究所隧道和地下工程安全中心，如果没有他们的资金支持，本书中的相关研究是不可能完成的。同时，我们也要感谢瑞典其他研究伙伴的贡献，以及瑞典火灾研究委员会（BRANDFORSK）、瑞典研究委员会（FORMAS）、瑞典民事应急机构（MSB）和瑞典运输管理局（Trafikverket）等机构对相关研究项目的资金支持。最后，我们要感谢火灾研究所的试验人员，他们技术娴熟，与我们一起完成了所有高质量的大尺度和缩尺实验工作。

目录

第1章

绪论

摘 要：本章介绍了开敞空间火灾、建筑火灾和隧道火灾的主要区别，为更好地理解隧道火灾的物理机制奠定了基础。概述了在不同类型隧道中可能会发生的火灾类型，以及这些火灾可能产生的严重后果。此外，还简要介绍了用于提高隧道火灾安全性的缓解系统，并将其主要特征置于火灾动力学的背景下。最后，本章对已发生的重大火灾事故进行了总结分析，以了解产生不同后果的主要原因。

1.1 引言

本书的主要目标是帮助读者更好地理解隧道火灾动力学。"隧道"一词被广泛指代公路隧道、铁路隧道、地铁隧道、矿山巷道或施工中的隧道。本书旨在提升工程师、研究人员对火灾物理本质的认识和理解。需要重点说明的是，如果不考虑它们的用途和复杂性，描述不同类型隧道火灾的物理本质并没有太大的区别。隧道长度和断面几何形状等参数很重要，同时在不同隧道内燃烧的车辆、使用的缓减灾害系统以及采用的结构保护措施也很重要。

火灾动力学通常与普通大小的隔间（房间）或走廊中的火灾行为有关。无论房间、通风条件是否直接相互作用，火灾化学、火灾动力学的知识均可用于处理其火灾问题。大多数火灾研究都是在一个正常尺寸的建筑隔间，或者在一个大空间建筑（例如，火灾试验室）内开展的。研究人员通常认为火羽流与环境之间无相互作用，如同开敞空间火灾一样。此外，许多研究也关注室外火灾，此时外部风环境可能会对火羽流产生较大的影响。

多数涉及隧道火灾动力学的基础研究聚焦顶棚下方烟气蔓延问题（通常顶棚高度较低）以及单一车辆燃烧火灾发展过程。为防止烟气逆流，通风系统要求的控制风速，即临界速度，是隧道火灾研究中出现最多的一个参数。[1]由于普通建筑、隧道两种类型的构筑物存在较大差异，难以轻易解释。为此，以建筑火灾动力学的知识去分析隧道火灾动力学，可能会遇到不小的挑战。很多情况下，甚至会产生难以解释的困惑。对隧道火灾、建筑火灾，通风良好型、通风不良型的误解，就是一个很好的例子。本书的第2章对这些术语代指的基本现象进行了详细的说明。

在车辆火灾中，通风对火灾热释放速率的影响，以及烟气、有毒气体和热量是如何在隧道内扩散是需要重点了解的。过去二十多年来，全世界发生了多次灾难性隧道火灾，隧道火灾安全问题引起广泛关注是其必然结果。因此，如果要想设计一套合理的隧道火灾安全系统，就必须充分了解车辆火灾的发展过程，以及火灾与环境间的相互作用。

研究人员在普通房间、走廊、大空间试验室和室外等区域开展的火灾研究同样具有重要价值，可作为平台工具应用于隧道火灾研究。因此，了解这些不同类型火灾之间的差异性是至关重要的。

1.2 隧道火灾的特点

隧道火灾不同于开敞空间火灾和建筑火灾。这里的开敞空间火灾定义为与周边环境或围护结构无相互作用的火灾。它可以指在静止无风环境下的建筑外部发生的火灾，抑或指建筑空间足够大以至于对其无影响的建筑内部火灾。这里暂且不考虑暴露在强外风下的建筑外部火灾。

根据上述定义，可以得知隧道火灾与开敞空间火灾至少在两个方面有明显区别[2]：

- 来自周围环境的热量反馈；
- 自然通风对火灾的影响。

在开敞空间火灾中，燃料表面的热反馈主要由火焰体所控制。对于隧道火灾，火焰体同样对燃料表面的热反馈起决定性作用，但是隧道衬砌、横截面积和通风等其他参数也起着重要作用。

在隧道中，燃烧所需的氧气有时无法像在开敞环境中一样易于获得。这些条件可能发展为通风良好的火灾（燃料控制型），未反应的空气将继续通过燃烧的车辆；或者发展为通风不足的火灾（通风控制型），燃烧产生大量的有毒烟雾和不完全燃烧的产物。隧道火灾与通风气流之间也会相互作用，在火源附近形成复杂的气流组织和湍流。火灾产生的热量不断加热周围的空气，对于有纵坡的倾斜隧道，沿着隧道产生浮升力，热量会控制着隧道内气流的运动。这种情况可能会导致整个隧道系统的通风流动模式发生剧烈变化。如果产生的纵向流速不够高，则会在顶板下方产生逆流的热烟气。这种现象被称为逆流现象。为了防止任何形式的逆流发生，隧道内的纵向通风速度必须高于临界值。通常情况下，对于大多数隧道来说，其临界速度的值约为3 m/s ~ 3.5 m/s。对于自然通风隧道，不仅隧道几何形状、火灾规模及位置会影响热烟气的流动，此外风、大气条件等参数也可能对通风系统产生较大影响。

对消防队员等救援人员而言，他们需要了解隧道内的火灾情况，以便更好地开展救援工作。但事实上火灾现场情况是非常复杂且难以及时掌握的。救援人员只能在隧道入口观察火灾烟雾。因此，除非隧道内装有闭路电视（CCTV）系统，否则救援人员只能基于烟雾流出洞口的情况作出救援策略判断。火灾对自然通风隧道产生极大影响，不仅造成救援行动复杂化，而且使有毒烟气迅速扩散至远离火场的区域，带来严重危害。此外，隧道洞口内外两侧压力变化，也易于引起隧道气流发生突然变化。因此，采用机械通风系统进行烟雾控制更为容易、可靠。而且在通风设计良好的情况下，也可以为人员疏散和消防救援创造一个更为安全的环境。相比之下，对于建筑火灾而言，消防员可以在建筑物外的安全位置观察内部情况。莫格森（Ingason）指出，隧道火灾与房间火灾至少在以下三个方面明显不同[2]：

- 通风因子的影响；
- 轰燃条件；
- 分层发展。

房间火灾中峰值HRR通常由通风因子决定。通风因子是由房间开口面积、开口高度所定义的参数，详细信息请参见第2章。隧道里的情况与房间完全不同。火灾规模及其位置、火源附近隧道坡度、火源附近隧道横截面积、隧道长度、隧道衬砌材料（混凝土、爆破岩石）的类型，隧道进出口的气象条件等参数都将影响隧道系统内自然通风。这意味着隧道的工作情况或多或少与联络管道相类似。其结果造成用于支持燃烧的过量空气更大，数值比房间火灾的过量空气（由通风因子确定）高一个数量级。隧道内也经常配备机械通风，也称为强制通风，由隧道顶板上安装的送风机/排风机，以及射流风机所组成的。在第13章中，我们会对这些通风系统进行更深入的介绍。使用机械通风的影响主要体现在燃烧效率、热量和烟雾的传播以及隧道火灾HRR等方面。这些通风条件与房间火灾通过窗户或其他开口的自然通风差异巨大。许多建筑都设置了机械通风系统，但其流量与火灾规模相比数值较小。通常当火灾完全发展时，窗户破碎，火灾转为通风控制主导。

对于长距离（动辄几公里）、自然通风且几乎没有坡度的隧道，隧道内流向火源的自然通风流量可以根据隧道洞口的通风因子（横截面积乘以高度的平方根）来确定。这个结论目前尚未被试验数据所证明，但是我们根据理论分析大致得出这样的结果。这也就意味着，我们需要重新考虑对先前关于无斜坡、超长隧道自然通风的认知。通常情况下，烟气在扩散一定距离后会逐渐下降至地面。随后，我们可以近似地认为烟流完全混合。但事实上仍然存在一个模糊不清的区域，即底层有新鲜空气进入（部分浊化），上层有燃烧产物排出。

轰燃被定义为快速过渡到一种特殊状态——房间内的所有可燃材料表面都参与燃烧。房间内火灾在几分钟内就会发展为"轰燃"。但是，通常情况下不会在密闭空间（例如房间）外发生轰燃。因此，房间的体积非常重要，同时房间内的材料组成以及开口尺寸也非常重要。这样看来，隧道火灾（即有两个较大开口的狭长空间内发生的火灾）不太易于发展成传统的轰燃。其主要原因是火灾对周围壁面的热损失极大。与周边巨大的外形体积尺寸和热烟气的容量相比，燃料量相对不足匮乏。轰燃现象将在第2章中详细解释。

试验和理论分析表明，轰燃易于在隧道内的火车车厢或卡车车厢里发生[3,4]，见图1.1。但是，这种类型的轰燃不会在隧道内发生。同样，隧道中由于通风不足引发的二次爆燃风险也远低于建筑房间火灾。[2]造成这种情况的主要原因是上述谈及的通风条件差异，以及周围隧道壁面的几何形状、热损失。同时，燃料负荷量与隧道容积的相对大小也起着重要作用。

尽管在隧道火灾发生中轰燃似乎不可能，但隧道火灾的通风不良是有可能的，故应该特别注意这一点。对于通风不良火灾，开启通风系统可能会产生严重后果，尽管这种现象不能被定义为传统意义上的"轰燃"。[2]火焰体的宽度、长度可能会突然增加。由于火源下游车辆被预热，火灾易于扩散传播至更远区域。

隧道内烟气分层与房间火灾也是不同的。如图1.2所示，在火灾早期阶段房间内会形成上下两层自然分隔，上部为静止浮力烟气层、下部为无烟冷空气层。由于房间的限制，烟气层逐渐下降至略低于门窗上边缘的高度。因此，至少在早期阶段，开口的高度决定了房间内烟层的高度。然而，隧道火灾情况并非如此。

在距离火焰羽流撞击隧道顶板点不远的地方，两侧的烟气流动逐渐转变为一维的纵向流动。由于无纵向通风、无纵坡，烟气层将变得越来越厚，并逐渐向隧道地面沉降，见图1.3。沉降位置距离火源的距离与火灾规模、隧道类型，以及隧道横截面的周长和高度等有关。[2]有关隧道烟气分层的更多信息，请参见第12章。

图1.1　地铁车厢内"轰燃"情况的初始阶段。火焰从破碎的窗户和敞开的门中喷涌而出（Per Rohlén摄）

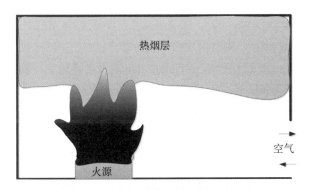

图1.2　车厢火灾早期阶段的烟气分层

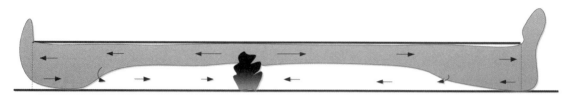

图1.3   低通风条件下隧道火灾烟气分层

如果启用纵向通风系统，烟气分层将逐渐消散。最初，在火源的上游一侧，仍然存在烟气分层（逆流）；而在火源下游侧，烟气分层逐渐消散。这主要受周围隧道壁面的热损失以及相对移动的热烟气层、冷空气层之间的湍流混合所影响。维持烟气分层对人员疏散至关重要。烟气扩散特性在很大程度上取决于隧道内的空气流速和所处位置。

火灾特性因结构（例如隧道、建筑或开敞空间）而异，应对措施也各不相同。此外，隧道中的火灾荷载本身与建筑物中的火灾载荷也有巨大差异。在大多数情况下，隧道中的车辆是唯一的火灾燃料。我们可能会在地下停车场中发现一些相似之处，前人对停车场火灾已经进行了大量研究，其研究结果对隧道火灾具有较强的参考价值。在第4章和第5章，我们将详细概述车辆火灾的发展。

为应对隧道火灾所采用的缓解方法（技术安全系统）也各不相同。在下一节中，我们将简要概述不同的缓解方法。这些系统在本书的不同章节中也会有更详细的描述。

1.3   隧道中的缓解系统

缓解系统在这里被定义为在火灾期间提高安全性的技术系统或方法。这里介绍的是需要掌握一些基本火灾动力学知识才能进行设计和处理的系统。这些系统包括结构防火（对应不同边界条件，如烟气温度和热流通量）、通风系统、人员疏散系统（对应不同燃烧产物、能见度和维生要求），以及火灾探测和抑制系统等。

热暴露作为计算承载能力的输入参数是非常重要的。来自燃烧车辆产生的热流通量占比最大，是其主要负荷。热流通量因隧道几何形状、隧道通风以及火灾荷载的类型和形状的变化而有所不同。尽管应以热流通量（单位为kW/m^2）来描述隧道结构的热暴露，但是实际情况很少将其作为计算结构内部温升模型的输入变量。相反，通常给定不同类型的时间—温度曲线作为输入变量，边界条件以集总热流常数的形式给出。常用的时间—温度曲线主要有标准化火灾曲线（ISO 834[5]、HC[6]、RWS[7]等），详细内容可以参见第8章第1部分，并可以根据使用指南作适当调整。在隧道中使用的时间—温度曲线通常比在建筑物中使用的曲线变化更为剧烈，这种差异与燃烧过程的动力学有关。在通风良好、顶棚高度相对较低的隧道中，最高烟气温度很容易超过1350℃，而在建筑火灾中最高温度通常介于900℃~1100℃之间。造成这种情况的主要原因是通风条件的差异，进而导致热通量暴露差异巨大。了解热流通量和烟气温度的发展至关重要，这将在第8章和第10章中进行详细解释。

通风系统是隧道中最重要的安全措施之一。它可以有效控制烟气的蔓延，从而影响火灾事故结果。机械通风系统可以自动控制，也可以由隧道控制中心的管理人员控制。在通风设计的早期阶段（20世纪60年代末），通风系统主要由排烟系统组成，将烟气从隧道中排出。这种类型系统的常用术语是"半横向"或"全横向"系统。"半横向"意味着仅排出烟气，而"全横向"则是沿着隧道提供新鲜空气，同时排出烟气。如今，这些系统已经进行了进一步的设计优化，称为点排烟系统。阿尔卑斯山区的隧道，特别是双向交通隧道，通常配备点排烟系统，当然世界其他地区也有使用这种系统。通过排烟并以一定的纵向风流加以配合，可以将烟气有效排出隧道。在隧道顶板下方，加设射流风机可以控制纵向风流大小。这些系统及其功能将在第13章中详细解释。通过在顶板下方安装射流风机，横向通风系统切换为纵向通风。这让通风系统更容易安装且更加便宜。单向交通隧道火灾烟气控制的基本思路是在火源上游形成一个无烟区。主要设计参数包括设计火灾HRR（MW）和防止隧道内烟气逆流所需的临界风速。本书第4章和第5章，给出了不同火灾的HRR和火灾增长率。第6章提出了不同的设计火灾概念。通风系统的主要风险之一是可能会加剧火灾的发展，并增加车辆之间火灾蔓延的风险，第11章全面介绍了隧道内的火灾蔓延情况。由火焰长度所控制的火灾蔓延将在第9章中进行详细介绍，由热流通量控制的火灾蔓延将在第10章中介绍。

疏散系统由隧道以及救援站内等间距设置的逃生通道组成。他们通常是设置在两个平行隧道之间的横通道或专门为撤离人员建造的安全避难所。逃生通道间距变化很大，通常根据不同国家法律、指令、标准或指南而确定。抑或充分考虑火灾人员疏散撤离隧道的需求，通过工程分析确定合理的间距。这种工程分析需要工程人员对火灾物理本质、产烟动力学等知识有很好的了解。例如，第12章所述的烟气分层和隧道内热量传递。当然更先进的方法也可以与先进的计算流体力学（CFD）计算相结合，内容详见第17章所述。

此外，较为简单的一维（1D）计算也可用于变量敏感性分析。1D模型在第7章（火灾燃烧产物）、第8章（烟气温度）和第14章（能见度）中均有介绍。进行此类计算时，有关烟气成分的知识至关重要。此外，烟气密度和温度分布也很重要。第7、8、14和15章（耐受性）给出了不同类型火灾中烟气成分和烟气产生的基本数据。通过计算步行速度（取决于能见度）和疏散人员所处的危险环境（有毒气体、温度），可以得出人员到达安全区域的疏散时间，或者是否能到达安全区域。

火灾探测系统是非常必要的，可以对隧道使用者、消防部门和隧道系统的控制器发出火灾事故的提醒。由于隧道内火灾发展和条件的不断变化，使得每一场火灾都各具特性，难以被发现。火灾的主要指征包括对流热、烟气颗粒、烟气成分或辐射。如今，隧道内使用监控摄像头的数字分析也被用作警报系统的一部分。根据所使用的技术和火灾场景，系统的响应各不相同。最常见的系统是基于线型探测器，发现异常对流热量表明发生了火灾。根据火灾规模、隧道高度和通风量，系统的响应时间可能会有所不同。

其他探测隧道内烟雾颗粒扩散的系统，需要通过对流运动（浮力）将烟气抬升到探测器的位置。火焰探测器是另一种观察火焰电磁辐射的系统。如果火灾隐藏在车内，这种探测器就无法探测到火灾。基于烟气成分的探测系统在隧道内也有使用。所有这些系统的共同要素与火灾物理本质高度相关。因此，在使用这些系统时，需要掌握隧道火灾动力学的良好基础知识。在第16章简要介绍了探测技术，第7、8、10、12和14章详细介绍了这些系统指标的基础知识。

灭火系统的主动响应可以有效控制或阻止隧道内车辆火灾的进一步发展。如今，此类系统的通用名称是固定灭火系统（FFFS），它涵盖了大多数类型的水基系统。这种系统的工作原理是通过水喷雾与火源对流热间的相互作用，从而抑制燃料表面热量、燃烧产物的生成而达到效果。

在设计此类系统时，需要工程师和研究人员对水雾冷却机制和向下阻力等关键参数有很好的了解。水喷雾系统在隧道中产生不同大小的液滴，从而以不同的方式与火灾相互作用。大液滴更容易穿透燃料表面，而小液滴在对流烟气包裹下更容易蒸发，从而有效降低烟气温度。这反过来会对燃料表面的再辐射产生影响，进而影响热量和烟气的进一步发展。因此，了解燃料表面的能量平衡是至关重要的，它可以对系统的有效性作出一定的指示。第16章详细介绍了火灾物理的基本知识以及水与火的相互作用。第16章介绍了设置FFFS系统的大尺度火灾试验，而第3章介绍了不涉及FFFS的大尺度、缩尺模型试验。

缩尺模型试验技术是获取隧道火灾动力学有用可靠信息的重要手段。第18章介绍并概述了不同类型的火灾缩放技术。模型缩尺技术是获得新知识最有效的方法之一，因此搞清其背后的理论至关重要。实际上，本书中介绍的许多知识均来自我们先前开展的众多缩尺模型试验研究。此外，了解隧道中发生的真实火灾事故也是我们获取重要信息的重要手段。在下一节中，我们将对众多大型火灾事故进行系统分析。

1.4　隧道事故

为了更好地了解隧道火灾的物理本质，我们对此前发生的大型隧道火灾事故（包括公路隧道、铁路隧道和地铁区间隧道）进行了分析。各类事故之间的主要区别在于事故的发生方式及最初发展的方式。

1.4.1　公路隧道火灾

这里介绍的公路隧道事故通常与事故发生类型有关，即车辆间碰撞、车辆与隧道壁面碰撞或者发动机舱、制动器着火或其他技术故障引发的单车火灾。其中驾驶员的行为，例如继续控制车辆或者弃车逃生等，都是影响火灾结果的一个主要因素。如果仅有一辆车在燃烧，并且通风系统可以开启进行排烟，扑灭火灾通常不是问题。但当多辆汽车卷入燃烧，而且涉及众多司乘人员撤离隧道，则可能会出现严重后果。

我们在研究公路隧道火灾案例时，第一印象是重型货车（HGV）火灾会引发严重后果，毁坏隧道结构，引起重大人员伤亡。危险货物（散装）运输很少涉及大型火灾事故，其中一个可能的原因是驾驶员接受过安全教育以及车辆定期维护。普通重型货车运输的商品着火与运输汽油、柴油等危险品一样，都可能造成严重破坏。2003年卢恩海默（Runehamar）隧道火灾试验[8]已经清楚地表明了这一点。

尽管隧道火灾案例中重型货车火灾占比最大，但最常见的火灾还是单车火灾，例如客车火灾。隧道火灾中公交车、客车火灾案例虽并不多，但与单辆重型货车或客车火灾相比，还是存在发生重大事故的可能性。鼓励在此类车辆中安装灭火系统将降低未来发生事故的风险。当多辆车卷入最初事故，问题变得更加严峻，火灾蔓延的风险将成为最大的威胁。

本书中介绍的火灾物理本质告诉读者，一旦发生火灾，隧道顶棚高度与通风条件相结合是影响火灾进一步发展的最重要参数。事故中车辆的初始火灾荷载类型同样也是一个重要因素。隧道高度可能是隧道火灾危险中被严重低估的参数。隧道高度越低，火灾持续蔓延的风险就越高，尤其是在车辆堵塞的情况或有大型车辆卷入火灾的情况下。这主要由于随着火焰长度的增大，火灾产生的入射热通量随之增大，火灾风险增大。关于火焰长度、热流通量和火灾蔓延风险等内容将在第9、10、11章中详细介绍。

表1.1汇总了大型重型货车火灾事故—无直接人员伤亡案例情况，表1.2汇总了大型重型货车火灾事故—有重大人员伤亡案例情况。在许多火灾事故中，乘客或司机在事故中丧生的原因不一定是火灾本身。

洛纳马克（Lönnermark）[12]对重型货车火灾进行了深入分析发现：事故中如果只有一辆车燃烧，

很少会导致人员死亡；一旦涉及两辆或多车辆，火灾通常会导致人员死亡。这些结论也体现在表1.1和表1.2的数据中。

公路隧道内重型货车、卡车火灾事故统计（未造成人员伤亡）[9-11]　　表1.1

时间	隧道名称/长度	位置	火灾原因	时间	损伤结果		
					人员	车辆	结构
1968年	Moorfleet/L=243 m	德国汉堡	堵塞交通中断	1 h 30 min	无	1辆重型货车	34 m严重损坏
1976年	B6/L=430 m	法国巴黎		1 h	12人轻微受伤	1辆重型货车	150 m的损坏
1983年2月3日	Fréjus/L=12868 m	莫丹，法国—意大利	齿轮箱断裂	1 h 50 min	无	1辆重型货车	200 m严重损坏
1984年	St. Gotthard/L=16322 m	瑞士Goeschener	发动机着火	24 min	无	1辆重型货车	150 m严重损坏
1993年	Fréjus/L=12870 m	法国/意大利	发动机失火	2 h	无	1辆重型货车	
1994年7月5日	St. Gotthard/L=16322 m	瑞士Goeschener	摩擦轮	2 h	无	1辆重型货车（带拖车）	隧道关闭2.5天，50 m长顶棚、路面和设备严重损坏
1996年12月18日	Channel隧道/L=50000 m	英国—法国	可疑未知		30人烟气呛伤	10辆重型货车	隧道顶棚严重损坏
1997年10月31日	St. Gotthard/L=16322 m	瑞士	发动机舱着火	1 h 20 min	无	1辆重型货车	严重损坏100 m
2000年7月14日	Seljestads隧道/L=1272 m	挪威	发动机舱	45 min	6人受伤	1辆重型货车，6辆小汽车，1辆微型小车	严重损坏
2002年	Tauern/L=6400 m	奥地利	发动机故障			1辆重型货车	严重损坏
2004年	Fréjus/L=12870 m	法国/意大利	断裂起火	2.5 h	30人轻微受伤	1辆重型货车	
2006年9月20日	Mastrafjord	挪威	发动机问题	0.5 h	无	1辆重型货车	
2008年6月16日	Södra Länken	瑞典	发动机问题	0.5 h	无	1辆重型货车	
2010年1月20日	Trojane/L=3000 m	斯洛文尼亚	6辆重型货车连环碰撞	<1 h	5人受伤	2辆重型货车	隧道衬砌损坏
2011年3月29日	Oslofjord/L=7230 m	挪威	发动机问题	<1 h	4人受伤	1辆重型货车	
2011年6月23日	Oslofjord/L=7230 m	挪威	发动机故障	<1 h	12人受伤	1辆重型货车	隧道衬砌损坏
2013年	Gudvanga	挪威	发动机问题	1 h	70人受伤	1辆重型货车	隧道衬砌损坏

隧道内重型货车、拖车、卡车火灾事故统计（造成人员伤亡）[9-11] 表1.2

时间	隧道名称/长度	位置	火灾原因	时间	损伤结果		
					人员	车辆	结构
1978年8月11日	Velsen/ $L = 770$ m	荷兰费尔森	追尾	1 h 20 min	5人死亡 5人受伤	2辆重型货车，4辆小汽车	30 m严重损坏
1979年7月11日	Nihonzaka/ $L = 2045$ m	日本静冈	追尾	4天	7人死亡 2人受伤	127辆重型货车，46辆小汽车	1100 m严重损坏
1980年4月17日	Kajiwara/ $L = 740$ m	日本	与侧壁碰撞和转向过度	1 h 20 min	1人死亡	2辆卡车	280 m损坏
1982年4月7日	Caldecott/ $L = 1083$ m	美国奥克兰	前向后碰撞	2 h 40 min	7人死亡 2人受伤	3辆重型货车，1辆公交车，4辆小汽车	580 m严重损坏
1987年2月18日	Gumefens/ $L = 340$ m	瑞士伯尔尼	湿滑道路上大规模碰撞	2 h	2人死亡	2辆重型货车，1辆面包车	轻微损坏
1993年	Serra a Ripoli/ $L = 442$ m	意大利博洛尼亚	车辆失控和碰撞	2 h 30 min	4人死亡 4人受伤	4辆重型货车，11辆小汽车	衬砌严重损坏
1996年3月18日	Isola delle Fmmine/ $L = 150$ m	意大利西西里岛	公交车撞向油罐车后部		5人死亡 34人受伤	1辆油罐车，1辆公交车，18辆小汽车	衬砌和照明损坏
1999年5月24日	Mont Blanc/ $L = 11600$ m	法国意大利	未知	53 h	39人死亡	23辆重型货车，1辆小型卡车，1辆微型小车	900 m严重损坏，隧道关闭3年
1999年5月29日	Tauern/ $L = 6400$ m	奥地利	油漆和清漆泄漏	15 h	12人死亡	16辆重型货车，24辆小汽车	关闭3个月
2001年8月6日	Gleinalm/ $L = 8320$ m	奥地利	碰撞		5人死亡 4人受伤	1辆重型货车，1辆小汽车	
2001年10月24日	St. Gotthard/ $L = 16322$ m	瑞士	碰撞	2天	11人死亡	13辆重型货车，10辆小汽车	严重损坏230 m，关闭2个月
2003年4月14日	Baregg	瑞士	追尾		1人死亡 1人受伤		
2005年6月4日	Fréjus/ $L = 12900$ m	法国/意大利	发动机起火		2人死亡 21人受伤	4辆重型货车	10 km设备维修
2006年8月25日	Eidsvoll/ $L = 1200$ m	挪威	1辆汽车和1辆满载液压油的重型卡车头部碰撞	1 h ~ 2 h	1人死亡 2人受伤	1辆重型货车，1辆小汽车	2个混凝土单元损坏，照明、沥青损坏
2006年9月16日	Viamala/ $L = 700$ m	瑞士	1辆公交车和2辆小汽车相撞		9人死亡 5人受伤	公交车，2辆车，火灾波及另外2辆小汽车	衬砌损坏
2007年5月23日	Burnlev/ $L = 3400$ m	澳大利亚	1辆重型货车和小汽车追尾	1 h	3人死亡 2人受伤	3辆卡车和4辆小汽车连环相撞	FFFS破坏
2007年9月10日	San Martino/ $L = 4800$ m	意大利	重型货车撞墙		2人死亡 10人受伤	1辆重型货车	
2007年10月12日	Newhall/ $L = 167$ m	美国	2辆重型货车相撞	6 h ~ 8 h	3人死亡 10人受伤	30辆重型货车，1辆小汽车	严重损坏
2009年5月10日	Follo/ $L = 900$ m	挪威	重型货车冲撞隧道入口内壁	1.5 h	1人死亡	1辆重型货车	严重损坏，更换了60个隧道混凝土构件，500 m设备安装更换
2014年3月1日	岩后	中国	两辆运输甲醇的铰接货车追尾相撞		31人死亡	42辆车被烧毁	

金（Kim）等人[13]继续分析了不同类型的事故，并确定了为什么某些公路隧道火灾会发展为灾难性火灾，而另一些则没有。他们得出的结论是：所有涉及重型货车的碰撞火灾，以及从最初碰撞车辆蔓延发展的火灾，对司乘人员来说都是极其危险的，应该采取特殊措施加以避免。金等人进一步指出，消防救援人员可能会遭遇烟气温度的突然升高，并出现大量疏散人员在火灾中受伤、昏迷甚至死亡的情况。

金等人[13]在研究中发现，在火灾初期仅涉及客车的碰撞火灾通常不会蔓延至影响邻近车辆。而且司机或消防队员也更加易于扑灭此类火灾。[14]尽管涉及单车的火灾事故中火灾蔓延并不常见，但是对于初始火源为具有较大火灾负荷的重型货车时则不然，单车火灾也可能会蔓延至其他车辆。

金等人[13]的研究也表明公路隧道火灾大致可分为两大类。一类火灾事件是只涉及一辆车，在着火时没有任何其他车辆的参与或影响。先前公路隧道事故统计也表明，如果没有其他特殊因素（如燃料泄漏或货物爆炸）加速火灾发展过程，这类火灾的发展相对较为缓慢。通常最初规模小，并显示出一些火灾迹象，如烟气和火焰。因此，邻近车辆司机可以观察到发生了什么，并在较短时间内为紧急情况做好准备。

另一类火灾事故是指火灾发生时涉及一辆以上的车辆，该类事故通常是由于车辆间碰撞或车辆、隧道侧壁碰撞等交通事故而引发的。这类火灾事故通常在没有任何预兆的情况下突然发生，因此有可能发展成为灾难性事故。第一类事故通常命名为"单一火灾"，后一类事故被称为"碰撞火灾"。在我们统计的69起公路隧道火灾中，其中48起事故（占比69.6%）为单一火灾，21起事故（占比30.4%）为碰撞火灾。

金等人[13]提出，根据火灾是否蔓延，可以将两类火灾（单一火灾和碰撞火灾）继续分为不同子类。火灾蔓延定义为火灾范围扩大至另一辆未在火灾最初阶段卷入其中的车辆。金等人提出每个类别的定义如下[13]：

- 事故类别1（IC1）：不会蔓延至其他车辆的单一火灾；
- 事故类别2（IC2）：蔓延至邻近车辆的单一火灾；
- 事故类别3（IC3）：仅限于碰撞车辆燃烧的碰撞火灾；
- 事故类别4（IC4）：碰撞火灾进一步蔓延至未参与碰撞的其他车辆的火灾。

我们之所以如此关注火灾蔓延，主要原因是它是决定隧道火灾后果的关键因素之一。火灾蔓延造成火灾强度、规模扩大，阻碍了消防救援行动的开展。火灾蔓延还涉及更多的车辆、司乘人员被卷入火灾，因此可能会造成众多人员伤亡和严重经济损失。如果火灾没有蔓延到附近的车辆，火灾的规模或强度将逐渐受到限制。

43起火灾事故属于类别1组（IC1）。其中，25起火灾事故发生于重型货车，3起事故发生于客车，14起事故发生于公交车或客车，1起事故发生于移动式起重机。在48起单一火灾中，仅5起事故发生火灾蔓延。有趣的是，所有IC2事故都源于重型货车火灾。它们要么是燃油卡车，要么是载有大量易燃货物的卡车，例如，2005年弗雷瑞斯（Frejus）隧道火灾载有轮胎、1999年勃朗峰（Mont Blanc）隧道火灾载有9 t人造黄油和12 t面粉、1967年铃鹿（Suzaka）隧道火灾载有600个聚苯乙烯箱子、1982年沙浪（Salang）隧道火灾载有危险材料、1945年霍兰德（Holland）隧道火灾载有11 t二硫化碳。根据事故报道，这5起火灾中都包含了不同寻常的因素加剧了火灾发展进程即漏油（勃朗峰隧道，1999年）、操作程序不足（铃鹿隧道，1967年）和爆炸（沙浪隧道，1982年以及霍兰德隧道，1945年）。所有的IC2火灾事故均造成人员伤亡，并对车辆造成重大损坏。

以往公路隧道火灾分析[13]   表1.3

火灾类型（%）	火灾类别编号	火灾次数（%）	初始火灾位置	伤亡情况
单一火灾ª（69.6）	IC1	43（62.3）	重型货车：25	伤亡：11人
			公交车或长途汽车：14	无伤亡：32人
			客车：3	
			移动式起重机：1	
	IC2	5（7.3）	重型货车：5	所有火灾有伤亡
碰撞火灾（30.4）	IC3	7（10.1）	摩托车＋2辆小汽车：1	在5起火灾有伤亡
			重型货车＋公交或小汽车：2	
			小汽车＋墙壁：2	
			小汽车＋小汽车或公交车：2	
	IC4	13（18.8）	重型货车＋小汽车：5	所有火灾有人员伤亡
			重型货车＋墙壁：1 重型货车＋重型货车：1	
			重型货车＋小汽车（公交车）：3	
			未知：3	
	未知	1（1.5）	未知	未知

注：ª只产生烟雾而未见火焰的事故包括在单一火灾中。

7起IC3火灾事故汇总见表1.3。其中2起事故与重型货车有关，包括重型货车＋公交车，以及重型货车＋小汽车，但是没有重型货车＋重型货车的情况。其他5起事故涉及小汽车、公交车和摩托车等车辆与隧道侧壁的碰撞。5起事故中均发生了人员死亡。目前尚不清楚人员伤亡是由碰撞还是火灾造成的，但是IC3火灾造成人员伤亡的可能性是非常高的。

在21起碰撞火灾中，13起事故属于IC4。在所有13起事故中，均有一辆以上重型货车卷入了碰撞事故。所有IC4火灾都源于重型货车或与重型货车相撞的车辆上。由于火灾或者碰撞等原因，所有IC4火灾都有人员伤亡。小汽车、公交车的碰撞以及随后发生的火灾没有相关报道可以查阅。

对于消防员而言，情况变得更加难以掌握，能否进入火场在很大程度上取决于提供的技术设备。通风系统就是一种很好的技术设备，详细内容参见第13章。尽管火场最终灭火仍然需要消防员手动实施完成，但是FFFS也是一种可以改善消防员救援条件的技术系统。隧道越长，灭火就越为困难，除非隧道内有逃生通道供人员疏散。

1.4.2   铁路隧道火灾

在铁路隧道中，火灾通常与机车车辆的技术故障有关，有的是涉及机车机械、餐车区域、电气系统、通风系统等，也有的是纵火。这些火灾通常由乘客或工作人员观察到，并直接采取措施处理。如果是列车外部起火，通常是由于液压系统故障（泄漏、喷雾等）或制动装置过热等原因导致。这种火灾更加难以察觉，而且在列车完全停止之前，通常难以扑灭。在列车完全停止后，这些火灾已经快速发展至一定的规模。在某些情况下，造成火灾的原因是脱轨/碰撞，但由于事故的复杂性，这些火灾通常难以预防。货运列车值得特别关注，一方面机组工作人员很少，但火灾燃烧时间可能更长。机车车辆的灭火是非常困难的，给救援服务带来了巨大压力，救援人员通常难以到达火灾事故现场。

由于乘客人数众多，铁路隧道、地铁区间隧道或车站内发生大规模火灾事故并造成严重人员伤亡的可能性要远高于公路隧道。

但是就发生严重火灾的频率而言，列车车辆要低于公路隧道内行驶车辆。现代列车对内部、外部固体材料有严格的防火要求，而对其潜在的火灾风险类型的评估也可以体现出这种差异。公路隧道车辆的防火要求较低，车辆着火后的严重后果也表明了这一点。

然而列车火灾造成多人死亡的可能性很高，尽管其火灾蔓延的风险相对较低（假定列车某车厢着火，但未发展至轰燃阶段）。车厢内火灾发展具有与房间火灾相同的控制物理参数。燃料负荷、门或窗等开口的通风条件以及点火源的大小都是火灾发展的重要参数。室内材料、窗户的质量也是非常重要的影响因素。这是火灾发生后第一次出现轰燃，并可能持续火蔓延至邻近车厢。这种火灾通常会造成灾难性后果。2003年大邱火灾、2001年卡普伦火灾和1995年巴库火灾都是此类火灾的典型例子，见表1.4和表1.5。

其他类型的机车，如货运列车也可能造成危险情况，尽管通常不搭载大量乘客。发生重大且持续时间久的火灾的可能性更高。1984年山顶（Summit）隧道火灾、2001年巴尔的摩火灾和1996年、2008年英吉利海峡隧道火灾属于此类火灾，见表1.4。

铁路隧道主要火灾事件一览表[9,14-17] 表1.4

时间	名称/国家/长度	初始火灾位置	可能火灾原因或位置	后果
2008年	英吉利海峡隧道/英国—法国/L = 51 km	火车前部附近	1辆重型货车	650 m损坏
2000年	因霍恩山（Kitzsteinhorn）/奥地利/L = 3.3 km	列车后部	液压油泄漏至电加热器	155人死亡
1999年	萨勒诺（Salerno）/意大利/L = 9 km	—	烟雾弹	4人死亡，9人受伤
1998年	贵州朝阳坝#2/中国/L=0.8 km	—	液化石油气罐泄漏、爆炸	6人死亡，20伤
1996年	英吉利海峡隧道/英国—法国/L = 51 km	—	疑似纵火	34人受伤，结构严重损坏
1991年	大瑶山隧道/中国/L = 14.3 km	—	香烟	12人死亡，20多人受伤
1984年	山顶隧道/英国/L = 2.6 km	—	13个油罐脱轨	关闭数月
1976年	宝成铁路140号隧道/中国	—	油罐车爆炸	75人死亡，38人受伤
1972年	北陆（Hokoriku）/日本	—	餐车火灾	30人死亡，690人受伤
1971年	Wranduk/南斯拉夫/L = 1.5 km	—	发动机火灾	34人死亡，120人受伤
1921年	巴蒂尼奥勒（Batignolles）/法国/L = 1 km	—	碰撞	28人死亡

对于装载油箱或重型货车的货运列车，火灾的严重后果是对隧道结构造成损伤，与公路隧道火灾情况相类似。对于客运列车火灾，主要后果通常不是对隧道结构的损坏，而是大量人员伤亡风险。但是我们也发现，多数客运列车火灾并未造成大量人员死亡。这可能是因为铁路隧道高度较高、横截面较大，有毒烟雾下降至人员呼吸高度之前，人们尚有一定时间通过入口或横通道撤离。英吉利海峡隧道横截面小，但配备有服务隧道、多条横通道则是一个例外。对于没有配备横通道和其他主动消防救援系统的隧道，预计火灾后果将会非常严重。

纵向通风系统（最早提出用于公路隧道火灾烟气控制）在铁路隧道中得到了广泛应用。但是在火灾人员疏散阶段，在某些情况下纵向通风可能会使情况变得更加糟糕。

1.4.3   地铁区间隧道火灾

地铁区间隧道主要火灾事故统计见表1.5。显然，这些火灾事故中，电气故障是主要的原因。此外，与铁路隧道火灾事故相比，地铁火灾事故后果往往是大量的人员死亡。其中，需要特别注意人为纵火。尽管纵火事件数量不多，但其后果预计将是非常严重的。这类火灾事故造成灾难性后果的主要原因是隧道横截面较小，车上、车站乘客众多。如今，城市地铁系统变得越来越复杂，并且建造层数越来越多，埋深越来越大。为此，消防安全问题今后将需要引起更多关注。

地铁隧道主要火灾事故统计[9,14-17]   表1.5

时间	名称/国家	最初火灾位置	可能火灾原因或位置	后果
2003年	中央路（Jungangno）地铁/韩国	车厢内	纵火，汽油	198死亡，146人受伤
1995年	巴库地铁/阿塞拜疆	5节车厢中第4节车厢尾部	电气故障	289人死亡，265人受伤
1991年	莫斯科地铁/俄罗斯	车厢下	电气故障	7人死亡，10人受伤
1990年	纽约地铁/美国	隧道内	电缆	2人死亡，200人受伤
1987年	国王十字车站/英国	车站扶梯	吸烟	31人死亡
1979年	旧金山地铁/美国	车厢下面	电气故障	1人死亡，58人受伤
1972年	北陆隧道/日本	车厢	餐车	30人死亡，690人受伤
1903年	皇冠（Couronnes）地铁/法国	—	电气故障	84人死亡

1.5   小结

隧道中发生的灾难性火灾不断地提醒工程师和管理机构，这是一个需要关注的、非常重要的安全领域。需要大量投资、在建的大型基础设施项目，务必需要配备健全、可靠的火灾安全解决方案。如果不了解火灾事故，并从中汲取经验，我们将无法继续开发此类安全解决方案。因此，我们分析先前发生的火灾事故并尝试将其系统化归纳，以了解火灾事故的关键参数及其严重后果。金等人围绕公路隧道火灾，开展的分析就是这种系统化归纳的一个很好例子。他们将公路隧道火灾事故分为四类，进而确定其关键问题，例如，火灾蔓延到相邻车辆。只要火灾发生在一辆车上，它仍然可以控制，尽管很难处理。为了更好地了解这些事故，我们需要从火灾动力学以及隧道、车辆、缓解措施、人员间相互作用等角度对其进行分析。后续章节中我们将深入了解隧道火灾物理本质，从而为未来的隧道工程师提供一个很好的知识库。

参考文献

1. Ingason H Key Note Paper—State of the Art of Tunnel Fire Research. In: 9th International Symposium on Fire Safety Science, Karlsruhe, 21–26 September 2008.
2. Ingason H (2012) Fire Dynamics in Tunnels. In: Beard AN, Carvel RO (eds) In The Handbook of Tunnel Fire Safety, 2nd Edtion ICE Publishing, London, pp 273–304.
3. Lönnermark A, Lindström J, Li YZ, Claesson A, Kumm M, Ingason H (2012) Full-scale fire tests with a commuter train in a tunnel. SP Technical Research Institute of Sweden, Borås, Sweden.
4. Li YZ, Ingason H, Lönnermark A Fire development in different scales of a train carriages. In: 11th International Symposium on Fire Safety Science, New Zealand, 2014.
5. Fire-resistance tests—Elements of building construction—Part 1: General requirements (1999). First edn. International Organization for Standardization, ISO.
6. Fire resistance tests—Part 2: Alternative and additional procedures (1999). First edn. European Committee for Standardization.
7. Beproeving van het gedrag bij verhitting van twee isolatiematerialen ter bescherming van tunnels bij brand (1979). Instituut TNO voor Bouwmaterialen en Bouwconstructies, Delft, The Netherlands.
8. Ingason H, Lönnermark A (2005) Heat Release Rates from Heavy Goods Vehicle Trailers in Tunnels. Fire Safety Journal 40:646–668.
9. Lönnermark A (2005) On the Characteristics of Fires in Tunnels. Doctoral Thesis, Doctoral thesis, Department of Fire Safety Engineering, Lund University, Lund, Sweden.
10. Carvel RO, Marlair G (2005) A history of tunnel fire experiments. In: Beard AN, Carvel RO (eds) The handbook of tunnel fire safety. Thomas Telford Publishing, London, pp 201–230.
11. Fire and Smoke Control in Road Tunnels (1999), PIARC.
12. Lönnermark A Goods on HGVs during Fires in Tunnels. In: 4th International Conference on Traffic and Safety in Road Tunnels, Hamburg, Germany, 25–27 April 2007. Pöyry.
13. Kim HK, Lönnermark A, Ingason H (2010) Effective Firefighting Operations in Road Tunnels. SP Report 2010:10. SP Technical Research Institute of Sweden, Borås, Sweden.
14. Carvel RO (2004) Fire Size in Tunnels. Thesis for the degree of Doctor of Philosophy, Thesis for the degree of Doctor of Philosophy, Heriot-Watt University, Edinburgh, Scotland.
15. Bergmeister K, Francesconi S (2004) Causes and Frequency of Incidents in Tunnels.
16. Fire Accidents in the World's Road Tunnels. (2006) http://home.no.net/lotsberg/artiklar/brann/en_tab.html.
17. Beard AN, Carvel RO (2012) Handbook of tunnel fire safety—Second Edition. ICE Publishing.

第 2 章

燃料、通风控制火灾

摘　要：通风对火灾发展的影响是隧道消防安全工程中最重要的现象之一。通风控制着燃烧过程，通常是工程师们最难以理解的现象。在轰燃发生和发展的方式方面，隧道火灾与房间火灾有很大的区别。针对隧道火灾中通风影响的误解，本章作出了澄清及说明。本章对燃料控制火灾和通风控制火灾的区别加以展示并作出解释。本章阐述了相关基础知识，便于更好地理解通风与燃烧的相互作用，以及其在火灾发展中的作用。本章部分以理论分析为基础，也包括笔者先前获得的试验数据。

关键词：通风控制；燃料控制；氧气；燃烧

2.1　引言

关于隧道火灾物理的基本知识主要来源于室内火灾或走廊火灾的研究。主要的理论、试验研究工作是在20世纪五六十年代开展的，随后在20世纪八九十年代又开展了数值分析应用。这些研究工作为理解火灾物理、隧道火灾的发展提供了知识基础，并成为后续诸多理论突破的基础。当然，这种进展是基于有限的聚焦隧道火灾的基础火灾研究而得到的。[1]在下面的章节中，我们尝试利用室内火灾的知识来分析通风对隧道火灾的影响，并尽可能分析其原因，确定其判定方法。

2.2　建筑火灾发展

建筑物内部隔间或房间的火灾发展通常分为多个时期或阶段。如图2.1所示，完整的室内火灾发展过程通常分为4个阶段：火灾初期增长阶段，短暂的轰燃阶段，火灾充分发展阶段，火灾衰减、熄灭阶段。[2,3]其中，初期增长阶段也称为"轰燃前阶段"，充分发展阶段和减弱阶段也称为"轰燃后阶段"。需要说明的是：如果未发生轰燃，火灾可能直接进入衰减、熄灭阶段（图2.1中虚线）。为了便于分析，通常用火灾热释放速率（*HRR*）、烟气温度、燃烧产物生成量随时间的变化来表示火灾发展的历程。但是由于结构布局的不同，火源与建筑边界的相互作用差异巨大，隧道火灾的发展很难采用

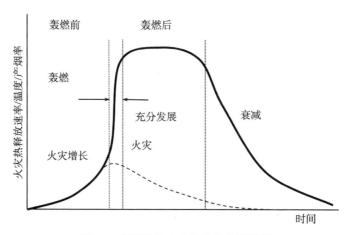

图2.1　典型的室内火灾阶段发展阶段

上述阶段划分进行描述。

　　燃料、助燃空气的供应情况是影响火灾燃烧强度的重要因素，根据其相对供应情况，室内火灾燃烧的控制形式可分为燃料控制、通风控制两大类。在起火初期（轰燃前阶段），火区大小相对有限，燃烧所需要的氧气比较充足，燃烧速率主要由可燃物本身的性质及火源布置所决定的，这种形式一般称为"燃料控制"燃烧。如果房间的通风足够好，火区将继续增大，火源与围护结构间作用变得越来越复杂，即轰燃阶段。这时室内所有可燃物都将着火燃烧，火焰基本上充满全室。轰燃标志着室内火灾由初期增长阶段转到充分发展阶段。此外，随着火区面积不断扩大，当通风状况无法满足火灾继续增长的需要，燃烧速率则开始由空间的通风条件（流入室内的空气质量流率 $\dot{m}_a$）控制，这种形式称为"通风控制"燃烧。"燃料控制""通风控制"火灾的差异及数学表达式将在第2.4节中给出。

　　遗憾的是，目前关于火灾燃烧控制形式（燃料控制、通风控制）的术语表述并不统一，这容易给读者造成困惑。例如，燃料控制火灾，即当有足够的氧气供应来支持房间内所有燃料蒸气燃烧，有时也被描述为通风良好、过度通风、富氧或燃料不足。通风控制火灾，即当缺乏足够的氧气供应来燃烧房间内所有燃料，有时也被描述为通风不足、燃料富裕、缺氧等。[4]用不同的表述来描述同一物理现象，这种情况不可避免，也是难以处理的。为此，深入了解这两种燃烧控制模式的本质区别是非常重要的，本章中统一使用"燃料控制""通风控制"的描述进行定义。

　　对于房间火灾，从燃料控制到通风控制的过渡阶段通常被定义为"轰燃"。这时，室内所有可燃物都将着火燃烧。由图2.1可知，轰燃相应于HRR曲线陡升的那一小段，当然也可以对应烟气温度曲线、气体生成曲线（例如 CO_2 或者其他产物）陡升的阶段。

2.3　隧道火灾发展

　　隧道通常有两个或更多的洞口，是空气流入的主要通道。在洞口间自然压力差、烟囱效应的作用下，室外空气源源不断地涌向火源。由于进风通道很少受限制，空气供应充足，隧道火灾燃烧状况通常为燃料控制。但是当涉及多车辆同时燃烧时，情况则大不相同。例如，在勃朗峰（Mont Blanc）隧道火灾、托恩（Tauern）隧道火灾、圣哥达（St. Gotthard）隧道火灾等严重事故中[5]，均涉及多辆大型车同时燃烧、空气补充不足、O_2 被快速消耗殆尽的情况，进而导致CO生成量急剧增加［见图2.2自然通风隧道火灾（右侧图）］。

　　对这类大型火灾来说，向火源供应空气的方式也是一个关键问题。只要燃烧车辆之间有新鲜空气供应，火灾就会持续蔓延。对于纵向通风隧道，空气从一个方向流向火源，据此我们就可以估计维持完全燃烧所需要的空气量。

　　勃朗峰隧道火灾、托恩隧道火灾均涉及多辆大型车辆同时燃烧，图2.3描绘了其隧道内的火灾发展情况，隧道内大致可以划分为5个不同区域："烧尽冷却区""发光余烬区""燃烧区""过余燃料区""预热区"。[4]这种区域划分主要参考了de Ris的分析[6]，事实上两者情况也基本吻合。假定着火点附近有多辆大型车辆，火灾在其中迅速蔓延，随着燃烧时间的持续，不同区域动态向前推进。"燃烧区"从 $x = 0$ 开始到 $x = x_1$ 处为止。假定区域内燃料蒸气、氧气供应充足，车辆充分燃烧，火灾达到充分发展阶段，整个区域内所到之处可见明亮火焰。从 $x = 0$ 开始，烟气温度迅速升高，在 $x = x_1$ 处烟气温度达到峰值；与此同时，氧气浓度也迅速降低，直至在区域终点完全消耗殆尽。"过余燃料区"，从 $x = x_1$ 开始，到 $x = x_2$ 处（烟气温度降至燃料热解温度）为止。由于氧气在"燃烧区"已经消耗殆尽，"过余燃料区"内燃料蒸气并未发生燃烧。对于多数固体材料而言，材料表面热解温度通常高于

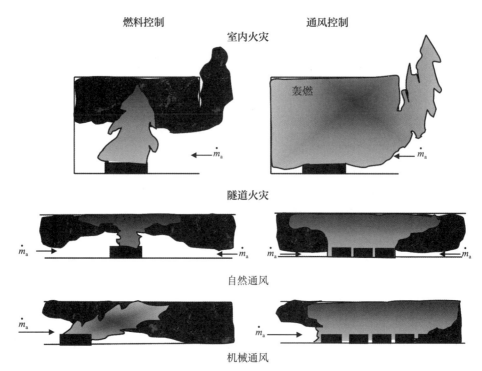

图2.2　燃料控制（左上图）、通风控制室内火灾（右上图）、自然通风下通风控制隧道火灾（中图）和机械通风下通风控制隧道火灾（下图）。[4]箭头表示新鲜空气的流动方向

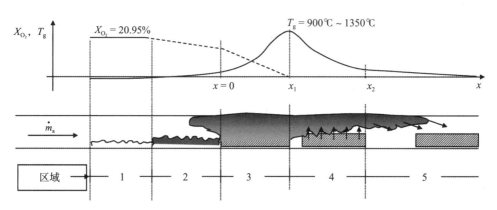

图2.3　通风控制隧道火灾燃烧过程示意图[4]

300 ℃。为此，当烟气温度降至300 ℃以下（$x > x_2$），高温烟气进入"预热区"，此时不再有燃料蒸气析出。高温烟气在流动过程中，一方面与隧道壁面交换热量，另一方面不断预热区域内尚未开始燃烧车辆。

　　已有的隧道火灾缩尺模型试验也很好地证明了这种涉及多个火源燃烧火灾的燃烧区域在隧道内纵向移动的过程。[7]燃烧区下游侧氧气浓度接近为零，CO生成量显著增加。而CO生成量的剧增也就是"通风控制"燃烧的最佳指征。这部分内容将在第2.6节中展开详细讨论。

　　此外，与建筑物和隧道内通风有关，还有第三种燃烧控制模式，称为火源惰化（inerting of the fire source，有时也称为进风污染）模式，对于自然通风隧道火灾具有重要意义。如果火源燃烧区域被含有大量惰性气体（CO_2）的空气所包围，燃烧有可能会自行熄灭。研究表明：当来流空气与烟气混合，被烟气污染，氧气浓度降至13%以下，就会发生自熄。[8]需要说明的是，燃烧自熄O_2浓度限值与烟气温度密切相关[9]，随着温度的升高，O_2浓度限值呈下降趋势，其相互关系将在第2.7节中详细讨论。

　　在两种情况下，隧道火灾可能会出现上述火源惰化。第一种情况是在自然通风超长隧道中（例如隧道长几十公里），且隧道几乎没有坡度，烟气一边向洞口方向扩散，一边逐渐向地面沉降。如图2.4所示，来自隧道洞口的来流空气与沉降烟气相遇、不断混合后流向火源，造成火源附近空气逐渐呈现高度惰化。当"高度惰化"的空气到达火源底部时，就会影响燃料的燃烧效率。根据来流空气与烟气的混合、分层程度不同，对燃烧效率的影响也不尽相同。例如，沿着隧道地面流动的新鲜空气通常会为火灾提供足够的氧气，以维持较低位置处的燃烧。而在较高位置处，情况则可能不同，会对燃烧效率产生一定影响。在这种情况下，由于新鲜空气、燃烧产物的混合不充分，惰化空气回流导致的自熄通常很难实现。只有火源底部被惰化空气充分包围，氧气含量低于13%时，才会发生自熄现象。

图2.4　长隧道中惰化火灾示意图。箭头指向火源，表明来流空气被污染

　　研究人员在缩尺模型隧道试验中也观察到惰化空气导致的自熄现象，但这些情况的试验条件相对较为特殊。[10,11]通过减小进风面积，限制火源上游新鲜空气的补充，烟气的混合作用随之不断增强。当进风面积达到某个临界值，惰化空气中氧气含量低于13%，火源将自行熄灭。

　　当惰化空气包围火源，而且氧气浓度接近限值时，燃烧不再产生大量CO或烟雾，火焰辐射水平也开始下降。此时，试验中通常会观察到火焰脱离火源表面的现象。[10-12]对于隧道火灾，同样也能观测到类似的情况。即当火源周围的惰化空气接近可燃极限时，火焰尺寸、CO及烟灰生成量都将大大减少。

　　可能出现火源惰化的第二种情况是在一端封堵的长隧道中，例如施工隧道、矿井巷道等。在没有机械通风或者着火后通风关闭条件下，烟气（燃烧产物）触壁反弹后，从一个或两个方向重新流向火源，与来流新鲜空气不断混合，也可能会导致火灾自熄。尽管这种情况并没有在真实火灾中报道过，但是研究人员在缩尺模型火灾试验中确实观察到：来流空气被烟气不断污染，当火源周围氧气浓度降至13%以下，火源会自行熄灭。[13]此外，在临近可燃极限时，燃料燃烧条件明显会受到影响，火灾热释放速率HRR会显著降低。

2.4　燃料控制型、通风控制型房间火灾

　　本节的重点是分析完全发展房间火灾。决定火灾是否会发生轰燃的参数包括火灾负荷、房间及通风口尺寸，以及墙体热物性等。随着温度增加，由于能量生成、损失速率不一致[14]，从而引起热不稳定，这被认为是造成轰燃的主要原因。轰燃通常非常短暂，并会导致HRR、烟气温度、燃烧产物在短时间内快速增高增多。发生轰燃后，随着火灾热释放速率的增大，房间内烟气温度迅速升高达到900℃~1100℃。如前所述，轰燃后阶段也称为火灾完全发展阶段（图2.1）。在此期间，火灾热释放

速率（HRR）是由流进室内的空气质量流率（$\dot{m}_a$）来控制的，属于典型的"通风控制"火灾（图2.2、图2.5）。通过门窗进入室内的空气质量流率可根据下式计算[15,16]：

$$\dot{m}_a = \delta \rho_a \sqrt{g} A_0 \sqrt{h_0} \tag{2.1}$$

式中，δ是比例常数，随温度变化不大；ρ_a是环境空气密度，单位：kg/m^3；A_0是开口面积，单位：m^2；h_0是开口高度，单位：m。

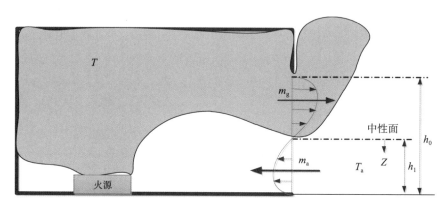

图2.5　房间火灾轰燃后

此外，根据经典的建筑火灾理论模型，如图2.5所示，通风积分求解，可以简单估算流进室内的空气质量流率：

$$\dot{m}_a = \int_0^{h_1} C_d \rho_a w u(z) \mathrm{d}z \tag{2.2}$$

式中，C_d是流动系数；h_1是中性面高度；$u(z)$是高度z处风速，见图2.5；w是开口宽度（开口面积为A_0）。

根据伯努利方程，流入房间的水平风速计算如下：

$$u(z) = \sqrt{\frac{2g\Delta\rho}{\rho_a}}\sqrt{z} \tag{2.3}$$

式中，$\Delta\rho = \rho_a - \rho = \rho_a\left(1 - \dfrac{T_a}{T}\right)$，将公式（2.3）代入公式（2.2），可得下式：

$$\dot{m}_a = C_d \rho_a w \sqrt{\frac{2g\Delta\rho}{\rho_a}} \int_0^{h_1} \sqrt{z}\mathrm{d}z \tag{2.4}$$

公式（2.4）积分得到：

$$\dot{m}_a = \frac{2}{3} C_d \rho_a w \sqrt{\frac{2g\Delta\rho}{\rho_a}} h_1^{3/2} \tag{2.5}$$

卡尔松（Karlsson）和昆蒂尔（Quintiere）指出h_1和h_0满足下式[3]：

$$h_1 = \frac{h_0}{1 + (\rho_a/\rho)^{1/3}} \tag{2.6}$$

将公式（2.6）代入公式（2.5），进一步得到：

$$\dot{m}_a = \frac{2}{3} C_d \rho_a w h_0 \sqrt{2}\sqrt{g} \sqrt{\frac{\Delta\rho/\rho_a}{\left[1 + (\rho_a/\rho)^{1/3}\right]^3}} \sqrt{h_0} \tag{2.7}$$

卡尔松和昆蒂尔将公式（2.7）中的变量 $\sqrt{\dfrac{\Delta\rho/\rho_a}{\left[1+\left(\rho_a/\rho\right)^{1/3}\right]^3}}$ 定义为密度系数。如图2.6所示，建筑内完全发展火灾，密度系数约为0.214。公式（2.7）简化可得：

$$\dot{m}_a = \frac{2}{3} 0.214\sqrt{2}C_d\rho_a\sqrt{g}A_0\sqrt{h_0} \tag{2.8}$$

考虑到 $wh_0 = A_0$，公式（2.8）可以进一步简化，与公式（2.1）表达相似：

$$\dot{m}_a = \delta\rho_a\sqrt{g}A_0\sqrt{h_0} \tag{2.9}$$

式中，$\delta = \dfrac{2}{3}C_d\sqrt{2}\sqrt{\dfrac{\Delta\rho/\rho_a}{\left[1+\left(\rho_a/\rho\right)^{1/3}\right]^3}}$

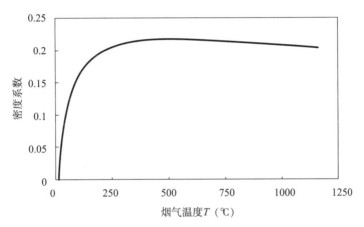

图2.6 密度系数随室内烟气温度的变化

不难发现：对于完全发展火灾轰燃后，δ 几乎不受烟气温度影响，数值约为0.13[16]和0.14[15]。假定 $C_d = 0.7$，密度系数为0.214，可得 $\delta = 0.14$。假定 $\rho_a = 1.22$ kg/m^3，$g = 9.81$ m/s^2，可得 $\delta\rho_a\sqrt{g}$ 数值：轰燃前（燃料控制）为0.3 kg/s m$^{-5/2}$，轰燃后（通风控制）为0.5 kg/s m$^{-5/2}$。将其数值代入公式（2.9），可得轰燃后 $\dot{m}_a$ 表达式如下：

$$\dot{m}_a = 0.5A_0\sqrt{h_0} \tag{2.10}$$

式中，$A_0\sqrt{h_0}$ 是分析室内火灾发展的重要参数，一般称其为通风因子（ventilation factor），源于单一开口浮力流的伯努利方程。[2]

假定燃料燃烧过程中单位千克氧气产热量约13.1 × 10^3 kJ[17,18]，空气中氧气质量分数（Y_{O_2}）为0.231，燃烧放热量可由13.1 × 10^3 × 0.231 × $\dot{m}_a$ 算得。根据公式（2.1）并考虑 $\delta\rho_a\sqrt{g} = 0.5$ kg/s m$^{-5/2}$，我们可以简单估算"通风控制"阶段房间火灾峰值 HRR 数值如下：

$$\dot{Q}_{max} \approx 1500A_0\sqrt{h_0} \tag{2.11}$$

关于建筑火灾的教科书中，通常认定进入房间内的氧气将在房间内被消耗殆尽，但是李颖臻等研究人员对这一假设提出了质疑，认为空气在房间内不可能被完全耗尽。[19]峰值 HRR 的估算除了与通过开口流入的空气量有关，还需要考虑一定的修正系数，而后者主要取决于燃料表面的吸热量以及燃料量。材料表面吸收热量与燃料的燃烧热成正比，与热解反应热值成反比。为此，李颖臻等研究人员指出，虽然轰燃后火灾为"通风控制"，但是实际上与房间内燃料类型、燃料布置等因素同样有关，在某种程度上火灾也是"燃料控制"。[19]而且在充分发展火灾阶段，经常会观察到大部分燃烧过程发生在开口之外。

图2.7   火车火灾（充分发展阶段）（Tomas Karlsson供图）

针对这个问题，英格森（Ingason）给出的解释稍有不同。[20]在轰燃情况下，经由开口流入室内空气量不足，难以支撑房间内所有挥发的燃料充分燃烧。即，房间内所有的氧气都已被耗尽，但是仍有部分燃料未来得及燃烧。挥发的燃料随着烟气一起经由开口流出房间，而在开口外部继续燃烧，见图2.7。英格森指出：对于隧道内钢制列车火灾而言，如果要预测轰燃后峰值HRR，需要特别注意这个问题。[20]由于剩余未燃蒸气在车厢外会继续燃烧，公式（2.11）预测结果可能会明显偏低。而1∶10缩尺模型试验（模拟充分发展的列车火灾）结果也支撑了上述观点。当所有窗户均打开后，峰值HRR实测值比公式（2.11）预测结果大约偏高72%。[20]这也就意味着：车厢内所有氧气均被耗尽，但是仍有42%的挥发燃料是在开口外继续燃烧的。

布伦（Bullen）和托马斯（Thomas）等学者指出，在开口外继续燃烧的富余燃料量主要取决于燃料表面积和通风因子$A_0\sqrt{h_0}$。[21]因此，假设列车车厢这种几何类型的通风因子是相对恒定的，英格森提出在公式（2.11）基础上，再乘以系数1.72以确定峰值HRR。[20]由此，英格森提出一个更加通用的公式（2.12），用来预测列车火灾轰燃后（图2.7）的峰值HRR[20]：

$$\dot{Q}_{max} \approx \eta 1500 A_0 \sqrt{h_0} \qquad (2.12)$$

式中，η是修正系数，由试验来确定。李颖臻等指出这个修正系数变化范围较大，介于0.67 ~ 1.7之间。例如在全尺度通勤列车隧道火灾中，η数值接近1.27。[19]李颖臻等学者的研究成果将在第6章详细阐述。

示例2.1：如图2.7所示，假定火车车厢单侧共有7扇窗户，每个窗户宽度、高度均为1 m，门的宽度、高度分别为1 m和2 m。所有开口通风因子$\sum A_{0,window} \sqrt{h_{0,window}} + A_{0,door} \sqrt{h_{0,door}} = 15.4$ m$^{5/2}$，试计算火车车厢燃烧的火灾热释放速率（HRR）。

答案：根据公式（2.11）计算可得峰值HRR为23 MW。这就意味着：由于燃料挥发物会在开口外继续燃烧，隧道内总HRR必然高于23 MW。为此，可以根据公式（2.12）考虑修正系数取1.7，计算得到图2.7列车火灾峰值HRR约为40 MW。需要说明的是：由于计算中使用的修正系数偏大，计算结果偏保守。

2.5　纵向通风下燃料控制、通风控制型隧道火灾

如前所述，火灾燃烧存在燃料控制和通风控制两种形式。针对隧道火灾，英格森提出了一种方法来判别"燃料控制"与"通风控制"火灾。[4]根据燃料控制（通风良好）燃烧的定义，氧气或助燃剂供应是充足的，燃烧速率、火灾热释放速率（HRR）由燃料供应量（或汽化燃料质量流量）所决定，其燃烧特点与开放环境中的自由燃烧是类似的。

相比之下，通风控制（通风不良）火灾由氧气供应量所控制，燃烧速率及HRR与空气、燃料供应量的相对关系所决定。当氧气供应量刚好满足完全燃烧所需氧气量时，习惯上称这时的燃料、空气是按"化学计量"（stoichiometric）混合的。对于任意燃烧生成H_2O与CO_2的燃料（$C_aH_bO_c$），与空气按照化学计量混合、燃烧时的空气/燃料质量比，被称为化学计量系数r，可以由下式计算得到[4]：

$$r = \frac{137.8\left(a + \frac{b}{4} - \frac{c}{2}\right)}{12a + b + 16c} \qquad (2.13)$$

为了更好地说明公式（2.13）的应用，下面我们举一个例子简要说明。

示例2.2：如何确定1 kg丙烯燃料（C_3H_6）完全燃烧所需要的空气量？

答案：这里$a = 3$，$b = 6$，$c = 0$。根据公式（2.13），可得$r = 14.7$，也就是说1 kg丙烯完全燃烧需要14.7 kg的空气。

此外，研究人员尝试引入其他参数来描述空气和燃料供应的相对关系。图沃森（Tewarson）定义燃料—空气当量比ϕ如下[22]：

$$\phi = \frac{r\dot{m}_f}{\dot{m}_a} \qquad (2.14)$$

式中，$\dot{m}_a$是空气（氧气）质量流量，单位：kg/s；$\dot{m}_f$是燃料质量损失率（燃料供应量），单位：kg/s；r是完全燃烧化学计量系数［可根据公式（2.13）计算］。贝莱（Beyler）引入归一化的燃料—空气比为当量比ϕ[23]，其本质与图沃森的定义相同。

利用燃料—空气当量比ϕ，我们可以方便地判别隧道火灾类型是"燃料控制"型还是"通风控制"型。当燃料—空气当量比$\phi < 1$，火灾是燃料控制型（通风良好）；当燃料—空气当量比$\phi = 1$，燃烧过程是按照化学计量比完全燃烧；当燃料—空气当量比$\phi > 1$，火灾是通风控制型（通风不良）。

2.5.1　燃料控制

对于燃料控制火灾（$\phi < 1$），火灾热释放速率（HRR）正比于燃料质量损失率$\dot{m}_f$。化学HRR（$\dot{Q}$）可根据下式计算：

$$\dot{Q} = \dot{m}_f \chi \Delta H_c \qquad (2.15)$$

式中，$\dot{m}_f$是燃料质量损失速率，单位：kg/s；其数值可根据单位面积燃料质量消耗速率（$\dot{m}_f''$）与燃料表面积（A_f）乘积得到，$\dot{m}_f = \dot{m}_f'' A_f$。$\chi$为燃烧效率。$\Delta H_c$是燃料完全燃烧释放的热量，其燃烧产

物H_2O为气态，也称为燃料低位发热量，单位：kJ/kg。如果燃料未完全燃烧，则燃烧有效放热量（$\Delta H_{c,eff}$）将小于完全燃烧放热量，即$\Delta H_{c,eff} = \chi \Delta H_c$。图沃森也将前者称为燃烧化学放热量（化学燃烧热）。[24]

2.5.2   通风控制

当燃料与空气当量比大于化学计量比（$\phi > 1$），火灾为通风控制，火灾热释放速率HRR与参与燃烧的空气质量流率$\dot{m}_a$成正比。此时，多数情况下房间内氧气被消耗殆尽，从房间或隧道洞口流出烟气中的氧气浓度接近于零。当然，也有例外情况，例如发生在开口面积有限的大房间内的通风控制火灾。对于通风控制火灾，HRR的计算有很多方法，其中最简单、应用最广的方法就是假定完全燃烧，并考虑补给氧气（$\dot{m}_a$）全部被耗尽，公式如下：

$$\dot{Q} = \dot{m}_a \frac{\Delta H_c}{r} \tag{2.16}$$

式中，对于多数碳基材料，$\Delta H_c/r$接近于常数；[18]即消耗单位质量空气，燃烧放热量约为3000 kJ/kg。在此基础上除以空气中氧气质量比，可以得到消耗的单位质量氧气，燃烧放热量约为13×10^3 kJ/kg。以此数据为基础，研究人员在试验室中经常利用锥形量热计来测定火灾热释放速率HRR。[25]

2.5.3   燃烧模式的确定

如前所述，了解火灾燃烧模式是非常重要的，也有很多不同的方法来判别。为了评估隧道内火灾燃烧情况，判断火灾是燃料控制、化学计量还是通风控制的形式，我们联立公式（2.14）和公式（2.15），并假定燃烧效率$\chi = 1$，得到：

$$\phi = \frac{\dot{Q}}{3000\dot{m}_a} \tag{2.17}$$

公式（2.17）并不要求所有的空气均被耗尽。根据ϕ的数值大小，也可以进一步评估燃烧效率。如果按照化学计量燃烧，则$\phi = 1$，那么完全燃烧所消耗的空气质量流量为：

$$\dot{m}_a = \frac{\dot{Q}}{3000} \tag{2.18}$$

公式（2.18）也可以变形为：

$$\dot{Q} = 3000\dot{m}_a \tag{2.19}$$

式中，$\dot{Q}$是火灾热释放速率，单位：kW。这个公式可用于预测火车车厢燃烧火灾强度（已知通过窗户、门等开口风流为$\dot{m}_a$）。在火源周围通风条件良好的情况下，公式（2.19）也可用来预测纵向通风隧道中火灾规模。假定隧道横断面积为A（m^2），纵向中心线风速为u（m/s），环境温度为293 K，考虑隧道纵向风流流量系数$C_d = 0.87$，公式（2.19）变形可得：

$$\dot{Q} = 3130uA \tag{2.20}$$

式中，$\dot{Q}$是火灾热释放速率，单位：kW。在某些情况下，假设所有的燃料都已烧尽，空气流量$\dot{m}_a$并未完全耗尽，此时还需要了解燃烧后剩余的氧气量。我们可以根据下式进一步估算剩余氧气或者空气的质量分数[4]：

$$\beta = \frac{\dot{m}_a - \dfrac{\dot{Q}}{3000}}{\dot{m}_a} \tag{2.21}$$

公式（2.17）和公式（2.21）的应用将在示例2.3中进一步说明。

示例2.3：假设一辆重型货车（HGV）在一条高6 m、宽10 m的隧道内燃烧，隧道内有纵向通风，中心速度为2 m/s。估计火灾的峰值HRR为150 MW。当火灾强度达到150 MW时，火灾是通风控制还是燃料控制？隧道内空气密度$\rho_a = 1.2$ kg/m³。在通风控制之前，隧道中最大火灾强度是多少？

答案：首先计算空气质量流量$\dot{m}_a = 0.87 \times 1.2 \times 2 \times 6 \times 10 = 125$ kg/s，其中0.87为纵向风流流量系数。根据公式（2.17），可得燃料—空气当量比$\phi = 150000/(3000 \times 125) = 0.4 < 1$。这表明火灾燃烧是燃料控制的，同时未燃烧空气将流经火源区域。根据公式（2.21）可得未燃烧空气质量分数：

$\beta = \left[125 - (150000/3000)\right]/125 = 0.6$，这意味着仅有40%的氧气在火源区域被消耗，仍有60%的氧气流经火源区域而未参与燃烧。根据公式（2.20），我们发现火灾由燃料控制变成通风控制时，火灾规模最大可达：$\dot{Q} = 3130 \times 2 \times 6 \times 10 = 375000$ kW $= 375$ MW。将$\dot{Q} = 375$ MW代入公式（2.21），得到$\beta = 0$，意味着所有的氧气均被耗尽。

对于纵向通风隧道，在火源下游一定距离处氧气浓度接近于零，火灾燃烧将逐渐从燃料控制型（$\phi < 1$）转为通风控制型（$\phi > 1$）。英格森提出可以用燃烧产物CO、CO_2的质量流率之比（$\dot{m}_{CO}/\dot{m}_{CO_2}$）作为通风控制火灾的重要指征。[4]当$\dot{m}_{CO}/\dot{m}_{CO_2}$快速增加，即CO生成量急剧增多，表明此时氧气供应已不足，无法满足所有燃料充分燃烧。对于丙烷扩散火和木垛火，研究人员在非隧道环境进行了大量试验，试验结果均表明：火灾燃烧模式切换为通风控制时，均伴随着$\dot{m}_{CO}/\dot{m}_{CO_2}$呈指数规律急剧增大。[24]图沃森深入探讨了通风控制燃烧与CO、CO_2质量流量之比的关系，指出：对于木垛火和燃气扩散火，当$\dot{m}_{CO}/\dot{m}_{CO_2}$分别大于0.036和0.1，其火灾燃烧模式将切换为通风控制型。[26]英格森提出根据下式计算$\dot{m}_{CO}/\dot{m}_{CO_2}$：

$$\frac{\dot{m}_{CO}}{\dot{m}_{CO_2}} = \frac{M_{CO} X_{CO}}{M_{CO_2} X_{CO_2}} = 0.636 \frac{X_{CO}}{X_{CO_2}} \tag{2.22}$$

式中，X是组分体积浓度（或摩尔分数），单位：%；M是分子量，$M_{CO} = 28$ g/mol，$M_{CO_2} = 44$ g/mol。根据公式（2.22），进一步得到两种火源类型，其燃烧模式切换为通风控制的临界值，分别为$X_{CO}/X_{CO_2} > 0.057$（木垛火）和$X_{CO}/X_{CO_2} > 0.157$（燃气扩散火）。

汉森（Hansen）和英格森在一个10 m长，1∶15缩尺模型隧道（横断面积为0.24 m²）中开展了系列火灾测试，试验中考虑了不同的纵向风速和燃料数量（木托架堆）变化。[7,27]当燃烧1堆木托架时，火灾HRR约为150 kW，而当燃烧4堆木托架时，火灾HRR介于454 kW ~ 504 kW。考虑隧道内纵向风速取0.6 m/s，根据公式（2.20），可知燃烧在达到通风控制以前，最大火灾规模可达3130 × 0.6 × 0.24 = 451 kW。显然，这个数据与4堆木托架燃烧时的火灾HRR测量值已经非常接近。这表明：当火势蔓延到所有4堆木托架时，火灾可能已经是通风控制型，预计CO产量会明显增加。

下面以编号11的试验工况为例，简要分析烟气浓度（数据尚未公开发表）与火灾燃烧控制模型的关系。试验共设置4堆木托架作为火源，火源间净距分别为0.7 m、0.9 m、1.1 m，折合原型隧道为10.5 m、13.5 m、16.5 m。试验隧道纵向风速约为0.6 m/s，折合成原型隧道约为2.32 m/s。实测峰值火灾热释放速率（HRR）约为464 kW，折算成原型隧道为404 MW，大致相当2 ~ 4辆重型货车（HGV）同时燃烧，火灾规模巨大。如图2.8所示，火灾从第一个木堆着火（见左侧照片）开始，不断发展、蔓延至所有木堆均着火、燃烧（见右侧照片）。研究人员在距隧道入口8.75 m处（大致在最后一个火源下游2 m），设置烟气浓度测点，以观察燃烧过程中O_2、CO_2和CO的浓度变化。

图2.8　木托架缩尺火灾燃烧试验（试验编号11，由汉森和英格森提供[7,27]）

图2.9为顶棚下方（距地面0.9 H）烟气浓度测试数据，在$t = 423$ s，CO浓度为2.0%，CO_2浓度为19%，O_2浓度仅为0.5%（接近于零）。由此，得到$X_{CO}/X_{CO_2} = 2/19 = 0.105$，数据要远大于前述木垛火通风控制的临界值0.057，是典型的通风控制型燃烧。这表明公式（2.17）~（2.22）是判别纵向通风隧道火灾燃烧模式的良好指标。需要说明的是：如果有条件的话，应该尽可能在隧道横断面上布置多组测点，以计算得到烟气的平均浓度，进行分析更为理想。但是，多数试验情况下很难达到理想的试验条件，为此应该尽可能保证烟气测试浓度具有代表性。例如，以编号11的试验工况为例，在同一个断面位置设置了热电偶树（由5个测点组成），测试结果表明该断面上烟气温度数值相差不大。考虑到热质扩散相似，图2.9中的烟气浓度基本上可以代表测试断面的平均情况。

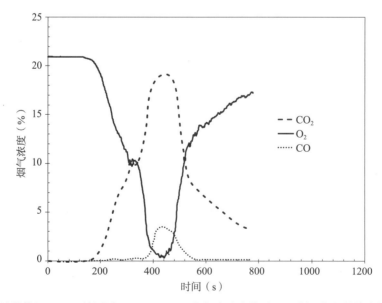

图2.9　距隧道入口8.8 m处测试O_2，CO_2，CO浓度（试验编号11，由汉森和英格森提供[7,27]）

此外，如果在试验隧道中还有其他的火源（木托架堆），这些火源有可能也不会着火燃烧。如前所述，随着氧气的耗尽，加之烟气温度极高，这些位于过余燃料区的火源可能仅会发生热解反应（见图2.3）。这个试验也证实了纵向通风隧道火灾燃烧是如何变成通风控制的，这几乎是一种极端情况：

隧道内停放了多辆大型车，火势在这些车辆之间发展蔓延。

研究人员还有一种观点认为：当氧气浓度低于可燃性极限时，火灾燃烧将会变成通风控制或者通风不良。即，当氧气浓度接近13%时，火灾规模不会变得更大，火灾规模由流向火源的空气所决定。这其实也是一个理解误区。例如，在这个试验中，当第二个、第三个、第四个火源（或者真实情况下一辆汽车）周围氧气浓度降至13%，试问火灾是会自行熄灭还是会发展为通风控制？其实还需要考虑火源周围烟气温度的高低。也就是说，不同通风条件、烟气温度情况下，可能会呈现不同的答案。在通风、烟气温度合适的条件下，隧道火灾可以一直持续到氧气完全耗尽为止（试验工况11）。

2.6　惰化的空气环境对燃烧过程的影响

如前所述，惰化空气环境下火源燃烧将受周围环境氧气浓度的影响。在环境温度或者烟气温度不高的情况下，燃气扩散火焰在氧气耗尽之前已经发生自熄。随着周围烟气温度的升高，燃烧消耗的氧气也会增加。这预示着自熄发生时氧气浓度限值与周围烟气温度可能存在一定的关系。此外，我们也知道当氧气浓度接近这个限值时，烟灰和CO生成量也会开始减小，直至发生自熄。

贝莱（Beyler）尝试建立这些临界条件之间的相关性，即确定燃烧自熄时氧气浓度限值与周围烟气温度之间的关系。[28]他认为临界绝热火焰温度（T_f）直接影响火焰熄灭与否。在绝热条件下，火灾燃烧释放热量使周围烟气温度迅速升高：

$$\dot{Q} = \dot{m}_a c_p (T_f - T) \qquad (2.23)$$

式中，c_p是烟气的比热，单位：kJ/(kg·K)。T_f是绝热火焰温度，T是烟气温度。此外，燃烧放热量可以基于氧气消耗计算，公式（2.16）变形得到：

$$\dot{Q} = \dot{m}_a \frac{\Delta H_c}{r} = \dot{m}_a 3000 = Y_{O_2} \dot{m}_a 13100 \qquad (2.24)$$

考虑到$\dot{m}_{O_2} = Y_{O_2} \dot{m}_a = X_{O_2} \frac{M_{O_2}}{M_a} \dot{m}_a$，其中$Y$是组分质量分数；$M$是组分摩尔质量，单位：g/mol。联立上式及公式（2.23）、公式（2.24），整理得到：

$$X_{O_2} = \frac{M_a}{M_{O_2}} \frac{c_p (T_f - T)}{13100} \qquad (2.25)$$

对于多数碳氢燃料而言，临界绝热火焰温度T_f约为1700 K（1427℃）。烟气温度在300 K～1700 K范围，$c_p \approx 1.1$ kJ/(kg·K)。$M_a = 28.95$ g/mol，$M_{O_2} = 32$ g/mol，将上述参数代入公式（2.25），可得：

$$X_{O_2} = 0.0076 \times (1427 - T) \qquad (2.26)$$

式中，T是烟气温度，单位：℃。根据公式（2.26），可得氧气浓度限值与烟气温度（单位℃）的变化关系，见图2.10。

上述相关性可以用来评估惰化的空气环境对纵向通风或自然通风隧道火灾的影响。这里以编号11的试验工况[7,27]为例，火源下游实测最高烟气温度约为950℃。根据公式（2.26），可知隧道内最低烟气浓度为3.6%，这个数值要高于氧气浓度实测值（低于1%）。此外，公式（2.26）也帮助我们更好地理解火灾燃烧的变化。例如，在自然通风隧道或者惰化空气环境隧道中，由于燃烧区烟气温度较低，其燃烧自熄氧气浓度限值也偏高。为此，在氧气浓度仍处于较高水平时，燃烧过程已经受到影响，其HRR随之发生变化。事实上，隧道内燃烧过程存在三维局部效应，我们很难根据一维模型进行全面、完整的分析评估。

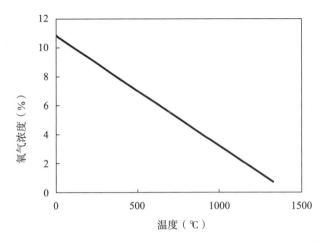

图2.10　根据式（2.26）计算得到临界氧气浓度与烟气温度的关系

2.7　小结

本章简要概述了通风对燃烧过程的影响，解释了燃料控制（通风良好）、通风控制（通风不良）火灾的差异，通过房间火灾、隧道火灾比较，来说明其物理意义。此外，还介绍了第三种情况，即惰化空气环境对燃烧的影响，从某种意义上它也可以归为通风不良火灾。需要强调的是，这种情况对于自然通风隧道的影响尤其显著。文中还讨论了环境温度对空气、烟气混合引起惰化效应的影响。

参考文献

1. Ingason H (2008) Key Note Paper - State of the Art of Tunnel Fire Research. In: 9th International Symposium on Fire Safety Science, Karlsruhe, 21–26 September 2008.
2. Drysdale D (1999) An Introduction to Fire Dynamics. 2nd Edition edn. John Wiley & Sons
3. Karlsson B, Quintier JG (2000) Enclosure Fire Dynamics. CRC Press.
4. Ingason H (2012) Fire Dynamics in Tunnels. In: Beard AN, Carvel RO (eds) In The Handbook of Tunnel Fire Safety, 2nd Edtion ICE Publishing, London, pp 273–304.
5. Beard AN, Carvel RO (eds) (2005) The handbook of tunnel fire safety. Thomas Telford Publishing, London.
6. de Ris J (1970) Duct Fires. Combustion and Science Technology 2:239–258.
7. Hansen R, Ingason H (2010) Model scale fire experiments in a model tunnel with wooden pallets at varying distances. SiST 2010:08, Mälardalen University, Västerås.
8. Beyler C (1995) Flammability limits of premixed and diffusion flames. In: SFPE Handbook of Fire Protection Engineering, 2nd Edition. pp 2-147–160.
9. Quintiere JG, Rangwala AS (2003) A Theory for Flame Extinction based on Flame Temperature. Paper presented at the Fire and Materials Conference Papers.
10. Ingason H (1995) Effects of Ventilation on Heat Release Rate of Pool Fires in a Model Tunnel. SP Swedish National Testing and Research Institute, Borås, Sweden.
11. Ingason H, Nireus K, Werling P (1997) Fire Tests in a Blasted Rock Tunnel. FOA, Sweden.
12. Morehart JH, Zukoski EE, Kubota T (1991) Characteristics of Large Diffusion Flames Burning in Vitiated Atmosphere. In: Third International Symposium on Fire Safety Science, Edinburgh, Scotland, 8-12 July 1991. IAFSS, pp 575–583.

13. Lönnermark A, Hugosson J, Ingason H (2010) Fire incidents during contruction work of tunnels – Model-scale experiments. SP Report 2010:86. SP Technical Research Institute of Sweden.

14. Thomas PH, Bullen ML, Quintiere JG, McCaffrey BJ (1980) Flashover and Instabilities in Fire Behavior. Combustion and Flame 38:159–171.

15. Tewarson A (1984) Fully Developed Enclosure Fires of Wood Cribs. In: 20th Symp. (Int) on Combustion, Ann Arbor, MI, USA, 12-17 August 1984. The Combustion Institute, pp 1555–1566.

16. Babrauskas V (1981) A closed-form approximation for post-flashover compartment fire temperatures. Fire Safety Journal Vol. 4 No. 1.

17. Parker WJ (1984) Calculations of the Heat Release Rate by Oxygen Consumption for Various Applications. Journal of Fire Sciences 2 (September/October):380–395.

18. Huggett C (1980) Estimation of Rate of Heat Release by Means of Oxygen Consumption Measurements. Fire and Materials 4 (2):61–65.

19. Li YZ, Ingason H, Lönnermark A (2014) Fire development in different scales of a train carriages. In: 11th International Symposium on Fire Safety Science, New Zealand.

20. Ingason H (2007) Model Scale Railcar Fire Tests. Fire Safety Journal 42 (4):271–282.

21. Bullen ML, Thomas PH (1979) Comaprtment fires with non-cellulosic fuels,. In: 17th Symposium (Int) on Combustion, Pittsburgh, 1979. The Combustion Institute, pp 1139–1148.

22. Tewarson A (2002) Generation of Heat and Chemical Compounds in Fires. In: DiNenno PJ, Drysdale D, Beyler CL et al. (eds) The 3rd edition of SFPE Handbook of Fire Protection Engineering. Third edition edn. National Fire Protection Association, Quincy, MA, USA, pp 3–82 – 83–161.

23. Beyler CL (1985) Major Species Production by Solid Fuels in a Two Layer Compartment Fire Environment. In: Fire Safety Science - Proceedings of the First International Symposium, Gaithersburg, USA, 7–11 October 1985. IAFSS, pp 431–440.

24. Tewarson A (1995) Generation of Heat and Chemical Compounds in Fires. In: DiNenno PJ, Beyler CL, Custer RLP et al. (eds) SFPE Handbook of Fire Protection Engineering. 2 edn. The National Fire Protection Association, USA.

25. Janssens M, Parker WJ (1995) Oxygen Consumption Calorimetry. In: Babrauskas V, Grayson TJ (eds) Heat Release in Fires. E & FN Spon, London, UK, pp 31–59.

26. Tewarson A (1988) Generation of Heat and Chemical Compounds in Fires. In: DiNenno PJ, Beyler CL, Custer RLP, Walton WD, Watts JM (eds) SFPE Handbook of Fire Protection Engineering. First Edition edn. NFPA, pp 1–179 – 171–199.

27. Hansen R, Ingason H (2012) Heat release rates of multiple objects at varying distances. Fire Safety Journal 52:1–10.

28. Beyler C (2002) Flammability limits of premixed and diffusion flames. In: In third Edition SFPE Handbook of Fire Protection Engineering. 3rd Edition edn., pp 2–173–172–187.

第 3 章

隧道火灾试验

摘 要：本章详细概述了在不同类型隧道中开展的众多大尺度火灾试验、缩尺模型试验情况，列举了不同试验所获得的重要信息、知识。其中，大尺度试验结果分析是本章的重点。研究人员通过开展一系列大尺度燃烧试验、中等尺度燃烧试验、缩尺模型试验（试验室内），深入研究了隧道火灾特定问题，例如通风系统对隧道内热烟气分布的影响、不同类型车辆的火灾发展曲线、火场热暴露对隧道结构完整性、强度的影响。

关键词：火灾试验；测量；热释放速率（HRR）；烟气温度；火焰长度；大尺度；缩尺

3.1 引言

开展大尺度火灾试验既需要耗费大量时间，同时又非常复杂，试验代价是昂贵的，这也是隧道大尺度火灾试验数量有限的重要原因。此外，由于测试仪器有限，测试数据有时也可能是不完整的。但是，仍旧非常有必要开展大尺度火灾燃烧试验，以便在真实隧道中获得可接受的验证。大尺度隧道火灾试验中获得的数据为今天隧道工程设计使用的技术标准和指南提供了基础参数。[1,2]

本章简要回顾分析了先前在公路、铁路隧道中开展的大尺度火灾试验情况。其中，数据分析主要基于1996年英格森教授首次发表的公路、铁路隧道火灾综述分析。[3]大尺度火灾试验结果分析重点聚焦以下参数：

- 峰值热释放速率（HRR）测量值
- 燃料质量损失速率
- 最高烟气温度测量值
- 火焰长度

本章第二部分概述了已有的部分缩尺模型试验情况，包括试验的简短描述、主要试验结论等。章节后所列参考文献涵盖了大尺度试验及缩尺模型试验。

3.2 大尺度隧道火灾试验概述

由于火源种类、火灾释放速率（HRR）、测试参数、隧道几何形状、通风条件等不同，大尺度隧道火灾试验呈现多样性。从20世纪60年代开始到2014年，全世界范围内研究人员开展了大量大尺度火灾燃烧试验。表3.1总结了这些试验的概况，后续内容将重点分析其HRR数值、烟气温度和火焰长度等数据。但是，本章所列大尺度试验未包含基于商业和法律考虑的燃烧试验，以及涉及灭火系统的燃烧试验。后者通常被称为固定式灭火系统（FFFS），其内容将在后续第16章描述。

迄今为止，以科学研究为目的的大规模火灾试验项目已经有十几个。其中多数试验计划测试工况数量不足30组，"纪念（Memorial）隧道火灾试验"工况最多达到98组。试验重点关注隧道内热烟气扩散情况，以帮助人们了解通风系统对隧道火灾的影响，而不是为了满足先进的理论研究、计算流体力学（CFD）火灾模型的试验验证。其中，接近一半的试验涉及FFFS性能测试，该部分内容将在第16章描述。20世纪60至80年代进行的大规模试验的结果及质量差异明显，但是所有的试验都没有涉及火灾危险等级的重要参数：HRR数值。

表3.1

自20世纪60年代中期至今的大尺度隧道火灾科学试验统计[3]

试验、国家、年份	试验次数	火源	隧道横断面积（m²）	隧道高度（m）	隧道长度（m）	测试参数	峰值HRR（MW）	备注
奥费耐格（Ofenegg）试验隧道，瑞士，1965	11	汽油油池火（6.6/47.5/95 m²）	23	6	190	烟气温度，CO，O_2，风速，可见度	11~80	单轨铁路隧道，一端封堵，喷淋系统
格拉斯哥（Glasgow）试验隧道，1970	5	煤油油池火（1.44/2.88/5.76 m²）	39.5	5.2	620	烟气温度，光学密度	2~8	废弃铁路隧道
茨文伯格（Zwenberg）试验隧道，奥地利，1974—1975	30	汽油油池火（6.8/13.6 m²），木材，塑料	20	3.9	390	烟气温度，CO，CO_2，NOx，O_2，CH，风速，光学密度	8~21	废弃铁路隧道
P.W.R.I试验隧道，日本，1980	16	汽油油池火（4/6 m²），乘用车，公交车	57.3	~6.8	700	烟气温度，CO，CO_2，风速，光学密度，辐射	油池：9~14[a]，汽车、公交车未知	试验隧道，喷淋系统
P.W.R.I试验隧道，日本，1980	8	汽油油池火（4m²），公交车	58	~6.8	3277	烟气温度，CO，CO_2，O_2，风速，光学密度，辐射	油池：9，公交车未知	在用隧道，喷淋系统
TUB-VTT试验隧道，芬兰，1985	2	木垛（模拟地铁车厢，两辆汽车相撞）	24~31	5	140	HRR，烟气温度，CO，CO_2，O_2，风速，光学密度	1.8~8	废弃洞穴
EUREKA EU499试验隧道，挪威，1990—1992	21	木垛，庚烷油池，小汽车，摩托车，火车，重型货车，模型车	25~35	4.8~5.5	2300	HRR，烟气温度，CO，燃烧速率，CO_2，O_2，SO_2，C_xH_y，NO，可见度，烟灰，风速	2~120	废弃运输隧道
纪念（Memorial）试验隧道，美国，1993—1995	98	燃油（4.5 m²~45 m²）	36/60	4.4/7.9	853	HRR，烟气温度，CO，CO_2，可见度，风速	10~100	废弃公路隧道，喷淋系统
清水3号（Shimizu No. 3）隧道试验，日本，2001	10	汽油油池火（1/4/9 m²），小汽车，公交车	115	8.5	1120	烟气温度，可见度，风速，辐射	2~30[a]	新建公路隧道，喷淋系统
比荷卢2号（2nd Benelux）隧道试验，荷兰，2002	14	正庚烷+甲苯，小汽车，厢式货车，重型货车模型	50	5.1	872	HRR，烟气温度，燃烧速率，辐射，风速，可见度，光学密度	3~26	新建公路隧道，喷淋系统
卢恩海默（Runehamar）隧道试验，挪威，2013	4	纤维素，塑料，家具，木托架	32~47	4.7~5.1	1600	HRR，烟气温度，板式温度计，CO，CO_2，O_2，HCN，H_2O，氰酸盐，光学密度，异辐射	70~203	废弃公路隧道
布伦斯堡（Brunsberg）试验隧道，瑞典，2011	2	地铁车厢	44	6.9	276	HRR，烟气温度，板式温度计，CO，CO_2，O_2，光学密度，辐射	77	废弃铁路隧道
圣佩德罗（San Pedro）隧道试验，西班牙，2012	1	重型货车模型	37	5.2	600	HRR，烟气温度，板式温度计，CO，CO_2，O_2，光学密度，辐射	150	试验隧道
卡尔顿（Carleton）隧道试验，西班牙，2011	2	火车和地铁车厢	55	5.5	37	HRR，烟气温度，CO，CO_2，O_2	32~55	试验室设施

注：[a]公交车火灾热释放速率为30 MW，其中对流热为20 MW。

20世纪六七十年代，在欧洲开展了第一批大尺度隧道火灾试验，主要是为了解决欧洲公路隧道的火灾问题。由于缺乏HRR数据，格兰特（Grant）等人称这些试验为"诱人的快照"。[4]事实上，由于燃料质量消耗速率、燃烧效率、通风量、风向以及压力条件等重要参数数据不全，这些试验结果通常难以用来验证理论模型、缩尺试验模型关联式的可靠性。其中，欧洲著名的大规模隧道火灾试验项目有奥费耐格试验[5]（1965年，24 m²，190 m）①、格拉斯哥试验[6]（1970年，40 m²，620 m），茨文伯格试验[7,6,8]（1974—1975年，20 m²，370 m）。其中，奥费耐格试验[9]和茨文伯格试验[8]都有详细的研究报告，对试验数据和试验装置细节进行了记述。1980年，日本公共工程研究所（P.W.R.I）在自建的大尺度试验隧道（57.3 m²，700 m）以及Kakei隧道（58 m²，3277 m）开展了一系列大尺度隧道火灾试验。[10]但是，由于试验对外公开的英文数据有限，所以P.W.R.I试验并不为外界所广泛了解。该试验中第一次尝试在隧道内燃烧真实车辆（小汽车和公交车）作为火源，与同时期欧洲开展的火灾试验一样，试验也未进行HRR测量，仅初步估算了燃料质量损失情况。但是，这些试验结果仍对隧道防火安全标准、准则产生了重大影响。

耗氧量热法使隧道火灾试验中测量HRR变得更为容易也更为准确[11,12]，是目前应用最为广泛的HRR确定方法。此外，研究人员也尝试通过其他气体浓度变化来确定HRR，例如图沃森（Tewarson）介绍了一种基于CO_2生成测量的方法[13]，并在隧道火灾试验中得到应用。

20世纪八九十年代，大规模隧道火灾试验研究进入一个新阶段。1985年，德国布伦瑞克技术大学（TUB）和芬兰（VTT）研究人员合作，利用木垛火模拟地铁车厢着火（80 GJ）、两辆乘用车碰撞着火，开展了两次大尺度隧道（24 m²～31 m²，140 m）燃烧试验。[14,15]研究人员最初计划利用耗氧量热法测试HRR，但是由于现场氧气、流量测量中存在较大不确定性，试验中未成功测得HRR数值。[16]1990—1992年，TUB-VTT合作研究进一步扩大为著名的EUREKA项目EU499（FIRETUN）（25 m²～35 m²，2300 m）[15]。研究人员在试验中首次利用耗氧量热法测定隧道内大型车辆燃烧HRR，其准确性尽管不及试验室条件，但总体相对较好，可以满足现场试验测试需要。

EUREKA的EU499项目为隧道工程师们提供了诸多车辆类型（小汽车、火车、地铁车厢、载满家具铰接式卡车）在隧道内燃烧的HRR数据[17-19]，并包含了最全面的轨道、地铁车辆防火测试，成为迄今为止具有里程碑意义的大尺度隧道火灾试验。但是，EUREKA的EU499项目中没有考虑车辆之间火灾蔓延的风险，这主要是因为在此之前，很少发生像20世纪90年代末、2000年初那样涉及多辆车辆着火的灾难性事故。

另一个具有里程碑意义的大尺度隧道火灾试验是纪念隧道试验（1993—1995年，36 m²～60 m²，853 m）。[20]试验采用油池火（低硫2号柴油）作为火源，而不是燃烧真实车辆，以简化火源的影响，重在分析不同通风系统的性能。为了研究车辆对通风量的影响，在不同位置摆放了代表车辆的模型。在火源上、下游均设置了综合测试仪器，进行详细的参数测试。毫无疑问，纪念隧道试验很好地表明了不同类型通风系统的性能和火灾烟气控制效果。此外，其试验数据也是迄今为止记录最完整的火灾测试结果（CD-ROM），为计算流体力学模型的验证提供了重要的数据来源。测试结果为波士顿中央干道隧道工程（BCAT）通风系统设计提供了重要的基础数据，清楚地展示了纵向通风排烟系统对火灾烟气控制的有效性，以及泡沫灭火喷淋系统的对隧道灭火的适宜性，对后续隧道工程火灾排烟系统设计产生了重大影响。研究人员首次在大尺度隧道火灾试验中，证实了HRR与临界速度的相关性及变化规律。随着HRR增大，临界速度呈增大趋势；但是当纵向（通风）速度超过3 m/s，其数值趋于恒定，与HRR无关。毫无疑问，EUREKA试验和纪念隧道试验是迄今为止最全面、最昂贵、最知名、最受好评的大型隧道火灾试验，它们被确定为"大尺度火灾试验"，为工程人员了解隧道消防安全标准、知识奠定了一个崭新的基础。

---

① 括号中数据依次为：试验年份，隧道横截面面积，隧道长度。

自21世纪初以来，研究人员在大尺度隧道中进行了一系列中等尺度火灾燃烧试验。2001年研究人员在新Tomei高速公路清水3号隧道（115 m²，1120 m）利用汽油池火、小汽车、公交车作为火源，进行大尺度燃烧试验。[21]试验重点关注：不同通风系统（自然通风、纵向通风）、水喷淋系统下，大断面隧道（三车道）内热烟气扩散规律。2002年，研究人员在荷兰第2比荷卢隧道（50 m²，872 m），用小汽车、木托架（模拟载货重型货车）作为火源，进行多组大尺度火灾试验[22]，详细测试了自然通风、纵向通风、水喷淋系统性能，以及纵向通风对重型货车、小汽车火灾HRR的影响。2003年，针对重型货车火灾，研究人员在卢恩海默隧道（47 m²，1600 m）开展了4次大尺度燃烧试验，获得不同类型货物燃烧火灾发展规律。[23,24]部分普通危险货物燃烧后，尽管其初始火灾增长速率不及油罐车火灾，但其最高烟气温度与油罐车火灾基本相当。这个重要发现对后续隧道工程构件耐火试验提供了重要参数，影响了公路隧道的防火设计。针对铁路机车，研究人员在布伦斯堡隧道和卡尔顿试验室进行了两次大尺度火灾燃烧试验，试验中峰值HRR介于32 MW ~ 77 MW，数值远高于设计值。

除此之外，已有文献还报道了众多在中等尺寸隧道（横断面积介于5 m² ~ 13 m²）内开展的燃烧试验。1991年，艾普特（Apte）等人在一个纵向通风矿井巷道中（13 m²，130 m）开展了详细的油池火燃烧试验。[25]试验分析了纵向通风对油池火燃烧速率的影响，试验结果被广泛应用于计算流体力学模拟的试验验证。1992—1993年，研究人员在英国巴克斯顿的健康与安全试验室（HSE）（5.4 m²，366 m）开展了广泛的燃烧试验研究（包括隧道阻塞、开敞隧道情况），旨在为研究纵向通风、烟气逆流相互作用的CFD模拟提供试验数据支持。[26]试验中使用了多种火源模拟隧道火灾，例如阻塞隧道选用英吉利海峡隧道的1/3缩尺重型货车穿梭列车作为火源，开敞隧道选用煤油池火作为火源，在第二阶段试验研究人员又使用了木垛作为火源。研究人员尝试利用耗氧量热法，以及燃料质量消耗速率结合燃烧效率等方法，确定试验HRR数值。试验结果表明：随着HRR的增大，临界速度趋于恒定值，这与托马斯（Thomas）提出的简单模型[27]规律并不一致。这一结论对隧道纵向通风系统的设计非常重要，并在纪念隧道试验中得到了进一步证明。20世纪90年代，当时CFD模拟程序还不完善，无法有效地预测光学烟雾密度，却能很好地预测烟气浓度。为此，1995年，英格森（Ingason）等人在一个中型尺寸隧道（9 m²，100 m）内进行了木垛火、油池火、乘用车火灾试验[28]，旨在建立光学烟雾密度和气体浓度之间的相关性[29]，并用于改进CFD模拟程序。试验结果表明：隧道内不同位置处光学密度（可见度）与烟气浓度实测值具有良好的对应关系，基于烟气浓度预测烟雾光密度或能见度是一个可行的方法。

除了以上列举试验以外，在大型隧道中还进行了许多其他火灾试验测试，包括商业目的的火灾测试，以及隧道运营前对其通风系统的性能测试。使用火源种类多样，包括油盘火、木垛火，以及小汽车火灾等。相关测试的实例可以在文献[30,31]和隧道安全手册[32]中找到。

2000年，在勃朗峰隧道灾难性火灾（1999年）后启动的法律调查框架内，研究人员在同一隧道（50 m²，11600 m）中进行了一系列大规模火灾测试[33]，旨在了解火灾发生前半小时内的基本情况。试验分两个阶段开展：在第一阶段进行了3次 8 MW柴油池火火灾试验，每次试验都调整了烟雾控制条件；在第二阶段进行了一次试验，使用一辆真实的重型载重货车和一辆与1999年肇事货车类似的拖车（装载货物要少得多）。火源位置纵向通风速度约为1.5 m/s。同时为了控制峰值HRR，试验车辆轮胎被拆除、燃料箱燃料清空，拖车里只储存了400 kg人造黄油。卡车、拖车及其装载货物的燃烧总放热量估计为76 GJ，这一放热量水平与勃朗峰隧道火灾实际放热量（约500 GJ ~ 600 GJ）具有一定的可比性。试验中依次点燃放置在重型货车驾驶室、驾驶室后面、拖车上的3个装满柴油、乙醇混合物的小油池。试验前40 min，重型货车火灾HRR低于池火，约为6 MW，然后HRR逐渐增大到23 MW，这与重型货车拖车的大面积燃烧有关。

3.3　大尺度隧道火灾试验

表3.1中汇总了大尺度火灾燃烧试验的详细信息，其中多数试验并未涉及FFFS（雨淋系统或雨淋喷淋系统）的影响。我们尽可能整理给出不同试验的峰值$HRRs$（$\dot{Q}_{max}$）、燃料质量损失率（$\dot{m}''_f$）、环境温度（T_0）和顶板下方最高烟气温度（T_{max}）以及顶板下方最大水平火焰长度（L_f）等数据。其中最大水平火焰长度是基于顶棚下方烟气温度测量结果，并假定火焰尖端温度为600 ℃[34]确定得到的。部分试验考虑了FFFS开启的影响，但是本章仅给出了简要的描述，详细可见第16章。

3.3.1　奥费耐格隧道火灾试验（1965年）

20世纪60年代，瑞士正在兴建多个大型公路隧道项目，工程师们亟须了解隧道火灾相关信息。为此，1965年研究人员在瑞士奥费耐格隧道首次进行了一系列大规模火灾试验，获得了大量科学和工程技术数据。[5]试验主要目的是针对汽油槽车火灾，评估不同通风方式（自然通风，纵向通风①，半横向通风②）下隧道通风量。试验数据为研究人员评估隧道火灾危险水平、人员救援可能性，以及火灾对隧道施工和设备安装的影响提供了重要信息。此外，试验还研究了喷淋系统（FFFS）对火灾救援的影响。

试验在一个一端封堵的拱形单轨铁路隧道（23 m²，3.8 m宽，6 m高）内开展，封堵端距离隧道入口约190 m。关闭隧道入口后，试验隧道变成1个长度190 m的封堵隧道。火源采用矩形油池火（燃料为汽油），油池边缘距隧道入口131.5 m，考虑三种油池面积变化（A_f = 6.6 m²/47.5 m²/95 m²），研究人员在隧道里共进行了11次试验测试，详细试验数据统计见表3.2。其中，小油池、大油池的燃料大致相当于两辆小汽车油箱燃料以及汽油槽车的燃油喷溢量。

燃烧产生了大量浓烟并以11 m/s的速度沿隧道移动，造成火灾发生10 s～20 s后隧道内能见度迅速下降。随着燃烧燃料的增多，隧道内视觉环境持续恶化。[35]试验发现热量散发是人员逃生的决定性因素。此外，试验还发现：火源的单位面积燃烧速率与试验装置以及隧道通风情况等因素密切相关。例如，由于试验使用的油池宽度（3.8 m）与隧道宽度（4.2 m）接近，造成燃烧过程中氧气补充相对困难，进而影响燃烧。反之，如果在一个横断面更宽的隧道内开展燃烧试验，结果可能会大不相同。以中等油池火（A_f = 47.5 m²）为例，与自然通风相比，半横向通风下（送风量15 m³/s）燃料的燃烧速率未见明显提升。纵向通风系统开启后（纵向风速1.7 m/s），随着氧气供给的改善，燃料与空气混合充分，燃料的燃烧速率显著提升，约为自然通风下数值的两倍。与开放环境下汽油油池火相比，对于较小油池面积（6.6 m²），单位面积燃烧速率略低。

假定燃料燃烧热为43.7 MJ/kg，燃烧效率为0.8，根据试验实测燃料消耗量，英格森[3]估算了试验火灾热释放速率（HRR）数值，试验平均HRR值介于12 MW～70 MW之间。进一步估算得到3种油池单位面积火灾热释放速率约为2.1 MW/m²、0.95 MW/m²、0.35 MW/m²。此外，试验发现隧道顶棚下方烟气温度（T_{max}）不仅取决于HRR大小，还与通风条件密切相关。以中等油池面积为例，纵向通风时平均火灾热释放速率（HRR）可达70 MW，隧道顶棚下方最高烟气温度可达1325 ℃；自然通风、半横向通风时，平均HRR值约为33 MW～39 MW，T_{max}略有所降低（1200 ℃）。

假定火焰温度为600 ℃，基于隧道顶棚下方0.5 m最高烟气温度实测值，通过线性内插法，进一步确定火源两侧顶棚下火焰长度L_f（火源中心距火焰尖端距离）数值。如表3.2所示，火源两侧火焰长度

---

① 纵向通风由风机通过后端风管送入室外空气，风量为39 m³/s，纵向风速为1.7 m/s。

② 半横向通风系统在较低位置处设置空气进风口，但是未排风或者仅在少数位置处排风，从而使空气和废气沿隧道长度方向流动。沿隧道长度方向风速不断增大，新风送风量约为0.25 m³/s。

表3.2

1965年Ofenegg隧道火灾试验数据[3]

试验序号	A_f (m²)	通风类型	FFFS	送风量 (m³/s)	环境温度 (℃)	洞口流出/流入风速 (m/s)	$\dot{m}_f''$ [kg/(m²s)]	HRR范围 (MW)	平均HRR[a] (MW)	单位面积HRR (MW/m²)	T_{max} (℃)	L_f (m) 入口侧	L_f (m) 封堵侧
1		自然	无	0	16	2.2/1.5	0.062~0.074	14~17	16	2.4	710	18	0
2	6.6	半横向	无	15	17.5	2.2/2.3	0.046~0.062	11~14	12	1.8	830	23	0
2a		纵向	无	39	11	4.2/1.1	0.046~0.062	12~16	14	2.1	450	无数据	无数据
3		自然	是	0	16	1.9/2.7	无数据	无数据	—	—	950	21	0
5		自然	无	0	10	4.8/2.3	0.021~0.026	35~43	39	0.8	1200	66	11
6	47.5	半横向	无	15	10	无数据	0.019~0.021	32~35	33	0.7	1180	100	11
7a		纵向	无	39	11.3	5.8/0.5 (out)	0.032~0.043	60~80	70	1.5	1325	74	7
7		自然	是	0	11.3	—	无数据	无数据	—	—	995	58	11
9		自然	无	0	4.6	4.6/3	0.010~0.011	33~37	35	0.4	1020	79	23
10	95	半横向	无	6	9	5/2	0.009~0.010	30~33	32	0.3	850	82	23
11		自然	是	0	11.2	4.1/2.8	无数据	无数据	无数据	—	800	无数据	无数据

注：[a] $HRR = \eta \dot{m}_f'' A_f \Delta H_c$ 中，η 为燃烧效率；$\dot{m}_f''$ 为每平方米的燃烧速率；A_f 为燃烧区域面积；ΔH_c 为燃烧所释放的热量，即燃烧热。假设试验中自然情况及半横向通风情况下 $\eta = 0.8$，纵向通风情况下 $\eta = 0.9$。燃烧热 ΔH_c 约为43.7 MJ/kg，燃料密度约为740 kg/m³[36]。

呈现明显的不对称性，向隧道洞口侧扩散长度明显大于封堵侧方向。汽油池的大小与通风条件结合在一起，无论温度高低，都起着重要的作用。

对于FFFS系统未开启的小油池及中等油池火灾情况，点火后T_{max}数值迅速升高，大约2分钟达到最大值，然后温度迅速下降，点火约10分钟后T_{max}数值降至200 ℃以下。对于大油池火灾且FFFS系统未开启的情况，T_{max}数值会在最大值稳定约8 min ~ 10 min。氧气浓度测试数据表明几乎所有的氧气被消耗殆尽，大油池火灾（A_f = 95 m²）燃烧模式切换为"通风控制"燃烧。对于大小油池火，其燃烧模式的转变也是造成试验中单位面积HRR值、温度数值较大差异的关键。

奥费耐格隧道火灾试验结果对隧道通风系统的设计具有重要的参考价值，同时也改变了欧洲工程界对喷淋系统（FFFS）在隧道中使用的观点。试验中发现，尽管FFFS有助于扑灭火灾，但同时会造成火源附近区域能见度迅速降低，为人员疏散及救援带来一系列麻烦。此外，明火被扑灭后，汽油蒸气仍旧会持续蒸发，可燃物将在隧道内不断积聚。从最后1组试验工况中可发现，蒸气浓度已进入爆炸极限范围，爆炸瞬时产生的气流速度高达30 m/s。为此，鉴于以上不利影响，研究人员认为在隧道中采用喷淋系统（FFFS）是不适宜的。

3.3.2　格拉斯哥隧道火灾试验（1970年）

英国建筑研究院（BRE）与格拉斯哥消防局合作，在当地一个废弃铁路隧道进行了五次火灾试验。[35]测试的最初目的是为了调查封闭购物商场中火灾烟气的传播规律，与隧道并无关系。试验在一个废弃的铁路隧道，因为它具有接近这种建筑的某些特征。试验隧道长620 m，宽7.6 m，高5.2 m，以煤油为燃料，采用1个、2个、4个组合方形油盘模拟火源。单个油盘边长1.2 m（A_f = 1.44 m²），初始容量45 L，火灾热释放速率HRR约为2 MW，或1.39 MW/m²。

试验中研究人员在隧道内设置了20个测试点，通过人工观察并详细记录了烟气层高度和烟气前锋到达时间。此外，还进行了烟气温度和烟雾遮挡视线的相关测试，但是文献中未给出详细的测试结果。海泽尔登（Heselden）详细描述了点火后隧道内的烟雾发展情况：燃烧产生大量烟气集聚形成一个贯通的烟气层；最初烟气层厚度大约为1 m ~ 2 m（视火灾强度的大小略有变化），随着试验的进行，烟雾厚度逐渐变厚，燃烧10 min后烟层厚度达到3 m ~ 4 m。[35]

在两次测试中，烟气已经扩散至测试隧道尽头，距离火源414 m。尽管仅仅比空气温度高5 ℃左右，烟雾层非常清晰明了。试验发现，在隧道入口位置烟气往往会沉降至地面，并随着冷空气的补流流向火源方向，这可能是与来流空气的混合和冷却作用相关。此时，上部烟气层、下部空气层分界面不再清晰。虽然已经形成了一层烟雾，但是在顶棚射流到达隧道尽头之前，一些光学上较薄的烟气层开始在上部烟气层下部积聚。这可能是由于烟鼻处湍流作用更强，烟气向下渗混；或者是由于在障碍物处的混合；或者是由于与墙壁接触而冷却的烟，黏附在墙壁上，然后往下移动，被卷入主气流，随即进入火场。

格拉斯哥火灾试验在隧道文献中没有被广泛引用，主要是由于获得的试验数据点较为分散，而且试验设计初衷与隧道防火安全无关。有关格拉斯哥火灾试验的详细信息可以在文献中找到。[37]

3.3.3　西米恩隧道火灾试验（20世纪70年代初）

20世纪70年代初，FRS（火灾研究院）、汉普郡消防队和英国铁路公司合作，在汉普郡西米恩（West Meon）附近一个废弃铁路隧道进行了一次大尺度火灾试验。[35]试验隧道长480 m，宽8 m，高6 m，以小汽车为火源（距离隧道入口45 m）。小汽车燃烧过程中产生浓烟，在隧道内风流（风速约为2 m/s）的影响下，在隧道内蔓延，顶棚下形成了3 m厚烟气层。但是，研究人员仍可以停留在火源附近，近距离观察火灾发展。观察人员除了后期有头痛感以外，未见其他明显不适。测试结果为1994年通车的英吉利海峡隧道的建设提供了宝贵的建议。

3.3.4 茨文伯格隧道火灾试验（1975年）

20世纪70年代初期，奥地利规划兴建多个大型公路隧道项目。为了了解不同通风系统（纵向通风，半横向通风和全横向通风[①]）对着火隧道内能见度、热量扩散和有毒气体分布的影响，以及燃烧放热对拱顶结构、排风机的影响。在奥费耐格隧道试验10年之后（1975年），研究人员在奥地利茨文伯格隧道也开展了一系列火灾燃烧试验。[7]

奥费耐格试验集中研究在通风模式基本不变的情况，而茨文伯格试验的主要目的是研究通风模式的变化如何影响隧道内的条件。对于隧道通风系统的运行，试验主要回答以下两个主要问题[6]：

1. 当隧道发生火灾时，应提供多少新鲜空气，以获得最佳的环境？
2. 纵向通风对隧道内部环境有什么影响？

除此之外，该项目研究范围还包括研究隧道火灾对人员疏散的影响。试验中详细测试了隧道内的烟气温度、有毒气体和氧气的含量、烟雾中能见度以及火灾持续时间。目的也是通过选择不同类型的通风系统来寻找改善着火隧道内环境的方法。该试验的重点之一是研究火灾对隧道结构和隧道内技术设备的影响。

试验隧道为奥地利铁路公司的一个废弃铁路隧道，隧道长度为390 m，宽度为4.4 m，高度为3.8 m（距风道底），通行空间横断面积为20 m²，自南向北纵坡为2.5%。隧道采用全横向通风系统，送风量、排风量相同，为30 m³/s，送风口、排风口沿隧道长度每隔6 m交替安装，送排风道横断面积为4 m²。此外，为了模拟纵向通风系统，研究人员在隧道南部洞口附近安装一台射流风机，可为通行空间提供最大风速为7 m/s的纵向风流。

火源位于距隧道南侧洞口108 m处，由12个独立混凝土托盘（单个托盘宽1 m×长1.7 m）组成，分为两排布置，燃料（汽油或柴油）总容积为900 L，油池面积为20 m²。分别使用不同燃料（汽油、柴油）、不同混凝土托盘组合，模拟不同的油池面积大小（3.4 m²/6.8 m²/13.6 m²），完成了30组试验测试工况。其中，标准火灾试验使用4个混凝土托盘（油池面积 A_f = 6.8 m²，200 L燃料），大型试验使用8个混凝土托盘（油池面积 A_f = 13.6 m²）。在23组标准火灾试验中，重点考虑以下参数变量：（1）新风送风位置（下部或上部）；（2）排风量；（3）送风量；（4）纵向通风系统；（5）通行空间内的遮挡情况。试验中共安装了46个温度测点，11个空气、烟气速度测点，19个气体组分测点（O_2、CO_2、CO、CH和NO_x），7个能见度测点。试验测试的详细信息见表3.3。其中，试验参数的选定组合可以从表3.3的第2列中获得。

1975年茨文伯格隧道试验的相关数据　　　　　　表3.3

序号	工况编号	试验条件[a]	燃料（容积/A_f/类型）	T_0（℃）	$\dot{m}_f''$ [kg/(m²s)]	平均HRR[b]（MW）	T_{max}（℃）	L朝向北部（m）	L朝向南部（m）
101	U-1-1-7-F	TOF	100 L/3.4 m²/汽油	无数据	0.064	8	无数据	无数据	无数据
102	U-1-1-2.5-F	TOF	200 L/6.8 m²/汽油	无数据	0.051	12	无数据	无数据	无数据
103	U-1-1-0-F	FTV	—	12	0.044	10	904	19	6

---

① 横向通风具有抽风和供给空气功能。全横向通风系统的排风量、送风量相等。

续表

序号	工况编号	试验条件[a]	燃料（容积/A_f/类型）	T_0（℃）	$\dot{m}_f''$ [kg/(m²s)]	平均HRR[b]（MW）	T_{max}（℃）	L_f朝向北部（m）	L_f朝向南部（m）
104	U-1-1/3-0-F	—	—	10	0.052	12	1240	14	60
105	X-1-0-0-F	EO	—	12	0.054	13	1320	11	12
106	0-1-1/3-0-F	—	—	8	0.049	12	1222	15	12
107	0-1-1-0-F	FTV	—	10	0.035	8	1080	17	10
203	U-1-1-0-A	FTV	—	8	0.041	10	856	21	6
204	U-1-1/3-0-A	—	—	10	0.041	10	1118	16	11
205	X-1-0-0-A	EO	—	10	0.051	12	1254	17	14
206	0-1-1/3-0-A	—	—	8	0.049	12	1318	20	20
207	0-1-1-0-A	FTV	—	10	0.033	8	1134	19	10
208	U-0-1-0-A	STV	—	12	0.035	8	822	23	7
209	U-1-1-2-A	FTV	—	14	0.048	13	663	15	0
210	U-1-1/3-2-A	—	—	12	0.045	12	563	5	0
211	U-1-1-2-F	FTV	—	12	0.044	12	670	16	0
212	X-0-0-2-A	PLV	—	14	0.044	12	623	12	0
213	X-0-0-4-A	PLV	—	12	0.045	12	312	10	0
214	X-0-0-0-A	EO	—	16	0.040	9	1000	23	0
215	0-1-1-2-F	FTV	—	12	0.044	12	612	10	0
216	0-0-1-0-A	STV	—	13	0.037	9	893	26	5
217	0-0-1/3-0-A	STV	—	11	0.032	8	1165	26	10
218	0-1-1/3-2-A	—	—	10	0.040	11	623	12	0
219	X-1-0-2-A	EEO	—	6	0.040	11	675	16	0
221	X-1-0-2-A	EO	—	8	0.028	7	723	4	0
220	X-1-0-0-A	EO	200 L/6.8 m²/柴油	8	0.041	10	643	13	0
301	X-1-0-0-A	EO	400 L/13.6 m²/汽油	6	0.042	20	1332	59	12
302	0-1-1/3-0-A	—	—	6	0.035	17	1320	46	31
303	0-0-1/3-0-A	—	—	8	0.044	21	1330	60	21
2000	U-0-1-0-A	STV	木材，橡胶	无数据	无数据	无数据	无数据	无数据	无数据

注：[a]TOF：测试设备调试（预备试验）；FTV：全横向通风系统；EO：仅排风；STV：半横向通风；PLV：纵向通风；EEV：大尺度排风口集中排风。

[b]假定在自然通风、半横向通风，以及纵向通风的试验中，燃料的燃烧热为43.7 MJ/kg，燃料密度为740 kg/m³。[36]

其中，各符号数字意义见表3.3.1。以序号210试验为例，其工况编号为U-1-1/3-2-A。

表3.3.1

U	送风口位置：U = 从下面，O = 从上面，X = 没有送风	1/3	送风量：1 = 标准风量30 m³/s，1/3 = 10 m³/s
		2	通行空间中纵向风流（2 m/s）
1	排风量：1 = 标准风量30 m³/s，1/3 = 10 m³/s	A	通行空间状况：F = 自由界面，A = 通行空间中的测试模型

通风类型的选择、汽油池的尺寸、隧道的长度，以及不使用FFFS，是茨文伯格试验与奥费耐格试验的主要不同参数。茨文伯格试验油池火单位面积燃烧速率介于0.032 kg/(m^2·s) ~ 0.064 kg/(m^2·s)之间，均值为0.043 kg/(m^2·s)，数值与奥费耐格试验数据［0.009 kg/(m^2·s) ~ 0.074 kg/(m^2·s)］有明显的偏差。造成这种差异的原因主要有3方面：（1）奥费耐格试验所用油池面积远大于茨文伯格试验；（2）两个试验隧道建筑布局不完全相同，茨文伯格试验隧道两端开敞，而奥费耐格试验隧道则一端封闭；（3）奥费耐格试验油池宽度与隧道宽度接近，燃烧过程中一定程度上限制了空气的及时补给，进而影响燃烧效果。此外，两次试验燃烧速率数值也不同于开放环境自由燃烧条件下的数值［0.055 kg/(m^2·s)[36]］，这与其测试方法有关。事实上，燃烧过程中燃烧速率$\dot{m}''_f$并不是恒定不变的，特别是在燃烧开始阶段和燃尽前的衰减阶段是不断变化的，仅在两个阶段之间才存在稳定燃烧过程。茨文伯格、奥费耐格试验中燃烧速率的确定并不是基于实时称重测试的结果，而是根据燃料消耗量、燃烧时间估算得到，导致结果偏于保守。

研究人员进一步将隧道划分为二类危险区域：第一类是有致命影响的区域；第二类是有潜在危险的区域。[3]其中，第二类区域的判别标准是空气温度≥80 ℃，CO_2浓度≥4.3%，CO浓度≥1000 ppm。研究发现，通风系统在很大程度上影响了隧道内危险区域和浓烟区域的范围。在合理设计新风供应的情况下，全横向通风系统（FTV）可以实现最优的隧道内环境控制效果。而采用送风型半横向通风系统（STV），仅能适度改善隧道内的环境条件，系统设计时需要充分考虑火灾工况下功能的快速切换问题（送风→排风）。对于着火的双向交通隧道，由于系统设置了集中排烟，FTV和STV系统往往比纵向通风系统可以更为有效地控制烟气。为此，研究人员特意强调：除由于气象条件等原因需要采取措施的情况外，火灾发生时应关闭纵向通风系统。对于单向交通隧道，在人员、车辆没有被困在火源下游的情况下，纵向通风系统可以保护火源上游区域人员的安全。茨文伯格试验结果被工程界广泛采纳，其建议被列入世界各国隧道通风系统设计指南。

3.3.5　P.W.R.I隧道火灾试验（1980年）

日本公共工程研究所（P.W.R.I）开展了两次大规模隧道火灾试验，第一次是在P.W.R.I全尺寸试验隧道上开展了16组测试试验；第二次是在Kakeitou隧道中开展了8组测试，主要是用于分析着火隧道内人员逃生环境。P.W.R.I全尺寸试验隧道总长度700 m，横截面积57.3 m^2（H = 6.8 m），Kakeitou隧道全长3277 m，横截面58 m^2（H = 6.7 m），两条隧道均设有通风系统和FFFS系统。纵向通风系统可在隧道内形成高达5 m/s的纵向气流。

燃烧所用的火源包括汽油池火、乘用车和大型公交车等。尽管汽油池火不能完全代替车辆着火的实际情况，但是其具有良好的可重复性和稳定性，这也是汽油池火广泛应用于隧道火灾试验的一个重要原因。试验中采用的汽油池有4 ~ 6个组合油盘（单个组合油盘A_f = 1 m^2，装满72 L汽油），4 m^2和6 m^2汽油池火点燃释放的热量与大型公交车、乘用车燃烧放热相当。乘用车火灾试验中，驾驶员座位门是半开的，其他车门、窗户关闭，油箱里大约存放10 L ~ 20 L汽油。大型公交车火灾中，驾驶员座位旁边窗户、上下车门全部打开，油箱里存储50 L汽油。利用预先浸入少量汽油的棉布引燃后排座位，点燃汽车引发火灾，并进行详细的试验测试。测试参数包括：烟气温度（Kakeitou隧道，84个测点）、烟气浓度（Kakeitou隧道，78个测点）、烟气速度（5个测点）、O_2浓度（1个测点）、CO浓度（3个测点）、辐射（1个测点）、燃料的质量消耗速率。试验中未测试燃烧热释放速率（HRR），根据燃料燃烧热、燃烧速率，估算得到燃烧热释放速率峰值（Q_{max}）见表3.4。

试验中根据汽油池液面的变化量来确定燃料的质量消耗速率。不同纵向风速下，燃料的燃烧速率有明显差别。纵向风速u = 1 m/s和u = 4 m/s下，燃料的消耗速率分别为0.63 cm/min和1.24 cm/min。

假定汽油密度为740 kg/m³，折合可得燃料燃烧速率分别为0.078 kg/(m²·s)和0.153 kg/(m²·s)。显然，较低纵向风速条件下，燃烧速率测试结果与室外自由燃烧条件下数值0.42 cm/min［0.052 kg/(m²·s)］相当；纵向风速$u=4$ m/s下，测试结果比室外自由燃烧条件下数值大约高出2倍。乘用车火灾试验中，纵向风速$u=1$ m/s和$u=4$ m/s下，燃料燃烧速率约为7.4 kg/min(0.15 kg/s)和10 kg/min(0.17 kg/s)。假设燃料的燃烧热为30 MJ/kg，其火灾热释放速率则约为4.4 MW和5 MW。已有报道，公交车座位燃烧速率为6.9 kg/min～8.1 kg/min(0.11 kg/s～0.14 kg/s)。

此外，研究人员比较分析了在相同火源、纵向风速下，FFFS的开启与否对隧道内环境的影响。FFFS开启时间约为20分钟，FFFS系统覆盖区域为火源正上方区域，隧道路面排水量为6 L/(min·m²)。部分测试工况，FFFS系统被用于火源下游区域，以检查其对热烟气的冷却效果。为了探讨拥堵隧道内火灾蔓延的可能性，研究人员针对车辆纵向、横向密集布置情况，专门进行了一次火灾试验研究。

试验中发现火灾对隧道内空气温度的影响限于火源附近区域，表3.4汇总了不同试验工况下火灾热释放速率峰值（Q_{max}）和顶板下方最高烟气温度（T_{max}）。显然，纵向风速越大，顶板下方最高烟气温度越低。遗憾的是试验中并未测试火焰长度数据，参照自由燃烧火焰高度数值，可以初步判断试验中火焰并未触及隧道顶棚。

了解隧道内烟气扩散规律和烟气的控制效果对于人员安全疏散意义重大。[10]试验结果表明：对于4 m²汽油池火或大型公交车火灾，在纵向风速低于2 m/s的情况下，可维持约10分钟的人员疏散环境，疏散距离约为300 m～400 m。随着纵向风速的增大，烟气弥漫整个隧道断面，造成任何形式的人员疏散都变得更为困难。试验发现，当纵向风速达到2.5 m/s，可以有效地防止烟气向火源上游逆流。但是增加纵向风速也会影响燃烧，造成燃烧放热量和烟气量的增多。隧道内安装的FFFS系统不仅无法扑灭汽油池火、车辆火灾，而且会加速烟气沉降，造成地面区域疏散环境恶化，需要引起重视。

1980年日本P.W.R.I.隧道试验数据[3,10]   表3.4

试验序号	试验隧道	火源（油池面积/燃料体积）	u（m/s）	点火后FFFS开启时间（min）	Q_{max}[a]（MW）	T_{max}（℃）（距离火源中心5 m，无FFFS）
1		4 m²/288 L	0.65	—	9.6	252
2		4 m²/288 L	5	—	9.6	41
3		4 m²/288 L	0.65	3	9.6	FFFS系统开启，无数据
4		4 m²/288 L	5	3	9.6	FFFS系统开启，无数据
5		6 m²/432 L	2	—	14.4	429
6		6 m²/432 L	2	0	14.4	FFFS系统开启，无数据
7		乘用车	1	—	无数据	62
8	P.W.R.I.	乘用车	3	—	无数据	未得到
9	(700 m)	乘用车	5	—	无数据	未得到
10		乘用车	1	2.4	无数据	FFFS系统开启，无数据
11		乘用车	3	2.4	无数据	FFFS系统开启，无数据
12		乘用车	5	2.4	无数据	FFFS系统开启，无数据
13		大型公交车	5	—	无数据	166
14		大型公交车	0.65	1.4	无数据	FFFS系统开启，无数据
15		大型公交车	2	10.5	无数据	FFFS系统开启，无数据
16		大型公交车	5	1.37	无数据	FFFS系统开启，无数据

续表

试验序号	试验隧道	火源（油池面积/燃料体积）	u（m/s）	点火后FFFS开启时间（min）	Q_{max} [a]（MW）	T_{max}（℃）（距离火源中心5 m，无FFFS）
17		4 m² /288 L	0	—	9.6	511
18		4 m² /288 L	2	—	9.6	199
19		4 m² /288 L	5	—	9.6	69
20	Kakei（3277 m）	4 m² /288 L	0	3	9.6	FFFS系统开启，无数据
21		4 m² /288 L	2	3.16	9.6	FFFS系统开启，无数据
22		4 m² /288 L	5	3	9.6	FFFS系统开启，无数据
23		大型公交车	0		无数据	186
24		大型公交车	0	2.5	无数据	—

注：[a]假定燃烧状况良好，汽油燃烧速率为0.055 kg/(m²·s)，燃烧热为43.7 MJ/kg单位面积火灾强度为2.4 MW/m²。[36]

3.3.6　TUB-VTT火灾试验（1986年）

作为德国—芬兰隧道火灾合作研究的一部分，德国布伦瑞克工业大学（TUB）和芬兰国家技术研究中心（VTT）研究人员在芬兰东南部拉彭兰塔进行了两次大规模隧道火灾试验。两国研究人员在此合作研究的基础上，后续进一步扩大发展为著名的EUREKA项目EU499。

研究人员在一个位于地下45 m处的石灰石采石场坑道进行了2次预备试验。试验隧道长度140 m，宽度6 m，高度5 m，隧道内壁为天然方解石岩石，未经过加强保护处理。试验中火源采用堆积较为松散的木垛火（含水率17%，孔隙率约50%）。第一次试验模拟一辆停在隧道里的地铁车厢发生火灾，第二次试验模拟隧道车流中一辆汽车着火情况。点火前纵向通风系统（通风量7 m³/s）开启，隧道内纵向风速约为0.2 m/s ~ 0.4 m/s。试验中详细测试了隧道内空气温度、壁面温度、顶棚温度，以及放置在地面上的钢制、混凝土柱子的温度。测量了隧道洞口附近O_2、CO_2、CO浓度以及空气流速变化。考虑现场条件，O_2和流量测量具有较大不确定性，研究人员未采用耗氧量热法测量燃烧热释放速率，而是利用称重法测量了木材的质量损失进而确定燃料的燃烧速率。研究人员在隧道内距洞口19 m处设置了速度测点，发现火灾热释放速率达到峰值时，断面上部区域烟气以6 m/s的速度向洞外扩散，断面下部空气以0.3 m/s速度向洞内流动。

第一次测试（编号F1-1）使用7600 kg木垛燃料，平铺在3.2 m×48 m的轻质混凝土砌块上（距地面0.47 m）。从火源上游端部点火后，木垛以0.66 mm/s的恒定速度持续燃烧了21.5小时，未发生轰燃现象。第二次测试（编号F1-2）火源由8个独立木垛（长×宽×高＝1.6 m×1.6 m×0.8 m）组成，木垛间距1.6 m，木垛底部距隧道地板0.5 m高，木垛质量为500 kg。试验中同时点燃火源上游端部两个相邻的木垛。火灾发展迅速，点火后15分钟，火灾热释放速率达到峰值8 MW，然后火灾开始进入衰减阶段。试验结束后发现2个点燃的木垛完全烧尽，但是并未引燃相邻的木垛。为此，研究人员又尝试从火源下游端部点燃木垛，这次火灾发展相对缓慢，点火后20分钟达到峰值热释放速率3 MW，并在峰值稳定了约45分钟（中间短暂达到4 MW）。两次点火位置的不同，造成火灾发展方向也不同，顶棚下方最高温度也有明显差异。上游点火情况顶棚下方烟气在点火后20分钟达到最大烟气温度675 ℃，下游点火下烟气达到峰值温度有所延迟（点火后26分钟），而且温度进一步降低至405 ℃。

试验中近火源附近的侧壁和顶棚上有10 cm ~ 20 cm厚的岩石层发生脱落，给测试人员的安全带来威胁，同时也造成部分测试仪表损坏。此外，研究人员发现基于现有室内消防规范的理论计算模型，无法准确地预测隧道内轰燃现象的发生。

3.3.7 EUREKA EU499 隧道火灾试验（1990—1992年）

EUREKA EU499试验项目在挪威北部一个废弃隧道（Repparfjord隧道）中开展。试验隧道长2300 m，纵坡小于1%，从隧道入口由南向北延伸至一个90 m高竖井（横截面9 m^2）。拱形隧道宽度约5.3 m ~ 7.0 m，隧道中心最大高度约4.8 m ~ 5.5 m。1990—1992年，研究人员共开展了21次大规模火灾试验，其中多数试验是在1992年完成的，详细数据见表3.5。EU499试验项目的主要目的是研究不同火源（包括真实汽车、火车等）的燃烧特点，了解着火隧道内人员逃生和救援的可能性，以及灭火后观察隧道结构的损伤情况。其试验结果所揭示的火灾发展规律对当今大型隧道工程设计具有重要意义。

EU499试验项目中，研究人员首次利用耗氧量热法，实测大型隧道火灾试验热释放速率（HRR）。其测试得到的真实车辆、木垛火、庚烷油池火HRR数值具有重要的工程应用、科学分析参考价值。木垛火试验结果表明，随着通风量的增加，火灾增长速率有增加趋势，但峰值HRR变化并不明显。此外，试验中发现车辆材质对燃烧也有影响。例如，铝制地铁车厢和校车（GFRP）燃烧，顶棚下方最高烟气温度可达800 ℃ ~ 1060 ℃，火灾热释放速率（HRR）约为29 MW ~ 43 MW（试验编号7，11，14）。而对于钢制车身结构的列车，其火灾释放速率（HRR）小于19 MW，火灾持续时间更长，顶棚下方烟气温度往往低于800 ℃（试验编号4，5，12，13）。乘用车燃烧火灾热释放速率约为6 MW，最高烟气温度约为210 ℃ ~ 480 ℃（试验编号3，20），而且两种车身材质（塑料、钢制）燃烧数据结果相差不大。假定火焰尖端温度为600 ℃，基于顶棚下方烟气测试温度分布[38]，进一步可以确定顶棚下方火源两侧（朝洞口方向、朝竖井方向）火焰长度数值，见表3.5。

此外，试验结果表明，玻璃窗对钢制车厢燃烧火灾发展有明显影响，其增长速度由窗户破裂的顺序和时间决定。车厢内烟气温度的变化也充分证明了这个结论。相比较而言，车厢内装饰材料类型对火灾发展的影响并不明显，要远小于预期判断；而车身的材质和窗户的质量对火灾发展的影响更为明显。对于满载家具的重型货车（不含钢制、铝制材质），最高烟气温度高达1000 ℃，HRR数值达到120 MW ~ 128 MW。烟气前锋以恒定速度沿隧道向前移动，这表明烟气扩散规律与重力流具有相似性。

EUREKA EU499 试验相关数据[3]　　　　　　　表3.5

试验序号	试验时间	火源	u（m/s）	E_{tot}（GJ）	Q_{max}（MW）	T_0（℃）	T_{max}（0 m）（℃）	T_{max}（距火源中心10 m）（℃）	L_f（m）朝洞口方向	L_f（m）朝竖井方向
1	1990.7.12	木垛火 No.1	0.3	27.5	无数据	~ 5	无数据	500	无数据	无数据
2	1991.7.24	木垛火 No.2	0.3	27.5	无数据	~ 5	无数据	265	无数据	无数据
3	1991.8.8	小汽车（钢制）	0.3	6	无数据	~ 5	210	127	无数据	无数据
4	1991.8.19	地铁车厢F3（钢制）	0.3	33	无数据	4.5	480	630	无数据	~ 17
5	1991.8.29	半节地铁车厢 F5（钢制）	0.3	15.4	无数据	1.7	无数据	430	无数据	无数据
6	1991.9.4	半节地铁车厢 F6（钢制）	0.3	12.1	无数据	4	无数据	无数据	无数据	无数据

续表

试验序号	试验时间	火源	u（m/s）	E_{tot}（GJ）	Q_{max}（MW）	T_0（℃）	T_{max}（0 m）（℃）	T_{max}（距火源中心10 m）（℃）	L_f（m）朝洞口方向	L_f（m）朝竖井方向
7	1992.8.23	校车（GFRP）	0.3	40.8	29	3	800	690	0	~ 17
8	1992.8.28	木垛火 No.3	0.3	17.2	9.5	~ 8	无数据	480	无数据	无数据
9	1992.8.30	木垛火 No.4	3 ~ 4	17.9	11[a]	8.2	无数据	440	无数据	无数据
10	1992.8.31	木垛火 No.5	6 ~ 8	18	12[a]	10.4	无数据	290	无数据	无数据
11	1992.9.13	1.5节地铁车厢 F2Al + F7（铝制 + 钢制）	6 ~ 8/3 ~ 4	57.5	43	3.3	980	950	0	~ 20
12	1992.9.25	1节地铁车厢 F2St（钢制）	0.5	62.5	19	4.7	650	830	0	~ 20
13	1992.10.7	1节地铁车厢 F1（钢制）	0.5	76.9	13	2.2	450	720	0	~ 20
14	1992.10.14	地铁车厢F4（铝制）	0.5	41.4	35	1.6	810	1060	~ 11	~ 22
15	1992.10.23	混合物模拟卡车货物	0.5	63.3	17	~ 0	无数据	400	无数据	无数据
16	1992.10.27	1 m²庚烷池火 No.1	0.6 ~ 1.0	18.2	3.5[b]	~ 0	无数据	540	—[c]	—[c]
17	1992.10.28	1 m²庚烷池火 No.2	1.5 ~ 2.0	27.3	3.5[b]	~ 0	340	400	—[c]	—[c]
18	1992.10.29	3 m²庚烷池火 No.3	1.5 ~ 2.0	21.2	7[b]	~ 0	无数据	无数据	—[c]	—[c]
19	1992.10.29	3 m²庚烷池火 No.4	2.0 ~ 2.5	54.5	7[b]	~ 0	无数据	无数据	—[c]	—[c]
20	1992.11.4	私人汽车（塑料）	0.5	7	6	0	480	250	无数据	无数据
21	1992.11.12	重型货车（带家具）	6 ~ 8/3 ~ 4	87.4	128	~ 0	925	970	~ 19	38

注：[a]燃料质量损失率乘以木材燃烧热（17 MJ/kg）；

　　[b]测量平均燃烧速率［78 g/(m²·s)］× 燃烧热（44.6 MJ/kg）× 油池面积（1 m²）；

　　[c]符号"—"表示水平火焰长度为0，L_f的数值是基于温度测试结果确定。

3.3.8　纪念隧道火灾试验（1993—1995年）

为了评估不同通风系统条件下着火隧道内热烟气扩散情况，研究人员在西弗吉尼亚州高速公路一座废弃的隧道内进行了一系列大规模火灾试验，统称为纪念隧道火灾试验计划（MTFVTP）。试验隧道长853 m，高度8.8 m，双车道设计，自南向北有3.2%的纵坡。隧道最初设计为全横向通风系统，南侧洞口设有送风机房，北侧洞口设有排风机房。隧道内距地面4.3 m高度处利用水平混凝土隔板将隧道分成上下两个区域，下部区域为行车空间（横截面积36.2 m²），上部区域左右分割为送风道、排风道。此外，部分试验工况拆除了水平隔板，马蹄形横断面拱顶高为7.8 m，横截面积为60.4 m²。为了模拟纵向通风系统，拱顶安装了24台射流风机（3台1组，可逆转），沿隧道均匀布置。射流风机功率为56 kW，出口速度为34.2 m/s，体积流量为43 m³/s，耐受最高温度为300 ℃。

测试计划共计包括98项试验，涉及不同的通风系统、火灾规模、FFFS系统。其中，对隧道通风系统进行了大量改造，包含众多通风类型：全横向通风系统（FTV）、半横向通风系统（PTV）、单点排风半横向通风系统、PTV＋超大排气口、点送风＋点排风系统、自然通风、射流风机纵向通风系统。

不同通风系统下纪念隧道火灾试验数据统计[3]   表3.6

试验编号	通风类型	u （m/s）	T_0 （℃）	H （m）	名义Q_{max} （MW）	T_{max}[a] （℃）	L_f[a] （m） 朝北向洞口	L_f[a] （m） 朝南向洞口
101CR	全横向通风	—	21	4.4	10	574	—[b]	—[b]
103	全横向通风	—	19	4.4	20	1361	10	10
113A	全横向通风	—	20	4.4	50	1354	37	0
217A	半横向通风	—	13	4.4	50	1350	45	6
238A	半横向—双区域	—	23	4.4	50	1224	21	13
239	半横向—双区域	—	21	4.4	100	1298	54	15
312A	半横向—单点排风	—	13	4.4	50	1301	42	7
318A	点送风＋点排风	—	11	4.4	50	1125	22	20
401A	半横向—大尺度排风	—	21	4.4	50	1082	21	12
605	纵向通风	2.2	6	7.9	10	180	—[b]	—[b]
607	纵向通风	2.1	6	7.9	20	366	—[b]	—[b]
624B	纵向通风	2.3	14	7.9	50	720	—[b]	21
625B	纵向通风	2.2	15	7.9	100	1067	—[b]	85
501	自然通风	—	13	7.9	20	492	—[b]	—[b]
502	自然通风	—	10	7.9	50	923	27	—[b]

注：[a]数据为机械通风系统开启后测试数值；
[b]符号"—"表示水平火焰长度为0，L_f的数值是基于温度测试结果确定。

试验隧道沿长度方向布置了12组测试断面（多达1400个测点），配备了数据采集仪器动态监测试验过程参数变化（记录间隔1秒）。测试参数包括空气流速、空气温度、CO浓度、CO_2浓度和总碳氢化合物含量（THC）等。此外，研究人员利用7台遥控摄像机记录及评估了热烟气扩散情况及其对能见度的影响。

纪念隧道火灾试验总共完成了98次试验工况，由于篇幅限制，表3.6仅列举部分试验工况下环境温度（T_0）、顶棚最高烟气温度（T_{max}）和顶棚下火焰长度（L_f）数据。其中，针对全横向通风、纵向通风、自然通风，选取了4种火灾热释放速率变化（HRR = 10/20/50/100 MW）；针对半横向通风系统，选取了2种火灾热释放速率变化（HRR = 50/100 MW）。这里需要说明的是：表3.6中数据均是通风系统开启以后的试验测试数据。为便于比较，表3.7列举了部分试验工况预燃烧阶段（通风系统未开启，自然通风条件下）环境温度（T_0）、顶棚最高烟气温度（T_{max}）和顶棚下火焰长度（L_f）数据。

纪念隧道火灾试验相关数据[3]   表3.7

试验编号	T_0 （℃）	H （m）	名义Q_{max} （MW）	T_{max}[a] （℃）	L_f[a] （m） 朝北向洞口	L_f[a] （m） 朝南向洞口
101CR	21	4.4	10	281	—[b]	—[b]
103	19	4.4	20	1053	8	7

续表

试验编号	T_0 （℃）	H （m）	名义Q_{max} （MW）	T_{max}[a] （℃）	L_f[a]（m）	
					朝北向洞口	朝南向洞口
217A	13	4.4	50	1169	8	9
239	21	4.4	100	1210	41	17
606A	6	7.9	10	152	—[b]	—[b]
618A	11	7.9	20	378	—[b]	—[b]
624B	10	7.9	50	829	10	7
615B	8	7.9	100	957	27	9

注：[a]数据为通风系统开启前测试数值；
　　[b]符号"—"表示水平火焰长度为0，L_f的数值是基于温度测试结果确定。

试验火源采用低硫2号燃料油（低硫柴油）油池火，油池面积为4.5 m²、9 m²、22.2 m²和44.4 m²，对应名义火灾热释放速率10 MW、20 MW、50 MW和100 MW，折算得到单位面积油池火灾热释放速率约为2.25 MW/m²。除了火灾强度以外，试验也考虑了多种通风量、近火源纵向风速、风机响应时间等变量变化，以分析其对火灾发展的影响。此外，试验还测试评估了纵向风速对泡沫灭火系统有效性的影响。试验中尝试利用排烟、风机推动、控制流动方向、稀释等多种烟气控制策略，以抵消浮力和外部环境影响，阻止烟气逆流（临界速度）。

根据试验测试报告[20]，纪念隧道火灾试验的主要结论如下：

（1）对于火灾热烟气的控制，火源附近纵向风流与排风量同等重要。因此，仅根据排烟能力确定烟气控制所需的通风量是不够的。火灾排烟标准的确定应充分考虑隧道物理特性和通风系统的影响；

（2）试验中射流风机纵向通风系统可提供3 m/s纵向风速，有效控制高达100 MW火灾热烟气逆向扩散，防止烟气逆流；

（3）火源附近及下游区域内射流风机如处于高温烟气环境下，则易导致设备故障。为此，在纵向通风系统设计时应充分考虑这一因素；

（4）全横向通风系统可采用单区域或多区域设置，并可在平衡通风及不平衡通风模式下运行。单区域平衡通风（送风、排风量相等）全横向通风系统烟气控制能力有限。多区域全横向通风系统可产生一定的纵向风流以控制热烟气扩散；

（5）半横向通风系统可以安装在单一区域或多区域内，并可采用送风、排风模式。单区送风型半横向通风系统（风机不可逆转排风）火灾烟气控制效果较差，排风型半横向系统可以实现一定程度的热烟气控制；

（6）纵向风流是控制火灾中热烟气扩散的重要因素，排烟与纵向风流有效组合可有效控制隧道内热烟气扩散；

（7）单点排风系统（SPE）通过设置在顶部排烟道的大型可控风口，实现集中排烟，从而有效控制隧道内热烟气的扩散范围；

（8）超大排气孔（OEP）系统是横向通风系统的一种改进方案，可在火源附近产生排烟能力。与使用常规尺寸排气口的横向通风系统相比，OEP系统火灾热烟气控制能力有显著提升。OEP系统改进版也适应于双向交通隧道火灾烟气控制；

（9）自然通风系统造成热烟气向火源上坡方向大范围扩散。当然，热浮力的影响与火灾强度大小和隧道几何参数密切相关；

（10）与高温环境相比，火灾热烟气造成隧道内能见度下降对人的影响更为显著。试验中路面附近CO浓度未超过标准限值；

（11）纵向风速较大时，泡沫灭火系统性能明显降低；

（12）隧道进风空气能够提供足够的氧气以支撑燃料的燃烧过程。通风系统的开启在有效控制烟气的同时，并未造成火灾强度的明显增大。

3.3.9　No.3清水隧道火灾试验（2001年）

No.3清水隧道火灾试验相关数据（2001）[3]　　　　　　　　表3.8

序号	试验编号	A_f（m^2）	u（m/s）	T_0（℃）	点火后FFFS开启时间（min）	Q_{max} a（MW）	ΔT_{max}（℃）
1	1G-0	1	0	无数据	无数据	2.4	110
2	4G-0	4	0	无数据	无数据	9.6	577
3	4G-2	4	2	无数据	无数据	9.6	144
4	4G-5	4	5	无数据	无数据	9.6	58
5	4G-0	4	0	无数据	无数据	9.6	无数据
6	4G-2	4	2	无数据	无数据	9.6	无数据
7	4G-5	4	5	无数据	无数据	9.6	无数据
8	9G-2	9	2	无数据	无数据	21.6	300
9	—	3辆乘用车	5	无数据	无数据	无数据	无数据
10	—	1辆大型公交车	2	无数据	无数据	30 b	283

注：a 由于通风条件较好，可假设汽油油池［0.055 kg/(m^2·s)，43.7 MJ/kg[36]］的自由燃烧条件为2.4 MW/m^2；
　　b 该数值根据库尼凯恩（Kunikane）等人[43]获得的对流HRR = 20 MW推算得到，即：因对流HRR为16.5 MW时，FFFS已开启，故假设67%的HRR都为对流传热，继而可有HRR = 20/0.67 = 30 MW。

2001年，研究人员在日本新Toumei高速公路No.3清水隧道进行了10次火灾试验。试验隧道长1119 m（自西向东纵坡2%），三车道设计，马鞍形断面，横断面面积115 m^2（宽16.5 m，高8.5 m）。试验研究主要目的是分析大断面隧道火灾燃烧特点：包括燃烧速率、烟层的形成、纵向风流及FFFS与烟层的相互影响、火灾蔓延风险等。基于试验测试数据，研究人员发表了大量研究报告，内容涉及对流热释放速率HRR和数值模拟[40]、烟气沉降[41]、大断面隧道火羽流[42]、公交车火灾[43]等不同主题。

试验火源采用汽油油池火，油池面积考虑3种变化（A_f = 1/4/9 m^2），据此设计了多组对比试验工况。其中，对于A_f = 1 m^2油池火，试验中未开启通风系统。对于A_f = 4 m^2油池火，试验中考虑了通风系统开启和未开启两种情况，纵向通风风速考虑2 m/s和5 m/s（射流风机安装在西侧洞口，风流自西向东方向）两种变化。对于A_f = 9 m^2油池火，纵向通风系统开启，纵向风速约2 m/s；当通风系统关闭时，西侧洞口同步封堵。此外，试验还考虑了真实车辆在隧道燃烧工况，设计了两组试验工况：一组是三辆乘用车在隧道内燃烧，纵向风速5 m/s情况；另一组是一辆大型公交车在隧道内燃烧，纵向风速2 m/s情况。研究人员在隧道内布置了众多测点，包括91组温度测点（K型热电偶），57组光学烟密度测点，热辐射测点（火源西侧30 m地面上，辐射热流计），纵向风速测点（火源东侧100 m，叶轮风速仪）。[40]

根据文献[39-43]的信息，笔者整理了相关试验数据结果，见表3.8。已有文献未给出环境温度T_0参数，仅提供了温差数据，同样也没有给出FFFS系统开启时间。数据相对有限，无法确定隧道顶棚下水平火焰长度。一个最有可能的原因是试验中火焰并未触及隧道顶棚，读者可以根据自由燃烧火焰长度计算公式估算试验工况火焰长度，以判断火焰触顶与否。[44]

需要说明的是：与其他火灾试验相比，No.3清水隧道火灾试验结果并不是独一无二的。但它的一大特点，是其试验工况是在一个超大断面隧道内开展的真实车辆燃烧试验。此外，由于试验使用火源相对较小，研究人员并未找到隧道横截面大小与热烟气分布显著变化的强关联性。

3.3.10　第2比荷卢隧道试验（2002年）

2002年，研究人员在荷兰第2比荷卢隧道进行了14次大规模火灾试验。试验测试的主要目的是评估在隧道火灾情况下逃生司机的环境耐受条件，并评估不同火源情况下，火灾探测系统、通风系统和FFFS系统的效率。试验所用火源包括油池火、乘用车、面包车以及装满货物的卡车模型。测试参数包括烟气温度、辐射水平、光密度、烟气扩散速度以及火灾热释放速率（HRR）。

试验是在鹿特丹城外的一个沉管隧道中进行的，隧道断面为矩形，高5.1 m，宽9.8 m，长约900 m，隧道最大纵坡为4.4%。隧道采用纵向通风系统，在隧道上游洞口安装了6台射流风机，洞内形成纵向风流，最大风速可达6 m/s。试验测试段位于隧道内距下游洞口265 m处，详细参数见表3.9。

第2比荷卢隧道火灾试验相关数据[3]　　　　　　　　　　　　表3.9

测试序号	火源	通风系统	点火后FFFS开启时间	E_{tot} (GJ)	u (m/s)	T_0 (℃)	Q_{max} (MW)	T_{max} (℃)	L_f(m) 下游	L_f(m) 上游
1	正庚烷/甲苯，A_f = 3.6 m²	无纵向通风	没有FFFS	无数据	~1.5	~13	4.1	218	—	—
2	正庚烷/甲苯，A_f = 3.6 m²	纵向通风	没有FFFS	无数据	4	~15	3.5	220	—	—
3a	正庚烷/甲苯，A_f = 7.2 m²	无纵向通风	没有FFFS	无数据	1.9	~12	11.5	470	—	—
3b	正庚烷/甲苯，A_f = 7.2 m²	纵向通风	没有FFFS	无数据	5	~12	11.5	250	—	—
4	正庚烷/甲苯，A_f = 7.2 m²	纵向通风	没有FFFS	无数据	6	~11	11.4	210	—	—
5	乘用车	无纵向通风	没有FFFS	无数据	~1.0	10	无数据	230	—	—
6	乘用车	无纵向通风	没有FFFS	无数据	~1.5	10	4.9	210	—	—
7	乘用车	纵向通风	没有FFFS	无数据	6	10	4.8	110	—	—
8	卡车模型，装有36个木托架＋4个轮胎	无纵向通风	没有FFFS	~10	~1.5	10	13.2	400	—	—
9	卡车模型，装有36个木托架＋4个轮胎	纵向通风	没有FFFS	~10	5.3	10	19.5	290	—	—
10	卡车模型，装有36个木托架＋4个轮胎	纵向通风	没有FFFS	~10	5	10	16.2	300	—	—
11	拖车	无纵向通风	14 min FFFS开启	无数据	~1.0	10	7.4（14 min）	300（14 min）	—	—

测试序号	火源	通风系统	点火后FFFS开启时间	E_{tot} (GJ)	u (m/s)	T_0 (℃)	Q_{max} (MW)	T_{max} (℃)	L_f (m)	
									下游	上游
12	卡车模型（铝制车顶），装有36个木垛 + 4个轮胎	纵向通风	4 min FFFS开启	无数据	3	11	6.2 （4 min）	270 （4 min）	—	—
13	卡车模型（铝制车顶），装有36个木垛 + 4个轮胎	纵向通风	10 min FFFS开启	无数据	3	12	13.4 （10 min）	~ 500 （10 min）	—	—
14	卡车模型（无车顶），装有72个木垛 + 6个轮胎	纵向通风	21 min FFFS开启	19	~ 2.5	10	26 （12 min）	~ 600	10	

注：符号（—）表示水平火焰长度为0，L_f的数值是基于温度测试结果确定。

（1）试验工况1~4使用油池火作为火源，燃料由正庚烷/甲苯混合物组成，着重分析纵向通风开启与否，以及不同纵向风速的影响。其中，工况1~2油池面积为3.6 m^2，工况3~4所用油池面积为7.2 m^2，分别用2个和4个油盘（长1.8 m×宽1 m）组成，油盘燃料上表面距地面0.5 m。

（2）试验工况5~10以真实车辆（乘用车和有顶卡车）作为火源，重点测试了纵向通风（通风速度u = 0~6 m/s）的影响。试验中每辆卡车模型（长4.5 m×宽2.4 m×高2.5 m）覆盖防水帆布，并满载货物，包括800 kg木垛（排列成4堆×9组木垛），以及4个轮胎（放置在木垛顶部）。

（3）针对不同通风量，试验工况11~14重点测试了FFFS系统使用效果。试验工况11使用拖车作为火源，拖车满载800 kg木垛（排列成4堆×9组木垛）以及3个轮胎（放置在木垛顶部）。试验工况12~13使用火源与工况5~10相似，并在上面增加了铝制车顶篷。试验工况14装载货物更多，包含1600 kg木垛和6个轮胎。

除油池火外，试验用其他火源也均放置在称重平台上，以测量试验过程HRR数值。油池火的HRR数值根据试验中燃料质量消耗速率计算得到。研究人员在隧道中心面上距离火源上游10 m、20 m、50 m处以及火源下游10 m、20 m、50 m、200 m处设置测试断面，沿高度方向布置5个测点，实测其温度分布。此外，在与眼平视高度，距离火源中心5 m、10 m、20 m处，设置辐射热流计测试火焰辐射热流通量。研究人员利用热线风速计、双向毕托管实测火源上游、火源下游各个位置处通风速度大小。

试验研究的一个重要内容是评估纵向风速对卡车火灾发展（增长速率）以及HRR的影响，其研究成果被世界各地的研究人员广泛引用。例如，未通风下，试验工况8的峰值HRR约为13.2 MW；u = 5.3 m/s下，工况9峰值HRR约为19.5 MW；u = 5 m/s下，工况10峰值HRR约为16.2 MW。以36堆木托架试验工况为例，纵向通风条件下火灾增长速率约为未通风下数值的4~6倍，峰值HRR约为未通风下数值的1.2~1.5倍；72堆木托架试验峰值HRR达到26 MW，火灾增长速率约为试验工况的1.9倍。

此外，试验发现当纵向风速达到3 m/s，可以有效阻止烟气逆流，这个风速范围与本章节其他试验研究人员的结论是一致的。纵向通风对火源附近热辐射分布也有影响。例如，对于小型卡车火灾，无通风下在距离卡车10 m范围内热辐射较大，容易对人员造成致命伤害。但是，在纵向通风下，火源下风方向50 m范围热辐射未对人产生致命影响。此外，研究人员在工况11~14中，重点测试了FFFS的性能（设计喷水量12 mm/min）及效果。系统开启后，烟气温度显著降低，同时也降低了火灾在隧道内进一步蔓延扩大的风险。下风方向的烟气温度也没有达到致命水平，水蒸气产生量并不显著。但是，着火后几分钟内，火源下风方向100 m～200 m处隧道能见度迅速降低，遮挡了逃生路线，为人员逃生带来了不利的影响。有关第2比荷卢隧道火灾试验FFFS的详细信息在本书第16章中列举，这里不再赘述。

3.3.11 卢恩海默隧道火灾试验（2003年）

瑞典SP火灾试验室、荷兰应用科学院（TNO）和挪威火灾研究试验室（SINTEF-NBL）研究人员合作在挪威卢恩海默（Runehamar）隧道进行了一系列大尺度重型货车（拖车）火灾燃烧试验。[45]试验隧道为一条已停用的双向沥青公路隧道（爆破法施工），长1600 m，高6 m，宽9 m，隧道纵坡在0.5%～1%之间，横截面积介于47 m^2～50 m^2。测试段位于隧道内距洞口1000 m处，研究人员在近火源75 m范围内的结构表面加设防火板，以防止结构损伤。加装防火板造成隧道净空尺寸有所下降，隧道高度降为4.7 m，横截面积约为32 m^2。隧道洞口设置2台射流风机，诱导产生一定纵向风流，点火前、后纵向风速分别约为3 m/s和2.4 m/s～2.5 m/s。

4组试验工况重点关注重型货车火灾，表3.10给出了详细的试验测试数据。卡车模型长10.45 m，宽2.9 m，高4.5 m，拖斗底板距路面1.1 m高。燃烧试验所用火源主要包括4种不同材料以代表重型货车常见货物种类，包括尺寸规格相同的木托架、聚乙烯（PE）塑料托架、装满聚苯乙烯（PS）杯子的瓦楞纸箱、聚氨酯床垫（PUR）等，货物上同时覆盖聚氨酯防水油布。试验工况1燃烧材料包括11 t木托架、塑料托架等，工况2燃烧材料为6.9 t床垫、木托架等，工况3燃烧材料为8.5 t家具、木托架、10个大轮胎（800 kg，模拟卡车轮胎）等，工况4燃烧材料为2.8 t装满聚苯乙烯（PS）杯子的瓦楞纸箱、木托架等。总体来说，4组试验中塑料材料的质量占比大约为18%～19%。此外，工况1～3中均在拖车下游15 m处设置一个引燃目标，以评估相邻车辆间火灾蔓延可能。

试验的主要目的：（1）重型货车火灾发展；（2）纵向通风对火灾HRR和火灾发展的影响；（3）有毒气体的生成；（4）车辆间火灾蔓延；（5）消防救援可能性；（6）隧道顶棚烟气纵向温度衰减。

4组试验工况峰值HRR（Q_{max}）约为67 MW～202 MW，顶棚下最高烟气温度（T_{max}）约为1250℃～1350℃。其Q_{max}和T_{max}数值远高于其他火灾情况，与油罐车火灾基本相当，表明重型货车燃烧火灾规模巨大。此外，研究人员发现重型货车燃烧火势发展非常迅速，点火后8 min～18 min即达到峰值HRR。工况1～4的线性增长速率分别为20.1 MW/min、26.3 MW/min、16.4 MW/min和16.9 MW/min。不同燃烧材料下，火灾热烟气到达时间也不尽相同。例如，燃烧木托架、塑料托架和燃烧PUR床垫，热烟气到达时间约为6分钟和2分钟。研究人员据此评估了距火源458 m处的人员丧失行动能力时间。研究人员指出：即使纵向风速达到2.4 m/s～3 m/s，消防人员在灭火时也可能会遭遇严重危险。

卢恩海默火灾试验相关数据[3] 表3.10

测试序号	火源	引燃目标	E_{tot}（GJ）	u（m/s）	T_0（℃）	Q_{max}（MW）	T_{max}（℃）	下游L_f（m）
1	360个木托架（1200 mm×800 mm×150 mm）+20个木托架（1200 mm×1000 mm×150 mm）+74个PE塑料托架（1200 mm×800 mm×150 mm）+122 m^2聚酯油布	32个木托架+6个PE塑料托架	242	2.4～3	12	202	1365	93
2	216个木垛+240个PUR床垫（1200 mm×800 mm×150 mm）+122 m^2聚酯油布	20个木托架+20个PUR床垫	141	2.4～3	11	157	1282	85

测试序号	火源	引燃目标	E_{tot} (GJ)	u (m/s)	T_0 (℃)	Q_{max} (MW)	T_{max} (℃)	下游L_f (m)
3	家具和固定装置（带包装塑料木橱柜门，PUR软垫扶手，软垫沙发，毛绒玩具，盆栽植物（塑料），木质玩具屋（塑料玩具）)+10个大尺寸橡胶轮胎（800 kg）+122 m²聚酯油布	软垫沙发、扶手	131	2.4~3	9.5	119	1281	61
4	600个瓦楞纸箱（600 mm×400 mm×500 mm）+18000个聚苯乙烯杯（占总质量15%）+40个木托架（1200 mm×1000 mm×150 mm）+10 m²聚酯油布	无	62	2.4~3	11	67	1305	37

3.3.12 METRO 隧道火灾试验（2011年）

METRO项目是由大学、研究机构、隧道业主、消防部门发起联合科技攻关的瑞典跨学科合作研究项目。[48]作为研究项目METRO的一部分，研究人员在废弃的布伦斯堡隧道中对通勤列车车厢着火进行了两次全尺寸燃烧试验。[46,47]试验隧道长276 m，断面尺寸稍有变化，平均横断面积约为44 m²，平均高度约为6.9 m，平均宽度约为6.4 m（地面高度处）。隧道内设置移动式通风机（MGV-L125/100 FD）以产生稳定的纵向风流，火源点火前隧道内纵向风速为2 m/s~2.5 m/s。

燃烧使用的火源为两节X1型列车车厢（使用较长时间），由斯德哥尔摩公共交通公司（SL）捐赠。X1型列车车厢长24 m，车厢一侧设有驾驶员室，乘客舱长21.7 m。车厢内部净宽3 m，中轴线净高2.32 m，车顶水平部分宽1.1 m。燃烧试验模拟纵火犯用1 L汽油点燃车厢角落座位，继而引发火灾的场景。试验中汽油盛在一个纸质牛奶盒（带塑料内衬）中，研究人员拽拉盒上绳子使牛奶盒侧翻，汽油流到座位和地板上，并被燃烧的纤维板点燃。随后，火势继续蔓延至车厢内的行李和其他可燃物品。这里需要说明的是：试验点火时，车厢一侧的3扇门（简称1号、2号和3号门）均保持开启状态。试验工况2使用未经改装的X1原始车厢，试验工况3使用升级翻新后的X1车厢，类似于斯德哥尔摩地铁使用的现代C20车厢。车厢座椅也替换为X10座椅，同时在原有顶板和侧壁表面加装铝制衬板。

研究人员布置了详细的试验测试系统，车厢内共布置了67个测点，距火源50 m处测试段布置了26个测点，测试参数包括烟气温度、HRR、烟气浓度（CO、CO_2、O_2）、烟雾密度、烟气流速、辐射热流通量、风速等。其中，纵向风速测点位于车厢上游50 m，距离地面3.45 m高度处。两次试验都是首先从车厢内开始燃烧，并快速发展，达到轰燃阶段，只是达到轰燃时间不尽相同。试验工况2的峰值HRR约为76.7 MW，达到轰燃时间约为12.7 min；试验工况3的峰值HRR约为77.4 MW，达到轰燃时间约为117.9 min。详细的测试数据可见表3.11，测试结果中未见火焰长度数据。

METRO隧道火灾试验相关数据　　　　　　　　　　　　表3.11

测试序号	火源	E_{tot} (GJ)	u (m/s)	T_0 (℃)	Q_{max} (MW)	T_{max} (℃)
2	X1原始车厢	64	2~2.5	10	76.7	1081
3	X1翻新车厢	71	2~2.5	10	77.4	1118

此外，公共交通系统中，乘客携带行李增加的火灾负荷也是需要重点评估的参数之一。围绕乘客携带行李问题，梅拉达伦大学（Mälardalen University）研究人员在斯德哥尔摩地铁和通勤列车上，进

行了详细的现场调查。[49]结果表明：通勤列车87%的乘客、地铁82%的乘客随身携带了背包。试验考虑车厢内98个座位均有乘客，其中81%的乘客携带了行李，车厢内共有79件行李（平均每件4.44 kg），行李总质量为351 kg。行李里存放东西也不尽相同，有衣服、报告、手册等。假定行李平均燃烧热为20 MJ/kg，那么行李燃烧折合放热量约为7.2 GJ，这就会进一步增加火灾燃烧强度。

3.3.13　卡尔顿大学隧道火灾试验（2011年）

研究人员在渥太华以西50 km处的卡尔顿大学试验隧道内进行了两次大规模测试，以确定城际列车、地铁车辆燃烧的火灾发展情况和HRR数值。[50]试验隧道长37.5 m，宽10 m，高5.5 m，横断面积55 m²。隧道内设置了机械排风系统（排风量为132 m³/s），排风机开启后，风流经小门进入隧道，纵向风速约为2.4 m/s。需要说明的是：由于隧道模型长度较短，模型中的流动分布与实际情况可能存在一定的差异。燃烧所用车辆均由韩国铁路研究所提供。其中，城际列车车厢长23 m×宽3 m×高3.7 m，总重量38 t，燃烧放热约为50 GJ；地铁车厢长19.7 m×宽3.15 m×高3.45 m，燃烧放热为23 GJ，约为城际列车的50%。相关试验数据统计见表3.12。燃烧产生高温烟气经排风系统吸入大型锥形量热仪，试验需实测烟气质量流率以及CO_2、CO和O_2浓度，并根据耗氧量热法估算得到火灾热释放速率（HRR）数值。

城际列车燃烧试验点火后1.7 min，列车开始燃烧，5 min后火灾热释放速率（HRR）达到10 MW。随着车厢内窗户不断破碎，HRR数值逐渐增大到15 MW。在点火后18 min，车厢内所有窗户已全部破碎，HRR达到最大值32 MW。与城际列车相比，地铁车厢更加难以燃烧。但一旦点燃后，火灾发展速率却会非常快，点火后9 min，HRR达到峰值52.5 MW。HRR数值从1 MW，增大到52.5 MW，仅耗时140 s，足以证明其增长速率之快。如此快速的火灾增长速率与良好的通风条件有关，试验中4个大门一直保持开启状态，从而为燃烧提供了充足的空气[50]，整个地铁在同一时间达到轰燃。地铁车厢火灾持续时间较城际列车火灾更短，其主要原因是地铁车厢HRR值高，且火灾负荷也较低。测试报告中未给出顶棚下烟气最高温度及火焰长度数值。

卡尔顿大学隧道火灾试验相关数据　　　　　　　　　　表3.12

测试序号	火源	E_{tot} (GJ)	u (m/s)	T_0 (℃)	Q_{max} (MW)
1	城际列车	50	2.4	10	32
2	地铁车厢	23	2.4	10	52.5

3.3.14　新加坡火灾试验（2011年）

2011年，新加坡陆路运输管理局（LTA）委托Efectis Nederland BV在西班牙TST隧道进行了6次大规模的FFFS试验测试。[51,52]这里重点关注其中一组未开启FFFS的试验，其他有关FFFS开启的试验将在后续第16章节详细描述。试验模拟重型货车火灾，火源使用燃烧材料包括48个塑料托架（占比20%）和180个木托架（占比80%）。稳定燃烧阶段火灾热释放速率（HRR）维持在100 MW左右，点火后14分钟，随着燃料堆的垮塌，HRR达到峰值150 MW，燃烧总放热量约为99.2 GJ。

3.3.15　卢恩海默火灾试验（2013年）

2013年，瑞典SP火灾试验室受瑞典交通运输局委托，在卢恩海默隧道内进行了5次大尺寸水喷淋试验[53]。这里重点关注其中一组未开启FFFS的试验，其他有关FFFS开启的试验将在后续第16章节详细描述。卢恩海默隧道位于挪威翁达尔斯内斯（Åndalsnes）以西5 km处，是一条双向沥青公路隧道（20世纪80年代末停止使用）。隧道长约1600 m，高6 m，宽9 m，横断面积为47 m²。试验模拟重型货车（HGV）火灾，火源燃烧材料为420个木托架，位于距隧道西侧洞口600 m的隧道中心断面处。此外，距离火源尾部5 m处设置了由21个木托架组成的引燃火源，以评估着火隧道内相邻车辆间火灾蔓延可能性。使用的木棒水分含量约为15%～20%，单个木托架重24 kg，厚度约为0.143 m。燃料托架前、后及上部加装钢板支撑，总长度超过8 m，高度超过3 m，总质量超过8 t，燃烧放热量达到180 GJ。点火后38 min，火灾热释放速率达到79 MW。隧道内纵向风速约为3 m/s，隧道顶棚下最高烟气温度达到1366 ℃。

3.4   缩尺火灾试验

下面对一些重要的隧道火灾缩尺模型试验进行总结，但是其数据准确水平远不及前述大尺度火灾试验。

3.4.1   TNO 试验

荷兰国家应用科学研究院（TNO）研究人员在一个长8 m×宽2 m×高2 m的隧道内进行了一系列缩尺模型火灾试验。[54]试验中发现隧道顶棚下烟气温度非常高，据此得到著名的火灾升温曲线——Rijkswaterstatat隧道曲线（RWS曲线）。

3.4.2   自动水喷淋系统试验

研究人员在一个1/15缩尺模型隧道（长10 m×宽0.6 m×高0.4 m）内进行了28组燃烧试验，其中包括3组自由燃烧试验。[55]试验采用木垛火源，木棍以净距0.033 m摆放整齐，单个木垛表面积约1.37 m²，质量约为4.4 kg。多个木垛燃烧火灾热释放速率约为200 MW（折合原型隧道）。试验主要目的是讨论在隧道中使用自动喷水系统代替雨淋灭火系统的可能性。此外，试验还测试了火灾在相邻木垛间（净距1.05 m，折算原型隧道为15.75 m）的蔓延的情况。试验中通过调整风机变频器，实现隧道纵向风速多种变化，包括0.52 m/s、1.03 m/s、1.54 m/s、2.07 m/s（折合原型隧道，约为2 m/s、4 m/s、6 m/s、8 m/s）。研究人员实测了纵向风速和水流量对喷嘴启动、HRR、火灾增长速率、烟气温度、热辐射、火势蔓延的影响。

3.4.3   纵向通风火灾试验

研究人员在1个1/23缩尺模型隧道内进行了12次纵向通风燃烧试验[56]，模型隧道长度10 m，宽度0.4 m，高度考虑0.2 m和0.3 m两种变化。试验火源利用木垛火（净间距0.65 m）模拟重型货车火灾。试验变量考虑了诸多因素，包括木垛数量、木材类型、纵向风速、隧道高度等。详细分析了纵向通风速度对火灾增长速率、火灾蔓延、火焰长度、烟气温度和上游烟气逆流的影响。

3.4.4   点排烟火灾试验

研究人员在1个1/23缩尺模型隧道内（长10 m×宽0.4 m×高0.2 m）进行了12次点排烟燃烧试验[57]，火源采用木垛火。试验参数考虑多种纵向通风量、排风口布置、排风量等参数变化。针对纵向通风、自然通风情况，重点分析了单点、双点排烟系统的烟气控制效果。此外，研究人员测试分析了木托火间（净距0.65 m）火灾蔓延问题。通过理论推导，分析并整理了峰值*HRR*、火灾增长速率、隧道顶棚下最高烟气温升、火焰长度、热流通量的变化规律。

3.4.5　隧道横断面燃烧试验

研究人员在纵向通风缩尺模型（1/20）隧道内进行了42组测试试验，以分析隧道高度、宽度对燃料质量消耗速率、*HRR*和烟气温度的影响。[58]模型隧道长度10 m，宽度考虑0.3 m、0.45 m、0.6 m 3种变化，高度介于0.25 m ~ 0.4 m之间。火源采用庚烷油池火和木垛两种类型。木垛采用3种形式布置，其中2种布置形式改变了木垛的孔隙率，1种布置形式将横向放置的短木片替换为聚乙烯片。模型隧道内纵向通风速度为0.22 m/s ~ 1.12 m/s。

3.5　小结

到目前为止，已经开展了十几个大型隧道火灾试验项目。试验重点围绕不同通风系统对隧道内热量、烟雾的扩散的影响。其中，接近一半的试验涉及FFFS性能测试。20世纪60至80年代进行的大规模试验的结果及质量差异明显，但是所有的试验都没有涉及火灾危险等级的重要参数：*HRR*数值。毫无疑问，EUREKA EU499火灾试验和纪念火灾试验是迄今为止最知名、最广受好评的大型隧道火灾燃烧试验。他们被隧道行业认可并标识为"大尺度火灾试验"，为隧道消防安全标准、知识的了解奠定了一个崭新的基础。耗氧量热法的使用提高了火灾热释放速率（*HRR*）测试的准确性，并使车辆燃烧*HRR*测试成为可能。

此外，我们发现液体火灾*HRR*测试数值变化范围较大，很难用一个数值来代表一种液体燃料。事实上，影响液体燃料燃烧速率的参数众多，包括油盘几何形状、油盘内燃料深度、通风条件等。此外，当隧道横断面较大，或者隧道宽度大于油盘宽度情况下（例如奥费耐格试验[9]），纵向通风对燃烧速率的影响则趋于变小。

参考文献

1. NFPA 502 (2004) Standard for Road Tunnels, Bridges, and other Limited Access Highways. 2004 edn. National Fire Protection Association.
2. Fire and Smoke Control in Road Tunnels (1999), PIARC.
3. Ingason H (2006) Fire Testing in Road and Railway Tunnels. In: Apted V (ed) Flammability testing of materials used in construction, transport and mining. Woodhead Publishing, pp 231–274.
4. Grant GB, Jagger SF, Lea CJ (1998) Fires in tunnels. Phil Trans R Soc Lond 356:2873–2906.
5. Haerter A Fire Tests in the Ofenegg-Tunnel in 1965. In: Ivarson E (ed) International Conference on Fires in Tunnels, SP REPORT 1994:54, Borås, Sweden, 10–11 October 1994. SP Sweden National Testing and Research Institute, pp 195–214.
6. Feizlmayr A Research in Austria on tunnel fire, Paper J2, BHRA. In: 2nd Int Symp on Aerodynamics and Ventilation of Vehicle Tunnels, Cambridge, UK, 1976. pp 19–40.
7. Pucher K Fire Tests in the Zwenberg Tunnel (Austria). In: Ivarson E (ed) International Conference on Fires in Tunnels, Borås, Sweden, 1994. SP Swedish National Testing and Research Institute, pp 187–194.

8. ILF (1976) Brandversuche in einem Tunnel. Ingenieurgemeinschaft Lässer-Feizlmayr; Bundesministerium f. Bauten u. Technik, Strassenforschung.

9. Schlussbericht der Versuche im Ofenegg Tunnel von 17.5 - 31.5 1965 (1965). Kommission für Sicherheitsmassnahmen in Strassentunneln.

10. State of the Road Tunnel Equipment in Japan – Ventilation, Lighting, Safety Equipment (1993). Public Works Research Institute, Japan.

11. Huggett C (1980) Estimation of Rate of Heat Release by Means of Oxygen Consumption Measurements. Fire and Materials 4 (2):61–65.

12. Parker WJ (1984) Calculations of the Heat Release Rate by Oxygen Consumption for Various Applications. Journal of Fire Sciences 2 (September/October):380–395.

13. Tewarson A (1982) Experimental Evaluation of Flammability Parameters of Polymeric Materials. In: Lewin M, Atlas SM, Pearce EM (eds) Flame Retardant Polymeric Materials. Plenum Press, New York, pp 97–153.

14. Keski-Rahkonen O Tunnel Fire Tests in Finland. In: Proceedings of the International Conference on Fires in Tunnels, Borås, 10–11 October 1994, 1994. Swedish National Testing and Research Institute, pp 222–237.

15. Fires in Transport Tunnels: Report on Full-Scale Tests (1995). edited by Studiensgesellschaft Stahlanwendung e. V., Düsseldorf, Germany.

16. Mikkola E (2004) Email correspondance to the author at 10 of September.

17. Ingason H Heat Release Rate Measurements in Tunnel Fires. In: Ivarson E (ed) International Conference on Fires in Tunnels, Borås, Sweden, October 10–11, 1994 1994. SP Swedish National Testing and Research Institute, pp 86–103.

18. Grant GB, Drysdale D Estimating Heat Release Rates from Large-scale Tunnel Fires. In: Fire Safety Science – Proceedings of the Fifth International Symposium, Melbourne, 1995, pp 1213–1224.

19. Steinert C Smoke and Heat Production in Tunnel Fires. In: The International Conference on Fires in Tunnels, Borås, Sweden, 10–11 October 1994. SP Swedish National Testing and Research Institute, pp 123–137.

20. Memorial Tunnel Fire Ventilation Test Program – Test Report (1995). Massachusetts Highway Department and Federal Highway Administration.

21. Takekuni K Disaster Prevention of Road Tunnel and Characteristics of the Evacuation Environment during Fires in Large-scale Tunnels in Japan. In: 4th Joint Workshop COB/JTA 2Joint Meeting JTA/Cob Open Work Shop 2001 in Netherlands, 2001. pp 35–43.

22. Lemaire A, van de Leur PHE, Kenyon YM (2002) Safety Proef: TNO Metingen Beneluxtunnel – Meetrapport. TNO.

23. Ingason H, Lönnermark A Large-scale Fire Tests in the Runehamar tunnel – Heat Release Rate (HRR). In: Ingason H (ed) International Symposium on Catastrophic Tunnel Fires (CTF), Borås, Sweden, 20–21 November 2003. SP Swedish National Testing and Research Institute, pp SP Report 2004:2005, p. 2081–2092.

24. Lönnermark A, Ingason H Large-scale Fire Tests in the Runehamar Tunnel – Gas Temperature and Radiation. In: Ingason H (ed) International Symposium on Catastrophic Tunnel Fires (CTF), Borås, Sweden, 20–21 November 2003. SP Swedish National Testing and Research Institute, pp SP Report 2004:2005, p. 2093–2103.

25. Apte VB, Green AR, Kent JH Pool Fire Plume Flow in a Large-Scale Wind Tunnel. In: Cox G, Langford B (eds) Proceedings of the Third International Symposium on Fire Safety Science, Edinburgh, Scotland, 8–12 July 1991. Elsevier Applied Science, pp 425–434.

26. Bettis RJ, Jagger SF, Lea CJ, Jones IP, Lennon S, Guilbert PW The Use of Physical and Mathematical Modelling to Assess the Hazards of Tunnel Fires. In: Cockram I (ed) 8th International Symposium on Aerodynamics and Ventilation of Vehicle Tunnels, Liverpool, 1994. Mech Eng Public Lim, pp 439–469.

27. Thomas PH (1970) Movement of Smoke in Horizontal Corridors against an Air Flow. Inst. Fire Engrs Q.

28. Ingason H, Nireus K, Werling P (1997) Fire Tests in a Blasted Rock Tunnel. FOA, Sweden.

29. Ingason H, Persson B Prediction of Optical Density using CFD. In: Curtat M (ed) Fire Safety Science – Proceedings of the 6th International Symposium, Poitiers, 1999. pp 817–828.

30. Perard M, Brousse B Full size tests beforeopening two French tunnels. In: Cockram I (ed) 8th Int Symp on Areodynamics and Ventilation of Vehicle Tunnels, Liverpool, UK, 1994. pp. 383–408.

31. Casale E, Brousse B, Weatherill A, Marlier E Full Scale Fire Tests Performed in the Mont Blanc Tunnel – Evaluation of the Efficiency of the Fully Automatic Ventilation Responses. In: Fourth International Conference on Fires in Tunnels, Basel, Switzerland, 2–4 December 2002. pp 313–325.

32. Beard AN, Carvel RO (2012) Handbook of tunnel fire safety – Second Edition. ICE Publishing.

33. Brousse B, Voeltzel A, Botlan YL, Ruffin E (2002) Mont Blanc tunnel ventilation and fire tests. Tunnel Management International Vol. 5, Nr 1:13–22.

34. Rew C, Deaves D Fire spread and flame length in ventilated tunnels – a model used in Channel tunnel assessments. In: Proceedings of the International Conference on Tunnel Fires and Escape from Tunnels, Lyon, France, 5–7 May 1999. Independent Technical Conferences Ltd, pp 397–406.

35. Heselden A Studies of fire and smoke behavior relevant to tunnels. In: 2nd Int Symp on Aerodynamics and Ventilation of Vehicle Tunnels, Cambridge, UK, 23–25 March 1976. Paper J1, BHRA Fluid Engineering, pp J1–1– J1–18.

36. Babrauskas V (1995) Burning rates. In: DiNenno PJ, Beyler CL, Custer RLP et al. (eds) In SFPE Handbook of Fire Protection Engineering, vol 2nd Edition. The Natioanl Fire Protection Association, USA, pp 3.1–3.15.

37. Heselden A, Hinkley PL (1970) Smoke travel in shopping malls. Experiments in cooperation with Glasgow Fire Brigade. Parts 1 and 2. Fire Research Station.

38. Ekkehard R Propagation and Development of Temperatures from Test with Railway and Road Vehicles. In: International Conference on Fires in Tunnels, Borås 10–11 of October, 1994. Swedish National Testing and Research Institute, pp 51–62.

39. Shimoda A Evaluation of Evacuation Environment during Fires in Large-Scale Tunnels. In: 5th Joint Workshop COB/JTA, Japan, 2002. pp 117–125.

40. Kunikane Y, Kawabata N, Takekuni K, Shimoda A Heat Release Rate Induced by Gasoline Pool Fire in a Large-Cross-Section Tunnel. In: 4th Int. Conf. Tunnel Fires, Basel, Switzerland, 2–4 December 2002. Tunnel Management International, pp 387–396.

41. Kawabata N, Kunikane, Y., Yamamoto, N., Takekuni, K., and Shimoda, A. Numerical Simulation of Smoke Descent in a Tunnel Fire Accident. In: 4th Int. Conf. Tunnel Fires, Basel, Switzerland, 2002. pp 357–366.

42. Kunikane Y, Kawabata N, Okubo K, Shimoda A Behaviour of Fire Plume in a Large Cross Sectional Tunnel. In: 11th Int. Symp. on AVVT, Luzern, Switzerland, 2003. pp 78–93.

43. Kunikane Y, Kawabata N, Ishikawa T, Takekuni K, Shimoda A Thermal Fumes and Smoke Induced by Bus Fire Accident in Large Cross Sectional Tunnel. In: The fifth JSME-KSME Fluids Engineering Conference, Nagoya, Japan, 17–21 November 2002.

44. Heskestad G (2002) Fire Plumes, Flame Height, and Air Entrainment. In: DiNenno PJ (ed) The SFPE Handbook of Fire Protection Engineering. Third edition edn. National Fire Protection Association, Quincy, Massachusetts, USA, pp 2–1–2–17.

45. Ingason H, Lönnermark A, Li YZ (2011) Runehamar Tunnel Fire Tests. SP Technical Research Institute, SP Report 2011:55, Borås, Sweden.

46. Lönnermark A, Lindström J, Li YZ, Claesson A, Kumm M, Ingason H (2012) Full-scale fire tests with a commuter train in a tunnel. SP Report 2012:05. SP Technical Research Institute of Sweden, Borås, Sweden.

47. Lönnermark A, Lindström J, Li YZ, Ingason H, Kumm M Large-scale Commuter Train Tests – Results from the METRO Project. In: Proceedings from the Fifth International Symposium on Tunnel Safety and Security (ISTSS 2012), New York, USA, 14–16 March 2012. SP Technical Research Institute of Sweden, pp 447–456.

48. Ingason H, Kumm M, Nilsson D, Lönnermark A, Claesson A, Li YZ, Fridolf K, Åkerstedt R, Nyman H, Dittmer T, Forsén R, Janzon B, Meyer G, Bryntse A, Carlberg T, Newlove-Eriksson L, Palm A (2012) The METRO project – Final Report 2010:08. Mälardalen University, Västerås.

49. Kumm M (2010) Carried Fire Load in Mass Transport Systems – a study of occurrence, allocation and fire behavior of bags and luggage in metro and commuter trains in Stockholm. Mälardalen University, Västerås, Sweden.

50. Hadjisophocleous G, Lee DH, Park WH Full-scale Experiments for Heat Release Rate Measurements of Railcar Fires. In: International Symposium on Tunnel Safety and Security (ISTSS), New York, 2012. SP Technical Research Institute of Sweden, pp 457–466.

51. Cheong MK, Cheong WO, Lcong KW, Lemaire AD, LM N (2013) Heat Release Rates of Heavy Goods Vehicle Fire in Tunnels with Fire Suppression System. Fire Technology. doi:10.1007/s10694-013-0367-0.

52. Cheong MK, Cheong WO, Leong KW, Lemaire AD, Noordijk LM, Tarada F Heat release rates of heavy goods vehicle fires in tunnels. In: In: 15th International Symposium on Aerodynamics, Ventilation & Fire in Tunnels, Barcelona, Spain, 2013. BHR Group, pp 779–788.

53. Ingason H, Appel G, Li YZ, Lundström U, Becker C Large-scale fire tests with a Fixed Fire Fighting System (FFFS). In: ISTSS 6th International Symposium on Tunnel Safety and Security, Marseille, 2014.

54. Rapport betreffende de beproeving van het gedrag van twee isolatiematerialen ter bescherming van tunnels tegen brand (1980). Instituut TNO voor Bouwmaterialen en Bouwconstructies, Delft, The Netherlands.

55. Li YZ, Ingason H (2013) Model scale tunnel fire tests with automatic sprinkler. Fire Safety Journal 61:298–313.

56. Ingason H, Li YZ (2010) Model scale tunnel fire tests with longitudinal ventilation. Fire Safety Journal 45:371–384.

57. Ingason H, Li YZ (2011) Model scale tunnel fire tests with point extraction ventilation. Journal of Fire Protection Engineering 21 (1):5–36.

58. Lönnermark A, Ingason H (2007) The Effect of Cross-sectional Area and Air Velocity on the Conditions in a Tunnel during a Fire. SP Report 2007:05. SP Technical Research Institute of Sweden, Borås, Sweden.

第4章
隧道火灾热释放速率

摘　要：本章概述了不同车辆燃烧火灾热释放速率（*HRR*）。重点了解火灾发展，以及隧道条件对 *HRR* 的影响。*HRR* 以给定时间段内释放热量（MW）的形式描述火灾的发展。本章介绍了燃料燃烧的基本理论，并总结了不同类型的车辆、固体材料和液体燃料的 *HRR* 数值。讨论了不同物理参数，例如隧道结构或通风等对 *HRR* 的影响。通常以单位暴露燃料表面积的数值表示 *HRR*。

关键词：火灾热释放速率（*HRR*）；车辆；通风；燃料；燃烧速率；火源面积

4.1　引言

隧道长度、交通量是划分公路隧道安全等级的关键参数，而车辆燃烧火灾热释放速率（*HRR*）则是隧道防火、消防设计的重要基础参数。*HRR* 数值受点火源和车辆类型、几何形状和尺寸、材料类型、隧道几何形状和通风条件等诸多因素的影响。此外，车辆间的净距，火源形状、尺寸、布局和燃料量也会对火灾蔓延产生重大影响。已有火灾试验中，火源既有选择真实车辆点火燃烧，也有使用油池火、木堆火等模拟火源。大型隧道火灾试验结果表明，*HRR* 是描述火灾发展，并分析火灾结果的重要指标参数。实际上，*HRR* 与燃料的质量燃烧速率，以及热量、烟雾和气体的产生密切相关。在隧道通风、人员疏散、结构防火设计中，峰值 *HRR* 都是一个关键参数，通常以MW为单位。[1,2]在第6章中，我们将详细地讨论设计火灾曲线。

为了更好地确定火灾场景与火灾热释放速率的关系，我们整理了已有隧道内车辆及其他类型燃料燃烧 *HRR* 试验数据。结果表明，即使试验条件相似，不同的试验 *HRR* 数据也有很大的差异。这与大尺度火灾试验中，扰量复杂，变量难以精确控制有很大关系。因此，在确定 *HRR* 数值时需要谨慎，应结合实际情况，合理选择数据。隧道火灾试验 *HRR* 数据主要来源于作者以及其他研究人员前期的研究工作。其中包括：（1）2001年英格森（Ingason）对不同车辆火灾 *HRR* 数据的总结；[3]（2）2005年洛纳马克（Lönnermark）和英格森对大尺度隧道火灾试验峰值 *HRR* 和顶棚烟气温度数据的总结[4,5]；（3）2006年英格森对已有大尺度隧道火灾试验 *HRR*、烟气温度的整理；[6]（4）巴布劳斯卡（Babrauskas）在2008版消防工程师协会（SFPE）消防工程手册中，公布的运输车辆及部件 *HRR* 曲线；[7]（5）2012年英格森和洛纳马克在《隧道火灾安全手册》中撰写的隧道火灾热放热率章节内容；[8]并根据最新研究成果进行了数据更新。

隧道火灾试验中的 *HRR* 可以通过不同的测量技术来确定。最常见的测试方法是耗氧量热法，也可以通过称重测量燃料损失、对流热或基于 CO_2 生成量来确定 *HRR*。测试方法的准确性很大程度上取决于测量技术、所用探针的数量和类型，数据计算分析方法也起着较为重要的作用，但前者的重要性更为突出。隧道火灾试验中 *HRR* 测量精度各不相同[10-12]，大尺度隧道火灾试验测量误差约为15%~25%，而试验室中测量误差约为7%~11%[13]。英格森等人[14]评估EUREKA EU 499试验项目（FIRETUN）[15,16]最大测量误差约为25%（相对误差保守估计），卢恩海默试验测量误差约为14.9%[17]（95%置信区间的组合扩展相对标准不确定度[13]）。这说明隧道火灾 *HRR* 测量具有较高的不确定度。在第3章中，我们列举了大尺度隧道火灾试验中最大或峰值 *HRR* 测量值，在接下来的章节中，将通过图表等形式，展示不同类型车辆或者燃料燃烧 *HRR* 测试数据。

4.2　不同车辆燃烧*HRR*测量值

4.2.1　公路隧道车辆

表4.1总结了乘用车和其他车辆的*HRR*试验测试数据[9]，给出了总放热量、峰值*HRR*，以及达到峰值*HRR*的时间。其试验数据，要么在大型锥形量热计下燃烧测量（C），要么在隧道内燃烧测量（T）。

乘用车大尺度火灾试验数据[9]　　　　　　　　　　　　　　表4.1

车辆类型 /车型年份 /试验编号 /通风方式	测试方法 隧道（T）/ 量热计（C）	隧道横 截面积 （m²）	总放 热量b （GJ）	峰值 *HRR* （MW）	峰值*HRR* 时间 （min）	文献
单辆乘用车						
福特Taurus1.6 /20世纪70年代末 /测试1 / 自然通风	C	—	4	1.5	12	
达特桑160厢式轿车 /20世纪70年代末 / 测试2 /自然通风	C	—	4	1.8	10	[19]
达特桑180B厢式轿车 /20世纪70年代末 / 测试3 /自然通风	C	—	4	2	14	
菲亚特127 /20世纪70年代末 /纵向通风 （*u* = 0.1 m/s）	T	8	无数据	3.6	12	[21]
雷诺Espace J11-Ⅱ /1988 /测试20 /纵向通风 （*u* = 0.5 m/s）	T	30	7	6	8	[12]
雪铁龙BX /1986年 /自然通风c	C	—	5	4.3	15	[22]
奥斯汀Maestro /1982年c	C	—	4	8.5	16	
欧宝Kadett /1990年 /测试6 /纵向通风 （*u* = 1.5 m/s）	T	50	无数据	4.9	11	[23]
欧宝Kadett /1990年 /测试7 / 纵向通风（*u* = 6 m/s）	T	50	无数据	4.8	38	
雷诺5 /20世纪80年代 /测试3 /自然通风	C	—	2.1	3.5	10	
雷诺18 /20世纪80年代 /测试4 /自然通风	C	—	3.1	2.1	29	[24]
小型汽车a /1995年 /测试8 /自然通风	C	—	4.1	4.1	26	
大型汽车a /1995年 /测试7 /自然通风	C	—	6.7	8.3	25	
特拉贝特 /测试1 /自然通风	C	—	3.1	3.7	11	[20]
奥斯汀 /测试2 /自然通风	C	—	3.2	1.7	27	
雪铁龙 /测试3 /自然通风	C	—	8	4.6	17	[23]
雪铁龙Jumper面包货车 /测试11 /纵向通风 （*u* = 1.6 m/s，13.6分钟后喷淋系统启动）	T	50	无数据	7.6	无数据	
BRE测试nr 7 /自然通风	C	—	无数据	4.8	45	[25]
BRE测试nr 8 /自然通风	C	—	无数据	3.8	54	
两辆乘用车						
雪铁龙BX + 标致305 /20世纪80年代 /测试6 / 自然通风	C	—	8.5	1.7	无数据	
小型汽车a + 大型汽车a /测试9 /自然通风	C	—	7.9	7.5	13	[24]
大型汽车a + 小型汽车a /测试10 /自然通风	C	—	8.4	8.3	无数据	
宝马 + 雷诺5 /20世纪80年代 /测试5 /自然通风	C	—	无数据	10	无数据	

续表

车辆类型 /车型年份 /试验编号 /通风方式	测试方法隧道（T）/量热计（C）	隧道横截面积（m²）	总放热量[b]（GJ）	峰值HRR（MW）	峰值HRR时间（min）	文献
Polo + 特拉班特 /测试6 /自然通风	C	—	5.4	5.6	29	
标致 + 特拉班特 /测试5 /自然通风	C	—	5.6	6.2	40	[20]
雪铁龙 + 特拉班特 /测试7 /自然通风	C	—	7.7	7.1	20	
捷达 + 阿斯科纳 /测试8 /自然通风	C	—	10	8.4	55	
BRE测试nr11（堆叠）/自然通风	C	—	无数据	8.5	12	[25]
三辆乘用车						
高尔夫 + 特拉班特 + 福特Fiesta /测试4 /自然通风	C	—	无数据	8.9	33	[20]
BRE测试nr 1 /自然通风	C	—	无数据	16	21	
BRE测试nr 2 /自然通风	C	—	无数据	7	55	[25]
BRE测试nr 3 /自然通风	C	—	无数据	11	10	

注：[a] 小汽车主要包括以下车辆：标致106，雷诺Twingo-Clio，雪铁龙Saxo，福特Fiesta，欧宝Corsa，菲亚特Punto，大众Polo。
大型车包括：标致406，雷诺Laguna，雪铁龙Xantia，福特Mondeo，欧宝Vectra，菲亚特Tempra，大众Passat；
[b] 无论是基于HRR曲线积分，还是根据燃料质量和燃烧热的估计，误差估计小于25%；
[c] 汽车在一个试验段中（模拟英吉利海峡隧道）燃烧，并在每个洞口装有量热计。

4.2.1.1　乘用车燃烧

乘用车燃烧火灾热释放速率（HRR）是文献中最常见数据，表4.1汇总了不同车辆燃烧相关数据，其内容与英格森和Lönnermark前期总结[9]基本一致。图4.1、图4.2也列举了部分单辆乘用车燃烧HRR实测数据，并补充了t^2快速火灾发展曲线[18]进行对比分析。下面我们对这些试验数据进行简短的讨论。

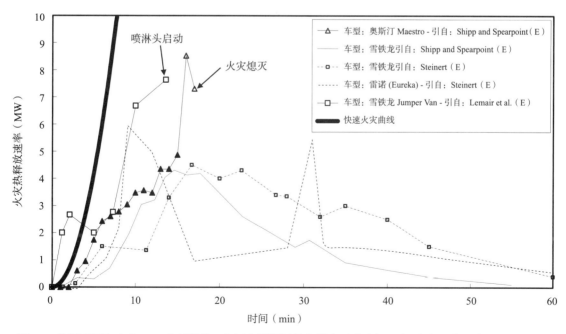

图4.1　单辆乘用车火灾HRRs实测值[9]，大部分数据是从文献中图表中提取得到（用E标记），参考文献及更多信息可见表4.1

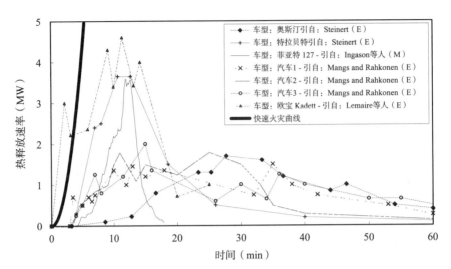

图4.2　单辆乘用车火灾*HRRs*实测值[9]，大部分数据是从文献中图表中提取得到
（用E标记），参考文献及更多信息可见表4.1

Mangs和Keski-Rahkonen选择3种20世纪70年代末代表性乘用车（钢制车身），借助放在左前座位或者发动机下的油盘（庚烷，面积0.09 m²，放热量160 kW）引燃乘用车，在试验室内利用大型锥形量热计完成的*HRR*测试。[19]单辆车在点火后10 min～14 min达到峰值*HRR*，约为1.5 MW～2 MW。在EUREKA 499试验项目中[15,16]，研究人员引燃1辆1988年产雷诺Espace J11-Ⅱ汽车（模拟电气线路失火引发火灾），大约在点火后8 min，*HRR*达到峰值，约为6 MW。[12]此外，斯坦纳特（Steinert）还给出了在停车场中实测的不同类型乘用车燃烧*HRR*数值，试验车辆车身材料各有差异，有塑料材质也有钢质材料。[20]试验共分为10组，其中前3组试验主要针对单辆车燃烧，其他试验涉及并排摆放的两辆、三辆乘用车燃烧。试验中，前排座位侧窗均打开，点燃前排座位上易燃液体进而引燃汽车。试验发现：单辆乘用车在点火后11 min～27 min内，*HRR*达到峰值，约为1.7 MW～4.6 MW；两辆、三辆乘用车燃烧峰值*HRR*介于5.6 MW～8.9 MW之间，达到峰值时间约为20 min～55 min。希普（Shipp）和斯皮尔彭特（Spearpoint）报道在试验室内，点燃1辆1982年产奥斯汀 Maestro汽车和1辆1986年产雪铁龙BX汽车，模拟英吉利海峡隧道穿梭车辆着火事故。[22]两组试验点火源分别采用10 kW木垛火（驾驶座位）和5 kW油池火（发动机旁），并利用大型锥形量热计完成的*HRR*测试。雪铁龙BX和奥斯汀 Maestro分别在点火燃烧15分钟、16分钟后*HRR*达到峰值，数值为4.3 MW和8.5 MW，见图4.1。

勒迈（Lemair）实测了不同通风速度下（*u* = 0/6 m/s）两辆1990年产欧宝Kadetts汽车（油箱装满25 L～30 L汽油）燃烧*HRR*数值[23]，见图4.2。试验发现：未通风情况，点火11.5分钟后*HRR*达到峰值4.7 MW；在较高风速（*u* = 6 m/s）下，*HRR*变化呈两阶段，点火13分钟后达到第一个峰值3 MW，在37分钟达到第二个峰值，约为4.6 MW；较高风速使得火灾难以向上风方向蔓延。此外，图4.1还展示了雪铁龙Jumper货车燃烧*HRR*随时间变化曲线，其中点火后13.6分钟启动喷水灭火系统，火灾熄灭。英格森等研究人员利用电气装置引燃发动机，进而点燃一辆菲亚特127汽车。[21]如图4.2所示，点火后12分钟达到峰值*HRR*，约为3.6 MW；点火13分钟后，消防队员将火扑灭。

茹瓦耶（Joyeux）在一个模拟停车场内，利用大型锥形量热计，进行了10次乘用车燃烧*HRR*测试。[24]试验车辆涵盖20世纪80年代、90年代产的马自达、雷诺、宝马、雪铁龙 BX、标致等多品牌汽车。试验利用油盘引燃汽车，着火点位置也不尽相同。前7次试验着火点位于左前座位，其他试验则位于变速箱，随后点燃第一辆汽车，并引发其他车辆着火。如表4.1所示，单辆乘用车燃烧*HRR*值介于

1.5 MW ~ 9 MW，而且多数测试结果小于5 MW；两辆乘用车燃烧时，峰值*HRR*介于3.5 MW ~ 10 MW之间。希普等人在停车场中进行了单辆乘用车（BRE试验编号7-8）、并排及堆叠布置多辆乘用车（BRE试验编号1-3）燃烧测试[25]，以观察火灾达到充分发展阶段的时间。试验测试了不同着火位置（乘客舱、发动机）下车辆燃烧*HRR*数值，以及火灾蔓延情况，详细数据见表4.1并以BRE标记。其中，两次单辆车燃烧试验分别在点火后54 min和45 min后*HRR*达到峰值，约3.8 MW和4.8 MW。多辆车燃烧试验，*HRR*数值介于7 MW ~ 16 MW，峰值时间约为10 min ~ 55 min。

由于乘用车燃烧*HRR*数据相对较多，包括峰值*HRR*数值、到达峰值的时间等，我们可以用图表寻找两者关联性。图4.3展示了乘用车燃烧峰值*HRR*随到达峰值时间的变化关系。单辆乘用车燃烧峰值*HRR*介于1.5 MW ~ 8 MW，其中多数情况低于5 MW。已有文献较多涉及两辆、三辆乘用车燃烧*HRR*测试，但是多数试验是在停车场而不是隧道中开展。两辆车燃烧峰值*HRR*约为5.6 MW ~ 10 MW，三辆车燃烧峰值*HRR*介于7 MW ~ 16 MW之间，95%试验工况峰值*HRR*小于10 MW。这里需要强调的是：由于试验在停车场内开展，而停车场内通常没有纵向通风；随着纵向风速的增大，火势可能在车辆间蔓延发展，进而引起峰值*HRR*的增大。单辆乘用车燃烧达到峰值*HRR*的时间介于8 min ~ 55 min之间。部分测试中峰值*HRR*出现相对较晚，这与窗户破裂情况及通风条件等参数有关。如图4.3所示，峰值*HRR*数值与达到峰值的时间并没有明显的相关性。单辆乘用车燃烧，超过80%的测试工况峰值出现在8 min ~ 30 min内，60%的测试工况峰值出现在8 min ~ 20 min内。而两辆、三辆乘用车燃烧，峰值时间分布则更为分散。

Joyeux通过大量试验测试，发现：汽车燃烧峰值*HRR*随着汽车总能量（单位：GJ）的增加而增加。[24,26]英格森指出乘用车燃烧峰值*HRR*随着汽车总能量（单位：GJ）呈线性增加趋势，平均增幅约为0.7 MW/GJ。[3]洛纳马克对乘用车进行了类似分析，得到平均增幅约为0.868 MW/GJ[27]，相关系数$R = 0.840$。

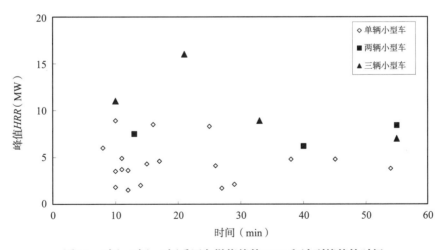

图4.3　1辆、2辆、3辆乘用车燃烧峰值*HRRs*和达到峰值的时间

4.2.1.2　公交车

已有文献较少涉及公交车的大尺度燃烧试验，仅找到3个试验与本章内容相关，试验详细情况汇总见表4.2。EUREKA 499项目公交车燃烧试验（工况编号7）使用一辆沃尔沃校车（20世纪60年代产，12 m长，玻璃纤维材质）作为火源，英格森等人[14]和斯坦纳特[12]给出了其燃烧*HRR*数据。试验中*HRR*

随时间变化曲线见图4.4，相比较而言，数据分析时斯坦纳特[12]使用的点较少，曲线相对粗略。英格森等人指出燃烧总放热量约为41 GJ，峰值*HRR*为29 MW，达到峰值时间为8分钟。而斯坦纳特估计燃烧总放热量为44 GJ，峰值*HRR*为34 MW，达到峰值时间为14分钟。

2008年，阿克塞尔松（Axelsson）等人[28]在SP火灾试验室使用一辆沃尔沃客车（2000年产，49座）开展了大尺度燃烧试验。其*HRR*数值通过试验室内大型锥形量热计（名义容量10 MW）测试得到，实测*HRR*随时间变化见图4.4。为了便于比较，图4.4中增加了t^2快速发展火灾曲线[18]，进行对比分析。试验中，研究人员利用100 kW燃气火源先引燃客车后部行李舱（位于乘客舱下方），火灾经由侧窗，进一步蔓延至行李舱，进而发展至整辆汽车着火。火灾发生后，初期火灾发展相对较为缓慢；但是起火15 min～16 min后，随着乘客舱3扇侧窗的破裂，火势开始显著增大。如图4.4所示，燃烧*HRR*发展曲线呈现3个局部峰值：第1个峰值出现在点火11 min后，当时行李舱一侧发生了火灾；起火后15 min～17 min，火势通过窗户蔓延到乘客舱，出现第2个*HRR*峰值；此后，试验室内条件变得越来越难以忍受，点火后大约18.5 min（曲线最后一个峰值）人工将火灾扑灭。试验过程中，由于排烟罩容量限制，出现了部分热烟气泄漏问题，造成测试峰值数据可能较真值偏低。如果公交车继续燃烧，研究人员估计峰值*HRR*可能高达25 MW。

这里介绍的第3个公交车燃烧试验是在日本清水隧道内进行的，试验的一个重要目标是评估自动喷水灭火系统和固定消防系统（FFFS）在公路隧道中的使用效果。试验中研究人员并没有测量*HRR*，Kunikane等人尝试基于燃烧放热中的对流热部分（对流*HRR*）进行估算。[29]在自动喷水灭火系统启动前，研究人员根据烟气温度、烟气流量测量值，估算得对流*HRR*峰值约为16.5 MW；如果FFFS系统未启动，对流*HRR*峰值约为20 MW。假设燃烧总放热量中67%是对流热，英格森估算其峰值*HRR*可达30 MW。图4.4中绘制了两条该试验火灾发展曲线，一条为对流*HRR*曲线（由文献[29]提取数据得到），一条是基于燃烧总放热量中67%是对流热的假设而绘制的*HRR*曲线。

公交车大尺度火灾试验数据[9]　　　　　　　　　　表4.2

车辆类型 /车型年份 /试验编号 /通风方式	测试方法 隧道（T）/量热计（C）	隧道横截面积（m^2）	总放热量[d]（GJ）	峰值*HRR*（MW）	峰值*HRR*时间（min）	文献
公交车						
沃尔沃校车（12 m长，40座位）/车龄25年～35年 /EUREKA 499，工况编号7[a] /纵向通风（$u = 0.3$ m/s）	T	30	41	29	8	[14]
沃尔沃校车（12 m长，40座位）/车龄25年～35年 /EUREKA 499，工况编号7[a] /纵向通风（$u = 0.3$ m/s）	T	30	44	34	14	[12]
沃尔沃旅游巴士 /SP试验室测试 /自然通风	C		无数据	25[b]	无数据	[28]
公交车 /Shimiz隧道试验 /纵向通风（$u = 3$ m/s～4 m/s）	T	115	无数据	30[c]	7	[29]

注：[a] EUREKA 499项目试验工况编号详细信息参见文献[30]和表格3.5；
　　[b] 该数值基于研究报告[28]数据估算得到；
　　[c] Kunikane等人认为火灾燃烧放热中对流热为20 MW[29]，假定对流热占比为67%，得到火灾热释放速率*HRR* = 20/0.67 = 30 MW；
　　[d] 基于火灾发展曲线，积分得到燃烧总放热量。

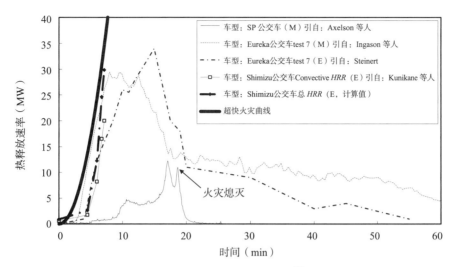

图4.4　公交车火灾HRRs实测值，更多信息可参见表4.2[9]，多数数据是从文献中和图表中提取得到（用E标记），部分数据来源于团队前期实测数据（用M标记）

4.2.1.3　重型货车火灾

隧道火灾试验中通常使用堆满可燃物的模拟卡车来模拟满载货物的重型货车火灾。本节内容主要来源于文献资料，并且仅考虑自由燃烧试验，不考虑FFFS系统（例如自动喷淋灭火系统）对火灾的干扰影响。重型货车燃烧峰值HRR，燃料负荷，及达到峰值HRR的时间等参数详见表4.3，HRR随时间变化曲线见图4.5和图4.6。

1992年，EUREKA 499试验项目首次在挪威Repparfjord隧道开展了重型货车大尺度燃烧试验。[15]试验采用的重型货车拖车模型由密实包装的木垛、橡胶轮胎以及塑料材料组成，燃烧总放热量达到64 GJ，试验期间隧道纵向通风速度约为0.7 m/s。EUREKA 499项目第二次燃烧试验使用一辆装满家具的重型货车（带拖车）作为火源，燃烧总放热量达到87 GJ。试验中改变纵向风速，数值介于5 m/s ~ 6 m/s和2 m/s ~ 3 m/s。在点火15 min后，拖车模型燃烧HRR达到峰值，约为23 MW；重型货车真车燃烧试验在点火18 min后，HRR达到峰值，约为128 MW。

2000年，研究人员在勃朗峰隧道进行了一系列重型货车火灾试验。[31]卡车装载400 kg人造黄油，与1999年勃朗峰隧道火灾燃料类似，燃烧总放热量达35 GJ，低于勃朗峰隧道火灾数值（76 GJ）。[32, 31]点火47.5 min后，HRR达到峰值，约为23 MW。

2001年，研究人员在荷兰第2比荷卢隧道进行了一系列重型货车模型燃烧试验。[23]试验使用两种摆放形式的木托架作为火源（总放热量约为10 GJ和20 GJ），考虑自然通风（0 ~ 0.5 m/s）、不同纵向通风速度（4 m/s ~ 5 m/s，5 m/s）多种通风条件。试验测得重型货车燃烧峰值HRR分别为13 MW、19 MW、16 MW，达到峰值HRR时间分别为16 min、8 min、8 min。

2003年，研究人员在卢恩海默隧道开展了一系列自由燃烧试验。[17]4次大尺度燃烧试验，均采用重型货车模型（装满混合商品的钢架）作为火源。第一次试验（工况编号T1）使用了木托盘、聚乙烯托盘等可燃材料，第二次试验（工况编号T2）使用了木托盘和聚氨酯床垫，第三次试验（工况编号T3）使用了家具及固定装置、10个卡车用橡胶轮胎，第四次试验（工况编号T4）使用了纸箱和聚苯乙烯杯等物品。每次测试中，卡车模型上方均覆盖聚酯防水油布，并从拖车模型的前端点燃火源。点火前隧道内纵向通风速度约为2.8 m/s ~ 3.2 m/s。试验测得燃烧峰值HRR介于66 MW ~ 202 MW之间，达到峰值HRR的时间约为7.1 min ~ 18.4 min。

重型货车大尺度火灾试验数据[9]

表4.3

车辆类型/车型年份/试验编号/通风方式	测试方法 隧道（T）/量热计（C）/称重法（W）	隧道横截面积（m²）	总放热量d（GJ）	峰值 *HRR*（MW）	峰值 *HRR*时间（min）	文献
1架模拟拖车装载11010 kg物品［木材（82%ª）+塑料托盘（18%）］，卢恩海默隧道试验（编号T1)/纵向通风（*u*=3 m/s）	T	32	240	202	18	[17]
1架模拟拖车装载6930 kg物品［木材（82%ª）+PUR床垫（18%）］，卢恩海默隧道试验（编号T2)/纵向通风（*u*=3 m/s）	T	32	129	157	14	[17]
1辆利兰DAF310 ATi 重型货车（装载2 t家具)/EUREKA 499试验（编号21)/纵向通风（*u*=3 m/s～6 m/s）	T	30	87	128	18	[36]
1架模拟拖车装载8550 kg家具及固定装置+橡胶轮胎，卢恩海默隧道试验（编号T3)/纵向通风（*u*=3 m/s）	T	32	152	119	10	[17]
1架模拟拖车装载2850 kg装满塑料杯的瓦楞纸箱（19%ª），卢恩海默隧道试验（编号T4)/纵向通风（*u*=3 m/s）	T	32	67	67	14	[17]
1架模拟拖车装载72堆木托架，第2比荷卢隧道试验（编号14)/纵向通风（*u*=1 m/s～2 m/s）	T	50	19	26	12	[23]
1架模拟拖车装载36堆木托架，第2比荷卢隧道试验（编号8、9、10)/纵向通风（*u*=1.5 m/s、5.3 m/s、5 m/s）	T	50	10	13,19,16	16,8,8	[23]
1辆模拟卡车（STL），EUREKA 499 测试（编号15），纵向通风（*u*=0.7 m/s）	T	30	63	17	15	[10]
勃朗峰隧道模拟卡车试验	T	50	35	23	47.5	[31,32]
一辆3.49 t皮卡装载890 kg木托盘，货物着火，自然通风	W	—	26b	24c	6.6	[37]
一辆3.49 t皮卡装载890 kg木托盘，货物着火，自然通风	W	—	26b	21c	14.5	[37]
一辆3.49 t皮卡装载452 kg塑料桶，座位着火，自然通风	W	—	25d	47e	43.8	[37]
1个卡车模型装载木托架、塑料托架，新加坡FFFS试验	T	37.4	—	155	14	[33]
441个木托盘，卢恩海默隧道FFFS测试试验	T	47	189	79	38	[35]

注：ª 质量比；

　　b 根据文献数据得到；

　　c 参考文献中给出（基于称重测量数据得到）；

　　d 基于火灾发展曲线，积分得到燃烧总放热量，或者基于燃料质量、燃烧热值估算得到总放热量。其预测误差随着数据可靠度、处理方法而异，误差估计小于25%。

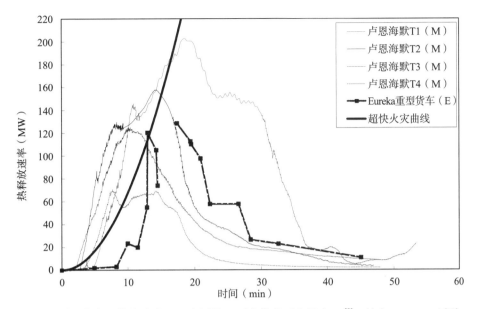

图4.5　重型货车及拖车火灾*HRR*实测值，更多信息可参见表4.3[9]。其中EUREKA 试验项目（编号21）是1辆真实的重型货车燃烧。多数据是从文献中图表中提取得到（用E标记），部分数据来源于团队前期实测数据（用M标记）。

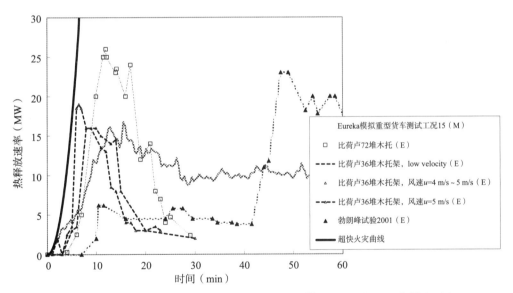

图4.6　模拟货车火灾*HRR*实测值，更多信息可参见表4.3[9]。多数据是从文献中图表中提取得到（用E标记），部分数据来源于团队前期实测数据（用M标记）。

自2003年以来，研究人员开展了许多大尺度火灾燃烧试验，重点是测试FFFS性能，其中多数试验不包括自由燃烧测试，该内容本节不作阐述，将在第16章中展开详细分析。其中，至少有两个试验项目包括一组以上自由燃烧测试，例如新加坡火灾试验（以木托盘和塑料托盘作为火源）。[33,34]此外，2013年研究人员在卢恩海默隧道进行了441堆木托盘燃烧试验[35]，其中420堆木托盘用作火源，21堆木托盘作为目标火源，以评估隧道内火灾蔓延可能性。

如上所述，重型货车燃烧峰值*HRR*介于13 MW～202 MW之间，不同试验数据有明显差异。这里需要强调的是：除了EUREKA 499试验（编号21，HRR = 128 MW）采用满载家具的真实卡车燃烧以外，其他试验都是采用模拟卡车（平台上堆积大量可燃物品）作为火源，其火灾负荷相对有限。此外，多数试验在堆积物品上覆盖了塑料篷布，并从火源上游引燃物品。在燃烧初期，篷布的挡风作用明显，阻碍了火势的蔓延；但是，随着篷布的燃尽，在通风影响下，火焰发生明显偏转，加速了火灾的蔓延，燃烧速度加快。换言之，对于此类模拟卡车燃烧试验，前期防风措施可以延缓火势蔓延，但是后期火焰偏转又加速了火灾发展，其影响我们将在第5章中展开详细的讨论，这里不再赘述。

对于隧道内真实的重型货车燃烧火灾，其峰值影响因素显然与模拟卡车燃烧有一定的差别。HRR数值主要取决于暴露的燃料表面积（因堆积方式而异）、近火源区域通风条件（遮挡、围堵等），即卡车装载物品的堆放或储存方式也是一个需要考虑的重要因素。如果货物摆放相对开放，则可以根据暴露的燃料表面积计算峰值HRR数值。如果货物封闭在钢制集装箱或者其他延迟火灾蔓延装置内，其火灾发展情况则完全不同。此外，当火灾蔓延至隧道壁面两者相互影响时，隧道几何形状（特别是隧道高度）也是一个重要的影响因素，需要加以考虑。

图4.7展示了重型货车火灾峰值HRR与达到峰值时间之间的关系。显然，不同燃烧试验达到峰值HRR的时间在8 min ~ 18 min之间，峰值HRR介于13 MW ~ 202 MW。洛纳马克分析了重型货车燃烧峰值HRR（单位MW）与燃烧总放热量（单位GJ）的相关性。[27]尽管试验条件差异造成数据点分布较为分散，但是两者之间还是存在明确的相关性，平均增幅为0.866 MW/GJ（R = 0.910）。基于第2比荷卢隧道试验、EUREKA 499试验、卢恩海默隧道试验数据分析，卡谢夫（Kashef）等人指出通风良好的火灾，重型货车燃烧峰值HRR与燃烧总放热量（单位GJ）呈0.9 MW/GJ线性相关。[38]尽管两者之间存在较好的相关性，但是研究人员在使用时需要特别注意。火灾燃烧总放热量越大，可以预料可燃材料体积也会更大，除此之外很难找到这种相关性的物理联系。一般说来，放置的材料体积、重量越大，暴露的燃料表面积也越大。但是，有些情况仅知道物品的体积或重量可能还不够，它还与物品的摆放、储存方式等有关系。对于相同重量或体积的材料，较大的暴露燃料表面积会增加火灾燃烧峰值HRR数值。

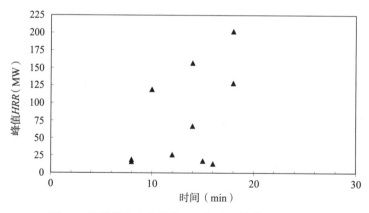

图4.7　重型货车火灾峰值HRR与达到峰值HRR的时间

4.2.1.4　油罐车火灾

截至目前，文献中未曾报道在隧道中进行全尺寸油罐车燃烧试验情况，文献或标准中所列数值也都是预估得到。油罐车燃烧HRR预测值介于10 MW ~ 400 MW之间不等，变化主要取决于事故类型、燃料泄漏量、汽油或柴油存储方式等。罐体材料（铝制还是钢制）、诱发火灾的事故车辆位置（翻车，撞车等）对HRR数值有重大影响。尽管文献中没有油罐车（汽油或者柴油）大尺度燃烧试验数据，但是研究人员利用油池火进行了相关的大量试验研究，详见章节4.2.1.5。

文献中所述的隧道内油罐车火灾大小通常是根据可能溢出的燃料量而确定，并没有考虑装满大量可燃液体的油罐车本身。海泽尔登（Heselden）认为油池火燃烧，单位面积火灾热释放速率约为2 MW/m²[39]。据此，刘（Liew）等人假设泄漏油罐的溢出面积为50 m²，进而得到油罐车燃烧火灾HRR约为100 MW[40]。

公路隧道油罐车事故导致火灾的案例较为少见。1982年，在美国考尔德科特（Caldecott）隧道，一辆汽油拖车相撞、侧翻引发火灾，是目前已知的典型事故案例。[41,42]拉森（Larson）等人对考尔德科特隧道油罐车火灾事故展开深入的分析[41]，发现40 min内大约燃烧了33300 L汽油。假设汽油完全燃烧，其平均燃烧速度高达14 L/s，火灾强度约为430 MW。然而，对于如此大规模的隧道火灾事故，如果没有足够大的通风量，通常难以实现完全燃烧。英格森估计考尔德科特隧道油罐车火灾HRR可能小于300 MW[43]。对于如此大规模的火灾，通风对燃烧效率的影响也尚不清楚。

英格森描述了如何借助小尺度燃烧试验、理论分析，以及真实火灾（例如考尔德科特隧道油罐车火灾）数据分析，来推测隧道内油罐车事故引发火灾HRR数值。[43]对于油罐车火灾案例，碰撞引发的初始泄漏火灾，其HRR数值介于10 MW ~ 300 MW范围内，这一范围包括小泄漏引起的小规模泄漏火灾（泄漏燃料燃烧殆尽），以及大容量泄漏引发的油罐车火灾（整个油罐车被火焰所吞没）。对于铝制油罐车，随着燃烧放热量的不断累积，铝制容器出现软化、变形甚至部分融化，最初的溢出火灾可能演变为整个油罐车着火。由于汽油在一段时间以后开始沸腾，加速了火灾发展，其单位面积的燃烧速度比普通油池火高5倍以上。根据燃烧效率的不同，铝制油罐车火灾HRR介于200 MW ~ 300 MW范围内，火灾持续时间约为50 min ~ 60 min。与油罐车燃烧缩尺模型试验结果相比，理论计算燃烧速率具有较好的一致性。[43]油池火是油罐车火灾分析的基础，其内容我们将在章节4.2.2.5中展开详细的讨论。

4.2.1.5 油池火（液体）

巴布劳斯卡（Babrauskas）列举了许多关于液体油池火的数据，可以与隧道中实测数据进行比较[44]。巴布劳斯卡指出可以利用Zabetakis和Burgess最早给出的公式[45]来计算油池火灾HRR数值[44]：

$$\dot{q}'' = \dot{m}_\infty'' \left(1 - e^{-k\beta D}\right) \chi \Delta H_c A_f \tag{4.1}$$

式中，$\dot{m}_\infty''$是文献[44]中表3-1.13所列每种燃料的最高质量燃烧速率，单位：kg/(m²·s)；D是油池直径，单位：m；ΔH_c是有效燃烧热，单位：MJ/kg；χ是燃烧效率；A_f是油池面积，单位：m²；$k\beta$是火焰的消光系数k（单位：1/m）与平均光束长度修正β，单位：1/m的乘积。不同石油制品的相关数据见表4.4。[44]

公式（4.1）经验参数（其中石油制品数据来源于文献[44]中表3-3.13） 表4.4

材料	密度 （kg/m³）	汽化热 L_g （kJ/kg）	燃烧热 ΔH_c （MJ/kg）	燃烧速率 $\dot{m}_\infty''$ [kg/(m²·s)]	$k\beta$ （1/m）
轻质汽油	740	—	44.7	0.048	3.6
汽油	740	330	43.7	0.055	2.1
煤油	820	670	43.2	0.039	3.5
Jp-4	760	—	43.5	0.051	3.6
Jp-5	810	700	43.0	0.054	1.6
变压器油	760	—	46.4	0.039	0.7
燃油	940 ~ 1000	—	39.7	0.035	1.7
原油	830 ~ 880	—	42.5 ~ 42.7	0.022 ~ 0.045	2.8

示例4.1：直径1.5m的汽油池火的火灾热释放速率（HRR）是多少？

答案：由表4.4，可知：$\dot{m}''_\infty = 0.055$ kg/(m²·s)，$k\beta = 2.1$ m^{-1}，$\Delta H_{c,eff} = 43.7$ MJ/kg（假定$\chi = 1$），$A_f = (\pi \times 1.5^2)/4 = 0.56$ m²，根据公式（4.1），可得$HRR = 0.055 \times (1 - e^{-2.1 \times 1.5}) \times 43.7 \times 0.56 = 1.3$ MW，单位面积$HRR = 1.3/0.56 = 2.3$ MW/m²。

研究人员在隧道中进行大量的池火燃烧试验，其HRR数据统计见表4.5。其中，多数试验使用圆形或者方形油盘作为火源，油盘内燃料深度通常较大，部分试验油盘下面设置水床进行冷却。试验中未明确说明燃料深度的以符号"—"标记。此外，基于试验燃料类型及公式（4.1），笔者进一步计算了部分试验单位面积HRR值，汇总见表4.5。

1965年奥费耐格隧道火灾试验[46]结果清楚地表明了通风条件、隧道及油池几何形状对燃料燃烧速度的重要影响。试验隧道长190 m，一侧洞口开敞，一端封堵，火源（近端）距洞口距离为130 m。研究人员实测了自然通风、半横向通风、纵向通风3种通风条件下油池燃烧的HRR数值。自然通风下试验隧道与房间火灾情况类似（仅有一个开口），根据公式（4.1），计算得到燃烧HRR约为84.5 MW。这个预测结果要远高于较大油池面积（如$A_f = 47.5$ m²、95 m²）HRR测试结果（35 MW ~ 39 MW），见表4.5。半横向通风条件下燃烧HRR测试结果与自然通风情况相近，这与通风不良，火源区域空气惰化有关。当$A_f = 6.6$ m²，自然通风试验（序号1）油池的平均燃烧速率为0.059 kg/(m²·s)，其对应单位面积HRR为2.4 MW/m²；半横向通风试验（序号2）及纵向通风试验（序号2a），单位面积HRR则降至1.8 MW/m²。当$A_f = 47.5$ m²，自然通风（序号5）、半横向通风（序号6）条件下油池单位面积HRR分别为0.8 MW/m²和0.7 MW/m²；纵向通风试验（序号7a），单位面积HRR约为1.5 MW/m²。当$A_f = 95$ m²，单位面积HRR数值为0.3 MW/m² ~ 0.4 MW/m²，仅为开放环境自由燃烧情况的83%。显而易见，无论是单位面积HRR还是总HRR均受到通风条件、试验条件的影响。隧道一端封堵是其主要原因[6]，在无机械通风情况下，隧道内空气供应均来自一侧洞口。随着烟气的沉降并与空气混合，造成火源区域空气惰化（如同章节2.6描述），进而影响燃烧。

1974—1975年，茨文伯格隧道燃烧HRR试验[47]结果与预测值更为接近，这与两侧洞口开敞，隧道通风条件改善有很大关系。试验测试得到汽油油池单位面积平均燃烧速率为0.043 kg/(m²·s)，标准偏差为0.0075 kg/(m²·s)。油池单位面积HRR约为1.9 MW/m²，标准偏差为0.3 MW/m²，与开敞环境自由燃烧相比，平均降幅为22%。

针对较小燃料深度油池，瑞典SP技术研究所开展了大量燃烧试验，数据尚未公开发表。表4.5给出了燃料深度小于10 mm或稍大情况下油池火燃烧的试验数据。其中，多数试验采用平底油盘作为火源，但SP汽油试验（油池燃料深度为2 mm ~ 3 mm）则是由一个倾斜混凝土表面持续溢出汽油（溢出量22 L/min）汇集而成。JP-5试验油池（燃料深度约为1 mm ~ 5 mm）则是放置在水床上进行试验。表4.5数据清楚地表明，燃料厚度是影响HRR的重要参数。如果油池内燃料深度只有几毫米，与常规的油池火相比，其单位面积HRR将减少70% ~ 80%。例如，沥青路面上的燃料厚度通常不会超过几毫米，为此在分析路面池火HRR时，需要充分考虑其数值的降低。

总体而言，当通风条件能够满足燃料燃烧空气供应需求时，燃烧试验HRR实测值与理论预测结果[48]通常具有很好的一致性，见表4.5。此外，研究人员还测试了铁路碎石对溢液燃烧HRR的影响。试验表明，碎石对庚烷、柴油两种燃料的燃烧速率有显著的降低作用。随着燃料表面与碎石层距离的增大，碎石层的影响也随之增大。这部分内容将在第11章火灾蔓延部分展开详细的讨论。

隧道及试验室油池火试验综述

表4.5

燃料类型	试验地点/通风	油池深度（mm）	油池面积（m²）	HRR（MW）	单位面积HRR（MW/m²）	单位面积HRR预测值（MW/m²）[a]
汽油	奥费耐格隧道试验（序号1）/自然通风	—	6.6	16	2.4	2.4
	奥费耐格隧道试验（序号2）/半横向通风	—	6.6	12	1.8	
	奥费耐格隧道试验（序号2a）/纵向通风	—	6.6	12	1.8	
	奥费耐格隧道试验（序号7a）/纵向通风	—	47.5	70	1.5	
	奥费耐格隧道试验（序号5）/自然通风	—	47.5	39	0.8	
	奥费耐格隧道试验（序号6）/半横向通风	—	47.5	38	0.7	
	奥费耐格隧道试验（序号9）/自然通风	—	95	35	0.4	
	奥费耐格隧道试验（序号10）/半横向通风	—	95	32	0.3	
	茨文伯格隧道试验（序号101）	—	3.4	8	2.4	
	茨文伯格隧道试验（序号210）	—	6.4	12	1.9	
	茨文伯格隧道试验（序号301）	—	13.6	20	1.5	
	PWRI（序号1）	—	4.0	9.6	2.4	
	SP试验	50	2	5.8	2.9	2.4
	SP试验	7	2	4.5	1.6	
	SP试验	2~3	6	5	0.8	
柴油	茨文伯格隧道试验（序号220）	—	6.40	10	1.6	
	SP试验	—	2.8	3.5	1.3	1.6
	SP试验	20	1.2	1.8	1.5	
	SP试验	1~2	—	—	0.25~0.3	
煤油	SP试验	70	0.4	0.7	1.7	1.7
	格拉斯哥隧道试验	—	—	—	1.4	
庚烷	EUREKA试验（序号16）	—	1.0	3.5	3.5	
	EUREKA试验（序号18）	—	3.0	7.0	2.3	
	SP试验	70	0.4	1.14	2.7	2.6
60%庚烷+40%甲苯	第2比荷卢隧道试验（序号1）	—	3.6	4.10	1.1	
	第2比荷卢隧道试验（序号2）	—	3.6	3.50	1.0	
	第2比荷卢隧道试验（序号2）	—	7.2	11.5	1.6	
低硫No.2燃料油	纪念隧道试验	—	4.5	10	2.2	
	纪念隧道试验	—	9.0	20	2.2	
	纪念隧道试验	—	22.2	50	2.3	
	纪念隧道试验	—	44.2	100	2.3	
JP-5	SP试验	5	2.8	4.8	1.7	
	SP试验	2.5	2.8	3.1	1.1	
	SP试验	1	2.8	1.1	0.4	

注：[a] 根据公式（4.1）计算得到的数值。

4.2.1.6   施工车辆火灾

下面我们分析一下施工隧道车辆火灾事故。汉森（Hansen）和英格森介绍了2011年在瑞典地下矿井内开展的矿山车辆大尺度火灾燃烧试验情况。[49]试验的主要目的是确定矿山车辆燃烧HRR数值，这些信息对于处理地下矿山、施工隧道消防安全问题的工程师至关重要。研究人员共进行了两组全尺寸燃烧试验，其中一组试验点燃轮式装载机，一组试验点燃钻机，两台工程机械均已使用多年。燃烧试验HRR测试结果见图4.8。

使用的轮式装载机（Toro 501DL，柴油动力）主要用于将生产区域开采的铁矿石运送、卸载至竖井。装载机车长度为10.3 m，宽度为2.8 m，高度近3 m，总重量为36 t。燃烧负荷主要为4个巨型轮胎（规格26.5英寸×25英寸L5S），轮胎截面宽度为26.5英寸（约0.66 m），轮胎外径为25英寸（约0.625 m），具有光滑的超深胎面。轮式装载机可燃部件的总火灾负荷估计为76.2 GJ。此外，考虑到轮式装载机在正常使用过程中有轮胎爆炸风险，故在轮胎里充注水分代替空气。

燃烧使用的钻机规格是Atlas Copco Rocket Boomer 322，这是一种电动车辆，通常用于地下矿山。钻机配备了柴油动力发动机，用于将钻机在工作地点间移动。钻进带臂架的总长度为12.4 m，宽度为2.2 m，总高度约3 m，重量为18.4 t。钻机的燃烧负荷主要由4个轮胎、液压油、液压软管组成。轮胎型号为13.00英寸×20英寸PR18，轮胎的截面宽度为13英寸（约0.325 m），轮胎外径20英寸（约0.5 m）。钻机的可燃部件的总火灾负荷估计为45.8 GJ。

两组试验在车辆油箱下方、靠近轮胎处放置一个装满柴油的圆形油盘（直径1.1 m）。试验中点燃油盘，以模拟柴油从油箱泄漏引发池火，进而引起整车燃烧。

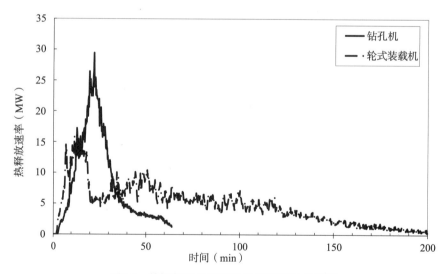

图4.8   前轮装载机和钻孔机燃烧HRR变化[49]

4.2.1.7   橡胶轮胎燃烧

考虑到大型道路车辆、工程车辆的橡胶轮胎在车辆燃烧HRR数值中占很大比例，下面我们简单总结、分析橡胶轮胎燃烧HRR的结果。英格森和哈马斯特伦（Hammarström）报道了在大型试验室量热计下开展的前轮装载机橡胶轮胎的燃烧试验。[50]试验中通过点燃放置在轮胎下的油盘（内置砾石和柴油），进一步引燃轮胎。橡胶轮胎规格是固特异26.5 R25（无内胎），轮胎总直径1.75 m，胎面总宽度为0.67 m，轮胎外部总暴露面积约为8 m²，包括轮辋在内轮胎总重量为723 kg。点火后90 min HRR达到峰值，约为3 MW，点火后2.5 h内释放了86%的总热能。

1993年，英国BRE在消防研究所卡丁顿试验室（Cardington Laboratory）用大型热量计进行了两次大尺度轮胎燃烧试验[51]。在每次测试中，共计烧毁8个无钢圈普通客车轮胎，以测试其燃烧HRR数值。其中，第一次试验测试轮胎采用水平堆放形式，第二次测试采用垂直堆放形式。试验结果表明：垂直堆放轮胎燃烧产生的火灾比水平堆叠轮胎严重得多；前者燃烧峰值HRR为1300 kW，而后者峰值HRR仅为500 kW。分析其原因，可能主要是由于轮胎垂直堆放时，火势蔓延更快，轮胎中心区域空气供应条件更好。当轮胎水平堆放时，火势蔓延较慢，火灾扑灭时仅最初燃烧的部分轮胎完全烧毁。

针对重型货车用橡胶轮胎，1995年挪威SINTEF火灾试验室研究人员利用试验室量热仪，进行了两次燃烧试验（编号A和B），测试了一对双承重车轮燃烧HRR数值。[52]试验通过加热轮辋来模拟点火，轮辋上焊接一根绝缘管道，并由穿过管道的燃气来加热。持续加热金属轮辋，直至点燃橡胶轮胎，这一过程大概持续约30 min。试验轮胎的尺寸各不相同，试验A轮胎规格是285/80 R22.5，轮胎宽度为285 mm，拥有高度为228 mm（0.8 × 285）的竖面，轮辋直径为22.5英寸（约575 mm），暴露橡胶面积为4.2 m²；试验B轮胎规格是315/80 R22.5，双轮胎暴露橡胶面积约为4.8 m²。[50]试验A燃烧峰值HRR为878 kW，达到峰值时间为29 min；试验B燃烧峰值HRR为964 kW，峰值时间为27 min。两次试验燃烧持续时间约60 min。

2005年，洛纳马克和布洛姆奎斯特（Blomqvist）开展了普通乘用车橡胶轮胎燃烧试验，并记录了峰值HRR。[53]试验测试的主要目的是评估轮胎着火后向空气、水的排放情况。每次测试涉及32个无轮辋的乘用车轮胎（尺寸相近），考虑胡乱堆放、整齐摆放两种不同的轮胎堆放形式。其中，前者底部采用3 × 3的轮胎布置，其余轮胎随意堆放在上面；后者每一堆8个轮胎垂直摆放，4堆共计32个轮胎。试验时将轮胎放置在一个2 m × 2 m的钢盘上以及大型量热计下方，测试轮胎燃烧HRR。结果表明：轮胎胡乱堆放时燃烧峰值HRR为3.7 MW、3.6 MW、3.7 MW；整齐摆放轮胎燃烧峰值HRR为3.6 MW，点火后19 min HRR达到峰值。

4.2.2　铁路车辆火灾

已有文献较少涉及轨道交通和地铁车辆（机车）燃烧HRR的测量。其中，多数试验来自于EUREKA 499试验项目[15]，近年来更多的试验测试数据相继公布。[54,55]表4.6简要归纳了相关试验测试的数据，如果想获得更为详细的信息，可以参见第3章内容。

需要说明的是：表4.6所列的测试结果都是基于单节车厢燃烧测试，其燃烧峰值HRR介于7 MW ~ 77 MW之间，达到峰值HRR的时间约为5 min ~ 80 min。如果火灾在列车车厢之间蔓延，总HRR数值和达到峰值HRR的时间将远远高于表4.6给出的数值。此外，因为火灾过程中不同燃烧车厢很难同时达到峰值HRR，因此不能简单地将每节车厢燃烧峰值HRR相加来估算列车燃烧总HRR数值。EUREKA 499试验表明，火车车厢燃烧的火灾发展受诸多参数的影响，包括：车身类型（钢制、铝制）、玻璃窗质量，开口尺寸及几何形状，可燃材料数量、类型、初始水分含量、车厢接头构造，隧道空气流速，隧道横截面几何形状等。为此，工程师在铁路、地铁隧道设计过程中需要充分考虑上述参数。此外，窗户的质量和安装也是影响火灾发展的一个重要因素。只要窗户没有破裂或者脱落（没有其他较大开口），火势发展相对较慢。相反，如果窗户破裂，火势会迅速蔓延并加剧。图4.9给出了表4.6中部分试验的HRR—时间变化曲线，此外，图中还增加了t^2超快火灾发展曲线[18]进行比较。

铁路车辆大尺度燃烧试验数据[9]

表4.6

车辆类型 /试验项目/试验编号 /通风方式	总放热量（GJ）	峰值HRR（MW）	峰值HRR时间（min）	参考文献
铁路				
一个链接火车（两辆半车，一辆铝制，一辆钢制）/EUREKA 499 /测试11/ 纵向通风（$u = 6$ m/s ~ 8 m/s/3 m/s ~ 4 m/s）	55	43	53	[12]
德国城际快车(ICE) /EUREKA 499 /测试12/纵向通风（$u = 0.5$ m/s）	63	19	80	[14]
德国城际铁路客车(IC) /EUREKA 499 /测试13/纵向通风（$u = 0.5$ m/s）	77	13	25	[14]
英国铁路公司415（客运车[a]）	无数据	16	无数据	[56]
英国铁路公司Sprinter（客运车），阻燃软垫座椅[a]	无数据	7	无数据	[56]
城际列车车厢 /卡尔顿试验室37 m长隧道 /纵向通风（$u = 2.4$ m/s）	50	32	18	[55]
地铁				
德国地铁车厢 /EUREKA 499 /纵向通风（$u = 0.5$ m/s）	41	35	5	[14]
METRO 测试 2 /纵向通风（$u = 2$ m/s ~ 2.5 m/s）	64	76.7	12.7	[54]
METRO 测试 3 /纵向通风（$u = 2$ m/s ~ 2.5 m/s）	71	77.4	117.9	[54]
地铁车厢 /卡尔顿试验室37m长隧道 /纵向通风（$u = 2.4$ m/s）	23	52.5	9	[55]

注：[a] 测试报告保密，未公布测试设置，测试程序，测量技术，通风等信息。

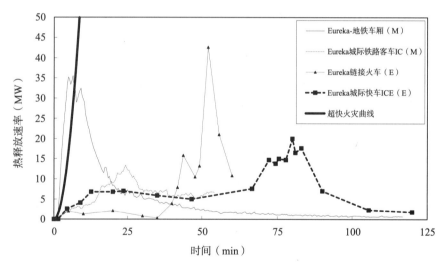

图4.9　表4.6中所列部分铁路车辆燃烧HRR数值[9]，其中多数数据是从文献中表格提取（用E标记），部分数据为试验测试数据（用M标记）

4.3　*HRR*的影响参数

　　*HRR*可能受到许多参数的影响。由于隧道结构热反馈、隧道内通风条件、火源几何形状等诸多原因，火灾*HRR*可能受到许多参数的影响。下面，我们将展开详细的参数讨论。

4.3.1　热反馈

　　当车辆在隧道中着火时，燃烧火焰与周围结构表面、热烟气通过电磁波形式进行热量交换（也称为辐射，详见第10章内容），进而引起结构表面温度的快速升高。根据衬砌及表面材料不同（例如岩石、混凝土、木板等），表面温度升高速度不尽相同。岩石或混凝土隧道结构表面的初始温度通常较低，约为5℃～10℃。燃烧火焰既向燃料表面辐射热量，同时也向火源附近结构表面，以及周边热烟气辐射热量。根据通风条件的不同，燃烧生成的热烟气分布在火源的正上方或者火源下游区域。热烟气通过辐射与火源进行换热，并通过对流、辐射的方式与隧道结构表面进行热量交换。燃烧车辆向外辐射热量到达结构表面后，部分被反射回去，部分被结构表面吸收，隧道表面温度升高。在火源上方局部区域，热烟气与结构表面的换热中对流换热占比仍较高。火源周边结构表面被加热，壁面温度逐渐升高。在某些情况下，特别是对于特大火灾，火源周围结构表面变成一个重要的外部辐射源，持续向火源表面辐射热量。但是，这并不一定意味着燃料表面入射辐射强度不断增加。火灾中火源区域顶棚表面被火焰或黑烟覆盖，进而限制了与燃料表面的辐射热交换，未对燃烧速度产生直接影响。顶棚表面向外辐射的热量逐渐被热烟气、火焰所吸收。然而，隧道侧壁与燃料表面却有更多的直接相互作用，其影响由表面辐射角系数（View factors）、燃料内部的屏蔽效应所决定。

如图4.10所示，根据热平衡，可得任意火源单位燃料表面积*HRR*如下：

$$\dot{q}'' = \left(\dot{q}_f'' + \dot{q}_g'' + \dot{q}_w'' - \dot{q}_{rr}'' \right) \frac{\Delta H_{c,eff}}{L_g} \tag{4.2}$$

式中，$\dot{q}''$是单位燃料（或车辆）表面积的*HRR*数值，单位：kW/m²；$\dot{q}_f''$是来自火焰的辐射热流，单位：kW/m²。$\dot{q}_g''$是来自周围烟气的辐射热流，可由下式表示：$\dot{q}_g'' = F_g \varepsilon_g \sigma T_g^4$，单位：kW/m²；其中，$T_g$是烟气层的特征温度，单位：K；$F_g$是周围烟气与燃料表面角系数；$\varepsilon_g$是烟气发射率。$\dot{q}_w''$是来自隧道顶板、侧壁的辐射热流，$\dot{q}_w'' = F_w \varepsilon_w \sigma T_w^4$，单位：kW/m²；$T_w$是周围结构表面温度，单位：K；$F_w$是周围结构表面和燃料表面辐射角系数；$\varepsilon_w$是结构表面发射率。$\dot{q}_{rr}''$是各种入射热流到达燃料表面后的反射损失热，单位：kW/m²；σ是斯蒂芬—玻尔兹曼常数，$\sigma = 5.67 \times 10^{-11}$ kW/(K⁴·m²)；$\Delta H_{c,eff}$是燃料的有效燃烧热，单位：kJ/kg；L_g是燃料的汽化热，单位：kJ/kg。

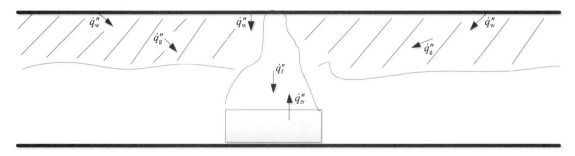

图4.10　公式（4.2）中使用的术语说明

公式（4.2）中涉及多项温度，每一项温度的重要性在空间中存在明显差异。多数情况下，烟气温度（T_g）的影响更为重要，但是有时结构表面温度（T_w）的影响也不容忽视，特别是当结构表面被持续烘烤，结构表面温度不断升高时。此外，随着结构表面材料的变化，火灾中结构表面温度升高速度也有较大差异。例如，岩石隧道暴露在1000℃高温环境下，大致经过6 min，结构表面温度可达环境温度的80%，经过20 min烘烤，结构表面温度可升至环境温度的90%。对于混凝土隧道，升高至相同温度水平大致需要2 min和7 min；对于利用硅酸盐板进行隔热处理的隧道，升高至相同温度水平大致需要0.2 min和0.6 min。这意味着在火灾早期阶段，隧道结构表面温度对燃料质量燃烧速率并未产生重要影响。

　　燃料表面上方火焰通过辐射、对流方式将热量（$\dot{q}''_f$）传递到燃烧表面。火焰尺寸大小和火源上方热烟气的温度成为影响外部辐射源和燃料表面换热的主要因素。开放环境自由燃烧下，扩散至火焰上方的烟气温度通常在800 ℃～900 ℃，与隧道火灾情况测试温度（1200 ℃～1360 ℃）有明显差异。由于辐射热不断被火焰和黑烟所吸收，所以燃料表面辐射的热量通常由紧邻燃料表面的条件所决定。$\dot{q}''_{rr}$是到达燃料表面的入射热流经表面反射后损失的热量（损失热量注意 "−"），$\dot{q}''_{rr} = \varepsilon\sigma T_s^4$，其中$T_s$是燃料表面温度（与燃料着火点一致），单位：K。此外，多数情况下需要仔细计算辐射角系数，有时为了方便估算，可假定其数值为1。

　　考虑开放环境下自由燃烧，火焰垂直方向上未见明显横向偏转。大尺度火焰辐射热流$\dot{q}''_f$约为22 kW/m²～77 kW/m²。[57]假定烟气温度为800 ℃，计算可得火焰辐射热流约为75 kW/m²，与上限数值（77 kW/m²）接近。巴布劳斯卡指出：木材燃烧火焰辐射热流随着暴露时间的不同会有较大变化[58]，合理数值约为25 kW/m²。

　　示例4.2：假定木托架燃烧，$\dot{q}''_f = 25\,\text{kW/m}^2$，$T_g = 100\,℃$，$T_w = 10\,℃$，$F = 1$，$\varepsilon = 1$，试计算$\dot{q}''$数值。

　　答案：根据已知条件，确定木材基本参数如下：$L_g = 1.8 \times 10^3\,\text{kJ/kg}$，$\Delta H_{c,\text{eff}} = 13 \times 10^3\,\text{kJ/kg}$，$T_s = T_{\text{ign}}$（对于木托架燃烧，着火温度300℃是一个合理的较低的引燃温度[58]）。

$$\dot{q}''_{rr} = 5.67 \times 10^{-11} \times (300 + 273)^4 = 6\,\text{kW/m}^2, \quad \dot{q}''_g = 5.67 \times 10^{-11} \times (100 + 273)^4 = 1.1\,\text{kW/m}^2,$$

$\dot{q}''_w = 5.67 \times 10^{-11} \times (10 + 273)^4 = 0.4\,\text{kW/m}^2$，根据公式（4.2），进一步计算得到单位面积燃料表面的HRR为：

$$\dot{q}'' = (25 + 1.1 + 0.4 - 6) \times 13/1.8 = 148\,\text{kW/m}^2。$$图沃森曾测算过花旗松（一种木材）的$\dot{q}''_{rr}$约为10 kW/m²[57]，据此计算可到$\dot{q}''$约降至119 kW/m²。

　　这个例子表明：在火灾发展的初期，与火焰辐射（$\dot{q}''_f$），以及$\Delta H_{c,\text{eff}} / L_g$等参数相比，烟气温度、壁面（结构表面）温度对燃料表面HRR是否增大的影响很小，基本可以忽略。

　　大型火灾场景下，火焰在横风影响下通常会发生一定的偏转，从而增大了火焰向燃料表面的辐射热，见图4.11。热烟气温度也会随之明显升高，并向燃料表面辐射热量。同时，热辐射经由火焰和热烟气，部分热量会被吸收、散射，从而损失部分热量。在此过程中，总的热量平衡和热交换实际上难以精准确定，但公式（4.2）表明了影响换热最重要的参数及其之间的关系。此时，尽管热烟气（除了顶棚火焰区）、隧道结构表面辐射向燃料表面的热流会有一定程度的衰减，但是$\dot{q}''$数值仍然可能会增加。随着火灾规模的扩大，更多的燃料参与燃烧，火焰尺寸随之增大；巨大的垂直火焰和烟雾将明

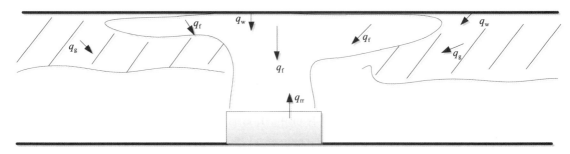

图4.11　大型隧道火灾示意图（火焰在顶棚下方偏转、水平延伸）

显阻碍顶棚火焰的辐射热，因此不能确定单位燃料表面积*HRR*是否会大幅增加。

尽管公式（4.2）只是一个简单的关系式，但它直观表明了隧道顶棚热烟气、隧道结构表面对燃料燃烧速率的影响，即并没有人们预期的那么大，至少在火灾发展阶段（通常在点火后10 min ~ 20 min 内）影响并不大。其他控制参数，诸如材料特性、通风类型和条件、火源几何形状、隧道高度（火焰偏转）等则会对燃料燃烧产生重要影响。此外，我们需要注意的是公式（4.2）假设燃料表面、热烟气层（被隧道结构表面所包裹）之间存在辐射热交换。事实上，很多情况火源几何形状异常复杂，燃料表面可能隐藏在燃料床或者车辆内部，继而与热烟气层或结构表面无直接联系。此外，随着距离的增大，烟气温度也会逐渐降低。为此，使用公式（4.2）预测$\dot{q}''$，结果可能偏于保守。总体而言，火焰辐射是占主导地位的关键参数，热烟气和隧道侧壁热辐射在初始阶段的作用并不显著，但是随着火灾的持续发展，其贡献会有所增加。关于热流量计算的更多信息将在第10章中展开详细讨论。

4.3.2 隧道几何形状的影响

隧道几何形状对*HRR*的影响是一个非常有趣的研究领域。卡维尔（Carvel）等人将隧道几何形状导致的*HRR*增加与室外环境条件下的类似情况进行了比较。[59]他们研究了文献中发表的诸多不同试验测试，包括液体池火、木垛火和汽车燃烧。研究结果表明：隧道宽度对隧道火灾*HRR*有显著影响，这与周围结构表面、热烟气对燃料表面的辐射，以及隧道内温度和火源附近流动模式等有关。分析表明，隧道高度对*HRR*增大没有显著影响。

洛纳马克和英格森搭建了一个1∶20缩尺模型试验台，隧道长度10 m，宽度分别为0.3 m、0.45 m、0.6 m，高度介于0.25 m ~ 0.4 m之间。[60,61]以庚烷池火和木垛火为火源，研究了隧道几何形状对燃料燃烧质量损失率（*MLR*）和火灾热释放速率（*HRR*）的影响。试验结果表明：燃料燃烧尤其是池火，其*MLR*和*HRR*随隧道尺寸变化的关系不尽相同。试验结果还表明，隧道尺寸的影响不仅是由于通常认为的辐射效应，而且可能是结构表面、热烟气辐射、气流模式、火焰、燃烧区域的形状和位置，以及温度分布等因素的综合影响。分析表明，由于诸多因素和过程之间是相互作用的，因此了解起始条件对于预测特定参数变化的影响是非常重要的。试验结果表明：隧道高度是影响*HRR*增加最重要的参数。

4.3.3 通风对峰值*HRR*的影响

长期以来，纵向通风对重型货车火灾发展的影响一直是研究人员和工程人员非常感兴趣的问题。纵向通风系统设计中临界速度的使用是主要原因之一。当送风以较大速度吹向火源，会对*HRR*有什么影响？卡维尔等人已经深入研究了通风量与*HRR*间的相互作用。[62-64]本章我们将重点讨论通风对峰值*HRR*的影响。第5章会重点讨论通风对火灾发展的影响。

爱丁堡赫瑞瓦特大学卡维尔教授团队开展的工作本质上是概率性的。其基础是贝叶斯概率方法（Bayesia probobilistic approach）被用于改进专家小组作出的估计，并与隧道火灾试验数据相结合。他们工作的缺点是他们的结论是基于相当有限的试验数据，而不是基于任何物理试验证据。幸运的是，后来的研究进行了新的、更系统的研究，数据也更加一致。[65-68]

卡维尔的研究指出，重型货车火灾的规模将随着纵向通风速度的增大而增大。在纵向通风速度3 m/s情况下，火灾规模可能比自然通风时大4 ~ 5倍。当纵向通风速度达到10 m/s，火势可能会扩大10倍。在研究中，他们考虑了木垛火、普通固体燃料火和车辆燃烧等不同类型的火源。事实上，无论是前面列举燃烧试验*HRR*的测试结果、预测值，还是单位燃料表面积的*HRR*数据，都没有呈现如此大的增加量（4 ~ 10倍）。英格森和李颖臻等的试验结果表明：从自然通风条件切换到纵向通风（原型风速约为1.6 m/s ~ 4.3 m/s），燃烧峰值HRR增大约1.4 ~ 1.55倍[66]，洛纳马克和英格森等也得到了类似的试验结果，峰值HRR增大1.3 ~ 1.7倍。[65]为什么卡维尔等人的研究得到如此高的峰值HRR增长，唯一可能的原因是燃料。如果燃料的孔隙因子（porosity factor，P）较低，参见4.3.4节的定义，则很容易理解卡维尔等人提出的大幅增加，这在哈尔马希（Harmathy）的研究[69]中已经得到了证明。哈尔马希认为焦炭氧化释放的热量在热解过程中起着重要作用，进而影响HRR。相比较而言，非碳化燃料（合成聚合物）则对HRR没有影响。这也解释了英格森和李颖臻[66]在缩尺模型试验中使用碳化材料（木垛）作为火源，由于通风导致的HRR增加情况。这对于我们理解通风对隧道火灾HRR的影响至关重要。

已有文献对涉及通风对油池火灾影响的描述各不相同，有的文献说燃料的质量燃烧速率基本不受通风的影响，变化很小，另一些文献则说通风有很大影响。综合文献中的试验结果，我们发现一个总体趋势：对于较小尺寸的池火，通风的影响更为显著，这与影响燃烧换热方式的不同有很大关系。对小尺寸、大尺寸油池火起决定性作用的分别是火焰对流热及火焰热辐射。因此，大尺寸池火受通风风速的影响明显变小。

卡维尔等人声称，通风对小尺寸池火的增强作用远不如通风对重型货车火灾的影响来得显著，通风可以使大尺寸池火增强约50%。

英格森在模型隧道中使用庚烷、甲醇和二甲苯作为燃料进行了多组池火燃烧试验。[70,71]与自由燃烧［燃烧速率约0.04 kg/(m²·s)］相比，庚烷燃烧速率最大增幅约3.3倍［0.13 kg/(m²·s)，纵向风速$u = 1$ m/s］。斋藤（Saito）等人的研究也表明，隧道内液体池火燃烧的质量损失速率（MLR）与自由燃烧相比有所增加。[72]试验采用甲醇（油池直径0.1 m、0.15 m、0.2 m和0.25 m）和庚烷（油池直径0.15 m）池火作为火源。对于两个最小油池，隧道（风速为0.08 m/s）对甲醇MLR的影响只有几个百分点；而对于直径0.25 m的油池，隧道内燃烧与自由燃烧相比，其MLR数值增加了约2.7倍。对于庚烷，隧道（风速为0.43 m/s）内燃烧，其MLR提高了约4倍。对于两种燃料，随着通风速度的增加，MLR显著降低。这不仅说明了通风、隧道截面的重要性，同时也表明火焰、热烟气和隧道结构的热反馈对MLR有影响。

如前所述，洛纳马克和英格森在1:20缩尺模型隧道中进行了一系列试验，研究了隧道宽度、高度对MLR和HRR的影响。[61]结果表明，MLR的变化与HRR随隧道尺寸的变化关系并不相同，隧道高度、宽度对MLR和HRR的影响更多取决于初始条件。其中，通风是一个重要因素。

武田（Takeda）和秋田（Akita）研究了隧道条件对火灾的影响，也表明MLR和HRR与通风因子有关。[73]他们指出燃烧速率的提高与空气供应和燃料供应之间的动态平衡有关。

既然重型货车对研究道路隧道火灾后果具有重要意义[74]，那么我们有必要充分了解隧道本身以及隧道通风对燃烧的影响。利用试验分析通风的影响，我们所面临的主要问题之一是不同试验项目条件（隧道尺寸、初始通风条件等）差异较大。重要的是要认识到多个因素均会影响火灾热释放速率曲线的变化，例如，用于表示火灾场景的燃料类型、隧道内通风速度、隧道几何形状等。

4.3.4　燃料控制火灾

克罗塞（Croce）和辛（Xin）对木垛火灾的试验研究结果表明，木垛的孔隙因子对于确定木垛是燃料控制型燃烧（通风良好）还是通风控制（通风不足）燃烧非常重要。[75]木垛的孔隙因子P定义如下：

$$P = \frac{A_v}{A_s} s^{1/2} b^{1/2} \tag{4.3}$$

式中，A_v是竖井的横截面积，单位：m²；A_s是木垛的暴露表面积，单位：m²；s是同一层相邻木条的净距，单位：m；b是木条的厚度（宽度、高度相同），单位：m。

如图4.12所示，方形截面木条（厚度b）堆成的木垛（长度L、宽度l），其孔隙因子定义如下[60]：

$$P = \frac{A_v}{A_s} s_H^{1/2} b^{1/2} \qquad (4.4)$$

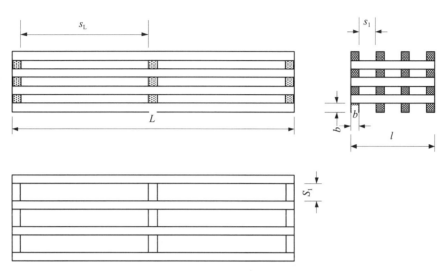

图4.12　木垛的摆放和几何参数的定义[60]

竖井的总横截面积A_v计算如下：

$$A_v = (L - n_l b)(l - n_L b) \qquad (4.5)$$

假定木垛的顶层、底层都是长木条，则木垛的总暴露表面面积A_s计算如下：

$$A_s = 4b(n_l N_l l + n_L N_L L) + 2b^2(n_l N_l + n_L N_L - n_l n_L N_L) - B \qquad (4.6)$$

式中，n_l，n_L分别是木垛每一层中短木条的数量，长木条的数量；N_l，N_L分别是短木条层的数量和长木条层的数量；参数B代表未暴露在外的木垛底部面积。s_H为矩形断面（长宽为参数s_l和s_L）的当量直径：

$$s_l = \frac{l - n_L b}{n_L - 1}, \quad s_L = \frac{L - n_l b}{n_l - 1}, \quad s_H = \frac{2s_l s_L}{s_l + s_L}$$

分别利用公式（4.3）和（4.4）计算已有文献中方形木垛、长木垛的孔隙因子P（单位：mm）。计算结果表明，燃烧HRR随孔隙因子P的增加而迅速增加，但当孔隙大于0.7 mm时，这种相关性明显减弱。当木垛堆放得更加松散，HRR数值趋于定值。

固体燃料（以木材为例）燃烧的HRR数值主要取决于固体表面的净得热量。这意味着总表面积是固体燃料燃烧的一个非常重要的参数，火灾大小可以表示为单位燃料表面积HRR的倍数。单位燃料表面积峰值HRR随通风速度的变化关系见图4.13，显然两者充其量是弱相关[66]，这与火灾为"燃料控制"型燃烧有关。图沃森和皮翁（Pion）指出，木材（花旗松）单位燃料表面积MLR上限为0.013 kg/(m²·s)[76]，这与英格森和李颖臻[66]的试验数据良好吻合。基于模型隧道火灾试验和自由燃烧试验（无边界影响下）的结果，他们发现：隧道火灾试验单位燃料表面积燃料MLR是自由燃烧试验数值的1.4～1.55倍。如果将图沃森和皮翁得到的MLR上限转换为木垛单位燃料表面积HRR，可得$\dot{q}'' \approx 200 \text{ kW/m}^2$。为了便于比较，图4.13以水平实线进行标记。

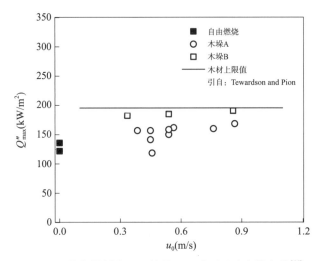

图4.13　单位燃料表面积峰值HRR随通风速度的变化[66]

4.3.5　通风控制火灾

英格森和李颖臻进行了一系列缩尺模型试验[68]，可以解释火灾从燃料控制型转变为通风控制型的区域。模型试验选取木垛孔隙因子$P = 1.24$ mm（远大于0.7 mm），以尽量减小孔隙因子对HRR的影响。这意味着木垛火在测试中不会呈现任何类型的通风控制趋势。他们的模型隧道试验考虑了两组不同宽高比的变化，重点分析了HRR和木垛附近通风速度的关系，但却并未系统地研究隧道几何形状和火源的影响。

图4.14展示了单位燃料表面积的质量损失率与横穿火源区域通风速度的关系。单位燃料表面积的化学计量燃料质量损失率也如图4.14所示。根据耗氧量热原理，计算可得单位燃料表面积的化学计量质量损失率$\dot{m}_{f,stoi}$［单位：kg/(m²·s)］计算如下：

$$\frac{\dot{m}_{f,stoi}}{A_s} = \frac{\dot{Q}}{\chi \Delta H_c A_s} = 0.24 \frac{A}{A_s} u_0 \qquad (4.7)$$

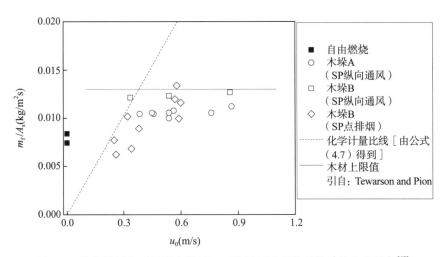

图4.14　单位燃料表面积最大燃料MLR随通风速度的变化（单个木垛）[68]

如图4.14所示，当纵向通风速度（u_0）小于0.35 m/s时，单位燃料表面积的燃料*MLR*随u_0增大而增大，变化曲线与化学计量线基本一致，表明此时火灾燃烧是通风控制型。当通风速度（u_0）大于0.35 m/s（原型速度1.6 m/s）时，火灾对通风速度不再敏感，表明此时火灾切换为燃料控制型燃烧。其单位燃料表面积的燃料*MLR*上限约为0.013 kg/(m²·s)。在u_0介于0.35 m/s ~ 0.9 m/s的范围时，单位燃料表面积的燃料*MLR*与速度关系趋于弱相关。但是，我们可以预期的是，当通风速度大于一定数值时，在通风的冷却作用下，单位燃料表面积的*MLR*数值将开始下降。比较隧道火灾试验、自由燃烧的数据，可以发现在*MLR*恒定区域内（燃料控制型），前者与后者*MLR*的数值之比约为1.5。而对于第2章中讨论过的通风控制型或在通风污染条件下的隧道火灾时，该比值可小于1。

需要说明的是：以上述分析是基于单个木垛的燃料*MLR*；在一些试验中，多个木垛被同时燃烧，此时通常根据耗氧量热法而不是测量*MLR*来确定燃烧总*HRR*数值。

图4.15展示了单位燃料表面积的峰值*HRR*与通风速度的关系。单位燃料表面积的化学计量*HRR*用一条倾斜的虚线表示。对于多木垛燃烧火灾，以总燃料表面积为基准。根据耗氧量热原理，单位燃料表面积的化学计量*HRR*（$\dot{Q}''_{\text{stoi}}$，单位：kW/m²）可表示为：

$$\dot{Q}''_{\text{stoi}} = \frac{\dot{Q}}{A_s} = 3600\frac{A}{A_s}u_0 \tag{4.8}$$

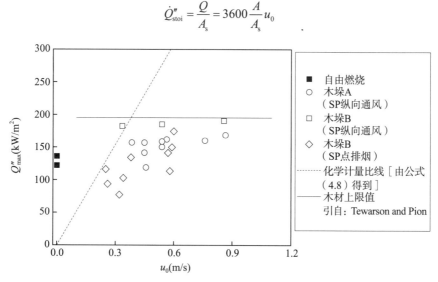

图4.15　单位燃料表面积峰值*HRR*随通风速度的变化[68]

显然，图4.15呈现与图4.14相同的变化趋势，尽管数据之间也不相关。其主要原因可能是对于多木垛燃烧试验，木垛的所有表面很难同时燃烧；当*HRR*达峰值时，第一个木垛的部分木条燃烧已经开始衰减。因此，与单个木垛燃烧相比，多个木垛燃烧的峰值*HRR*除以总燃料表面积的数值略低。

4.4　单位暴露燃料表面积的*HRR*

考虑到隧道及其他地下空间内不同车辆燃烧*HRR*数据差异巨大，英格森强调了以单位燃料暴露面积为基准使用和报告火灾*HRR*数值（$\dot{q}''$，单位为MW/m²或kW/m²）的重要性。[6]通过估计车辆的燃料暴露面积，可以很好地估计峰值*HRR*。暴露的燃料表面在这里被定义为可能发生燃烧/热解的区域，即暴露在高入射热辐射并有足够的氧气供应以维持燃烧的燃料表面。以一个盒子为例，暴露的燃料表面积是外表面的总和，而不是其内部面积。暴露在空气中的一堆木托架的各个表面都可燃烧，但是当木托架垮塌倒下时，暴露表面积会迅速增加，峰值HRR也会相应增加。

此外，也可以对货物或车辆的一小部分进行燃烧试验来获得相关火灾试验信息。2003年卢恩海默隧道火灾试验前，研究人员首先在试验室内进行了初步测试，对于三种试验火源，其峰值HRR预测可以达到较为满意的精度要求[11]，相关数据信息汇总见文献。[6,9]

图沃森将$\Delta H_{c,eff}/L_g$命名为"热释放参数"（Heat Release Parameter，HRP）[57]，并给出不同材料的参数变化范围，见表4.7。[57]显然，HRP对于$\dot{q}''$数值的预测非常重要，对其他参数尤其是总火焰热通量$\dot{q}''_f$、与点火温度相关的再辐射通量$\dot{q}''_{rr}$也很重要。表4.7所列数值似乎与英格森给出的数据[6]有一定相关性。如表4.8（另见4.4.2章节）所示，固体材料$\dot{q}''$数值取70 kW/m²（木垛）~ 500 kW/m²（聚氨酯泡沫、木材、塑料混合物组成的家具）；液体火灾$\dot{q}''$数值与表4.7（见4.4.1章节）所列数据在相同范围。根据图沃森所列参数，计算得到木材单位燃料表面积HRR数值与表4.8中木托架燃烧数据基本吻合，$\dot{q}''$介于110 kW/m² ~ 160 kW/m²（见章节4.4.2）。

利用公式（4.2）计算不同材料HRR相关参数汇总 [57]　　　　　　　表 4.7

材料类型	$\dot{q}''_{rr}$(kW/m²)	L_g(kJ/g)	$\Delta H_{c,eff}$(kJ/g)	$\dot{q}''_f$(kW/m²)	$\dot{q}''$(kW/m²)	HRP
己烷	0.63	0.55	42.2	37	2791	77
庚烷	0.98	0.6	41	37	2461	68
煤油	1	0.85	40.3	29	1316	47
聚乙烯	15	2	38.4	61	883	19
聚苯乙烯	11.5	1.6	27	75	1072	17
聚氨酯（柔性）	17.5	1.95	17.8	70	479	9
聚氨酯（刚性）	18	3.25	16.4	51	167	5
聚氯乙烯	10	1.7	5.7	50	134	3
波纹纸	10	2.2	13.2	25	90	6
木材	10	1.8	13	25	108	7

大尺度隧道火灾试验[6,9]中固体材料单位燃料表面积HRR汇总　　　　表 4.8

燃料类型	试验项目	燃料表面积预测值（m²）	单位燃料表面积峰值HRR（MW/m²）
木垛	EUREKA试验（测试8、9、10）	140	0.07 ~ 0.09
木托架	第2比荷卢隧道试验（测试8、9、10和14）	120（36个木托架）/ 240（72个木托架）	0.11 ~ 0.16
82%的木托架和18%的PE托架	卢恩海默试验（测试1）	1200	0.17
82%的木托架和18%的PUR床垫	卢恩海默试验（测试2）	630	0.25
81%的木托架/纸箱和19%的塑料杯	卢恩海默试验（测试4）	160	0.44
重型货车—家具	卢恩海默试验（测试3）	240	0.5
重型货车—家具	EUREKA试验（测试21）	300	0.4
卢恩海默试验（2013年）	卢恩海默试验（2013年）	1470	0.06
80%木托架和20%PE托架	新加坡试验（2012年）	910	0.17
橡胶轮胎	各式各样的	—	0.11 ~ 0.21

4.4.1　液体

表4.5总结了液体池火燃烧及其他相关试验的*HRR*数值，并与公式（4.1）计算结果进行了比较。结果表明，在通风影响不占主导地位的情况下，实测值与理论计算值具有较好的一致性。如表4.7所示，庚烷和煤油q''的数值分别为2.46 MW/m^{2}和1.32 MW/m^2，他们与报道的火灾测试值和公式（4.2）预测值（假定油池面积0.4 m^2）吻合度良好。

此外，不同试验测试结果的变化范围较大，为此很难假设每种液体燃料都有一个固定数值。对于任意燃料，影响其燃烧速率的参数包括油池几何形状、燃料深度、通风条件和隧道几何形状等。当隧道截面尺寸较大，油池宽度远小于隧道宽度时，纵向通风对燃烧速率的影响相对较小。反之，如果油池宽度与隧道宽度大致相同，火灾规模将缩小，并且随着油池长度的增加，其影响将进一步变大。

4.4.2　固体材料

第3章介绍的许多大尺度的火灾试验，研究人员使用了诸如托盘、纸箱或木垛之类的固体材料作为火源。观察比较其单位燃料表面积的峰值*HRR*数值是否具有可比性，是有趣且有实际应用意义的，可用于估计重型货车或拖车（以篷布进行货物覆盖）燃烧峰值*HRR*。基于本章和第3章相关试验的数据，表4.8汇总了固体材料单位燃料表面积*HRR*数值。其中，TUB-VTT试验、EUREKA试验、第2比荷卢隧道试验以木垛、木托架作为火源；卢恩海默试验使用木托架（82%）与其他类型固体材料（12%，包括：塑料、纸箱、家具及固定装置）组成的混合物作为火源。

第2比荷卢隧道试验以木托架为火源，单位燃料表面积*HRR*介于0.11 MW/m^2～0.16 MW/m^{2}之间，平均值约为0.13 MW/m^2，且数值随通风量的增加而增大。试验中木托架并未密集堆积，燃烧过程可视为由燃料表面所控制。EUREKA模拟卡车燃烧试验，由于木材堆放相对密集，火灾条件可能相反，燃烧变成由燃料孔隙度或通风控制。这也意味着它的燃烧峰值*HRR*比燃料表面控制型情况要低，单位燃料表面积*HRR*大约为0.04 MW/m^2。EUREKA木垛燃烧试验（测试工况8、9、10），单位燃料表面积*HRR*介于0.07 MW/m^2～0.09 MW/m^{2}之间，数值随纵向通风速度而变，但是我们无法确定燃烧是由燃料表面还是孔隙度所控制。卢恩海默试验（2013年）以441个托盘作为火源，试验中喷淋系统未开启，燃烧峰值*HRR*约为79 MW，折合单位燃料表面积峰值*HRR*为0.06 MW/m^2，略低于其他试验结果。新加坡试验（2012年）以木托架（80%）、聚乙烯托架（20%）混合物为燃料，单位燃料表面积*HRR*约为0.17 MW/m^2，其数值与2003年卢恩海默试验（2003年，测试工况1）数值相同。EUREKA 499试验（测试工况21）使用重型货车＋家具作为火源，家具总燃料表面积约300 m^2，燃烧峰值*HRR*为120 MW，折合单位燃料表面积*HRR*约为0.4 MW/m^2。卢恩海默试验（测试工况1）使用木托盘、塑料托盘为火源，单位燃料表面积*HRR*约为0.17 MW/m^2；测试工况2使用木托盘、床垫为火源，单位燃料表面积*HRR*约为0.25 MW/m^2；测试工况4以木托盘、纸箱、塑料杯等为火源，单位燃料表面积*HRR*约为0.44 MW/m^2；测试工况3以重型货车＋家具为火源，单位燃料表面积*HRR*达到0.5 MW/m^2。

总体而言，上述大尺度火灾燃烧试验中固体材料的峰值*HRR*介于0.07 MW/m^2～0.5 MW/m^{2}之间。此外，EUREKA 499、卢恩海默试验项目中家具燃烧数值基本也是在同一个数量级，这与两次试验通风条件良好、燃料表面积相近（300 m^{2}和240 m^2）有关。显然，基于上述相关信息，我们可以很便利地估计装载不同燃料的重型货车燃烧峰值*HRR*。

对于橡胶轮胎，可以根据本章前面给出的信息来估计*HRR*。粗略计算可知，橡胶轮胎单位暴露表面积的峰值*HRR*介于0.11 MW/m^2～0.21 MW/m^{2}之间，据此可以进一步估算一定尺寸橡胶轮胎燃烧峰值HRR。需要强调的是，挪威科技工业研究院（SINTEF）的测试与其他试验有重要区别。SINTEF测试中使用的轮胎带有轮辋，而其他试验则采用堆积轮胎燃烧，这必然会影响暴露燃料表面积大小。如果不考虑SINTEF的测试数据，橡胶轮胎单位暴露面积的HRR范围为0.11 MW/m²～0.15 MW/m²。

英格森和哈马斯特伦估计轮胎燃烧达到第一个峰值HRR时暴露燃料表面积为5.9 m²。[50]如果减去柴油燃烧释放的1.1 MW能量，轮胎燃烧产生的能量将达到1.3 MW，折合单位燃料表面积的HRR为0.20 MW/m²，这与前面提到的其他研究结果基本一致。燃烧在达到第一个HRR峰值后，火灾强度开始下降，大约70 min后，当轮胎两侧完全卷入火灾，气体从轮胎内部涌出时，火灾强度将再次急剧增加。此时，轮胎暴露在外的总表面积达到8 m²，折合单位燃料表面积HRR约为0.25 MW/m²。

4.4.3 车辆火灾

根据燃料多少、开口大小的不同，车辆火灾既可以为燃料控制，也可以为通风控制燃烧。根据李颖臻等人的研究工作[77]，对于通风控制型车辆火灾，所有可用开口（包括初始开口、火灾中出现的开口等）大小，决定了峰值HRR数值。我们可以通过用流过开口的所有氧气量乘以修正系数（取决于燃料表面吸收热量、燃料量）来估计燃烧试验峰值HRR。燃料表面吸收的热量与燃烧热成正比，与热解热成反比。此外，暴露在火灾中的燃料表面的比例也对峰值HRR有很强的影响。相比较而言，燃料控制型车辆火灾峰值HRR可以简单地叠加估算。

表4.9列举了不同类型车辆大尺度燃烧试验中单位燃料表面积的峰值HRR。但是，只有在火灾达到峰值阶段时，尚未变成通风控制型的燃烧才有可能确定其数值。很多车辆火灾中，车辆（车身）的外壳结构被烧毁（例如铝制、塑料材质、复合材料车身），从而使氧气不断被火羽流所卷吸。部分燃烧试验车身结构仍旧完整，但由于窗户足够大，可以保证氧气供应，维持燃料控制型燃烧。但是在另一些试验中，氧气则供应不足，窗户的开启面积将直接影响燃烧的HRR数值。EUREKA 499试验（测试工况12、13）以火车车厢为火源，由于窗户的缘故，火势发展缓慢。但是当窗户因为高温开裂后，情况则发生变化。火势转为通风控制型燃烧，随着车窗的不断开裂，火灾以相同的速度沿着火车车厢迅速蔓延。显然，此时已经无法准确估计燃料表面积大小，数据表中也不再统计其数据。

与燃料表面积、车窗高度相比，钢制乘用车的车窗面积更大，钢制乘用车火灾（充分发展阶段）可视为燃料表面控制型火灾。当然，这并不是一种普遍情况，因为许多汽车在车内着火时，窗户不一定会破裂。中型乘用车的通风因子约为1.2～1.8，远远高于以木垛为火源的燃料控制型房间的火灾数值（0.29）。[78]单辆乘用车（小型和大型）的峰值HRR在1.5 MW～8 MW之间，但多数试验显示峰值HRR小于5 MW。当两辆车卷入火灾时，峰值HRR在3.5 MW～10 MW之间。达到峰值HRR的时间在10 min～55 min。一辆中型乘用车内部的燃料表面积约为12 m²～18 m²，包括地板、顶板、仪表盘、门、座位（双面）等区域面积。这意味着一辆峰值HRR为5 MW的乘用车，其单位燃料表面积的HRR约为0.3 MW/m²～0.4 MW/m²。EUREKA 499试验（测试编号20）是唯一可用的在隧道中开展的乘用车火灾试验。试验车辆为一辆塑料材质车身的雷诺Espace J11，燃烧峰值HRR为6 MW，燃料表面积约为17 m²，不包括顶板面积。

其他在隧道内开展的燃料控制型车辆火灾，如EUREKA 499试验项目测试编号7、11、14等工况，其详细内容可参见第3章（3.3.7章节）介绍。这些试验中，对火灾最大的影响主要来自地板材料和座椅。瑞典SP火灾试验室为不同客户开展了大量的燃烧测试，结果表明：座位（包括公交车、火车座位）燃烧折合单位燃料表面积的峰值HRR约为0.2 MW/m²～0.5 MW/m²。如表4.9所示，不同的试验单位燃料表面积的总HRR范围为0.20 MW/m²～0.38 MW/m²，与SP测试数值基本在一个范围内。燃烧的火车车厢内部有诸多不同的材料，包括纺织品、橡胶、泡沫填充物、PVC、软木等。但是有趣的是：不同试验车辆燃烧（燃料控制型），其单位燃料表面积的 HRR 在一个狭窄范围（0.2 MW/m² ~ 0.4 MW/m²）内变化。这一范围也基本符合表4.7中固体材料单位燃料表面积的 HRR 数值。尽管单一材料的单位燃料表面积的 HRR 变化较大（或低或高），但是其混合材料的总影响似乎不是那么广泛。

车辆燃烧火灾燃料控制型单位燃料表面积 HRR 汇总[6,9]　　　　　　表 4.9

燃料类型	试验项目	估计燃料表面积（m²）	单位燃料表面积峰值 HRR（MW/m²）
中等尺寸乘用车	假定火灾强度5 MW	12 ~ 18	0.3 ~ 0.4
乘用车（塑料材质）	EUREKA（试验20）	17（没有顶板）	0.35
公交车	EUREKA（试验7）	80	0.36
火车	EUREKA（试验11）	145	0.3
地铁车厢	EUREKA（试验14）	130	0.27
地铁	试验2	230	0.33
城际列车	卡尔顿试验室	150	0.2
地铁车厢	卡尔顿试验室	130	0.38

4.5　小结

基于已有文献，英格森整理得到了大尺度火灾燃烧试验 HRR 数据[6]，并将峰值 HRR 归一化，得到单位暴露燃料表面积 HRR。我们定义"燃料表面积"为火源处燃料可发生汽化、蒸发的自由暴露面积。这里将 HRR 数值归一化的主要目的是便于比较不同类型燃料、火灾条件下燃烧的峰值 HRR，其数据可用于帮助工程人员预测不同类型车辆、固体和液体燃料燃烧的峰值 HRR。为此，本章根据燃料类型不同，分液体池火、普通固体材料（如木托盘和木垛）燃烧，以及公路/铁路/地铁车辆燃烧三大类型，分类整理总结其 HRR 数据。

了解试验中 HRR 的测量或计算方式，有助于进行有效的比较，这一点也很重要。已有多数汽车火灾燃烧试验是在低矮的停车场内开展的，其顶棚高度有限，几乎没有纵向风速。点火源、点火位置以及公交车车身材料（玻璃纤维制、钢制、铝制）等直接影响了车辆燃烧到达峰值 HRR 的时间。对于重型货车火灾而言，货物装载容器类型（油布、铝制、钢制等）、可燃材料和通风条件等对火灾发展非常重要。同样，点火源、点火位置也是影响重型货车火灾到达峰值 HRR 的时间的关键因素。此外，火灾发展与水基喷雾系统的相互作用及影响也需要考虑。

试验数据表明：对于燃料控制型火灾，不同车辆的单位燃料表面积的峰值 HRR 约为0.2 MW/m² ~ 0.4 MW/m²；[6]如果将重型货车（拖车）模型燃烧试验数据也计入，上述数值则变成0.2 MW/m² ~ 0.5 MW/m²。这也基本符合固体材料的单位燃料表面积 HRR 的数值。尽管单一材料的单位燃料表面积的 HRR 表现出较大的变化，但混合材料似乎总体影响不大，HRR 数值的变化范围相对较小。这一结果对于估算隧道火灾强度意义重大。但是需要强调的是：这是基于已有试验的一个初步结论，通风速度范围在0.5 m/s ~ 6 m/s。如果有较强的自然风，实际隧道内通风速度可能大于6 m/s。此外，隧道火灾中单个车辆燃烧、物品/燃料箱（包）燃烧的总 HRR 还取决于其他特定因素，例如，火势从一个物品扩散至另一个物品的可能性，显然这与物品或车辆间的净距离有关。因此，利用真实车辆进行大尺度隧道火灾试验来验证这些初步观测结果是非常必要的。已有的车辆火灾燃烧数据大多是基于一些废旧车辆，因此迫切需要选择现代道路和轨道/地铁车辆，开展新的大尺度隧道火灾燃烧试验。

火灾燃烧试验中另一个有趣的参数是达到峰值HRR的时间。如表4.1所示，不同的试验达到峰值HRR的时间差异很大，10 min ~ 55 min不等。

大尺度火灾燃烧试验表明，在真实的油罐车火灾事故中，汽油可能流淌在整个隧道断面上蔓延燃烧。根据通风条件、燃料在路面上的蔓延情况，预测单位燃料表面积的HRR介于0.35 MW/m^2 ~ 2.6 MW/m^{2}之间。在通风良好、油池内燃料深度大于70 mm、油池宽度小于隧道宽度的情况下，汽油油池火HRR约为2.4 MW/m^2 ~ 2.6 MW/m^2。这里没有考虑燃油深度对燃烧速度的影响，在实际火灾事故中，由于路面的冷却作用，燃料的燃烧速度可能会有所降低。

参考文献

1. Fire and Smoke Control in Road Tunnels (1999), PIARC.
2. NFPA 502 (2004) Standard for Road Tunnels, Bridges, and other Limited Access Highways. 2004 edn. National Fire Protection Association.
3. Ingason H An Overview of Vehicle Fires in Tunnels. In: Vardy A (ed) Fourth International Conference on Safety in Road and Rail Tunnels, Madrid, Spain, 2–6 April, 2001. pp. 425–434.
4. Lönnermark A, Ingason H (2005) Gas Temperatures in Heavy Goods Vehicle Fires in Tunnels. Fire Safety Journal 40:506–527.
5. Ingason H, Lönnermark A Recent Achievements Regarding Measuring of Time-heat and Time-temperature Development in Tunnels. In: 1st International Symposium on Safe & Reliable Tunnels, Prague, Czech Republic, 4–6 February 2004. pp 87–96.
6. Ingason H (2006) Fire Testing in Road and Railway Tunnels. In: Apted V (ed) Flammability testing of materials used in construction, transport and mining. Woodhead Publishing, pp 231–274.
7. Babrauskas V (2008) Heat Release Rates. In: DiNenno PJ, Drysdale D, Beyler CL et al. (eds) The SFPE Handbook of Fire Protection Engineering. Fourth Edition edn. National Fire Protection Association, Quincy, MA, USA, pp 3–1–3–59.
8. Beard AN, Carvel RO (2012) Handbook of tunnel fire safety—Second Edition. ICE Publishing.
9. Ingason H, Lönnermark A (2012) Heat Release Rates in Tunnel Fires: A Summary. In: Beard A, Carvel R (eds) In The Handbook of Tunnel Fire Safety, 2nd edition. ICE Publishing, London.
10. Ingason H Heat Release Rate Measurements in Tunnel Fires. In: Ivarson E (ed) International Conference on Fires in Tunnels, Borås, Sweden, October 10–11, 1994 1994. SP Swedish National Testing and Research Institute, pp 86–103.
11. Ingason H, Lönnermark A Large-scale Fire Tests in the Runehamar tunn—Heat Release Rate (HRR). In: Ingason H (ed) International Symposium on Catastrophic Tunnel Fires (CTF), Borås, Sweden, 20–21 November 2003. SP Swedish National Testing and Research Institute, pp SP Report 2004:2005, p. 2081–2092.
12. Steinert C Smoke and Heat Production in Tunnel Fires. In: The International Conference on Fires in Tunnels, Borås, Sweden, 10–11 October 1994. SP Swedish National Testing and Research Institute, pp 123–137.
13. Axelsson J, Andersson P, Lönnermark A, van Hees P, Wetterlund I (2001) Uncertainties in Measuring Heat and Smoke Release Rates in the Room/Corner Test and the SBI. SP Swedish National Testing and Research Institute, Borås, Sweden.
14. Ingason H, Gustavsson S, Dahlberg M (1994) Heat Release Rate Measurements in Tunnel Fires. SP Swedish National Testing and Research Institute, Borås, Sweden.
15. Fires in Transport Tunnels: Report on Full-Scale Tests (1995). edited by Studiensgesellschaft Stahlanwendung e. V., Düsseldorf, Germany.

16. Proceedings of the International Conference on Fires in Tunnels (SP Report 1994:54). SP Swedish National Testing and Research Institute Borås, Sweden.

17. Ingason H, Lönnermark A (2005) Heat Release Rates from Heavy Goods Vehicle Trailers in Tunnels. Fire Safety Journal 40:646–668.

18. Karlsson B, Quintier JG (2000) Enclosure Fire Dynamics. CRC Press,.

19. Mangs J, Keski-Rahkonen O (1994) Characterization of the Fire Behavior of a Burning Passenger Car. Part II: Parametrization of Measured Rate of Heat Release Curves. Fire Safety Journal 23:37–49.

20. Steinert C (2000) Experimentelle Untersuchhungen zum Abbrand-und Feueruberprungsverhalten von Personenkraftwagen. vfdb-Zeitschrift, Forschung, Technik und Management im Brandschutz 4:163–172.

21. Ingason H, Nireus K, Werling P (1997) Fire Tests in a Blasted Rock Tunnel. FOA, Sweden.

22. Shipp M, Spearpoint M (1995) Measurements of the Severity of Fires Involving Private Motor Vehicles. Fire and Materials Vol. 19:143–151.

23. Lemaire A, van de Leur PHE, Kenyon YM (2002) Safety Proef: TNO Metingen Beneluxtunnel—Meetrapport. TNO.

24. Joyeux D (1997) Development of Design Rules for Steel Structures Subjected to Natural Fires in Closed Car Parks. Centre Technique Industriel de la Construction Métallique, Saint-Rémy-lès-Chevreuse, France.

25. Shipp M, Fraser-Mitchell J, Chitty R, Cullinan R, Crowder D, Clark P (2009) Fire Spread in Car Parks. Fire Safety Engineering (June):14–18.

26. Joyeux D (1997) Natural Fires in Closed Car Parks—Car Fire Tests, INC-96/294d-DJ/NB.

27. Lönnermark A (2005) On the Characteristics of Fires in Tunnels. Doctoral Thesis, Doctoral thesis, Department of Fire Safety Engineering, Lund University, Lund, Sweden.

28. Axelsson J, Försth M, Hammarström R, Johansson P (2008) Bus Fire Safety. SP Technical Research Institute of Sweden, Borås, Sweden.

29. Kunikane Y, Kawabata N, Ishikawa T, Takekuni K, Shimoda A Thermal Fumes and Smoke Induced by Bus Fire Accident in Large Cross Sectional Tunnel. In: The fifth JSME-KSME Fluids Engineering Conference, Nagoya, Japan, 17–21 November 2002.

30. Haack A Introduction to the Eureka-EU 499 Firetun Project. In: Proceedings of the International Conference on Fires in Tunnels, SP Report 1994:54, Borås, Sweden, 1994.

31. Brousse B, Perard M, Voeltzel A, Botlan YL Ventilation and fire tests in the Mont Blanc Tunnel to better understand the catastrophic fire of March 24th, 1999. In: Third international conference on Tunnel Fires and Escape from tunnels, Washington DC, USA, 9–11 October 2001. pp 211–222.

32. Brousse B, Voeltzel A, Botlan YL, Ruffin E (2002) Mont Blanc tunnel ventilation and fire tests. Tunnel Management International Vol. 5, Nr 1:13–22.

33. MK C, WO C, KW L, AD L, LM N, F T Heat release rates of heavy goods vehicle fires in tunnels. In: In: 15th International Symposium on Aerodynamics, Ventilation & Fire in Tunnels, Barcelona, Spain, 2013. BHR Group, pp 779–788.

34. Cheong MK, Cheong WO, Leong KW, Lemaire AD, LM N (2013) Heat Release Rates of Heavy Goods Vehicle Fire in Tunnels with Fire Suppression System. Fire Technology. doi:10.1007/s10694-013-0367-0.

35. Ingason H, Appel G, Li YZ, Lundström U, Becker C Large scale fire tests with a Fixed Fire Fighting System (FFFS). In: ISTSS 6th International Symposium on Tunnel Safety and Security, Marseille, 2014.

36. Grant GB, Drysdale D Estimating Heat Release Rates from Large-scale Tunnel Fires. In: Fire Safety Science—Proceedings of the Fifth International Symposium, Melbourne, 1995. pp 1213–1224.

37. Chuang Y-J, Tang C-H, Chen P-H, Lin C-Y (2005–2006) Experimental investigation of burning scenario of loaded 3.49-ton pickup trucks. Journal of Applied Fire Science 14 (1):pp 27–46.

38. A. Kashef, J. Viegas, A. Mos, N H Proposed idealized design fire curves for road tunnels. In: 14th International Symposium on Aerodynamics and Ventilation of Tunnels, Dundee, Scotland 11–13 May, 2011.

39. Heselden A Studies of fire and smoke behavior relevant to tunnels. In: 2nd Int Symp on Aerodynamics and Ventilation of Vehicle Tunnels, Cambridge, UK, 23–25 March 1976. Paper J1, BHRA Fluid Engineering, pp J1–1–J1–18.

40. Liew S, Deaves D Safety Assessment of Dangerous Goods Transport in a Road Tunnel. In: Safety in Road and Rail Tunnels, First International Conference, Basel, Switzerland, 23rd–25th November 1992. pp 227–237.

41. Larson DW, Reese RT, Wilmot EL The Caldecott Tunnel Fire Thermal Environments, Regulatory Considerations and Probabilities. Sandia National Laboratories.

42. Caldecott Tunnel Near Oakland California, April 7, 1982 (Highway Accident Report Report No. 3665A.). Highway Accident Report Report No. 3665A. National Transportation Safety Board Washington D. C.

43. Ingason H Small Scale Test of a Road Tanker Fire. In: Ivarson E (ed) International Conference on Fires in Tunnels, Borås, Sweden, October 10–11 1994. SP Swedish National Testing and Research Institute, pp. 238–248.

44. Babrauskas V (2002) Heat Release Rates. In: DiNenno PJ, Drysdale D, Beyler CL et al. (eds) The SFPE Handbook of Fire Protection Engineering. Third edition edn. National Fire Protection Association, Quincy, MA, USA, pp 3–1–3–37.

45. Zabetakis MG, Burgess DS (1961) Research on the hazards associated with the production and handling of liquid hydrogen. US Bureau of Mines, Pittsburgh, PA.

46. Schlussbericht der Versuche im Ofenegg Tunnel von 17.5–31.5 1965 (1965). Kommission für Sicherheitsmassnahmen in Strassentunneln.

47. ILF (1976) Brandversuche in einem Tunnel. Ingenieurgemeinschaft Lässer-Feizlmayr; Bundesministerium f. Bauten u. Technik, Strassenforschung.

48. Lönnermark A, Kristensson P, Helltegen M, Bobert M Fire suppression and structure protection for cargo train tunnels: Macadam and HotFoam. In: Lönnermark A, Ingason H (eds) 3rd International Symposium on Safety and Security in Tunnels (ISTSS 2008), Stockholm, Sweden, 12–14 March 2008. SP Technical Research Institute of Sweden, pp 217–228.

49. Hansen R, Ingason H (2013) Heat release rate measurements of burning mining vehicles in an underground mine. Fire Safety Journal 61 12–25.

50. Ingason H, Hammarström R (2010) Fire test with a front wheel loader rubber tire. SP Technical Research Institute of Sweden, SP Report 2010:64.

51. Shipp MP, Guy PS (1993) Fire Behaviour of Rubber Tyres. Fire Research Station report TCR 65/93.

52. Hansen PA (1995) Fires in Tyres—Heat Release Rate and Response of Vehicles. SINTEF—Norwegian Fire Research Laboratory.

53. Lönnermark A, Blomqvist P (2005) Emissions from Tyre Fires. SP Swedish National Testing and Research Institute, Borås, Sweden.

54. Lönnermark A, Lindström J, Li YZ, Claesson A, Kumm M, Ingason H (2012) Full-scale fire tests with a commuter train in a tunnel. SP Technical Research Institute of Sweden, Borås, Sweden.

55. Hadjisophocleous G, Lee DH, Park WH Full-scale Experiments for Heat Release Rate Measurements of Railcar Fires. In: International Symposium on Tunnel Safety and Security (ISTSS), New York, 2012. SP Technical Research Institute of Sweden, pp 457–466.

56. Barber C, Gardiner A, Law M Structural Fire Design of the Øresund Tunnel. In: Ivarson E (ed) Proceedings of the International Conference on Fires in Tunnels, Borås, Sweden, 10–11 October 1994. SP Swedish National Testing and Research Institute, pp 313–332.

57. Tewarson A (2002) Generation of Heat and Chemical Compounds in Fires. In: DiNenno PJ, Drysdale D, Beyler CL et al. (eds) The 3rd edition of SFPE Handbook of Fire Protection Engineering. Third edition edn. National Fire Protection Association, Quincy, MA, USA, pp 3–82–83–161.

58. Babrauskas V Ignition of Wood—A Review of the State of the Art. In: Interflam 2001, Edinburgh, Scotland, 17–19 September 2001. Interscience Communications Ltd., pp 71–88.

59. Carvel RO, Beard AN, Jowitt PW How Much do Tunnels Enhance the Heat Release Rate of Fires? In: Proc. 4th Int. Conf on Safety in Road and Rail Tunnels, Madrid, Spain, 2–6 April 2001. pp 457–466.

60. Lönnermark A, Ingason H (2007) The Effect of Cross-sectional Area and Air Velocity on the Conditions in a Tunnel during a Fire. SP Report 2007:05. SP Technical Research Institute of Sweden, Borås, Sweden.

61. Lönnermark A, Ingason H The Influence of Tunnel Dimensions on Fire Size. In: Proceedings of the 11th International Fire Science & Engineering Conference (Interflam 2007), London, UK, 3–5 September 2007. Interscience Communications, pp 1327–1338.

62. Carvel RO, Beard AN, Jowitt PW, Drysdale DD (2001) Variation of Heat Release Rate with Forced Longitudinal Ventilation for Vehicle Fires in Tunnels. Fire Safety Journal 36 (6):569–596.

63. Carvel RO, Beard AN, Jowitt PW (2001) The Influence of Longitudinal Ventilation Systems on Fires in Tunnels. Tunnelling and Underground Space Technology 16:3–21.

64. Carvel RO, Beard AN, Jowitt PW The Influence of Longitudinal Ventilation and Tunnel Size on HGV Fires in Tunnel. In: 10th International Fire Science & Engineering Conference (Interflam 2004), Edinburgh, Scotland, 5–7 July 2004. Interscience Communications, pp 815–820.

65. Lönnermark A, Ingason H The Effect of Air Velocity on Heat Release Rate and Fire Development during Fires in Tunnels. In: 9th International Symposium on Fire Safety Science, Karlsruhe, Germany, 21–26 September 2008. IAFSS, pp 701–712.

66. Ingason H, Li YZ (2010) Model scale tunnel fire tests with longitudinal ventilation. Fire Safety Journal 45:371–384.

67. Ingason H, Lönnermark A Effects of longitudinal ventilation on fire growth and maximum heat release rate. In: Lönnermark A, Ingason H (eds) Proceedings from the Fourth International Symposium on Tunnel Safety and Security, Frankfurt am Main, Germany, 17–19 March 2010. SP Technical research Instute of Sweden, pp 395–406.

68. Ingason H, Li YZ (2011) Model scale tunnel fire tests with point extraction ventilation. Journal of Fire Protection Engineering 21 (1):5–36.

69. Harmathy TZ (1978) Experimental Study on the Effect of Ventilation on the Burning of Piles of Solid Fuels. Combustion and Flame Vol. 31:p. 259–264.

70. Ingason H (1995) Fire Experiments in a Model Tunnel using Pool Fires—Experimental Data. SP Swedish National Testing and Research Institute, Borås, Sweden.

71. Ingason H (1995) Effects of Ventilation on Heat Release Rate of Pool Fires in a Model Tunnel. SP Swedish National Testing and Research Institute, Borås, Sweden.

72. Saito N, Yamada T, Sekizawa A, Yanai E, Watanabe Y, Miyazaki S Experimental Study on Fire Behavior in a Wind Tunnel with a Reduced Scale Model. In: Vardy AE (ed) Second International Conference on Safety in Road and Rail Tunnels, Granada, Spain, 3–6 April 1995. University of Dundee and Independent Technical Conferences Ltd., pp 303–310.

73. Takeda H, Akita K Critical Phenomenon in Compartment Fires with Liquid Fuels. In: Eighteenth Symposium (International) on Combustion, Waterloo, Canada, 17–22 August 1980. The Combustion Institute, pp 519–527.

74. Lönnermark A Goods on HGVs during Fires in Tunnels. In: 4th International Conference on Traffic and Safety in Road Tunnels, Hamburg, Germany, 25–27 April 2007. Pöyry.

75. Croce PA, Xin Y (2005) Scale modeling of quasi-steady wood crib fires in enclosures. Fire Safety Journal Vol. 40:245–266.

76. Tewarson A, Pion RF (1976) Flammability of plastics. I. Burning intensity.. Combustion and Flame 26:85–103.

77. Li YZ, Ingason H, Lönnermark A Fire development in different scales of a train carriages. In: 11th International Symposium on Fire Safety Science, New Zealand, 2014.

78. Drysdale D (1992) An Introduction to Fire Dynamics. John Wiley & Sons.

第 5 章

隧道火灾增长速率

摘　要：本章概述了隧道中不同车辆的火灾增长率（fire growth rate，FGR）。重点在于理解控制火灾增长速率的机理。包括点火源、燃料的几何形状和类型，以及纵向通风流。FGR相关参数对隧道消防安全起着决定性作用。它决定了火灾在不同材料中的发展速度差异，并以不同方式影响着隧道内情况。本章都助我们很好理解不同类型车辆、不同固体材料FGR差异背后的主要机制，并探讨了风障对FGR的影响。

关键词：火灾发展速率（FGR）；火灾热释放速率（HRR）；火焰传播；通风；风障（windbreak）

5.1　引言

在欧洲和世界其他地区发生的大量特大火灾事故，使人们更加关注火灾的发展，特别是火灾初始阶段的发展。尽管不少小火最终会演变成大型火灾事故，但是火灾发生后的10 min～15 min对于火场人员逃生而言至关重要。所有火灾事故中对FGR有重要影响的因素包括车辆类型、与隧道洞口及其他车辆的相对位置、点火源，以及通风等。而重型货车所装载的货物类型、重量将直接决定火灾的严重程度。多数公路隧道火灾事故的火势都是从一辆重型货车着火开始，逐步蔓延到相邻大小相似的车辆；或者是由于一辆或多辆重型货车碰撞而蔓延发展，详细内容参见第1章和文献。[1]

点火源的大小和类型对火灾的潜在增长过程（从小火到充分发展阶段）非常重要。点火源形式多样，从电路故障、纵火、刹车过热、发动机热表面泄漏燃料点燃，到车辆之间碰撞或隧道施工造成的大型点火源（池火）等类型众多。从物理着火到火势显著增长，产生大量浓烟和热量进而影响隧道正常使用，这段时间称为火灾发展初期。火灾发展初期时长从几十秒到几十分钟不等，甚至更长。火灾的持续发展与火源几何形状、与点火源相邻可燃材料，以及加速装置类型等有关。火灾的持续发展取决于最初火焰发展规模的大小，以及火焰向邻近可燃材料传递热流的大小。在这个过程中，通风扮演着非常重要的角色，它决定了最初火焰的倾斜和火灾蔓延方式。事实上，高通风速度在一定程度上可以防止火灾的持续蔓延，一个典型例子是移动车辆停下的过程中通常会出现引燃延迟。车辆完全停下后，火焰可能突然爆发，火势开始迅速发展。从初始阶段到连续FGR阶段，潜在的火灾增长是难以预测的，火灾热释放放率（HRR）持续快速增加，如果无外界干预，火灾将进入充分发展阶段。在大尺度火灾试验中，很少对火灾开始的时间段进行模拟或测试，主要是因为火灾的发生难以重现，也难以控制。因此，在实际火灾的发展中，点火源通常比预期的要大得多。

装载高度易燃材料的重型货车一旦着火，在纵向通风的影响下，火势会迅速蔓延。隧道顶棚高度对火灾后果也有重要影响。多数涉及重型货车的阿尔卑斯山隧道火灾，发生在隧道顶棚高度相对较低（4 m～5 m范围）的情况下。较低的隧道高度和纵向通风的组合对FGR来说是毁灭性的。货物覆盖类型也是一个非常重要的因素，但在FGR中较少被提及。笔者前期开展的试验结果表明，货物造成的断面堵塞也将直接影响FGR的数值（2倍甚至以上）。了解这一点非常重要，因为FGR是隧道防火安全设计的关键参数，特别是对于火灾时隧道内人员疏散意义重大。

尽管隧道火灾中通风速度增大会导致HRR和FGR的增加，但纵向通风对于防止烟气逆流是非常重要和必要的。它是隧道临界速度设计的基础，受到隧道工程师的高度关注。

尽管纵向通风是影响重型货车火灾 FGR 的一个重要因素，但此前还没有任何可靠的物理理论对其进行分析和解释。李颖臻（Li）和英格森（Ingason）提出了一个基本理论来阐述 FGR 与控制参数之间的关系[2]，这部分内容将在5.2、5.3章节中详细阐述，并给出如何使用这些方程的示例。这里首先给出隧道火灾中 FGR 的定义。多数隧道火灾试验中火灾主要发展阶段的 HRR 都呈线性增长趋势，变化范围大约是峰值 HRR 的20%~80%。我们以此为界，根据80%的峰值 HRR 与20%的峰值 HRR 的差值与响应的时间差之比，来定义 FGR 数值。

工程技术人员普遍认为，随着隧道火灾中通风速度的增加，火势增长速度会显著增加。问题是到底是什么参数主导并真正控制火势从初始条件发展的速度。早期研究人员主要关注通风和隧道几何形状对 FGR 的影响。例如，卡维尔（Carvel）等人使用贝叶斯概率方法研究了通风量与隧道火灾 FGR 的相互作用。[3-5]其研究方法与第4章中峰值 HRR 的数据分析方法是相似的，基于隧道火灾试验数据和专家小组的精确估计得出研究结论。最初结论是基于数量相对有限的试验数据，后来数据进一步得到更新。[6,7]他们发现，与自然通风相比，3 m/s通风速度下 FGR 可以增加5倍；当通风速度达到10 m/s，FGR 增加10倍。此外，通风对小型池火的增强作用要明显弱于通风对重型货车火灾的影响（可降低40%），而通风对大型池火的增强作用则趋于增加50%。对于汽车火灾，相对于自然通风隧道情况，通风量的增大未造成热释放速率（HRR）的显著差异（增大）。自然通风隧道汽车火灾的 FGR 与通风速度1.5 m/s下 FGR 的数值亦未见明显差异。

洛纳马克（Lönnermark）和英格森通过系列缩尺试验发现：通风速度对火灾发展增长因子的影响主要取决于隧道尺寸和隧道内部条件[8]，隧道高度、宽度对结果也有影响。此外，火灾增长结果受尺寸影响的程度似乎也取决于 FGR 的计算方式，例如计算中使用的时长或间隔。燃料、隧道风流等初始条件的影响也可通过最低流速与较高流速下的 HRR 比值来表示。与较高风速情况相比，低风速0.22 m/s（对应于原型隧道风速约为1 m/s）下火灾发展更慢，HRR 峰值也更低。而且低风速下（0.22 m/s）几乎所有的试验工况，在燃料质量损失率最高或达到峰值 HRR 时，都出现了一定程度的通风不足。这一点非常重要，因为这也可能是真实隧道的情况。

除了火源局部的通风条件外，其他因素同样也很重要，例如隧道的几何形状、燃料类型、火焰位置和延伸长度等。这些因素的影响在关于隧道尺寸对燃烧特性影响的文献中已经讨论过。[9,10]此外，燃料的几何形状［这里以孔隙度（porosity）表示］也很重要，详细的内容分析见第4章，第4.3.4节。孔隙度低的木垛燃烧受风速的影响要大于孔隙度高的木垛。此外，还有一个有趣的发现：在风速超过一定数值后，峰值 HRR 和 FGR 的增长因子均趋于恒定或者至少增加趋缓。[8]上述试验是在缩尺模型隧道中进行的，需要注意的是，在将试验结果转换为原型隧道参数时，并非所有参数（例如辐射）都能完美地缩放。然而，以往缩尺模型试验的经验表明，这种试验对于研究不同的现象、过程和参数变化还是非常有价值的。

李颖臻和英格森认为，通风隧道火灾中的 FGR 应与火焰在燃料表面的蔓延有关。[2]火焰在固体表面（特别是垂直可燃壁面）蔓延的理论遵循一个非常简单的规律。表面上受迫的空气流（对流）在低通风速度下增强了火焰的蔓延，而在高通风速度下，则对火焰的蔓延逐渐表现出冷却作用。目前尚不清楚对流作用是如何影响火焰传播的。[11]托马斯（Thomas）[12]提出了一个适用于山火、木垛火和城市火灾的近似公式，可以表示为：

$$V \rho_f = C_k \left(1 + u_0 \right) \tag{5.1}$$

式中，V 是火焰传播速度，单位：m/s；ρ_f 是燃料密度，单位：kg/m^3；u_0 是风速，单位：m/s；C_k 是常数，山火取值0.07，木垛火取值0.05。

在隧道火灾中，纵向通风对火焰的蔓延起着关键作用，因此它与开敞环境下的自由燃烧或室内火灾有很大的不同。此外，在通风隧道火灾中，FGR与火焰在燃料表面蔓延的关系尚不清楚。而燃料的几何形状确实起着重要作用。为了获得纵向通风对FGR的影响，燃料必须沿着火焰蔓延的方向延伸布置。如果燃料床长度较短或呈立方体形状布置，通风的影响预计不会像燃料在通风方向（火焰蔓延方向）上延伸布置那样明显。因此，对于重型拖车或车身长度较长情况等火灾荷载而言，通风的影响更为显著。如果燃料负荷呈立体形状或在纵向通风的垂直方向上延伸布置，则可能会产生相反的效果，即增加通风量可能会减慢FGR。这些影响尚未在纵向通风试验中得到验证，但是这种假设应该也是在意料之中。

下面我们简要介绍李颖臻和英格森对风助火势蔓延隧道中通风流量对FGR影响的研究。研究结果表明，在通风气流中，火焰蔓延速率与FGR之间存在一定的理论关系。李颖臻和英格森从模型试验和全尺寸隧道火灾试验中收集了大量与FGR相关的数据，并将其应用于FGR的详细分析[2]。

5.2 火灾增长速率理论

在水平风流的影响下，火焰在固体表面上传播的过程见图5.1。受火焰和热烟气热反馈作用，靠近热解区控制体内燃料温度逐渐升高，直至达到燃点，开始燃烧。

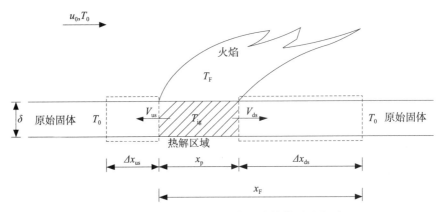

图5.1 火焰在拉长的固体表面上的蔓延示意图

上游和下游控制体的能量方程可表示为：

$$\rho_f c_f \delta \left(T_{ig} - T_0 \right) V = \dot{q}'' \Delta x \tag{5.2}$$

式中，$\delta \approx \sqrt{\dfrac{k_f t}{\rho_f c_f}}, t = \dfrac{\Delta x}{V}$，式子可以变形得到：

$$V = \frac{\dot{q}''^2 \Delta x}{\left(k\rho c \right)_f \left(T_{ig} - T_0 \right)^2} \tag{5.3}$$

式中，c是比热，单位：kJ/(kgK)；δ是特征深度，单位：m；T_{ig}是点燃温度，单位：K；T_0是初始温度，单位：K；t是时间，单位：s；Δx是热解区域和初始温度区域的距离，单位：m；k是导热系数，单位：kJ/(msK)；$\dot{q}''$是单位表面的热流通量，单位：kW/m²；下标f表示燃料（fuel）。

　　因此，火焰蔓延速度与热流密度和距离Δx密切相关。公式（5.3）提供了有助于理解其控制关系的理论基础，但是现阶段不宜将其用于隧道火灾火焰蔓延的定量分析。

5.2.1　逆流扩散（上游）

　　在隧道火灾中，火源上游的火焰传播类型为逆流传播。火源上游的前向火焰热流可以表征为气相导热，表示如下[13]：

$$\dot{q}'' = k_a \frac{T_f - T_0}{\Delta x} \tag{5.4}$$

式中，下标a表示空气。

　　既然烟气侧向前的导热作用在传热中占据主导作用，导热必须跟对流热相平衡，表示为：

$$\rho_a c_a u_0 \frac{\partial T}{\partial x} \approx k_a \frac{\partial^2 T}{\partial x^2} \tag{5.5}$$

这意味着：

$$\Delta x \approx \frac{k_a}{\rho_a c_a u_0} \tag{5.6}$$

　　联立上述公式得到：

$$V_{us} = \frac{(k\rho c)_a (T_F - T_0)^2}{(k\rho c)_f (T_{ig} - T_0)^2} u_0 \propto \frac{1}{(k\rho c)_f} u_0 \tag{5.7}$$

式中，下标F表示火焰（flame），下标us表示上风侧（upstream）。这意味着，火灾上游的火焰蔓延速度随通风速度呈线性增加趋势。公式（5.7）提供了有助于理解其控制关系的理论基础，但现阶段不宜将其用于隧道火灾火焰蔓延的定量分析。

5.2.2　风辅助扩散（下游）

　　隧道火灾中火焰向火源下游蔓延，是由于在风的影响下，火焰在表面沿风流方向延伸传播所致。在这种情况下，可以得到与公式（5.3）相同的方程，但其中火焰的热流通量和距离Δx的解释则不同。

　　对于下游风向的风辅助扩散而言，热对流、热辐射是向燃料表面传递热量的主要方式。为此，来自火源下游火焰的热流通量可以表示为：

$$\dot{q}'' = \dot{q}_c'' + \dot{q}_r'' \tag{5.8}$$

式中，下标c（convective）和r（radiative）表示对流和辐射。如果忽略不同通风量下形状因子的差异，下游的辐射热通量取决于与环境氧浓度密切相关的火焰温度。紊流中对流热可以表示为：

$$\dot{q}_c'' = \frac{k}{l} Nu \cdot \Delta T \propto \mathrm{Re}^{0.8} \propto u_0^{0.8} \tag{5.9}$$

　　因此，火源下游侧的火焰传热应该是相应地提高了。

　　火焰羽流、火焰体在风流影响下将发生偏转，这表明距离Δx随着通风速度的增加而增加。需要注意的是，这个距离与无法准确预测的热解长度有关。基于上述分析可知，火源下游的火焰蔓延速率随着通风速度的增大而增大，可以表示为：

$$V_{ds} \propto u_0 \tag{5.10}$$

　　然而，火灾下游的火焰蔓延速度如何随通风速度变化尚不清楚。

　　隧道火灾火焰传播速度（V）是上游方向火焰传播速度（V_{us}）和下游方向火焰传播速度（V_{ds}）的

组合。我们清楚地发现：随着通风速度的增大，隧道火灾火焰向上游和下游方向的蔓延速度都在增加。基于托马斯的研究成果及上述分析，可以假定隧道火灾中火焰的蔓延速度与通风速度成正比。

需要注意的是：火焰蔓延速度与燃料的性质直接相关，即与热惰性指标$k\rho c$成反比。[5]此外，表面方向、空气成分、大气压力、点火温度等对火焰蔓延也有影响。因为我们研究通常只涉及大气环境，这里就不讨论空气成分和大气压力的影响。大多数常用固体燃料的引燃温度介于300 ℃~400 ℃的范围内。考虑到燃料布置的复杂性，隧道火灾中很难估计燃料表面方向的影响，我们利用经验常数隐式考虑其影响。因此，对于纵向通风隧道，其火灾火焰传播速度可以根据下式近似表达：

$$V \propto \frac{1}{(k\rho c)_{\mathrm{f}}} u_0 \qquad (5.11)$$

这里需要强调的是：有证据表明，在较高通风速度条件下，由于冷却效应（cooling effect）开始主导相关条件下的燃烧过程，继而纵向通风也存在减弱效应（decrease effect），即吹落效应（blow-off effect）。但是，在我们前期开展的隧道火灾试验中并未观察到相关变化，因此这里不再讨论。这可能是由于隧道火灾试验的通风速度相对较低所致。其他能够影响这些效果的参数还包括燃料或车辆的构造方式。如前所述，如果燃料表面在通风方向上相对较短，则效果可能正好相反。即，在低通风条件及浮力效应（buoyancy effect）影响下，火焰被迫向燃料外部而不是向上游扩散，造成FGR降低。

5.2.3　FGR与火焰传播速率的关系

火灾热释放速率可以表示为：

$$\dot{Q}(t) = \chi \dot{m}''_{\mathrm{f}} \Delta H_{\mathrm{c}} A(t) \qquad (5.12)$$

式中，$\dot{Q}$是火灾燃烧热释放速率，单位：kW；$\dot{m}''_{\mathrm{f}}$是燃烧单位面积的燃烧速率，单位：kg/(m²s)；χ是燃烧效率；ΔH_{c}是完全燃烧热值，单位：kJ/kg；$A(t)$是燃料表面积，单位：m²。

单位面积的质量损失率直接关系到燃料的性质，以及火焰、热烟气、燃料和隧道壁面之间的传热。图沃森和皮翁假定各项热损失降至零，或者指定与火源总热损失相等的热通量进行补偿，以确定其理想值。[14]英格森和李颖臻将隧道火灾试验的单位面积最大质量损失与花旗松的理论值进行了比较，发现两者有很好的一致性。[15]因此，对于隧道火灾的准稳态燃烧过程，可以假设单位面积的质量损失率为常数，并且HRR与特定燃料的燃烧面积直接相关。

在大型隧道火灾中，纵向火焰蔓延主导着火灾的发展。因此，假定火焰在燃料的整个横截面上燃烧，然后开始纵向蔓延。换言之，假设大型隧道火灾的火焰传播是纵向的一维火焰传播。公式（5.12）可转化为：

$$\frac{\mathrm{d}Q}{\mathrm{d}t} = w_{\mathrm{p}} \dot{m}''_{\mathrm{f}} \chi \Delta H_{\mathrm{c}} V \qquad (5.13)$$

式中，w_{p}是燃料的湿周，单位：m，即燃料与烟气在截面上的接触周长。那么对于大型隧道火灾，FGR可以表示成下式：

$$\frac{\mathrm{d}Q}{\mathrm{d}t} \propto w_{\mathrm{p}} \frac{\dot{m}''_{\mathrm{f}} \chi \Delta H_{\mathrm{c}}}{(k\rho c)_{\mathrm{f}}} w_{\mathrm{p}} u_0 \qquad (5.14)$$

由公式（5.14）可知，在通风环境下，燃料的性质对FGR起着重要的作用。

5.2.4　多组分混合燃料

如果燃料由材料不同的多个部分或多层组成，例如木材、塑料和床垫的混合物，其HRR可表示为：

$$Q(t) = \sum_{i=1}^{N} \dot{m}''_{f,i} \chi_i \Delta H_{c,i} A_i(t) \tag{5.15}$$

FGR可以表示为：

$$\frac{\mathrm{d}Q(t)}{\mathrm{d}t} = \sum_{i=1}^{N} \dot{m}''_{f,i} \chi_i \Delta H_{c,i} w_{p,i} V_i(t) \tag{5.16}$$

公式（5.16）可以变形为：

$$\frac{\mathrm{d}Q(t)}{\mathrm{d}t} \propto u_0 \sum_{i=1}^{N} \frac{\phi_i \chi_i \dot{m}''_{f,i} \Delta H_{c,i}}{(k\rho c)_{f,i}} w_{p,i} \tag{5.17}$$

式中，ϕ_i是第i种燃料火焰传播速度与通风速度的关联系数；i表示燃料组分的编号（最大值为N）。第i种燃料的材料特性（$C_{f,i}$）定义如下：

$$C_{f,i} = \frac{\dot{m}''_{f,i} \Delta H_{c,i}}{(k\rho c)_{f,i}} \tag{5.18}$$

为简单起见，假设燃料所有部分的关联系数相同，燃烧效率是一个常数，则FGR可简化为：

$$\frac{\mathrm{d}Q(t)}{\mathrm{d}t} \propto u_0 \sum_{i=1}^{N} C_{f,i} w_{p,i} \tag{5.19}$$

定义无量纲参数如下：

无量纲时间：

$$t_0^* = t\sqrt{g/H} \tag{5.20}$$

无量纲HRR：

$$Q^* = \frac{Q}{\rho_0 c_p T_0 g^{1/2} H^{5/2}} \tag{5.21}$$

无量纲速度：

$$u_0^* = \frac{u_0}{\sqrt{gH}} \tag{5.22}$$

无量纲FGR（$\mathrm{d}Q^*/\mathrm{d}t^*$）可以变形为：

$$\frac{\mathrm{d}Q^*}{\mathrm{d}t^*} \propto \frac{u_0^*}{H^{3/2}} \sum_{i=1}^{N} C_{f,i} w_{p,i} \tag{5.23}$$

如果燃料为单一组分，公式（5.23）可以进一步变形为：

$$\frac{\mathrm{d}Q^*}{\mathrm{d}t^*} \propto \frac{w_p u_0^*}{H^{3/2}} \tag{5.24}$$

5.3　火灾增长速率关联式

第3章详细描述了隧道火灾试验基本情况，下面利用这些试验数据来验证理论分析结果可靠性。第一步是获得试验中使用的典型燃料的详细信息。李颖臻和英格森完成了燃料信息的数据整理[2]，总结了不同燃料的特性参数，见表5.1。下面利用前述隧道火灾试验数据进行FGR数据分析。根据实测数据，FGR在20%～80%峰值HRR范围内呈线性增加，基于该范围内数据变化，可以计算得到FGR数值。

隧道火灾燃烧试验燃料参数汇总[2]　　　　　　　　表5.1

材料	单位面积燃烧速率 $\dot{m}_f''$（kg/m²s）	燃烧热ΔH_c（MJ/kg）	热惰性$k\rho c$（kJ/m⁴sK²）	材料性质 C_f	相关试验
木材	0.013	16.7	0.15	1447	卢恩海默隧道试验/比荷卢隧道试验/缩尺模型试验
PE塑料	0.026	40	0.46	2441	卢恩海默隧道试验（编号T1）
PUR床垫	0.032	25	0.04	20,000	卢恩海默隧道试验（编号T2）
家具	0.02	25	0.15	3333	卢恩海默隧道试验（编号T3）
聚苯乙烯	0.035	41.9	0.58	2531	卢恩海默隧道试验（编号T4）

5.3.1　和缩尺模型试验的对比

　　李颖臻和英格森开展了纵向通风隧道缩尺火灾模型试验[2]，图5.2给出了*FGR*数据随通风速度的变化规律。试验数据清楚地表明*FGR*随通风速度呈线性增加的趋势。通风速度为0.9 m/s（折合原型隧道约为4.3 m/s）时，其*FGR*数据比自由燃烧情况大近3倍。这意味着通风速度对火灾的发展起着非常重要的作用。通风速度为0.3 m/s时，隧道火灾试验*FGR*数值接近自由燃烧试验情况。由于*FGR*数据是关乎隧道安全的最重要设计参数之一，上述分析结果对于工程设计而言非常重要。

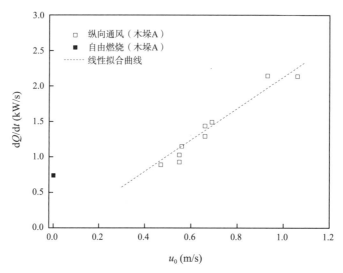

图5.2　隧道火灾缩尺模型*FGR*随通风速度的变化[2]

　　进一步整理得到的缩尺模型试验无量纲*FGR*数据见图5.3。显然，前述的线性变化规律与试验结果吻合度良好。但是点排烟隧道试验中，无因次*FGR* ≈ 0.6 kW/s时，试验数据与线性规律偏差较大。其原因可能是由于点排烟试验中火源区域通风速度的确定方法所致。试验中的风速并未直接测量得到，而是根据通风系统估算而来，这也就意味着通风速度的确定可能会有较大误差。图5.3展示的线性变化关系可以表示为：

$$\frac{\mathrm{d}Q^*}{\mathrm{d}t^*} = 1.1 \times 10^{-6} \frac{u_0^*}{H^{3/2}} \sum_{i=1}^{N} C_{f,i} w_{p,i} \qquad （5.25）$$

　　上述公式相关系数约为0.9165。这种相关性也很好地证明了先前的假设，即纵向火焰传播主导了隧道火灾的火焰传播。实际工程中，FGR（$\mathrm{d}Q/\mathrm{d}t$）要比无量纲FGR（$\mathrm{d}Q^*/\mathrm{d}t^*$）更为有用，为此可将公式（5.25）变形为：

$$\frac{\mathrm{d}Q}{\mathrm{d}t}=1.2\times10^{-3}u_0\sum_{i=1}^{N}C_{\mathrm{f},i}w_{\mathrm{p},i} \tag{5.26}$$

对于木材着火，通风隧道内FGR可以近似表示为：

$$\frac{\mathrm{d}Q}{\mathrm{d}t}=1.8w_{\mathrm{p}}u_0 \tag{5.27}$$

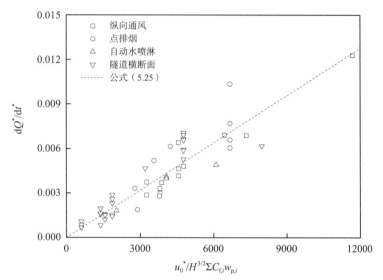

图5.3　隧道火灾缩尺模型无量纲FGR[2]

5.3.2　和全尺度燃烧数据的对比

我们使用卢恩海默隧道火灾试验[16-18]和第2比荷卢隧道火灾试验[19]数据验证公式（5.25），并进一步验证多组分燃料的FGR预测方法。图5.4呈现了卢恩海默隧道火灾试验、第2比荷卢隧道火灾试验与缩尺模型试验中无量纲FGR数据对比。根据公式（5.18），每种材料对应的材料特性为$C_{\mathrm{f},i}$。第i种燃料的湿周（$w_{\mathrm{p},i}$），根据燃料与空气在横截面上的接触周长进行估算。

卢恩海默隧道火灾试验测试工况1（T1）的燃料由木托盘和塑料托盘组成。测试工况2（T2）的燃料由木托盘和聚氨酯泡沫制成的PUR床垫组成。测试工况3（T3）的燃料主要由家具组成。测试工况4（T4）的燃料由放置在木托盘上纸板箱中的塑料杯组成。由于点火后外部纸板很快被烧毁，试验中很难估计燃料的湿周和材料性能。这里用加权平均值来估计材料的性能。第2比荷卢隧道火灾试验测试工况T8、T10和T14均采用木托盘作为燃料。

图5.4展示了卢恩海默隧道火灾试验、第2比荷卢隧道火灾试验无量纲FGR数据，显然与缩尺模型试验数据以及公式（5.25）变化规律吻合度较好。这表明：借助缩尺模型试验方法，即使缩尺比例达到1∶20，仍可以很好地分析隧道火灾FGR数据。此外，公式（5.25）可以较好地预测不同燃料类型（甚至多燃料组成的混合物）的FGR数值。

示例5.1：已知隧道高度6 m，请估算10 m长拖车（载有家具和PUR床垫）在隧道内燃烧的FGR。

火源燃料总暴露表面积为150 m²，由家具（占比80%）和PUR床垫（占比20%）组成。假定燃料负荷在拖车内均匀分布。隧道内卡车附近的通风速度约为2 m/s。如果通风速度达到3 m/s，FGR会增加多少？

答案：根据表5.1，确定家具和PUR床垫的材料参数$C_{f,i}$数值，分别为3333和20000。燃料的总湿周为150/10 = 15 m，其中家具为12 m，PUR床垫为3 m。现在我们可以使用公式（5.26）来估计FGR：

$$\frac{\mathrm{d}Q}{\mathrm{d}t} = 1.2 \times 10^{-3} \times 2 \times (3333 \times 12 + 20000 \times 3) = 240 \ \mathrm{kW/s} = 14.4 \ \mathrm{MW/min}$$

如果纵向通风速度达到3 m/s，FGR约为21.6 MW/min。可以看出，尽管PUR床垫在燃料中占比并不大，但是其对火灾输出的贡献却很大。

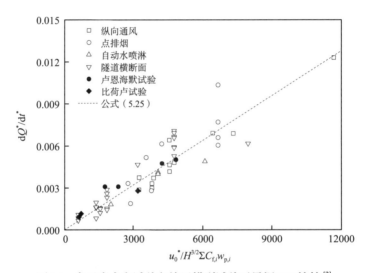

图5.4　全尺度火灾试验和缩尺模型试验无量纲FGR比较[2]

5.4　防风物对火灾增长速率的影响

前述关于隧道火灾增长率的理论分析适用于机械通风情况。当燃料燃烧未直接暴露于通风环境下，FGR可能会更低，基于前述的经验方程估算得到的FGR也会更低。为此，前面提出的方法预测数据也趋于保守。在真实车辆火灾中，燃料结构布置更为复杂，多数情况下无法预先确定燃料负荷和布置形式等。重型货车拖车的坚固后门、前置钢墙和驾驶室在一定程度上都可以阻碍空气进入燃料区域，这将明显减缓火势在燃料负荷内蔓延的速度。装载的货物如果用薄聚乙烯防水油布覆盖，可能会更易于燃烧。尽管如此，前述全尺度隧道火灾试验（模拟真实重型货车）数据仍可以作为重要的参考依据。

2003年卢恩海默隧道大尺度火灾试验[17]（见第3章，第3.3.11节）的FGR数据非常高。根据燃料负荷的不同，FGR数据为264 kW/s（15.8 MW/min）~ 433 kW/s（26 MW/min）不等。[16]由于是基于略有不同的时间段计算得来的FGR，上述数值与英格森和洛纳马克最初计算的数值略有不同。[17]其中，试验工况2的燃料由木托盘和PUR床垫组成，其FGR数据最大，约为26 MW/min。2003年卢恩海默试验进行时，研究人员还不太了解防风物或燃料物理阻塞的影响。试验中研究人员以聚乙烯防水油布覆盖了整个燃料负荷区域（包括前端、后端、侧面和顶部）。点火后不久，燃料上游侧防水油布燃烧殆尽，在通风的影响下火势迅速在燃料堆内部蔓延。这极大地影响了燃料内部的火势蔓延。如果在燃料负荷的末端（特别是上游侧）安装板子或钢板等形式的防风物，则燃料负荷内部将产生空气循环尾流，内部风速将大大降低，这将对FGR产生直接影响。

2007年默威尼（Mawhinney）和特雷列斯（Trellers）开展了水雾系统测试试验[20]，他们指出：通风速度对木托盘堆燃烧的FGR有很大影响。增加上游挡板可以阻止空气渗透到燃料阵列中，大大降低火灾HRR。该试验揭示了重型货车本身的设计对火灾发展的影响有多大。今天，大多数涉及FFFS系统的大尺度火灾试验均在上、下游侧添加了防风措施，详细内容参见第16章。

2013年SP开展了一系列大尺度火灾燃烧试验，测试FFFS性能。[21]研究人员在燃料两端和上部设置了薄钢板等挡风物，并与未设置挡风物的情况进行比对。隧道内纵向速度约为3 m/s。图5.5展示了挡风物对FGR的影响，其中试验工况6设置了钢板，试验工况5将末端的垂直钢板拆除。如第16章第16.3.9节所述，燃料由420个木托盘组成，总长度8.4 m，宽度2.4 m，最大火灾负荷约为100 MW。试验工况5中，FFFS系统在试验开始大约7.3分钟后开启，最大火灾热释放速率（HRR）为23 MW；试验工况6是自由燃烧试验，其HRR变化曲线见图5.5。计算得到试验工况5的线性FGR约为5.5 MW/min，试验工况6的线性FGR为2.3 MW/min。这表明：设置了挡风物后，FGR下降了58%。为了更好地说明其影响，下面给一个具体的实例说明。

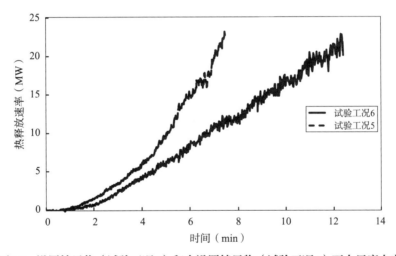

图5.5 设置挡风物（试验工况6）和未设置挡风物（试验工况5）下大尺度火灾
试验比较（燃料由420个木托盘组成）[21]

示例5.2： 假设满载420个木托盘的重型货车燃烧，考虑设置了挡风物和未设置挡风物两种情况。假定未设置挡风物时，隧道内纵向风速约为3 m/s。设置挡风物时，FGR约为2.3 MW/min；未设置挡风物时，FGR约为5.5 MW/min。估算设置挡风物后，燃料负荷内部的风速会有什么变化？

答案： 两种情况下湿周长度相同，我们可以根据公式（5.27）确定其通风速度。假定FGR和通风速度呈线性变化关系，可知设置挡风物时，通风速度$u_{0,windbreak} = 2.3/5.5 \times 3 = 1.25$ m/s。

设置挡风物后，示例5.2计算得到的速度是合理的。虽然速度之间的这种关系尚未得到试验验证，但是却表明了挡风物的重要性。考虑到多数车辆都以这样或那样的方式设置了挡风物，因此对这一领域的进一步研究是非常重要的。

5.5 小结

本章提出了一个通风隧道火灾*FGR*的简单理论模型，从理论上分析了通风环境下火焰蔓延速率与*FGR*的关系。从已有缩尺模型试验和全尺寸隧道火灾试验中收集了大量与*FGR*有关的数据，并用于详细分析通风和燃料对火灾增长速度的影响。在隧道火灾中，火焰以纵向蔓延为主。在大尺度火灾试验中观察到的线性火灾增长率与通风影响下火灾在燃料堆内的蔓延有关。在达到给定的阈值后，这个过程明显呈现线性变化。燃料的热惰性、燃烧热、湿周和单位面积的质量燃烧速率对火灾发展速率产生重要影响。公式（5.25）或公式（5.26）预测结果，与缩尺模型试验、全尺度火灾试验数据吻合度较好。此外，所提出的公式适用于预测不同类型燃料的火灾增长速率，甚至适用于多种组分混合燃料。然而，当通风速度超过8 m/s（折合全尺度隧道），更多的试验结果对于确定冷却效应起主导作用的过渡条件是有重要价值的。

本章所提出的方法也适用于其他通风条件下的火灾情况，如强风影响下露天车辆火灾，其燃烧过程也以纵向火势蔓延为主。这种预测火灾增长率的方法也可以应用于其他一些场景，例如货架区火灾。由于氧气的消耗，以及火焰、热烟气的浮力作用，其中主导项可能是在引入的垂直风流影响下发生垂直火灾蔓延。

此外，我们也给出了挡风物的影响。他们的影响以及它与纵向通风速度的关系需要进一步探索。在真实车辆火灾中，挡风物是确实存在的。因此，量化这些影响并将其纳入本章提出的火灾蔓延方程分析是非常重要的。

参考文献

1. Kim HK, Lönnermark A, Ingason H (2010) Effective Firefighting Operations in Road Tunnels. SP Report 2010:10. SP Technical Research Institute of Sweden, Borås, Sweden.
2. Li YZ, Ingason H The Fire Growth Rate in a Ventilated Tunnel Fire. In: Tenth International Symposium on Fire Safety Science (IAFSS), Maryland, USA, 2011. pp 347–358.
3. Carvel RO, Beard AN, Jowitt PW The Effect of Forced Longitudinal Ventilation on a HGV Fire in a Tunnel. In: Proceedings of the International Conference on Tunnel Fires and Escape from Tunnels, Lyon, France, 5–7 May 1999. pp 191–199.
4. Carvel RO, Beard AN, Jowitt PW (2001) The Influence of Longitudinal Ventilation Systems on Fires in Tunnels. Tunnelling and Underground Space Technology 16:3–21.
5. Carvel RO, Beard AN, Jowitt PW, Drysdale DD (2001) Variation of Heat Release Rate with Forced Longitudinal Ventilation for Vehicle Fires in Tunnels. Fire Safety Journal 36 (6):569–596.
6. Carvel RO, Beard AN, Jowitt PW The Influence of Longitudinal Ventilation on Fire Size in Tunnel: Update. In: Vardy AE (ed) Fifth International Conference on safety in Road and Rail Tunnels, Marseille, France, 6–10 October 2003. University of Dundee and Tunnel Management International, pp 431–440.
7. Carvel RO, Beard AN, Jowitt PW (2005) Fire Spread Between Vehicles in Tunnels: Effects of Tunnel Size, Longitudinal Ventilation and Vehicle Spacing. Fire Technology 41:271–304.
8. Lönnermark A, Ingason H The Effect of Air Velocity on Heat Release Rate and Fire Development during Fires in Tunnels. In: 9th International Symposium on Fire Safety Science, Karlsruhe, Germany, 21–26 September 2008. IAFSS, pp 701–712.
9. Lönnermark A, Ingason H The Influence of Tunnel Dimensions on Fire Size. In: Proceedings of the 11th International Fire Science & Engineering Conference (Interflam 2007), London, UK, 3–5 September 2007. Interscience Communications, pp 1327–1338.

10. Lönnermark A, Ingason H The Influence of Tunnel Cross Section on Temperatures and Fire Development. In: Lönnermark A, Ingason H (eds) 3rd International Symposium on Safety and Security in Tunnels (ISTSS 2008), Stockholm, Sweden, 12–14 March 2008. SP Technical Research Institute of Sweden, pp 149–161.

11. Drysdale D (1999) An Introduction to Fire Dynamics. 2nd Edition edn. John Wiley & Sons,

12. Thomas PH (1971) Rates of Spread for some Wind-Driven Fires. Forestry, XLIV:p. 2.

13. Quintiere JG (2002) Surface Flame Spread. In: (ed.) DPJ (ed) The SFPE Handbook of Fire Protection Engineering (2nd ed). National Fire Protection Association, Quincy, MA, pp 246–257.

14. Tewarson A, Pion RF (1976) Flammability of plastics. I. Burning intensity.. Combustion and Flame 26:85–103.

15. Ingason H, Li YZ (2010) Model scale tunnel fire tests with longitudinal ventilation. Fire Safety Journal 45:371–384.

16. Ingason H, Lönnermark A, Li YZ (2011) Runehamar Tunnel Fire Tests. SP Technical Research Institute, SP Report 2011:55.

17. Ingason H, Lönnermark A (2005) Heat Release Rates from Heavy Goods Vehicle Trailers in Tunnels. Fire Safety Journal 40:646–668.

18. Lönnermark A, Ingason H (2005) Gas Temperatures in Heavy Goods Vehicle Fires in Tunnels. Fire Safety Journal 40:506–527.

19. Lemaire T, Kenyon Y (2006) Large Scale Fire Tests in the Second Benelux Tunnel. Fire Technology 42:329–350.

20. Mawhinney JR, Trelles J COMPUTATIONAL FLUID DYNAMICS MODELLING OF WATER MIST SYSTEMS ON LARGE HGV FIRES IN TUNNELS. In: Presented at the Journée d'Etude Technique: Brouillard d'Eau – Quoi de Neuf?, at Pôle Européen de Sécurité CNPP – . Vernon, France, November 22, 2007.

21. Ingason H, Appel G, Li YZ, Lundström U, Becker C Large scale fire tests with a Fixed Fire Fighting System (FFFS). In: ISTSS 6th International Symposium on Tunnel Safety and Security, Marseille, 2014, pp. 83–92.

第 6 章

设计火灾曲线

摘　要：本章概述了隧道设计确定火灾方法。设计火灾数值根据相关指南或标准确定，或者专门针对特定隧道工程确定得到。它们可以表示为单个恒定的设计值，也可以表示为与时间相关的火灾发展曲线，以热释放速率（HRRs）、温度或燃烧产物的形式给出。隧道设计火灾曲线有多种表示方法。这些可能包括不同的增长速率，以及增长阶段、恒定峰值阶段、衰减阶段等多种阶段组合情况。设计火灾曲线的选择与确定与车辆燃烧火灾发展以及隧道火灾动力学密切相关。本章给出并讨论了不同设计火灾曲线的数学表示方法，并举例说明了一个明确的设计火灾曲线的新方法。

关键词：火灾热释放速率（HRR）；设计火灾曲线；温度—时间曲线；火灾增长速率（FGR）；衰减阶段；火灾产物

6.1　引言

在隧道内安装防灾减灾系统，可以提高隧道使用者的安全，并防止火灾对结构造成损害。安装的系统类型、成本各不相同。当为特定的隧道项目设计这些防灾减灾系统时，就需要确定"设计火灾"（design fire）。设计火灾代表了在事故中防灾减灾系统应该发挥作用所对应的火灾负荷。设计火灾通常以最大热释放率（HRR，单位：MW）、随时间变化的HRR或时间—温度的曲线来表示。这些曲线也可以包含（但不常见）随时间变化的火灾燃烧产物（如烟雾、CO或CO_2）。以上这类曲线一般被定义为"设计火灾曲线"。

设计火灾曲线既可以代表给定隧道的合理火灾场景，也可以代表最坏的情况。设计火灾使用的数值既可以通过具体的工程获得，也可以通过不同隧道类型的设计指南或标准获得。常用的道路隧道设计指南包括世界道路协会（PIARC）道路隧道委员会发布的火灾和烟雾控制报告[1]和国家消防协会公路隧道标准NFPA 502。[2]其他相关的国家设计指南，也包括如法国的公路隧道指南[3]或德国的RABT[4]。

对于轨道车辆（火车、地铁或有轨电车），指南只定义了时间—温度曲线，而没有给定HRR的设计值或其随时间变化的函数。[5]指南重点放在对轨道车辆所用材料的耐火要求上，目的是防止火灾发展或至少延缓其发展和蔓延。[6]以EN 45545-2:2013为例，此类标准定义了分类系统，规定了火车上使用材料和燃烧产物的防火性能要求。该分类系统由CEN/TC 256"铁路应用"技术委员会代表欧盟委员会，以欧盟指令2008/57/EC的要求为基础编制而成。另一个著名的固定轨道交通和客运轨道系统（机车车辆）设计标准是NFPA 130。[7]

关于建筑环境中设计火灾的普遍观点可以查阅ISO TC92 SC4（国际标准化组织，技术委员会92，消防安全工程分委员会4）的相关工作，它系统地描述了设计火灾场景以及设计火灾的确定方法。该方法可靠度高但偏于保守，可用于包括建筑物、结构物或运输车辆在内的任何建筑环境的消防安全工程分析。[8]火灾场景的选择是根据消防安全设计目标量身定制的，并考虑潜在场景的可能性及其后果。

马埃夫斯基（Maevski）认为，道路隧道的设计火灾场景是与点火源的类型、大小、位置，以及外部环境条件和人为干预等因素相关的特定事件的组合。[9]必须确定燃料的类型和燃料负荷密度，以及燃料的布置。马埃夫斯基详细规定了设计火灾曲线包括的阶段[9]：（a）初始阶段，以初始火源为特征，如阴燃或燃烧；（b）火灾发展阶段，即传播蔓延阶段，可能导致轰燃或燃料完全参与燃烧；（c）完全发展阶段，名义上稳定通风或燃料控制燃烧；（d）衰减阶段，火灾强度降低阶段；（e）熄灭阶段，不再放出燃烧热。

设计火灾曲线可用于隧道通风和人员疏散系统的设计。在采用固定消防系统（FFFS）的情况下，需要在设计火灾曲线中引入FFFS的影响。到目前为止，指南中并未提供满足上述要求的设计火灾曲线，而随着FFFS新研究工作的开展，此类设计曲线有望得到进一步发展。工程师有责任作出一系列假设，以确保设计能够在多数可预见的火灾情况下挽救生命并保持隧道的结构完整性。

要得到设计火灾曲线（或马埃夫斯基定义的耐受曲线），必须确定火灾热释放速率曲线，设计耐受曲线，设计疏散（逃生）曲线和设计系统响应曲线等随时间变化的函数。耐受曲线显示了所有阶段持续的时间长度，以及由此产生的对人员伤亡和隧道结构的影响。它可以帮助预测隧道内人员耐受环境可以维持的时间，并确定需要做些什么来实现安全目标。设计火灾是根据用于定量分析的变量来描述的。这些变量通常包括火灾HRR、有毒物质生成量和烟灰随时间变化的函数。[9]

确定设计火灾曲线常见的方法是将峰值HRR与不同类型火灾增长率（FGR）[10,11,5]、衰减率相结合。当隧道使用恒定的峰值HRR为设计值时，设计火灾曲线通常包括较长时间段的恒定峰值HRR。如果仅从物理意义来看，这些曲线似乎并不真实，但它们确实为设计师提供了测试设计的有用工具。这些曲线的数学表示方式对于这些曲线在设计过程中的适用性非常重要，并间接影响到消防安全分析的结果。[12]

不管设计火灾曲线代表什么以及如何使用，它们的数学表达方式都是多种多样的。实际上，设计的火灾曲线仅代表了可能发生的真实火灾的理想化情况。隧道的设计火灾曲线包括不同类型火灾增长率的变化，如线性增长（$\propto t$）、二次增长（$\propto t^2$）、指数增长$\left[\propto(1-e^{-t})\cdot e^{-t}\right]$等。这些火灾增长函数与峰值$HRR$（$Q_{max}$）和衰减函数（$\propto t$或$e^{-t}$）结合使用即可得到相应的火灾发展曲线。[12]在建筑防火设计中，如果火灾场景仅需要考虑火灾增长阶段，通常采用二次增长（$\propto t^2$）变化；而对于隧道火灾，则需要考虑整个火灾的发展曲线。

使用不同类型的增长率、衰减率、峰值HRR曲线，意味着必须用数学方法表示不同时间段的曲线。不连续方程的使用意味着设计曲线在数学上难以应用于设计过程。更便捷的方法是用单一的数学表达式来描述设计火灾曲线。这将使设计过程更加简单、灵活和可靠。[12]下面介绍表示设计火灾的不同方法。

6.2　设计火灾确定方法

6.2.1　恒定设计火灾

不同公路隧道设计指南或标准中给出的车辆火灾设计值相差较大，且与着火车辆类型有关。表6.1展示了用于烟气控制系统设计分析的部分恒定设计火灾值，单位：MW。其数值的确定主要基于试验测试数据，并得到文件起草委员会成员的一致认可。这些数据与测试数据吻合度良好。尽管重型货车火灾设计值变化较大，但是试验测试数值也同样是较大范围内变化（13 MW ~ 202 MW）。油罐车设计火灾值的变化与已有试验测试中并未涉及油罐车火灾有关。

设计火灾值由UPTUN研究项目提出[13,14]，被作为项目设计的重要输入参数。如表6.2所示，建议数据主要是基于本书第3 ~ 5章的试验测试获得的信息，涵盖公路隧道、铁路隧道以及地铁隧道等。UPTUN提案建议区分以下内容：

a. 隧道使用者、救援队、提供安全疏散和救援行动（人员安全）所需的安装设备处于危险中的火灾场景；

b. 保护隧道边界，避免结构倒塌、不必要的火灾以及烟雾通过通风管道或防火门继续传播（耐火性）。

对于（a）人员安全，建议采用HRR的火灾情景；对于（b）耐火性，建议采用时间—温度曲线。这种处理方法遵循建筑法规中对消防安全的规定，并允许应用一些普遍接受的防火分类方法。总的来说，UPTUN推荐了几种火灾情景，可用于隧道消防安全风险分析。小型火灾也可能会引发其他大型火灾中未出现的新问题。从火灾风险分析中了解所有可能的场景及其危害影响是非常重要的。对于（a）人员安全，建议在风险分析中考虑HRR从5 MW至实际数值的多种火灾场景。

UPTUN推荐采用下列线性火灾增长速率（$\alpha_{g,L}$）：

- 火灾峰值HRR ≤ 30 MW，$\alpha_{g,L}$ = 10 MW/min
- 火灾峰值HRR > 30 MW，$\alpha_{g,L}$ = 20 MW/min

公路隧道设计火灾示例（MW）　　　　表6.1

车辆类型	PIARC[1]	法国[11]	德国[4]	NFPA502[2]
乘用车	2.5 ~ 5	2.5 ~ 5	5 ~ 10	5
多辆乘用车	8	8	5 ~ 10	15
小型货车	15	15	—	—
公交车	20	20	20 ~ 30	30
重型货车/卡车	20 ~ 30	30	20 ~ 30	150
油罐车	100	200	50 ~ 100	300

火灾场景建议（UPTUN WP2建议）[14,15]　　　　表6.2

	HRR(MW)	公路隧道车辆类型	铁路隧道车辆类型	地铁隧道车辆类型	火灾边界
	5	1~2 小汽车	—	—	ISO 834
	10	小型货车，2~3辆小汽车	电动机车	低可燃性客车	ISO 834
	20	大货车，公交车，多辆车		普通可燃性客车	ISO 834
	30	公交车，空的重型货车	乘客车厢	两节车厢	ISO 834
人员风险　结构风险	50	装载可燃物的卡车	敞篷货车	两节以上车厢	ISO 834
	70	载可燃物重型货车（约4 t）	—	—	HC
	100	重型货车（普通）	—	—	HC
	150	载易燃材料重型货车（约10 t）	—	—	RWS
	200或更高	油罐车，多辆重型货车，氧气不足	受氧气限制		RWS

假定燃料全部消耗（燃烧效率为80%），建议根据可用可燃材料数量（E_{tot}）进一步确定火灾的持续时间。而燃料量则应该根据车辆类型、火灾负荷和交通流模式评估确定。需特别强调的是，停滞不前的交通会对可燃材料数量、可用性产生较大影响。对于（b）耐火性，推荐三条温度—时间曲线，ISO 834[16]，碳氢化合物曲线（HC）[17]和RWS曲线[18]。对于类型（a）火灾场景，也可以采用相同的方法确定火灾持续时间。[15]

目前尚没有设计指导或标准给出机车的具体设计值（单位：MW）。设计人员有时会使用时间—温度曲线、烟气产生量（m^3/s）、总释放能量（GJ）[5]，以及HRR（MW）来表征火灾设计值。表6.3概括了不同隧道工程所采用的设计值。这些数值并没有文献出处，多数是基于在相关的会议上与隧道工程设计师的讨论和交流整理得到。该数据仅用于表明隧道通风系统、救援系统设计参数的多样性。表6.3给出了德国铁路公司[5]相关数据进行比较分析。此外，机车车辆的峰值HRR测试值介于7 MW ~ 77 MW之间（见第4章），其中多数低于50 MW，这与表6.3数值范围吻合一致。

不同隧道工程设计火灾数值（MW）　　　　　　　表6.3

车辆类型	不同隧道工程设计火灾数值	德国铁路公司[5]
机车	7/12/20/25/30	20
火车	2/5/10/15/25/35/40/80	25
地铁	8/15/30	—
货车	8/52	8（封闭货车）/52（敞篷车）

6.2.2 瞬态设计火灾方法

瞬态设计火灾曲线可以分为3种主要类型：线性变化、抛物线变化和指数变化。每种曲线类型都可以描述火灾发展阶段、衰减阶段，并且可以以不同方式进行组合。下面以3个示例加以详细描述[12]，详细内容可见表6.4。

（1）线性变化曲线（线性增长＋恒定峰值＋线性衰减）：根据法国隧道火灾通风设计规范[11]，HRR随时间变化，从$t = 0$到$t = t_{max}$，HRR数值呈线性增长；从$t = t_{max}$到 $t = t_D$，HRR达到峰值，维持不变；从$t = t_D$开始，HRR数值开始呈线性规律降低，在$t = t_d$时，HRR降为0。t_d即为火灾持续时间。

（2）抛物线变化曲线（抛物线增长＋恒定峰值＋指数衰减）：英格森提出用以描述不同车辆瞬态（time dependent）设计火灾曲线[10]，从$t = 0$到$t = t_{max}$，HRR数值呈抛物线增长；从$t = t_{max}$到$t = t_D$，HRR达到峰值，维持不变；从$t = t_D$开始，HRR数值开始呈指数规律降低，当时间趋于无穷大时，HRR数值为0。当$t_D \leqslant t_{max}$时，则没有恒定峰值HRR阶段。计算得到一个新的峰值HRR，见表6.4，$t_D = t_{max}$。

（3）指数变化曲线（指数增长、衰减）：基于沼尻（Numajiri）和古川（Furukawa）[21]先前的研究工作，英格森提出用单一指数函数取代3个函数来描述瞬态火灾过程。[19,20]该曲线仅适用于描述燃料控制型火灾，以及恒定HRR持续时间较短可忽略的情况下的动态火灾发展。设计参数包括峰值HRR（$\dot{Q}_{max}$）、总放热量（E_{tot}）和参数（n），其中后者没有实际物理意义，可以根据实际情况选择确定。根据这些参数，可以计算得到t_{max}和t_D，见表6.4。根据输入参数$\dot{Q}_{max}$和E_{tot}，可以计算得到其他参数r、k。稍后将给出该方程的更详细说明，见公式（6.1）。

这些曲线的数学表达式详见表6.4。其中，不同下标表示不同意义，max表示最大值或峰值，D表示衰减开始时间，d表示燃烧持续时间，g表示增长阶段，L表示线性阶段，q指二次规律阶段，tot表示总量。时间单位为秒（s），HRR单位为kW（kJ/s）。χ表示燃烧效率，β_d表示$t = t_d$时能量—时间（E_{tot,t_d}）积分值与总放热量（E_{tot}）之比，可以根据实际情况选择确定。E_{tot,t_d}总是小于或等于总放热量（E_{tot}）。如果两者相等，根据其定义，$\beta_d = 1$。

表6.5给出的法国设计曲线数据形成的是一个典型的线性变化曲线。根据表6.5给出数据可以计算线性增长速率（$\alpha_{g,L}$）和线性衰减速率（$\alpha_{D,L}$）。需要注意的是，表6.5中给出的E_{tot}数值已部分重新计算。为了得到与文献[13,11]中相同的t_{max}、t_D和t_d等时间参数，利用表6.4中方程计算时，需要对E_{tot}数值进行适当的调整。[12]括号内为文献[11]给出的原始E_{tot}数值。此外，需要注意表6.5中，$\dot{Q}_{max}$的单位为MW，E_{tot}的单位为GJ，而表6.4中方程对应项单位分别为kW、kJ。表6.5中t_{max}、t_D和t_d等时间参数单位为分钟（min），

表6.4

隧道完整设计曲线不同描述方法的数学描述综述[12]

火灾曲线类型	$HRR(kW)$随时间t变化的函数（s）	时间间隔（s）	达到峰值HRR时间t_{max}（s）	衰减时间t_D（s）/火灾持续时间t_d（s）	其他条件
线性变化：线性增长，衰减	$\dot{Q}(t)=\alpha_{g,L}t$	$0\le t_{max}$			—
	$\dot{Q}(t)=\alpha_{g,L}t_{max}=\dot{Q}_{max}$	$t_{max}<t<t_D$	$t_{max}=\dfrac{\dot{Q}_{max}}{\alpha_{g,L}}$	$t_D=\dfrac{2E_{tot}+t_{max}-t_d}{\dot{Q}_{max}}$	—
	$\dot{Q}(t)=\dot{Q}_{max}-\alpha_{D,L}(t-t_D)$	$t_D<t<t_d$		$\alpha_{D,L}=\dfrac{\dot{Q}_{max}}{(t_d-t_D)}$	—
抛物线变化：二次增长，指数衰减	$\dot{Q}(t)=\alpha_{g,q}t^2$	$0\le t_{max}$			如果$t_D\le t_{max}$，没有恒定阶段
	$\dot{Q}(t)=\alpha_{g,q}t_{max}^2=\dot{Q}_{max}$	$t_{max}<t<t_D$	$t_{max}=\sqrt{\dfrac{\dot{Q}_{max}}{\alpha_{g,q}}}$	$t_D=\dfrac{E_{tot}}{\dot{Q}_{max}}+\dfrac{2}{3}t_{max}-\dfrac{1}{\alpha_{D,q}}$	$\dot{Q}_{max}\approx\chi\alpha_{D,q}E_{tot}\left(1-\dfrac{\alpha_{D,q}^{3/2}}{6}\sqrt{\dfrac{\chi E_{tot}}{\alpha_{g,q}}}\right)^2$
	$\dot{Q}(t)=\dot{Q}_{max}e^{-\alpha_{D,q}(t-t_D)}$	$t\ge t_D$			$t_{max}=\sqrt{\dfrac{\dot{Q}_{max}}{\alpha_{g,q}}}=t_D$
指数变化：指数增长，衰减	$\dot{Q}(t)=\dot{Q}_{max}\cdot n\cdot r\cdot(1-e^{-k\cdot t})^{n-1}\cdot e^{-k\cdot t}$	$t\ge 0$	$t_{max}=\dfrac{\ln(n)}{k}$	$t_d=-\dfrac{1}{k}\cdot\ln(1-\beta_d^{\frac{1}{n}})$ $\beta_d=E_{tot,t_d}/E_{tot}$	$n\approx0.74294e^{(2.9\dot{Q}_{max}t_{max}/E_{tot})}$ $r=(1-\dfrac{1}{n})^{1-n}$，$k=\dfrac{\dot{Q}_{max}}{E_{tot}}r$

注：$\dot{Q}_{max}$（单位：kW），E_{tot}（单位：kJ），$\alpha_{g,L}$（单位：kW/s），$\alpha_{g,q}$（单位：kW/s），$\alpha_{D,L}$（单位：kW/s），$\alpha_{g,q}$（单位：kW/s²），$\alpha_{g,D}$（单位：kW/s），t（单位：s），t_D（单位：s），t_D（单位：s），t_d（单位：s），t_{max}（单位：s）

表6.4中方程时间参数单位为秒（s）。

表6.6给出了交通隧道抛物线变化设计火灾示例[10]，其设计参数可以为设计人员提供参考，当有更多试验数据可用时，这些设计参数可能需要进一步调整。其中并没有考虑不同车辆之间可能发生的火势蔓延，也没有考虑空气污染对HRR发展可能产生的影响。

基于法国规范的公路隧道设计火灾曲线的补充数据[13,11]
（表6.4中线性变化的输入参数）

表6.5

车辆类型	E_{tot}^a(GJ)	$\dot{Q}_{max}$(MW)	t_{max} (min)	t_D (min)	t_d(min)	$\alpha_{g,L}$ (kW/s)	$\alpha_{D,L}$ (kW/s)
2~3辆小汽车，隧道高度≤2.7 m	17（15）	8	5	25	45	26.7	6.7
1辆货车，隧道高度≤3.5 m	38（40）	15	5	35	55	50.0	12.5
1辆重型货车，隧道高度>3.5 m，没有危险品	144（150）	30	10	70	100	50.0	16.7
1辆高热能重型货车b，隧道高度>3.5 m，没有危险品	450	100	10	70	90	166.7	83.3
一艘油罐车，净高高度>3.5 m，有危险品	960（1000）	200	10	70	100	333.3	111.7

注：a 修改后的E_{tot}值（括号中数值为原始值）；
　　b 定义见参考文献[13]。

英格森提出的交通隧道设计火灾曲线推荐参数值[10]
（表6.4中抛物线变化的输入参数）

表6.6

车辆类型	$\dot{Q}_{max}$(MW)	$\alpha_{g,q}$ (kW/s²)	$\alpha_{D,q}$ (s⁻¹)
小汽车	4	0.01	0.001
公交车	30	0.1	0.0007
卡车a	15-130	—	—
火车b	15	0.01	0.001
地铁车辆c	35	0.3	0.001

注：a 卡车的火灾负荷可能差别很大；
　　b 钢质车身；
　　c 铝结构。

示例6.1：根据表6.4方程绘制线性变化、抛物线变化、指数变化3种不同设计火灾曲线。假设一辆地铁车厢起火并燃烧60分钟。峰值HRR（$\dot{Q}_{max}$）为30 MW，总放热量E_{tot}为60 GJ。对于线性变化和抛物线变化，HRR随时间增大，经过13分钟达到峰值HRR；当$t > t_D$，HRR开始衰减。对于指数变化，没有恒定HRR阶段，$t_{max} = 18$ min。根据表6.6，地铁车厢火灾衰减系数$\alpha_{D,q} = 0.001$ s⁻¹。

答案：根据已知条件，不同曲线输入参数如下：

（1）线性变化曲线：$t_d = 60$ min，$\alpha_{g,L} = \dot{Q}_{max} / t_{max} = 30000 / 780 = 38.5$ kW/s

$$t_D = \frac{2E_{tot}}{\dot{Q}_{max}} + t_{max} - t_d = \frac{2 \times 60000000}{30000} + 13 \times 60 - 60 \times 60 = 1200 \text{ s} = 20 \text{ min}$$

$$\alpha_{D,L} = \frac{\dot{Q}_{max}}{(t_d - t_D)} = \frac{30000}{(60 - 20) \times 60} = 12.5 \text{ kW/s}$$

据此，可以整理并绘制线性设计火灾曲线如下：

$$\dot{Q}(t) = \begin{cases} 38.5 \cdot t & 0 \leqslant 780 \text{ s} \\ 30000 & 780 \text{ s} < t < 1200 \text{ s} \\ 30000\,\mathrm{e}^{-12.5(t-1200)} & t \geqslant 1200 \text{ s} \end{cases}$$

（2）抛物线变化曲线：

$$\alpha_{g,q} = \frac{\dot{Q}_{max}}{t_{max}^2} = \frac{30000}{(780)^2} = 0.049 \text{ kW/s}^2$$

$$t_D = \frac{E_{tot}}{\dot{Q}_{max}} + \frac{2}{3}t_{max} - \frac{1}{\alpha_{D,q}} = \frac{60000000}{30000} + \frac{2}{3} \times 780 - \frac{1}{0.001} = 1520 \text{ s} = 25 \text{ min}$$

据此，可以整理并绘制抛物线变化设计火灾曲线如下：

$$\dot{Q}(t) = \begin{cases} 0.049 \cdot t^2 & 0 \leqslant 780 \text{ s} \\ 30000 & 780 \text{ s} < t < 1520 \text{ s} \\ 30000 \cdot \mathrm{e}^{-0.001(t-1520)} & t \geqslant 1520 \text{ s} \end{cases}$$

（3）指数变化曲线：

$$n \approx 0.74294 \cdot \mathrm{e}^{\left(2.9\dot{Q}_{max}t_{max}/E_{tot}\right)} = 0.74294 \cdot \mathrm{e}^{(2.9 \times 30000 \times 18 \times 60/60000000)} = 3.6$$

$$r = \left(1 - \frac{1}{n}\right)^{1-n} = \left(1 - \frac{1}{3.6}\right)^{1-3.6} = 2.33$$

$$k = \dot{Q}_{max} r / E_{tot} = 30000 \times 2.33 / 60000000 = 0.0012$$

据此，可以整理并绘制指数变化设计火灾曲线如下：

$$\dot{Q}(t) = 30000 \times 3.6 \times 2.33 \times \left(1 - \mathrm{e}^{-0.0012t}\right)^{(3.6-1)} \times \mathrm{e}^{-0.0012t}, t \geqslant 0$$

3种不同设计火灾曲线绘制结果见图6.1。与其他两种方法相比，指数变化曲线的主要优点是利用一个数学方程连续地表示整个火灾发展过程。与线性、抛物线变化模型不连续的公式表述相比，它也倾向于更好地吻合试验数据。由于HRR仅由一个方程表示，在考虑多个对象燃烧时，构建设计火灾也变得更为容易。此外，通过改变参数n可以描述更长的初始时间，这也是其优点之一。

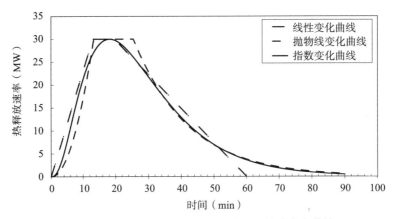

图6.1　根据表6.4确定示例6.1中3种不同设计火灾曲线

6.3 考虑火源叠加的指数型设计火灾曲线的确定方法

汉森（Hansen）和英格森尝试利用表6.4中的指数变化曲线，进一步描述多个火源叠加情况下的设计火灾曲线。[22,23]设计参数包括单个火源i的峰值HRR（$\dot{Q}_{max,i}$）、总放热量$E_{tot,i}$和延迟因子（n_i），其中后者没有实际物理意义，可以根据实际情况选择确定。研究人员探讨了如何利用火灾蔓延的物理模型来预估次生火源着火时间，进一步比较了两种不同点火标准（临界热流、临界着火温度）的差异性。利用次生火源引燃时间，可以进一步预测n_i。同时，可以进一步计算达到峰值HRR的时间（$t_{max,i}$）和火灾持续时间（$t_{d,i}$）。该模型还包括振幅系数（r_i）和时宽系数（k_i）等参数，这些参数主要根据单个火源峰值HRR和总放热量计算得到。

该方法利用下式计算参与火灾发展的多个不同火源的HRR总和[22]：

$$\dot{Q} = \sum_i \dot{Q}_{max,i} \cdot n_i \cdot r_i \cdot \left(1 - e^{-k_i \cdot t}\right)^{n_i - 1} \cdot e^{-k_i \cdot t} \qquad (6.1)$$

式中，$r_i = \left(1 - \dfrac{1}{n_i}\right)^{1-n_i}$，$k_i = \dfrac{\dot{Q}_{max,i}}{E_{tot,i}} \cdot r_i$，$t_{max,i} = \dfrac{\ln(n_i)}{k_i}$

上述公式可满足构造设计火灾曲线的需要，但需要进行多次迭代计算。为此，与其使用$t_{max,i}$公式计算，不如利用下式来近似估计延迟指数n：

$$n_i \approx 0.74294 \cdot e^{\left(2.9\dot{Q}_{max,i}t_{max,i}/E_{tot,i}\right)} \qquad (6.2)$$

需要注意的是，公式（6.2）只是参数n的近似解，其数值需要仔细确认检查。对于较大n值，可能会引入较大误差。在这种情况下，需要使用公式（6.1）进行计算。利用公式（6.1）确定设计火灾曲线的方法已经应用于地铁、有轨电车车厢火灾等领域[24]，其应用结果将在6.3.3节和6.3.4节中详细阐述。

下面，我们简要介绍设计参数的$\dot{Q}_{max,i}$和$E_{tot,i}$的计算方法，该方法由李颖臻和英格森首次提出。[24]

6.3.1 设计火灾场景的确定

设计火灾场景的确定对设计火灾影响巨大。相关的关键参数包括点火源、可用燃料和车辆几何形状。基于特定车辆或隧道的目标安全水平，设计火灾的确定是一个关乎成本效益问题。

对于某些火灾场景，火灾发展并未达到完全发展阶段，其峰值HRR可能非常低。例如，在火车车厢内的座位（阻燃材料组成）旁边放置1个150 kW气体燃烧器，可以引发燃烧，而在燃烧器移走后火灾不会持续。但是在点火源较大的情况下，例如纵火，车厢内的燃料可能会立即被点燃，火势可能会在短时间内蔓延至邻近燃料区域。这里我们定义从点火源至邻近燃料区域的火势蔓延为车厢火灾的临界火灾蔓延。[25]在火灾发生临界蔓延后，火势通常能够沿车厢快速蔓延。[25]在工程应用中设计通常偏于保守，为此在多数情况下（特别是缺乏信息情况）通常假设火灾达充分发展阶段。

6.3.2 峰值火灾热释放速率

全尺寸火灾试验是获得峰值HRR有效信息的最好方法。本书第3、4、5章节中，列举了主要的大尺度隧道火灾试验HRR信息。在第4章中，通过对已有试验数据的分析总结，单辆汽车（乘用车）火灾峰值HRR介于1.5 MW ~ 8 MW之间，其中多数情况低于5 MW。两辆汽车火灾的HRR介于5.6 MW ~ 10 MW之间，3辆汽车火灾的HRR介于7 MW ~ 16 MW之间，HRR小于10 MW的工况约占总统计工况的95%。此外，也有学者指出：由于涉及公交车火灾的试验数据较少，公交车火灾数据具有较高的不确定性。峰值HRR在25 MW ~ 30 MW之间变化。对于重型货车（或拖车）火灾而言，装载固体可燃物（例如木制、塑料托盘）时，其峰值HRR测量值通常最大。峰值HRR在13 MW ~ 202 MW范围内变化，如果进一步折算为单位燃料暴露面积，数值约为0.2 MW/m² ~ 0.5 MW/m²，变化范围相对较小。对于其他车辆类型火灾，其单位燃料表面积的峰值HRR变化范围更小，介于0.2 MW/m² ~ 0.4 MW/m²之间。铁路、地铁车辆火灾的峰值HRR介于7 MW ~ 77 MW之间，折算为单位暴露燃料面积，数据约为0.2 MW/m² ~ 0.4 MW/m²。

然而，在工程应用中，火灾场景和燃料各不相同。因此，全尺度试验数据只能作为参考。在这种情况下，理论模型可能是估计峰值HRR的一个很好的选择。围绕地铁工程项目，李颖臻等[25,26]研究人员在METRO试验项目中研究了不同尺度地铁车厢火灾试验之间的相关性[27]，并提出了一个简单的模型来估计地铁车厢火灾（充分发展）的峰值HRR。该模型已被证明能够很好地关联不同尺度的多数测试数据。车厢火灾的峰值HRR主要与燃料类型及布置、有效燃烧热和热解热等有关。充分发展的车厢火灾的峰值HRR，$\dot{Q}_{max}$（MW）可表示为下式：

$$\dot{Q}_{max} = \sum_i \min\left(1.85\dot{m}_a \sum_i \frac{\chi_{r,i} \Delta H_{c,i}}{L_{g,i}}, \dot{m}''_{f,max,i} A_{f,i} \Delta H_{c,i}\right) \qquad (6.3)$$

式中，第i表面吸收热分数$\chi_{r,i}$定义如下：

$$\chi_{r,i} = \chi_r \frac{A_i}{A_t} \qquad (6.4)$$

通过开口流入的空气最大质量流率为：

$$\dot{m}_a = 0.5 \sum_i A_{o,i} H_{o,i}^{1/2} \qquad (6.5)$$

式中，$A_{o,i}$和$H_{o,i}$是第i个开口面积和开口高度。χ_r是燃料表面吸收热量占车厢内总放热量的百分数，对于这些火灾场景，其数值约为0.23。$\chi_{r,i}$是第i个燃料表面A_i吸收热量的占比分数；$\Delta H_{c,i}$是燃料燃烧热，单位：MJ/kg；L_g是热解热，单位：MJ/kg；A_i是第i个表面的面积，A_t是暴露于内部火焰下的总表面面积，其数值是单个表面面积A_i的加和。总表面积为燃料所有表面的面积，包括内墙表面。$\chi_{r,i}$的物理意义是第i个表面吸收的车厢内火灾燃烧热。在一些没有燃料的地方，例如完全被耐热材料覆盖的墙壁，第i个燃料表面吸收的热量可能为零。

需要注意的是，虽然公式（6.3）最初是针对车厢火灾问题提出，但它实际上是估算隧道火灾中HRR的通用方程。但是通风控制型隧道火灾例外，其火灾规模主要由通风所控制（这可以很容易判别，参见第2章内容）。根据公式（6.3）右侧项，可以定义单位燃料面积的HRR（HRRPUA）如下：

$$HRRPUA = \sum_i m''_{f,max,i} \Delta H_{c,i} \qquad (6.6)$$

在估计某一特定燃料的峰值HRR时，通常需要预先确定暴露的热流通量。需要注意的是：在充分发展的车厢火灾中，最高烟气温度通常介于800 ℃ ~ 1000 ℃范围，对应峰值辐射热通量约为75 kW/m² ~ 150 kW/m²。李颖臻等人[24]认为75 kW/m²可以作为所有暴露燃料表面峰值辐射热的平均有效值。这与该热流通量对应数据可以便利地从锥形量热计试验中获得有一定关系。在数据缺乏的情况下，可以参考第4章中表4.5、4.7、4.8、4.9中所列举不同燃料HRRPUA数值合理选择确定。

门窗的可用性是车辆火灾防火设计的关键参数。这些窗户暴露在高温下会破裂。许多研究人员对火灾导致的窗户破损进行了大量研究。[28-31]研究表明，玻璃门窗的失效取决于许多因素，包括玻璃材料（不同类型玻璃、聚合物材料、不同结构或工艺处理，例如层压和回火/增韧）、玻璃厚度和表面积、玻璃缺陷（特别是受边缘处理影响的微裂缝）和边缘框架材料。火车车厢中使用的现代钢化玻璃在烟气温度超过600 ℃或热流超过40 kW/m²时可能会发生损坏。在车厢的设计火灾中，当缺乏足够信息时，通常认为门窗暴露在高温环境下会损坏。

示例6.2：假设车厢内有足够的燃料（火灾不受燃料控制），请估计完全发展的地铁车厢火灾的最峰值HRR。已知车厢内有6扇门（高度为2 m，宽度为1 m）和20扇窗户（高度为1 m，宽度为1 m)。

燃料参数见表6.7，A_i/A_t分数是一种燃料表面积占总燃料表面积的百分比。

峰值HRR估计参数　　　　　　　　　　　　　　　　　　　　表6.7

燃料组成	A_i/A_t分数（%）	ΔH_c（MJ/kg）	L_g（MJ/kg）
胶合板	21	12.8	0.95
层压板材	57	7.6	2.01
座位PUR	11	25.3	1.22
行李	11	21.4	1.63

答案：根据公式（6.5）得到空气总质量流量$\dot{m}_a = 18.5$ kg/s。根据公式（6.3）估计峰值HRR，计算如下：

$$\dot{Q}_{max} = 1.85 \times 18.5 \times 0.23 \times (0.21 \times 12.8/0.95 + 0.57 \times 7.6/2.01 + 0.11 \times 25.3/1.22 + 0.11 \times 21.4/1.63) = 68.5 \text{ MW}$$

需要注意的是，我们假定车厢内有足够多的燃料，火灾不是燃料控制型。事实上，如果燃料燃烧速率已知，我们可以直接使用公式（6.3）计算，而不需要使用括号中右边的项。

6.3.3　达到峰值HRR的时间

达到峰值或最大HRR的时间表示了火势增长的速度，同时达到峰值HRR的时间也因场景而异。该时间随点火源类型、位置，以及车辆尺寸而变化。达到峰值HRR的时间可以从全尺寸试验数据中确定。本书第4章对已有试验数据进行了总结，结果表明：对于单车辆（乘用车）火灾，达到峰值HRR的时间介于8～55 min之间。其中，超过80%的试验在8～30 min达到峰值HRR，60%的试验在8～20 min达到峰值HRR。

公交车火灾达到峰值HRR的时间通常少于10 min，但是需要注意的是，由于公交车火灾数据数量有限，存在一定的不确定性。

重型货车火灾试验，达到峰值HRR时间介于8～18 min之间，火灾持续时间都小于1 h。2003年卢恩海默隧道试验发现，当HRR达到5 MW后，火灾增长速率（FGR）几乎都是线性变化，数值介于16.4 MW/min～26.3 MW/min之间[32]。正如本书第5章中已经说明，这与燃料堆内通风辅助火灾蔓延有关，当HRR达到某一临界值后，火灾发展过程呈线性变化。

铁路和地铁车厢火灾，HRR测试结果表明：峰值HRR介于7 MW～77 MW之间，达到峰值HRR的时间从5～80 min不等。SP火灾试验室在布伦斯堡隧道进行了一系列全尺寸地铁车厢火灾试验。[33]试验工况2达到峰值HRR的时间约为13 min，试验工况3达到峰值HRR的时间约为118 min（详见第3章，第3.3.12节）。造成这种差异的原因是不同的四壁、顶棚的衬砌类型。试验工况2衬砌材料是可燃的，而试验工况3衬砌被铝板所覆盖。点火一段时间后，铝板变形无法保护其后面的旧材料。两个试验的点火源相同（对应纵火），加上可燃衬砌材料的影响，造成试验工况2火灾迅速发展。为了安全起见，李颖臻等研究人员认为此类列车车厢火灾$t_{\max}$约为15 min。李颖臻等人研究结果[25,26]也表明：METRO试验项目布伦斯堡隧道试验工况的火灾行为如同发生临界火灾蔓延后的行进火灾。换句话说，火灾以恒定的速度沿着车厢蔓延，表明火势呈线性增长。火焰沿车厢蔓延速度约为1.5～2 m/min。这一信息可用于估计设计火灾中达到峰值HRR的时间。由于公交车车厢与地铁车厢的几何形状较为相似，车厢内火灾蔓延机理与地铁车厢相似，李颖臻等人的研究结果也适用于公交车车厢火灾。

6.3.4　能量

燃料的总能量决定了火灾的持续时间。同时，考虑到HRR—时间曲线积分结果等于燃料总能量，所以后者也与峰值HRR相关。在汇总了所有可用燃料后，假定燃料的燃烧热为常数，我们可以便利地对火灾能量进行准确估计。

6.3.5　大规模试验的重构

李颖臻和英格森[24]总结了单个物体燃烧的HRR数据，据此重构了METRO试验项目工况3的火灾发展曲线。[33]介于METRO试验工况3的数据中峰值HRR约为77 MW，达到峰值HRR的时间约为118 min。从燃料负荷来看，总能量含量估计约为60 GJ。因此，METRO试验工况3的设计火灾可以使用公式（6.1）、（6.2）来构建，结果见图6.2。为了获得更好的一致性，使用121 min（达到峰值HRR的平均时间）而不是118 min（准确数值）来构建火灾发展曲线。显然，估算的火灾曲线与测试火灾曲线具有很好的相关性。峰值HRR可以根据公式（6.3）估算，得到类型的结果。

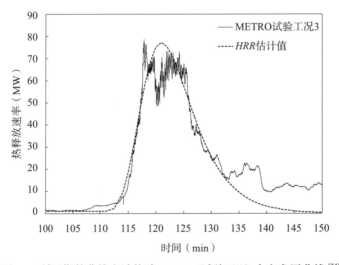

图6.2　利用指数曲线方法构建METRO试验工况3火灾发展曲线[24]

6.3.6　有轨电车设计火灾曲线

李颖臻和英格森[24]利用公式（6.1）绘制了现代有轨电车车厢的设计火灾曲线。电车车厢有六节，每一节长度为6 m。有轨电车的燃料负荷非常有限，因此火灾通常为燃料控制型。公式（6.3）～公式（6.5）可用于估计每一节电车车厢燃烧的峰值HRR。每一节电车的主要设计参数见表6.8。每一节车厢的峰值HRR估计约为12 MW，能量约为5 GJ。火灾中相邻车厢节间达到峰值的时间差异主要取决于扩散速度。李颖臻等人的研究[25]表明,对于车厢内的行进火灾,火焰沿车厢的蔓延速度约为1.5 m/min ~ 2 m/min。在其数据分析时考虑了这一影响,并从安全角度考虑,取蔓延速度为2 m/min,数据更为保守。因此,相邻两节车厢间达到峰值HRR的时间差估计约为3 min。剩下要确定的关键参数是第一节车厢达到峰值HRR的时间,这一时间估计在10 min左右,以确保在火灾发生后15 min左右达到峰值HRR。图6.3展示了使用公式(6.1)构建的有轨电车的设计火灾曲线。在火灾爆发后的20.3 min,达到总峰值HRR,数值约为28 MW。火灾开始时,由点火源和附近有限燃料燃烧释放热量,所增加的HRR约为1 MW。显然,在燃烧15 min左右后,设计火灾达到一个稳定水平(HRR达到25 MW),并维持在这个水平约10 min。这表明延伸的车厢长度对设计火灾的影响有限,再长的车厢其峰值HRR也大致相同。我们还可以将得到的设计火灾曲线与标准t^2曲线进行比较,不难发现设计火灾在进入稳定水平以前,近似符合快速发展曲线。需要注意的是,第一节车厢到达燃烧峰值HRR时间的选择只能影响到有轨电车总峰值HRR时间,但不影响总HRR数值和设计火灾曲线的形状。

有轨电车各部分关键参数汇总 [24]　　　　　　　　　　表6.8

节编号	能量E(GJ)	峰值HRR Q_{max}(MW)	峰值HRR时间t_{max}(min)
1	5	12	10
2	5	12	13
3	5	12	16
4	5	12	19
5	5	12	22
6	5	12	25
总和	30	28	20.3

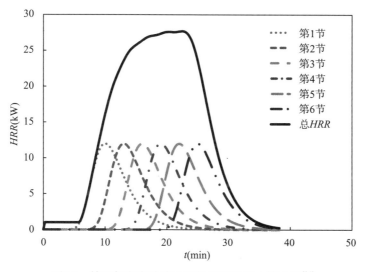

图6.3　使用加和方法确定有轨电车设计火灾曲线[24]

但是，我们需要记住：上面提出的设计火灾只适用于先前定义的设计场景中的给定车厢，并不是适用于所有相同类型车辆和所有场景。对于其他车厢和其他场景，需要根据获得的信息和一些合理的假设，使用前面所提出的方法来构建设计火灾曲线。

6.3.7 公路车辆设计火灾曲线

类似方法可用于建造重型货车（拖车）或其他类型车辆设计火灾曲线。所有影响火灾发展的重要因素都需要加以考虑。主要因素包括轮胎数量、燃料油箱、驾驶室内部材料、电缆、液体、软管、拖车覆盖材料、货物等。对于大多数车辆，需要确定暴露的燃料表面是什么，然后确定其 $HRRPUA$（参见表4.5、4.7、4.8、4.9）。为了计算车辆总质量对应的 E_{tot} 数值，确定有效燃烧热 ΔH_{eff} 是非常必要的。下面给出一个具体示例来说明计算方法和过程。

示例6.3：一辆带拖车的重型货车由于发动机故障而停车。拖车内未装载任何货物，但拖车上装有六个轮胎。假设由于发动机舱内引燃源，12：04车辆发生火灾。$\dot{Q}_{max,engine} = 2$ MW，$E_{tot,engine} = 0.5$ GJ，$t_{maxt,engine} = 5$ min。火灾蔓延至卡车前部，同时引燃两个轮胎。对于每个轮胎，其 $\dot{Q}_{max,tyre} = 1$ MW，$E_{tot,tyre} = 1$ GJ，$t_{maxt,tyre} = 15$ min。火灾进一步蔓延至驾驶室，内部面积约为25 m²，其 $HRRPUA = 0.35$ MW/m²。驾驶室内可燃材料总质量约为250 kg，平均燃烧热 $\Delta H_{c,eff} = 25$ MJ/kg，预估达到 $\dot{Q}_{max,cabin}$ 的时间 $t_{maxt,cabin} = 13$ min，即12:17达到峰值 HRR。火势继续蔓延，最终造成驾驶室后面的柴油油箱升温，燃油软管破坏，燃油开始溢流至路面上。在路面上形成的油池面积约为4 m²，柴油的 $HRRPUA$ 为1.7 MW/m²。估计油池峰值 HRR 时间 $t_{maxt,pool} = 15$ min，总的柴油量为100 L。假定柴油密度为790 kg/m³，燃烧热 $\Delta H_{c,eff} = 40$ MJ/kg。同时，火灾继续蔓延至车辆后部轮胎处，两个轮胎开始燃烧。每个轮胎的 $\dot{Q}_{max,tyre} = 1$ MW，$E_{tot,tyre} = 1$ GJ，两个轮胎达到峰值 HRR 的时间 $t_{maxt,tyre} = 25$ min。最后，火灾蔓延至拖车后部的所有轮胎，共计6个轮胎同时燃烧，每个轮胎的 $\dot{Q}_{max,tyre} = 1$ MW，$E_{tot,tyre} = 1$ GJ，轮胎达到峰值 HRR 的时间 $t_{maxt,tyre} = 35$ min。请根据以上火灾场景确定火灾发展曲线。

答案：在excel表格中编制计算程序，然后根据公式（6.1）进行加和。表6.9给出了关键设计参数。图6.4展示了每个部件（或对象）HRR 和总 HRR 数值。使用公式（6.1）、（6.2）计算得到下列数值：

$E_{tot,cabin} = 250$ kg × 25 MJ/kg = 6250 MJ = 6.25 GJ

$E_{tot,pool} = 0.1$ m³ × 790 kg/m³ × 40 MJ/kg = 320 MJ = 3.2 GJ

参数 n_i 根据公式（6.2）计算。

有各部分关键参数汇总 [24]   表6.9

对象	$\dot{Q}_{max}$(MW)	E_{tot}(GJ)	t_{max}(min)	n_i	r_i	k_i
发动机	2	0.5	5	24.1	2.66	0.0106
卡车前部2个轮胎	2	2	15	10.1	2.58	0.0026
驾驶舱	8.75	6.26	13	17.6	2.64	0.0037
柴油	6.8	3.2	15	298.5	2.71	0.0062
卡车后部2个轮胎	2	2	25	57.6	2.69	0.0027
拖车6个轮胎	6	6	35	328	2.71	0.0027

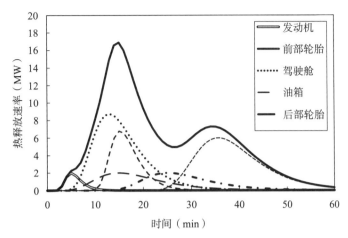

图6.4　示例6.3设计火灾曲线（重型货车＋空载拖车）

6.4　设计火灾曲线新思路

英格森和李颖臻提出了隧道设计火灾的新构思[34]：基于一种简单的工程思维方法，着重考虑隧道、燃料的重要几何变量、物理变量的影响。工程方程源于隧道内临界条件的计算，例如能见度、风速和顶棚下方最高烟气温度等。据此进一步得到隧道最小设计火灾范围（单位：MW）。

前述重要几何参数主要包括隧道高度、宽度。此外，火源几何形状、高于路面高度、燃料的投影面积同样也很重要。对于人员疏散而言，能见度则是至关重要的参数。与通风和施工有关的其他重要参数主要包括顶棚下方的临界速度、最高烟气温度等。为了确定设计火灾范围的极限，可以考虑以下临界条件：

（1）隧道内能见度（见第14章）。假设隧道使用者无法找到逃生出口，或者逃生路线过长，人员则会长时间暴露在有毒环境中。为此，可以根据临界能见度，确定HRR范围。

（2）临界速度（见第13章）。临界速度定义为防止隧道内火灾烟气逆向流动的最小纵向通风速度。前人研究得到的经验关联式表明，当纵向风速超过一定数值后，临界速度不再变化，与HRR数值无关。[35]这种方法已被用于找到与临界速度相关的最小HRR。

（3）顶棚最高烟气温度（见第8章）。对于单辆车辆燃烧，当火灾强度超过一定的HRR时，顶棚下方最高烟气温度不再变化。[36]在先前的研究中，我们认为$\Delta T = 1350℃$为顶棚最高烟气温度。据此，我们可以确定与单车辆燃烧顶棚暴露温度相关的最小设计火灾。

6.4.1　理论

根据下面公式可以确定（1）可见度条件下对应设计火灾：

$$\dot{Q}_{vis} = Q_{vis}^{*}\rho_0 c_p T_0 u W H \tag{6.7}$$

式中，$\dot{Q}_{vis} = \dfrac{2}{V_{is}\ln 10 D_{mass}}\dfrac{H_c}{\rho_0 c_p T_0}$；$u$是风速，单位：m/s；$c_p$是定压比热，单位：kJ/kgK；$T_0$是环境温度，单位：K；$\rho_0$是环境密度，单位：kg/m³；$A = WH$是隧道横断面积，单位：m²；$H$是隧道高度，单位：m；$W$是隧道宽度，单位：m；可见度$V_{is}$（单位：m）和质量光学密度$D_{mass}$（单位：m²/kg）详细描述见第14章。

根据下面公式可以确定（2）临界速度条件下对应设计火灾：

$$\dot{Q}_{cv} = Q_{cv}^* \rho_0 c_p T_0 g^{1/2} H^{5/2} \tag{6.8}$$

式中，$Q_{cv}^* = \dfrac{\dot{Q}}{\rho_0 c_p T_0 g^{1/2} H^{5/2}}$，$\dot{Q}$是总HRR，单位：kW；g是重力加速度，单位：m/s^2。

根据下面公式可以确定（3）顶棚最高烟气温升条件下对应设计火灾：

$$\dot{Q}_T = \begin{cases} \left(\dfrac{\Delta T_{max}}{17.5}\right)^{3/2} H_{ef}^{5/2}, & V' \leqslant 0.19 \\ \Delta T_{max} u b_{fo} H_{ef}^{5/3}, & V' > 0.19 \end{cases} \tag{6.9}$$

式中：$V' = \dfrac{u}{\left(\dfrac{g\dot{Q}}{b_{fo}\rho_0 c_p T_0}\right)^{1/3}}$

根据公式（6.9），显然最高烟气温度ΔT_{max}与通风速度大小密切相关。有效隧道高度H_{ef}定义为火源距顶棚的高度，即$H_{ef} = H - h_{fo}$。h_{fo}为从隧道地板到火源底部的高度。对于重型货车，h_{fo}通常取为1.2 m。火源的有效半径（b_{fo}，单位：m）可以根据燃料的投影面积确定，$b_{fo} = \sqrt{A_p/\pi}$。对于重型货车，燃料投影面积可以根据拖车长度、拖车宽度确定。

6.4.2　计算

英格森和李颖臻根据每种类型的临界条件，提出了如下公式。[34]对于（1）可见度条件，可以引入试验常数进一步简化公式（6.7）：

$$\dot{Q}_{vis} = 0.15\zeta H^{5/2} \tag{6.10}$$

式中，$\zeta = W/H$是隧道的形状因子。临界速度可以根据公式（13.4）计算。

对于（2）临界速度条件，引入试验常数、公式（13.4）进一步简化公式（6.8），得到：

$$\dot{Q}_{cv} = 0.165 H^{5/2} \tag{6.11}$$

对于（3）顶棚最高烟气温升条件，引入试验常数、公式（13.4）进一步简化公式（6.9），有：

$$\dot{Q}_T = 11.3 \cdot 10^{-4} \cdot \Delta T_{max} A_p^{1/6} \sqrt{H} (H - h_{fo})^{5/3} \tag{6.12}$$

根据公式（6.10）~公式（6.12），计算得到不同隧道高度、隧道宽度下的设计火灾，见图6.5。其中，计算中假定$A_p = 25$ m^2（对应拖车长度约为10 m，宽度约为2.5 m），$h_{fo} = 1.2$ m（对应重型货车拖车装货区的常见高度），隧道形状因子$\zeta = 1 \sim 3$。顶棚最高烟气温升为1350 ℃。显然，基于3种临界条件计算得到的最小设计火灾，均随隧道顶棚高度（H）呈现显著性的变化。即，隧道顶棚高度是涉及隧道安全设计的最为重要的技术参数。隧道形状因子（$\zeta = W/H$）对可见度临界条件下设计火灾的影响也较为明显，但是隧道宽度（W）对临界速度、最高烟气温升条件下设计火灾基本无影响。火源的几何参数（A_p，h_{fo}）对于顶棚下最高烟气温升（ΔT_{max}）影响也很大。总而言之，隧道形状因子是一个重要参数，需要加以重视，但是它对不同临界条件影响不同，需要区别对待。

对于2.5 m高隧道，达到临界条件所需最低HRR在2.5 MW内。一般来说，对于7 m高的隧道，达到临界条件的最小HRR介于20 MW~130 MW之间。所有情况下隧道中纵向风速都对应临界速度。这是一个非常有趣的结果，因为多数工程师在确定设计火灾时，并未考虑隧道几何形状、燃料等因素。车辆类型决定了设计火灾大小，并可以与这些结果进行比较。

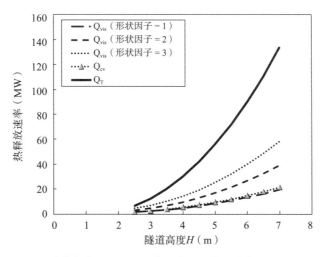

图6.5　隧道高度2.5 m～7 m范围内不同临界条件下设计火灾

NFPA 502[2]推荐使用临界速度公式（3.13），根据这个公式，临界速度随HRR呈1/3次方规律增大，并不像公式（13.4）的规律一样，临界速度趋于常数。对于隧道高度在2.5 m～7 m的隧道（隧道形状因子 $\zeta = 2$），当火灾强度（HRR）超过130 MW，HRR从130 MW增加至200 MW，临界速度增加约1%～8%；根据公式（3.13），HRR从130 MW增加至300 MW，临界速度增加约2%～13%。这表明，以130 MW作为设计火灾替代更大的火灾强度是可靠的。伴随火灾强度增大，临界速度的增加量是适度的［根据NFPA502推荐公式（3.13）估算］，并不会显著改变临界速度结果。

在导出的3个不同的公式中，公式（6.12）计算得到的HRR最大。这是合理的，在项目设计过程中应予以考虑。这个公式在建立HRR与标准化时间—温度曲线的联系方面同样也非常有用。为了证明这一点，下面给出一个具体示例：已知隧道高度7 m，$h_f = 1.2$ m，$A_p = 25$ m^2，$T_0 = 20$ ℃，计算得到多条标准化时间—温度曲线（如ISO、HC和RWS）的HRR数值，见图6.6。

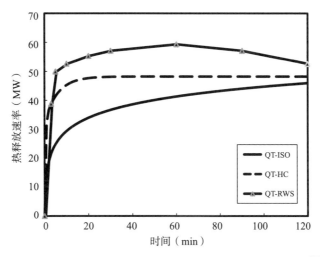

图6.6　临界速度下各种标准时间—温度曲线对应HRR预测值[34]

本文提出的方法是估计隧道最小设计火灾范围的有用工具。当然，设计火灾数值应与实际火灾负荷（隧道中使用的车辆）有关，应对通行隧道的潜在火灾负荷进行分析。我们可以根据本文提出的方法预估设计火灾数值。如果隧道高度相对较低，则设计火灾不必选择远高于上述预估数值；反之，如果隧道高度较大，则没有理由选择远低于上述预估数值的设计火灾，特别是当火灾荷载分析表明隧道存在这种火灾的可能性时。

6.5　小结

本章介绍了不同类型车辆的设计火灾，给出恒定设计火灾数值和瞬态设计火灾方法。这些数值与不同类型隧道的火灾试验数据吻合良好。给出并讨论了不同类型设计火灾曲线的数学表示方法。线性变化曲线、抛物线变化曲线和指数变化曲线的复杂程度各不相同。线性变化曲线最为简单，但方程是不连续的，不同方程适用于火灾发展的不同时期，而且与试验得到的真实火灾曲线相差甚远。抛物线（二次变化曲线）是一种改进方案，但是仍然划分为不同的时间段，并以不同的方程进行表述。尽管从使用参数角度看，指数变化曲线是最为复杂的，但是它最大的优势在于可以描述整个火灾发展过程。此外，它也非常适于利用数据表计算多个火源叠加燃烧的情况。它也使得我们重构车辆火灾发展变得更为容易，重点关注在燃烧的每个主要部件上。本章给出了一些重建的实例，取得了很好的效果。

本章也提出了设计火灾的新思路，它是估计隧道设计火灾范围的一个非常有用的工具。计算得到的设计火灾最小值应与隧道的实际火灾负荷相关联。该方法表明，隧道高度是影响设计火灾确定的唯一最重要参数。这是隧道防火设计中需要考虑的重要问题。较低隧道高度需要较低的HRR，以获得与较高隧道相同的条件。我们可以利用得到的方程来计算ISO、HC、RWS、RABT或HCM等标准化时间—温度曲线的HRR。这为通风系统设计工程师、隧道结构工程师之间开展深入讨论提供了关键参数。

参考文献

1. Fire and Smoke Control in Road Tunnels (1999). PIARC.
2. NFPA 502– Standard for Road Tunnels, Bridges, and Other Limited Access Highways (2014). National Fire Protection Association, 2014 Edition.
3. Lacroix D Guidelines for Fire Safe Design: Synthesis and Current Harmonisation Processes. In: 1st International Symposium on Safe & Reliable Tunnels, Prague, Czech Republic, 4–6 February 2004. CUR, pp 107–115.
4. Richtlinien für Ausstattung und Betrieb von Tunneln (RABT) (1985). Ausgabe 1985 edn. Forschungsgesellschaft für Straßen- und Verkehrswesen.
5. Thematic Network on Fires in Tunnels (FIT) – Technical Report Part 1– Design Fire Scenarios (2001–2004). European Commission under the 5th Framework Program.
6. Peacock R, Reneke P, Jones W, Bukowski R (1995) Concept for fire protection of passenger rail transportation vehicles:pas, present and future. Fire and Materials 19:71–87.
7. Standard for Fixed Guideway Transit and Passenger Rail Systems (2003). 2003 edn. National Fire Protection Association.
8. ISO/TS 16733 Fire safety engineering – Selection of design fire scenarios and design fires (2006). International Organisation of Standardization.
9. Maevski IY (2011) NCHRP Synthesis 415– Design Fires in Road Tunnels. A Synthesis of Highway Practice. National cooperative highway research program.

10. Ingason H Design Fires in Tunnels. In: Conference Proceedings of Asiaflam 95, Hong Kong, 15–16 March 1995. Interscience Communications Ltd., pp 77–86.

11. Lacroix D New French Recommendations for Fire Ventilation in Road Tunnels. In: 9th International Conference on Aerodynamics and Ventilation of Vehicle Tunnels, Aosta Valley, Italy, 6–8 October 1997.

12. Ingason H (2009) Design fire curves in tunnels. Fire Safety Journal 44 (2):259–265.

13. Marlair G, Lemaire T, Öhlin M Fire Scenarios and accidents in the past – Draft final report (1) task 2.1, part 1, UPTUN WP2 Report.

14. Opstad K (2005) Fire scenarios to be recommended by UPTUN WP2 Task leader meeting of WP2.

15. Ingason H Design fire in tunnels. In: Safe & Reliable Tunnels Innovative European Achievements, Second International Symposium, Lausanne, 2006.

16. Fire-resistance tests – Elements of building construction – Part 1: General requirements (1999). First edn. International Organization for Standardization.

17. Fire resistance tests – Part 2: Alternative and additional procedures (1999). First edn. European Committee for Standardization.

18. Beproeving van het gedrag bij verhitting van twee isolatiematerialen ter bescherming van tunnels bij brand (1979). Instituut TNO voor Bouwmaterialen en Bouwconstructies, Delft, The Netherlands.

19. Ingason H Fire Development in Large Tunnel Fires. In: 8th International Symposium on Fire Safety Science, Beijing, China, 18–23 September 2005. International Association for Fire Safety Science (IAFSS), pp 1497–1508.

20. Ingason H Modelling of Real World Fire Data. In: 2nd International Symposium on Tunnel Safety & Security (ISTSS), March 15–17, 2006 Madrid, Spain, 2006. pp 7–13.

21. Numajiri F, Furukawa K (1998) Short Communication: Mathematical Expression of Heat Release Rate Curve and Proposal of 'Burning Index'. Fire and Materials 22:39–42.

22. Hansen R, Ingason H (2012) Heat release rates of multiple objects at varying distances. Fire Safety Journal 52:1–10.

23. Hansen R, Ingason H (2011) An Engineering tool to calculate heat release rates of multiple objects in underground structures. Fire Safety Journal 46 (4):194–203. doi:10.1016/j.firesaf.2011.02.001.

24. Li YZ, Ingason H A new methodology of design fires for train carriages. In: ISTSS 6th International Symposium on Tunnel Safety and Security, Marseille, 2014.

25. Li YZ, Ingason H, Lönnermark A (2013) Correlations in different scales of metro carriage fire tests. SP Report 2013:13. SP Technical Research Institute of Sweden, Borås, Sweden.

26. Li YZ, Ingason H, Lönnermark A Fire development in different scales of a train carriages. In: 11th International Symposium on Fire Safety Science, New Zealand, 2014.

27. Ingason H, Kumm M, Nilsson D, Lönnermark A, Claesson A, Li YZ, Fridolf K, Åkerstedt R, Nyman H, Dittmer T, Forsén R, Janzon B, Meyer G, Bryntse A, Carlberg T, Newlove-Eriksson L, Palm A (2012) The METRO project – Final Report 2010:08. Mälardalen University, Västerås.

28. Bowditch P. A., Sargeant A. J., Leonard J. E., Macindoe L. (2006) Window and Glazing Exposure to Laboratory-Simulated Bushfires. CMIT Doc 2006–205. Bushfire CRC, Melbounre, Australia.

29. Harada K., Enomoto A., Uede K., T W An experimental study on glass cracking and fallout by radiant heat exposure. In: Fire Safety Science – Proceedings of the 6th International Symposium, London, 3–7 March 2000. IAFSS.

30. Mowrer F.W. (1998) Window Breakage Induced by Exterior Fires. National Institute of Standards and Technology, Gaithersburg, MD, USA.

31. Strege S. LBY, Beyler C. (2003) Fire Induced Failure of Polycarbonate Windows in Railcars. Fire and Materials.

32. Ingason H, Lönnermark A (2005) Heat Release Rates from Heavy Goods Vehicle Trailers in Tunnels. Fire Safety Journal 40:646–668.

33. Lönnermark A, Lindström J, Li YZ, Ingason H, Kumm M Large-scale Commuter Train Tests –
     Results from the METRO Project. In: Proceedings from the Fifth International Symposium
     on Tunnel Safety and Security (ISTSS 2012), New York, USA, 14–16 March 2012. SP Tech-
     nical Research Institute of Sweden, pp pp. 447–456.
34. Ingason H, Li YZ New concept for design fires in tunnels. In: Proceedings from the Fifth
     International Symposium on Tunnel Safety and Security (ISTSS 2012), New York, USA,
     14–16 March 2012. SP Technical Research Institute of Sweden, pp 603–612.
35. Oka Y, Atkinson GT (1995) Control of Smoke Flow in Tunnel Fires. Fire Safety Journal
     25:305–322.
36. Li YZ, Ingason H (2010) Maximum Temperature beneath Ceiling in a Tunnel Fire. SP Report
     2010:51, SP Technical Research Institute of Sweden, Borås, Sweden.

第 7 章

火灾燃烧产物

摘　要: 了解火灾燃烧产生的组分对于预测火灾烟气毒性至关重要。本章将介绍不同的火灾燃烧产物,包括一氧化碳(CO),二氧化碳(CO_2),氯化氢(HCl),二氧化硫(SO_2),挥发性有机化合物(VOCs),多环芳烃(PAHs),多氯代二苯并二噁英和二苯并呋喃(PCDDs/PCDFs),碳氢化合物总量(THC)和烟灰等。总结讨论了车辆、隧道火灾试验的测量结果,阐述了通风条件(当量比)对不同组分生成量的重要性,给出了不同组分生成量与当量比的关系。

关键词: 燃烧产物;CO;CO_2;烟气;通风条件;当量比(GER);生成;组分

7.1　引言

火灾中的死亡通常是由有毒气体的吸入造成的。在第1章介绍的多起灾难性火灾中,汽车内均发现了死亡人员。然而,烟气温度的升高既会影响人员身体健康,同时也会影响人员的逃生能力。尽管近年来人们对氰化氢(HCN)的影响进行了大量讨论[1-4],但是火灾燃烧产物中的CO仍然被认为是导致人员死亡的最重要成分。尼尔松(Nelson)在一篇综述中指出,尽管在火灾受害者中血液中发现高浓度HCN,但是多数人员死亡还是由高浓度CO引起。[5]此外,CO_2对环境的耐受性(tenability)也有重要影响,它不仅仅表现为高浓度时的有毒性,更重要的是因促使呼吸频率增加而导致吸入其他气体(例如CO)量的增加。

即使火灾气体并不总会导致死亡,但是亚致死效应(sublethal effect),例如丧失行为能力、逃生速度降低、运动能力下降、精神敏锐度下降和视觉模糊等也不容忽视。[6]此外,许多火灾燃烧产物会对人体造成长期或慢性影响,这对消防员和救援人员的影响尤其明显。

此外,火灾燃烧产物另一个日益严重的问题是对环境的影响,以及对健康构成潜在的长期危害。即使它们通常不被认为是隧道火灾的核心问题,却是一个与所有火灾都密切相关的问题。更详细关于燃烧产物毒性和环境耐受性方面的内容,我们将在第15章中详细讨论。

在隧道通风设计中,非火灾情况下的污染物稀释也是一个重要问题,这也是多数隧道中安装通风系统的主要原因。通常汽车排放的CO浓度被用来作为通风系统设计的重要指标,但伴随着新车、新燃料的发展,车辆CO的排放量已经显著降低。[7]因此,其他组分浓度,例如NO_x(多数规范、指南建议控制NO_2浓度)也被作为通风系统设计的重要指标。

本章讨论了火灾燃烧产生的组分,以及不同参数和条件(例如通风条件、温度)对燃烧产物的影响。讨论内容不仅包括急性毒性产物,还包括由其他原因引起的相关产物的生成。

7.2　燃烧和火灾化学

火灾是一种燃烧场(field of combustion),通常指不受控制的燃烧。燃烧涉及大量的基本(中间)反应。这些不同的反应(步骤)可以根据自由基是否在反应中形成或消耗来分组。自由基是具有未配对价电子或开放电子壳层的原子、分子或离子,因此在多数情况下具有高活性。可以分为以下几种反应类型,这里以氢—氧体系中的反应为例[8,9]进行说明:

1. 链启动步骤

链反应从自由基的形成开始，自由基（在反应中用圆点标记）是由稳定的产物生成的，例如：

$$H_2 + O_2 = 2OH\cdot \qquad\qquad (7.1)$$

2. 链传播步骤

自由基与稳定的自由基反应生成新的自由基，例如：

$$OH\cdot + H_2 = H_2O + H\cdot \qquad\qquad (7.2)$$

3. 链支步骤

一个自由基与一个稳定产物反应形成两个自由基，即自由基的数量进一步增加，例如：

$$H\cdot + O_2 = OH\cdot + O\cdot \qquad\qquad (7.3)$$

4. 断链步骤

自由基反应形成稳定的物质，即自由基被"消耗"，例如：

$$2H\cdot = H_2 \qquad\qquad (7.4)$$

即使是相对简单的燃料，燃烧也包含大量的基本反应，通常以复杂的反应系统组合在一起。本章的目的不是详细讨论这些基本反应。相反，我们将讨论简化的"全局"反应，火灾条件对反应及燃烧产物的影响。

如果碳氢化合物燃料（与氧气混合或未混合）参与火灾，假定完全燃烧，全局反应如下：

$$C_aH_bO_c + \left(a + \frac{b}{4} - \frac{c}{2}\right)(O_2 + 3.76N_2) \rightarrow aCO_2 + \frac{b}{2}H_2O + \left(a + \frac{b}{4} - \frac{c}{2}\right)3.76N_2 \qquad (7.5)$$

燃烧反应伴随着能量释放，根据全局反应，可以得到燃烧热（例如，假设所有 H_2O 都以气体形式释放）。燃料还可以包含其他元素（N、S、Cl、Br等），因此也必须知道或假设形成了什么组分。

本书第7.5节详细介绍了通风条件对燃烧生成组分的影响。为此，通常使用当量比 ϕ。为了计算这个参数，可以使用完全燃烧理想反应得到的化学计量空气燃料比（r），其定义如下：

$$1kg\ 燃料 + rkg\ 空气 \rightarrow (1+r)kg\ 产物 \qquad\qquad (7.6)$$

对于完全燃烧的反应，假设有足够空气使燃料完全（理想）反应并产生如公式（7.5）所示的 CO_2 和 H_2O。这些条件被称为化学计量，化学计量系数 r 可以计算 [对应公式（7.5）中符号] 如下[①]：

$$r = \frac{(1 + 3.76)M_{air}\left[a + (b/4) - (c/2)\right]}{M_C \cdot a + M_H \cdot b + M_O \cdot c} \approx \frac{137.9\left[a + (b/4) - (c/2)\right]}{12 \cdot a + b + 16 \cdot c} \qquad (7.7)$$

空气中主要组分的分子量和浓度　　　　　　　　　　　　　　　表 7.1

种类	分子量	在空气中浓度（体积百分比）	文献
CO_2	44.010	0.04	[10,11]
CO	28.010	—	[10]
C	12.011	—	[10]
O_2	31.999	20.946	[10,12]
N_2	28.013	78.084	[10,12]
Ar	39.948	0.934	[12,13]
空气（干）[a]	28.967	—	—

注：[a] 基于表中给出的浓度和分子量。

---

① 参见公式（2.13）。

其中，空气和不同原子的分子量M_i见表7.1。注意，在一些文献中，r也被定义为燃料与空气的化学计量比。

当量比ϕ是实际燃料/空气与化学计量燃料/空气的比值，这里定义如下[①]：

$$\phi = \frac{\dot{m}_f / \dot{m}_a}{(\dot{m}_f / \dot{m}_a)_{stoich}} = \frac{\dot{m}_f r}{\dot{m}_a} \quad (7.8)$$

式中，$\phi = 1$，化学计量比燃烧；$\phi < 1$，通风良好燃烧；$\phi > 1$，通风不良燃烧。$\dot{m}_f$是燃料流量，单位：kg/s；$\dot{m}_a$是空气流量，单位：kg/s；下标 "stoich" 代表化学计量情况。需要注意的是：如果要计算ϕ，有时也计算实际燃料/氧气比和化学计量燃料/氧气比。

如第2章所述，不同的通风条件使用不同的术语表示。当可获得的空气（氧气）多于化学计量燃烧所需量，称为过度通风、良好通风、燃料不足或燃料控制。如果可供燃烧的空气不足，则称为通风不良、空气惰化、燃料富裕或通风控制。需要注意的是：在一些文献中，这两个词的意思并不完全相同。本章主要使用通风良好（燃料控制）和通风不良（通风控制）这两个术语来表述。即使在通风良好条件下，特殊的几何条件和流动模式也有可能使新风无法到达燃烧区域，这种情况也称为局部通风不良。第7.5节中，将进一步讨论通风条件对燃烧生成产物的影响。

为了确定消耗一定质量的燃料生成的烟气量，需要知道燃料的净燃烧热，ΔH_c（kJ/kg）。燃料热定义为：单位质量燃料与氧气在给定温度、压力（分别为298 K和1 atm）反应生成CO_2和H_2O，其焓值改变量（产物的总生成焓与反应物的总生成焓差值）。除非特殊说明，这里的燃烧热对应的水为气态（水蒸气），也称为低位燃烧热。ΔH_c可以根据下式计算：

$$\Delta H_c = \sum_{products} \Delta H_f - \sum_{reactants} \Delta H_f \quad (7.9)$$

式中，ΔH_f是生成焓，单位：kJ/kg。

如果能量是从反应中释放出来的，ΔH_c将是负值。但是需要注意的是，燃烧热在许多燃料数据表中都是以正值来表示。如果已知燃烧热，并测量了燃烧释放热量，则可以估算燃料的质量消耗量$\dot{m}_f$如下：

$$\dot{m}_f = \frac{\dot{Q}}{\chi \cdot \Delta H_c} \quad (7.10)$$

式中，$\dot{Q}$是燃烧释放热量（HRR），单位：kW；χ是燃烧效率。将公式（7.10）代入公式（7.8），有：

$$\phi = \frac{\dot{Q} \cdot r}{\dot{m}_a \cdot \Delta H_c \cdot \chi} \quad (7.11)$$

Hugget认为对于多数碳氢材料而言，消耗单位质量空气$\Delta H_c / r$约为3000 kJ/kg。[14]据此，可以得到[②]：

$$\phi = \frac{\dot{Q}}{\dot{m}_a \cdot 3000 \cdot \chi} \quad (7.12)$$

式中，HRR单位为kW。

---

① 参见公式（2.14）。
② 参见公式（2.17）。

7.3 产物生成量

为了比较不同材料燃烧的产物生成量，通常引入并使用Y_i（kg/kg，本章多数表格以g/kg表示）。它是指由一定质量材料（燃料）燃烧生成的产物i的质量m_i（kg）：

不同燃烧试验CO生成量   表7.2

材料	大尺度燃烧试验[a][16]	小尺度燃烧试验[b][17]
木材	58	5[c]
纸	58	—
织物	51	—
聚氯乙烯	116	63
聚氨酯	160	20~50[d]
聚苯乙烯	220	60
聚乙烯	60	24

注：[a] 基于大尺度火灾试验数据总结得到；大尺度火灾试验和小尺度火灾试验通风条件可能不同；
[b] ASTM E2058火灾蔓延装置；
[c] 松树；
[d] 刚性聚氨酯。

$$Y_i = \frac{\dot{m}_i}{\dot{m}_f} \quad or \quad Y_i = \frac{m_i}{\Delta m_f} \qquad (7.13)$$

式中，$\dot{m}_i$是产物i的生成量，单位：kg/s；$\dot{m}_f$是燃料的质量消耗量，单位：kg/s；Δm_f是试验期间总的燃料消耗质量，单位：kg。

公式（7.13）表明，我们可以根据产物的质量流率（$\dot{m}_i$）或总质量（m_i）来计算生成量。考虑到不同材料在火灾过程（或试验中）不同的时间段燃烧，后一种方法给出了总体平均值。因此，如果能够解决这些差异，得到的结果可能会更有用。本节给出了一些常见材料燃烧的生成量数据，部分数据摘自洛纳马克（Lönnermark）等人前期总结分析。[15]

不同尺度火灾试验中常用材料燃烧的CO生成量见表7.2，表中生成量单位为g/kg。需要注意的是，大尺度火灾的CO生成量通常大于小尺度试验数值。这种差别可能是由于比例缩尺效应，几何、通风条件、燃烧条件差异等原因。表7.2中给出的大尺度试验数据不仅仅是基于试验结果，而且还考虑了化学成分、试验条件等因素。

赫茨伯格（Hertzberg）等人在锥形量热计（ISO 5660-1[18]）中测试了大量不同的材料[19]，颗粒物生成量见表7.3。

巴特勒（Butler）和马尔霍兰（Mulholland）[20]总结了不同塑料材料的产烟量（可以用烟灰的生成来描述，这里沿用了作者的表述），表7.4列出了部分数据。基于小尺度燃烧试验，表7.5汇总了不同塑料材料燃烧生成的CO、CO_2、总碳氢化合物、烟灰的生成量数据。图沃森（Tewarson）[17]给出了大量材料燃烧CO、总烃、烟灰的生成量，表7.6列举了一些液体燃料的产物生成量数值。

锥形量热计中测试材料的颗粒物生成量[19]　　表7.3

材料	颗粒物生产量（g/kg）	材料	颗粒物生产量（g/kg）
FR4，溴化层压板	139	石棉	30
聚苯乙烯（EPS）	126	光缆	29
Teflon—电缆	102	玻璃棉	28
碳纤维层压板	83	聚氨酯（PUR），刚性	26
聚氯乙烯（地板）	57	四氟烷颗粒	25
聚乙烯电缆	51	丁腈橡胶	25
50% PVC + 50% Teflon电缆	42	羊毛（92%羊毛，8%聚酰胺）	22
PVC电缆	39	三聚氰胺	18
沥青	38	颗粒板	3.9
聚乙烯颗粒	35	木材	2.4

不同塑料材料的产烟量[20]　　表7.4

材料	燃料面积（m²）	产烟量（g/kg）
聚甲基丙烯酸甲酯	0.006	15 ~ 18
聚苯乙烯	0.006	41
聚氯乙烯	0.006	105 ~ 185
硬聚氯乙烯	0.006	12
聚丙烯	0.006	42
刚性聚氨酯	0.006	91
柔性聚氨酯	0.0225	34
高密度聚乙烯	0.006	18 ~ 23

常见塑料材料CO、CO_2、碳氢化合物总量（THC）、烟灰生成量[17]　　表7.5

材料	CO（g/kg）	CO_2（g/kg）	碳氢化合物（g/kg）	烟灰（g/kg）
丙烯腈-丁二烯-苯乙烯				105
聚甲基丙烯酸甲酯	10	2120	1	22
聚乙烯	24	2760	7	60
聚丙烯	24	2790	6	59
聚苯乙烯	60	2330	14	164
尼龙	38	2060	16	75
聚氯乙烯	63	460	23	172
聚苯乙烯泡沫	54	1900	—	—

常见液体燃料CO、碳氢化合物、烟灰的生成量

（数据来源于小尺度火灾燃烧试验）[17]　　　　　表7.6

材料	CO（g/kg）	碳氢化合物（g/kg）	烟灰（g/kg）
甲醇	1	—	—
乙醇	1	1	8
异丙醇	3	1	15
丙酮	3	1	14
庚烷	10	4	37
煤油	12	4	42
苯	67	18	181
矿物油	41	12	97

7.4　车辆及隧道火灾产物释放

目前有许多公开发表的火灾、环境问题的研究报告和研究论文。其中一些报告概述了常见材料、常见火灾燃烧的排放情况[16,21,22]，而另一些则侧重于通用意义上的火灾排放，或阐述对环境产生重大影响的单次火灾结果。[23-25]

小汽车（乘用车）火灾产生热烟气的分析结果表明，对环境、人类具有潜在负面影响的排放物的浓度很高[26]。研究人员使用SP大型量热计（工业级）进行了3次独立的全尺寸火灾测试（发动机舱内引燃着火并进一步蔓延；车内引燃着火，在火灾初期阶段被扑灭；车内引燃着火，火势进一步蔓延，直到整辆车完全燃烧），对火灾燃烧生成烟气和地面排水进行了详细的分析。

隧道车辆火灾中PCDD/F和PAH的排放、火灾残渣中PCDD/F的排放[28]　　　表7.7

车辆	Q_{tot}	火灾残渣PCDD/F		隧道内PCDD/F		隧道内PAH	
	GJ	mg I-TEQ	mg I-TEQ/GJ	mg I-TEQ	mg I-TEQ/GJ	g	g/GJ
旧车	6	0.012	0.002	0.032	0.0053	13	2.2
新车	9	0.008	0.00089	0.044	0.0049	27	3.0
地铁车厢	41	0.54	0.013	2.0	0.049	无数据	无数据
城际快车货车	77	1.1	0.014	9.2	0.12	无数据	无数据

燃烧排放物包括HCl、SO_2、挥发性有机化合物（VOCs，例如苯）、多环芳烃（PAHs），二噁英和二苯并呋喃（PCDDs/PCDFs）。VOC的定义通常取决于采样/分析方法，但通常包括分子质量在75 g/mol～200 g/mol范围内的物质。研究人员使用与真实汽车火灾相似的材料进行了大量小尺度燃烧试验，结果表明，产生HCl和PCDDs/PCDFs的车源氯主要来自软垫材料、仪表板组件、电线等。

此外，在热烟气中还发现了醛和异氰酸酯，这两种化合物已被充分证明对人体有短期和长期的暴露伤害。其他有毒化合物还包括HCN和SO_2。这些化合物对人体也有直接影响，对救援人员及其他暴露于车辆火灾中的人员有重要意义。有害气体对人体健康的影响，特别是吸入有害气体达到失能剂量的时间，将在第15章进一步讨论。

火灾生成的颗粒物中，直径小于1 μm的颗粒数量较多。这些小颗粒可以扩散至距离火源很远的地方，并且是可吸入颗粒物。这意味着人体对颗粒物的防御系统（在鼻子、喉咙）无法提供足够的安

全防护。对火灾产生的颗粒物成分的分析显示，这些颗粒物通常也含有高浓度的锌、铅和氯。

对灭火水的分析表明，这些水也受到了严重污染，有机化合物和金属的含量都有所上升。与文献中其他车辆的火灾数据比较发现，在这类火灾径流中铅、铜、锌和锑污染似乎也很严重。

在EUREKA EU499项目[27]中，研究人员分析了PCDD/Fs和PAHs的产生量与试验测试用车的关系，包括一辆1974年产旧车、一辆1988年产新车、一节德国产地铁车厢，以及一节德国铁路货车（城际快车，钢制车身，现代风内饰）[28]，详细内容可以参见第3章，第3.3.7节。使用1 m^{2}被动收集器（分别为棉花和钢），并沿隧道不同位置采样来估算隧道中污染物的释放量。此外，研究人员还对燃烧残渣进行了分析。表7.7总结了不同车辆火灾隧道内PCDD/F和PAH的释放量数据。为了更好地与其他测试结果进行比较，以每辆车的总放热量为基准，将数据进一步标准化。结果表明，地铁车厢、内燃机车的PCDD/F数据相似，比乘用车的PCDD/F数值大致高一个数量级。文献［26］给出乘用车火灾PCDD/F数值为0.023 mg I-TEQ/GJ（总计0.0868 mg I-TEQ），PAH数值为31.3 g/GJ（总计119 g），几乎比维希曼（Wichmann）推荐的数据高出一个数量级。

除了不同试验之间的实际生成差异外，这种差异还可以出自其他两种可能的原因。利用工业量热计进行的测试可能会有更高的烟气收集效率，总释放能量的确定方法也有所不同。以EUREKA 499试验为例，能量释放是根据燃料负荷的组成估算得到；而洛纳马克和布洛姆奎斯特（Blomqvist）[26]则是根据放热量测试计算得到火灾能量释放量。显然，后者的差异相对较小。通过与地铁车厢、城际快车—货车燃烧火灾曲线积分数值进行比较[29]，不难发现，总释放能量预测值比地铁车厢的HRR积分数值高大约10%，比城际快车—货车的HRR积分数值高大约30%。

汽车材料燃烧产生的化合物（基于小尺度燃烧试验数据）[26] 表 7.8

汽车零部件	测试条件	CO_2 (g/kg)	CO (g/kg)	HCN (g/kg)	NO (g/kg)	NH_3 (g/kg)	HCl (g/kg)	SO_2 (g/kg)
门板	高温热解	410	43	2.1	—	—	120	—
	燃烧	1500	72	2.9	7.4	—	160	
通风系统组件（聚合物）	高温热解	—	360					
	燃烧	2100	27					
地板材料（地毯）	高温热解	—	49	49				
	燃烧	2400	43	0.9	9.5			
仪表板	高温热解	260	25	3.8				
	燃烧	1800	23	1.2	6.4			
驾驶员座椅软垫	高温热解	250	43	1.7			51	
	燃烧	1800	78	2.4	5.7	0.4	66	9.9
后排座椅软垫	高温热解	—	26	3.9				
	燃烧	1700	88	5.3	7.5	0.35	8.1	10
车身漆漆板	高温热解		21					
	燃烧	610	96	2.7				
电线	高温热解	260	32	—			340	
	燃烧	110	86	—			390	
轮胎	高温热解	—	81	—	—	—	—	21
	燃烧	1400	30			2.3		11

汽车全尺寸燃烧试验中无机组分生成量[26]　　　　　　　表 7.9

种类	总质量（kg）	产量（g/kg）
CO_2	265	2400
CO	6.9	63
HCN	0.17	1.6
HCl	1.4	13
SO_2	0.54	5.0

基于两种方法［VOST（Tenax-GC）和XAD-2］得到汽车轮胎样品部分
挥发性有机化合物生成量（基于小尺度燃烧数据）[32]　　　　表 7.10

组分	大块样品产生量（g/kg）	碎片样品产生量（g/kg）
挥发性有机物采样系统（Tenax-GC）		
苯	2.16	2.20
苯酚	0.0005	0.014
共计	11.2	13.1
XAD-2		
联苯	0.21	0.33
苯酚	0.37	0.70
共计	8.37	16.3

汽车轮胎样品在试验室（两种不同环境下：100% N_2，90% N_2和10% O_2混合物）热解气相组分
生成量（g/kg）[34]（如果没有特殊说明，表中数值是两次测试平均值）　　表 7.11

种类	450 ℃		750 ℃		1000 ℃	
	0%O_2	10%O_2	0%O_2	10%O_2	0%O_2	10%O_2
二氧化碳	34	85	41	100	18	45
一氧化碳	—	47	12[a]	36	13	89
氢气	0.5	2.9	3.5	4.0	10	13.8
甲烷	6.5	11	46	48	79	38
乙烷	2.4	1.3	11	11	1.1	0.4
乙烯	3.9	1.7	24	28	7.1	3.1
丙烷	0.9	0.8	1.4	1.4	0.02[a]	—
丙烯	2.2	1.0	11	16	0.34	0.06
异戊二烯	29	3.6	7.2	3.0	0.15[a]	—
苯	—	—	43	45	87	77
甲苯	0.03	15	25	21	—	0.03

注：[a] 仅在一次测试中检测到数据。

　　洛纳马克和布洛姆奎斯特给出用了汽车和汽车材料燃烧试验的产物结果。[26]选择材料和主要燃烧产物的生成量见表7.8。所选择材料基本代表了汽车中用量最多的可燃材料。目前尚没有关于车内各种材料数量的信息。然而，佩尔松（Persson）等人[22]在研究中指出：有数据表明汽车所使用的塑料材料中有9%是PVC，17%是PUR。

用于小尺度火灾试验的测试装置是以ISO 5659为标准搭建，密闭小室体积约0.5 m³。75 mm × 75 mm水平放置的样品持续暴露于两种不同水平的外热辐射下。其中，低辐射水平25 kW/m²用于热解试验，高辐射水平50 kW/m²用于燃烧试验。

表7.9给出了小汽车全尺度燃烧试验中无机气体组分的生成量。

勒米厄（Lemieux）等人的研究结果被广泛引用。[30-33]试验中将"大块样品"（1/6 ~ 1/4轮胎）或"碎片样品"（5.1 cm × 5.1 cm轮胎）放置在"燃烧坑"中燃烧[32]，测量了挥发性有机化合物、半挥发性有机化合物、颗粒物、多环芳烃和部分金属生成量。总计13.6 kg样品（约为两个轮胎）放在秤上试验，燃烧量在4.5 kg ~ 9.0 kg之间。表7.10列出了部分挥发性有机化合物分析结果。

科内萨（Conesa）等[34]在试验室内进行了汽车轮胎碎片热解试验。碎片直径约为4 mm，燃料流量为0.5 g/min。通过控制、改变O_2和N_2混合物流量，可以计算出不同条件下（纯N_2或10% O_2）的燃烧产物生成量。试验中的温度也在变化，考虑450 ℃、750 ℃、1000 ℃这3种变化。主要产物包括CO_2、CO、H_2、甲烷、乙烷、丙烷、丙烯、异戊二烯、苯和甲苯等。试验结果汇总见表7.11。测试结果随温度变化明显，尤其是最后3个组分。但是需要说明是：他们只分析了气相组分，如果考虑产物总生成量，数值可能会更高。

维亚内洛（Vianello）等人[35]搭建了1：30缩尺模型试验隧道，隧道长5.0 m，半径0.15 m，地面距拱顶0.21 m，宽0.30 m，进行一系列自然通风下火灾试验。试验的主要目的是研究隧道内的温度分布，并与全尺度试验进行比较。试验测试过程中，进行了气体采样，用于成分分析。使用了四种不同类型的吸附器/过滤器：Tenax，XAD-2，硅胶和PTFE/玻璃纤维，试验结果见表7.12。

勒米厄等人[33]给出了汽车、船只和火车燃烧试验不同组分生成量的平均值：CO（62.4 g/kg）、颗粒（50.0 g/kg），以及NO（2.0 g/kg）。

卢恩海默隧道火灾试验（大尺度火灾试验）使用纤维素和塑料的混合物作为燃料。[36-38]试验数据结果表明，CO_2产率随HRR呈线性增加（见图7.1），可表示为下式[36]：

$$\dot{m}_{CO_2} = 0.087\dot{Q} \tag{7.14}$$

式中，HRR单位为MW。

需要注意的是，卢恩海默隧道火灾试验中使用了不同的材料，包括木托盘、PE材料、PUR床垫、家具和装满聚苯乙烯杯的纸箱。对于这些材料，CO_2的产率似乎与材料无关，仅取决于HRR数值。其原因可能是主要的火灾负荷由纤维素材料组成，并且在多数测试中燃烧效率均很高。

缩尺试验隧道中汽车燃烧采样结果[35]　　　　　　　　　　表 7.12

化合物	浓度	化合物	浓度
Tenax吸附器	[mg/m³]	萘	0.607
苯	0.415	苊烯	0.136
甲苯	0.380	硅胶吸附剂	[μg/m³]
苯乙烷	0.015	HF	0.087
对二甲苯	0.056	HCl	0.165
间二甲苯	0.053	HNO_3	0.707
邻二甲苯	0.027	H_2SO_4	0.790
XAD-2吸附剂	[mg/m³]	聚四氟乙烯过滤器和玻璃纤维	[mg/m³]

化合物	浓度	化合物	浓度
蒽	0.576	苯二酚	0.169
苯丁橡胶	0.587	苯并荧蒽	0.136
荧蒽	0.536	茚并芘	0.114
芘	0.437	苯并芘	0.095
苯并蒽	0.172	—	—
Crisene	0.191	—	—
苯二烯	0.128	—	—

然而，CO的产率与HRR之间相关性不高，见图7.2所示。CO的产率在很大程度上取决于燃料类型和隧道的几何形状，这些参数将影响局部空气供给、燃烧条件。其中卢恩海默隧道火灾试验中CO的生成主要集中在燃烧开始阶段（燃烧效率较低），而在后续时间段，燃烧情况则相对较好（T2试验除外，涉及PUR燃烧）。然而，短时间的低效燃烧足以对CO产率结果产生重大影响。

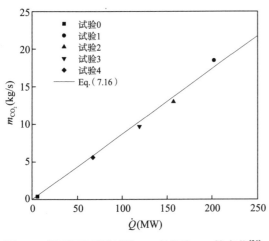

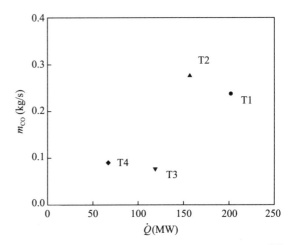

图7.1　卢恩海默隧道试验CO_2产率随HRR的变化[36]　　**图7.2　卢恩海默隧道试验CO生成率随HRR的变化**[36]

7.5　通风条件的影响

通风条件与化学品的生成和危害是紧密关联的（详见第15章）。与通风良好情况相比，通风不良的火灾情况下，有毒物质（例如一氧化碳和氰化氢）的生成量会更大。此外，火灾的总排出物也会更多。[39]

通风是影响并有望改善隧道条件的重要手段。纵向通风可以显著改善火灾上游环境，为救援人员到达火场实施救援提供可能。然而，需要注意的是，由于通风的原因，火灾下游环境可能会急剧恶化。在部分挪威的隧道工程中，通风被用作火灾救援的一部分，一旦发生火灾，通风按预定方向送入满足救援需要的风。[40]采取这种通风控制方法，主要的原因有两方面。首先，消防员由于预先知道隧道中的通风方向，从而知道应该从哪一个洞口进入隧道进行灭火。其次，由于烟气不断得到稀释，部分隧道内火源下游环境对人员的危险性已经大大降低。这一策略部分是基于1998年拜福德（Byfjord）隧道、2000年伯姆拉福德（Bømlafjord）隧道乘用车火灾试验的测试结果，试验发现：汽车火灾下游区域，CO和NO$_x$的浓度已经不会危及人员生命。[41]

瑞典一项关于隧道火灾HRR的研究，分析了救援人员将人员从隧道中救出、扑灭火灾的能力，以及人员逃离火灾现场的可能性，结果表明：纵向通风对隧道火灾的两个主要影响是加快火灾发展速度，以及强化烟气的稀释。[42]

通风条件可以用第7.2节和公式（7.8）中定义的当量比来描述。局部通风条件对燃烧过程非常重要，但对于空间变化较小或难以分析其变化的情况，通常只会研究整体燃烧过程。在这种情况下，当量比ϕ可以被定义为广义上整个燃烧过程的当量比，也就是经常说的全局当量比。起初，GER的定义为根据燃料量、进入房间空气量计算得到的房间上层烟气质量的比值，并以化学计量比为准进行无量纲化。[43]贝莱（Beyler）首次尝试将上层组分浓度与当量比关联起来，并引入一种新的变量"羽流当量比"（plum equivalence ratio，定义为燃料挥发率与空气卷吸率之比），并以燃料/空气当量比作为基准，进一步无量纲化。[44-46]在布洛姆奎斯特和洛纳马克[47]的研究中，当量比的定义是燃料的质量损失率与进入燃烧室的氧气质量流率的比值，该比值经化学计量比进一步归一化。

为了测量布洛姆奎斯特和洛纳马克所使用的两个试验室的当量比，我们制作了一种称为"phi计量器"的装置。[48,49]phi计量器的主要部分是燃烧器，燃烧气体和额外的纯氧被引入燃烧器和O$_2$分析仪。通过高温（试验中温度为1000 ℃）、铂催化剂和额外氧气供应，保证燃料在燃烧器中完全燃烧。比较O$_2$分析仪上的读数与通过phi计量器的未燃烧气体的背景浓度，进行简单的计算得到当量比。[47]

在通风条件下进行隧道火灾测试的报告并不多。多数试验是燃料控制型或者通风控制型（参见文献［50］）。后者对应有限的通风导致火灾规模减小（或控制）的情况；但如果温度很高，持续的质量损失可能导致通风不良型燃烧。在大尺度火灾试验系列中，奥费耐格隧道试验是一个典型的通风影响燃烧的例子（见第3章）。但是由于试验隧道为一端堵塞的结构布局，该试验情况也相对较为特殊。

英格森[51,52]在缩尺模型隧道（1.08 m × 1.2 m × 10.96 m）中开展了一系列火灾试验，研究通风对火灾行为的影响。他们对通风条件的影响特别感兴趣，分别研究了自然通风、强制通风两种情况。在第一系列试验工况（自然通风）中，改变了火灾规模和进风口开口大小；在第二系列试验（强制通风）中，火灾规模和进风流量也是变化的。研究人员描述了实现"通风不良"条件的困难，即能否过渡到这样的条件高度依赖于温度以及燃料的热反馈情况。洛纳马克等人在一系列试验中观察到类似情况[53]。使用0.5 m²氯苯池火的试验工况（试验编号CB3）中，房间内火灾发展非常缓慢，大约燃烧35 min后火灾达到较高温度和通风不良情况。油池尺寸大小增加到0.8 m²（试验编号CB4）时，火灾发展产生显著的变化，大约6 min后，火灾即达到较高的温度和通风不良情况。这表明了火灾燃料尺寸对火灾发展的重要性。在强制通风隧道中，火焰倾斜也会影响到热反馈，从而影响燃料质量损失率。

英格森在一系列燃烧试验中也发现了通风不良情况。[51,52]试验测试了距离隧道入口1.5 m处（火源下游4.5 m）顶棚下方0.15 m、0.5 m、0.9 m处烟气成分（CO，CO$_2$和O$_2$）。测试结果用ΔCO/ΔCO$_2$表示，即CO体积浓度的增加与CO$_2$体积浓度的增加之比。需要注意的是：在下面提到的一些工作中，不用浓度增量，而是用实际CO体积浓度与实际CO$_2$体积浓度之比（CO/CO$_2$比值）。本章沿用了文献中研究人员的原有数据处理方法。

英格森开展的大多数试验测试中，不同采样高度下的$\Delta CO/\Delta CO_2$比值都比较相似。然而，某些试验中发现$\Delta CO/\Delta CO_2$比值在最高位置处（顶板下方0.15 m）往往略高。在少数情况下，$\Delta CO/\Delta CO_2$的比值在最低位置处是最高的（例如，试验2和试验8）。图7.3展示了庚烷池火的$\Delta CO/\Delta CO_2$比值随当量比的变化关系及函数表示。选取这些值作为所选时间内$\Delta CO/\Delta CO_2$比值最高的位置的代表值。

需要注意的是，英格森使用的当量比是基于空气/燃料而言的，而本书中所有的当量比（包括图7.3）均是基于燃料/空气。图中展示了两种不同情况，即自然通风和强制通风。根据每次试验质量损失率最大时刻的数值，确定$\Delta CO/\Delta CO_2$比值。对于自然通风情况，采用指数曲线进行拟合。[54]拟合曲线与数据吻合度良好，但由于点的数量有限，它只能被视为一个实例。

强制通风的数据点与自然通风的数据点变化规律明显不同。除了$\phi = 0.89$处试验点表现为通风不良燃烧，其他试验工况均是通风良好火灾。这可能是由两种原因引起的。有研究表明，在$\phi < 1$（例如$\phi \approx 0.6$[44,43]）时，CO生成量开始增加。

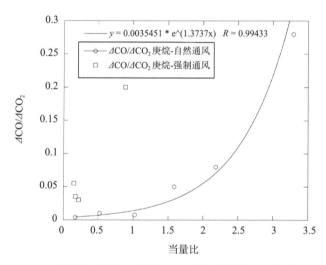

图7.3 $\Delta CO/\Delta CO_2$比值随庚烷池火当量比变化的函数[51,52]，试验涉及自然通风和强制通风，其中自然通风（6个数据点）以指数曲线拟合得到函数

二甲苯、甲醇池火$\Delta CO/\Delta CO_2$比值随当量比变化[51,52]   表 7.13

燃料	通风	火源尺寸 /m²	开口尺寸 /m²	ϕ	$\Delta CO/\Delta CO_2$
二甲苯	自然通风	0.3 × 0.3	0.3 × 0.3	0.37	0.20（0.38）[a]
二甲苯	自然通风	0.3 × 0.3	0.15 × 0.15	1.01	0.30（0.41）[a]
二甲苯	自然通风	0.3 × 0.3	0.1 × 0.1	1.94	0.36（0.43）[a]
二甲苯	自然通风	0.3 × 0.3	0.2 × 0.2	0.7	0.23（0.31）[a]
二甲苯	强制通风	0.3 × 0.3	0.2（$\phi = 0.5$ m）	0.15	0.15（0.26）[a]
甲醇	自然通风	0.4 × 0.4	0.6 × 0.6	0.04	0.003–0.035[b]
甲醇	强制通风	0.4 × 0.4	0.2（$\phi = 0.5$ m）	0.02	−0.01–0.02[b]

注：[a] $\Delta CO/\Delta CO_2$比值在试验刚开始时段数值最高，然后数值开始下降；未使用最大值（括号内数据），见图7.2讨论，而采用近稳态值。

[b] $\Delta CO/\Delta CO_2$比值变化显著，因此给定一个范围（包括3个高度）。

另一种可能是因强制通风时火源周围的气流模式所致。试验测试结果（特别是O_2测量值）随着高度变化呈明显梯度，这表明即使隧道通风良好，在燃烧区内也可能出现局部通风不良的情况。英格森描述了隧道内近火源区域的三维流动，展示了不同密度流体的主要流动轨迹。[55]

二甲苯和甲醇池火试验结果汇总见表7.13。与图7.3所示庚烷池火试验相比，二甲苯的$\Delta CO/\Delta CO_2$比值较高，甲醇的$\Delta CO/\Delta CO_2$比值较低。这与贝莱[44]的研究结果一致，含氧碳氢化合物在低当量比下产生少量CO（以产率表示）。另一方面，芳烃（贝莱使用甲苯）燃烧产生相对恒定量的CO（增量有限），与当量比无关。这意味着低当量比下芳烃产生相对较多的CO，而在高当量比时芳烃产生相对较少的CO。表7.13中$\Delta CO/\Delta CO_2$比值随当量比而变化可能是由于CO_2生成的减少所致。

洛纳马克等[53]在房间（符号ISO 5705标准，房间尺寸2.4 m × 3.6 m × 2.4 m）内开展了系列通风不良燃烧试验，试验考虑了多种开口面积大小，并使用了5种不同的燃料：聚丙烯、尼龙66、单硫化四甲基硫脲、3-氯-4硝基苯甲酸和氯苯。布洛姆奎斯特和洛纳马克的研究论文[47]给出了CO和其他燃烧烟气组分的结果，以及其数值随当量比而变化关系。为了与图7.3缩尺模型隧道试验结果进行比较，进一步计算得到房间火灾试验CO/CO_2比值。[53]需要说明的是，这里数据分析使用的是绝对浓度，而不是英格森使用的浓度变化量（相对背景值）。

聚丙烯、尼龙66和氯苯池火灾的CO/CO_2比值（聚丙烯和尼龙66是颗粒状的固体聚合物）随当量比的变化见图7.4。对于以上3种材料，研究人员均在房间开口处和连接排烟罩的排烟管道中进行采样测量浓度。以聚丙烯燃烧为例，风口处的采样结果符合指数规律变化。这种指数规律似乎同样适用于其他情况，即使不同材料存在一定的差异性。

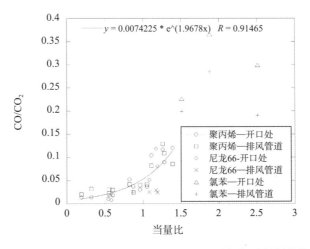

图7.4　聚丙烯、尼龙66和氯苯燃烧CO/CO_2比值随当量比的变化。针对3种材料燃烧，研究人员均在房间开口处、连接排烟罩的排烟管道中进行采样测量，以指数曲线拟合回归聚丙烯燃烧开口处采样结果[54]

在通风不良条件下，试验发现尼龙66有在开口外继续燃烧的情况，氯苯有明显的类似情况。对于多数当量比情况，庚烷燃烧在开口处和管道中测试的CO/CO_2比值相近。从图中可以看出，从通风良好过渡到通风不良情况（临界点$\phi = 1$），CO/CO_2比值增加到约0.05以上。这与英格森在缩尺模型隧道中使用庚烷进行的自然通风试验结果相当（图7.3）。而强制通风情况的差异更大。除了材料的差异外，对此的解释已在前面讨论过。

格兰特（Grant）和德赖斯代尔（Drysdale）[56]整理了EUREKA EU499项目的CO、CO_2分析结果。计算结果表明，在HRR开始迅速增加（即火势蔓延到拖车）之前的初始阶段，CO/CO_2比值最高（火源下游30 m处，最大值0.2；火源下游100 m处，数值为0.13）。在火灾发展最猛烈阶段，火源下游100 m的CO/CO_2比值维持在0.02以下。在火源下游30 m处，CO/CO_2比值也约为0.02或更低，但在关闭通风期间呈现明显增加势头，最大值约为0.05。事实上由于测试缺失了几分钟数据，这段时间内的峰值实际可能会更高。将这些结果与图7.3、图7.4所示结果进行比较，发现在这段时间内可能存在通风不良燃烧。考虑到在高温期间通风不足，质量损失率可能很高，通风不良是可以理解的。

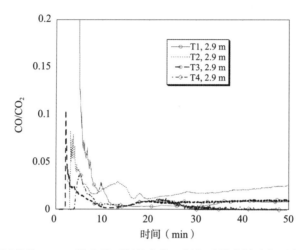

图7.5   卢恩海默试验的CO/CO_2比率随时间的变化。烟气采样分析是在距离火源中心458 m，距离路面2.9 m处[54]

在4次卢恩海默试验中也发现了类似结果，即在火灾初始阶段CO/CO_2比值较高，而在峰值和衰减期则较低（图7.5）。烟气采样分析（CO和CO_2）分别在两个不同高度（路面上方2.9 m、5.1 m）进行，距离火源中心458 m。O_2采样分析也在这些位置以及路面上方0.7 m高度进行（测量装置、分析仪详细情况参见英格森等人研究[36,37]）。从图7.5（对比图7.4）可以发现所有试验都是通风良好型。[54]试验开始阶段的高数值可以用不完全燃烧来解释。燃烧区的温度也可能影响结果。从房间火灾试验可知，上层烟气的停留时间、温度都是影响CO生成的重要因素。[57]即使在通风良好条件下，如果温度低于800 K，也可以测量到高浓度CO。这种情况看起来类似于土屋（Tsuchiya）所描述的预燃燃烧，将在稍后进行讨论。[58]最高值（未在图中显示）也取决于CO和CO_2分析之间的绝对关系。响应时间的微小差异或达到浓度高于检测限的时间，也会显著影响初始值。为了能够更好地将CO/CO_2比值与HRR及火源附近的温度测量值进行比较，根据火源、测量点之间的传输时间，对图7.5中的时间尺度进行了校正。传输时间随HRR而变化，参考英格森和洛纳马克描述的流程[37]计算。根据HRR数值的不同，估计传输时间在1.5～2.5 min之间变化。

卢恩海默试验的结果与贝蒂斯（Bettis）等人[59]报告的结果相似，后者试验通风条件良好（除了其中一次试验短时间通风不良）。大多数情况下，CO/CO_2比值介于0.005～0.025之间。少数情况下，在测试开始阶段存在一个局部高值（0.05～0.1），然后持续下降。只在一次测试（测试工况6）发现了高达0.05～0.06的稳定状态值。由于试验布置原因，火源部分被遮蔽，这可能影响了局部通风条件。

在隧道通风条件下，如果火源装置无法使空气到达汽化、热解燃料区域，则燃烧情况可能是通风控制型或者局部通风不良型。这与上面讨论的火灾初期情况有关。

图沃森进行了大量工作[17]，收集了不同材料CO和CO_2的产率数据，以及产率随当量比的变化。据此，他进一步提出了CO、CO_2实际产率与通风良好下产率比随当量比变化的关联式。对于CO，图沃森提出以下关系式：

$$\frac{Y_{CO,uv}}{Y_{CO,wv}} = 1 + \frac{\alpha}{e^{2.5\phi^{-\xi}}}$$

（7.15）

式中，部分燃料的公式参数值见表7.14。将CO、CO_2结果结合起来，得到如下公式[54]：

$$\frac{X_{CO}}{X_{CO_2}} = \frac{44\left[1 + \dfrac{\beta}{\exp\left(2.5\phi^{-\xi}\right)}\right]Y_{CO,wv}}{28\left[1 - \dfrac{1}{\exp\left(\left(\phi/2.15\right)^{-1.2}\right)}\right]Y_{CO_2,wv}}$$

（7.16）

式中，Y为产率，单位：kg/kg；β和ξ为公式系数；X为体积浓度；下标wv对应通风良好条件。表7.14给出了4种选定材料的参数值。根据公式（7.16）给出了3种材料的CO/CO_2比随ϕ的变化，见图7.6。图中并未包括聚丙烯，它与聚乙烯几乎相同。3种材料的曲线存在一定的偏差。但是3种燃料在$\phi = 1$时，CO/CO_2比值都介于0.03~0.05之间。

四种材料在良好通风条件下CO和CO_2的产率及公式（7.16）中系数的取值[17]　表7.14

材料	$Y_{CO,wv}$ (kg/kg)	$Y_{CO_2,wv}$ (kg/kg)	α	β	ξ
聚乙烯（PE）	0.024	2.76	10	10	2.8
聚丙烯（PP）	0.024	2.79	10	10	2.8
聚苯乙烯（PS）	0.060	2.33	2	2	2.5
木材	0.005	1.33	44	44	3.5

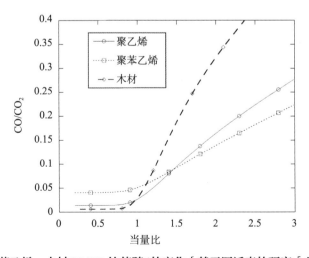

图7.6　聚乙烯、聚苯乙烯、木材CO/CO_2比值随ϕ的变化｛基于图沃森的研究［公式（7.16）］｝[17]

　　不同燃料在高当量比时，利用可用氧的程度也大不相同。贝莱研究了不同类型燃料在$\phi > 1.2$情况下燃烧时，集气罩排烟中残余O_2浓度[44]，数据结果汇总见表7.15。不同燃料的残余O_2含量有很大差异，从0.1%（甲醇和乙醇）到8.0%（甲苯）不等。这些数值与卢恩海默隧道试验中测得的最低O_2浓度大致相当，T1、T2、T3和T4试验O_2浓度分别为6.4%、8.6%、11.7%和15.9%（根据H_2O浓度估算值进一步修正）[54]。

不同燃料在$\phi > 1.2$时燃烧残余氧含量[44]　　　　　　　表7.15

燃料	化学表达式	残余氧 O_2（%）
丙烷	C_3H_8	0.5
丙烯	C_3H_6	2.0
己烷	C_6H_{14}	3.0
甲苯	C_7H_8	8.0
甲醇	CH_3OH	0.1
乙醇	C_2H_5OH	0.1
异丙醇	C_3H_7OH	2.0
丙酮	C_3H_6O	0.7

利用锥形量热计测量液体、非成型塑料在环境中燃烧生成CO/CO_2的比值[58]　　表7.16

材料	辐射量（kW/m^2）	CO/CO_2
甲醇	5	0.0002
乙醇	5	0.0004
正庚烷	5	0.010
苯	5	0.065
二甲苯	5	0.056
聚丙烯	30	0.024
聚丙烯	50	0.025
聚苯乙烯	25	0.046
聚苯乙烯	40	0.051

　　CO/CO_2的比值取决于燃烧方式。木材是目前大尺度隧道火灾试验中最常用的燃料，其燃烧可分为3个阶段（1）预燃热解；（2）明火燃烧；（3）炭燃烧或发光。[58]土屋（Tsuchiya）给出了胶合板燃烧3阶段CO/CO_2比值的平均值：0.9（热解）、0.0035（燃烧）、0.25（发光）。[58]在上面的讨论中，所有情况下的燃烧模式都认为是发光的或有明火的。从燃烧前的热解到明火燃烧存在一个突变过程。土屋指出，这种转变发生在O_2浓度超过某个特定值时，其数值与入射辐射通量相关，确定如下：

$$C_{O_2} = 19.4 - 0.19\dot{q}'' \qquad (7.17)$$

式中，C_{O_2}为O_2浓度，单位：%；$\dot{q}''$为入射辐射热流，单位：kW/m^2。

　　明火燃烧以外的模式这里不再进一步讨论。土屋[58]还介绍了利用锥形量热计测试得到不同入射辐射水平下液体和非碳化塑料的CO/CO_2比值。表7.16列出了本节讨论中特别关注的部分材料的试验数值。

不同类型燃料之间数值有较大差异。根据产生的CO/CO_2比值（从低到高）对燃料进行排序，顺序依次为醇类、含氧燃料、碳氢化合物，最后是芳烃。上述排名顺序针对通风良好条件，对于通风不良情况，排名则相反。[60,44]

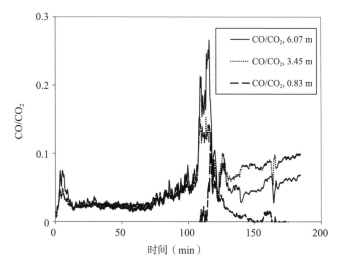

图7.7 火源下游100 m不同高度处CO/CO_2比值（试验工况3 通勤火车车厢着火）[61]

洛纳马克等在一个276 m长隧道中开展了通勤列车车厢火灾试验。[61]在车厢和隧道的不同高度测量了O_2、CO和CO_2的浓度。图7.7展示了火源下游100 m隧道内CO/CO_2的比值。如图7.7所示，CO/CO_2比值明显超过了上面讨论的通风不良条件限值。这种情况下无法计算当量比，但这表明：即使整体上隧道通风良好，但车厢内部燃烧条件仍有可能处于局部通风不良情况。这再次说明了通风条件对燃烧的重要性。在第2章中，我们还讨论了使用CO/CO_2比值来确定通风条件的问题。

示例7.1：一节地铁车厢在隧道里燃烧。假设火灾局部通风不良，当量比$\phi = 1.6$。如果燃料为（1）木头，（2）塑料，例如聚乙烯，问CO的生成量是多少？

解答：

（1）根据表7.14，木材$Y_{CO,wv} = 0.005$ kg/kg，$\alpha = 44$，$\xi = 3.5$。根据公式（7.15），有：

$$Y_{CO,木材}(\phi = 1.6) = 0.005 \cdot \left(1 + \frac{44}{e^{2.5 \cdot 1.6^{-3.5}}}\right) = 0.14 \text{ kg/kg}$$

（2）聚乙烯$Y_{CO,wv} = 0.024$ kg/kg，$\alpha = 10$，$\xi = 2.8$。采用相同方法，有：

$$Y_{CO,PE}(\phi = 1.6) = 0.024 \cdot \left(1 + \frac{10}{e^{2.5 \cdot 1.6^{-2.8}}}\right) = 0.38 \text{ kg/kg}$$

为了确定CO的生成和浓度，需要预先知道或估计隧道内燃烧速率（或者HRR和燃烧效率）和空气流量。

示例7.2：在一条长1.2 km、宽9 m、高6 m隧道中，一辆装载聚丙烯的重型货车在隧道中心燃烧。火灾呈"超快"型曲线变化发展，燃烧效率为0.9。当风速为2 m/s，环境温度为15 ℃时，估算燃烧15分钟后CO/CO_2比值。

解答：

首先需要计算当量比。下面根据公式（7.12）结合 *HRR* 数值估计当量比。

火焰发展为超快型：$\dot{Q} = 0.19 \cdot t^2 = 0.19 \cdot (15 \cdot 60)^2 = 153900 \text{ kW}$

质量流量计算如下：$m_a = \rho_a \cdot u \cdot A = \dfrac{353}{288} \cdot 2 \cdot 9 \cdot 6 = 132.4 \text{ kg/s}$

根据公式（7.12），计算得到：$\phi = \dfrac{Q}{m_a \cdot 3000 \cdot \chi} = \dfrac{153900}{132.4 \cdot 3000 \cdot 0.9} = 0.43$，火灾通风良好。

根据图7.4和图7.6分析可知 CO/CO_2 的比值约为0.02，该数值与表7.16吻合良好。

7.6 小结

了解火灾燃烧产生的组分对于预测火灾烟气毒性至关重要。本章介绍不同的火灾燃烧产物，重点讨论CO和CO/CO_2比值，也包括大量其他组分，例如氯化氢（HCl）、二氧化硫（SO_2）、挥发性有机化合物（VOCs）、多环芳烃（PAHs）、多氯代二苯并/二噁英和二苯并呋喃（PCDDs/PCDFs）、碳氢化合物（THC）总量和烟灰/烟等。不同隧道燃烧条件（空气补给，温度等）可能有所不同。本章给出的车辆、隧道火灾试验测量结果表明：针对相同试验，通风条件也可能会变化，从而导致不同的产物生成速率和生成量。进一步阐述了通风条件对不同组分生成量的重要性，并给出了不同组分产量和当量比的关系。重点讨论了CO/CO_2比值与当量比的关系。已知组分浓度，如何确定烟气毒性将在第15章中讲述。

参考文献

1. Simonson M, Tuovinen H, Emanuelsson V (2000) Formation of Hydrogen Cyanide in Fires-A Literature and Experimental Investigation. SP Swedish National Testing and Research Institute, Borås, Sweden.
2. Purser DA (2000) Toxic product yields and hazard assessment for fully enclosed design fires. Polymer International 49:1232–1255.
3. Ferrari LA, Arado MG, Giannuzzi L, Mastrantonio G, Guatelli MA (2001) Hydrogen cyanide and carbon monoxide in blood of convicted dead in a polyurethane combustion: a proposition for the data analysis. Forensic Science International 121:140–143.
4. Purser DA (2002) Toxicity Assessment of Combustion Products. In: DiNenno PJ (ed) SFPE Handbook of Fire Protection Engineering. Third Edition edn. National Fire Protection Association, Inc, Quincy, Massachusetts, USA, pp 2–83 -- 82–171.
5. Nelson GL (1998) Carbon Monoxide and Fire Toxicity: A Review and Analysis of Recent Work. Fire Technology 34 (1):39–58.
6. Gann RG (2004) Sublethal Effects of Fire Smoke. Fire Technology 40:95–99.
7. Sader JD, Ou SS (1977) Correlation of the smoke tendency of materials. Fire Research 1 (3)
8. Warnatz J, Maas U, Dibble RW (1996) Combustion-Physical and Chemical Fundamentals, Modeling and Simulation, Experiments, Pollutant Formation. Springer-Verlag, Berlin Heidelberg.
9. Glassman I (1996) Combustion. 3rd edn. Academic Press Inc.
10. Atomic Weights of the Elements 1993 (1994). International Union of Pure and Applied Chemistry (IUPAC), Pure & Appl Chem Vol. 66 (No. 12):2423–2444.

11. Trends in Atmospheric Carbon Dioxide (2014). Global Greenhouse Gas Reference Network, http://www.esrl.noaa.gov/gmd/ccgg/trends/index.html, Accessed Jan 19. 2014,.
12. Weast RC (ed) (1977–78) Handbook of Chemistry and Physics. 58th edn. Chemical Rubber Company.
13. Li YZ, Ingason H A new methodology of design fires for train carriages. In: ISTSS 6th International Symposium on Tunnel Safety and Security, Marseille, 2014.
14. Huggett C (1980) Estimation of Rate of Heat Release by Means of Oxygen Consumption Measurements. Fire and Materials 4 (2):61–65.
15. Lönnermark A, Stripple H, Blomqvist P (2006) Modellering av emissioner från bränder. SP Sveriges Provnings- och Forskningsinstitut, Borås.
16. Persson B, Simonson M, Månsson M (1995) Utsläpp från bränder till atmosfären. SP Sveriges Provnings- och Forskningsinstitut, Borås, Sweden (in Swedish).
17. Tewardson A (2008) Generation of Heat and Gaseous, Liquid, and Solid Products in Fires. In: DiNenno PJ, Drysdale D, Beyler CL et al. (eds) The SFPE Handbook of Fire Protection Engineering. Fourth Edition edn. National Fire Protection Association, Quincy, MA, USA, pp 3–109 -- 103–194.
18. ISO (2002) Reaction-to-fire tests-Heat release, smoke production and mass loss rate-Part 1: Heat release rate (cone calorimeter method). 2nd edn. ISO 5660-1.
19. Hertzberg T, Blomqvist P, Dalene M, Skarping G (2003) Particles and isocyanates from fires. SP Swedish National Testing and Research Institute, Borås, Sweden.
20. Butler K, M., Mulholland GW (2004) Generation and Transport of Smoke Components. Fire Technology 40:149–176.
21. Blomqvist P, Persson B, Simonson M (2002) Utsläpp från bränder till miljön-Utsläpp av dioxin, PAH och VOC till luften. Räddningsverket (Swedish Rescue Services Agency), Karlstad, Sweden (in Swedish).
22. Persson B, Simonson M (1998) Fire Emissions into the Atmosphere. Fire Technology 34 (3):266–279.
23. Hölemann H Environmental Problems Caused by Fires and Fire-Figthing Agents. In: Fire Safety Science-Proceedings of the Fourth International Symposium, Ottawa, Canada, 13–17 June 1994. International Association for Fire Safety Science (IAFSS), pp 61–77.
24. Ahrens M, Rohr KD Fire and the Environment: Issues and Events. In: Proceedings of the Fire Risk and Hazard Assessment Research Application Symposium, Baltimore, Maryland, USA, 9–11 July 2003. The Fire Protection Research Foundation.
25. Marlair G, Simonson M, Gann RG Environmental Concerns of Fires: Facts, Figures, Questions and New Challenges for the Future. In: 10th International Fire Science & Engineering Conference (Interflam 2004), Edinburgh, Scotland, 5–7 July 2004. Interscience Communications, pp 325–337.
26. Lönnermark A, Blomqvist P (2006) Emissions from an Automobile Fire. Chemosphere 62:1043–1056.
27. Fires in Transport Tunnels: Report on Full-Scale Tests (1995). edited by Studiensgesellschaft Stahlanwendung e. V., Düsseldorf, Germany.
28. Wichmann H, Lorenz W, Bahadir M (1995) Release of PCDD/F and PAH during Vehicle Fires in Traffic Tunnels. Chemosphere 31 (2):2755–2766.
29. Ingason H Heat Release Rate Measurements in Tunnel Fires. In: Ivarson E (ed) International Conference on Fires in Tunnels, Borås, Sweden, October 10–11, 1994 1994. SP Swedish National Testing and Research Institute, pp 86–103.
30. Reisman JI (1997) Air Emissions from Scrap Tire Combustion. United States Environmental Protections Agency, EPA-600/R-97-115.
31. Lemieux PM, DeMarini D (1992) Mutagenicity of Emissions from the Simulated Open Burning of Scrap Rubber Tires. U.S. Environmental Protection Agency, Control Technology Center, office of Research and Development, EPA-600/R-92-127.
32. Lemieux PM, Ryan JV (1993) Characterization of Air Pollutants Emitted from a Simulated Scrap Tire Fire. Journal of the Air & Waste Management Association 43:1106–1115.
33. Lemieux PM, Lutes CC, Santoianni DA (2004) Emissions of organic air toxics from open burning: a comprehensive review. Progress in Energy and Combustion Science 30:1–32.

34. Conesa JA, Martín-Gullón I, Font R, Jauhiainen J (2004) Complete Study of the Pyrolysis and Gsification of Scrap Tires in a Pilot Plant Reactor. Environmental Science & Technology 38:3189–3194.

35. Vianello C, Fabiano B, Palazzi E, Maschio G (2012) Experimental study on thermal and toxic hazards connected to fire scenarios. Journal of Loss Prevention in the Process Industries 25:718–729.

36. Ingason H, Lönnermark A, Li YZ (2011) Runehamar Tunnel Fire Tests. SP Technical Research Institute, SP Report 2011:55.

37. Ingason H, Lönnermark A (2005) Heat Release Rates from Heavy Goods Vehicle Trailers in Tunnels. Fire Safety Journal 40:646–668.

38. Lönnermark A, Ingason H (2005) Gas Temperatures in Heavy Goods Vehicle Fires in Tunnels. Fire Safety Journal 40:506–527.

39. Hull TR, Stec AA (2010) Introduction to fire toxicity. In: Stec A, Hull R (eds) Fire Toxicity. CRC.

40. Mauring T (2003). Personal communication, Åndalsnes, Norway.

41. Nilsen AR, Lindvik PA, Log T Full-scale Fire Testing in Sub Sea Public Road Tunnels. In: Interflam 2001, Edinburgh, Scotland, 17–19 September 2001. Interscience Communications, pp 913–924.

42. Ingason H, Bergqvist A, Lönnermark A, Frantzich H, Hasselrot K (2005) Räddningsinsatser i vägtunnlar. Räddningsverket, P21-459/05 (in Swedish).

43. Pitts WM (1994) The Global Equivalence Ratio Concept and the Prediction of Carbon Monoxide Formation in Enclosure Fires. National Institute of Standards and Technology, Gaithersburg, MD, USA.

44. Beyler CL (1986) Major Species Production by Diffusion Flames in a Two-layer Compartment Fire Environment. Fire Safety Journal 10:47–56.

45. Gottuk DT (1992) Carbon Monoxide Production in Compartment Fires. Journal of Fire Protection Engineering 4 (4):133–150.

46. Gottuk DT, Lattimer BY (2002) Effect of Combustion Conditions on Species Production. In: DiNenno PJ (ed) SFPE Handbook of Fire Protection Engineering. Third Edition edn. National Fire Protection Association, Inc, Quincy, Massachusetts, USA, pp 2–54 -- 52–82.

47. Blomqvist P, Lönnermark A (2001) Characterization of the Combustion Products in Large-scale Fire Tests: Comparison of Three Experimental Configurations. Fire and Materials 25:71–81.

48. Babrauskas V, Parker WJ, Mulholland G, Twilley WH (1994) The phi meter: A simple, fuel-independent instrument for monitoring combustion equivalence ratio. Rev Sci Instrum 65 (7):2367–2375.

49. Lönnermark A, Babrauskas V (1997) TOXFIRE-Fire Characteristics and Smoke Gas Analyses in Under-ventilated Large-scale Combustion Experiments: Theoretical Background and Calculations. SP Swedish National Testing and Research Institute, Borås, Sweden.

50. Ingason H Fire Development in Catastrophic Tunnel Fires (CTF). In: Ingason H (ed) International Symposium on Catastrophic Tunnel Fires (CTF), Borås, Sweden, 20–21 November 2003. SP Swedish National Testing and Research Institute, pp 31–47.

51. Ingason H (1995) Effects of Ventilation on Heat Release Rate of Pool Fires in a Model Tunnel. SP Swedish National Testing and Research Institute, Borås, Sweden.

52. Ingason H (1995) Fire Experiments in a Model Tunnel using Pool Fires-Experimental Data. SP Swedish National Testing and Research Institute, Borås, Sweden.

53. Lönnermark A, Blomqvist P, Månsson M, Persson H (1997) TOXFIRE-Fire Characteristics and Smoke Gas Analysis in Under-ventilated Large-scale Combustion Experiments: Tests in the ISO 9705 Room. SP Swedish National Testing and Research Institute, Borås, Sweden.

54. Lönnermark A (2005) On the Characteristics of Fires in Tunnels. Doctoral Thesis, Doctoral thesis, Department of Fire Safety Engineering, Lund University, Lund, Sweden.

55. Ingason H (2005) Fire Dynamics in Tunnels. In: Carvel RO, Beard AN (eds) The Handbook of Tunnel Fire Safety. Thomas Telford Publishing, London, pp 231–266.

56. Grant GB, Drysdale D Estimating Heat Release Rates from Large-scale Tunnel Fires. In: Fire Safety Science-Proceedings of the Fifth International Symposium, Melbourne, 1995. pp 1213–1224.

57. Gottuk DT, Roby RJ, Beyler CL (1995) The Role of Temperature on Carbon Monoxide Production in Compartment Fires. Fire Safety Journal 24:315–331.

58. Tsuchiya Y CO/CO$_2$ Ratios in Fire. In: Fire Safety Science-Proceedings of the Fourth International Symposium, Ottawa, Canada, 13–17 June 1994. IAFSS, pp 515–526.

59. Bettis RJ, Jagger SF, Wu Y (1993) Interim Validation of Tunnel Fire Consequence Models: Summary of Phase 2 Tests. Health and Safety Executive, Buxton, Derbyshire, UK.

60. Beyler CL Major Species Production by Solid Fuels in a Two Layer Compartment Fire Environment. In: Fire Safety Science-Proceedings of the First International Symposium, Gaithersburg, USA, 7–11 October 1985. IAFSS, pp 431–440.

61. Lönnermark A, Claesson A, Lindström J, Li YZ, Kumm M, Ingason H Gas composition during a fire in a train carriage. In: Proceedings from the Sixth International Symposium on Tunnel Safety and Security (ISTSS 2014), Marseille, France, 12–14 March 2014. SP Technical Research Institute of Sweden.

第 8 章

烟气温度

摘　要：火灾烟气温度对于评估隧道使用人员和隧道结构的受热情况、估计火灾探测时间和火灾蔓延可能性，以及指导隧道通风系统的设计具有重要意义。本章将介绍通风气流作用下的火羽流理论，重点讨论隧道火灾中顶棚最高烟气温度及其出现的位置。研究结果表明，根据风速的不同，顶棚最高烟气温度可分为两个区域，每个区域又可分为两个子区域。在第一个子区域，最高温升（excess temperature）首先呈现线性增长的趋势，紧接着会过渡到一个稳定阶段；最高温升的大小取决于火灾规模、隧道通风情况以及有效隧道高度；顶棚最高烟气温度出现的位置与无量纲通风速度直接相关。本文对隧道上部烟层进行了理论分析，并给出了隧道上部烟气温度分布的相关公式。最后，提出了纵向通风作用下的隧道火灾平均烟气温度的一维模型。

关键词：通风气流（Ventilation flow）；火羽流（Fire plume）；顶棚最高烟气温度；位置；火焰角度；温度分布；一维模型

8.1　引言

　　准确预测隧道火灾中的烟气温度是非常重要的。相关结论可用于评估人员和隧道结构的受热情况，估测火灾探测时间和火灾蔓延风险，并指导通风系统的设计。其中，隧道结构的稳定性是关系隧道消防安全的关键设计参数。例如，勃朗峰或圣哥达隧道就曾发生过数次火灾，这些火灾都造成了比较严重的后果[1]，具体参见第1章相关内容。如果火势在很长一段时间内过于猛烈，较大火灾极大可能会危及隧道的结构。因此，了解隧道的受热情况对隧道建设以及如何计算隧道结构稳定性是至关重要的。一般情况下，隧道的火灾受热情况评价要基于标准化的时间—温度曲线。事实上，标准火灾温度曲线，例如ISO 834[2]、碳氢化合物曲线（HC）[3]或RWS曲线[4]，已经被广泛应用于测试隧道内衬结构的防火性能，见图8.1。

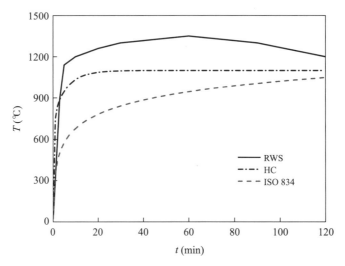

图8.1　标准火灾温度曲线

下面将简要总结各种标准时间—温度曲线的数学表达式。例如ISO 834曲线[2]在之前很多标准被中被定义使用。这条曲线广泛适用于典型建筑中的常用材料，可表示为：

$$\Delta T(t) = 345 \lg(8t + 1) \tag{8.1}$$

式中，t是时间，单位为min。

ISO 834曲线已被使用多年，也可以用于隧道工程。但很明显，这条曲线并不代表所有的火灾情况，其中也包括很多重要材料的燃烧性能，如汽油、化学品等。因此，在20世纪70年，人们提出了另外一条特殊曲线，即碳氢化合物曲线（HC曲线）。该曲线可用于石化和海上工业，现已应用于隧道工程。[3]这两条曲线之间的主要区别是，HC曲线表现出了比ISO 834标准火灾曲线更快的火灾发展速率和更快的温度增长速率。传统意义上讲，这样的火灾增长情况用来描述石油火灾更为贴切。HC曲线可以表示为[3]：

$$\Delta T(t) = 1080(1 - 0.325 \exp^{-0.167t} - 0.675 \exp^{-2.5t}) \tag{8.2}$$

式中，t是时间，单位为min。

此外，一些国家还提出了一些特定的温度曲线来模拟隧道中其他碳氢化合物火灾。例如Rijkswaterstaat隧道曲线（RWS曲线）[4]，RABT/ZTV曲线[5]和EBA曲线。[6]这些温度曲线是不连续的，不能像ISO 834曲线和HC曲线一样，使用某个数学表达式来表示。所有这些曲线都是通过不同的方法得到的，通常是根据大尺寸或小尺寸缩尺火灾试验，或根据在该领域开展工作的国家或国际技术委员会协商意见一致而来。

目前，如何根据热释放速率（$HRRs$）、纵向风速以及隧道高度的不同选择不同曲线，并没有相关的指导文件。上述方法相对粗糙，并且是强制规定，并不适用于性能化设计。因此，我们需要基于理论分析得到合理的预测模型，该模型可以根据不同的隧道几何形状、HRR及不同的通风条件合理预测火灾烟气温度。

8.2　通风气流与火羽流的相互作用

通风气流与火羽流的相互作用是隧道火灾中最重要的现象。霍尔特（Hoult）等人[7,8]基于以下假设，对通风气流中的火羽流现象进行了理论分析：

1. 羽流截面中速度和温度曲线呈"高帽"形，且羽流截面呈圆形；
2. 羽流是细长的，即其半径相对于曲线曲率半径较小；
3. 存在两种吸卷机制：一是由于羽流速度u和平行于羽流的风速分量$u_o\cos\theta$之间存在差异，另一种是由于羽流速度u和垂直于羽流的风速分量$u_o\sin\theta$存在差异。这两种机制的作用效果是相叠加的；
4. 净卷吸速率是无量纲卷吸系数、羽流截面周长以及速度差的乘积；
5. 卷吸系数α和β的大小在羽流发展过程中被视为常数，与其沿羽流所处的位置无关。

如图8.2所示，初始半径为b_{fo}的火羽流在上升过程中在水平通风气流的作用下，发生偏转，见图8.2。

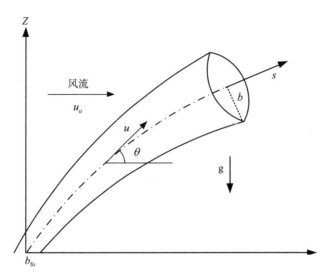

图8.2   通风气流和火羽流的相互影响

对于弱羽流，控制方程可以描述为[7,8,16]：

质量：

$$\frac{d}{d\xi}\left(B^2 U\right) = 2B[\alpha \mid U - V'\cos\theta \mid + \beta \mid V'\sin\theta \mid] \tag{8.3}$$

动量：

$$\pi \frac{d}{d\xi}\left(B^2 U^2\right) = \frac{\sin\theta}{U} + \pi V'\cos\theta \frac{d}{d\xi}\left(B^2 U\right) \tag{8.4}$$

$$\pi B^2 U^2 \frac{d\theta}{d\xi} = \frac{\cos\theta}{U} - \pi V'\sin\theta \frac{d}{d\xi}\left(B^2 U\right) \tag{8.5}$$

能量：

$$B^2 U \varphi = \frac{1}{\pi} \frac{w^{*2}}{b_{fo} g} \tag{8.6}$$

无量纲参数定义如下：

无量纲羽流半径：$B = b/b_{fo}$，

无量纲羽流速度：$U = u/w^*$，

无量纲羽流温度：$\phi = (T - T_o)/T_o$，

无量纲羽流沿轨迹位置：$\xi = s/b_{fo}$。

无量纲通风速度定义为：

$$V' = u_o / w^* \tag{8.7}$$

特征羽流速度（characteristic plume velocity）w^*为：

$$w^* = \left(\frac{g\dot{Q}}{b_{fo}\rho_o c_p T_o}\right)^{1/3} \tag{8.8}$$

式中，b_{fo}是火源半径，单位：m；u是羽流速度，单位：m/s；u_o是环境通风速度（风速），单位：m/s；s是运动轨迹，单位：m；b是火羽流在给定位置的半径，单位：m；g是重力加速度，单位：m/s²；Q是火灾热释放速率（HRR），单位：kW；ρ_o是周围环境的空气密度，单位：kg/m³；c_p是环境空气比热容，单位：kJ/kg K；T_0 为环境温度，单位：K；θ 为羽流轴向与水平方向的夹角（°），α 为切向吸卷系数，β 为法向吸卷系数。

以上关系式表明，无量纲通风速度是通风气流与火羽流相互作用的关键参数。该无量纲通风速度将通风速度与特征羽流速度实现了很好的关联。

8.3　顶棚最高烟气温度

目前，已有大量研究关注了关于隧道火灾的顶棚最高烟气温度。栗冈（Kurioka）等人[9]提出了一个预测上升至隧道顶棚下部的最高烟气温度及其与火源中心相对位置的经验方程。他们的预测模型表明，当通风速度趋于零时，顶棚最高烟气温度趋近无穷大。这也使通风速度非常低时，该经验方程无法正确预测顶棚下部的最高烟气温度。此外，他们所提出的关系式只是经验表达式，而非理论分析得出。李颖臻等[10-12]基于轴对称羽流理论（axisymmetric fire plume theory），对顶棚最高烟气温度进行了理论分析。相关研究提出的顶棚最高烟气温度模型与众多小尺寸缩尺试验或大尺寸火灾试验数据吻合较好。下面将重点介绍李颖臻等人[10-12]提出的隧道火灾顶棚最高烟气温度的相关理论。

8.3.1　通风气流中的火羽流质量流率

第一种方法是进行简单的理论分析，以预测火灾工况下纵向通风隧道的顶棚最高温度。首先，我们假设在轴对称火羽流分析中可以排除虚拟火源（虚拟火源通常用于补偿实际火源与理想火源[13]之间的差异）。在开敞空间中，轴对称火羽流的质量流率可表示为[14,15]：

$$\dot{m}_{p,o}(z) = 0.071\dot{Q}_c^{1/3}z^{5/3} \tag{8.9}$$

式中，$\dot{Q}_c$ 为对流热释放速率，单位：kW；z 为离开地面距离，单位：m；$\dot{m}_{p,o}$ 为开敞空间火羽流的质量流率，单位：kg/s。

在纵向通风隧道中，火源下游侧的火羽流会向隧道表面倾斜，此时，火羽流的空气卷吸比开敞空间中更强烈。昆蒂尔（Quintiere）等人的研究提供了通风引起空气卷吸的相关试验的数据，数据表明由通风引起的空气卷吸量几乎与通风速度成正比。通风状态下的火羽流质量流率与开敞空间中的火羽流质量流率之比可表示为[10]：

$$\frac{\dot{m}_p(z)}{\dot{m}_{p,o}(z)} = C_k V' \tag{8.10}$$

式中，$\dot{m}_p$ 为某一高度处火羽流质量流率，单位：kg/s；C_k 是系数。注意，无量纲通风速度 V' 被定义为通风速度 u_o 与特征羽流速度 w^* 的比。

AGA研究了通风对液化天然气池火灾的影响，并提出了预测通风作用下的火焰偏转角的计算表达式。对于甲烷火，公式可表示为[16,17]：

$$\sin\theta = \begin{cases} 1, & V' \leqslant 0.19 \\ (5.26V')^{-\frac{1}{2}}, & V' > 0.19 \end{cases} \tag{8.11}$$

公式（8.11）中的火焰偏转角 θ 定义为火焰轴线与水平面之间的夹角角度。结果表明，当 $V' \leqslant 0.19$，火焰几乎没有偏转，通风气流对火羽流的影响可以忽略。因此，羽流质量流率不会增加。此外，当 $V' > 0.19$，火焰发生偏转，通风会卷吸空气进入火羽流，羽流质量流率继而会随 V' 的增加而增加。因此，发生该转变的条件可以表示为：

$$V' = 0.19 \tag{8.12}$$

注意，在该条件下，对于无量纲通风速度$V' \leqslant 0.19$和无量纲通风速度$V' > 0.19$这两种情况下的火羽流质量流率与开敞空间中的火羽流质量流率之比［公式（8.10）］都应等于1。因此，系数C_k可以表达为：

$$C_k = \begin{cases} 1/V', & V' \leqslant 0.19 \\ 5.26, & V' > 0.19 \end{cases} \tag{8.13}$$

将公式（8.9）和（8.13）代入公式（8.10）得到：

$$\dot{m}_p(z) = \begin{cases} 0.071 \dot{Q}_c^{\frac{1}{3}} z^{\frac{5}{3}}, & V' \leqslant 0.19 \\ 0.3735 \dot{Q}_c^{1/3} z^{5/3} V', & V' > 0.19 \end{cases} \tag{8.14}$$

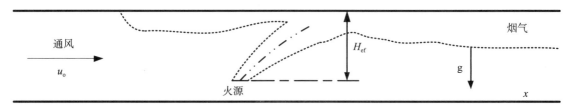

图8.3　有效隧道顶棚高度H_{ef}的定义

8.3.2　小型火灾中的顶棚最高烟气温度

我们假设速度与温度的分布具有相似的形式且与高度无关，并假设这些曲线被称为"高帽"（top-hat）分布，由此，速度和温度在给定高度的整个截面上是恒定的。对于开敞空间的对称羽流而言，这是一个常用假设。此外，对于一些常见的火源燃料，辐射能量通常为火源总释放能量的20%～40%。这意味着以70%的总HRR作为对流热释放速率（convective HRR）是合理的。因此，羽流给定高度下的温升$\Delta T(z)$可表示为[10-12]：

$$\Delta T(z) = \frac{\dot{Q}_c}{\dot{m}_p(z) c_p} = \frac{(1 - \chi_r) \dot{Q}}{\dot{m}_p(z) c_p} \tag{8.15}$$

式中，χ_r是辐射热释放速率在总热释放速率中的占比。

根据开敞环境火羽流的相关研究，可以放宽弱羽流假设范围。顶棚下方最高烟气温度即为特定高度的火羽流断面的最高温度。有效隧道高度H_{ef}，即火源（火焰）底部与隧道顶棚之间的垂直距离，或表述为火源底部上方的垂直距离，在此情况下可以取代高度Z。有关这些参数的说明，见图8.3。

因此，顶棚下方的最高烟气温升可表示为：

$$\Delta T_{max} = C_T \Delta T(H_{ef}) \tag{8.16}$$

式中，ΔT_{max}是顶棚下方的最高烟气温升，单位：K；C_T是考虑高帽假设引入的温度修正系数；H_{ef}为有效隧道高度。将公式（8.14）和公式（8.15）代入公式（8.16），得到[10-12]：

$$\Delta T_{max} = \begin{cases} 14.1 C_T (1 - \chi_r)^{2/3} \dfrac{\dot{Q}^{2/3}}{H_{ef}^{5/3}}, & V' \leqslant 0.19 \\[4mm] \dfrac{2.68 C_T (1 - \chi_r)^{\frac{2}{3}} g^{\frac{1}{3}}}{(\rho_o c_p T_o)^{\frac{1}{3}}} \dfrac{\dot{Q}}{u_o b_{fo}^{\frac{1}{3}} H_{ef}^{\frac{5}{3}}}, & V' > 0.19 \end{cases} \tag{8.17}$$

从公式（8.17）可以看出，隧道顶棚下方的最高烟气温度可分为两个区域。当无量纲通风速度 $V' \leqslant 0.19$ 时（区域 I），可认为通风隧道中的羽流质量流率几乎等于开敞空间中的羽流质量流率，此时的最高烟气温度相同，与通风速度无关。并且，最高烟气温升随 HRR 的 $\frac{2}{3}$ 次方规律变化。这种现象发生在 HRR 相对较大或通风速度极低时。当无量纲通风速度 $V' > 0.19$ 时（区域 II），通风隧道中的羽流质量流率随通风速度的增加而增加。如公式（8.17）所示，顶棚最高烟气温度与 HRR 成正比，与通风速度成反比。此外，在这两个区域内，顶棚最高烟气温度的变化都和有效隧道高度的 $-\frac{5}{3}$ 次方有关。

公式（8.17）是基于以下两个假设得出的：1. 在任何高度的羽流截面上，速度曲线和温度曲线为"高帽"形；2. 连续火焰的区域低于隧道高度。这意味着在任何羽流截面的烟气温度都是一个固定值。然而实际上，在某一高度上，羽流中心线的烟气温度都高于平均温度。公式（8.16）中定义的系数 C_T，可以通过试验数据确定。隧道下方顶棚最高烟气温度可表示为：

$$\Delta T_{\max} = \begin{cases} 17.5 \dfrac{\dot{Q}^{2/3}}{H_{ef}^{5/3}}, & V' \leqslant 0.19 \\[3mm] \dfrac{\dot{Q}}{u_o b_{fo}^{1/3} H_{ef}^{5/3}}, & V' > 0.19 \end{cases} \tag{8.18}$$

比较公式（8.17）和公式（8.18），得到区域 I 的系数 $C_T = 1.57$，区域 II 的系数 $C_T = 1.56$。这意味着无量纲通风速度接近 0.19 的转换条件，适用于预测纵向通风隧道火灾的火羽流特性。对于自由羽流，该数值约为 1.8。因为纵向风可以影响任一横截面上的温度和速度曲线，因此 C_T 也可能存在微小差异。此外，洛纳马克（Lönnermark）和英格森（Ingason）发现隧道宽度对顶棚最高烟气温度没有影响。[18]这些发现与这里提出的理论模型也较为吻合。

8.3.3　大型火灾中的顶棚最高烟气温度

当火灾规模非常大时，上述关联式是无效的。对于隧道内较大的火灾，火焰会撞击隧道顶棚，连续火焰（燃烧区）也将沿隧道顶棚延伸（图8.4）。

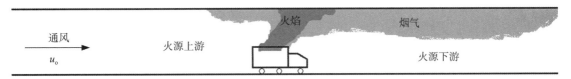

图8.4　大型隧道火灾火焰撞击顶棚示意图

由此可见，对于大型隧道火灾，其顶棚下方最高温度为火焰温度。在这种情况下，火羽流的质量流率很难估计，随之公式（8.14）失效。因此，理论上讲，使用这种方法无法预测通风情况下大型火灾的羽流温度。

然而，我们可以假设公式（8.18）在部分火焰撞击隧道顶棚之前仍然是成立的。当火焰完全接触顶棚后，顶棚下方的最高温度可视为火焰温度，那么，根据前人对火焰温度的研究，如麦卡弗里（McCaffrey）的火羽理论[18]，顶棚下方的最高温度值应为一个不变的常数。然而，在一些全尺度试验（如卢恩海默隧道试验[19]和纪念隧道试验[20]）中，隧道顶棚下方的检测温度超过1000 ℃，有的甚至高达1365 ~ 1370 ℃。

隧道顶棚下方的最高温度之所以如此之高，是因为其火灾场景与开敞空间火灾以及封闭空间火灾的火灾场景不同。在开敞空间火灾中，当火焰和高温气体辐射热量到周围环境，几乎不会有来自周围环境的任何热反馈。在封闭空间火灾中，由于空间较大，来自周围屋顶和墙壁的热反馈通常有限，并且最高 HRR 与开口面积直接相关（完全发展火灾除外）。然而，对于隧道内的大型火灾，热反馈对火焰和高温烟气的热平衡起着重要作用，并且强制通风也加强了燃料的燃烧。此外，在通风良好的隧道中，火灾一般属于燃料控制型火灾。因此，火焰和烟气的温度高于开敞空间火灾和封闭空间火灾。

如果隧道通风速度与 HRR 的数相比非常小，那么顶棚下方最高温度就与通风速度无关，最高温度仅取决于火灾热释放速率的大小；但是，如果燃烧火焰接触了隧道顶部，最高温度则接近一个常数。换句话说，如果 $V' \leqslant 0.19$（区域 I），最大温度可表示为：

$$\Delta T_{max} = \begin{cases} DTR\ I, & DTR\ I < 1350 \\ 1350, & DTR\ I \geqslant 1350 \end{cases} \tag{8.19}$$

式中，区域 I 中的 ΔT，DTR I，定义为：

$$DTR\ I = 17.5 \frac{\dot{Q}^{2/3}}{H_{ef}^{5/3}}$$

如果通风速度变大，则顶棚下方最高温度取决于热释放速率和通风速度。然而，如果燃烧火焰接触到隧道顶部，最高温升也接近常数。换句话说，如果 $V' > 0.19$（区域 II），最高温度可表示为：

$$\Delta T_{max} = \begin{cases} DTR\ II, & DTR\ II < 1350 \\ 1350, & DTR\ II \geqslant 1350 \end{cases} \tag{8.20}$$

式中，区域 II 中的 ΔT，DTR II，定义为：

$$DTR\ II = \frac{\dot{Q}}{u_o b_{fo}^{1/3} H_{ef}^{5/3}}$$

图8.5和图8.6分别给出了隧道火灾中区域 I（$V' \leqslant 0.19$）和区域 II（$V' > 0.19$）的顶棚最高烟气温度。很明显，试验数据与公式（8.19）和公式（8.20）较吻合。

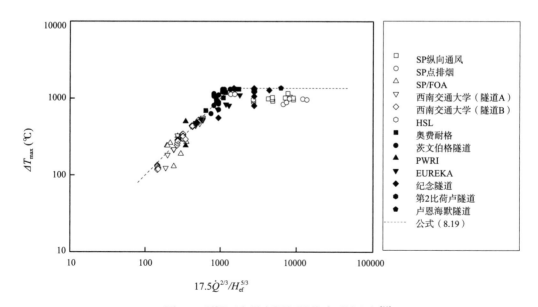

图8.5 顶棚下方最高烟气温升（区域 I）[11]

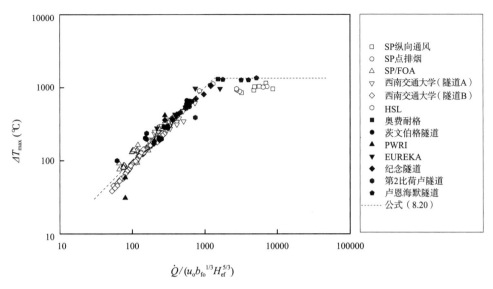

图8.6　顶棚下方最高烟气温升（区域Ⅱ）[11]

从理论上讲，恒定区域内的最高温度也取决于其他一些参数，如隧道墙壁和车辆的热性能。但数据表明，恒定区域内的最高温度接近于一个常数，上述公式的计算结果通常可以作为工程应用的保守结果。

值得注意的是，在上述公式中使用了一个参数b_{fo}，即火源半径。对于圆形火源，火源半径很容易确定。对于矩形火源，如气体火或池火，应根据火源的等效面积确定火源的等效半径，即$\sqrt{4A/\pi}$（其中A为火源面积）。同样的方法也适用于木垛火。此时，火源的投影区域（或底部区域）可视为火源的等效尺寸。

此外，还应注意，此处使用的高度不是隧道高度，而是有效隧道高度H_{ef}，即火源底部与隧道顶棚之间的垂直距离。为了确定隧道火灾中顶棚下方最高温度，该参数非常重要。

对于某给定隧道火灾场景（HRR和通风速度已知），公式（8.19）和公式（8.20）都可用来计算顶棚下方最高烟气温度。对于某一给定隧道，这些公式成为将标准时间—温度曲线转换为相应HRR对应温度值的关键，反之亦然。

示例8.1：假设一辆重型货车拖车因轮胎或发动机起火而开始燃烧。隧道高度为6 m，宽度为12 m，从火源底部到顶棚的高度为4.8 m。车辆中燃料的半径b_{fo}为4 m。假定火灾为燃料控制型（或通风良好型）。环境温度为10℃。试预测当处于以下条件时的顶棚最高烟气温度（图8.7）。

1. 自然通风系统，火灾HRR为10 MW；

2. 半横向通风系统，火源处纵向风速为0.5 m/s，火灾HRR 10 MW；

3. 纵向通风系统，纵向速度为3 m/s。火灾遵循超快增长曲线，最大HRR = 150 MW，并持续10分钟。此后再过20分钟降低为0。绘制此隧道火灾的时间—温度曲线。超快增长曲线表示为$\dot{Q} = 0.19t^2$，其中HRR以kW为单位，时间以s为单位。

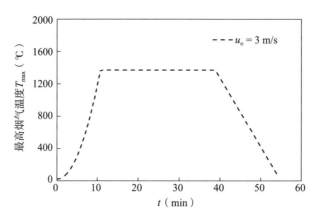

图8.7 示例8.1温度—时间变化曲线

答案：

1. 根据公式（8.7）和公式（8.8），注意到$V'<0.19$，故应使用公式（8.19）计算，得到预测顶棚最高烟气温度约为595 ℃。

2. 对于半横向通风系统，仍然可能存在纵向速度，这是我们计算顶棚最高烟气温度的关键参数之一。我们需要查看无量纲通风速度的大小，使用公式（8.7）和公式（8.8）计算得无量纲通风速度为0.12。$V'<0.19$，故应使用公式（8.19）计算，得到预测顶棚最高烟气温度约为922 ℃。

3. 在整个时间段内，$V'>0.19$。故应使用公式（8.20）计算，我们可以得到时间—温度曲线，如图8.7所示。

示例8.2： 假设例8.1中的隧道使用HC曲线（图8.8），预测相应的*HRR*曲线，假设火灾持续时间为120分钟，则相应火灾荷载是多少GJ？纵向风速假定为3 m/s。碳氢化合物曲线（HC）的表达式见公式（8.2）。

答案：

首先，假设$V'>0.19$，由于$\dot{Q}_t$未知，此处应使用公式（8.20）。相应的*HRR*可在图8.8中找到。根据$\dot{Q}_{max}$计算V'，结果大于0.19。这意味着在该情况下的任意时刻，$V'>0.19$，这也验证了前面的假设。对于温度超过1100 ℃的数据，很难确定它位于哪个区域。显然，计算得到*HRR*是获得如此高温度数值所需的最小值。

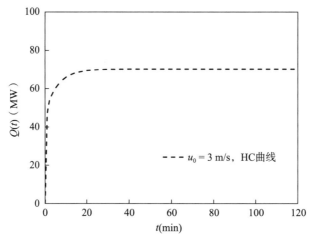

图8.8 6 m高，通风速度为3 m/s的隧道中*HRR*的HC曲线

如果我们积分曲线，计算得到总能量为496 GJ，这相当于至少两辆重型货车的数值。可以进一步推断，该隧道在设计时应能够经得住两辆重型货车碰撞后的火灾强度。火灾强度巨大，持续时间达120分钟，这也表明了公式（8.19）和公式（8.20）的实际意义。这些公式成为将标准时间—温度曲线与火灾荷载（热释放速率和火灾荷载中的总释放能量）联系起来的关键。

8.4　顶棚最高烟气温度位置

隧道火灾中顶棚最高烟气温度位置示意如图8.9所示。顶棚最高烟气温度位置与火源中心之间的水平距离为L_{MT}，火焰偏转角（flame angle）φ定义为水平线与连接火源中心和顶棚最高烟气温度位置线之间的角度。因此，应该注意到，此处讨论的火焰偏转角φ是根据顶棚最高烟气温度的位置而定义，并非实际火焰偏转角。

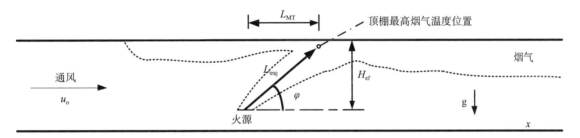

图8.9　顶棚下方最高烟气温度位置和火焰偏转角示意图

昆蒂尔等人[16]的试验数据表明，如果使用倾斜火焰羽流路径长度作为羽流高度，通风条件下火羽流的质量流率几乎等于开敞空间火羽流的质量流率。换句话说，公式（8.14）和公式（8.9）当使用H_{ef}和L_{traj}时应相等[21]：

$$\dot{m}_p\left(H_{ef}\right)=\dot{m}_{po}\left(L_{traj}\right) \tag{8.21}$$

式中，L_{traj}是羽流的路径长度，单位：m；H_{ef}是隧道有效高度［即隧道顶棚和火源（火焰）底部之间的垂直距离］，单位：m。

值得注意的是，当通风速度非常低时，羽流不会因横向风而倾斜（或至少可以忽略不计），因此火焰偏转角应接近90°。在这些条件下，方程的连续性也应得到满足。

由此，得到以下等式[21]：

$$\sin\varphi=\frac{H_{ef}}{L_{traj}}\begin{cases}1, & V'\leqslant 0.19\\ \left(5.26V'\right)^{-3/5}, & V'>0.19\end{cases} \tag{8.22}$$

如果已知火焰偏转角度，可简单计算顶棚最高烟气温度位置与火源中心之间的水平距离L_{MT}（图8.9）[21]：

$$L_{MT}=H_{ef}\cot\varphi \tag{8.23}$$

由上述分析可知，在较小的隧道火灾中，顶棚最高烟气温度的位置直接取决于无量纲通风速度。隧道宽度对火羽流的影响被认为是微不足道的，因此可以忽略，因为火羽流偏转取决于风流与羽流的相互作用，而这通常与隧道宽度无关。相反，有效隧道高度对顶棚最高烟气温度的位置影响非常大。

当火灾变大时，火焰顶端会撞击隧道顶棚并沿隧道延伸一定距离。根据先前关于烟气控制和顶棚最高烟气温度的研究经验，HRR对顶棚最高烟气温度位置的影响可能不同。[10,11,22]

在通风速度较小的情况下，火源上游会发生回流层现象（backlayering）。无量纲回流层长度L_b^*可表示为[22]：

$$L_b^* = \frac{L_b}{H} = \begin{cases} 18.5\ln\left(0.81Ri'^{1/3}\right) & Q^* \leqslant 0.15 \\ 18.5\ln\left(0.43/u^*\right) & Q^* > 0.15 \end{cases} \quad (8.24)$$

式中，H是隧道高度，单位：m。公式（8.24）中的修正里查德森（Richardson）数Ri'、无量纲纵向风速u^*和无量纲热释放速率Q^*分别定义为[22]：

$$Ri' = \frac{g\dot{Q}}{\rho_o c_p T_o u_o^3 H}, \quad u^* = \frac{u_o}{\sqrt{gH}}, \quad Q^* = \frac{\dot{Q}}{\rho_o c_p T_o g^{1/2} H^{5/2}} \quad (8.25)$$

值得注意的是，这些方程式没有考虑火源的几何形状。然而，公式（8.24）表明，对于隧道较大火灾，即当$Q^* > 0.15$时，无量纲回流层长度与火灾热释放速率HRR无关，只取决于通风速度。注意，公式（8.25）中的修正里查德森数能够与无量纲通风速度通过下式关联[21]：

$$Ri' = \frac{b_{fo}}{H}V'^{-3} \quad (8.26)$$

式中，b_{fo}为火源半径，单位：m。

对于隧道内较小火灾，火焰偏转角和逆流长度都直接与修正里查德森数相关。有理由推断，对于隧道内的较大火灾，火焰偏转角同样与火灾大小无关。同时由于公式的连续性，火焰偏转角可表述为[21]：

$$\sin\varphi = \frac{H_{ef}}{L_{traj}} = \begin{cases} 1, & V' \leqslant 0.19 \\ \left(5.26V'\right)^{-3/5}, & V' > 0.19, \ Q^* \leqslant 0.15 \\ 0.25\left(b_{fo}u^{*3}/H\right)^{-1/5} & V' > 0.19, \ Q^* > 0.15 \end{cases} \quad (8.27)$$

根据公式（8.27）可以看出，火焰偏转角可分为3个区域。当无量纲通风速度V'小于0.19时，火焰偏转角为90°；随着V'增大并大于0.19，且$Q^* \leqslant 0.15$时，火焰偏转角会随着V'的$-\frac{3}{5}$次方变化；当$Q^* > 0.15$时，与HRR无关。

图8.10给出了与顶棚最高烟气温度位置相关的试验数据[21]。这些数据与所提出的公式（8.27）具有很好的相关性。

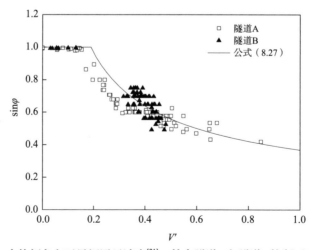

图8.10　火焰倾角和无量纲通风速度[21]，其中隧道A和隧道B的断面形状不同

示例 8.3：预测在一个高6 m、宽10 m的隧道内的顶棚最高烟气温度的位置。热释放速率*HRR*分别为10 MW和50 MW，纵向风速3 m/s。火源的等效半径为2 m，其底部距离地面1 m。

答案：

1. 对于10 MW火源，可使用公式（8.7）计算出*V′*为0.58（大于0.19），使用公式（8.25），无量纲热释放速率Q^*为0.10（低于0.15），满足公式（8.27）中的第二个条件。因此，使用公式（8.27）预测的顶棚最高烟气温度位置与火源中心之间的水平距离为8.4 m。

2. 对于50 MW火源，*V′*算出为0.34（大于0.19），无量纲热释放速率Q^*为0.51（大于0.15），满足公式（8.27）中的第3个条件。使用公式（8.27）预测的顶棚最高烟气温度位置与火源中心之间的水平距离为7.6 m，略短于第一个示例中的水平距离，是因为本示例中火灾热释放速率较大，产生了较大的浮力。

8.5　顶棚烟气温度分布

首先，我们对准稳态下的上部分层烟气流进行理论分析。与垂直羽流卷吸现象相似，可以假设卷吸速度与烟流的相对速度成正比，详见第12章。图8.11展示了火源上、下游的烟气蔓延情况。

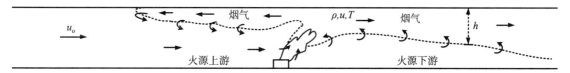

图8.11　火源上、下游烟气扩散示意图

对于火源下游，上层的烟气层卷吸了下层的空气。假设顶棚烟流中没有引入热源（顶棚烟流中没有发生燃烧现象），质量和能量方程可以表示为：

$$\frac{\mathrm{d}}{\mathrm{d}x}(\rho u A) = \rho_o W v_e \tag{8.28}$$

$$\frac{\mathrm{d}}{\mathrm{d}x}(\rho A u c_p T) = \rho_o W v_e c_p T_o - h_t w_p (T - T_o) \tag{8.29}$$

下游烟气层的卷吸速度可表示为v_e（单位：m/s）（详见第12章）：

$$v_e = \beta(u - u_o) \tag{8.30}$$

式中，*u*是烟气运动速度，单位：m/s；u_o是空气速度，单位：m/s；*A*是烟气层的横截面积，单位：m^2；*W*是烟层底部的隧道宽度，单位：m；*h*是隧道壁上的总净传热系数，单位：kW/m^2K；w_p是与隧道接触的烟气层周长，单位：m；*β*是卷吸系数；*ρ*是烟流的平均密度，单位：kg/m^3；*T*是烟流的平均温度，单位：K。

微分能量方程即公式（8.29）中，主导项是烟气接触隧道结构的热损失。因此，在求解微分方程时忽略了卷吸对能量方程的影响。为了获得解析解，假设总传热系数h_t和烟气层周长w_p为常数。因此，可以得到：

$$\frac{\Delta T(x)}{\Delta T_{max}} = \exp\left(-\frac{h_t w_p + \rho_o v_e W c_p}{\rho u A c_p} x\right) \tag{8.31}$$

式中，*h*为烟气层高度，单位：m。上述公式可以近似表示为：

$$\frac{\Delta T}{\Delta T_{\text{max}}} \approx \exp\left(-a\frac{x}{h}\right) \tag{8.32}$$

对于矩形横截面（$A = hW$），上述无量纲参数a可以表示为：

$$a = \frac{h_t(1 + 2h/W) + \rho_o v_e c_p}{\rho u c_p} \propto \frac{h_t}{\rho u c_p} \tag{8.33}$$

式中，x是距火源的距离，单位：m。应注意的是，烟气层高度通常比宽度小得多，并且h与W之比只在一个小范围内变化。

这表明，如果参数a是一个常数，顶棚烟气温度随纵向距离的变化呈指数衰减变化。

火源上游烟气流动的行为与火源下游略有不同，可以看作高速流动的新鲜空气流卷吸上层烟气并将其吹离火源。如果新鲜空气流具有足够大的速度，它可以阻止烟气前锋并防止其进一步扩散，见图8.11。在接近该点时，烟流的质量流率降低至0。假设水平烟流中没有引入热源，质量和能量方程可以表示为：

$$\frac{\text{d}}{\text{d}x}(\rho u A) = -\rho W v_e \tag{8.34}$$

$$\frac{\text{d}}{\text{d}x}(\rho A u c_p T) = -\rho W v_e c_p T - h_t w_p (T - T_w) \tag{8.35}$$

上游烟流的卷吸速度可表示为：

$$v_e = \beta(u + u_o) \tag{8.36}$$

与下游烟气流的处理类似，解析解法可表示为：

$$\frac{\Delta T}{\Delta T_{\text{max}}} = \exp\left(-\frac{h_t w_p}{\rho A u c_p} x\right) \tag{8.37}$$

上述公式可简化为：

$$\frac{\Delta T}{\Delta T_{\text{max}}} = \exp\left(-b\frac{x}{h}\right) \tag{8.38}$$

式中，对于矩形横截面，无量纲参数b定义为：

$$b = \frac{h_t(1 + 2h/W)}{\rho u c_p} \propto \frac{h_t}{\rho u c_p} \tag{8.39}$$

从上述分析可以看出，对于火源下游和上游的烟流，都可以使用指数函数来近似得到温度分布。

注意，斯坦顿数St与表面摩擦系数相关，可近似表示如下：

$$St = \frac{h_c}{\rho u c_p} = \frac{1}{2}C_f \tag{8.40}$$

式中，h_c为对流传热系数，单位：$kW/m^2 K$；C_f为摩擦系数。这说明，对于对流传热占主导地位的小型火灾，顶棚烟气温度的衰减遵循指数方程。

然而，公式（8.31）和公式（8.37）中的换热系数是隧道壁面上的总传热系数h_t，而不是对流传热系数h_c。对于大多数隧道火灾来说，在火源近场中，隧道壁面的辐射传热占据热传递的主导地位。在这种情况下，a和b分子中的项$1 + 2h/W$应换成$2 + 2$。事实上，导热传热在隧道壁面总传热中也起着重要作用，其重要性随时间的推移而增加。换句话说，在火灾早期阶段，导热对传热的影响不大，但导热的重要性会随着时间的推移而增加，见第10章。

因此，沿隧道横向的总传热系数不是恒定的。总传热系数在靠近火源的地方更大，而在远离火的地方更小。类似的，在火灾早期，总传热系数应该更大，随着时间的推移，会逐渐减小。如果隧道壁面长期暴露在高温烟气中，热传导将占主导地位，沿隧道的传热系数将接近一个常数。尽管如此，根据试验数据可以发现，沿隧道的顶棚温度分布可以用两个指数方程加和的方式来表示，隧道高度也可以用来代替烟层高度h。这与公式（8.32）和公式（8.38）有很好的理论相关性。

　　如图8.12所示，可将隧道顶棚下的无量纲烟气温升表示为与火源无量纲距离的函数。图中使用了瑞典SP国家技术研究所进行的小尺寸隧道火灾试验和包括卢恩海默隧道试验和纪念隧道试验在内的全尺寸隧道火灾试验的数据。值得注意的是，图8.12中同时包含高通风速度和低通风速度的试验数据。结果表明，所有试验数据均与两个指数方程加和的函数有很好的相关性，表示为：

$$\frac{\Delta T(x)}{\Delta T_{\max}} = 0.55\exp\left(-0.143\frac{x-x_{\mathrm{v}}}{H}\right) + 0.45\exp\left(-0.024\frac{x-x_{\mathrm{v}}}{H}\right) \quad （8.41）$$

式中，x_{v}是虚拟原点和火源之间的距离，单位：m。

　　显然，如图8.12所示，与远离火源的地方相比，温度在火源附近衰减更快。这在之前已经解释，这主要是由于火源附近的总传热系数远大于远离火源下游区域的数值。

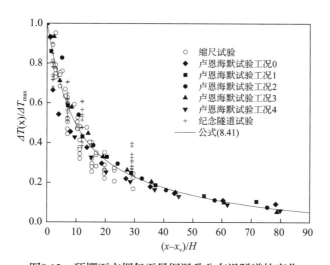

图8.12　顶棚下方烟气无量纲温升分布沿隧道的变化

　　需要注意的是，在上述分析中，我们都假设了顶棚烟流没有热量引入。在较大火灾中，火焰会冲击顶棚，并沿隧道持续释放热量。这表明在火源附近，火灾烟气温度的下降速度可能要慢得多。这个现象已经被英格森和李颖臻[23]观察到。在对瑞典SP国家技术研究所的小尺寸和全尺寸隧道火灾试验的数据进行分析时，他们发现[23]：较大火灾会存在一个虚拟点，而火源中心和虚拟点之间的烟气温度下降得会非常缓慢。他们推测这是由于连续的火焰不断向烟流引入了大量热量而引发。假设顶棚火焰尖端烟气温度可以表示为600 ℃，根据公式（8.41），顶棚上的烟气温度为1200 ℃的位置与600 ℃位置之间的距离大约是隧道高度的10倍。因此，火源中心和虚拟点x_{v}之间的距离可以使用以下公式估算：

$$x_{\mathrm{v}} = \begin{cases} L_{\mathrm{f}} - 10H, & L_{\mathrm{f}} > 10H \\ 0, & L_{\mathrm{f}} \leqslant 10H \end{cases} \quad （8.42）$$

式中，L_{f}是火焰长度，单位：m，可根据第9章火焰长度中提出的公式进行估算。上述公式表明，只有当火势非常大且火焰长度超过隧道高度的10倍时，才需要考虑虚拟点。否则，虚拟点不存在，在公式（8.41）中可视为零。

值得注意的是，在600℃~1200℃范围内的顶棚最高烟气温度可能对应的是间歇性火焰区，与连续火焰区相比，燃烧强度较低。一方面，热量被不断引入沿顶棚的烟流中，从而减少了顶棚烟气下降的温度。另一方面，与非燃烧区相比，该区域可能有更高的传热系数，会使损失的热量更多，从而加剧温度的下降。然而，这两种相反的影响似乎在一定程度上可以相互抵消，整体影响可以忽略不计。尽管火源附近温度的增长速度可能稍快，这可能表明辐射损失效应仍然占主导地位。公式（8.41）和公式（8.42）可用于预测高风速和低风速条件下沿隧道方向温度的衰减。

示例8.4：在一条高6 m、宽10 m的隧道中，30分钟内的恒定热释放速率（*HRR*）为30 MW的公交车火灾，请预测下游100 m、200 m和300 m处的顶棚烟气温度。公交车宽3 m、长10 m。通风速度为3 m/s，环境温度为10℃。火源可假设位于隧道地板（公交车地板）上方0.5 m处。

答案：

在30分钟时，300 m范围内可视为准稳态阶段。首先，需要计算顶棚最高烟气温度。公交车火灾的等效直径为6.18 m。然后计算$V' = 0.46 > 0.19$。应使用公式（8.17）。预测顶棚最高烟气温升为405℃。预测火焰长度$L_f = 64$ m < 10 H，因此$x_v = 0$。使用公式（8.39）预测100 m处的顶棚烟气温度：

$T_{(100\ m)} = 10 + 405 \times [0.55 \times \exp(-0.143 \times 100/6) + 0.45 \times \exp(-0.024 \times 100/6)] = 153$ ℃。200 m和300 m处的顶棚烟气温度分别为94℃和65℃。

8.6 一维简单模型

在纵向通风的隧道火灾中，当纵向风速超过一定值（如1 m/s）时，火源下游隧道内的烟气流动可视为一维流动。通过这种简化，可以得到简单的方程，这些方程在计算烟气温度和浮力等方面是非常方便和有用的。

质量流率$\dot{m}$，单位：kg/s，可通过以下公式计算：

$$\dot{m} = \dot{m}_o = \rho_o u_o A_T \tag{8.43}$$

能量方程可表示为：

$$\dot{m}c_p \frac{dT_{avg}}{dx} = -h_t w_p \left(T_{avg} - T_o\right) \tag{8.44}$$

式中，A_T是隧道横截面面积，单位：m^2；w_p是整个隧道横截面的周长，单位：m；T_{avg}是整个横截面的平均温度，单位：K；h_t是总传热系数，单位：kW/m^{2}K。

需要注意的是质量流率是恒定的，可使用以下公式预测t时刻火源下游x m处的平均烟气温度：

$$\Delta T_{avg}(x,t) = \Delta T_{avg}(0,\tau) e^{-\frac{h_t w_p}{\dot{m}_o c_p}x} \tag{8.45}$$

式中，t是选定时间，单位：s；τ是火灾对应的实际时间，单位：s。

假设总HRR的$\frac{2}{3}$是对流HRR，可使用下式预测最大平均温度，即火源处的平均温度：

$$\Delta T_{avg}(0,\tau) = \frac{2\dot{Q}(\tau)}{3\dot{m}_o c_p} \tag{8.46}$$

在上述计算中，已考虑火源偏转时间。位置x处的实际时间τ可借助以下方程[12]近似计算：

$$\tau = t - \int_0^L \frac{dx}{u_{avg}(x)} \tag{8.47}$$

式中，L 是火源与测量位置之间的距离，u_{avg} 是整个横截面处的平均通风速度。

使用质量守恒方程和理想气体定律近似估算沿隧道的通风速度变化，假设横截面积恒定，并忽略燃料的质量流率，可得：

$$u_{avg}(x) = \frac{u_o}{T_o} T_{avg}(x) \tag{8.48}$$

考虑到这一点，在某一距离 x 处，烟流的平均温度可以用等式（8.45）和公式（8.46）来预测。因此，实际时间可表示为[12]：

$$\tau = t - \frac{L}{u_o} \left[\frac{1}{\xi} \ln \left(\frac{\psi + e^{\xi}}{\psi + 1} \right) \right] \tag{8.49}$$

式中的两个变量定义为：

$$\xi = \frac{h w_p L}{c_p \dot{m}_o}, \quad \psi = \frac{2}{3} \frac{\dot{Q}}{c_p T_o \dot{m}_o}$$

另一种简单的修正时间的方法，是直接估算在纵向通风作用下，烟气在火源和测量点之间移动所消耗的时间。当距离较短时，这种简单的方法也足够精确。总之，用一维方法可以合理描述火源下游的平均烟气温度。但是，要注意如果风速过低，则一维模型不适用。相反，公式（8.41）仍然可以用于确定某一位置处的顶棚最高烟气温度。

示例8.5：在一条高6 m、宽12 m的隧道中，发生 HRR 为50 MW的公交车火灾，按照快速曲线计算，请计算10 min时火源下游100 m处的平均烟气温度和平均烟气速度。通风速度为2 m/s，环境温度为20℃。

答案：

首先，我们简单地计算实际时间 $\tau = t - x/u_o = 600 - 100/2 = 550$ s，质量流量 $\dot{m}_o = 1.2 \times 2 \times 6 \times 12 = 173$ kg/s。因此，$x = 0$ 时平均温度变为：

$T_{avg}(0) = 20 + 2/3 \times 50000/(173 \times 1) = 213$ ℃。

$t = 10$ min时，距火源100 m的平均温度可使用公式（8.45）计算：

$T_{avg}(100) = 20 + (213 - 20) \times \exp[-0.025 \times 32 \times 100/(144 \times 1)] = 115$ ℃。

其中 $h_t = 0.025$ kW/m^{2}K，$w_p = 36$ m，$x = 100$ m。因此，距离火灾100 m处的平均烟气速度为 $u_{avg}(100) = 2 \times (273 + 115)/(273 + 20) = 2.65$ m/s。

8.7　小结

烟气温度对于评估隧道结构的受热情况、估算火灾探测时间和火灾蔓延可能性具有重要意义。

本章提出了隧道火灾顶棚最高烟气温度的理论和相关预测模型。主要影响参数包括 HRR、纵向通风速度、有效隧道高度和火源几何形状。对于较低通风速度下的较小火灾，隧道顶棚最高烟气温升随 HRR 的2/3次方变化，与纵向通风速度无关。而在高通风速度条件下，最高温升与 HRR 呈线性增加，与纵向通风速度成反比。在这两种情况下，最高烟气温升均随有效隧道高度的 $-\frac{3}{5}$ 次幂的变化而变化。对于隧道大型火灾，即当火焰撞击顶棚并沿隧道顶棚纵向延伸时，顶棚下方的最高烟气温升接近一个恒定值，且与通风速度无关。

顶棚出现最高烟气温度的位置与无量纲通风速度直接相关。并且，对于较大隧道火灾而言，该位置对 HRR 不敏感，这有点类似于逆流长度。原因是二者都与无量纲通风速度直接相关。本文根据隧道火灾中顶棚最高烟气温度出现的位置定义了火焰偏转角。对于给定的隧道和火源大小，临界条件下的火焰偏转角几乎相同，与HRR无关，临界条件下（临界速度）的顶棚最高烟气温度始终对应相同的位置。一般来说，顶棚最高烟气温度出现的位置与火源中心之间的水平距离约为有效隧道高度的1.5倍。

通过对热烟流的理论分析，得出烟气温度沿隧道纵向衰减的简单模型。在较大火灾中，顶棚火焰存在，并沿隧道持续释放热量，这导致火源附近沿顶棚的烟气温度下降速度变慢。当火灾非常大且火焰长度超过隧道高度的10倍时，需要考虑一个虚拟点。应注意的是，这里所提出的公式均可用于较大和较小纵向通风速度的火灾场景。

在强纵向通风条件下，烟气层会在火源下游蔓延一定距离后下降至地面。因此，在纵向通风的隧道火灾中，隧道内的烟气流可被视为一维流。本文提出了计算平均烟气温度和浮力等的简易公式。需要注意的是，如果通风速度太低（例如，低于某个值，如1 m/s），一维简易模型将不再适用。

参考文献

1. Carvel RO, Marlair G (2005) A history of fire incidents in tunnels. In: Beard AN, Carvel RO (eds) The Handbook of Tunnel Fire Safety. Thomas Telford Publishing, London, UK, pp 3–41.
2. Fire-resistance tests—Elements of building construction—Part 1: General requirements (1999). First edn. International Organization for Standardization.
3. Fire resistance tests—Part 2: Alternative and additional procedures (1999). First edn. European Committee for Standardization, EN 1363-2.
4. Beproeving van het gedrag bij verhitting van twee isolatiematerialen ter bescherming van tunnels bij brand (1979). Instituut TNO voor Bouwmaterialen en Bouwconstructies, Delft, The Netherlands.
5. Richtlinien für Ausstattung und Betrieb von Tunneln (RABT) (1985). Ausgabe 1985 edn. Forschungsgesellschaft für Straßen- und Verkehrswesen.
6. Abschlussbericht zum BMVBS/ BASt Forschungsvorhaben 15.0391/2003/ERB: Brandschutz-verhalten von selbstverdich-tendem Beton (SVB) im Straßentunnelbau (2005). MFPA Leipzig, März.
7. Hoult DP, Fay JA, Forney LJ (1969) A Theory of Plume Rise Compared with Field Observations. Journal of the Air Pollution Control Association 19:585–590.
8. Hoult DP, C. WJ (1972) Turbulent plume in a laminar cross flow. Atmospheric Environment 6 (8):513–530.
9. Kurioka H, Oka Y, Satoh H, Sugawa O (2003) Fire properties in near field of square fire source with longitudinal ventilation in tunnels. Fire Safety Journal 38:319–340.
10. Li YZ, Lei B, Ingason H (2011) The maximum temperature of buoyancy-driven smoke flow beneath the ceiling in tunnel fires. Fire Safety Journal 46 (4):204–210.
11. Li YZ, Ingason H (2012) The maximum ceiling gas temperature in a large tunnel fire. Fire Safety Journal 48:38–48.
12. Li YZ, Ingason H (2010) Maximum Temperature beneath Ceiling in a Tunnel Fire. SP Report 2010:51, SP Technical Research Institute of Sweden, Borås, Sweden.
13. Karlsson B, Quintier JG (2000) Enclosure Fire Dynamics. CRC Press, New York.
14. Heskestad G (2008) Fire Plumes, Flame Height, and Air Entrainment. In: DiNenno PJ, Drysdale D, Beyler CL et al. (eds) The SFPE Handbook of Fire Protection Engineering. Fourth Edition edn. National Fire Protection Association, Quincy, MA, USA, pp 2–1–2–20.
15. Zukoski EE Smoke movement and mixing in two-layer fire models. In: The 8th UJNR Joint Panel Meeting on Fire Research and Safety, Tsukuba, 13–17 June 1985.
16. Quintiere JG, J. RW, W JW (1981) The effect of room openings on fire plume entrainment. Combustion Science and Technology 26:193–201.

17. Raj P. P. K., Moussa A. N., K A (1981) Experiments involving pool and vapor fires from spills of liquidified natural gas on water. Prepared for U.S. Dept. of Transportation, U.S. Coast Guard, Rept. No. CG-D-55–79.
18. McCaffrey BJ (1979) Purely Buoyant Diffusion Flames: Some Experimental Results. NBSIR 79-1910. National Bureau of Standards, Washington, D.C., USA.
19. Ingason H, Lönnermark A, Li YZ (2011) Runehamar Tunnel Fire Tests. SP Technicial Research Institute, SP Report 2011:55 Borås, Sweden.
20. Memorial Tunnel Fire Ventilation Test Program—Test Report (1995). Massachusetts Highway Department and Federal Highway Administration, Massachusetts.
21. Li YZ, Ingason H (2014) Position of Maximum Ceiling Temperature in a Tunnel Fire. Fire Technology 50:889–905.
22. Li YZ, Lei B, Ingason H (2010) Study of critical velocity and backlayering length in longitudinally ventilated tunnel fires. Fire Safety Journal 45:361–370.
23. Ingason H, Li YZ (2010) Model scale tunnel fire tests with longitudinal ventilation. Fire Safety Journal 45:371–384.

第 9 章

火焰长度

摘　要：在大型隧道火灾中，火焰会撞击隧道顶棚，然后沿隧道顶棚延伸。当纵向通风速率较高时，火焰只存在于火源的下游侧，而在低通风速度时，火焰同时存在于火源的上游侧和下游侧。在大型隧道火灾中，火源和火焰尖之间的水平距离一般被定义为火焰长度。本章提出了一个大型隧道火灾中火焰长度的理论模型。大量模型试验和大规模隧道火灾试验中获得的与火焰长度相关的数据被用来验证该模型。结果显示：下游火焰长度随热释放速率（HRR）的增长近似线性增长，但对纵向通风速度不敏感。高风速下的火焰长度近似等于低风速下的下游火焰长度。随着纵向通风速度的减小，上游火焰长度增加，总的火焰长度也增加。此外，本章还提出了与测试数据关联良好的无量纲经验方程。

关键词：火焰长度；大型火灾；下游火焰长度；上游火焰长度；热释放速率（HRR）；纵向通风速度

9.1　引言

只有在相对较大的火灾中，火焰才会沿着隧道顶棚延伸。对于大多数隧道而言，HRR通常都会超过20 MW。由于隧道空间受限，顶棚上的火焰长度通常比开敞空间火灾或室内火灾的火焰长度要长。这种火焰的水平延伸导致火灾蔓延到邻近车辆的风险更高。火灾蔓延的风险随着火焰长度的增加而增加，因此火焰长度常被认为是一个需要认真研究的关键火灾参数。

可见火焰是一种燃烧产物，会发出可见辐射。火焰表示气体温度很高的区域。值得注意的是，室内或建筑火灾总是与垂直浮力驱动的湍流扩散火焰有关。在一些特殊情况下，火灾可能与湍流射流火焰有关，例如，液化气罐将燃烧的气体从小孔喷射到几百倍于小孔孔径的地方。考虑到湍流扩散火焰在大型隧道火灾中更容易发生，本章重点将放在湍流扩散火焰上。火焰沿隧道顶棚湍流扩散通常是由空气卷吸不足导致。

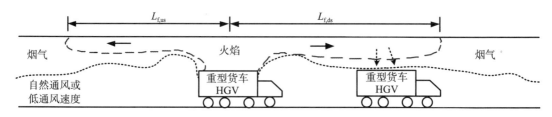

图9.1　低通风速度或自然通风条件下隧道内大型火灾火焰长度

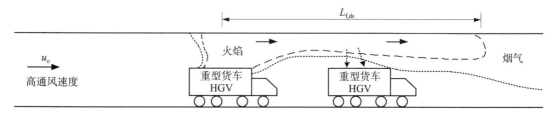

图9.2　高通风速度下隧道内大型火灾火焰长度

燃料的燃烧可分为两个区域。在垂直火焰区，部分可燃气体燃烧并向上流动，直到撞击隧道顶棚。在水平火焰区，另一部分可燃气体沿顶棚燃烧至火源下游的某一位置。本章讨论的火焰长度（L_f），定义为从火源中心到火焰尖端的水平距离。

在自然通风或低通风速度的隧道火灾中，水平火焰可能同时存在于火源的上游和下游，如图9.1所示。注意，一般来说，两边的火焰不是对称分布的，因为即使在自然通风的情况下，隧道内也有一个主导风向。因此，这里的下游侧指的是火焰长度稍长的区域。

在较高通风速度的隧道火灾中，顶棚火焰只存在于火源的下游，如图9.2所示。与低通风速度下的火灾相比，更多的热量被吹向下游侧，烟气层高度也降低。低风速和高风速的判定条件将在后面章节讨论。

9.2　开敞空间、室内火灾火焰长度概述

人们发现，对于静止环境（无风）中由浮力驱动的湍流扩散火焰，其长度（或火焰高度）与使用燃料气体的参数定义的弗劳德数（Froude number）有很好的相关性，火焰长度L_f可以用以下公式来估计[1]：

$$L_f = 0.235\dot{Q}^{2/5} - 1.02D_f \qquad (9.1)$$

式中，$\dot{Q}$是热释放速率，单位：kW；D_f是火源的等效直径，单位：m。注意，这个方程只适用于湍流扩散火焰，在消防安全工程中被广泛使用。

非受限顶棚下火焰长度的研究为我们了解大型隧道火灾中的火焰长度提供了宝贵信息。当火焰撞击非受限顶棚时，未燃烧的气体会沿径向扩散，在顶棚下可以观察到一个圆形的圆盘火焰。尤（You）和费思（Faeth）进行了一系列的小尺寸试验[2]，结果表明顶棚的火焰长度大约是开敞空间中自由火焰高度与顶棚高度之差的一半。然而，这个计算是非常粗略的，因为测试中的HRR非常小。海斯克斯塔（Heskestad）和滨田（Hamada）使用93 kW～760 kW的较大HRR，进行了火灾试验。[3]试验结果表明，顶棚下的火焰长度与自由火焰高度和顶棚高度之差大致相同。换句话说，总火焰长度，即隧道火灾中的隧道高度和顶棚隧道火焰长度之和，等于开敞空间的自由火焰高度。

走廊火灾的火焰长度与大型隧道火灾更为相似。欣克利（Hinkley）进行了一项试验研究[4]，重点关注一端封闭走廊不燃顶棚下的火焰扩散蔓延情况。试验以城镇煤气燃烧器作为火源，放置在模拟走廊的一端，并覆盖整个走廊宽度。欣克利认为，走廊中的火焰长度是火焰尖端和虚拟火源点之间的距离。[4]水平火焰尖端与火源之间的水平距离似乎是火源上方顶棚高度的2倍，但这一结论仍需要更多的测试数据来支撑。基于量纲分析以及对测试结果的研究，欣克利提出了一个一端封闭和一个开放底部（没有地板）的走廊的火焰长度关联式。[4]一端封闭走廊火灾的火焰长度可以表示为：

$$\frac{L_f'}{H} = 220m^{*2/3} \qquad (9.2)$$

式中，无量纲参数m^*定义为：

$$m^* = \frac{m'}{\rho_o g^{1/2} H^{3/2}}$$

式中，m'是单位厘米走廊宽度的燃料流率，单位：kg/(cm·s)；H为火源上方顶棚净高，单位：m；L_f'是水平火焰长度，单位：m。这里的火焰长度是从虚拟点火源算起的水平火焰长度，根据经验方程估算，将垂直火焰部分计入。结果表明：当$m^* > 0.024$时，火焰长度预测偏短。注意，根据上式，水平火焰长度与烟气层厚度或走廊高度无关。此外，火源在走廊封闭一端，覆盖了整个走廊宽度，走廊有一个开

放底部（无地板），整个测试在没有通风的情况下进行。显然，这个火灾场景不同于隧道火灾。

基于阿尔珀特（Alpert）关于撞击顶棚的无限长线羽流（infinite line plume）在走廊的两个方向均匀流动的研究[5]，巴布罗斯卡（Babrauskas）提出一种预测水平火焰长度的方法[6]，这种方法假设顶棚火焰燃烧所需的总卷吸质量流率与开敞空间垂直燃烧火焰所需的质量流率相同。欣克利（Hinkley）等人[4]和阿塔拉（Atallah）的试验[7]结果也被用于分析。然而，这种空气卷吸的假设对于隧道/走廊的情况来说是不合理的，因为在隧道火灾中可以卷吸的气流比在开敞空间火灾中要小得多。

9.3　隧道火灾火焰长度概述

关于隧道火灾中火焰长度的相关研究十分有限。研究重点是火源下游侧的火焰长度。鲁（Rew）和迪夫斯（Deaves）给出了隧道中火焰长度的计算方程[8]，算式中包含HRR和纵向速度，但不包含隧道宽度、高度。他们的大部分工作都是基于1996年对英吉利海峡隧道火灾的调查，以及来自HGV-EUREKA 499火灾测试[9]和纪念隧道试验[10]的测试数据。他们将水平火焰长度L_f定义为600℃等温线与重型货车或油池中心的距离，或与重型货车后部的距离。重型货车后部的火焰长度可以用下式表示：

$$L_f = 0.02 \left(\frac{\dot{Q}}{120} \right) \left(\frac{u_o}{10} \right)^{-0.4} \tag{9.3}$$

式中，u_o为纵向风速，单位：m/s。注意，在上述方程式中，热释放速率$\dot{Q}$的单位为MW。该经验公式是基于HGV-EUREKA 499试验获得的有限数据拟合得到。公式（9.3）的缺点是没有考虑隧道几何参数。这会导致在隧道和火源的几何尺寸不同，该式无法预测其他隧道的火焰长度。

洛纳马克和英格森研究了卢恩海默隧道试验的火焰长度。[11]阿尔珀特的顶棚射流温度模型[12]被用来预测火焰长度的方程中，不确定的系数是通过回归分析确定的。回归分析给出了火焰长度随HRR的0.8次幂变化的最佳拟合。卢恩海默隧道试验和纪念隧道试验的一些数据被用于相关分析，提出的预测方程如下：

$$L_f = \frac{1370 \dot{Q}^{0.8} u_o^{-0.4}}{(T_f - T_o)^{3/2} H^{3/2}} \tag{9.4}$$

式中，$\dot{Q}$为热释放速率，单位：kW；L_f为水平火焰长度，单位：m；T_f为火焰尖端温度，单位：K；H为隧道高度，单位：m。考虑到分析中使用的顶棚射流方程仅适用于无侧壁限制顶棚下的顶棚射流，因此该方程的通用性是受限制的。

上述两个方程表明，纵向通风速度对火焰长度的影响不如HRR大。英格森和李颖臻在模型尺寸测试中也观察到了这一现象，并指出火焰长度对纵向通风速度不敏感。[13]

9.4　隧道火灾火焰长度

9.4.1　低通风速度和高通风速度的判定

如果纵向通风速度远低于临界速度，则存在两个部分的水平火焰区域，即上游区域（$L_{f,ds}$）和下游区域（$L_{f,us}$）。当通风速度较高时，火焰只存在于火源下游。因此，转折点被定义为在火源上游没有火焰出现时的纵向通风速度。因此，火焰长度的"高通风"指的是通风速度大于转折点的情况，"低通风"则对应通风速度小于转折点的情况。

根据李颖臻等人的研究，在给定HRR条件下，逆流层长度与隧道高度的比值和通风速度与临界速度的比值有关。[14]当HRR较大时，逆流层长度仅取决于通风速度，与HRR无关。注意，上游火焰长度是逆流长度的一部分，并且顶棚火焰的出现仅对应HRR较大的火灾场景。因此，与临界速度相似，转折点处可定义一个无量纲的通风速度：

$$u_{tp}^* = \frac{u_{o,tp}}{\sqrt{gH}} \qquad (9.5)$$

根据下式定义无量纲HRR：

$$Q^* = \frac{\dot{Q}}{\rho_o c_p T_o g^{1/2} H^{5/2}} \qquad (9.6)$$

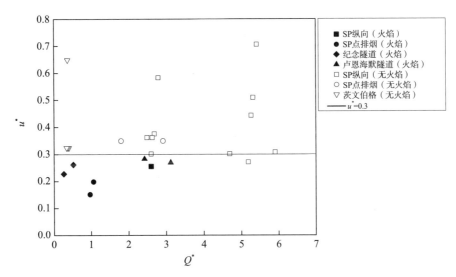

图9.3　从低通风率向高通风率的转折线

式中，u_o是纵向速度，单位：m/s；g是重力加速度，单位：m/s²；H是隧道高度，单位：m；$\dot{Q}$为热释放速率，单位：kW；ρ_o是环境空气密度，单位：kg/m³；c_p是定压比热，单位：kJ/kg·K；T_o是环境空气温度，单位：K。下标tp表示转折点。

图9.3给出了上游火焰出现与否的数据统计情况。图中使用了瑞典SP开展的纵向隧道火灾试验[13]、SP点提取试验[15]、纪念隧道试验[10]和卢恩海默隧道试验[16]的数据。有关全尺寸和小尺寸试验的更多信息，参见第3章。实心数据点表示试验中上游侧存在火焰，空心数据点表示不同纵向通风速度下，上游侧没有火焰。数据显示在实心数据点和空心数据点之间有一条清晰的过渡线。这条线可以表示为：

$$u_{tp}^* = 0.3 \qquad (9.7)$$

考虑到大型火灾的无量纲临界速度接近0.43[14]，图9.3所示结果表明，转折点对应的纵向通风速度约为临界速度的70%。

示例9.1：在一个高6 m、宽6 m的隧道中，纵向通风速度分别为1 m/s和3 m/s，请计算150 MW火灾的顶棚火焰位置。如果隧道尺寸是高6 m，宽12 m，又会是什么情况？

答案：使用公式（9.5）计算无量纲纵向通风速度，1 m/s和3 m/s的通风速度分别对应 $u^* = 0.13 < 0.3$ 和 $u^* = 0.39 > 0.3$。因此，风速为1 m/s时，火源上游和下游都存在火焰，风速为1 m/s 时，只有下游存在火焰。如果隧道宽度为12 m，结果相同，因为隧道宽度不影响结果。

9.4.2 隧道火灾火焰长度模型

当通风速度较小时，火源的上游和下游同时存在火焰。在顶棚火焰区，可能存在相对良好的分层，即火焰和新鲜空气之间可能存在一个清晰的分界面。在水平燃烧区域，火焰尖端的总质量流率如下：

$$\dot{m}_{\mathrm{hr}} = \int_0^{L_f} \rho_o v W \mathrm{d}x \tag{9.8}$$

式中，$\dot{m}_{\mathrm{hr}}$ 是水平火焰从下层卷吸空气的质量流率，单位：kg/s；ρ_o 是被卷吸空气的密度，单位：kg/m³；v 是卷吸速度，单位：m/s；W 是隧道宽度，单位：m；x 是距离火焰的距离，单位：m；L_f 是水平火焰长度，单位：m。

水平火焰中的燃烧主要取决于空气的卷吸和交界面处的掺混。卷吸速度与垂直羽流的卷吸速度的形式相同，更多信息参见第12章。上游和下游卷吸速度可表示为：

$$v_{\mathrm{t,us}} = \beta |u_{\mathrm{us}} + u_o|, v_{\mathrm{t,ds}} = \beta |u_{\mathrm{ds}} - u_o| \tag{9.9}$$

式中，下标us和ds分别表示上游和下游，"＋"表示纵向流动与烟雾之间的方向相反，反之亦然。

注意，垂直羽流的卷吸系数常被假定为一个常数。为简单起见，我们依然假设沿火焰的平均卷吸系数 β 是一个常数。因此，下游和上游的卷吸空气质量流率 $\dot{m}_{\mathrm{ds}}$（单位：kg/s）和 $\dot{m}_{\mathrm{us}}$（单位：kg/s）可分别表示为：

$$\dot{m}_{\mathrm{ds}} = \rho_o v_{\mathrm{ds}} W L_{\mathrm{f,ds}}; \quad \dot{m}_{\mathrm{us}} = \rho_o v_{\mathrm{us}} W L_{\mathrm{f,us}} \tag{9.10}$$

对于开敞空间的火灾，HRR和卷吸空气之间存在关系，也就是说，HRR应该与卷吸空气的质量密切相关。在这里，我们假设参与反应的气流与总卷吸气流的比值为 k。因此，能量方程可以表示为：

$$\dot{Q} = \dot{Q}_{\mathrm{vt}} + \left(\xi_{\mathrm{ds}} \dot{m}_{\mathrm{ds}} Y_{\mathrm{O_2,ds}} + \xi_{\mathrm{us}} \dot{m}_{\mathrm{us}} Y_{\mathrm{O_2,us}} \right) \Delta H_{\mathrm{O_2}} \tag{9.11}$$

式中，$\dot{Q}_{\mathrm{vt}}$ 是在垂直火焰区域释放的热量，单位：kW；ξ 是参与燃烧的氧气与卷吸氧气的比值（或参与燃烧的空气流量与总卷吸空气流量的比值）；$\Delta H_{\mathrm{O_2}}$ 是消耗1 kg氧气时释放的热量，单位：kJ/kg；$Y_{\mathrm{O_2}}$ 是下层空气流动中氧气的质量浓度。右侧的第二项整体表示水平火焰区域释放的热量。

将式（9.10）代入式（9.11）中得出：

$$\dot{Q} = \dot{Q}_{\mathrm{vt}} + \left(\xi_{\mathrm{ds}} \rho_o W L_{\mathrm{ds}} \beta Y_{\mathrm{O_2,ds}} |u_{\mathrm{ds}} - u_o| + \xi_{\mathrm{us}} \rho_o W L_{\mathrm{us}} \beta Y_{\mathrm{O_2,us}} |u_{\mathrm{us}} + u_o| \right) \Delta H_{\mathrm{O_2}} \tag{9.12}$$

对于上游和下游顶棚火焰，比值 k 大致相同，即 $\xi_{\mathrm{ds}} = \xi_{\mathrm{us}} = \xi$。由此得到：

$$L_{\mathrm{f,ds}} Y_{\mathrm{O_2,ds}} (u_{\mathrm{ds}} - u_o) + L_{\mathrm{f,us}} Y_{\mathrm{O_2,us}} (u_{\mathrm{us}} + u_o) = \frac{\dot{Q} - \dot{Q}_{\mathrm{vt}}}{\xi \rho_o \beta W \Delta H_{\mathrm{O_2}}} \tag{9.13}$$

不同通风条件下垂直火焰区域的质量流率尚未得到深入研究。李颖臻等人根据羽流理论，考虑 HRR、纵向通风速度和隧道的几何形状影响，对隧道顶棚下方的最高烟气温度和通风状态下火灾羽流的质量流率进行了理论分析[17,18]，并利用试验数据对理论模型进行了验证，理论数据与试验数据取得了良好的一致性。然而，火焰区的卷吸与羽流区有很大的不同。由于信息缺乏，我们只可以假设隧道流动中火焰区域内的卷吸空气与开敞火灾中相似。德利恰图瓦（Delichatois）提出了火焰内部质量流量的简单关联式[19]：

$$\dot{m}(z) \propto D_{\mathrm{F}}^2 z^{1/2}, \quad z / D_{\mathrm{F}} < 1 \tag{9.14}$$

式中，z是火源上方的高度，单位：m；$\dot{m}(z)$是z高度处火焰内部的质量流率，单位：kg/s；D_F是火源的直径，单位：m。注意，z高度处的质量流率方程也可以表示为：

$$\dot{m}(z) \propto \rho u D(z)^2 \tag{9.15}$$

式中，u是垂直烟气速度，单位：m/s；D（Z）是z高度处羽流的直径，单位：m。可以看出，火羽流的直径与火源的直径成正比，即$D(z) \propto D_F$，并且可以认为连续火焰区内的温度为常数。结合上述两个方程，可将最大垂直烟气速度$u_{max,v}$表示为：

$$u_{max,v} \propto H_{ef}^{1/2} \tag{9.16}$$

式中，$u_{max,v}$为垂直火焰的最大速度，单位：m/s；H_{ef}为有效隧道高度（即火源以上的隧道高度），单位：m。对于车辆火灾或固体燃料火灾，有效隧道高度是火源底部与隧道顶棚之间的垂直距离。上述关系中火焰区的烟气速度与托马斯（Thomas）公式有很好的相关性。[20]

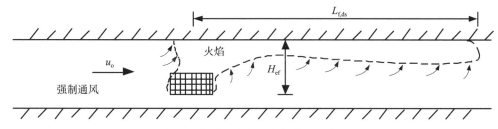

图9.4　高通风速度下空气卷吸示意图

火焰撞击顶棚后，火羽流的速度略有下降，然而，可以假设它与垂直羽流中的最大速度成正比，这在顶棚射流的相关研究中得到了证明。[12]这表示最大水平烟气速度（$u_{max,h}$）也可以表示为：

$$u_{max,h} \propto H_{ef}^{1/2} \tag{9.17}$$

式中，$u_{max,h}$是水平火焰的最大速度，单位：m/s。水平的最大烟气速度可以被认为是顶棚火焰的特征速度。

9.4.3　高通风速度下的火焰长度

根据之前的定义，此处的高通风速度是指火源上游不存在火焰撞击顶棚时的通风速度，即大于$0.3u^*$的无量纲通风速度。在这种情况下，顶棚火焰仅存在于火焰下游，见图9.4。

需要注意的是：在火灾期间，纵向通风隧道的纵向通风速度一般在3 m/s左右；横向、半横向通风隧道，纵向通风速度更小。对于顶棚火焰长度相对较长的大型隧道火灾，火焰正上方的烟气速度可能在6 m/s ~ 12 m/s之间，甚至更高。显然，与顶棚火焰区的烟气速度相比，该速度相对较低。因此，我们可以用自然通风条件下的烟气速度来近似表示顶棚火焰层和下层之间的速度差，即：

$$u_{ds} - u_o \propto H_{ef}^{1/2} \tag{9.18}$$

对于重型货车火灾，水平火焰可能非常长，是隧道高度的几倍甚至10倍以上。由于隧道结构的限制，垂直火焰区域的燃烧可能受限。此外，火焰可能发生偏转，而且垂直火焰区域也是火焰长度的一部分。为此，我们尝试忽略了垂直火焰区域的燃烧。鉴于从较低层卷吸的空气通常不是高度污染的，可以假设卷吸空气中的氧气浓度接近环境的恒定浓度。为此，根据等式（9.13）可以得到：

$$L_{f,ds} = \frac{\dot{Q}}{\xi \rho_o \beta \Delta H_{O_2} Y_{O_2} W H_{ef}^{1/2}} \propto \frac{\dot{Q}}{W H_{ef}^{1/2}} \tag{9.19}$$

对于矩形隧道，$A = WH$。对于其他形状，隧道宽度可能随地板上方火焰层的高度而变化。为简单起见，我们使用$W = A/H$来估算隧道宽度。因此，上述方程可以写成：

$$L_{f,ds} \propto \frac{\dot{Q}H}{AH_{ef}^{1/2}} \qquad (9.20)$$

为了归一化数据结果，这里定义了两个无量纲参数。无量纲火焰长度定义为：

$$L_f^* = \frac{L_f}{H} \qquad (9.21)$$

无量纲热释放速率定义为：

$$Q_f^* = \frac{\dot{Q}}{\rho_o c_p T_o g^{1/2} AH_{ef}^{1/2}} \qquad (9.22)$$

因此，无量纲火焰长度与无量纲热释放速率预计成正比关系，如下：

$$L_{f,ds}^* = C_f Q_f^* \qquad (9.23)$$

式中，C_f是由试验数据确定的系数。可以看出，在上述假设下，火焰长度与通风速度无关。这一结论与第9.3节中的研究结果一致。图9.5给出了高通风速度下，无量纲火焰长度与无量纲热释放速率的关系，其中包括SP进行的纵向通风隧道火灾试验数据[13]，以及SP点排烟试验[15]、EUREKA 499项目[9]、纪念隧道测试[10]和卢恩海默测试[16]中的相关数据。由此可以进一步提出与试验数据具有良好相关性的公式（9.24）。

$$L_{f,ds}^* = 5.5 Q_f^* \qquad (9.24)$$

由此可以得出结论：在高通风速度条件下，隧道火灾中的火焰长度主要取决于HRR、隧道宽度和有效隧道高度，对通风速度并不敏感。

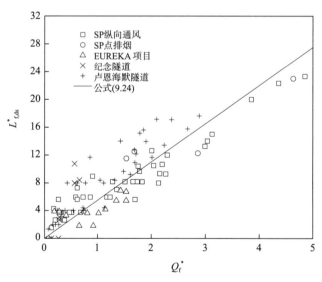

图9.5　高通风速度下的火焰长度

示例9.2：计算隧道内150 MW火灾的火焰长度。隧道尺寸为高6 m，宽6 m，纵向通风速度为3 m/s。火源底部位于隧道底板上方1 m（$H_{ef} = 5$ m）。如果隧道高6 m，宽12 m，则火焰长度（$L_{f,ds}$）是多少？

答案：由示例9.1可知，对于宽度为6 m或12 m的隧道，下游的纵向通风速度只有3 m/s。无量纲热释放速率根据公式（9.22）计算获得：

$Q_f^* = (150 \times 1000)/(1.2 \times 1 \times 293 \times 9.80.5 \times 6 \times 6 \times 50.5) = 1.69$。

通风速度3 m/s，下游火焰长使用公式（9.21）和公式（9.24）进行计算：$L_{f,ds} = 5.5 \times 1.69 \times 6 = 56$ m。如果宽度改为12 m，则计算的火焰长度将减少一半，因为宽度为公式（9.22）中的分母，即$L_{f,ds} = 28$ m。

9.4.4　低风速下的火焰长度

在低通风速度条件下，水平火焰区域存在两部分，即上游区域和下游区域。相对速度的估算可以使用以下公式：

$$|u_{ds} - u_o| \propto H_{ef}^{1/2}, \quad |u_{us} + u_o| \propto H_{ef}^{1/2} \tag{9.25}$$

垂直火焰区域的燃烧是有限的，可以被近似忽略。

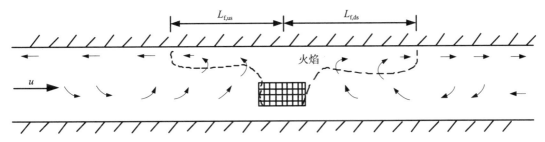

图9.6　自然通风或低通风条件下，空气被烟气污染并被吸入顶棚下火焰区域

对于稍高的通风速度，例如1.5 m/s，上游火焰和逆流层的长度较短，因此，上游火焰区域的卷吸空气将只被轻微污染，而下游火焰区域的空气可能被高度污染。如果不存在主导风向，新鲜空气将通过热烟产生的热压从隧道两侧吸入。吸入上游和下游两侧火焰区域的空气都可能被高度污染，如图9.6。这一现象尚未被清楚地理解，需要进一步研究，作为第一近似值，氧气浓度将在以下分析中进行隐式分解。因此，我们得到：

$$L_{f,tot} = L_{f,ds} + L_{f,us} = \frac{\dot{Q} - \dot{Q}_v}{\xi \beta \rho_o W \bar{Y}_{O_2} \Delta H_{O_2} H_f^{1/2}} \tag{9.26}$$

式中，$\bar{Y}_{O_2}$是卷吸空气的平均氧浓度；$L_{f,tot}$是火焰总长度，单位：m。无量纲总火焰长度可表示为：

$$L_{f,tot}^* = C_f' Q_f^* \tag{9.27}$$

式中，C_f'是由试验数据确定的系数。

图9.7展示了在低通风速度条件下，无量纲总火焰长度与无量纲热释放速率的变化关系，其中包括EUREKA 499项目[9]、纪念隧道试验[10]和欣克利试验[4]的测试数据。需要注意的是：在欣克利的测试中[4]，火源被放置到一个末端封闭的隧道。因此，该场景可以被认为是对称的，即在图中绘制时，火焰长度和热释放速率都增加了一倍。结果表明，提出的公式（9.28）与试验数据的相关性很好。该表达式可以表示为：

$$L_{f,tot}^* = 10.2 Q_f^* \tag{9.28}$$

我们也想知道下游火焰长度如何随纵向通风速度的变化而变化。图9.8显示了在高通风速度的条件下，无量纲下游火焰长度与无量纲热释放速率的变化关系。

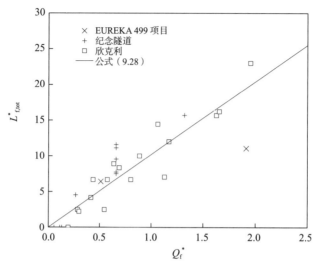

图9.7 低通风速度下总火焰长度

图中使用了来自EUREKA 499项目[9]、纪念隧道试验[10]和欣克利试验[4]的测试数据，请参阅第3章。对于欣克利的测试数据[4]，图9.7中的热释放速率是双倍的。在自然通风或通风速度极低的条件下，卷吸到顶棚火焰区域的空气被污染，如图9.6所示。特别是在火灾附近，空气质量变得更差。为此，需要卷吸更多的烟气进入火焰区域进行燃烧，即火焰的长度可能比通风速度大时更长，这将在后面讨论。

低通风速度下的下游火焰长度可表示为：

$$L_{f,ds}^{*} = 5.2 Q_f^{*} \quad\quad\quad (9.29)$$

将上述公式与低通风速度条件下的火焰长度方程进行比较可以发现差异很小。这说明下游火焰长度对通风速度不敏感。换句话说，高通风速度条件下的火焰长度大约等于低通风速度条件下的下游火焰长度。为了简单起见，不管通风条件如何，下游火焰长度都可以用公式（9.24）估算。

因此，随着通风速度的降低，尽管下游火焰长度近似不变，火焰总长度是增加的。换句话说，在较低通风速度时，火焰总长度的增加是主要由于上游火焰的贡献。

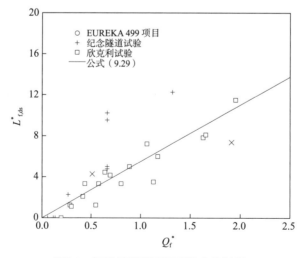

图9.8 低通风速度下的下游火焰长度

　　示例9.3：在示例9.2中描述的相同情况下计算火焰长度，但纵向通风速度为1 m/s。

　　答案：从示例9.1中，我们知道纵向速度1 m/s下，存在上游、下游火焰。无量纲热释放率为 $Q_f^* = (150 \times 1000)/(1.2 \times 1 \times 293 \times 9.80.5 \times 6 \times 6 \times 50.5) = 1.69$，对于纵向通风速度1 m/s的情况，最大总火焰长度可使用公式（9.28）计算，即 $L_{f,tot} = 10.2 \times 1.69 \times 6 = 103$ m，下游火焰长度可使用公式（9.21）和公式（9.24）计算。计算结果可能趋于保守，$L_{f,ds} = 5.2 \times 1.69 \times 6 = 53$ m。上游火焰长度可估算为 $L_{f,ds} = 103–53 = 50$ m。实际上，当纵向通风速度为1 m/s时，上游火焰长度略小于这个值。如果隧道宽度为12 m，因为宽度在公式（9.22）的分母中，那么计算得到火焰长度将减少50%。

9.5　小结

　　在大型隧道火灾中，火焰撞击顶棚，然后沿隧道顶棚延伸一定距离。在高通风速度条件下，只有下游火焰存在，而在低通风速度条件下，上游火焰和下游火焰均存在。在隧道火灾中，火源和火焰尖端之间的水平距离称为火焰长度。本文提出了大型隧道火灾火焰长度的简单理论模型，并用大量与火焰长度有关的试验数据对模型进行了验证。

　　结果表明，下游火焰长度与 HRR、隧道宽度和有效隧道高度直接相关，且对通风速度不敏感。无论通风条件如何，下游火焰长度都可使用公式（9.24）进行估算。

　　在通风不足的情况下，即 $u^* < 0.3$，尽管下游火焰长度近似不变，但总火焰长度随着通风速度的降低而增加。这表明：通风速度较低情况下的总火焰长度增加仅由上游火的原因导致。当隧道内没有通风时，可获得最大总火焰长度，该长度约为高通风速度条件下下游火焰长度的两倍。此外，可使用公式（9.28）估算低通风速度条件下的最大总火焰长度。

参考文献

1. Heskestad G (2008) Fire Plumes, Flame Height, and Air Entrainment. In: DiNenno PJ, Drysdale D, Beyler CL et al. (eds) The SFPE Handbook of Fire Protection Engineering. Fourth Edition edn. National Fire Protection Association, Quincy, MA, USA, pp 2–1–2–20.
2. You HZ, Faeth GM (1981) An Investigation of Fire Impingement on a Horizontal Ceiling. NBS-GCR-81-304. National Bureau of Standards, Washington, D.C., USA.
3. Heskestad G, Hamada T (1993) Ceiling Jets of Strong Fire Plumes. Fire Safety Journal 21:69–82.
4. Hinkley PL, Wraight HGH, Theobald CR (1984) The Contribution of Flames under Ceiling to Fire Spread in Compartments. Fire Safety Journal 7:227–242.
5. Alpert L (1971) Fire induced turbulent ceiling-jet. Report 19722–2. Factory Mutual Research Corporation, Norwood, Massachusetts, USA.
6. Babrauskas V (1980) Flame Lengths under Ceiling. Fire and Materials 4 (3):119–126.
7. Atallah S (1966) Fires in a model corridor with a simulated combustible ceiling, Part I-Radiation, temperature and emissivity measurements. Fire Research Note No 628. Fire Research Station.
8. Rew C, Deaves D Fire spread and flame length in ventilated tunnels—a model used in Channel tunnel assessments. In: Proceedings of the International Conference on Tunnel Fires and Escape from Tunnels, Lyon, France, 5–7 May 1999. Independent Technical Conferences Ltd, pp 397–406.
9. Fires in Transport Tunnels: Report on Full-Scale Tests (1995). edited by Studiensgesellschaft Stahlanwendung e. V., Düsseldorf, Germany.

10. Memorial Tunnel Fire Ventilation Test Program—Test Report (1995). Massachusetts Highway Department and Federal Highway Administration, Massachusetts.
11. Lönnermark A, Ingason H (2006) Fire Spread and Flame Length in Large-Scale Tunnel Fires. Fire Technology 42 (4):283–302.
12. Alpert RL (2002) Ceiling Jet Flows. In: DiNenno PJ (ed) SFPE Handbook of Fire Protection Engineering. National Fire Protection Association, Quincy, MA, USA, pp 2–18–12–31.
13. Ingason H, Li YZ (2010) Model scale tunnel fire tests with longitudinal ventilation. Fire Safety Journal 45:371–384.
14. Li YZ, Lei B, Ingason H (2010) Study of critical velocity and back-layering length in longitudinally ventilated tunnel fires. Fire Safety Journal 45:361–370.
15. Ingason H, Li YZ (2011) Model scale tunnel fire tests with point extraction ventilation. Journal of Fire Protection Engineering 21 (1):5–36.
16. Ingason H, Lönnermark A, Li YZ (2011) Runehamar Tunnel Fire Tests. SP Technicial Research Institute, SP Report 2011:55, Borås, Sweden.
17. Li YZ, Lei B, Ingason H (2011) The maximum temperature of buoyancy-driven smoke flow beneath the ceiling in tunnel fires. Fire Safety Journal 46 (4):204–210.
18. Li YZ, Ingason H (2012) The maximum ceiling gas temperature in a large tunnel fire. Fire Safety Journal 48:38–48.
19. Delichatsios MA (1987) Air Entrainment into Buoyant Jet Flames and Pool Fires. Combustion and Flame 70:33–46.
20. Thomas PH The Size of Flames from Natural Fires. In: 9th Int. Combustion Symposium, Pittsburg, PA, 1963. Comb. Inst., pp 844–859.

第 10 章
热流通量和热阻

摘　要：当隧道火灾考虑人员疏散、火势蔓延和结构保护时，热流通量（heat flux，或称热通量）是一个非常重要的参数。本章重点描述了 3 种传热方式，即对流传热、辐射传热和热传导，并重点讨论了与隧道火灾相关的传热方式。本文在对流传热计算中引入了雷诺—科尔本类比，总结了烟气的吸收、发射和散射特性，以及多个表面之间的辐射特性，总结了不同类型简化边界条件下隧道壁面热传导的解析解。从火焰和空气到隧道结构的整体传热过程涉及了以上 3 种传热方式，本章用电路模拟阐明了它们之间的相互关系。提出了计算小型和大型隧道火灾热流通量的简单模型，重点讨论了辐射问题。在考虑火焰和烟气辐射的情况下，本章提出并验证了隧道火灾入射热流通量的关系式。

关键词：传热；对流传热；辐射传热；热传导；热流通量；边界条件；火焰辐射；隧道火灾

10.1　引言

传热（或热传递）有 3 种基本方式，即对流（convective）传热、辐射（radiation）传热和热传导（heat conduction）。所有传热模式的内在驱动力都是物质或介质之间的温度梯度。对流传热归因于流动气体与固体或液体表面之间的温差。辐射传热是由彼此清晰可见的物质或介质之间的温差所驱动。热传导则是因固体物质间的温差所引发。目前有大量关于传热的文献可供查阅，例如参考文献中的 [1] ~ [5]。此外，一些其他的火灾安全现象也会受到传热的影响，如液体燃料或水滴的蒸发、固体燃料的升华和气相化学反应等。

火灾研究领域已经提出许多有用的热流通量方程，被用来简单估算从火焰、热烟气辐射到墙壁、顶棚的热流通量。[6] 然而这些方程大多是经验方程，只适用于特定场景，不一定适用于隧道火灾。本章重点介绍了隧道传热的 3 种基本方式，并将基本理论应用于解决隧道火灾安全问题。

10.2　对流传热

对流传热是发生在流体与固体或液体表面之间边界层的热交换。表面的热量损失在表面两侧都遵循傅里叶定律（Fourier's law）。引入对流传热系数 h_c，边界处的对流热通量可以表示为：

$$\dot{q}''_{w,c} = -k \frac{\partial T}{\partial z} \Big|_{z=0} = h_c (T_w - T_\infty) \tag{10.1}$$

式中，$\dot{q}''_{w,c}$ 是对流热通量，单位：kW/m^2；k 是热传导率，单位：$kW/(mK)$；h_c 是对流传热系数，单位：$kW/m^2 K$；T 是温度，单位：K；z 是垂直于表面的距离，单位：m。下标 w 表示壁面，∞ 表示周围流体。需要注意的是，上式中的流体温度 T_∞ 是边界层外的环境流体温度。

在引入特征长度 l（单位：m）对上述方程进行归一化后，对流传热系可以与努塞尔特数（Nu，*Nusselt number*）相关联。

$$\frac{\partial (T_w - T)/(T_w - T_\infty)}{\partial (z - l)} \Big|_{z/l=0} = \frac{h_c l}{k} = Nu \tag{10.2}$$

由上式可知，实际上努塞尔特数 Nu 与温度层特征厚度 δ'_t（单位：m）之间存在如下关系：

$$Nu = \frac{l}{\delta'_t} \qquad (10.3)$$

换句话说，努塞尔特数与温度层厚度成反比。层流和湍流的边界层将在下一节讨论。对于工程应用来说，对流传热系数是需要确定的一个关键参数，它可以根据努塞尔特数来计算：

$$h_c = \frac{k}{l} Nu \qquad (10.4)$$

因此，在计算对流传热时，必须得到努塞尔特数。此外应当注意的是，特征长度在不同的应用中是不同的，上述公式中的特征长度和努塞尔特数的相关性应该是相同的。对比公式（10.3）与公式（10.4），得到热厚度（thermal thickness）的表达式：$\delta'_t = l / h_c$。

10.2.1　边界层

值得注意的是对流传热发生在边界层中。因此，边界层的厚度、其中的流动模式对确定对流热通量非常重要。对于一个简单的几何结构进行了一些简化的基础上，可以通过分析控制方程得到解析解。流体在具有尖锐前缘平板上的流动就是一个很好的例子（图10.1）。前缘附近的流动只是厚度很小的层流，然后流动进入过渡阶段，最后随着离前缘距离的增加而完全变成紊流。

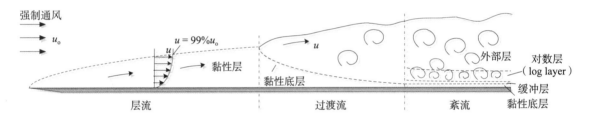

图10.1　具有尖锐前缘的平板上的边界层

层流的边界层是黏性的，因此黏性力控制着表面法线上的速度分布。换句话说，层流只有一个层，而紊流边界层主要由4个子层组成，即黏性底层、缓冲层、对数层和外部层（图10.1）。在黏性底层中，涡流扩散率与黏性扩散率相比很小，因此可以忽略不计。缓冲层是黏性底层和对数层之间的一个过渡层。在对数层，紊流涡流扩散率占主导地位。在外部层，惯性力主导着流动，因此该层只受到壁面的微弱影响。尽管如此，边界层的主要热阻来自紊流中的黏性底层。对于粗糙壁面，黏性底层容易被破坏，因此热阻显著降低，传热相应增加。

平板层流的流动边界厚度δ（单位：m）可以用以下方法计算：

$$\delta = 4.92 x Re_x^{-1/2} \qquad (10.5)$$

对于平板上的紊流，上式会变成[2]：

$$\delta = 0.16 x Re_x^{-1/7} \qquad (10.6)$$

式中的雷诺数Re定义为：

$$Re_x = \frac{ux}{v} \qquad (10.7)$$

式中，x为距平板上游边缘的距离，单位：m；u为流体速度，单位：m/s；v为运动黏度，单位：m²/s；δ为流动边界层厚度，单位：m；Re_x为位置x处的雷诺数（Reynolds number）。

雷诺数是流动中惯性力和黏性力的体现。它可以用来确定流动是层流、过渡流还是紊流。

厚度方程中的特征长度是到入口的距离。然而，隧道中紊流的长度则受到隧道直径的限制。注意，这些结果是在光滑表面的基础上得到的。紊流厚度实际上对应对数层，因为黏性底层在高雷诺数下非常薄。

10.2.2　雷诺—科尔本类比

在相似的边界条件下，流动边界层的动量方程和温度边界层的能量方程具有相同的形式，只是扩散系数不同。运动黏度v用于层流中的流动边界，热扩散率a用于层流中的温度边界，而涡流扩散率ε_m用于流动边界，热涡流扩散率ε_T用于紊流中的温度边界。动量和对流传热之间的高度相似性提供了一种基于流动边界知识来计算对流传热的简便方法。

对于层流、过渡流和接近过渡流的湍流，雷诺—科尔本类比可以近似为[1]：

$$St = \frac{1}{2} C_f Pr^{-2/3} \tag{10.8}$$

斯坦顿数St的定义是：

$$St = \frac{h_c}{\rho c_p u} = \frac{Nu}{Re Pr} \tag{10.9}$$

表面摩擦系数为：

$$C_f = \frac{\tau_w}{\rho u^2 / 2} \tag{10.10}$$

雷诺数Re定义为：

$$Re = \frac{\rho u l}{\mu} \tag{10.11}$$

普朗特数Pr定义为：

$$Pr = \frac{v}{a} \tag{10.12}$$

式中，C_f是表面摩擦系数；ρ是气体密度，单位：kg/m³；c_p是比热容，单位：kJ/(kgK)；u是气体速度，单位：m/s；τ_w是壁面剪切应力，单位：N/m²；l是特征长度，单位：m；μ是动力黏度，单位：kg/(ms)；a是热扩散率，单位：m²/s。

注意，斯坦顿数（Stanton number）表示对流热流通量与流体总热流通量的比率。普朗特数（Prandtl number）是流动中黏性扩散率和热扩散率影响的体现。努塞尔特数可以表示为：

$$Nu = St \cdot Re \cdot Pr \tag{10.13}$$

或者：

$$Nu = \frac{1}{2} C_f Re Pr^{1/3} \tag{10.14}$$

需要注意的是，该方程建立在温度边界层和流动边界层完全相似的基础上，即假设$Pr=1$，或者假设流动边界层和温度边界层厚度相同。实际上空气的$Pr<1$，这会导致温度边界层变厚。层流中温度边界层和流动边界层的厚度之比可以近似为：

$$\frac{\delta_t}{\delta} = Pr^{1/3} \tag{10.15}$$

式中，δ_t和δ分别为温度边界层厚度和流动边界层厚度，单位：m。

层流、过渡流和紊流中的边界层是不同的。因此，为了涵盖不同流动模式，努塞尔特数的表达式

可能会非常复杂。紊流的雷诺类比可以表示为[7]:

$$St = \frac{C_f / 2}{1.07 + 12.7\left(Pr^{2/3} - 1\right)\sqrt{C_f / 2}} \tag{10.16}$$

紊流方程与层流方程［公式（10.8）］之间的区别是显而易见的。注意，这些方程是针对光滑表面的。如果壁面是粗糙的，分母的第二项必须修改以说明粗糙度。

10.2.3 强制对流

在隧道火灾中，由于机械通风、自然通风或火灾本身产生的浮力，进入和离开隧道的纵向流动通常以某种方式存在。因此，在隧道火灾中，对流传热总是与强制对流和紊流有关，例如，沿隧道顶棚流动的热烟气或沿加热的隧道地板流动的冷空气。

强制对流的努塞尔特数一般表示为[1]:

$$Nu = CRe^m Pr^n \tag{10.17}$$

式中，m、n和C是根据不同场景而定的系数。

对于强制对流中的平板，例如隧道地板，努塞尔特数的方程式可以表示为[2]:

$$Nu_1 = 0.037 Re_1^{4/5} Pr^{0.43} \tag{10.18}$$

在公式（10.18）中，特征长度l是离固体表面边缘的距离。然而，隧道中的紊流长度受到隧道几何形状的限制，一般来说，隧道的水力直径（hydraulic diameter）可以作为特征长度。因此，尽管公式（10.18）不是针对隧道流动提出的，但它仍可以用来粗略计算隧道中的对流传热。

请注意，上述方程都是针对光滑表面的，这表明粗糙度被认为是0，或者至少是非常小的，它对传热的影响可以忽略不计。对于具有粗糙表面的墙体，黏性底层被破坏，底层的热阻明显下降。在相同流动的情况下，具有粗糙表面墙壁上的对流传热系数可以是光滑墙壁的两倍。

在分析隧道火灾中热流通量的问题时，建议使用管流的对流传热方程。对于表面粗糙的管道，摩擦力一般用达西—维斯巴哈摩擦系数f来表示，其定义为:

$$f = \frac{\Delta p}{\frac{1}{2}\frac{L}{D}\rho u^2} = \frac{1}{4}C_f \tag{10.19}$$

式中，Δp为压力损失，单位：Pa；L为长度，单位：m；D为直径，单位：m。

具有粗糙表面墙体的努塞尔数与以下关系有很好的相关性[8]:

$$Nu_D = \frac{(f/8)Re_D Pr}{1 + (4.5 Re_\varepsilon^{0.2} Pr^{0.5} - 8.48)\sqrt{f/8}} \tag{10.20}$$

该式适用于以下Re和表面相对粗糙度ε/D的范围:

$$Re_D > 10^4, \ 0.002 \leqslant \varepsilon/D \leqslant 0.05$$

雷诺数与表面相对粗糙度相关，可定义为:

$$Re_\varepsilon = Re_D \frac{\varepsilon}{D}\sqrt{\frac{f}{8}} \tag{10.21}$$

达西—维斯巴哈摩擦系数与粗糙度和雷诺数的关系如下[9]:

$$f = \frac{1}{\left\{1.81g\left[\frac{6.9}{Re_D} + \left(\frac{\varepsilon}{3.7D}\right)^{1.11}\right]\right\}^2} \tag{10.22}$$

式中，ε是表面的均方根粗糙度，单位：m；ε/D是表面的相对粗糙度。请注意，对于充分发展的紊流，达西—维斯巴赫摩擦系数对雷诺数不敏感。

在上述方程中，所有特性都是在流动温度下计算的。这使上述方程更易于使用。一般来说，在整个系统的传热分析中，隧道直径可以作为特征长度。同时，水力直径也可用于分析存在明显分层的热烟气与周围墙壁的热损失。水力直径可以通过以下方式计算：

$$D = \frac{4A}{P} \qquad (10.23)$$

式中，A是流动面积，单位：m^2；P是湿周长，单位：m。

注意，对流传热对隧道中的特征长度尺度并不敏感。因此，在大多数情况下，选择特征长度尺度时的细微差异所引入的误差应该也是相当有限的。

10.2.4　自然对流

自然对流（natural convection）指的是内部诱导的流体运动。虽然自然对流在隧道火灾中不太重要，但为了完整性，本文将简要介绍自然对流方式。

自然对流的努塞尔特数一般有以下形式：

$$Nu_1 = CRa_1^m \qquad (10.24)$$

式中，瑞利数Ra_1定义为：

$$Ra_1 = Gr_1Pr \qquad (10.25)$$

格拉晓夫数Gr_1的定义为：

$$Gr_1 = \frac{g\beta\Delta Tl^3}{v^2} \qquad (10.26)$$

式中，g为重力加速度；ΔT为烟气温度与壁面温度的差值；β为热膨胀系数，单位：1/K；上标m为系数。

对于在自然对流条件下受火焰和热烟气辐射加热的垂直平板，努塞尔特数可表示为[2]：

$$Nu_1 = 0.678Ra_1^{1/4}\left(\frac{Pr}{Pr + 0.952}\right) \approx 0.55Ra_1^{1/4} \qquad (10.27)$$

公式（10.27）中的所有特性参数，除热膨胀系数应该在T_∞（主流区域的温度）下计算，其余特性参数均在$T = (T_w + T_\infty)/2$下计算。

10.2.5　烟气性质

由于氮气在气流中的惯性主导作用，空气性质一般可以认为与烟气特性接近。烟气特性，例如，热传导率和运动黏度随温度显著变化。它们可以从表中得到，也可以使用以下简化方程进行计算。

为方便起见，基于参考文献[10]数据，本文给出了标准大气压、空气温度0～2000 ℃范围内的物性参数近似表达式。热传导率k［单位：W/(mK)］可以表示为：

$$k = 1.16\times10^{-11}T^3 - 4.1\times10^{-8}T^2 + 10^{-4}T \qquad (10.28)$$

热扩散系数a（单位：m^2/s）：

$$a = 2.3\times10^{-9}T^{1.62} \qquad (10.29)$$

运动黏度v（单位：m^2/s）：

$$v = 1.43\times10^{-9}T^{1.64} \qquad (10.30)$$

式中，T是烟气温度，单位：K。

根据热扩散系数的定义，比热容c_p(J/(kg·K))可经简单计算为：

$$c_p = \frac{k}{\rho a} \tag{10.31}$$

需要注意的是，普朗特数对温度不敏感，可以近似表示为：

$$Pr = \frac{v}{a} = 0.7 \tag{10.32}$$

这些表达式可以用来方便地计算烟气特性。

示例10.1：一条高6 m、宽10 m的岩石隧道充满了1000 ℃的烟气。岩石隧道的平均粗糙度为10 cm。假设烟气流速为7 m/s。试计算对流传热系数。

答案：公式（10.4）可以用来计算对流传热。首先，用公式（10.28）~公式（10.31）计算烟气特性：

$k = 0.095$ W/(m·K)，$a = 0.00033$ m²/s，$v = 0.00024$ m²/s，$c_p = 1250$ J/(kg·K)

隧道的水力直径D为7.5 m [见公式（10.23）]。考虑到岩石隧道壁面粗糙，可以利用公式（10.20）计算努塞尔特数。首先计算相对粗糙度$\varepsilon/D = 0.013$，然后借助公式（10.11）计算$Re_D = 218750$。根据公式（10.22）计算$f = 0.042$，最后用公式（10.21）计算$Re_\varepsilon = 212$。进一步我们可以用公式（10.20）计算努塞尔特数，即$Nu_D = 683$。最终计算对流传热系数：

$h_c = k \cdot Nu_D / D = 8.65$ W/(m²K) [公式（10.4）]。

10.3 辐射传热

所有物体都通过电磁辐射发射能量。强度主要取决于发射表面的温度和性质。此外，烟气会发散、吸收甚至散射来自火焰和热表面的辐射。

10.3.1 工程应用中的简化

一般来说，所有表面都可以简化为漫反射表面，其中所有能量在每个立体角上均等地反射或辐射。尽管辐射强烈依赖于发射能量的波长，但通过在工程应用中引入简单的假设（将在下文中讨论）可以消除这种影响。

黑体是吸收所有入射辐射的理想表面。黑体单位面积的总发射功率e_b(kW/m²)可通过以下方法计算：

$$e_b = \sigma T^4 \tag{10.33}$$

式中，斯蒂芬—玻尔兹曼（Stefan-Boltzmann）常数σ为5.67×10^{-11} kW/（m²K⁴）；T为开尔文温度，单位：K。

实际上真实表面不是绝对黑体，不能吸收所有入射辐射。相反，部分入射辐射会被反射。为简化，本文引入了灰体近似。这意味着表面的所有性质与波长无关。灰体单位面积的发射功率e可以通过引入发射率ε来计算：

$$e = \varepsilon e_b \tag{10.34}$$

请注意，入射辐射可被吸收、反射或通过表面，应满足下列关系式：

$$\alpha + \tau + \gamma = 1 \tag{10.35}$$

式中，发射率为ε，吸收率为α，透射率为τ，反射率为γ。辐射不能穿透大多数固体表面，因此，可以得到以下关系式：

$$\alpha + \gamma = 1 \tag{10.36}$$

根据基尔霍夫定律，所有扩散灰体的发射率等于吸收率，即：

$$\varepsilon = \alpha \tag{10.37}$$

在工程应用中，上述公式适用于大多数实际表面。

10.3.2　角系数

从黑体i到另一个黑体j的辐射可以表示为：

$$\dot{Q}_{i-j} = A_i F_{i-j} \sigma \left(T_i^4 - T_j^4 \right) \tag{10.38}$$

式中，角系数定义为：

$$F_{i-j} = \frac{1}{A_i} \int_{Ai} \int_{Aj} \frac{\cos\beta_i \cos\beta_j}{\pi s^2} dA_j dA_i \tag{10.39}$$

式中，A为表面积，单位：m^2；F为角系数；$\dot{Q}$为辐射热，单位：kW；β为视线与地表法线的夹角；s为dA_i与dA_j之间的距离，单位：m。下标i和j表示第i和第j个曲面。角系数F_{i-j}的物理意义是第i个表面发射的辐射被第j个表面接收到的比例，满足以下两个关系：

$$A_i F_{i-j} = A_j F_{j-i} \tag{10.40}$$

$$\sum_j A_i F_{i-j} = 1 \tag{10.41}$$

角系数表示从一个物体到另一个物体的辐射百分比。然而虽然定义很清晰，但即使是简单的情况也很难得到解析解。

10.3.3　多表面间的辐射

多个表面之间的辐射可能非常复杂。为了更清楚地表达，我们可以引入电路模拟。图10.2是表面辐射的平衡图示意。辐照度［入射热流通量$\dot{q}''_{inc}$（单位：kW/m^2）］和辐射度J（单位：kW/m^2）］可表示为：

$$J = \gamma \dot{q}''_{inc} + \varepsilon e_b \tag{10.42}$$

表面的净辐射$\dot{Q}_{net}$(kW)为：

$$\dot{Q}_{net} = \dot{q}''_{net} A = \left(J - \dot{q}''_{inc} \right) A = \frac{e_b - J}{(1-\varepsilon)/(\varepsilon A)} \tag{10.43}$$

图10.2　表面辐射平衡示意图

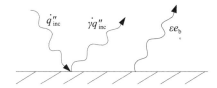

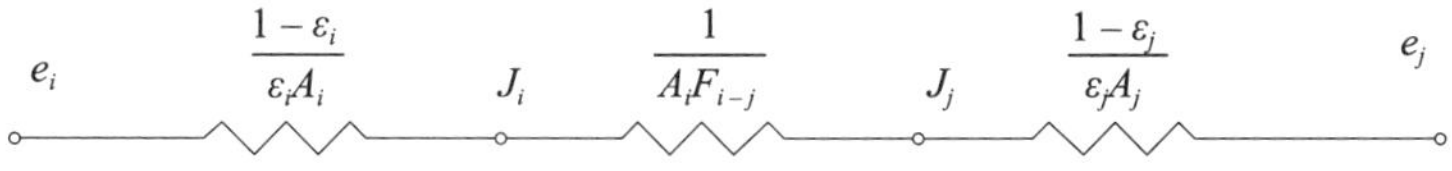

图10.3　任意两个表面间辐射换热电路模拟图

我们可以认为辐射J是从真实表面旁的一个等效黑体以相同的角系数从第i个面发射到第j个面。因此，J_i与J_j之间的辐射可以简单地表示为：

$$\dot{Q}_{\text{net},i-j} = \left(J_i - J_j\right)A_i F_{i-j} = \frac{J_i - J_j}{A_i F_{i-j}} \tag{10.44}$$

以上两个公式的形式表明了具有电势e或J、电流$\dot{Q}$和电阻的电路。例如，两个平行无限大板之间的辐射如图10.3所示。这种表达传热过程的方法称为电路模拟。

表面i和表面j之间的净热流通量可简单计算为：

$$\dot{Q}_{\text{net},i-j} = \frac{e_i - e_j}{\left(1-\varepsilon_i\right)/\left(\varepsilon_i A_i\right) + 1/A_i F_{i-j} + \left(1-\varepsilon_j\right)/\left(\varepsilon_j A_j\right)} \tag{10.45}$$

对于涉及多个表面的更复杂情况，表面的净热流$\dot{Q}_{\text{net}}$可通过求解以下方程式获得：

$$\sum_{j=1}^{n}\left(\frac{\delta_{ij}}{\varepsilon_i} - \frac{1-\varepsilon_j}{\varepsilon_j A_j}A_i F_{i-j}\right)\dot{Q}_{\text{net},j} = \sum_{j=1}^{n}A_i F_{i-j}\left(\sigma T_i^4 - \sigma T_j^4\right) \tag{10.46}$$

式中，克罗内克函数δ_{ij}的定义如下：

$$\delta_{ij} = \begin{cases} 1, & i = j \\ 0, & i \neq j \end{cases} \tag{10.47}$$

对于n个涉及辐射的表面，可以用n个未知的$\dot{Q}_{\text{net}}$值求解N个方程。

10.3.4 吸收、发射和散射烟气

烟气吸收、发射甚至散射火焰和热表面的辐射。在产生浓烟的火灾中，来自墙壁的辐射大部分被吸收，烟气层本身的作用类似于灰色物体或"灰色气体"。在这些情况下，必须考虑烟气的特性。灰色气体近似在许多工程应用中都起作用。假设烟气的所有性质，包括发射率和吸收率与波长无关。一般来说，烟气可被视为非散射气体。因此，我们可以得到以下方程式：

$$\alpha_{\text{g}} + \tau_{\text{g}} = 1 \tag{10.48}$$

其中下标g表示烟气（包括烟气分子和烟气颗粒）。

忽略散射效应，沿路径s的辐射传输方程（RTE）可简单表示为：

$$\frac{dI}{ds} = \kappa\left(I_{\text{b}} - I\right) \tag{10.49}$$

式中，I为辐射强度，单位：$kW/m^2 \cdot steradian$；κ是吸收系数，单位：$1/m$；s是路径长度，单位：m。黑体的辐射强度为：

$$I_{\text{b}} = \frac{\sigma T^4}{\pi} \tag{10.50}$$

由公式（10.49）可知，沿路径s，辐射强度被烟气吸收，但烟气也会发出辐射。如果考虑散射效应，右边第二项的吸收系数必须用吸收系数α和散射系数之和代替。

如果烟气体是各向同性的，则可以积分RTE方程，即公式（10.49），得到以下公式：

$$\frac{I(s) - I_{\text{b}}}{I(0) - I_{\text{b}}} = e^{-\kappa s} \tag{10.51}$$

公式（10.49）可转化为：

$$I(s) = I(0)e^{-\kappa s} + I_{\text{b}}(1 - e^{-\kappa s}) \tag{10.52}$$

请注意，上面等式右边的项对应烟气体中传递的热量和放出的热量。$I(0)$和I_{b}似乎是独立的，因

此很容易得到烟气的透射率τ和发射率ε的定义:

$$\tau_g = e^{-\kappa s}, \varepsilon_g = 1 - e^{-\kappa s} \qquad (10.53)$$

请注意,基尔霍夫定律也适用于烟气,这表明介质的发射率等于吸收率。这一结论可以很容易地通过公式(10.48)和公式(10.53)中得到。

在工程应用中,为了估算大体积烟气的总发射率,路径长度s通常由平均射线长度L_m(单位:m)代替,其定义如下:

$$L_m = 3.6 \frac{V_m}{A_m} \qquad (10.54)$$

其中,高温烟气的体积为V_m,单位:m^3;边界面积为A_m,单位:m^2。这种简单的方法大大简化了热辐射的计算,在消防安全科学的各个领域得到了广泛应用。

在火灾中,高温烟气吸收的辐射主要是来源于烟灰。其他的燃烧产物,例如CO_2和H_2O,起的作用要小得多。可使用下式计算介质的总发射率[11]:

$$\varepsilon_t = \varepsilon_s + \varepsilon_g - \varepsilon_s \varepsilon_g \qquad (10.55)$$

式中:

$$\varepsilon_g = \varepsilon_{CO_2} + \varepsilon_{H_2O} - \varepsilon_{CO_2}\varepsilon_{H_2O} \approx \varepsilon_{H_2O} + \frac{1}{2}\varepsilon_{CO_2} \qquad (10.56)$$

式中,下标t表示总量,s表示烟灰,g表示烟气,CO_2为二氧化碳,H_2O为水蒸气。烟灰的吸收系数κ_s与吸收介质的体积分数成正比,可表示为[5]:

$$\kappa_s = 3.72 \frac{C_0}{C_2} X_s T \qquad (10.57)$$

式中,X_s为烟灰体积分数;T为烟气温度,K;C_0为随折射率变化的常数,数值介于$2\sim6$之间;C_2为普朗克第二常数,数值为1.4388×10^{-2} mK。公式(10.57)仅适用于小颗粒,即假设粒子的复折射率与波长无关。当初始粒径超过瑞利散射极限时,颗粒的吸收系数会随团聚体的增大而增大。一般来说,火灾产生烟灰的影响对于瑞利散射极限来说是足够小的。

CO_2和H_2O的吸收系数可直接从文献[5]和[11]的图表中获得,前提是已知分压、物质温度和平均射线长度。在复杂的情况下,还需要采用三维辐射模型,考虑立体角和波段。此外,应使用局部吸收系数和路径长度,而不是整体吸收系数和平均射线长度。

示例10.2:计算两个相互平行的无限大平板之间的辐射。一块板的温度为1000℃,辐射率为0.92。另一块板对应的温度、辐射率为300℃和0.8。

答案:首先使用公式(10.33)计算发射率:

$$e_{b,1} = 5.67 \times 10^{-11} \times (273+1000)^4 = 148.9 \text{ kW/m}^2$$

$$e_{b,2} = 5.67 \times 10^{-11} \times (273+300)^4 = 6.1 \text{ kW/m}^2$$

因为两个平行相对的无限平面只能看到对方,因此它们之间的辐射角系数为1。可以使用公式(10.45)计算板之间的净热流通量:

$$\dot{q}''_{net,i-j} = \frac{\dot{Q}_{net,i-j}}{A} = \frac{148.9 - 6.1}{(1-0.92)/0.92 + 1/1 + (1-0.8)/0.8} = 106.8 \text{ kW/m}^2$$

示例10.3:在一个高6 m、宽10 m的隧道中发生了30 MW的火灾,隧道纵向通风速度为3 m/s。火源下游浓烟滚滚。火源主要组成为聚乙烯，有效燃烧热为40 MW/kg。平均烟灰排放量为0.06，即1 kg燃油产生0.06 kg烟尘。纯颗粒（不含气体的纯烟灰）的密度为1000 kg/m³。假设CO_2和H_2O没有影响，计算300 ℃烟气温度下烟气体的发射率。在1 atm正常压力下，进入的新风温度为20 ℃。

答案： 首先计算质量流率：$\dot{m} = \rho_0 u_0 A = 1.2 \times 3 \times 6 \times 10 = 216$ kg/s。然后计算总燃料质量损失速率：$\dot{m}_f = 30 / 40 = 0.75$ kg/s。烟灰的质量流率为：$0.75 \times 0.06 = 0.045$ kg/s。下游气流中烟灰的质量分数为：$Y_s = 0.045 / 216 = 0.75$ kg/kg。气体密度为：$1.2 \times 293 / (273 + 300) = 0.614$ kg/m³。因此，烟灰体积分数可以根据下式计算：$X_s = 0.00208 \times 0.614 / 1000 = 1.28 \times 10^{-6}$ m³/m³。吸收系数可以根据式（10.57）计算：$\kappa_s = 3.72 \times (4 / 1.4388 \times 10^{-2}) \times 1.28 \times 10^{-6} \times (273 + 20) = 0.76$。有界体的长度估计为1 m（该值对结果没有影响。也可以为2 m或3 m）。因此，$L_m = 3.6 \times 6 \times 10 / (6 \times 2 + 10 \times 2) = 6.75$ m。然后计算发射率：$\varepsilon_g = 1 - e^{(-0.76 \times 6.75)} = 0.99$。该值接近1，表明烟气体类似于黑体，顶棚和墙壁之间的辐射传热非常有限。

10.4 热传导

在隧道火灾安全中，隧道壁面的热损失和隧道壁面内的温度是主动式和被动式消防安全系统设计中的关键问题。一般可以假设物质是各向同性的，即物质的热性能与方向无关。一维热传导控制方程可表示为：

$$\frac{\partial T_s}{\partial t} = a_s \frac{\partial^2 T_s}{\partial z^2} \tag{10.58}$$

式中，固体的热扩散系数a（单位：m²/s）定义为：

$$a_s = \frac{k_s}{\rho_s c_s}$$

式中，t为时间，单位：s；z为表面下深度，单位：m；下标s表示固体。

为了得到物质内部或表面温度的解，必须给出一侧或两侧的边界条件。有4种典型的壁面边界条件：

- 第一类边界条件——固定表面温度：T_w = 常数。
- 第二类边界条件——壁面净热流恒定：

$$-k \frac{\partial T_s}{\partial z}\bigg|_{z=0} = \dot{q}''_{net} \tag{10.59}$$

- 第三类边界条件——换热系数恒定：

$$-k_s \frac{\partial T_s}{\partial z}\bigg|_{z=0} = h(T_g - T_w) \tag{10.60}$$

- 第四类边界条件——热流恒定和对流换热系数恒定：

$$\dot{q}''_w = -k \frac{dT}{dz}\bigg|_{z=0} = \dot{q}''_{net} + h_c(T_g - T_w) \tag{10.61}$$

根据傅里叶定律，稳态一维热传导问题的解可为：

$$\dot{q}''_w = \frac{k_s}{\delta_s}(T_w - T_{bw}) \tag{10.62}$$

式中，δ_s为固体厚度，单位：m；下标w为暴露壁面（exposed wall surface）；bw为墙体后侧壁面（backside wall surface）。

复杂几何形状或复杂边界条件的解析解几乎不可能得到。然而，在许多情况下，边界条件可以被简化为具有4个基本边界之一的无限平板中的热传导。这些情况便可以得到解析解。下面几节将对此进行讨论。

10.4.1 热薄材料

热薄材料（thermally thin materials）（如薄钢板）热传导的速度与表面传热相比要快。因此，通常假设材料由内到外的温度始终不变（材料内部没有温度梯度）。注意，第一类边界（即表面温度恒定的边界条件）对热薄材料没有意义。

对于具有第二类边界条件（表面热流恒定）的热薄材料，其温度可通过以下方法估算：

$$\Delta T_s = T_s - T_i = \frac{\dot{q}''_w t}{\rho_s \delta_s c_s} \tag{10.63}$$

因此，热薄燃料的点燃时间t_{ig}（单位：s）可以用以下方法估算：

$$t_{ig} = \frac{\rho_s \delta_s c_s \Delta T_s}{\dot{q}''_w} \tag{10.64}$$

对于具有第三类边界条件（传热系数恒定）的热薄材料，其温度可通过以下方法估算：

$$T_\infty - T_s = (T_\infty - T_o) \exp\left(-\frac{ht}{\rho_s \delta_s c_s}\right) \tag{10.65}$$

对于具有第四类边界条件（热流恒定和对流换热系数恒定）的热薄材料，其温度可通过以下方法估算：

$$T_\infty - T_s = \left(T_\infty + \frac{\dot{q}''}{h_c} - T_o\right) \exp\left(-\frac{h_c t}{\rho_s \delta_s c_s}\right) \tag{10.66}$$

式中，t是时间，单位：s；T_s是热薄材料的温度，单位：K；T_i是初始温度，单位：K；T_∞是烟气温度，单位：K；$\dot{q}''_w$是表面吸收的净热流，单位：kW/m^2；h是传热系数，单位：kW/(m^{2}K)；δ是热薄材料的厚度，单位：m；c_s为材料的热容，单位：kJ/(kgK)。下标s表示固体，下标c表示对流传热下标ig表示点燃。

10.4.2 热厚材料

热厚材料（thermally thick materials）表明，始终存在一个垂直于材料表面的温度梯度。在热传导过程中，热量连续通过表面进入材料，最终到达板的背面。此过程即为给定厚度的热穿透。为了确定材料是否被热穿透，可以使用以下方法估算热穿透深度δ_s：

$$\delta_s = C_k \sqrt{a_s t} \tag{10.67}$$

式中C_k为系数。为了估计材料是否为热厚，推荐使用$C_k = 3.6$（对应1%的相对温升）。同时，确定材料是否已经完全渗透，推荐使用$C_k = 2$（对应16%的相对温升）。经过充分的热穿透（$C_k = 2$）后，材料内部的温度梯度是恒定的，热流通量可以由公式(10.63)计算得到。对应的导热系数h_k可直接表示为：

$$h_k = h_s / \delta_s \tag{10.68}$$

在热渗透之前，可以将材料看作一个无限大的平板。在隧道火灾中，这通常是一个很好的假设，因为墙壁一般很厚，并且可能有混凝土衬砌，或可能像在岩石隧道中一样无限深。

对于热厚材料内部的热传导，首先定义两个关键的无量纲参数：

$$\zeta = \frac{z}{2\sqrt{a_\mathrm{s}t}}$$ （10.69）

$$\beta = \frac{h\sqrt{a_\mathrm{s}t}}{k_\mathrm{s}} = h\sqrt{\frac{t}{k_\mathrm{s}\rho_\mathrm{s}c_\mathrm{s}}}$$ （10.70）

通过前面提到的4种典型热传导边界条件可以得到解析解。我们将在接下来的章节中对解析解进行说明。

10.4.2.1　第一边界条件

回想一下，第一类边界条件是表面温度恒定，这种边界条件实际是不现实的。但是若假设一个物体暴露在温度迅速上升并在短时间内达到恒定的烟气中，或一个物体突然暴露在温度恒定的烟气中，那么这个边界条件便是合理的。

假设烟气温度T_g等于壁面温度，则墙体材料内部温度可通过以下方法估算：

$$\frac{T_\mathrm{s}(z,t) - T_\mathrm{o}}{T_\mathrm{g} - T_\mathrm{o}} = 1 - \mathrm{erf}(\zeta) = \mathrm{erfc}(\zeta)$$ （10.71）

式中，z为表面以下深度，单位：m；t为时间，单位：s；erf为高斯误差函数；erfc为补充函数。

表面热流通量可估算为：

$$\dot{q}_\mathrm{w}'' = \sqrt{\frac{k_\mathrm{s}\rho_\mathrm{s}c_\mathrm{s}}{\pi t}}(T_\mathrm{g} - T_\mathrm{o})$$ （10.72）

如果平板或壁面不是无限大的，热量已经渗透到平板的背面，那么热流通量可以简化为：

$$\dot{q}_\mathrm{w}'' = \frac{k_\mathrm{s}}{\delta_\mathrm{s}}(T_\mathrm{g} - T_\mathrm{bw})$$ （10.73）

式中，T_bw为后侧壁面温度。

10.4.2.2　第二类边界条件

回想一下，第二类边界条件壁面的净热流通量是恒定的。内部温度可通过下式计算[1]：

$$T_\mathrm{s}(z,t) - T_\mathrm{i} = \frac{2\dot{q}_\mathrm{net}''}{k_\mathrm{s}}\left[\sqrt{\frac{a_\mathrm{s}t}{\pi}}\exp(-\zeta^2) - \frac{z}{2}\mathrm{erfc}(\zeta)\right]$$ （10.74）

表面温度可以通过下式计算：

$$T_\mathrm{w} - T_\mathrm{o} = \frac{2\dot{q}_\mathrm{net}''}{k_\mathrm{s}}\sqrt{\frac{a_\mathrm{s}t}{\pi}} = 2\dot{q}_\mathrm{net}''\sqrt{\frac{t}{\pi k_\mathrm{s}\rho_\mathrm{s}c_\mathrm{s}}}$$ （10.75）

上述公式已广泛应用于火灾安全研究，变形后可进一步估算点燃时间t_ig（单位：s）：

$$t_\mathrm{ig} = \frac{\pi}{4}k_\mathrm{s}\rho_\mathrm{s}c_\mathrm{s}\frac{(T_\mathrm{ig} - T_\mathrm{o})^2}{\dot{q}_\mathrm{net}''^2}$$ （10.76）

然而，虽然它被广泛使用，但表面的净热流通量实际上并非常数，因此通常需要数值模拟来解决这个问题。

10.4.2.3　第三类边界条件

第三类边界条件是传热系数恒定的对流换热表面。其内部温度可通过下式计算[1]：

$$\frac{T(z,t) - T_\mathrm{o}}{T_\mathrm{g} - T_\mathrm{o}} = \mathrm{erfc}(\zeta) - \exp(2\zeta\beta + \beta^2)\mathrm{erfc}(\zeta + \beta)$$ （10.77）

表面温度T_w或$T(0,t)$可由以下方式计算：

$$\frac{T_{\mathrm{w}} - T_{\mathrm{o}}}{T_{\mathrm{g}} - T_{\mathrm{o}}} = 1 - \exp\left(\beta^2\right)\mathrm{erfc}\left(\beta\right) \tag{10.78}$$

表面的热流通量可由下式求得：

$$\dot{q}''_{\mathrm{w}} = h\left(T_{\mathrm{g}} - T_{\mathrm{w}}\right) = h\left(T_{\mathrm{g}} - T_{\mathrm{o}}\right)\exp\left(\beta^2\right)\mathrm{erfc}\left(\beta\right) \tag{10.79}$$

10.4.2.4　第四类边界条件

第四类边界条件是指一个通过恒定辐射热流辐射热量或具有恒定对流传热系数的对流换热表面。这种边界条件并不常见。注意，第四类边界条件与第三类边界条件非常相似，因此易于求解。

固体内部温度可以表示为：

$$\frac{T(z,t) - T_{\mathrm{o}}}{T_{\mathrm{g}} + \dot{q}''_{\mathrm{net}} / h_{\mathrm{c}} - T_{\mathrm{o}}} = \mathrm{erfc}\left(\zeta\right) - \exp\left(2\zeta\beta + \beta^2\right)\mathrm{erfc}(\zeta + \beta) \tag{10.80}$$

表面温度计算如下：

$$\frac{T_{\mathrm{w}} - T_{\mathrm{o}}}{T_{\mathrm{g}} + \dot{q}''_{\mathrm{net}} / h_{\mathrm{c}} - T_{\mathrm{o}}} = 1 - \exp\left(\beta^2\right)\mathrm{erfc}\left(\beta\right) \tag{10.81}$$

10.4.2.5　复杂边界

上述4个边界条件虽然可以应用于一些特定的情况，但是它们是高度简化的。在现实中，边界条件往往非常复杂，并且往往与前面讨论的4种边界条件有偏差，例如瞬态边界。在这些情况下，必须应用Duhamel积分方法或数值模拟进行求解。这种流体流动和热流传递的数值方法将在第17章中进一步讨论。

示例10.4：一个高6 m、宽20 m、通风速度为2 m/s隧道，暴露在100 MW 的重型货车火灾下10分钟，计算顶棚表面以下5 cm处的混凝土最高温度。油池火源位于隧道地面上方0.5 m处。重型货车宽3 m，长10 m。环境温度为10 ℃。[混凝土衬砌：密度$\rho = 2100$ kg/m³，$c_{\mathrm{p}} = 880$ J/(kg·K)，$k = 1.37$ W/(m·K)]。

答案：最高温度存在于火源上方的顶棚处。使用公式（8.19）和公式（8.20）计算顶棚表面附近的最高烟气温度：$T_{\max} = T_0 + \Delta T_{\max} = 10$ ℃ + 1350 ℃。我们可以用两种方法来估计隧道顶部以下5 cm处的温度，即第一类边界条件或第三类边界条件。根据公式（10.69）计算得$\zeta = 1.185$。对于第一类边界条件，由公式（10.71）计算得$T(z = 0.05$ m$,t = 600$ s) = 136 ℃，由公式（10.72）计算得到$\dot{q}'' = 49$ kW/m²。对于第三类边界条件，估计总传热系数为$h_{\mathrm{t}} = h_{\mathrm{c}} + \sigma\left(T_{\mathrm{g}}^2 + T_{\mathrm{w}}^2\right)\times\left(T_{\mathrm{g}} + T_{\mathrm{w}}\right) = 998$ W/(m²K)和$\beta = 15.4$，然后根据公式（10.77）计算得$T(z = 0.05$ m$,t = 600$ s) = 136 ℃。

注意，从两个边界条件得到的结果是相同的，这是因为混凝土衬砌内部的热传导主导传热。随着表面温度升高，进入衬砌表面的净热流会随时间显著减少，因此不能将边界简化为第二类边界。此外，在使用包含误差函数的方程时应谨慎，因为误差函数在数值上可能不稳定，甚至导致较大的误差。因此，建议检查所获取的值是否是真实可行。

10.5　热阻

本节主要讨论热烟气与隧道壁面传热过程的热阻。考虑到热渗透到衬砌背后通常需要很长的时间，隧道的墙体（甚至包括混凝土衬砌）可以被认为是一个无限大的平板。对流热流通量可表示为：

$$\dot{q}_c'' = \frac{T_g - T_w}{1/h_c}$$ （10.82）

热厚材料表面的传导热流通量可以表示为：

$$\dot{q}_k'' = \frac{(T_w - T_o)}{1/h_k}$$ （10.83）

式中，热厚材料在热穿透前的传热系数为：

$$h_k = \sqrt{\frac{k_s \rho_s c_s}{\pi t}}$$ （10.84）

热穿透后的传热系数为：

$$h_k = \delta_s / k_s$$ （10.85）

壁面辐射热流通量可表示为：

$$\dot{q}_r'' = \frac{T_g - T_w}{1/h_r}$$ （10.86）

$$h_r = \varepsilon \sigma (T_g^2 + T_w^2)(T_g + T_w)$$ （10.87）

式中，下标c、k和r分别表示对流传热、热传导和辐射传热。注意，导热系数h_k随时间增加非常快。此外，辐射传热系数h_r随时间也会发生显著变化。

通过壁面的净热流通量（包括辐射净热流通量和对流净热流通量）应与通过热传导进入壁面的净热流通量相等，可表示为：

$$\dot{q}_w'' = \dot{q}_r'' + \dot{q}_c'' = \dot{q}_k''$$ （10.88）

热烟气到壁面的整体热传递的电路模拟如图10.4所示。

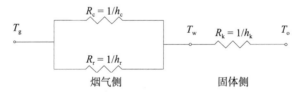

图10.4   热烟气到壁面整体热传递的电路模拟

注意：热阻是传热系数的倒数。因此，通过表面的总热流通量可以表示为：

$$\dot{q}'' = \frac{T_g - T_o}{1/h_k + 1/(h_c + h_r)}$$ （10.89）

上图展示的电路模拟非常简单。目的只是为了清楚地表明烟气到壁面的传热过程中这3种传热方式之间的关系，并提高我们对这3种传热方式的理解。

示例10.5： 一条高6 m、宽10 m的岩石隧道充满了1000℃的烟尘气体。岩石隧道的平均粗糙度为10 cm。热烟气的发射率估计为1。假设烟流速度为7 m/s。计算600 s和3600 s时的对流传热、辐射传热和导热的热阻。（岩石性质：密度ρ=2500 kg/m³，c_p=900 J/kg·K，k=1.3 W/m·K）

答案：需要注意的是，该场景与示例10.1相同，我们得到对流换热系数：$h_c = k \cdot \dfrac{Nu_D}{D} = 8.65 \ \text{W} / \text{m}^2 \cdot \text{K}$。在600 s和3600 s时，壁面温度应接近烟气温度。因此辐射换热系数也可由$h_r \approx \varepsilon\sigma\left(T_g^2 + T_g^2\right)\left(T_g + T_g\right) = 4\varepsilon\sigma T_g^3 = 801 \ \text{W} / \text{m}^2 \cdot \text{K}$。估算。利用公式（10.84）计算600 s时的导热系数$h_k = 36.6 \ \text{W} / \text{m}^2 \cdot \text{K}$，3600 s时$h_k = 15.0 \ \text{W} / \text{m}^2 \cdot \text{K}$。现在我们可以估算出热阻$R_c = \dfrac{1}{h_c} = 0.116$，$R_r = \dfrac{1}{h_r} = 0.0012$。对流和辐射传热的总热阻为$\overline{R} = \dfrac{1}{\dfrac{1}{h_c} + \dfrac{1}{h_r}} = 0.0012$。这表明从烟气到壁面的传热主要是辐射传热。然后计算600 s的热阻$R_k = 0.027$，3600 s的热阻$R_k = 0.067$。因此，600 s时总热阻为$R_t = 0.0012 + 0.027 = 0.028$，3600 s时总热阻为$R_t = 0.0012 + 0.067 = 0.068$。需要注意的是，总热阻随时间的增加而增加，这种情况主要是由导热传递所影响。

10.6　热流通量测量

热流计（HFMs，heat flux meters）是火灾测试中常用的测量热流的仪器。最受欢迎的类型是加德纳仪表（GG，Gardon gange）和施密特—博特尔特仪表（SB，Schmidt-Boelter meter）。由于平板温度计（PT，plate thermometers）简单、可靠，近年来被广泛应用于热流测量。

GG和SB都是通过测量温差来测量水冷表面的总热流。测量的热流与入射辐射之间的关系可以近似为：

$$\dot{q}_m'' = \varepsilon_m\left(\dot{q}_{inc}'' - \sigma T_w^4\right) \tag{10.90}$$

式中，下标m表示由HFM测量的值，w为冷却水。发射率主要取决于HFM感应表面的涂料，一般在0.9～0.95之间。由于冷却水降低了表面温度，HFM对局部对流非常敏感。因此，将这些类型的HFM放置在高温烟气中会引起很大的误差，必须在测量后进行修正。

PT最初是由维克斯特伦（Wickström）于20世纪80年代开发，用于控制耐火熔炉，以协调同步测试结果。在那之后，PT便在相关国际（ISO 834）和欧洲（EN 1363-1）标准中被明确提及。当时，PT被认为不是HFM，而是用来测量有效温度以确保在各种类型的耐火炉中对试样的传热相同的工具。后来，英格森和维克斯特伦[12]开发了使用PT进行热流测量的方法。后来，维克斯特伦等人[13]进一步完善了模型。英格森和维克斯特伦根据能量守恒方程，提出了计算入射热流[12]的方法：

$$\dot{q}_{inc}'' = \dfrac{\varepsilon_{PT}\sigma T_{PT}^4 + \left(h_{c,PT} + K_{cond}\right)\left(T_{PT} - T_\infty\right) + (\rho c\delta)_{PT}\dfrac{\Delta T_{PT}}{\Delta t}}{\varepsilon_{PT}} \tag{10.91}$$

式中，导热修正系数$K_{cond} = 8.43 \ \text{W}/(\text{m}^2\text{K})$，PT表面发射率$\varepsilon_{PT} = 0.8$，总热容系数$(\rho c\delta)_{PT} = 4202 \ \text{J}/(\text{m}^2\text{K})$。[13] 下标∞表示周围的烟气。右边的分子项分别为辐射、对流热损失、导热热损失和累积得热。注意，因PT不需要水来冷却表面，这使它非常适用于大规模的防火测试，例如，全尺寸隧道防火测试。

10.7　隧道火灾热流通量计算

表面的总净热流通量为对流热流通量和辐射热流通量之和，可简单表示为：

$$\dot{q}_{net}'' = \dot{q}_{net,c}'' + \dot{q}_{net,r}'' \tag{10.92}$$

在大型隧道火灾中，一般辐射热流通量要远高于对流热流通量。另外，请注意，使用前一节提出的计算方程可以很容易地计算得到对流热流通量。因此，辐射热流通量的计算将是下面几节的重点。

10.7.1　隧道上部裸露顶棚和侧壁

隧道上层的表面被烟气或大火火焰包围。假设墙壁的发射率接近1，此外，烟气和顶棚或墙壁之间的角系数也可以假设为1，这适用于大型火灾。但对于小型火灾，这些假设可能导致计算偏保守。然后可使用以下方法估算净辐射热流通量：

$$\dot{q}''_{net,w} = \frac{\dot{Q}_{g-w}}{A_w} = \frac{\left(e_{b,g} - e_{b,w}\right)/A_w}{\left(1-\varepsilon_g\right)/\left(\varepsilon_g A_g\right) + 1/A_w F_{w-g} + \left(1-\varepsilon_w\right)/\left(\varepsilon_w A_w\right)} \qquad (10.93)$$

式中，下标w表示墙壁，g表示热烟气。注意，对于$A_w = A_g$和$F_{o-g} = 1$，得到：

$$\dot{q}''_{net,w} = \frac{e_{b,g} - e_{b,w}}{1/\varepsilon_g + \left(1-\varepsilon_w\right)/\varepsilon_w} \qquad (10.94)$$

从顶棚或墙壁表面接收到的入射热流通量可按以下方法计算：

$$\dot{q}''_{inc,w} = \frac{\dot{q}''_{net,w}}{\varepsilon_w} + e_{b,w} = \frac{\sigma\left(T_g^4 - T_w^4\right)}{\varepsilon_w/\varepsilon_g + 1 - \varepsilon_w} + \sigma T_w^4 \qquad (10.95)$$

考虑到墙壁和物体的发射率通常在0.85～0.95之间，可以假定顶棚和上层墙壁的发射率为1。因此，上层入射热流通量可表示为：

$$\dot{q}''_{inc,w} \approx \varepsilon_g \sigma T_g^4 \qquad (10.96)$$

对于大型隧道火灾，烟气发射率ε_g接近1。2003年卢恩海默隧道火灾试验[14]入射热流通量测量值与估算值比较见图10.5。所有的数据都接近于等值线，这表明数据匹配良好。

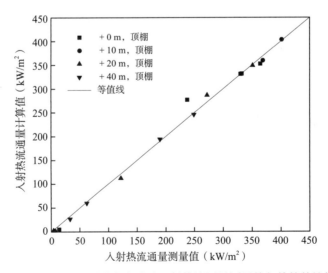

图10.5　卢恩海默隧道火灾试验入射热流通量测量值与估算值比较

示例10.6：在一个高6 m和宽12 m的隧道中，分别估算热释放速率（*HRR*）为30 MW和100 MW下入射热流通量。纵向风速为3 m/s，环境温度为20 ℃。假设火源底部距隧道底板1 m处。假定燃料的等效半径为3 m。这两场大火的发射率可以假定为1。

答案：首先，假设$V' > 0.19$，可以用第8章关于烟气温度的公式（8.17）来计算最高温升。可计算出30 MW时的最高温升为474 ℃，100 MW时为1350 ℃。因此对应的最高烟气温度分别为494 ℃和1370 ℃。然后可以使用公式（10.96）计算入射热流通量，辐射率为1。得到：HRR = 30 MW时，计算值为19.6 kW/m^2；HRR = 100 MW时，计算值为413 kW/m^2。

10.7.2　隧道下层热流通量

10.7.2.1　水平和垂直物体表面

隧道火灾烟气流动有时分为两层，即较热的上层和较冷的下层。即使在远离火源的良好混合条件下，温度也会分层。下层物体的热流通量主要来自上层热烟气的辐射。请注意，沿隧道长度2 ~ 3倍隧道高度范围内，烟气温度变化不大。因此，三维辐射问题可以简化为二维问题。辐射表面可以分为3种类型，即上层的热烟气表面（g），隧道内的物体（o），和下层的冷壁面和地板（w）。隧道下层物体入射辐射的示意图见图10.6。图中将上部隧道壁面所包围的热烟气整体视为一个表面。

注意，物体和下壁面之间的辐射与热烟气发出的辐射相比是有限的。我们可以假设$e_{b,w} \approx e_{b,o}$。对下层物体的辐射可以用图10.7所示的电路模拟来表示。

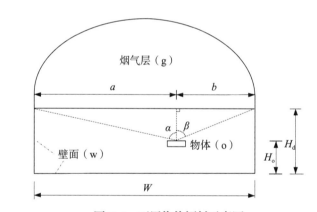

图10.6　下层物体辐射示意图

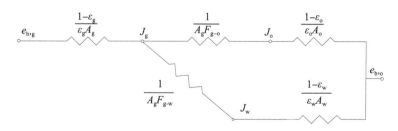

图10.7　下层物体辐射换热电路模拟

烟气到壁面的角系数F_{g-w}比烟气到物体的角系数F_{g-o}大得多，因此大部分热量都进入了壁面。因此到物体的热流通量可以表示为：

$$\dot{Q}_{\text{net,g-o}} = \frac{\dfrac{1}{F_{\text{g-w}}A_{\text{g}}} + \dfrac{1-\varepsilon_{\text{w}}}{\varepsilon_{\text{w}}A_{\text{w}}}}{\dfrac{1}{F_{\text{g-o}}A_{\text{g}}} + \dfrac{1-\varepsilon_{\text{o}}}{\varepsilon_{\text{o}}A_{\text{o}}}} \frac{e_{\text{b,g}} - e_{\text{b,o}}}{\dfrac{1-\varepsilon_{\text{g}}}{\varepsilon_{\text{g}}A_{\text{g}}} + \dfrac{1}{F_{\text{g-w}}A_{\text{g}}} + \dfrac{1-\varepsilon_{\text{w}}}{\varepsilon_{\text{w}}A_{\text{w}}}} \tag{10.97}$$

注意：$F_{\text{g-w}} = 1$，$F_{\text{w-g}} \neq 1$，$F_{\text{g-o}}A_{\text{g}} = F_{\text{o-g}}A_{\text{o}}$。烟气层对物体的辐射热流通量可以表示为：

$$\dot{q}''_{\text{net,g-o}} = \frac{\dot{Q}_{\text{net,g-o}}}{A_{\text{o}}} = \left(\frac{\dfrac{1}{A_{\text{g}}} + \dfrac{1-\varepsilon_{\text{w}}}{\varepsilon_{\text{w}}A_{\text{w}}}}{\dfrac{1}{\varepsilon_{\text{g}}}\dfrac{1}{A_{\text{g}}} + \dfrac{1-\varepsilon_{\text{w}}}{\varepsilon_{\text{w}}A_{\text{w}}}} \right) \frac{e_{\text{b,g}} - e_{\text{b,o}}}{\dfrac{1}{F_{\text{o-g}}} + \dfrac{1}{\varepsilon_{\text{o}}} - 1} \tag{10.98}$$

回想一下，大部分对物体的辐射主要来自物体旁的烟气层，在沿隧道长度2～3倍隧道高度范围内，烟气温度变化不大。因此，可以认为特征辐射温度是恒定的。假定 dx（单位：m）纵向长度范围内，烟气层暴露面积 A_{g}（单位：m^2）和下层暴露面积 A_{w}（单位：m^2）分别为：

$$A_{\text{g}} = W dx \tag{10.99}$$

$$A_{\text{w}} = (W + 2H_{\text{d}}) dx = P_{\text{w}} dx \tag{10.100}$$

因此，烟气层到物体表面的净热流通量可简化为：

$$\dot{q}''_{\text{net,g-o}} = C_{\text{r1}}C_{\text{r2}}\sigma (T_{\text{g}}^4 - T_{\text{o}}^4) \tag{10.101}$$

式中，系数 C_{r1} 和 C_{r2} 定义为：

$$C_{\text{r1}} = \left(\frac{\dfrac{1}{W} + \dfrac{1-\varepsilon_{\text{w}}}{\varepsilon_{\text{w}}P_{\text{w}}}}{\dfrac{1}{\varepsilon_{\text{g}}W} + \dfrac{1-\varepsilon_{\text{w}}}{\varepsilon_{\text{w}}P_{\text{w}}}} \right) \approx \varepsilon_{\text{g}}, \quad C_{\text{r2}} = \frac{\varepsilon_{\text{o}}F_{\text{o-g}}}{\varepsilon_{\text{o}} + (1-\varepsilon_{\text{o}})F_{\text{o-g}}}$$

入射热流通量可以估计如下：

$$\dot{q}''_{\text{inc,o}} = \frac{\dot{q}''_{\text{net,g-o}} + \dot{q}''_{\text{net,w-o}}}{\varepsilon_{\text{o}}} + e_{\text{b,o}} \tag{10.102}$$

物体与壁面之间的辐射是有限的，即壁面与物体之间的净流通量要比烟气与物体之间的热流通量小得多。因此，公式（10.102）可以写成：

$$\dot{q}''_{\text{inc,o}} = C_{\text{r1}}C_{\text{r2}}\sigma (T_{\text{g}}^4 - T_{\text{o}}^4) / \varepsilon_{\text{o}} + \sigma T_{\text{o}}^4 \tag{10.103}$$

考虑到壁面和物体的发射率一般在0.85～0.95之间，平均值为0.9，可以进一步简化上述方程。在这种情况下，C_{r1} 近似于 ε_{g}，C_{r2} 近似于 $0.9F_{\text{o-g}}$。利用这些假设，目标表面的净热流通量可以表示为：

$$\dot{q}''_{\text{net,o}} = \dot{q}''_{\text{net,g-o}} \approx 0.9\varepsilon_{\text{g}}F_{\text{o-g}}\sigma (T_{\text{g}}^4 - T_{\text{o}}^4) \tag{10.104}$$

考虑到物体表面温度一般远低于烟层温度，则物体表面所接收到的入射热流通量可简化为：

$$\dot{q}''_{\text{inc,o}} \approx \varepsilon_{\text{g}}F_{\text{o-g}}\sigma T_{\text{g}}^4 \tag{10.105}$$

当物体淹没在烟气层时，角系数等于1。上式与隧道暴露顶棚和上层侧壁的形式相同。作为一个粗略的估计，特征烟层的高度可以设置为隧道高度的50%（图10.7中的 H_{d}），有更好的估计信息可用时除外。如果用顶棚烟气温度作为烟气层的特征温度，则这种假设可以很好地发挥作用。

发射率取决于局部烟灰浓度，而烟灰浓度又取决于火灾产生的烟灰。通常这个变量很难确定。在大多数隧道火灾中，烟气层可以认为具有一定光学厚度，即发射率接近1。在大型隧道火灾中，可以肯定发射率为1。在小火灾或大火灾的早期阶段，发射率要低得多。然而，随着时间的推移，即使是小型火灾，如顶棚高度相对较低的5 MW火灾，或有防火衬砌的隧道，上壁面温度也会接近烟气温度。事实上，上述方程中的发射率是整个上部烟气层的物性，包括烟气周围的隧道顶棚和墙壁。在热薄的情况下，由于烟气吸收的辐射可能受到限制（大部分来自上层顶棚和墙壁的辐射将被发射到下层），因此，整个上层的发射率会略高于预期。但总的来说，即使在这种情况下，上层的总发射率也可以假定为1，尽管这可能导致计算偏保守。

因此还必须确定的主要参数是物体到烟气层的角系数。下面将针对物体的不同位置进行讨论。

对于隧道地面上的物体或表面朝上高于地面一定高度的物体，可通过以下方法计算角系数：

$$F_{o-g} = \frac{1}{2}\left(\sin\alpha + \sin\beta\right) \tag{10.106}$$

式中，α 和 β 是图10.6中绘制的角度。

物体也可以放置在墙壁上，使其表面面对对面的墙壁，例如，在图10.6中放置在右边的墙壁上，在这种情况下，角系数可以通过以下方法计算：

$$F_{o-g} = \frac{1}{2}(1 - \cos\alpha) \tag{10.107}$$

如果图10.6中物体放置在左侧壁面上，则上式中的角度应为 β 代替 α。

如果物体表面面向隧道的一侧，则可通过下式确定角系数：

$$F_{o-g} = \frac{1}{2\pi}(\alpha + \beta) = \frac{1}{2\pi}\left[\tan^{-1}\left(\frac{a}{H_d - H_o}\right) + \tan^{-1}\left(\frac{b}{H_d - H_o}\right)\right] \tag{10.108}$$

式中，$H_d - H_o$ 为热烟气层到物体表面中心的距离，a、b 为目标中心到侧壁的水平距离，见图10.6。当物体被具有特征烟气温度的热烟气包围时，角系数接近1，特别是当物体表面朝上时。回想起热烟层高度，可按照隧道高度的50%进行估算。这种假设的一个原因是，我们通常以顶棚烟气温度作为特征温度，计算热流通量。在现实中，即使发生了所谓的烟层破坏，上层烟气层与下层地板层之间也始终存在温差。因此，角系数的降低在一定程度上补偿了可能高估的特征烟气温度的影响。

热流通量计算公式（10.103）中的关键参数，例如 C_{r1} 和 C_{r2} 是无量纲的，且对隧道几何形状并不敏感。这种不敏感性表明，该计算模型主要与底层的形状和物体的位置有关。因此，它适用于不同几何形状的隧道。

公式（10.103）可用于估算隧道火灾时疏散人员、消防员或邻近车辆受到的热流通量。此外，它可以用来估计火灾蔓延到邻近车辆或其他物体的可能性。

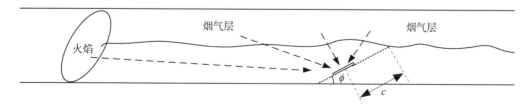

图10.8　火焰、热烟层对物体的辐射示意图

10.7.2.2　倾斜目标表面

在某些情况下，物体表面既不水平也不垂直，如图10.8所示。物体表面与烟层表面之间可能有一个倾斜角。如果在火源附近有这样一个倾斜的表面，火焰也会对表面的热辐射起作用。因此，表面所接收的总热流通量应包括烟气层和火焰两部分。本节只讨论烟气层的热流通量；火焰辐射将在10.7.3

章节中描述。

在计算倾斜表面的热流通量时，必须考虑倾斜的影响。这里可以利用矩形辐射体到任意角度差分区域的角系数估计模型，见图10.9所示。物体位于与平面交点垂直的平面上，其原点位于矩形的一个角。

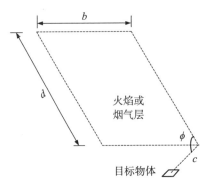

图10.9　火焰或烟气层对物体辐射示意图

矩形散热表面对物体的辐射角系数可以用 $F_{o-radiator}$ 或 F_{o-g} 表示，其计算公式如下[15,16]：

$$F_{o-radiator} = \frac{1}{2\pi}\left\{ \tan^{-1}\left(\frac{1}{L}\right) + V(N\cos\phi - L)\tan^{-1}(V) \right.$$
$$\left. + \frac{\cos\phi}{W}\left[\tan^{-1}\left(\frac{N - L\cos\phi}{W}\right) + \tan^{-1}\left(\frac{L\cos\phi}{W}\right) \right] \right\} \tag{10.109}$$

其中

$$V = \frac{1}{\sqrt{N^2 + L^2 - 2NL\cos\phi}}$$

$$W = \sqrt{1 + L^2\sin^2\phi}$$

$$N = \frac{d}{b}$$

$$L = \frac{c}{b}$$

式中，b、d 为辐射面边长，单位：m；c 为物体到两平面交线的距离，单位：m；ϕ 为两平面夹角，单位：°。

角度可以在0°~180°之间变化。注意，当角度接近0或180°时，数值不稳定可能导致角系数不合理。此外，应该注意的是：计算获得的总角系数不应该小于0或大于1。

公式（10.109）可用于计算垂直火焰和烟气层到倾斜表面的热流通量。对于来自烟气层的辐射，可以将其视为物体上方的无限长平板，公式（10.109）可简化为：

$$F_{o-radiator} = \frac{1}{2\pi}\left\{ \tan^{-1}\left(\frac{1}{L}\right) + \frac{\cos\phi}{W}\left[\frac{\pi}{2} + \tan^{-1}\left(\frac{L\cos\phi}{W}\right) \right] \right\} \tag{10.110}$$

式中，参数 d 已被消去。因此，角系数仅是 b、c 和角度 ϕ 的函数。对于放置在隧道中心线的物体，两个辐射面对该物体的辐射必须相加，即：

$$F_{o-g} = F_{o-g,1} + F_{o-g,2} \tag{10.111}$$

每个辐射平面应均采用无限长平板的方程。这两个角系数的计算唯一不同的是参数 b。这两个角系数的参数 b 之和应该等于隧道宽度。

10.7.2.3 大型隧道火灾垂直火焰辐射

对于大型隧道火灾，位于火灾上游的人员（如消防人员）在火灾现场可以看到火焰占据了整个隧道断面，如图10.10所示。这里讨论火焰垂直部分的辐射。

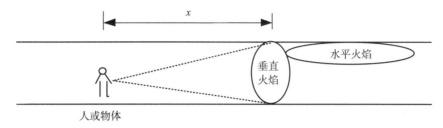

图10.10 大型隧道火灾中火焰对物体的辐射示意图

人在距火源L（单位：m）处所接收到的入射辐射热流可以用下式估算：

$$\dot{q}''_{\text{inc,F-o}} \approx \varepsilon_{\text{F}} \sigma T_{\text{F}}^4 F_{\text{o-g}} \qquad (10.112)$$

在大多数情况下，特别是在大型火灾中，火焰发射率约为1，即$\varepsilon_{\text{F}} = 1$。火焰的平均温度可以假定在1000℃ ~ 1100℃之间。

距离火源一定距离的人可以将火焰视为辐射面。该平面可分为4个部分，如图10.11所示。图中绘制的4个区域对应于火焰的相应区域，这些区域的火焰对于上游或下游区域的物体都是可见的。只有在沿途没有烟气的情况下，这些区域才相当于整个隧道的横截面积，例如在强制通风防止了烟气逆流情况下。注意，总角系数是4个部分的总和，即：

$$F_{\text{o-F}} = \sum_{i=1}^{4} F_{\text{o-F},i} = F_{\text{o-F},1} + F_{\text{o-F},2} + F_{\text{o-F},3} + F_{\text{o-F},4} \qquad (10.113)$$

式中，火焰第1部分的角系数$F_{\text{o-F}}$为：

$$F_{\text{o-F},1} = \frac{1}{2\pi}\left[\frac{a}{\sqrt{a^2+x^2}}\tan^{-1}\left(\frac{b}{\sqrt{a^2+x^2}}\right) + \frac{b}{\sqrt{b^2+x^2}}\tan^{-1}\left(\frac{a}{\sqrt{b^2+x^2}}\right)\right]$$

式中，a和b为火焰区域1（见图10.11）的尺寸，单位：m；x为物体与火焰的距离，单位：m。arctan函数用$\tan^{-1}$表示。

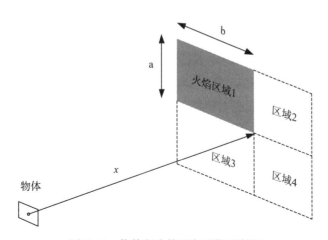

图10.11 物体和火焰面角系数示意图

对于较小的火源，面积A_T可以用物体可见的火焰区域面积代替。此外，我们建议使用点源方法估算小型隧道火灾的辐射，详细内容见第10.7.3节。

由公式（10.113）可知，对于非常大的隧道火灾，即存在显著水平火焰时，一定距离处接收到的热流通量随着隧道截面面积的增大而增大。相比之下，小火灾中的热辐射可以假定与隧道宽度无关。

例如，对于斜面，如图10.8所示，火焰到物体表面的实际热流通量减小如下：

$$\dot{q}''_{inc,F} = \dot{q}''_{inc,F,vertical} \cos\beta \tag{10.114}$$

式中，$\dot{q}''_{inc,F,vertical}$为面向火焰的垂直表面所接收到的入射热流通量，单位：kW/m^2；β为入射辐射与物体表面法线的夹角，单位：°。

示例10.7：在高6 m和宽12 m的隧道中，估算30 MW和100 MW火源下游20 m处1.5 m高度的水平物体表面所接收的热流通量。纵向风速为3 m/s，环境温度为20 ℃。假设火源底部距隧道底板1 m，燃料的等效半径为3 m。该物体位于隧道中心线。在20 m处，烟气层高度为隧道高度的50%。估计位于下游20 m处的物体所接收到的最大热流通量。

答案：从例10.6中我们已经知道，30 MW的顶棚最高温度为474 ℃，100 MW的顶棚最高温升为1350 ℃，因此可以用公式（8.39）和公式（8.40）估算火灾下游20 m处的顶棚烟气温度。首先，根据公式（9.26）估计火焰长度为5.6 m（30 MW）和42 m（100 MW），火焰长度都小于隧道高度的10倍，根据公式（8.40），确定虚点源$x_v = 0$。使用公式（8.39）可计算出30 MW火场的20 m顶棚烟气温度为380 ℃，100 MW火场为1046 ℃. 通过公式（10.106）可以估计出角系数，即$F_{o-g} = 0.97$。30 MW火灾的上层烟层辐射可由公式（10.105）估算，即$q''_{inc,o,1} = 1 \times 0.97 \times 5.67 \times 10^{-11} \times (273 + 380)^4 = 10.1 \ kW/m^2$。火焰辐射可以用公式（10.112）和公式（10.113）计算。角系数是四个部分之和：$F_{o-F} = F_{o-F,1} + F_{o-F,2} + F_{o-F,3} + F_{o-F,4} = 0.053$。垂直火焰辐射估算如下：$q''_{inc,o,2} = 0.053 \times 5.67 \times 10^{-11} \times (273+1000)^4 \times \cos\{\tan^{-1}[20/(3 - 1.5)]\} = 0.6 \ kW/m^2$。

因此，对于30 MW的火灾，水平物体表面接收到的总入射热流通量为：10.0 + 0.6 = 10.6 kW/m^2。同样，对于100 MW的火灾，总入射热流通量为：166.5 + 0.6 = 167.1 kW/m^2。由于β角较大，垂直火焰对水平物体表面辐射的贡献相当有限。

为了计算最大热流通量，必须估计倾角φ的影响。从上层烟层到倾斜表面的辐射可以用公式（10.110）和公式（10.111）来计算。对于30 MW的火灾，倾斜物体表面的总入射热流通量随着倾角的增大而增大，直到70°左右，最大热流通量达到21.2 kW/m^2。对于100 MW的火灾，倾斜物体表面的总入射热流通量保持在同一水平，直到10°左右，之后总入射热流通量迅速下降。100 MW火灾的总入射热流通量最大值约为168 kW/m^2。该结果与水平表面的167.1 kW/m^2热流通量进行比较，几乎相差无几。

通过比较垂直火焰部分（$\cos\beta = 1$）和烟层（水平面）的最大贡献，可以估计倾角的影响。在上面的例子中，垂直火焰部分的最大入射辐射是30 MW火灾中烟层的1.6倍（160%），而100 MW火灾中只有9.5%。因此，在上述计算中，垂直火焰部分在30 MW火灾中起关键作用，而在100 MW火灾中则可以忽略不计。

在实际应用中，目标物体接收到的最大热流通量可以用以下公式近似估计：

$$\dot{q}''_{inc,max} = \sqrt{\dot{q}''^2_{inc,o,horizontal} + \dot{q}''^2_{inc,o,vertical}} \tag{10.115}$$

注意，火源附近的人将从所有方向吸收辐射热。因此，应使用最大入射热流通量来估计疏散或消防操作的可实施性。

10.7.2.4　底层热流通量模型验证

在下一节中，我们使用全尺寸和缩尺模型试验的数据验证了先前分析中提出的下层物体的热流通量方程的可靠性。

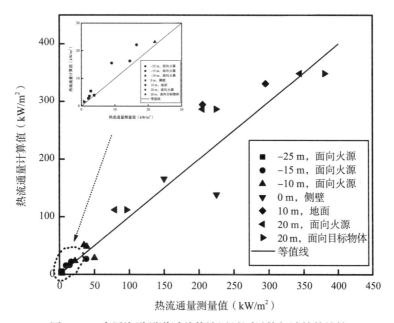

图10.12　卢恩海默隧道试验热流通量测量值与计算值比较

图10.12为卢恩海默隧道燃烧试验[14]中计算值和测量值的热流通量的对比，图中绘制了7个HFM测量数据。在距离火场20 m的托盘堆（物体）旁边放置了两个HFM，其中一个HFM面向火源，另一个与墙齐平，面向物体。除一个测量点位于10 m处隧道地面上外，其余测点均位于隧道地面上方1.6 m处。只有面向火灾20 m处的HFM采用测量入射热流通量。另一种是SB测量仪，通过对探测器表面进行水冷却来测量净热流通量。假设SB测量仪的发射率为0.9。对于0 m处的HFM，可以假设该HFM被火焰包围，因此在计算中使用角系数的为"1"。此外，由于同样放置在20 m处的大物体在测试期间燃烧，因此在20 m处的两个HFM角系数预计也为1。当物体开始燃烧时，在20 m处测量到的热流通量显著增加。对于所有其他位置，假设特征上部烟气层位于隧道高度的50%处。因火焰伴随着浓烟，因此假定所有测试火焰的发射率为1。请注意，这一假设在大多数工程应用中都适用，尽管对于小型火灾而言可能会导致估值偏保守。对于面对火灾的HFM，上部烟层和垂直火焰截面的热流通量叠加为总热流通量。对于在地板处的HFM，则可忽略垂直火焰辐射。从图10.12可以看出，大部分数据点都落在等值线附近，这说明测量的热流通量和计算的热流通量有很好的相关性。

图10.13为纵向通风缩尺试验[17]和点排烟缩尺试验[18]实测热流通量与计算值的对比。热流通量由放置在隧道地板上的SB仪表测试。试验隧道的宽高比分别为1.5和2.0。在这些试验中，火焰都伴随浓烟，因此假定所有试验火焰的发射率都为1。假设特征上部烟气层位于隧道高度的50%处。图10.13数据表明热流通量计算值与实测值吻合良好。

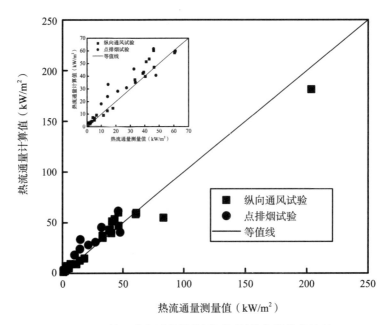

图10.13   缩尺火灾试验热流通量测量值与估算值比较

10.7.3   小型隧道火灾的火焰辐射

当火焰尺寸很小时，建议采用点源法估算火焰的热流通量。"小火"的定义为"火焰没有达到顶棚"的火。图10.14为隧道火灾中火焰向物体辐射的示意图。

辐射是位于火源附近物体的主要传热方式，即考虑火源附近物体表面所接收到的热流时，可以忽略对流传热。在这种情况下，物体表面接收到的辐射主要是来自火焰，而来自其他物体或环境的辐射相对较小。

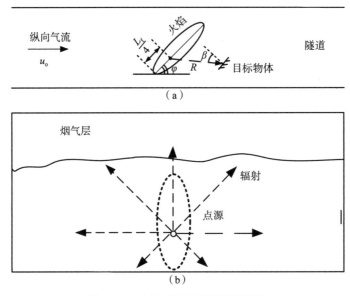

图10.14   火焰对物体辐射的示意图

开敞环境下，火焰长度预测方程这里仍然可用，但在隧道中，整个火焰向下游倾斜。因此，火源中心位于火源的下游位置。火焰长度可通过下式计算[19]：

$$L_f = 0.235\dot{Q}^{2/5} - 1.02C \tag{10.116}$$

式中，L_f 为火焰长度，单位：m；$\dot{Q}$ 为热释放速率，单位：kW；D 为直径，单位：m。

对于小型隧道火灾，倾斜火焰的垂直高度和水平长度可以用下式估算：

$$L_{f,h} = L_f\sin\varphi, \ L_{f,v} = L_f\cos\varphi \tag{10.117}$$

式中，φ 为火焰偏转角，见图10.14。下标v和h分别表示垂直和水平火焰分量。火焰偏转角 φ 可以用公式（8.27）计算。将火焰简化为火焰长度的1/4处的点火源，可将总HRR的35%视为辐射热量，即 $X_r = 0.35$。因此，隧道侧壁上物体入射热流通量可由下式计算：

$$\dot{q}'' = \frac{\chi_r\dot{Q}}{4\pi R^2} \tag{10.118}$$

式中，χ_r 为火焰辐射损失占总HRR的比例，R 为火焰中心与目标之间的距离，单位：m。

这个公式仅当火焰垂直高度 $L_{f,v}$ 小于隧道高度时有效，即只对小规模火灾有效。否则，火焰辐射应采用10.7.2.3节的方法进行计算。此外，请注意公式（10.118）只能用于粗略估计火焰辐射。当目标离火源过近时，例如，目标被火焰包围时，该公式无效。具体来说，只有在隧道火灾的热流通量不大于400 kW/m²（对应的烟气温度约为1360℃）时，计算结果才是相对可靠的。

请注意，表面接收到的热流通量与表面的方位有关。表面接收到的入射热流通量必须乘以系数 $\cos\beta$（入射辐射与物体表面的夹角），即公式（10.118）应修正为：

$$\dot{q}'' = \frac{\chi_r\dot{Q}}{4\pi R^2}\cos\beta \tag{10.119}$$

式中，β 为入射辐射与物体表面法线之间的夹角，单位：°，见图10.14。注意，当物体表面可以看到部分火焰时，角度将接近0。

SP消防研究所进行了两组试验，其数据用于验证上述方程的可靠性，其中包括一次无风条件下的试验室试验和8次不同通风条件下的公路隧道试验。

在试验室试验中，用一个燃气燃烧器作为火源，它由两个等效直径为1 m的八边形环组成。燃料出口表面离地面0.95 m。火灾强度按照快速曲线[Q(kW) = 0.047t^2,t(s)]设计，峰值火灾强度为5 MW。试验室测试设置如图10.15所示。在离火源中心2 m、距离地面0.3 m的位置安装了一个大型平板温度计，测量不同位置和方向的热流通量。在离地7 m处，一个普通PT面向火源放置（PT1），一个铠装热电偶和一个非铠装热电偶放置在旁边。PT2和PT3分别放置在离火源中心5 m和7 m处，距离地面1.75 m处。PT4放置在与TC4相同高度的大型PT旁边。PT5放置在离火源中心3 m，距离地面1.65 m处。

在公路隧道火灾试验中，火源与试验室试验相同，火灾大小也遵循快速曲线，峰值火灾强度为6 MW。试验在纵向速度为3 m/s～5.5 m/s、高7 m的隧道中，共进行了8次，其中4次采用喷淋系统，如图10.16所示。不同断面处隧道宽度从11 m～14 m变化不等。大型PT放置在不同位置，即火源下游2 m～3.8 m范围内。一个普通PT被放置在TC3旁边，另一个被放置在侧壁（一个测试断面距离火源中心5.5 m，另一个测试断面距离火源中心7 m）。

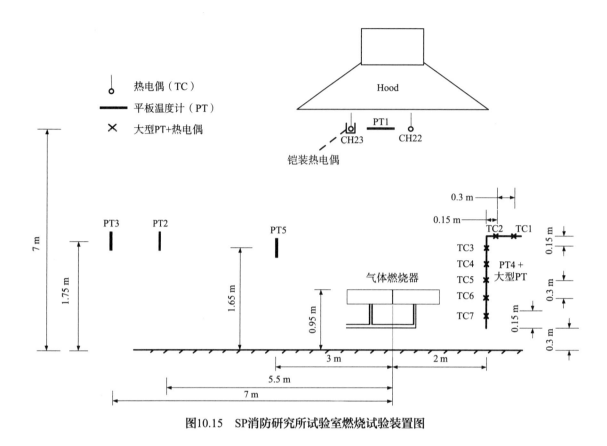

图10.15　SP消防研究所试验室燃烧试验装置图

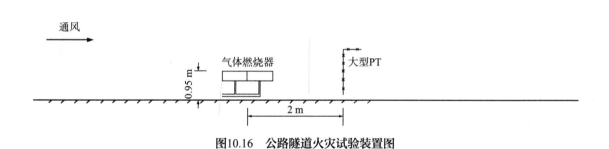

图10.16　公路隧道火灾试验装置图

　　图10.17展示了试验室测试中测量得到的入射热流通量与点源法计算值的对比。显然，计算值和实测值之间具有很好的一致性。图10.18比较了公路隧道火灾试验中测得的入射热流通量与点源法的计算结果。需要说明的是：这里只使用了非喷淋试验的数据。虽然数据稍有分散，但仍旧具有较好的一致性。

　　结果表明，无论是开敞空间火灾还是隧道火灾、无论有无通风，点源法都可以较好地估算热流通量。无风情况下，火焰可以简化为1/4火焰高度处点源（无风情况）或者1/4火焰长度处点源（有风情况）。

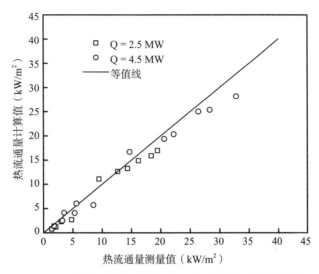

图10.17　试验室燃烧试验热流通量测量值与计算值比较

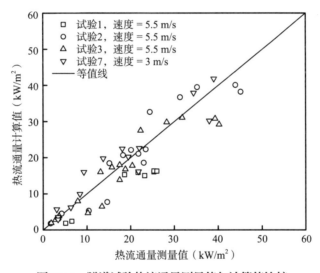

图10.18　隧道试验热流通量测量值与计算值比较

示例10.8： 在一个高6 m、宽12 m的隧道中，估计一名消防员在6 MW火灾上游5 m处所承受的最大热流通量。纵向通风速度为3 m/s，环境温度为20 ℃。消防队员位于隧道中心断面处。火源距离地面0.5 m，火源半径1 m。

答案： 首先，通过公式（13.4）计算临界速度$u_c = 2.45$ m/s，可知不存在逆流现象。火焰长度可由公式（10.116）计算，即$L_f = 0.235 \times 6000^{0.4} - 1.02 \times 1 \times 2 = 5.9$ m。可见，在此情况下，上游5 m处的消防员受到的辐射主要来自火焰辐射。火焰倾角可由公式（8.27）计算，即$\sin\varphi = 0.53$，$\cos\varphi = 0.85$。水平火焰长度L_{fh}、垂直火焰长度L_{fv}为3.5 m和5.6 m。根据燃料表面中心坐标（0，0.5），可以确定火焰中心位置，即（1.4，1.6）。假设垂直轴可能小于消防员的高度，当$\cos\beta = 1$时热流最大。通过公式（10.119）可估算出最大热流，即$\dot{q}''_{inc} = 0.35 \times \dfrac{600}{3.14} \times (5 + 1.4)^2 \times 1 = 4.1$ kW/m²，小于防护服的承受极限5 kW/m²。因此，在纵向通风速度为3 m/s的隧道中，消防员可以在6 MW火灾强度下的火源上游5 m处停留。

对于位于火源下游的人员或目标物体，或火源上游存在烟气逆流，必须考虑来自上层烟气层的辐射。这里可以使用与上面示例中相同的方法，唯一的例外，是垂直火焰辐射是基于小火的点源法而不是垂直平面辐射法估算的。这是因为当垂直火焰高度大于隧道高度时，顶棚火焰是存在的，但其对目标物体总辐射的贡献程度各不相同。

10.8　小结

本章详细介绍了对流、辐射和传导这3种传热方式的基本知识。

对流传热发生在热量和动量传递交替存在的边界层中。雷诺—科尔伯恩类比很好地表达了边界上的热与动量传递之间的关系，这对对流传热的计算有很大的帮助。对于不同的场景，例如强制通风和自然通风，我们需要计算努塞尔特数，然后再用它来估计对流传热系数。

辐射是表面和/或介质之间的传热方式。在工程应用中，灰体近似被广泛应用于所有与辐射有关性质与波长无关的情况。对于多表面间的辐射，可计算角系数，再求解辐射传热。然而，火焰和热烟气的辐射涉及吸收、发射和散射等，这使得计算更加复杂。

在消防安全工程中，热传导一般被认为是各向同性介质中的一维传热。本章总结了不同类型简化边界条件下隧道壁面热传导的解析解，可以结合热流通量计算值，用来估算隧道顶棚、壁面的热响应（heat response）或评估火灾蔓延的可能性。

我们也可以将该理论用于解决隧道火灾安全中的热问题。提出了小型和大型隧道火灾热流通量的简单预测模型，并用试验数据进行了验证。

上部烟气层的隧道表面被烟气和/或大火中的火焰包围。上部烟气层的入射热流通量与烟气温度和烟气体的发射率相关。对于大型火灾，发射率可以假定为1。为了计算底层的入射热流通量，必须考虑角系数、上层烟气温度和烟气体的发射率。入射热流通量与目标表面的方向高度相关。

在火源附近，垂直火焰的辐射也可以在入射热流中起重要作用。对于靠近小火源的物体，火焰辐射可能是其传热的主要机制。在这种情况下，建议使用点源方法。可以将火焰简化为火焰长度的1/4处的点源，将总HRR的35%视为辐射热量。在垂直火焰高度大于隧道高度的大型火灾情况下，由于顶棚处存在火焰，点源法无效。相反，火焰的垂直部分可以假定为垂直火焰平面，并且可以直接使用角系数法来估算火焰的热流通量。

参考文献

1. Holman JP (1992) Heat Transfer. 7th edn. McGraw-Hill, Singapore.
2. Lienhard IV JH, Lienhard V, John H. (2012) A heat transfer textbook, Phlogiston Press, Cambridge, Massachusetts.
3. Siegel R, Howell JR (1992) Thermal Radiation Heat Transfer. Third edn. Hemisphere Publishing Corporation,.
4. Wickström U (2004) Heat transfer by radiation and convection in fire testing. Fire and Materials 28, 411–415.
5. Tien CL, Lee KY, Stretton AJ (2002) Radiation heat transfer. In: DiNenno PJ (ed) SFPE Handbook of Fire Protection Engineering. National Fire Protection Association, Quincy, MA, USA, pp 1-73 -- 71–89.

6. Lattimer BY (2002) Heat fluxes from fires to surfaces. In: DiNenno PJ (ed) SFPE Handbook of Fire Protection Engineering. National Fire Protection Association, Quincy, MA, USA, pp 2-269 -- 2-296.

7. Petukhov BS (1970) Heat Transfer and Friction in Turbulent Pipe Flow with Variable Physical Properties. Advances in Heat Transfer 6:504–565.

8. Bhatti MS, Shah RK (eds) (1987) Turbulent and transition convective heat transfer in ducts. Handbook of Single-phase Convective Heat Transfer. John Wiley, New York.

9. Haaland SE (1983) Simple and explicit formulas for the friction factor in turbulent pipe flow. Journal of Fluids Engineering-transactions of The ASME 105:89–90.

10. DiNenno PJ (2002) SFPE Handbook of Fire Protection Engineering. National Fire Protection Association, Quincy, MA, USA.

11. Karlsson B, Quintier JG (2000) Enclosure Fire Dynamics. CRC Press, New York.

12. Ingason H, Wickström U (2007) Measuring incident radiant heat flux using the plate thermometer Fire Safety Journal Vol. 42 (2):161–166.

13. Andreas H, Johan S, Wickström U (2013) Using plate thermometer measurements to calculate incident heat radiation. Journal of Fire Sciences 31 (2):166–177.

14. Ingason H, Lönnermark A, Li YZ (2011) Runehamar Tunnel Fire Tests. SP Technicial Research Institute, SP Report 2011:55, Borås, Sweden.

15. Hamilton DC, and Morgan WR (1952) Radiant-interchange configuration factors. NASA,.

16. Chung BTF, Kermani MM (1989) Radiation view factors from a finite rectangular plate. Journal of Heat Transfer 111 (4):1115–1117.

17. Ingason H, Li YZ (2010) Model scale tunnel fire tests with longitudinal ventilation. Fire Safety Journal 45:371–384.

18. Ingason H, Li YZ (2011) Model scale tunnel fire tests with point extraction ventilation. Journal of Fire Protection Engineering 21 (1):5–36.

19. Heskestad G (1983) Virtual Origins of Fire Plumes. Fire Safety Journal 5:109–114.

第 11 章

火灾蔓延

摘　要：火灾蔓延是隧道火灾中一个非常重要的问题。隧道的几何形状相对狭长，顶棚高度较低，这使火焰和热烟气在很长距离内沿顶棚移动，增加了火灾蔓延的风险。隧道内的通风条件以及不同的车辆类型、商品和材料都会影响火灾的蔓延。本章内容包含了传统的点燃和火灾蔓延理论，以及与隧道内火灾蔓延风险情况有关的经验介绍。另外，本章还介绍和讨论了液体燃烧及扩散方面的内容。

关键词：火灾蔓延；引燃；辐射；引燃温度；流淌火灾

11.1　引言

火灾蔓延是隧道火灾最重要发展过程之一。在许多情况下，它决定了火灾的持续时间，对疏散人员的危害，以及实施消防和救援服务的可能性。一旦火势蔓延到多辆车，情况就会变得更加严重，涉及重型货车火灾时情况尤其如此。

鲁（Rew）和迪夫斯（Deaves）确定了5种不同类型铁路隧道中货车之间的火灾蔓延机制[1]：

1. 火焰冲击（flame impingment）；

2. 火焰蔓延（即火焰沿表面蔓延）；

3. 远程点火/"轰燃"——此处讨论的是因轰燃效应火灾从一个车厢蔓延到另一个车厢的情况。在大多情况下，这通常是指辐射引燃。当然，它还包括导致自动点火的对流加热，尽管这可能会与火焰、热烟气或热表面的辐射加热相结合；

4. 燃料转移——这包括通过燃烧液体和燃烧碎片（火源）的传播，这些液体或碎片随火灾的扩散而流向火灾下游；

5. 爆炸，会使燃料和火灾蔓延。

火焰冲击与"引燃形式"有关。有两种类型的引燃形式：（1）因对流和/或辐射加热而产生的引燃火焰（pilot flame）直接冲击表面；（2）引燃火焰（或火花）直接引燃靠近表面的烟气，而未加热物体。对于隧道内车辆之间的火灾蔓延，第一种类型的引燃是主导过程，而第二种类型可以参与到第一种点火过程中。

隧道内顶棚下的延伸火焰（extended flame）是研究隧道火灾蔓延需要考虑的一个重要因素，它将影响机制1、3，还可以增加沿表面的火灾蔓延（机制2）。因此，估计隧道内不同火灾情况下的火焰长度非常重要。第9章对这一问题进行了广泛讨论。

11.2　点火理论简介

11.2.1　固体

火灾蔓延可以被看作是一连串的点火过程，因此，这里将对点火理论进行介绍。对于固体来说，有多种点火类型[2]：

（1）材料中燃料蒸气的点燃；

（2）阴燃点火，例如多孔材料的自加热；

（3）直接点燃固体材料表面，例如金属的点燃；

（4）通过直接在固相中发生的化学反应点燃，例如炸药和烟火剂。

点火类型1是固体和隧道内火灾蔓延最常见的类型。产生燃料蒸气的过程通常被称为热解，即大分子破裂为较小的分子碎片，释放气体。有些材料在没有热解的情况下就会汽化。要发生点火，材料需要被加热到足以产生适合点火的气体浓度。然后燃料蒸气需要与空气（或其他氧化剂）混合，形成可燃混合物。这意味着只有在燃料蒸气产生量使混合物浓度超过可燃下限以后，才可能点燃。图11.1是固体材料中热量和质量传递的示意图。

点火的发生需要提高燃料/空气混合物的温度以获得自动点火。另外，还可以对混合物施加外部热/能量源，例如火花或火焰。这被称为引燃或强制点火。如果一种材料受到外部加热的影响，在大多数情况下（对于大多数固体），点火发生在气相中。热量驱使挥发物离开，然后在材料外燃烧。

通常用于定义或描述材料点火特性的一个参数是点火温度。然而，根据不同情况，点火温度主要以两种不同方式定义。第一，在火灾试验情况下，通常使用燃烧炉温度，例如，试样点燃物体附近的气体温度。第二，在许多研究中，使用试样点燃时的表面温度。后一种定义的问题是表面温度往往很难测量。

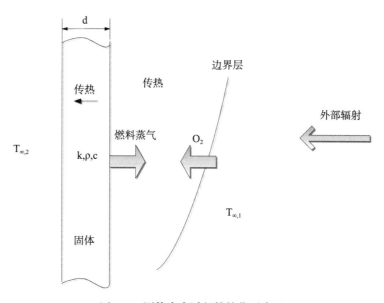

图11.1　固体点火过程的简化示意图

第一个定义便用于具有均匀气体温度的燃烧炉进行点火温度的相关研究。然而，需要注意的是：在燃烧炉里测试时，物体的表面温度和炉子里的气体温度不一定相同。然而，也有对点火前某一阶段的表面和气相温度进行的测量，而在这些情况下的温度基本上是相同的。[2]另一个重要问题是：实际情况下燃料可能通过辐射加热，但通过对流作用冷却，也就是说，燃料周围并没有均匀的高温介质。此时，无论使用小型热电偶还是光学方法来测量表面温度，都有可能出现重大误差。例如，热电偶并没有准确测量表面，或者材料的表面温度、材料的光学特性（发射率）在表面加热的整个过程中并不可知。点火时的表面温度也取决于材料是热厚性还是热薄性。

　　热薄是指材料在物理上很薄或具有较高的导热性（k），此时可以假设整个材料的温度是相同的。其基本理论可以在第10章热流通量和热阻中找到。为了区分热薄材料和热厚材料，可以引入毕渥数（Biot number），定义为：

$$Bi = \frac{hd}{k} \tag{11.1}$$

式中，h是传热系数，单位：kW/(m²K)；d是材料的厚度，单位：m（见图11.1）；k是导热率，单位：kW/(mK)。$Bi < 0.1$，材料被认为是热薄的。这意味着物体内部的热传导要比其表面的对流传热快得多。此时可以假设物体温度均匀，这种类型的物体通常被称为集总热容模型（lumped heat capacity model）。

　　例如，在有大量辐射和高辐射照度的火灾场景中，热传递过程往往更迅速，时间也较短。这意味着，只有"表面"对点火过程而言才是非常重要的。在这些情况下，材料被认为是热厚的，可以近似地被视为"半无限的板"。这意味着，当材料的正面被加热时，在特定的时间段内，材料的背面并没有发生明显的温度上升。确定材料是否是热厚的重要参数是材料的热特性（k、ρ、c），材料的厚度和所关注的时间。其中，ρ是密度，单位：kg/m³；c是热容量，单位：kJ/(kg K)。一种表达方式是计算热穿透深度，δ_P（单位：m），用于计算热流到达材料中的程度。即，按照表面温升的一定比例作为标准，确定热传递的距离。对应5%和1%的相对温升，维克斯特伦（Wickström）给出了两个穿透深度表达式[3]：

$$\delta_{P,0.05} = 2.8\sqrt{\alpha t} \tag{11.2}$$

$$\delta_{P,0.01} = 3.6\sqrt{\alpha t} \tag{11.3}$$

式中，α是热扩散率，$\alpha = k/(\rho c)$，单位：m²/s；t是时间，单位：s。当然，这是指穿透深度取决于其定义方式以及使用的相对温升。无论选择哪一种，都应注意，它们适用于单面加热的情况，并且双面加热情况下的穿透深度小于根据单面加热方程计算的相应值的一半。

　　外层较薄的复合材料视为热薄还是热厚，取决于外层后面的基材或材料的密度。当后面的材料密度低得多时，点火行为仅由外层决定，而具有高密度的基层时，即使基材不可燃，复合材料的热厚度也很高。

　　请注意，车辆中的大多数燃油都是热薄的。巴布劳斯卡[2]给出了一条经验法则，即厚度≤1 mm的产品将为热薄；而厚度≥20 mm的产品为热厚（不包括泡沫材料）。

　　材料特性也取决于热流通量/热流密度。在超高辐射照度下，材料可以表现为热厚；而在低辐射照度时，它也可以表现为热薄。

　　更复杂的是，点火不仅受周围温度和点火温度的控制，还受燃料的几何形状和热惰性的控制，即热量如何传递给物体。此外，还取决于热源的特性，例如辐射水平。重要的是，在许多情况下，点火时间尤其重要。在这些情况下，热惰性可能比点火温度发挥更重要的作用。厚均质物体的点火时间与热惰性成正比。热惰性取决于导热系数（k）、密度（ρ）和比热容（c）。在文献中，可以找到两种不同的定义：

$$I_1 = k\rho c \tag{11.4}$$

$$I_2 = \sqrt{k\rho c} \tag{11.5}$$

在本章中不同的表格数据，主要使用了第一个定义[kJ²/(s m⁴K²)]。表11.1列出了部分材料的导热系数、密度、比热容和热惰性数值。

准确的点火温度会随测量所用的仪器而变化。但是，引燃点火的温度低于相应的自动点火温度。例如，巴布劳斯卡介绍了热塑性塑料的引燃点火温度为369 ℃（+/– 73 ℃），自动点火温度为457 ℃（+/– 63 ℃），热固性塑料的相应平均点火温度分别为441 ℃（+/– 100 ℃）和514 ℃（+/– 92 ℃）。[2]还有一些例子表明，测得的点火温度（对于木材）高于测得的炉腔温度，这意味着发生了自加热。

据观察，木材着火时的表面温度取决于不同的条件[5,6]，表11.2对此进行了总结。为了举例说明热惰性对固体点火的影响，下面简要讨论膨胀聚苯乙烯（EPS）的一些材料性能和着火性能（ignition property）。表11.3给出了不同类型EPS的锥量热试验结果[2,7,8]，并与其他材料进行了比较。

一些固体材料的材料物性[3, 4]　　　　表11.1

材料	导热系数k [kW/(m K)]	密度ρ (kg/m³)	比热c [kJ/(kgK)]	热惰性$k\rho c$ (kJ² m⁻⁴s⁻¹K⁻²)
聚氨酯泡沫	0.0003	20	1.400	0.00084
纤维绝缘板	0.00004	100	2.000	0.00792
木材（松木）	0.00014	500	2.8	0.196
木材（橡木）	0.00017	700	2.80	0.333
石膏板	0.0005	1400	0.84	0.588
混凝土	0.0017	2300	0.9	3.53
钢（轻微）	0.046	7850	0.46	166
铝	0.20	2700	0.9	486
铜	0.39	8930	0.39	1360

木材引燃表面温度[5, 6]　　　　表11.2

换热模式	T_s，自燃（℃）	T_s，引燃（℃）
辐射	600	300 ~ 410
对流	490	450

暴露于辐射中的材料的点火时间取决于辐射水平，随着辐射的增加，点火时间缩短。另一方面，在一定辐射水平下，即使点火时间持续增加，也不会引燃（至少不会在特定时长内引燃）。最小热流$\dot{q}''_{min}$（单位：kW/m²），定义为表面温度达到点火温度所需的最小热流[2]，可通过试验确定不同材料的最小热流。克利里（Cleary）和昆蒂尔（Quintiere）[8]在锥形量热计中进行试验，发现聚苯乙烯泡沫（包括膨胀和挤压，阻燃和非阻燃）的$\dot{q}''_{min}$约为15 kW/m²。在另一项研究中，犹龙（Dillon）[7]也使用锥形量热计分析了两种不同的阻燃聚苯乙烯泡沫，得到$\dot{q}''_{min}$分别为8 kW/m²和23 kW/m²。如表11.3所示，似乎15 kW/m²可用作各种类型EPS的代表值。然而，在两个试验系列中，材料的热性能不同，即热惰性（$k\rho c$）不同。这可以解释为什么在克利里和昆蒂尔的试验中阻燃材料和非阻燃材料都表现出相同的$\dot{q}''_{min}$特性。如图11.2所示，无论是否包含非阻燃值，回归公式都存在很大差异。如果省略非阻燃值，

则可以使用以下表达式:

$$\dot{q}''_{min} = 27.2 \cdot (k\rho c)^{-0.5} - 13.4 \qquad (11.6)$$

膨胀聚苯乙烯（EPS）锥形量热试验结果，以及它与其他材料比较[2,7,8]   表11.3

材料	厚度 mm	ρ (kg/m³)	$k\rho c$ (kJ² m⁻⁴ s⁻¹ K⁻²)	$T_{ig, meas}$ (℃)	$T_{ig, comp}$ [a] (℃)	$\dot{q}''_{min}$ (kW/m²)	文献
聚苯乙烯泡沫，EPS	50	32	0.58		376	15	[8]
聚苯乙烯泡沫，FR EPS	50	16	0.96		376	15	[8]
聚苯乙烯泡沫，FR EPS	50	32	0.91		376	15	[8]
聚苯乙烯泡沫，FR EPS	40	30	1.594		295	8	[7]
聚苯乙烯泡沫，FR EPS	80	30	0.557		490	23	[7]
聚苯乙烯泡沫，FR XPS	50	32	0.91		376	15	[8]
聚乙烯			1.834	315 ~ 330	300		[9]
PVC，FR	3	1505	1.306		415	16	[7]
木材，山毛榉	15	749	0.504		358		[10]
木材，山毛榉 9% MC			0.463		380		[11]
木材，花旗松 0% MC	16.8	465	0.159	350			[12]
木材，红木			0.512		407	18	[2,13]
木材，蒙特利松树 0% MC	17.5	460	0.156	349			[12]
木材，蒙特利松树 11% MC			0.593	340			[11]
木材，橡树			0.447		301		[2,14]
木材，云杉	15	468	0.208		375		[10]
木材，云杉			0.214		358		[15]
木材，云杉			0.181		352		[2,14]

注：[a] 计算点火温度。

由于点火温度难以定义和测量，因此有研究比较了不同材料点火条件的其他方法，其中一个参数是点火时的质量损失率。然而，在点火时也很难准确测量点火温度，并且这些值可能与使用设备有关。[2]另一个可能有用的参数是热释放速率（HRR），对于一些常见材料的引燃点火，HRR的推荐范围为25 kW/m² ~ 50 kW/m²。[2]

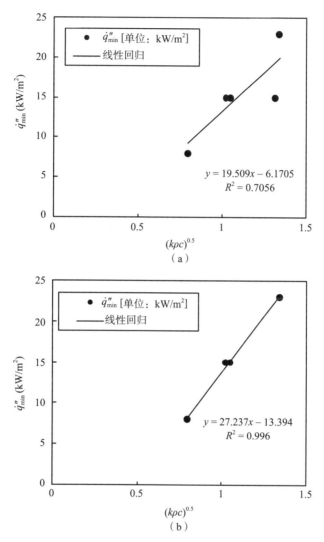

图11.2　EPS点火最小热流通量与材料热惯性的关系。
图（a）中有一个异常值，对应于非阻燃情况。如果去掉这
个离群值，回归函数数据相关性就会好很多，见图（b）。

　　物体的几何形状和热源（火焰）的位置也非常重要。例如比起边缘或平面，拐角更容易点燃。其原因是在有拐角的情况下，热量可以沿3个方向流入物体，表面温度升高更快。[2]多数情况下，垂直表面会从顶部开始点燃，这有两个原因：第一，沿表面将形成对流。在环境温度下，该气流将冷却表面。顶部的边界层更厚，冷却作用将削弱。对于多数隧道火灾情况，加热作用来自沿顶棚流动的热烟气和火焰，它们会从上方不断加热物体表面。其次，在非常高的辐射条件下，对流对点火的影响则可以忽略不计。如果物体的大表面暴露于辐射中，在给定辐射照度下，物体更多的表面暴露于辐射中，点火时间将短于较小暴露表面情况。

　　第二种可能影响点火的现象是碳化。这一过程既可以增加点火时间，也可以增加临界热流，低于临界热流，将不会引燃。

　　除了辐射和对流加热之外，还有第三种点火机制是与热体直接接触的。然而，已有试验证明这需要比引燃和自动点火都高得多的点火温度（几种材料的点火温度约为600 ℃）。

速度的影响：气流可以不同的方式影响点火和火灾蔓延。如果材料通过辐射加热，则相对的低温气流也可通过对流作用冷却物体和材料附近的气体。此外，低温气流还可稀释燃料空气混合物。与速度较低或没有强制气流的情况相比，气流会导致点火温度升高。这种影响在较低辐射照度下最为明显。

如果气流具备对流加热点火的温度，则必然存在最佳风速，点火时间最短。对于低速的气流，速度的增加会导致更快的热解和更好的混合，进而导致更快的点火；而在更高的速度下，速度的增加会减少停留时间，从而减少化学反应时间。对于低温风流，它会稀释燃油蒸气。为此，风速有一个极限，超过该极限时，不会引燃。该极限值取决于温度和氧气浓度。

如果几何形状是三维且复杂的，或者材料在过热模式下点火，则增加气流添加空气将影响点火，增加反应速率，并增加火焰传播速率。在隧道火灾中可能出现这种情况，例如，在重型货车火灾中，增加的气流可使空气更容易到达燃烧区。

在隧道中，气流也可以使火焰倾斜，使其更接近可燃表面或转换成三维燃烧火源。在这两种情况下，气流都会增大火焰尺寸，加速火灾蔓延。当然，在一些特殊情况下，速度增加则会降低火灾规模。详细内容可以参见第4章通风对火灾规模的影响。

11.2.2 液体

易燃液体以不同形式存在于隧道中，例如作为车辆燃料、大型运输货物等。因此，了解液体的点火（燃）也很重要。在大多数情况下，材料不会以液体的形式引燃，而是以蒸气的形式与空气混合，形成可燃混合物。液体也根据其闪点（flash point）进行分类。闪点，即液体产生足够蒸汽以形成易燃蒸气/空气混合物，并燃烧的最低温度。应注意的是，有不同的试验方法可用于测定闪点，例如闭口闪点或开口闪点，这些方法测出的数值不相同。表11.4列出了某些液体燃料的闪点。因为发展过程不同，闪点和自燃温度之间没有关系。燃点，是点火导致持续燃烧的最低温度，数值也列于表11.4中。

<table>
<tr><td colspan="4" align="center">液体燃料闪点和燃点温度[2,5]</td><td align="right">表11.4</td></tr>
<tr><th>材料</th><th>闭口闪点（℃）</th><th>开口闪点（℃）</th><th colspan="2">燃点（℃）</th></tr>
<tr><td>汽油（100 辛烷）</td><td>− 38[a]</td><td></td><td colspan="2"></td></tr>
<tr><td>正己烷</td><td>− 22[a, b]</td><td>− 26[b]</td><td colspan="2"></td></tr>
<tr><td>环己烷</td><td>− 20[a]</td><td></td><td colspan="2"></td></tr>
<tr><td>正庚烷</td><td>− 4[b]</td><td>− 1[b]</td><td colspan="2">2[b]</td></tr>
<tr><td>正辛烷</td><td>12[b], 13[a]</td><td></td><td colspan="2"></td></tr>
<tr><td>异辛烷</td><td>− 12[a]</td><td></td><td colspan="2"></td></tr>
<tr><td>正壬烷</td><td>31[b]</td><td>37[b]</td><td colspan="2">42[b]</td></tr>
<tr><td>正癸烷</td><td>46[a], 44[b]</td><td>52[a, b]</td><td colspan="2">61.5[a, b], 66[b]</td></tr>
<tr><td>正十二烷</td><td>74[a, b]</td><td></td><td colspan="2">103[a, b]</td></tr>
<tr><td>间二甲苯</td><td>25[b]</td><td></td><td colspan="2">44[b]</td></tr>
<tr><td>邻二甲苯</td><td>32[b]</td><td>36[b]</td><td colspan="2">42[b]</td></tr>
<tr><td>对二甲苯</td><td>27[a], 25[b]</td><td>31[a, b]</td><td colspan="2">44[a, b]</td></tr>
<tr><td>甲醇</td><td>11[a], 12[b]</td><td>1[a] (13.5)[a, c]</td><td colspan="2">1[a] (13.5)[a, c]</td></tr>
<tr><td>乙醇</td><td>13[a, b]</td><td>6[a], (18)[a, c], 22[b]</td><td colspan="2">6[a] (18)[a, c], 22[b]</td></tr>
<tr><td>丙醇</td><td>26[a], 29</td><td>16.5[a] (26)[a, c]</td><td colspan="2">16.5[a] (26)[a, c]</td></tr>
</table>

续表

材料	闭口闪点（℃）	开口闪点（℃）	燃点（℃）
正丁醇	35[a]	36[a, b] (40)[a, c]	36[a] (40)[a, c], 36～50[b]
二级丁醇	24[b]		29[b]
i-戊醇	41[a]		57[a]
甘油	160[b]		207[b]
JP6		38[b]	43[b]
燃油，No. 2	124[b]		129[b]
燃油，No. 6	146[b]		177[b]
机油	216[b]		224[b]

注：[a] 德赖斯代尔（Drysdale）[5]，闭杯闪点数据取自NFPA的工作 [16]，开口闪点和燃点数据摘自格拉斯曼（Grassman）和德赖尔（Dryer）的研究[17]；
[b] 巴布劳斯卡[2]；
[c] 括号内的数值采用火花点火，而不是引燃火焰。

　　燃烧的液体燃料本身就可能构成危险，同时也是火灾蔓延至其他车辆的主因。无论是在路面上溢流燃烧，还是在运输罐体中燃烧，一个重要的参数是燃料厚度。燃烧床下方边界的影响也很重要，但很少被视为影响燃烧条件的参数。

11.2.2.1 液体释放

　　液体燃料在隧道中有不同的释放方式：油箱或燃油软管的小泄漏、油箱破裂、运载易燃液体的油罐泄漏等。

　　为了预估液体燃料在不受限情况下的扩散程度，需要知道由此产生的泄漏燃料厚度。戈图克（Gottuk）和怀特（White）总结了多个测试结果数据，得到以下关联式[18]：

$$\begin{cases} A/V_s = 1.4 \text{ m}^2/\text{L} & \text{泄漏量} < 95 \text{ L} \\ A/V_s = 0.36 \text{ m}^2/\text{L} & \text{泄漏量} \geqslant 95 \text{ L} \end{cases} \quad (11.7)$$

式中，A 是面积，单位：m^2；V_s 是以升（L）为单位的泄漏体积；δ 为最小深度，单位：mm，保守起见，其数值确定如下：

$$\begin{cases} \delta = 0.7 \text{ mm} & \text{泄漏量} < 95 \text{ L} \\ \delta = 2.8 \text{ mm} & \text{泄漏量} \geqslant 95 \text{ L} \end{cases} \quad (11.8)$$

　　在计算不受限溢流面积时，需要注意：液体燃料被点燃后，该面积会增加。这意味着，如果冷溢流面积表示为 A_s，那么火源面积 A_f 可以计算为[18]：

$$A_f = 1.55 A_s \quad (11.9)$$

　　上面的讨论涉及一定量燃油的瞬时释放。如果燃料持续泄漏流出，情况将有所不同。点火后，燃烧体积和液体释放速率 $\dot{V}_L$（m^3/s）最终将达到平衡。根据该平衡，可以确定稳态直径，D_{ss}(m)[18]：

$$D_{ss} = \left(\frac{4\dot{V}_L \rho}{\pi \dot{m}''} \right)^{1/2} \quad (11.10)$$

　　基于经验数据，戈图克和怀特建议：对于高燃油释放速率（> 10 L/min），使用受限油池燃烧率（confined pool burning rate）；而对于低燃油释放速率，则使用溢出燃烧率（spill burning rate），即约为池火燃烧速率的1/5。池火的燃烧速率[kg/(m²s)]在第3和4章中有更详细的讨论。

　　针对不同坡度、渗漏孔直径和体积流量，英格森在道路沥青和涂漆刨花板上分别进行了泄漏溢出试验。[19]

车辆拖车箱中圆孔泄漏的体积流率$\dot{V}$（单位：m³/s）可通过以下公式计算：

$$\dot{V} = 2A_T K \left(\sqrt{h_1} - Kt \right) \tag{11.11}$$

$$K = \frac{C_v \pi D^2 \sqrt{2g}}{8A_T} \tag{11.12}$$

式中，A_T是泄漏体的水平表面积，单位：m²；D是泄漏孔直径，单位：m；h_1是燃料（汽油）$t = 0$ s 时的初始高度，单位：m；C_v是流动收缩系数，约为0.7；g是重力加速度，单位：m/s²；t是时间，单位：s。

英格森发现，泄漏面积可以通过下式计算：

$$A = BL \tag{11.13}$$

式中，B是泄漏冲击点和排放系统侧的平均宽度，单位：m；L是从冲击点到排放系统中心线的距离，单位：m。测试结果表明，对于泄漏到沥青的情况，可通过以下公式对B进行估算：

$$B = 48\dot{V}^{0.46} \tag{11.14}$$

长度L取决于坡度，但英格森给出了最大溢出面积的表达式[19]：

$$A_{max} = \frac{\dot{V}\rho_f}{\dot{m}''} \tag{11.15}$$

式中，ρ_f为燃料密度，单位：kg/m³；$\dot{m}''$为溢出物燃烧率，单位：kg/m²。对于直径为D_{ss}的圆形池溢出物，公式（11.15）给出了与公式（11.10）相同的结果。实际溢出面积取决于排放系统的设计和距离。

示例11.1： 一辆装载20000 m³汽油的油罐车通过连接到5个油罐舱室之一的管道泄漏。每个舱室的表面积为3 m²。泄漏口的直径为0.05 m，与排放系统的距离为6 m。如果火灾在30 s后开始，路面上的潜在火灾规模或热释放速率是多少？（单位：MW）

答案： 由于共有5个油罐舱室，每个舱室可携带4 m³的汽油。因此，初始高度$h_1 = 4$ m³/3 m² = 1.33 m。使用公式（11.12）和$C_v = 0.7$我们得到$K = 0.001$。借助公式（11.11），我们得到30 s后的体积流率$\dot{V} = 0.0067$ m³/s（6.7 L/s或405 L/min）。此时，溢出物宽度B通过公式（11.14）获得，约为4.8 m。总面积通过公式（11.13）计算，为28.8 m²。根据公式（11.15）得出可能最大溢出面积A_{max}。从表11.4中，我们得到汽油740 kg/m³，$\dot{m}'' = 0.055$ kg/(m²s)和$\Delta H_{c,eff} = 43.7$ MJ/kg（假设$\chi = 1$）。可燃烧最大面积为$0.0067 \times 740/0.055 = 90$ m²，大于28.8 m²。因此，热释放速率将为$28.8 \times 0.055 \times 43.7 = 69$ MW。在这里，我们没有考虑油盘尺寸及燃油深度的影响。

11.2.2.2　火焰在液体表面蔓延

研究表明，当燃料深度降低到几厘米以下时，火焰蔓延速度和火灾强度都会显著降低[18,20]，在JP-5燃料试验中，薄燃料层的热释放速率为厚燃料层热释放速率的20%～25%[20]。此外，也有研究表明：当燃料层厚度低于1.5 mm时，火焰不会从点火源处蔓延。[20]

火焰在液体燃料表面上的蔓延速度取决于燃料的温度。在一定的初始表面温度以上，火焰传播由气相控制，可以观察到火焰传播速度大约为1 m/s的量级。[18]低于该表面温度时，可以观察到不同区域。不同的燃料类型和试验装置，温度间隔和观察到的速度随之发生变化，但是不同试验燃料温度的影响是非常清楚明了的。此外，需要注意的是，火焰蔓延率随燃料盘宽度的增加而降低。[20]

怀特等人[20]研究了温度对火焰传播速度的影响，但对异戊醇的研究除外。他们观察到：当液体温度升高时，火焰传播速度显著增加。随着温度的升高，可以分为3个不同的区域：液相控制区、气相控制区和近气相控制区。在第一个区域（Ⅰ）中，火焰通过表面张力诱导气流传播，火焰传播速度随温度缓慢增加；在第二个区域（Ⅱ）中，火焰传播速率随温度的升高而急剧增加；而在第三个区域（Ⅲ）中，火焰传播速率随温度的升高而近似恒定（见图11.3）。不同区域之间的转变分别发生在温度T_{go}和T_{gm}。

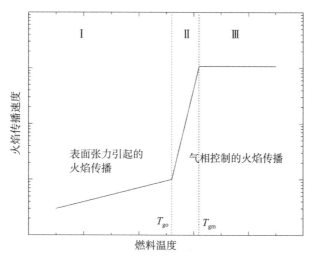

图11.3　火焰蔓延区域随燃料温度的变化规律，
T_{go}和T_{gm}的定义（摘自戈图克与怀特[18]）

　　试验结果表明，对火焰传播最重要的参数是燃料初始温度（点火前）、燃料闪点以及它们之间的差值。例如，对于JP-8，当$T_1 - T_{fl} = T_{go} - T_{fl} \approx 18$ ℃时，在区域Ⅰ和区域Ⅱ之间发生转变。表11.5总结了不同燃料的结果。表11.4给出了其他燃料的闪点。

部分燃料在不同区域之间的转变温度汇总　　　　　　　　　　表11.5

燃料	T_{fl}（℃）	T_{go}（℃）	$(T_{go} - T_{fl})$（℃）	T_{gm}（℃）	$(T_{gm} - T_{go})$（℃）	$(T_{gm} - T_{fl})$（℃）
JP-8	39	57	18	62	5	23
25/75 JP-8/5	42	60	18	66	6	24
50/50 JP-8/5	48	65	17	72	7	24
75/25 JP-8/5	54	68	14	74	6	20
JP-5	63	76	13	79	3	16
癸烷	44	56	12	62	6	18
上面1-6项平均			15		6	21
1-戊醇	48	52	4	62	10	14

　　对于测试的碳氢化合物，区域Ⅰ中的最大火焰蔓延速率为0.1 m/s，而在区域Ⅲ中，速度介于1.2 m/s～2 m/s之间。酒精也是如此，但区域Ⅲ的跨度范围为1.5 m/s～2 m/s。当火焰传播速度已知时，火灾面积可确定为：

$$\begin{cases} A_{\mathrm{f}} = \pi v^2 t^2 \text{（圆形火灾蔓延）} \\ A_{\mathrm{f}} = wvt \text{（长方形火灾蔓延）} \end{cases} \quad (11.16)$$

式中，v是火焰传播速度，单位：m/s；w是燃料限制的宽度，单位：m，例如墙面。

流淌火灾的燃烧速率低于相应的受限池火，燃料深度明显更大（厘米而非毫米）。对于直径大于1 m的情况，流淌火灾的燃烧速率约为相应受限池火燃烧速率的1/5。[18]

11.2.2.3　碎石的影响

液体火的燃烧速率取决于燃料层的深度。第4章详细讨论了不同厚度对热释放速率的影响。此外，燃烧速率还取决于表面类型，例如燃油溢出物重新泄漏到坚硬的沥青表面或带有碎石层的表面上，这在铁路隧道中很常见。

洛纳马克等人进行了一系列试验，研究了燃料高度、碎石之间的关系对燃烧速率的影响。[21]试验测试了不同深度液体燃料（庚烷和柴油）在带有碎石的油池中的燃烧速率，结果表明：碎石对燃料的燃烧速率有显著影响。

试验使用面积为3.1 m²（2 m直径）的油池，进行燃烧试验。将油池放置在工业热量计下方，以测量其燃烧热释放速率。加上碎石，油池高度约为0.15 m，使用Ⅰ级铁路碎石（已冲洗，32 mm～64 mm），碎石的体积约为相同高度油池自由体积的一半，也就是说，与油池中没有碎石的情况相比，使用一半的液体量可达到相同的液面高度。

正庚烷被当作主要燃料。在试验中，燃料的体积和深度是不同的。试验中变化的主要参数是与碎石深度相关的燃料深度，即燃料上表面随碎石上层高度而变化。为了限制每次试验的时间，在池中的燃料下方添加了一层水层。以柴油为燃料进行了两次试验，以研究燃料特性对试验结果的影响。此外，还对每种燃料进行了无碎石的自由燃烧试验。

从分析中可以看出，与自由燃烧情况相比，有碎石情况下的热释放速率均受到影响。当上部燃油液位低于上部碎石高度时，上部碎石会产生显著影响。这种影响随着燃料表面和碎石上层之间距离的增加而增加，如图11.4所示。碎石的影响可用于铁路隧道或其他需要评估碎石对燃料释放影响的情况。

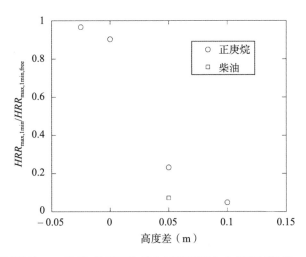

图11.4　含碎石燃烧试验的*HRR*峰值1分钟平均值与无碎石的自由燃烧试验的*HRR*峰值1分钟平均值的比值，随碎石与液体燃料上表面间高差的变化关系。正高差表明液体表面低于碎石的高度

11.3　隧道内火灾蔓延

第11.1节介绍了隧道内火灾蔓延的不同方式：

1. 火焰冲击；

2. 火焰蔓延；

3. 遥控点火；

4. 燃料转移；

5. 爆炸。

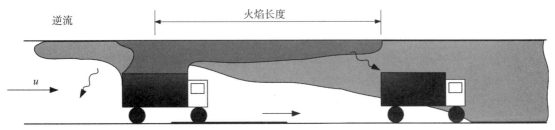

图11.5　隧道中火灾蔓延不同过程示例

其中一些要点已在上述章节中作为单独的问题进行了简要讨论。本节将讨论隧道火灾的具体情况以及火灾蔓延的方式和后果。图11.5举例说明了上面给出的一些火势蔓延的方式。

隧道的特殊几何结构，是一个典型的半受限空间（有墙，顶棚高度通常也有限），使得火灾蔓延情况与地面上自由燃烧的火灾大不相同。最初，火势开始在车内蔓延，火焰和热烟气蔓延至顶棚。在有限通风的情况下，火焰和热烟气沿着隧道向两个方向扩散。如果存在较大的通风气流，则火焰和热烟气主要向一个方向扩散。热烟气的扩散范围取决于通风系统的类型和排烟点的位置，见第13章。

在公路隧道中，大型火灾的主要原因是车辆之间的碰撞或车辆与隧道壁的碰撞。在后一种情况下，车辆可能会直接起火，或由于与其他车辆发生碰撞而起火。其他原因也包括发动机或变速箱过热（发动机、制动器）故障、易燃液体泄漏等。

由于单辆车停车、碰撞而在隧道内停车，通常会导致车辆排起长队，甚至引发多辆车相撞，进一步加剧火灾蔓延。如果火灾下游也有排队，情况也是如此。这种情况可能发生在高峰时段的城市隧道中，或者由于另外一次事故导致的交通阻滞情况中。

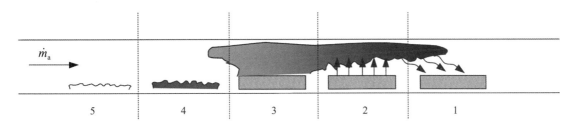

图11.6　通风控制型火灾的火势蔓延和燃烧过程示意图（摘自英格森[22]）

铁路隧道火灾的主要原因不如公路隧道火灾的原因明显。然而，碰撞引起的火灾也经常在铁路隧道中出现。此外，脱轨也是很多火灾的原因。在某些情况下，火灾始于爆炸。有些是由电气原因引起的，可能发生在列车下部（例如，短路）或列车内部（例如，机柜中）。纵火也是原因之一，这里不再完整描述。第1章给出了铁路隧道主要火灾事故的示例。

在许多情况下，隧道内的火灾不受通风控制，但如果有多车辆卷入火灾，则可能出现通风控制的情况，火灾蔓延和燃烧过程如图11.6所示。该过程可分为5个不同的步骤：

1. 火焰下游未燃燃料的预热；

2. 燃料过剩区域的热解；

3. 燃烧（充分发展燃烧）；

4. 灼热的余烬；

5. 烧完/冷却。

如果有更多车辆位于隧道的下游，则所述过程将继续，并从位置1再次开始在隧道的下游方向移动。

如果将火焰视为点源辐射，则辐射热流可通过以下公式估算：

$$\dot{q}'' = \frac{\chi_r \dot{Q}}{4\pi r^2} = K_r \frac{\dot{Q}}{r^2} \qquad (11.17)$$

式中，χ_r是总热释放速率 $[\dot{Q}(kW)]$ 中以辐射形式释放热量的分数；K_r是一个基于χ_r的常数。对于一些材料，表11.6给出了χ_r和K_r数值。对于气体和多种液体燃料，χ_r平均值约为0.3，这也是一个常用数值。然而，如表中所示，不同材料数值相差较大，甲烷的χ_r值为0.14，硬质聚氨酯泡沫塑料的χ_r值为0.64。此外，一些流体也有很高的值。

因此需要注意的是，不要在所有情况下都认为$\chi_r = 0.3$，而是与实际燃烧材料有关系。表中所有值的平均值为0.40（53种不同的材质），但该值终究取决于材质本身。此外，请注意这些数据多是从小型试验中获得的，与大型火灾情况可能有所不同。建议优先使用全尺寸试验数据（如果可用）。对于许多常见的碳氢燃料，辐射分数随着油池直径的增大而减小。（Koseki）[23]指出：当火焰直径小于2 m时，这些燃料的辐射分数为0.3～0.5；当直径增加到10 m时，辐射分数减小到0.07～0.2。辐射点源的假设是一种简化，在某些情况下可用于预估火灾蔓延的风险。然而，在其他情况下，例如讨论长火焰向物体辐射热时，可能需要进行更详细的分析。有关计算辐射的常用方法的详细信息，请参见第10章。

不同燃烧材料的辐射比例（根据Tewarson数据[24]计算）　　　　表11.6

材料	χ_r	K_r	材料	χ_r	K_r
甲烷	0.14	0.011	丙酮	0.27	0.022
乙烷	0.25	0.020	庚烷	0.33	0.026
丙烷	0.29	0.023	辛烷	0.33	0.027
丁烷	0.31	0.024	煤油	0.35	0.028
乙烯	0.34	0.027	苯	0.60	0.048
丙烯	0.37	0.029	甲苯	0.60	0.047
普通气体平均值	0.28	0.022	苯乙烯	0.53	0.042
甲醇	0.16	0.012	常见液体燃料平均值	0.37	0.030
乙醇	0.25	0.020	薄纸	0.41	0.033
异丁醇	0.29	0.023	木材（红橡木）	0.37	0.030

续表

材料	χ_r	K_r	材料	χ_r	K_r
木材（花旗松）	0.38	0.030	PU（刚性）泡沫GM37	0.51	0.041
木材（松木）	0.30	0.024	PU（刚性）泡沫GM41	0.64	0.051
纤维素材料平均值	0.36	0.029	PU（刚性）泡沫GM43	0.57	0.045
POM	0.22	0.018	刚性PU泡沫平均值	0.57	0.045
PMMA	0.31	0.025	PS 泡沫 GM47	0.56	0.045
PE	0.43	0.034	PS泡沫GM49	0.61	0.049
PP	0.41	0.033	PS泡沫GM51	0.58	0.046
PS	0.59	0.047	PS泡沫GM53	0.57	0.045
硅树脂	0.31	0.025	PS 泡沫平均值	0.58	0.046
聚酯纤维-1	0.48	0.038	空的波纹状纸盒	0.25	0.020
尼龙	0.40	0.032	波纹状纸盒w. PVC（62 %—厚）	0.11	0.009
合成固体平均值	0.40	0.031	波纹状纸盒 w. PC（59 %—厚）	0.27	0.021
PU（柔性）泡沫GM21	0.52	0.041	波纹状纸盒 w. PS（58 %—厚）	0.23	0.018
PU（柔性）泡沫GM23	0.46	0.036	波纹状纸盒 w. PS（60 %—薄）	0.48	0.038
PU（柔性）泡沫GM25	0.58	0.046	波纹状纸盒 w. PS（40 %—薄）	0.36	0.029
PU（柔性）泡沫GM27	0.54	0.043	波纹状纸盒 w. ABS（59 %—厚）	0.21	0.017
柔性 PU泡沫平均值	0.52	0.042	波纹状纸盒 w. PET（41 %—薄）	0.41	0.032
PUR（刚性）泡沫 GM29	0.59	0.047	波纹状纸盒 w. PU（40 %—泡沫）	0.40	0.032
PU（刚性）泡沫GM31	0.55	0.044	波纹状纸盒平均值w/wo 聚合物	0.30	0.024
PU（刚性）泡沫GM35	0.56	0.044			

2003年，研究人员在卢恩海默隧道中进行了重型货车火灾的大规模燃烧试验[25]，并在火源上游侧实测了辐射热。利用公式（11.17）计算得到辐射热，并与测量值进行比较[26]，见图11.7。计算中χ_r取值为0.3，可以得到相对较好的数据一致性。

卢恩海默隧道试验中，研究人员利用火源（模拟重型货车火灾）下游不同目标对象，研究了火灾蔓延情况。[27]试验中使用了不同类型的目标对象，大型目标对象与全尺寸试验中使用的商品类型相同，小型木质、塑料目标对象放置在距火源不同距离的地面上。塑料目标对象受到的影响大约达到火焰长度处，而火灾蔓延到木片上的距离约为（或略大于）火焰长度的70%。对于202 MW的火灾试验，塑料目标对象的蔓延距离为95 m，木质目标对象的蔓延距离为70 m。这相当于由辐射主导的火灾从上层蔓延到路面而导致自燃。对于较高的目标对象，例如装载货物的车辆，由于上层的对流加热和高温对目标对象的影响更大，火灾可能会在初始着火点和目标对象之间传播更远的距离。此外，也可能发生火焰直接冲击目标对象的情况。然而，辐射仍然是火灾蔓延的一个重要因素。当火灾蔓延到大目标对象（火源中心下游20 m～22 m）时，火灾HRR在20 MW～40 MW范围内变化。试验中纵向风流速度约2 m/s～3 m/s。

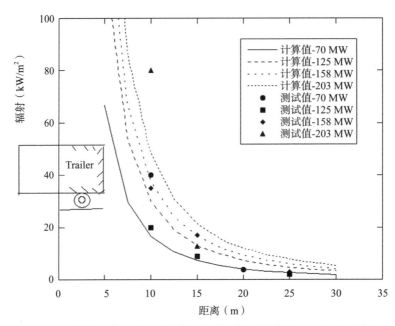

图11.7　卢恩海默隧道试验中试验台上游的辐射水平的计算值（*Calc*）和测试值（*Exp*）。
计算值是基于峰值*HRR*和距离火源中心的距离（拖车模型）计算得到[26]。

卢恩海默隧道试验火灾蔓延结果可与2005年6月弗雷瑞斯（Fréjus）隧道火灾的观测结果大致相当。火灾最初是由一辆装载轮胎的重型货车的发动机引起[28]，随后火势蔓延至60 m外一辆满载奶酪的重型货车，以及一辆装有废金属的重型货车。第四辆重型货车在距离着火点约350 m处也随后被引燃。但是，在罐体（装有有毒胶水）破裂之前，其明火被扑灭。[29]在第一辆重型货车驾驶员按下SOS按钮约6小时后，重型货车火灾被扑灭。[28]这些观察结果与卢恩海默隧道试验结果规律较为一致。这表明：此类火灾可能蔓延较长的距离，再次强调了重型货车火灾后果的严重性。

欧洲各地发生了多起公路隧道火灾，造成了灾难性后果，在第1章表1.1和表1.2中作了详细的描述。这些火灾中，重型货车货车中的货物扮演了重要角色。主要原因是货车包含非常高的火灾荷载，由于隧道通风和长火焰的影响，火灾很容易在货物内蔓延，并进一步蔓延到相邻车辆。因此，隧道内车辆之间的火灾蔓延非常令人担忧。颇为值得注意的一件事情是，通常情况下，仅涉及一辆重型货车的火灾不会导致人员死亡，例如1983年弗雷瑞斯隧道火灾、1984年圣哥达隧道火灾、1993年弗雷瑞斯隧道火灾、1994年与1997年圣哥达隧道火灾等。另一方面，一旦涉及两辆或两辆以上的重型货车，严重性会陡增，导致人员死亡，例如，费尔森（Velsen）隧道火灾（1978年）、本造贺（Nihonzaka）隧道火灾（1979年）、古梅芳斯（Gumefens）隧道火灾（1987年）、阿里波里山（Serra a Ripoli）隧道火灾（1993年），圣哥达隧道火灾（2001年）和弗雷瑞斯隧道火灾（2005年）。一个例外是1996年英吉利海峡隧道火灾，总共涉及10辆重型货车，但没有导致任何死亡。这场火灾的一些重要特征与其他隧道火灾明显不同。重型货车由火车运输，所有司机和其他乘客都坐在火车前部的专用客车上。通过辅助通风系统，工作人员设法使气流反向流动，使火势向相反方向蔓延。这使得人们能够在烟雾的轻微影响下顺利逃生。

值得注意的是，无论是发生灾难性火灾的圣哥达隧道，还是2005年发生火灾导致人员死亡的弗雷瑞斯隧道，都曾发生过未有人员死亡的火灾。这些火灾案例之间的主要区别似乎是重型货车的数量。1992—1998年，圣哥达隧道发生了14次重型货车/卡车火灾。[30]

表1.1和表1.2对隧道火灾的分析表明，火灾中涉及的车辆数量的重要性。当卷入隧道火灾的重型货车数量从1辆增加到2辆，灾难性后果的风险似乎显著增加。这强调了火灾蔓延对隧道火灾严重程度的重要性。1999年的勃朗峰隧道火灾中，共有15辆从法国一侧进入的重型货车在距着火点500 m的范围内被烧毁（另外8辆从意大利一侧进入的重型货车也卷入火灾），重型货车之间车距在3 m ~ 45 m之间。[31,32]2001年圣哥达隧道火灾中，在距着火点550 m范围内，13辆重型货车和10辆汽车相继卷入火灾。

火灾蔓延和多辆车参与对火灾结果产生重要影响，有多个原因。其中一个原因，是一旦有两辆或更多的车辆卷入其中，救援人员事实上很难到达起火地点。一方面辐射强度会增加，另一方面是救援人员无法进入燃烧的车辆之间，就近扑灭大火。通风对这种情况有着至关重要的影响，可以在第一辆车的上游区域为靠近火源的救援人员提供可以忍受的环境，而此时在第一辆车的下游区域火势会加剧蔓延、进一步扩大。

通过上面的介绍和讨论，我们可以得到如下隧道火灾结论：重型货车上运输的被视为非危险品的货物在涉及隧道火灾时必须也被视为危险品。一旦一辆以上的重型货车卷入隧道火灾，情况将变得严重，往往导致人员死亡。隧道内的真实火灾和火灾试验研究都表明，当重型货车卷入火灾时，火灾可能会蔓延到较长距离。

示例11.2：携带纸巾的重型货车拖车正在燃烧。预计峰值热释放速率为75 MW。如果消防人员的防护服在工作期间最高能够承受5 kW/m^{2}的热辐射，那么他们距火场最近的距离是多少？

答案：我们根据等式（11.17）确定距离$r = \sqrt{K_r \dfrac{\dot{Q}}{\dot{q}''}}$。根据表11.6，$K_r = 0.033$。因此，消防员的临界距离为$\sqrt{0.033 \dfrac{75000}{5}} = 22$ m。

11.4　火灾蔓延模拟

对隧道进行的大部分建模包括CFD建模，以计算高温烟气和烟雾的温度分布和流量（见第17章）。此外，也可以使用诸如第11.3节辐射预测模型等计算结果来预估火灾蔓延的风险。

然而，固体的点火涉及许多不同的过程，很难对其进行详细建模。因此，通常会做出一些假设和简化，以便能够导出一个可以求解的方程。此外，许多表达式与受控条件下的特定试验方法有关。托雷罗（Torero）[33]和巴布劳斯卡[2]介绍并讨论了固体引燃最常见的表示和假设。主要假设如下。

- 固体在点火前保持惰性，即点火前的时间延迟主要与加热固体有关。这意味着在热解开始时会发生点火。点火过程可以用点火温度，T_{ig}（点火时表面温度）和点火延迟时间t_{ig}（单位：s）来表示，点火延迟时间是从接触点火开始的时间延迟。
- k[单位：kW/(mk)]、ρ（单位：kg/m^3）和c[单位：kJ/(kg k)]等热材料特性恒定，与空间、时间无关。
- 大部分入射热流$\dot{q}_e''$（单位：kW/m^2）在表面被固体吸收，吸收率$\alpha \approx 1$。
- 使用总传热系数或有效传热系数对表面辐射进行线性化，并将再辐射项与对流项集总在一起。
- 关于背面损失的问题，假设半无限大（热厚体）物体。

这里请注意：托雷罗使用点火最小热流的名称，而巴布劳斯卡将其称为临界热流，$\dot{q}_{cr}''$（单位：kW/m^2）。巴布劳斯卡指出，在点火时实际存在一个最小热流$\dot{q}_{min}''$（高于$\dot{q}_{cr}''$），低于该值则不会引燃。这意味着点火有一个有限的最大t_{ig}。但是，如果假设$t_{ig} \to \infty$（在临界条件下），可以导出以下方程式：

$$T_{ig} = T_0 + \frac{\dot{q}''_{cr}}{h_{eff}} \tag{11.18}$$

假设外部热流恒定，可推导出高入射热流情况下的以下表达式[33]（另见第10章）：

$$\frac{1}{\sqrt{t_{ig}}} = \frac{2}{\sqrt{\pi}\sqrt{k\rho c}} \frac{\dot{q}''_e}{(T_{ig} - T_0)} \tag{11.19}$$

这种情况适用于$t_{ig} \ll t_c$，其中

$$t_c = \frac{k\rho c}{h_{eff}^2} \tag{11.20}$$

低入射热流情况下对应方程为（$t_{ig} \geqslant t_c$）[33]：

$$\frac{1}{\sqrt{t_{ig}}} = \frac{\sqrt{\pi}\sqrt{k\rho c}}{h_{eff}} \left[1 - \frac{h_{eff}(T_{ig} - T_0)}{\dot{q}''_e}\right] \tag{11.21}$$

为了使导出的方程与试验结果相关联，学者们提出了不同的关系式。汉森斯（Janssens）提出以下关联式[2]：

$$\dot{q}''_e = \dot{q}''_{cr} \left[1 + 0.73 \left(\frac{k\rho c}{h_{eff}^2 t_{ig}}\right)^{0.55}\right] \tag{11.22}$$

请注意热惰性和点火延迟t_{ig}的不同指数。

将公式（11.22）变形，可得点火延迟时间为：

$$t_{ig} = \frac{0.56 \cdot k\rho c}{h_{eff}^2 \left[\frac{\dot{q}''_e}{\dot{q}''_{cr}} - 1\right]^{1.82}} \tag{11.23}$$

对于热薄固体，巴布劳斯卡提出了3种不同的情况，其中所有情况下的正面都暴露在辐射热流中，并且存在再辐射和对流冷却：

1. 背面完全绝热；

2. 背面存在再辐射和对流冷却；

3. 背面暴露于与正面相同的热流中，并存在再辐射和对流冷却。

请注意，上述讨论中假设了引燃点火。对于没有引燃器的情况，空气速度和温度显著影响点火时间，巴布劳斯卡对此进行了广泛讨论。

在许多情况下，隧道情况是极端的，并且数值随使用的试验方法显著变化。物体周围的高速气流可能会冷却和分散表面的热解气体混合物，从而延迟点火过程。因此，在将这些数值应用于真实的隧道火灾情况时，必须非常小心。然而，本章表格中列举的数值以及给出的方程式可以帮助工程设计人员了解重要的影响因素，以及各种材料之间差异性。

比尔德（Beard）开发的火灾蔓延模型[34-38]是为数不多的专门针对隧道内火灾开发的模型之一。FIRE-SPRINT模型可以模拟火势从一辆燃烧的重型货车向第二辆重型货车的蔓延过程。模型得到持续开发，软件版本不断发展，简要总结如下（如果没有提及，下一个版本的模型与上一个版本的假设相同）。

FIRE-SPRINT[34]：假设火灾不会蔓延到目标车辆上方或周围，但会在引燃车辆附近停留（引燃

车辆下游没有火焰）。由于强制通风，隧道内气流温度与环境温度接近。假设没有烟气向火源上游移动。火焰与烟气之间没有辐射热传递，但烟气对火焰存在辐射反馈。

FIRE-SPRINT A2[35]：假设火焰延伸至隧道上部，高于目标车辆。但是目标上方有一个区域没有火焰（在目标和火焰之间）。假设下游火焰和目标之间没有直接的辐射热传递。

FIRE-SPRINT A3[36]与FIRE-SPRINT A2相同，但在火焰和目标之间的区域火焰较厚，假设下游火焰部分和目标物体顶部之间存在热辐射。

FIRE-SPRINT B1[37]：假设存在对目标的火焰冲击（假设持续火焰冲击）。

通过非线性动力学计算系统的稳定性极限（与温度跳跃相关），并研究这些极限如何随热释放速率、气流速度、火源与目标之间的距离而变化，这些模型已应用于预测火灾蔓延。在上述每种情况下，在达到不稳定状态（火灾蔓延）时HRR的极限都有所降低，这与预期相符。假定火源与目标之间距离为6.45 m，隧道内风速为2 m/s，利用软件的4个版本，计算可得HRR限值分别为55.2 MW、45.3 MW、38.6 MW和14 MW。

不同版本得到结果的差异既表明了不同过程对结果的影响，也表明了大规模火灾试验对验证所使用的模型和所作假设的重要性。实际情况也有不存在火焰冲击目标（例如，另一辆车）的情况，这意味着我们需要了解实际情况才能作出正确的假设。即，应该选择正确版本的火灾蔓延模型进行分析。

为了阐明在特定火灾情况下是否可能发生火焰冲击的问题，卡维尔等人[39]从文献中收集了试验信息，并根据贝叶斯（Bayes）定理计算冲击概率。作者对试验结果进行了量化，得出结论：大多数（"大部分"）重型货车火灾的火焰将在火灾下游20 m处冲击另一台重型货车。对于小汽车火灾（假设HRR < 8 MW），火焰不太可能冲击到下游5 m以外的另一辆车。在这两种情况下，结果适应于隧道风速介于1 m/s ~ 4 m/s的情况。

汉森和英格森[40,41]研究了矿井中的火灾风险，并开发了一种计算多个物体之间火灾蔓延的方法，以计算地下建筑中车辆燃烧HRR发展变化。模型采用燃烧物体的单个热释放速率曲线的加和来进行计算。基于沼尻（Numajiri）和藤川（Furukawa）[43]的工作，英格森提出了一种计算方法。[42]假设火灾发展没有或有可忽略的恒定峰值HRR阶段，该方法仅适用于燃料控制型火灾。该模型包括不同的参数，峰值HRR、延迟指数、振幅系数和时间宽度系数。其中一些参数可能与峰值HRR或总能量含量有关，但延迟指数是通过曲线拟合确定的。有关火灾曲线的更多详细信息，请参见第6章。

为了模拟火灾蔓延，还需要确定第二个物体何时因第一个物体的火焰而被点燃。确定或模拟第二个物体被引燃的3种不同方法，可作为点火标准。一种方法是使用临界外部热流，另外两种方法使用表面点火温度。当物体间距离较短时，第一种方法效果最好；而当物体间距离较长时，点火温度方法效果更好。另一个问题是找到本章前面讨论的临界热流和点火温度的相关值。采用了适当的参数，我们发现模型和试验结果具有良好的相关性。

洛纳马克和英格森[27]研究了卢恩海默隧道试验[25]中的火灾蔓延问题。在火灾下游的不同位置放置了多个目标对象，如图11.8中地面上的小型塑料目标对象、木片等。利用横截面平均温度模型研究了该参数与火灾蔓延的关系。对于火灾蔓延区域，上层温度与横截面计算平均温度之间存在较大温差。这种温差对入射辐射有重要影响，在大多数情况下，入射辐射是火灾蔓延的原因。因此，在火灾蔓延计算中使用平均温度可能会误导结果。

在火源附近，辐射主导着热传递。入射热流通量表示来自周围环境的入射辐射强度。可使用下式近似估算目标表面接收到的入射热流，见第10章。

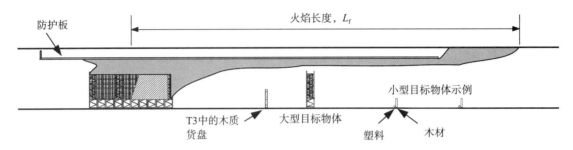

图11.8　火灾负荷和位于火源下游目标物体的示意图（摘自洛纳马克和英格森[6]）

$$\dot{q}''_{inc} = \varepsilon_g F_{o-g} \sigma T_g^4 \tag{11.24}$$

式中，ε_g是烟气发射率；T_g是烟气温度，单位：K；F_{o-g}是从目标对象到烟气层的角系数。请注意，T_g以开尔文温度表示，该方程式才有效。并且在多数情况下估算烟雾层引起的火灾蔓延时，$\varepsilon_g = 1$。如果目标浸没在烟气层中，则角系数等于1，否则它低于1。例如位于地板上的表面。角系数的计算可在第10章热流通量中找到。

引燃的临界条件实际上很难确定。临界引燃的标准变化很大，包括引燃温度、临界热流、临界燃料质量流率等。尽管临界引燃条件的确定存在显著差异，但是我们可以预判，在通风隧道火灾中，引燃与顶棚烟气温度之间存在着很强的相关性。英格森等人[25]使用临界顶棚烟气温度（点燃塑料和目标材料所需的最低顶棚烟气温度）分析了引燃条件。在引燃状态下，样品表层的能量控制方程可表示为：

$$\dot{q}''_{ig} = \varepsilon_s \left(\dot{q}''_{inc,cr} - \sigma T_{ig}^4 \right) + h_c \left(T_\infty - T_{ig} \right) \tag{11.25}$$

式中，$\dot{q}''_{ig}$是引燃时的临界净热流，单位：kW/m^2；$\dot{q}''_{inc,cr}$是公式（11.24）中引燃时的临界入射热流，单位：kW/m^2。ε_s是物体的表面发射率。T_{ig}是点火温度，单位：K。木材和PE塑料等常见材料的发射率通常在0.8 ~ 0.95范围内，因此，除了一些特殊材料外，样品的表面发射率对样品吸收的总热流通量没有很大影响。上述方程表明：在给定条件下，存在与引燃状态相对应的临界入射热流。

英格森等人[25]发现，木垛的表面相对于烟层高度的位置在火灾蔓延中起着重要作用。可以说，如果隧道高度非常高，如高达车辆高度的两倍，则不太可能发生蔓延到第二辆车的火灾。他们发现，在卢恩海默隧道试验中，木材火势蔓延边缘的顶棚烟气温度（即临界顶棚烟气温度）测试工况T2介于709 ℃ ~ 955 ℃范围，测试工况T3为674 ℃ ~ 740 ℃，测试工况T4为674 ℃ ~ 740 ℃。这意味着需要约700 ℃的顶棚烟气温度来点燃放置在地板上的木垛。着火机理应为由热辐射引起的自燃。根据李颖臻等人[44]的研究，木材在自燃前应获得600 ℃的表面温度。考虑到隧道内的试验条件与参考文献中的试验条件之间存在差异，这些温度相互关联良好。在使用缩尺模型试验[45]进行的火灾蔓延研究中，火灾蔓延至第二个木垛（其表面靠近顶棚）的临界顶棚烟气温度约为600 ℃。因此，我们得出结论：当火灾蔓延至放在地板上的木材，其临界顶棚烟气温度约为700 ℃，当火灾蔓延至表面更靠近顶棚的木材（位于隧道一半高度），其临界顶棚烟气温度约为600 ℃。

卢恩海默隧道火灾试验T1工况，塑料材料引燃的临界顶棚烟气温度低于1001 ℃，T2工况温度低于710 ℃，T3工况温度低于672 ℃，T4工况温度在466 ℃ ~ 514 ℃。与木材相比，试验中的塑料材料更容易点燃。得出的结论是，临界顶棚烟气温度可考虑为火灾蔓延至地板上放置的塑料材料时的温度。即，T4中466 ℃ ~ 514 ℃的平均值。综上所述，火灾蔓延至放置在地板上塑料材料的临界顶棚烟气温度可认为为约490 ℃，即T4温度（66 ℃ ~ 514 ℃）的平均值。

11.5　小结

本章提出并讨论了影响引燃和火灾蔓延的不同参数。对于隧道，许多情况是极端的，当确定参数值时，使用的试验方法有很大不同。因此，在将这些数值应用于真实的隧道火灾情况时，必须非常小心。本章中表格中列举的数值以及给出的方程式可以帮助工程设计人员了解影响火灾蔓延的重要因素，以及各种材料之间的差异性。本章还介绍了一些专门为隧道或车辆开发的火灾蔓延模型。

由于火灾发展迅速、高 HRR 以及较高的火灾蔓延风险，隧道内的普通货物可能也具有危险性。火灾中涉及一辆以上重型货车燃烧，会显著增加后果的严重性（例如人员死亡）。本章强调了隧道中火灾蔓延的重要性、对火灾发展的影响、消防和救援服务扑灭火灾的可能性以及火灾的最终结果。

参考文献

1. Rew C, Deaves D Fire spread and flame length in ventilated tunnels—a model used in Channel tunnel assessments. In: Proceedings of the International Conference on Tunnel Fires and Escape from Tunnels, Lyon, France, 5–7 May 1999. Independent Technical Conferences Ltd, pp 397–406.
2. Babrauskas V (2003) Ignition Handbook. Fire Science Publishers, Issaquah, WA, USA.
3. Wickström U (To be published) Heat Transfer in Fire Technology. Draft 26 March 2013 edn.
4. Quintiere JG (1998) Principals of Fire Behavior. Delmar Publishers.
5. Drysdale D (1994) An Introduction to Fire Dynamics. John Wiley & Sons.
6. Kanury AM (1972) Ignition of cellulosic materials: a review. Fire Research Abstracts and Reviews 14:24–52.
7. Dillon SE (1998) Analysis of the ISO9705 Rom/Corner Test: Simulations, Correlations and Heat Flux Measurements M.S. Thesis, Department of Fire Protection Engineering, University of Maryland.
8. Cleary TG, Quintiere JG (1991) Flammability Characterization of Foam Plastics. NIST.
9. Hopkins Dj, Quintiere JG (1996) Material Fire Properties and Predictions for Thermoplastics. Fire Safety Journal 26:241–268.
10. Grexa O, Janssens M, White R, Dietenberger M Fundamental Thermophysical Prperties of Materials Derived from Cone Calorimeter Measurements. In: Wood & Fire Safety: 3rd International Scientific Conference, 1998. The High Tatras, Slovak Republic, pp 139–147.
11. Henderson A (1998) Predicting Ignition Time under Transient Heat Flux Using Results from Constant Heat Flux Experiments. School of Engineering, Univ. Canterbury, Christchurch, New Zealand.
12. Janssens ML (1991) Fundamental Thermophysical Characteristics of Wood and Their Role in Enclosure Fire Growth. Ph.D dissertation, University of Gent, Belgium.
13. Harkleroad M. Unpublished NIST data.
14. Grexa O, Horváthová E, Osvald A Cone Calorimeter Studies of Wood Species. In: International Symposium on Fire Science and Technology, Seoul, 1997. Korean Institute of Fire Science & Enginering, pp 77–84.
15. Dietenberger M, Grexa O Analytical Model of Flame Spread in Full-scale Room/Corner Tests (ISO 9705). In: Fire & Materials '99, 6th International Conference, 1999. Interscience Communications Ltd, pp 211–222.
16. NFPA (1981) NFPA Handbook. National Fire Protection Association.
17. Glassman I, Dryer F (1980/81) Flame spreading across liquid fuels. Fire Safety Journal 3:123–138.
18. Gottuk DT, White DA (2008) Liquid Fuel Fires. In: DiNenno P (ed) The SFPE Handbook of Fire Protection Engineering. Quincy: National Fire Protection Association, pp 2–337 – 332–357.

19. Ingason H Small Scale Test of a Road Tanker Fire. In: Ivarson E (ed) International Conference on Fires in Tunnels, Borås, Sweden, October 10–11 1994. SP Swedish National Testing and Research Institute, pp pp. 238–248.

20. White D, et al. (1997) Flame Spread on Aviation Fuels Fire Safety Journal Volume 28:pp. 1–31.

21. Lönnermark A, Kristensson P, Helltegen M, Bobert M Fire suppression and structure protection for cargo train tunnels: Macadam and HotFoam. In: Lönnermark A, Ingason H (eds) 3rd International Symposium on Safety and Security in Tunnels (ISTSS 2008), Stockholm, Sweden, 12–14 March 2008. SP Technical Research Institute of Sweden, pp 217–228.

22. Ingason H (2012) Fire Dynamics in Tunnels. In: Beard AN, Carvel RO (eds) In The Handbook of Tunnel Fire Safety, 2nd Edition ICE Publishing, London, pp 273–304.

23. Koseki H (1989) Combustion Properties of Large Liquid Pool Fires. Fire Technology 25 (August):241–255.

24. Tewardson A (2008) Generation of Heat and Gaseous, Liquid, and Solid Products in Fires. In: DiNenno PJ, Drysdale D, Beyler CL et al. (eds) The SFPE Handbook of Fire Protection Engineering. Fourth Edition edn. National Fire Protection Association, Quincy, MA, USA, pp 3–109–103–194.

25. Ingason H, Lönnermark A, Li YZ (2011) Runehamar Tunnel Fire Tests. SP Technicial Research Institute, SP Report 2011:55.

26. Ingason H, Bergqvist A, Lönnermark A, Frantzich H, Hasselrot K (2005) Räddningsinsatser i vägtunnlar. Räddningsverket, P21-459/05 (in Swedish).

27. Lönnermark A, Ingason H (2006) Fire Spread and Flame Length in Large-Scale Tunnel Fires. Fire Technology 42 (4):283–302.

28. BEA-TT (2006) Rapport provisoire d'enquête technique sur l'incendie de poids lours survenu dans le tunnel du Fréjus le 4 juin 2005. Bureau d'Enquêtes sur les Accidents de Transport Terrestre, France.

29. Brinson A (2005) Fire in French Tunnel Kills Two. Eurosprinkler.

30. Bettelini M, Neuenschwander H, Henke A, Gagliardi M, Steiner W The Fire in the St Gotthard Tunnel of October 24, 2001. In: Ingason H (ed) International Symposium on Catastrophic Tunnel Fires (CTF), Borås, Sweden, 20–21 November 2003. SP Swedish National Testing and Research Institute, pp 49–68.

31. Ingason H Fire Development in Catastrophic Tunnel Fires (CTF). In: Ingason H (ed) International Symposium on Catastrophic Tunnel Fires (CTF), Borås, Sweden, 20–21 November 2003. SP Swedish National Testing and Research Institute, pp 31–47.

32. Duffé P, Marec M (1999) Report on the Technical Enquiry into the Fire on 24 March 1999 in the Mont Blanc Tunnel. Ministry of the Interior, Ministry for Equipment, Transport and Accommodation, France.

33. Torero JL (2008) Flaming Ignition of Solid Fuels. In: DiNenno P (ed) The SFPE Handbook of Fire Protection Engineering. Quincy: National Fire Protection Association, pp 2–260 – 262–277.

34. Beard AN, Drysdale DD, Bishop SR (1995) A Non-linear Model of Major Fire Spread in a Tunnel. Fire Safety Journal 24:333–357.

35. Beard AN (1997) A Model for Predicting Fire Spread in Tunnels. Journal of Fire Sciences 15 (July/August):277–307.

36. Beard AN Major Fire Spread in a Tunnel: A Non-linear Model. In: Vardy AE (ed) Fourth International Conference on Safety in Road and Rail Tunnels, Madrid, Spain, 2–6 April 2001. University of Dundee and Independent Technical Conferences Ltd., pp 467–476.

37. Beard AN Major Fire Spread in a Tunnel: A Non-linear Model with Flame Impingement. In: Proceedings of the 5th International Conference on Safety in Road and Rail Tunnels, Marseille, France, 6–10 October 2003. University of Dundee and Independent Technical Conferences Ltd., pp 511–521.

38. Beard AN Major Fire Spread in a Tunnel, Assuming Flame Impingement: Effect of Separation and Ventilation Velocity. In: Fifth International Conference on Tunnel Fires, London, UK, 25–27 October 2004. Tunnel Management International, pp 317–326.

39. Carvel RO, Beard AN, Jowitt PW The Influence of Longitudinal Ventilation on Fire Spread between HGV Fires in Tunnels. In: Fifth International Conference on Tunnel Fires, London, UK, 25–27 October 2004. Tunnel Management International, pp 307–316.

40. Hansen R, Ingason H (2011) An Engineering tool to calculate heat release rates of multiple objects in underground structures. Fire Safety Journal 46 (4):194–203. doi:10.1016/j.firesaf.2011.02.001.

41. Hansen R, Ingason H (2012) Heat release rates of multiple objects at varying distances. Fire Safety Journal 52:1–10.

42. Ingason H (2009) Design fire curves in tunnels. Fire Safety Journal 44 (2):259–265. doi:10.1016/j.firesaf.2008.06.009.

43. Numajiri F, Furukawa K (1998) Short Communication: Mathematical Expression of Heat Release Rate Curve and Proposal of 'Burning Index'. Fire and Materials 22:39–42.

44. Li YZ, Lei B, Ingason H (2011) The maximum temperature of buoyancy-driven smoke flow beneath the ceiling in tunnel fires. Fire Safety Journal 46 (4):204–210.

45. Ingason H, Li YZ (2011) Model scale tunnel fire tests with point extraction ventilation. Journal of Fire Protection Engineering 21 (1):5–36.

第 12 章

烟气分层

_____

摘　要：本章介绍了隧道火灾的烟气分层现象以及其形成原理，并阐述了计算烟气分层的工程求解方法。烟气分层是关乎隧道火灾中疏散和灭火的重要问题。火灾释放的烟气含有一些有害的燃烧产物。如果隧道内烟气分层消失，该区域的人员将面临极大的危险。在不通风或通风速度很低的情况下，火灾两侧都存在烟气，在早期阶段可能存在良好的分层，但通常在火势扩大后消失。当通风速度略低于临界风速时，火灾上游存在烟气逆流和良好的分层现象，而下游烟气分层则会比较糟糕。在高通风速度下，烟气全部流向下游，即使在下游较短距离内，也难以维持分层现象。此外，本章还介绍了烟气沿隧道蔓延的理论，并提出了纵向通风隧道烟气分层的经验模型。

关键词：分层；通风速度；卷吸；烟气层高度；烟气逆流；简单模型；弗劳德数

12.1　引言

烟气分层（smoke stratification）现象取决于纵向通风速度和火灾产生的浮力。由于浮力作用，热烟向上流动并占据隧道横截面的上部区域。因此，在某些情况下可能存在明显的分层现象。

从火灾中释放的烟气是燃烧产物和空气的混合物。决定环境耐受条件的4个因素分别是窒息性火灾烟气、刺激性火灾烟气、热量和视觉障碍。关于这些参数的更详细的信息将在第14章和第15章中介绍。除了火源附近的火焰辐射外，所有这些因素都与烟气密切相关。在火灾初期，高温可能是个小问题，但一些高浓度的燃烧产物，如一氧化碳和其他有毒气体，很容易导致死亡。无论如何，当烟气降到隧道人员头部高度后，该区域内的人们将处于极大的危险中。在建筑消防工程中，保持烟气层高度高于头部高度是一项关键任务。在隧道火灾中，由于疏散的可能性有限，且人员通常不熟悉环境，这个问题将更加重要。

本章阐述了烟气分层现象和形成原理，并在接下来的章节中给出了估算隧道火灾烟气分层的工程解决方案。

12.2　烟气分层现象

在隧道火灾中，烟气的扩散特性很大程度上取决于隧道内的空气流速，特别是在火源附近。为了说明这一点，我们可以确定三个典型的空气流速范围（类）：

- 低或无强制风速（0~1 m/s）
- 中等强制风速（1 m/s~3 m/s）
- 高强制风速（>3 m/s）

需要说明的是，括号内的风速数值（1 m/s, 3 m/s）只是近似值。实际上，3 m/s是临界速度的估计值，在该风速下不存在烟气逆流现象。隧道火灾的临界速度被定义为防止烟气逆流所需的最小纵向通风速度。临界速度的概念将在第13章中进行全面讨论。实际上，隧道火灾的临界速度可能大于3 m/s（例如大型火灾），也可能小于这个值（例如小型火灾）。

针对低风速，火源附近的烟气层高度通常较高。自然通风隧道通常就属于这一类。烟气的逆流长度相对较长，在某些情况下，烟气几乎对称地向两个方向移动，如图12.1所示。当速度增大，接近1 m/s时，火灾上游的烟被通风抑制，停止了进一步扩散，从火灾现场来看，烟气逆流的长度可达隧道高度的25倍，如图12.2所示。关于隧道火灾通风的逆流长度的计算可以在第13章中找到，这里不再进一步讨论。

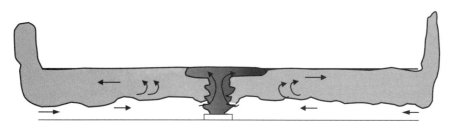

图12.1　较低通风速度下（分组1，0~0.5 m/s）隧道内烟气分层示意图

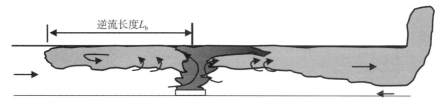

图12.2　通风速度1 m/s下隧道内烟气分层示意图

　　针对中等风速，火灾附近的分层受到风速的强烈影响，特别是在较高的风速下。自然通风或强制通风隧道可划为此类。烟气逆流长度可以从0增加到隧道高度的25倍左右，见图12.3。

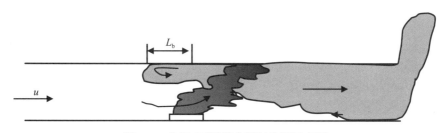

图12.3　分组2下隧道内烟气分层示意图

　　针对高风速，烟气在下游的分层通常会消失，而火源上游也不存在逆流现象，见图12.4，这种情况一般对应强制通风隧道。[13]

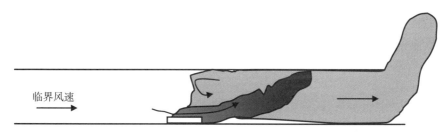

图12.4　分组3（风速大于临界速度u_c）下隧道内烟气分层示意图

火源下游的分层是冷空气和火灾产生的热羽流混合的结果。在靠近火羽流的区域，两者的混合是三维的，流动的主要路径见图12.5。重力倾向于抑制两种密度不同的流之间的湍流混合。

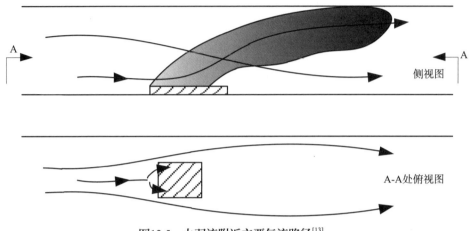

侧视图

A-A处俯视图

图12.5 火羽流附近主要气流路径[13]

这也解释了为什么未反应冷空气可以绕过火羽流而未混合。因此，火源的纵向尺寸可能对纵向气流与火源燃料蒸气之间的混合过程起到重要作用。

12.3 烟气分层机理

分层是一种常见的现象，如油浮在水面。热烟气的密度较低，在热烟气和周围空气之间产生压差，即热压。在热压或浮力的作用下，热烟气向上流动，撞击隧道顶棚，然后沿隧道顶棚纵向流动。当烟气沿顶棚流动时，由于隧道壁面的热损失，烟气温度随扩散距离增大迅速降低。这意味着热压也随距离的增加而减小。因此，随着离火源距离的增加，烟气分层会越来越难以维持。

惯性力也在分层的形成中起着作用。以隧道顶棚下方的冷空气（环境温度）射流为例，空气射流和均质环境之间未发生热传递。然而，扩散过程中空气射流会不断从下层卷吸空气，空气层的厚度逐渐增加。这表明惯性力有破坏烟气分层的倾向。

这也意味着热压力倾向于维持烟气分层，而惯性力倾向于破坏烟气分层。描述这两种力之间平衡的一个无量纲参数是理查森数Ri，定义为：

$$Ri = \frac{\Delta\rho gh}{\rho \Delta u^2} \tag{12.1}$$

式中，ρ为热烟气密度，单位：kg/m³；$\Delta\rho$为密度差，单位：kg/m³；g为重力加速度，单位：m/s³；h为烟气层厚度，单位：m；Δu为层间速度差，单位：m/s。实际上，特征厚度h应该是混合层的厚度。然而，对于顶棚下的烟气流动，使用烟层厚度来代替是合理的。可以预测，随着理查森数的增加，烟气分层将变得更加稳定。

12.3.1 卷吸

在密度分层流动中观察到的一个重要现象是层间卷吸。对于隧道火灾中的上层烟流，可以预见，卷吸进入上部烟层的空气主要是由于两层之间的湍流混合。即，空气主要是由湍流产生的大涡携带进入上部烟层。

下面尝试基于混合理论，将卷吸系数 β 引入以下方程。对于热烟层、下层空气层间的混合层，根据混合长度湍流理论[1]，湍流混合速度 u_t（单位：m/s）可以表示为：

$$u_t = C l_m \frac{\partial u}{\partial z} \tag{12.2}$$

式中，C 为比例常数，l_m 为混合长度，单位：m；z 为垂直距离，单位：m。预计卷吸速度 u_e 接近湍流混合速度。考虑到混合长度与混合层厚度成正比，即 $l_m = 0.07\delta$ [1]，则卷吸速度 u_e（m/s）可表示为：

$$u_e = 0.07\delta \frac{\Delta u}{\delta} = 0.07C\Delta u \tag{12.3}$$

因此，卷吸系数 β 可以表示为：

$$\beta = \frac{u_e}{\Delta u} = 0.07C \tag{12.4}$$

在过去的几十年里，研究人员在不同的情况下对卷吸系数进行了广泛研究。等温射流的卷吸系数接近常数；而密度分层射流的卷吸系数受浮力影响，随理查森数 Ri 而变化。

流体力学领域对分层的卷吸问题进行了大量研究。埃利森（Ellison）和特纳（Turner）[2]对湍流流体和静止流体之间的混合进行了经典研究，确定卷吸系数 β 与理查森数 Ri 关系如下：

$$\beta = \alpha_1 \exp(-\alpha_2 Ri) \tag{12.5}$$

式中，α_1 为垂直火羽流的卷吸系数，α_2 为修正系数。阿尔珀特（Alpert）[3]发现，当 $\alpha_2 = 3.9$ 时，上式与埃利森和特纳[2]的数据吻合良好，即[4,5]：

$$\beta = 0.12\exp(-3.9Ri) \tag{12.6}$$

基于数值研究和与试验数据的比较，阿尔珀特提出了卷吸系数的替代方程[3]：

$$\beta = 0.075\exp(-5Ri) \tag{12.7}$$

并以距离的形式表示：

$$\beta = 0.12[1 - \exp(-0.6H/x)] \tag{12.8}$$

尤（You）和费思（Faeth）[4]对顶棚火羽流进行了数值研究，并将数值结果与测试数据进行了比较。卷吸方程的形式与埃利森和特纳[2]的相同，但系数不同。他们发现下面方程最为适合弱羽流情况[4]：

$$\beta = 0.14\exp(-1.5Ri) \tag{12.9}$$

丁（Ding）和昆蒂尔（Quintiere）[6]指出，还需要考虑密度比，修正阿尔珀特方程为[3]：

$$\beta = 0.075\rho/\rho_o\exp(-5Ri) \tag{12.10}$$

式中，ρ_0 是下层风流密度，ρ 是烟气密度。

上述方程基本上与埃利森和特纳[2]提出的方程形式相同。然而，埃利森和特纳[2]提出的表达式仅在 $Ri < 0.8$ [7]时有效。此外，上面提到的几乎所有方程都引用了埃利森和特纳[2]的液体试验数据。对于卷吸热烟流，尤其是火羽流，必须确认这些方程的有效性。根据费尔南多（Fernando）的研究[7]，当 Ri 数介于 $0.1 \sim 10$，卷吸系数符合以下规律：$\beta \sim Ri^{-1}$，而且在这个范围内，开尔文-亥姆霍兹不稳定性（Kelvin-Helmholtz Instability）是活跃的。

威尔金森（Wilkinson）和伍德（Wood）研究了密度分层流动中可能出现的密度跳跃，并将其与临界弗劳德数联系起来。[2]当弗劳德数小于临界弗劳德数，就不会发生卷吸。根据该临界弗劳德数，德利查西奥（Delichatsios）分析了梁间顶棚下的烟气流动。[8]但是在昆斯克（Kunsch）的隧道火灾烟气流动研究中并未出现密度跳跃[9]，他建议开展进一步的研究分析。费尔南多对分层流动中的湍流混合进行了系统的评述。[7]结果表明：当理查森数Ri介于$0 \sim 100$，卷吸系数将介于$10^{-1} \sim 10^{-5}$。这似乎与密度跳跃的定义相反，可以解释为：当理查森数增加到一定值时，卷吸将减少到一个非常低的可以忽略的水平。

对于隧道火灾中的烟气流动，由于隧道几何结构和通风的限制，烟气流动可能与开放环境或短走廊中的顶棚射流有很大不同。我们需要对这些情况下的卷吸进行进一步研究。

12.3.2　烟气层高度

虽然本章讨论了隧道火灾中的烟气分层，但分析沿隧道的烟气层高度变化更有意义。在隧道火灾中，火灾产生的烟气冲击顶棚，然后沿顶棚蔓延，烟气层的厚度通常随距火源距离而增加。事实上，烟气层的下降是质量卷吸、动量损失和热传递共同作用的结果。

烟流的速度和密度分布是复杂的，不同位置的烟气流动可能有所不同。为简单起见，这些参数假设符合高帽分布。对于自然通风隧道中的烟气流动，随时间变化的质量、动量、能量微分控制方程可近似表示为：

质量：

$$\frac{\partial}{\partial t}(\rho A) + \frac{\partial}{\partial x}(\rho u A) = \rho_o u_e W \tag{12.11}$$

动量：

$$\frac{\partial}{\partial t}(\rho u A) + \frac{\partial}{\partial x}(\rho u^2 A) + \frac{\partial}{\partial x}\left(\frac{1}{2}\Delta\rho g h A\right) = -\frac{1}{2}C_f \rho u^2 w_p \tag{12.12}$$

能量：

$$\frac{\partial}{\partial t}(\rho A c_p T) + \frac{\partial}{\partial x}(\rho u A c_p T) = \rho_o u_e W c_p T_o - h_t w_p(T - T_w) \tag{12.13}$$

式中，A是烟流的横截面积，单位：m^2；t是时间，单位：s；x是沿隧道长度的距离，单位：m；h是烟层厚度，单位：m；h_t是总传热系数，单位：$kW/(m^2K)$；w_p是烟层湿周，单位：m；C_f是表面摩擦系数；T_w是壁温，单位：K。

从动量方程可以明显看出，理查森数的定义实际上是稳定状态下浮力与动量之比。控制方程表明：除初始条件外，影响烟气层高度的3个因素分别是传热、壁面摩擦和卷吸。注意，传热和动量对分层的影响已在前面讨论过，并已整合到理查森数中。

对于稳定的烟流，沿隧道质量流率$\dot{m}$（单位：kg/s），可使用以下公式近似计算：

$$\dot{m}(x) = \dot{m}_o + \beta W \int |u - u_o| dx \tag{12.14}$$

式中，u_o为下层空气速度，单位：m/s；β为层间卷吸系数。

作为一个粗略的近似值，根据前面提出的方程，可以假设卷吸系数在0.01左右，由此计算出的质量流量应该是偏于保守的。

隧道长度是一个影响因素，尤其是在烟气前端到达出口后。

在烟气下降到地板高度之前，可使用以下公式估算距离火源x（单位：m）处的烟气层高度：

$$h(x) = \frac{\dot{m}(x)(T_o + \Delta T(x))}{\rho_o T_o u(x) W} \tag{12.15}$$

式中，ΔT为烟气温升，单位：K。

烟气层高度可表示为：

$$H_{\mathrm{smoke}}(x) = H - h(x) \qquad (12.16)$$

请注意，隧道高度是烟气层高度的上限。

以上分析顶棚射流的初始条件必须是已知的。然而，对于隧道火灾，特别是纵向通风隧道内的大型火灾，通常是缺乏这方面信息的。此外，纵向通风隧道火灾中，控制方程也将变得更加复杂。此外，如前述章节中表述，在实际使用时需要首先确认卷吸方程的有效性。

因此，本节的主要目的是提高对烟气分层机理和烟层高度的认识。对这一课题还需要展开进一步的深入研究。

12.4 隧道内烟气分层的简单模型

虽然理论模型和相关的关键参数已在前一节中讨论过，但求解方法复杂，部分关键参数也无法准确估计。

根据纽曼（Newman）[10]，尼曼（Nyman）和英格森[11]的研究，本节提出了一个简单的模型作为替代办法来估计隧道中的烟气分层。

纽曼[10]的研究表明：在管道火灾中，局部温度分层与化学物质局部质量浓度之间存在关联。此外，英格森和佩尔松（Persson）[12]的研究也表明，隧道内局部烟雾光密度（或能见度）与局部密度（或温度）、氧气浓度之间也存在相关性。因此，我们可以假设纽曼给出的局部温度分层与隧道内气体成分（CO、CO_2、O_2等）和烟气分层之间存在一定的相关性。温度分层不仅与通风速度有关，还与热释放速率（HRR）和隧道高度有关。这些参数可以通过局部弗劳德数（Fr）或理查森数（Ri）相互关联。

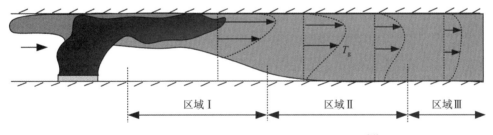

图12.6 Ingason提出的三个烟气分层区域示意图[13]

纽曼[10]提出了一种非常简单的方法，根据特定的弗劳德数Fr，来判别3个不同的烟气分层区域，其定义如下：

$$Fr = \frac{u_{\mathrm{avg}}^2}{\sqrt{gH \Delta T_{\mathrm{cf}} / T_{\mathrm{avg}}}} \qquad (12.17)$$

式中，H为隧道高度，单位：m；T_{avg}为给定位置上横断面上平均烟气温度，单位：K；$\Delta T_{\mathrm{cf}} = T_{\mathrm{c}} - T_{\mathrm{f}}$为顶棚与地板的烟气温差，单位：K；$u_{\mathrm{avg}} = u T_{\mathrm{avg}}/T_{\mathrm{a}}$，单位：m/s。给定位置的平均烟气温度可使用第8章第6节中提出的一维方程进行估算。弗劳德数的定义与之前定义的理查森数有相似的物理意义：均以某种方式将浮力与惯性力联系起来，但彼此之间相反。

温度分层区域示意图如图12.6所示。从区域Ⅰ到区域Ⅲ，竖向温度廓线变化显著。纽曼描述了烟气分层的种类。[10]在第一个区域（区域Ⅰ），$Fr \leqslant 0.9$，存在明显的分层现象，燃烧热烟气沿顶棚扩散。对于区域Ⅰ，地面附近的空气温度基本接近环境温度，该区域由浮力主导的温度分层组成。第二区域（区域Ⅱ），0.9≤Fr≤10，主要由施加的水平流和浮力之间的强相互作用所主导。尽管没有明显分层或分层，但它具有竖向温度梯度，并且受到混合控制。换句话说，通风速度与火灾引起的浮力之间存在显著的相互作用。第三区域（区域Ⅲ），Fr > 10，竖向温度梯度不明显，因此分层不明显。

此外，纽曼[10]基于整个截面加权平均烟气温度(T_{avg})、烟气速度(u_{avg})，建立了靠近顶棚处（0.88 H）的过余烟气温度和靠近地板处（0.12 H）温度在不同分区的关联式。他假设这些关联式适用于各种应用场合，例如评估火焰蔓延和探测器响应等。这些关联式还没有在隧道火灾中测试验证过，因此这里不再介绍。确定这些分层区域的多数试验是在一个宽2.4 m（B）、高2.4 m（H）、长47.6 m（L）、D_h/L=19.8 m的大尺度矩形管道中进行的。式中D_h是水力直径，定义为$\sqrt{4A/P}$，其中A是横截面积，单位：m^2；P是周长，单位：m。

为了根据上面定义的弗劳德数估计烟气分层，必须知道顶棚和地板之间的温差。尼曼和英格森[11]基于大量小尺度、大尺度隧道火灾试验数据，研究了纽曼的温度关联式。他们得出的结论是：纽曼的顶棚温度方程不适用于大尺度火灾试验数据，并且针对区域Ⅱ，他们提出了一个新方程，用于估算顶棚和地板之间的温差ΔT_{cf}（单位：K），表示为：

$$\Delta T_{cf} = 0.225 \frac{gH \Delta T_{avg}^2}{T_{avg} u_{avg}^2}$$ （12.18）

上式中的平均烟气温度和烟气速度可以根据公式（8.45）和公式（8.48）来计算。然后根据公式（12.18）可以进一步估算出顶棚、地板的温差。公式（12.17）的计算值可用于计算弗劳德数，然后可以估计火灾下游任何特定位置的烟气分层。

应当记住，区域Ⅱ和区域Ⅲ之间没有明显的区别。纽曼[10]用弗劳德数为10和$\Delta T_{cf}/\Delta T_{avg}$的比值为0.1作为近似值。然而，如果这里应用尼曼和英格森[11]的研究结果，并使用$\Delta T_{cf}/\Delta T_{avg}$ = 0.1的相同标准，可以确定区域Ⅱ到区域Ⅲ交界面的弗劳德数为3.2，而纽曼提出的数值为10。一般认为，对于隧道工程应用而言，区域Ⅱ和区域Ⅲ之间的交界面弗劳德数为3.2应该是比较合理的。

因此，第一个区域（区域Ⅰ）对应Fr≤0.9，导致明显分层。区域Ⅱ对应0.9≤Fr≤3.2，施加的水平流动与浮力存在强烈相互作用。区域Ⅲ对应于Fr > 3.2，其中烟气分层现象不显著。在实际应用中，为保证分层明显，计算得出的弗劳德数应小于0.9，即：

$$Fr \leq 0.9$$ （12.19）

此外，需要注意的是：本节中提出的烟气温度方程纯粹是经验方程，没有任何物理意义，因此，不能用于估算顶棚烟气温度，只能用于估算弗劳德数。

示例12.1：距离火灾位置x = 150 m处10 min（600 s）后的分层区域是什么？纵向通风速度为2 m/s，环境温度为20 ℃，隧道几何形状为H = 6 m，W = 9 m，火灾呈线性增长，10 min后HRR达到峰值120 MW。

答案：首先在这里应用8.6节中提出的修正时间的简单方法，即$\tau = t - x/u_0 = 600 - 150/2 = 525$ s，这意味着，$\dot{Q}(\tau) = 105$ MW。因此，使用公式（8.46），确定x = 0处的平均烟气温度为：$T_{avg}(x = 0, \tau) = 560$ ℃，其中$\dot{m}_a = 1.2 \times 2 \times 6 \times 9 = 130$ kg/s。读者必须注意，相应的顶棚温度可能远高于560 ℃（~ 1000 ℃）。但是，用作确定Fr数使用的是烟气的平均温度，因此这个数值是可以接受的。时间在t = 600 s时距火灾150 m处的平均温度可使用公式（8.45）计算：$T_{avg}(x = 150$ m, $t = 600$ s) = 560 ℃。其中，h = 0.025 kW/(m^2K)，P = 30 m，x = 150，$\dot{m}_a = 130$ kg/s，T_o = 20 ℃和c_p = 1 kJ/(kg·K)。根据公式（12.18），温升为$\Delta T_{cf} = 123$ ℃。使用公式（12.17）确定弗劳德数，即Fr = 3.4 > 3.2。这对应于第三区域，烟气分层不显著。此时整个隧道预计都充满了烟气，疏散将会非常困难。

12.5　小结

烟气分层现象是关乎隧道火灾中疏散和灭火的一个重要问题。火灾产生的烟气中含有一些致命的燃烧产物。如果烟气分层消失，该区域的人们可能处于极大的危险之中。

本章阐述了隧道火灾中烟气的分层现象。在不通风或通风速度很低的情况下，火源两侧都有烟气，在火灾初期可以有良好的分层，但火灾规模变大后一般不会有分层现象。当通风速度略低于临界通风速度时，烟气在火灾上游存在逆流现象和良好的分层。然而，下游的烟气分层会变得很糟糕。在高通风速度条件下，所有的烟气都流向下游，即使在火灾下游很短的距离内也很难保持分层。

烟气层形成的机制与理查森数密切相关，理查森数体现了烟气层的稳定性。卷吸是导致烟气层下降的关键机制。卷吸速度与层间速度差成正比。

本章提出了烟气流动的瞬态控制方程。从控制方程可知，除初始条件外，影响烟层高度的三个因素包括传热、壁面摩擦和卷吸。目前，我们对顶棚射流初始条件和卷吸方程适用性问题仍缺乏足够的了解，尤其是纵向通风隧道大型火灾情况。此外，在纵向通风隧道火灾中，控制方程变得更加复杂。如前一节所述，在实际使用之前，必须首先确认卷吸方程的有效性。

章节12.4描述了一个简单的隧道内烟气分层模型，可用于纵向通风隧道内烟气分层的估计。

参考文献

1. Versteeg HK, Malalasekera W (1995) An Introduction to Computational Fluid Dynamics. Longman, England.
2. Wilkinson DL, Wood IR (1971) A rapidly varied flow phenomenon in a two-layer flow. Journal of Fluid Mechanics 47:241–256.
3. Alpert RL (1971) Fire induced turbulent ceiling-jet. Report no. 19722-2. Factory Mutual Research Corp., Norwood.
4. You HZ, Faeth GM (1985) An investigation of fire plume impingement on a horizontal ceiling 2– Impingement and ceiling-jet regions. Fire and Materials 9 (1):46–56.
5. Babrauskas V (1980) Flame Lengths under Ceiling. Fire and Materials 4 (3):119–126.
6. Ding H, Quintiere JG (2012) An integral model for turbulent flame radial lengths under a ceiling. Fire Safety Journal 52:25–33.
7. Fernando HJS (1991) Turbulent mixing in stratified fluids. Annual Review of Fluid Mechanics 23:455–493.
8. Delichatsios MA (1981) The Flow of Fire Gases under a Beamed Ceiling. Combustion and Flame 43:1–10.
9. Kunsch JP (1999) Critical velocity and range of a fire-gas plume in a ventilated tunnel. Atmospheric Environment 33:13–24.
10. Newman JS (1984) Experimental Evaluation of Fire-Induced Stratification. Combustion and Flame 57:33–39.
11. Nyman H, Ingason H (2012) Temperature stratification in tunnels. Fire Safety Journal 48:30–37.
12. Ingason H, Persson B (1999) Prediction of Optical Density using CFD. In: Curtat M (ed) Fire Safety Science—Proceedings of the 6th International Symposium, Poitiers. pp 817–828.
13. Ingason H (2005) Fire Dynamics in Tunnels. In: Carvel RO, Beard AN (eds) The Handbook of Tunnel Fire Safety. Thomas Telford Publishing, London, pp 231–266.

第 13 章
隧道火灾通风

摘　要：通风是隧道中最常用的控制火灾和烟气影响的措施。本章首先介绍了用于排除隧道内热量和污染物的各种常规通风系统。如果隧道发生火灾，需要火灾通风系统来控制烟气流动，并为人员疏散和消防救援创造良好环境。隧道中使用的火灾通风系统主要包括纵向通风系统和集中排烟系统，本章将对此进行详细讨论。详细研究了纵向通风隧道的两个关键参数，即临界风速和逆流长度。对于集中排烟系统，需要从两侧提供足够的新风量，以防止烟气进一步向外扩散。此外，还讨论了隧道横通道和救援站的火灾通风系统。介绍了一种用于计算隧道火灾中纵向通风速度的简单模型。

关键词：正常通风；火灾通风；纵向通风；排烟；临界速度；逆流长度；横通道；救援站；通风气流

13.1　引言

隧道通风已有百年历史，不同时期发展了不同的通风系统。机械通风的最初目的是处理车辆（内燃机车）产生的污染物，因此隧道广泛采用了全横向通风系统。后来，为降低成本，发展出了半横向通风系统。20世纪80年代，纵向通风系统因其相对简单、成本低等特点，在世界各地得到快速发展及广泛应用。

隧道火灾安全问题起初不是人们关注的焦点，但在过去几十年里发生的多次特大隧道火灾事故，引起了社会各界的广泛关注，有关部门随即便制定了相应的消防法规来应对隧道消防安全问题。此外，还相继推出了不同的火灾通风排烟系统，作为降低隧道火灾和烟气影响的重要措施之一。这部分内容将在介绍"正常"通风系统后展开详细讨论。

13.2　正常通风

在正常情况下，车辆通过隧道时，会带来大量的污染物、粉尘和热量，对隧道内人员、隧道设备和车辆本身都有危害。因此，对于有内燃机车通行的公路隧道、铁路隧道，正常通风系统的主要目标是排除车辆产生的污染物和粉尘。然而，对于有高速电力机车通行的现代铁路、地铁隧道，通风设计的主要目标已经变成消除机车产生的热量。

正常通风系统可分为自然通风和机械通风两种类型。对于交通量大的公路隧道或高速列车的铁路隧道，活塞效应可以产生足够大的空气流动以消除热量并降低污染、粉尘的浓度，因此，正常通风情况通常不需要开启机械通风系统。此外，对于短距离隧道或内有大型竖井的隧道，通常也可能不需要机械通风系统。这些没有机械排风的通风系统称为自然通风系统。

机械通风系统一般需要安装在长隧道中，以便带走车辆及其他设备产生的污染物和热量。显然，机械通风系统性能稳定，不像自然通风系统一样受周边环境影响。因此，机械通风系统广泛地应用于隧道通风，包括纵向通风系统、横向通风系统、半横向通风系统和组合式通风系统。

13.2.1　纵向通风

纵向通风系统使用射流风机或者普通风机产生纵向风流，以消除污染物、粉尘和热量。

射流风机由于成本较低、安装简单而被广泛应用于隧道纵向通风，尤其适应于竖井或其他通风管道施工困难且成本昂贵的超长隧道。图13.1为射流风机纵向通风系统的示意图，射流风机位于隧道入口、顶棚下方或固定在隧道侧壁。通常两个或三个射流风机一组，两组间距约为100 m，具体间距数值取决于射流风机的特性和隧道的几何形状。

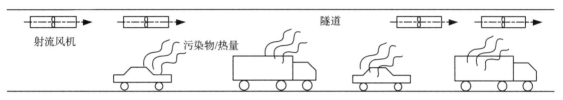

图13.1　射流风机纵向通风示意图

在隧道入口处的Saccardo喷嘴也可以用来提供纵向气流，见图13.2。喷嘴内安装大型风扇，新风经过喷嘴引入隧道。但是，Saccardo喷嘴只能增加有限的压力，因此这种方法只适用于较短隧道，除非与其他通风设备（如射流风机）一起安装。

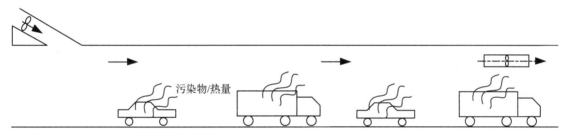

图13.2　Saccardo 喷嘴 + 射流风机纵向通风示意图

纵向通风隧道中车辆或其他设备排放的污染物并没有被消除，只是通过纵向流动将它们向前输送。因此，污染物浓度随着与入口距离的增加而增加，量也遵循这一趋势。这意味着，纵向通风隧道的长度有一个适用上限。换句话说，超长隧道用纯纵向通风系统，可能无法满足循环通风控制要求。如图13.3所示，反而可能需要设置一个或多个竖井来排出污染物和热量，并向隧道提供新风。

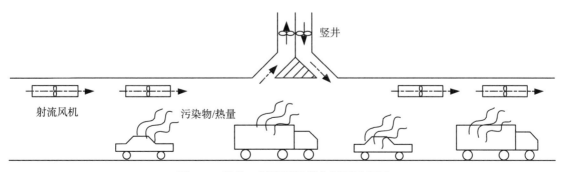

图13.3　竖井 + 射流风机纵向通风示意图

在某些情况下，当粉尘浓度是环境限制的关键参数时，可用静电除尘器消除空气中的粉尘颗粒。这可以用来延长设置纵向通风系统的隧道的长度或降低通风系统的成本。然而，如果气体污染物的浓度或热量是关键控制参数时，静电除尘则不起作用。

13.2.2　横向通风

横向通风系统是指风流从送风口横向扩散至排风口。如图13.4和13.5所示，该系统由许多沿隧道纵向或横向布置的通风口组成，用于向隧道提供新风并排出污染物。排风口一般位于顶棚，送风口可以设置在地板（图13.5a）或顶棚（图13.5b），取决于送风管道的位置。通风管道既可以与竖井（位于隧道入口之间）相连，也可以与洞口附近的风机房连接。

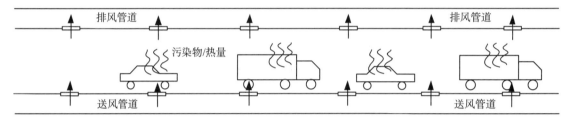

图13.4　横向通风示意图（纵向布置）

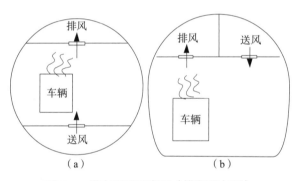

图13.5　横向通风示意图（横断面布置）

13.2.3　半横向通风

半横向通风系统与横向通风系统非常相似。唯一的区别是，对于半横向系统，只有送风口或只有排风口在运行。换句话说，只向隧道输送新风（图13.6a）或只将污染空气排出隧道（图13.6b）。

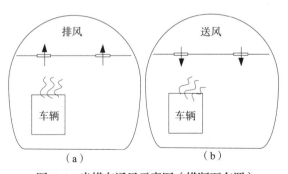

图13.6　半横向通风示意图（横断面布置）

13.3　纵向通风

在接下来的部分中，我们将讨论与火灾排烟有关的通风系统。

火灾时，正常通风系统通常需要切换为火灾通风模式。火灾通风系统的目的是控制烟气流动，减轻火灾和烟气的影响，便于人员疏散、应急响应和消防救援。为降低成本，可简化隧道结构的施工，火灾通风系统应尽可能与正常通风系统相结合。火灾通风方式可分为纵向通风、集中排烟和组合通风。此外，可采用特殊的结构设计和通风策略（例如，隧道内的横通道和救援站）以减轻火灾和烟气的影响。本节将介绍纵向火灾通风系统，其他应急通风系统将在这之后的章节中介绍。

如果隧道发生火灾，纵向通风系统可以形成一定的纵向气流，在火源上游形成无烟通道。因此，至少在火源上游，人员可以顺利逃生。然而，位于火源下游的人员却暴露在热量和烟流环境下。对于公路隧道，如果他们能够驾驶车辆逃离隧道尚且；相反，如果他们被困在隧道内，无法使用车辆逃生，情况则完全不同。此外，在铁路隧道火灾中，火源下游人员既可以冲过火场向上游逃生，也可以继续向下游疏散，经由横通道或者洞口逃离隧道。在这种情况下，纵向通风可能会严重恶化火源下游区域人员的疏散环境。

然而，纵向通风系统不需要设置额外管道空间，是一种非常廉价的隧道通风解决方案，尽管其使用有局限性，但仍然具有吸引力。这也是目前纵向通风系统使用越来越广泛的主要原因。需要注意的是，当火灾发生在一些坡度较大的隧道中时，自然通风甚至会产生风速大于临界速度的气流，因此不需要设置机械通风（图13.7）。

图13.7　纵向通风烟气控制

对于纵向通风隧道而言，两个最重要的参数是临界速度和逆流长度，下面将详细讨论这两个参数。

13.3.1　临界风速

临界速度（critical velocity）为防止火灾烟气在隧道内反向流动的最小纵向通风速度（图13.8）。临界速度和逆流层是非常重要的设计参数。[1-7]

预测临界速度的模型主要有两种，即临界弗劳德数模型和无量纲模型，下面将依次讨论这两种模型。

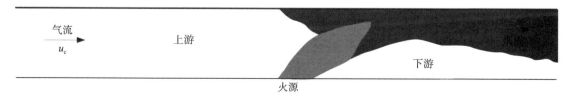

图13.8　纵向通风临界速度火灾烟气控制

13.3.1.1   临界弗劳德数模型

托马斯（Thomas）[1,2]提出：为了防止逆流，新风流动的速度水头应与烟流的浮力水头相当或更大，定义了一个临界弗劳德数Fr_c，其表达式为：

$$Fr_c = \frac{\Delta \rho g H}{\rho_0 u_c^2} \tag{13.1}$$

式中，$\Delta \rho$为密度差，单位：kg/m^3；g为重力加速度，单位：m/s^2；H为隧道高度，单位：m；ρ_0为环境密度，单位：kg/m^3；u_c为临界速度，单位：m/s。托马斯[1,2]提出，当临界弗劳德数接近1，烟气逆流消失，预测临界速度方程为：

$$u_c = \left(\frac{g \dot{Q} H}{\rho_0 c_p T_f A} \right)^{1/3} \tag{13.2}$$

式中，$\dot{Q}$为总热释放速率HRR，单位：kW；c_p为比容热，单位：kJ/（kgK）；T_f为下游平均温度，单位：K；A为隧道横截面积，单位：m^2。

丹齐格（Danziger）和肯尼迪（Kennedy）[3,4]认为，根据李（Lee）等人的试验[8]，临界弗劳德数的变化范围介于4.5~6.7之间，推荐$Fr_c = 4.5$。此外，计算应采用对流热释放速率而不是总热释放速率。包含临界Fr数的方程可以表示为：

$$u_c = \left(\frac{g \dot{Q}_c H}{\rho_0 c_p T_f A Fr_c} \right)^{1/3} \tag{13.3}$$

式中，下游平均温度表示为：

$$T_f = \frac{Q_c}{\rho_0 c_p A u_c} + T_0$$

式中，$\dot{Q}_c$为对流HRR，约占总HRR的60%~80%；T_0为环境温度（新风温度）。

但是，需要注意的是，公式（13.3）与托马斯方程相同，只是加入了临界弗劳德数和对流热释放速率。此外，仅使用李（Lee）等人[8]研究狭长顶棚火焰长度试验的数据点来确定临界弗劳德数。

根据李颖臻等人[7]研究，小型火灾临界Fr数约为1.15；大型火灾，临界弗劳德数随热释放速率变化显著，火灾规模非常大情况下临界Fr数约为4.5。值得注意的是，李（Lee）等人[8]试验中，仅测试了顶棚火焰长度非常大的火灾，而临界Fr数为4.5也对应于火灾规模非常大的情况（无量纲热释放速率约为1.0）。利用李（Lee）等人的试验数据，我们可以得到一个无量纲临界速度为0.43，这与李颖臻等人的研究[7]有很好的相关性。也就是说，肯尼迪[4]给出的临界值4.5并不适用于整个火灾范围，而仅适用于一些大型隧道火灾。综上所述，不存在一个恒定的临界弗劳德数。因此，临界Fr数虽然以前得到了广泛的应用，但并不是一种合理的判断纵向通风隧道临界速度的方法。

示例13.1：在一个高6 m、宽10 m隧道中，利用丹齐格和肯尼迪的公式（13.3），分别计算5 MW汽车火灾、30 MW公交车火灾的临界速度。环境温度为20℃。假设HRR中对流部分的比例为70%，环境温度为20℃。

答案：使用公式（13.3）得到临界速度的精确解需要一个迭代过程。

（1）5 MW汽车火灾，假设临界速度为1.5 m/s，计算得平均烟气温度：

$T_f = 0.7 \times 5000/(1.2 \times 1 \times 6 \times 10 \times 1.5) + 273 + 20 = 325$ K

根据公式（13.3）估算临界速度：$u_c = [9.8 \times 0.7 \times 5000 \times 6/(1.2 \times 1 \times 325 \times 6 \times 10 \times 4.5)]^{1/3} = 1.25$ m/s。

这说明1.5 m/s的预估值过高，需要将其降低后重新计算临界速度。重复这个过程，直到预估值和计算值近乎相等，再计算得到临界速度约为1.24 m/s。

（2）假设30 MW公交车火灾，临界速度为2.5 m/s，计算得平均烟气温度：

$T_f = 0.7 \times 30000/(1.2 \times 1 \times 6 \times 10 \times 2.5) + 273 + 20 = 410 \text{ K}$

根据公式（13.3）估算临界速度，$u_c = [9.8 \times 0.7 \times 30000 \times 6/(1.2 \times 1 \times 410 \times 6 \times 10 \times 4.5)]^{1/3} = 2.1 \text{ m/s}$。

由此可见，2.5 m/s的预估值过高，需要将其降低并重复这个过程。计算得到临界速度约为2.06 m/s。

需要强调的是：在实际工程中，不推荐使用丹齐格和肯尼迪的方程来估算临界速度。这里之所以给出这个示例是为了后续与示例13.2中的其他方程进行比较。

13.3.1.2　无量纲模型

奥卡（Oka）和阿特金森（Atkinson）[5]进行了一系列考虑了不同火源几何形状和位置的小尺寸火灾试验，以研究临界速度和热释放速率之间的关系。他们定义了无量纲热释放速率、无量纲临界速度，并采用分段函数进行了数据关联。他们发现，在大型火灾中，临界速度与热释放速率无关。吴（Wu）和巴卡尔（Bakar）[6]进行了一系列研究隧道截面尺寸变化对临界速度影响的小尺寸火灾试验，并使用水力直径代替隧道高度进行关联。然而，他们研究的隧道形状因子大于1，并不真正支持使用水力直径进行数据处理。隧道宽度对临界速度的影响将在后面讨论。需要注意的是，上述由奥卡和阿特金森[5]以及吴和巴卡尔[6]进行的试验中，火源上方放置了喷淋装置对隧道壁面进行冷却。这种策略是有待商榷的，因为水雾会显著增加向周围环境的热量损失。

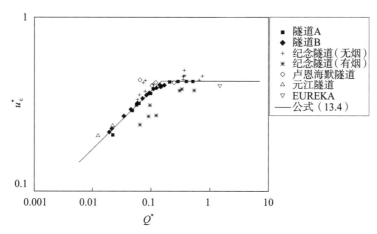

图13.9　无量纲临界速度随无量纲HRR的变化

李颖臻等人[7]通过试验和理论分析研究了隧道火灾的临界速度和逆流层长度，进行了两组小尺寸试验，并与全尺寸隧道火灾试验数据进行对比。试验数据利用无量纲热释放速率和无量纲临界速度进行关联，见图13.9。可以看出，试验数据与所提出的方程具有很好的相关性。当无量纲热释放速率接近0.15时，临界速度持续增加，但增加速度较慢，然后基本保持不变，与热释放速率无关。他们提出一个分段函数来关联试验数据，表示为[7]：

$$u_c^* = \begin{cases} 0.81Q^{*1/3}, & Q^* \leqslant 0.15 \\ 0.43, & Q^* > 0.15 \end{cases} \qquad (13.4)$$

式中，无量纲HRR Q^*和无量纲临界速度u_c^*定义为：

$$Q^* = \frac{Q}{\rho_0 c_p T_o g^{1/2} H^{5/2}}, \quad u_c^* = \frac{u_c}{\sqrt{gH}}$$

示例13.2：在高6 m、宽10 m的隧道中，采用李颖臻等人的公式（13.4），分别计算5 MW汽车火灾和30 MW客车火灾的临界速度，环境温度为20 ℃。

答案：

（1）5 MW汽车火灾

$Q^* = 5000/(1.2 \times 1 \times 293 \times 9.861/2 \times 65/2 = 0.051 < 0.15$。根据公式（13.4），$u_c^* = 0.81 \times 0.051/3 = 0.30$。估算临界速度$u_c = 0.30 \times (9.8 \times 6)1/2 = 2.3$ m/s。

（2）30 MW客车火灾

$Q^* = 30000/(1.2 \times 1 \times 293 \times 9.861/2 \times 65/2 = 0.31 > 0.15$。根据式（13.4），$u_c^* = 0.43$。估算临界速度$u_c = 0.43 \times (9.8 \times 6)1/2 = 3.30$ m/s。

将李颖臻等人的公式（示例13.2）与丹齐格和肯尼迪的公式（示例13.1）的估算值进行比较可以清楚地看出：对于5 MW汽车火灾和30 MW公交车火灾，丹齐格和肯尼迪方程给出的临界速度都非常低。即使在6 m高隧道中发生的30 MW火灾，使用丹齐格和肯尼迪方程计算的临界速度也仅为2.06 m/s。针对所有火灾，选择$Fr_c = 4.5$可以解释这种差异。如果小型火灾Fr_c为1.15[7]，则5 MW火灾对应的速度为1.95 m/s，30 MW火灾对应速度为3.25 m/s，这与示例13.2的估计值更接近。

与小规模火灾全尺寸试验数据相比，公式（13.3）的预测值也明显偏低。例如，卢恩海默隧道火灾测试工况T0，火灾为6 MW规模油池火，纵向风速约为2.5 m/s，而且试验中也发现存在小范围逆流层。[9]

13.3.1.3 车辆阻塞的影响

李颖臻等人[7]系统地研究了车辆阻塞对临界速度的影响。他们引入临界速度减速比ε来分析车辆阻塞的影响，可以表示为[7]：

$$\varepsilon = \frac{u_c - u_{c,ob}}{u_c} = \frac{u_c^* - u_{c,ob}^*}{u_c^*} \tag{13.5}$$

式中，下标ob表示车辆阻塞。减速比表示因车辆阻塞而引起的临界速度降低幅度。

图13.10为着火点车辆阻塞、无车辆阻塞时隧道内临界速度的对比。有和无车辆阻塞时临界速度之比约为0.23，即在车辆阻塞时临界速度降低约23%。模型试验中车辆与隧道的堵塞比约为0.2（模型车、模型隧道尺寸比为20%）。因此，阻塞对临界速度的减速比接近隧道堵塞比。换言之，不考虑车辆的阻塞，局部临界速度几乎是相同的。奥卡和阿特金森的试验数据[5]呈类似的趋势。他们发现，当车辆与隧道断面比为12%左右时，临界速度的减速比为15%；当车辆与隧道断面比达到32%左右时，临界速度的减速比为40%~45%。但是需要注意的是，试验中当车辆与隧道断面比为32%时，火源明显高于地面，相当于隧道高度降低了，这也会造成临界速度的降低。李颖臻等人[7]认为："堵塞比等于火源附近由于堵塞引起临界速度的减速比ε"可视为一条保守的经验规律，由此也可推断阻塞隧道中烟气控制的临界速度。

李颖臻等人[7]的工作对李（Lee）和蔡（Tsai）的数据[10]进行了进一步验证。障碍物被放置在火源的上游，通过火源的局部速度也显著增加了，得到了类似的结果。综上所述，火源附近车辆阻塞引起的临界速度的减速比ε与堵塞比近相当。

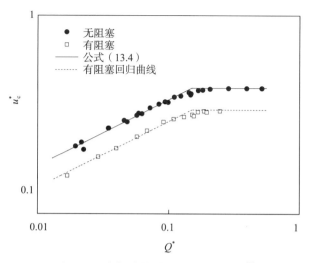

图13.10　车辆遮挡对临界速度的影响[7]

13.3.1.4　大型火灾中热释放速率的影响

由上述分析可知，对于大型火灾，临界速度往往与热释放速率无关。这一现象已被大型隧道火灾试验所证实，如卢恩海默隧道火灾试验[9]和纪念隧道火灾试验。[11]研究人员对此给出了不同的解释。

奥卡和阿特金森[5]认为，烟气温度和浮力对于大型火灾而言一样是恒定的。然而，根据李颖臻和英格森[12,13]的研究，临界条件下，顶棚下方最高烟气温度远低于连续火焰区域内的温度，这表明使用恒定火焰温度估计的临界HRR远高于试验测试值。因此，恒定烟气温度的解释并不合理。

吴和巴卡尔[6]认为该区域烟气速度的恒定是由于间歇区的出现而造成的。然而，应该注意的是：控制烟流运动的是总压力，即静压和动压之和，而不是烟气速度。此外，动压力不仅是烟气速度的函数，还与烟气密度有关。

昆斯克（Kunsch）[14]在阿尔珀特（Alpert）非受限顶棚射流[15]的研究基础上，对自然通风条件下的隧道烟气流动进行了理论分析，得到了一个简单的临界速度估算方程。然而，其方程预测得到一个非常低的临界热释放速率，临界速度开始变得与HRR无关。此外，为了给出显式解，阿尔珀特采用了弱羽流的能量方程，但该方程显然不适用于大型隧道火灾。然而尽管理论上存在缺陷，但他所提出的方程是有趣的，它表明了临界速度随热释放速率、隧道几何形状的变化。

烟流的运动是由总压力控制的，即静压与动压之和。因此，临界速度应与总压直接相关。可以推测，对于大型火灾来说，靠近撞击点的烟流的总压力几乎是恒定的。在撞击点，部分动压转化为静压，撞击损失了大量能量，特别是对于上游侧烟流。目前，对隧道火灾顶棚烟气流动特性的深入认识尚缺，没有形成一个完善的临界速度理论。

13.3.1.5　隧道宽度的影响

如前所述，烟流的运动是由总压力控制的。此外，静压和动压与火灾性质（如烟气温度和流量）密切相关。隧道火灾中顶棚最高烟气温度是影响烟气羽流的关键参数之一。根据第8章，隧道火灾顶棚最高烟气温度主要与隧道有效高度、热释放速率和通风速度有关，几乎与隧道宽度无关。这也表明，在撞击位置，其他火灾特性也与隧道宽度无关，包括总压力。因此，我们猜测：防止逆流层的临界速度也应近似与隧道宽度无关。

　　针对隧道宽度对临界速度的影响，研究人员开展了一些试验工作。吴和巴卡尔[6]在形状因子（宽/高比）介于0.5～4.0的隧道模型中进行了一系列试验研究，并以水力直径代替隧道高度来分析数据结果。然而需要注意的是，大多数隧道形状因子介于1～3之间。分析这一范围内数据可以发现：隧道形状因子介于1～2时，临界速度的平均差值为1.0%；形状因子介于1～4时，临界速度的平均差值为7.0%。由此可以推测，形状因子介于1～3之间的临界速度平均差值远低于7%，可能在4%左右。为此，隧道宽度的影响在多数情况下可以忽略不计。

　　沃克兰（Vauquelin）和吴[16]利用氦气—空气混合物模拟热烟气开展了一系列冷态试验，并结合吴和巴卡尔试验结果[6]研究了隧道宽度对临界速度的影响。在这两组试验中，当形状因子大于1时，临界速度随宽度的增大而减小。他们还发现，当形状因子低于1，或HRR足够高时，临界速度随隧道宽度显著增加。分析其试验数据，不难发现，在形状因子介于1～3时，临界速度差异也非常小。

　　需要注意的是，在吴和巴卡尔的测试[6]中，在火源附近使用喷淋水会导致较大的误差，特别是当隧道很宽时；而沃克兰的测试[16]采用冷态试验也明显区别于实际火灾。

　　尽管如此，试验数据清楚表明，形状因子为1～3时隧道临界速度基本相同，隧道宽度对临界速度的影响可以忽略不计。只有当隧道形状因子显著小于1或大于3时，才需要考虑隧道宽度的影响。根据前述理论分析，临界速度近似与隧道宽度无关，与试验数据吻合较好。

13.3.1.6　临界火焰角倾角

　　李颖臻等人[17]对火焰倾角进行了理论和试验研究，发现当逆流层流刚刚消失时，存在一个与临界速度对应的临界火焰倾角，且该临界火焰倾角与HRR无关。临界火焰倾角可简单表示为[17]：

$$\sin\varphi_c = k_c \left(\frac{b_{f0}}{H}\right)^{-1/5} \tag{13.6}$$

式中，k_c为系数0.42；b_{f0}为火源半径，单位：m；H为隧道高度，单位：m。这意味着对于给定的隧道和火源，隧道火灾火焰倾角始终是相同的数值，与热释放速率无关。因此，隧道顶棚下最高温度位置也保持不变。图13.11绘制了两组试验数据[17]，清楚地表明临界火焰倾角接近于一个常数。

　　临界火焰倾角是一个非常有趣的现象，它体现的是热羽流与通风气流之间的一种平衡状态。这也与火羽撞击前后的动量变化以及撞击后上下游气流的分布有关。

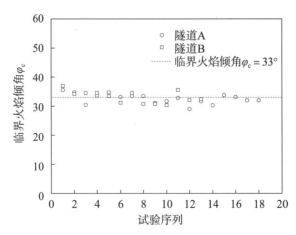

图13.11　通风隧道临界火焰倾角[17]

13.3.1.7 小结

隧道火灾临界速度可用公式（13.4）进行估算。如果由于燃烧车辆或火源上游车辆造成的隧道阻塞率非常大，临界速度可以乘以一个修正因子（1−ε）以考虑其影响。

13.3.2 逆流层长度

逆流层长度L_b（单位：m）被定义为当通风速度低于临界速度时，火灾上游烟气逆流层的长度（图13.12）。

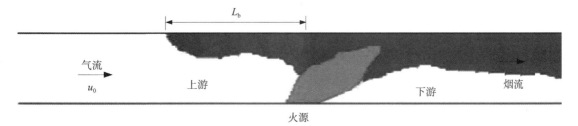

图13.12 隧道火灾烟气逆流层示意图

在纵向通风隧道中，在火源处形成不低于临界速度的新风流，可有效防止烟气逆流，即火源上游无烟气。然而，当通风速度过高时，火源下游的烟气分层难以维持。为此，引入了一个新的术语"限制速度"，这个速度可以阻止烟气逆流层进一步向上游扩散，并将烟气逆流长度控制在一定范围。沃克兰和特勒（Telle）[18]定义集中排烟系统诱导的纵向速度为"限制速度"，用于评估排烟口开启后，隧道内烟气的扩散范围。其主要目的是试图控制烟气逆流，同时保持一定的烟气分层。目前，对限制速度和逆流层长度的研究较为有限。

托马斯对纵向通风隧道发生火灾时的逆流层长度进行了简单的一维理论分析。[1]他将逆流层长度与Fr数联系起来。根据小尺度试验和一次大尺度燃烧试验逆流层长度的数据，提出无量纲逆流层长度L_b^*（逆流层长度L_b与隧道高度H的比值）关联式如下：

$$L_b^* = \frac{L_b}{H} = 0.6\left(\frac{2gHQ}{\rho_0 c_p T_f u_0^3 A} - 5\right) \tag{13.7}$$

凡特伦（Vantelon）等人[19]在长1.5 m、半径0.15 m的半圆管中进行了小尺度试验，发现逆流层长度与隧道高度之比随修正Ri数的0.3次幂而变化，其定义为：

$$Ri' = \frac{g\dot{Q}}{\rho_0 T_0 c_p u_0^3 H} \tag{13.8}$$

然而，凡特伦测试中的热释放速率非常小。此外，没有提出试验关联公式。

迪伯泰（Deberteix）等人[20]在巴黎地铁模型（高度为0.163 m）中详细测量了逆流层长度和临界速度，并将逆流层长度与Ri数联系起来。然而，根据他们的方程，当热释放速率为零时，逆流层长度为负值，这不符合物理定律。

李颖臻等人基于量纲分析在小尺寸隧道中进行了两组试验[7]发现：在热释放速率低时，逆流层长度随热释放速率的增加而增加；在热释放速率较高时，逆流层长度几乎与热释放速率无关，仅与通风速度有关。通过量纲分析，可建立无量纲逆流层长度L_b^*与无量纲纵向风速u^{**}（纵向通风速度与临界速度之比）关联如下[7]：

$$L_b^* = \frac{L_b}{H} \propto f\left(u^{**}\right) = f\left(u^*\big/u_c^*\right) \tag{13.9}$$

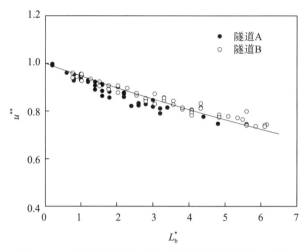

图13.13   无量纲限制速度随无量纲逆流层长度变化[7]

两组缩尺试验[7]的无量纲逆流层长度与无量纲限制速度u^{**}关系见图13.13。由此可见，逆流层长度的试验数据可以关联成一个通用的形式，表示为[7]：

$$u^{**} = \exp\left(-0.054L_b^*\right) \tag{13.10}$$

显然，无量纲限制速度（纵向风速与临界速度之比）与无量纲逆流层长度近似呈指数变化关系。当无量纲HRR小于0.15时，逆流层长度随修正Ri数的1/3次幂变化；在HRR较高时，逆流层长度几乎与无量纲HRR无关，仅与通风速度有关。为此，隧道火灾无量纲逆流层长度可表示为[7]：

$$L_b^* = \begin{cases} 18.5\ln\left(\dfrac{0.81Q^{*1/3}}{u^*}\right), & Q^* \leqslant 0.15 \\[3mm] 18.5\ln\left(\dfrac{0.43}{u^*}\right), & Q^* > 0.15 \end{cases} \tag{13.11}$$

注意，其中分项$Q^{*1/3}/u^*$等于修正Ri数的1/3次幂，公式（13.11）可以转化为[7]：

$$L_b^* = \begin{cases} 18.5\ln\left(0.81Ri^{1/3}\right), & Q^* \leqslant 0.15 \\[3mm] 18.5\ln\left(\dfrac{0.43}{u^*}\right), & Q^* > 0.15 \end{cases} \tag{13.12}$$

这说明当无量纲HRR小于0.15时，无量纲逆流层长度确实与修正Ri数有关；但当热释放速率大于0.15时，无量纲逆流层长度则只与通风速度有关。

李颖臻等人也研究了车辆阻塞对逆流层长度的影响。[7]试验将一辆很长的车辆沿隧道连续停放。结果表明，在一定的无量纲限制速度下，隧道内的逆流层长度有所减小。换言之，速度的微小变化将导致逆流层长度的较大变化。主要原因是火灾增加的热量传至车体，导致烟气温度和浮力急剧下降，从而有效阻挡烟气前锋的移动。在实际工程中，堵塞比通常是一个很小的值，上游区域的车辆一般也是分开布置。在此条件下，堵塞对逆流层长度的影响可以忽略不计。

示例13.3：计算在高6 m、宽10 m的隧道中，纵向速度为2 m/s时，一辆客车着火（火灾强度30 MW）逆流层长度。环境温度为20℃。

答案：首先计算$Q^* = 30000/(1.2 × 1 × 293 × 9.81/2 × 65/2) = 0.31 > 0.15$，然后使用公式（13.11）求得$L_b^* = 18.5 × \ln[0.43/(2/(9.8 × 6)1/2] = 9.3$。因此可以估计出逆流层长度：$L_b = L_b^* H = 9.3 × 6 = 55.8$ m。

13.4 排烟

排烟（smoke extraction）是指将火灾产生的烟流（羽流）通过火灾附近的排烟口直接排出隧道的过程。如图13.14，通常开启火源附近的3个排烟风口进行集中排烟。

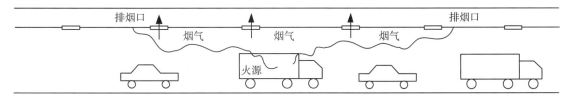

图13.14 点排烟火灾通风

在设计隧道排烟系统时，传统方法是估算最大设计火灾强度"排烟量"，然后据此确定排烟系统的容量。在火灾排烟领域，排烟量一般参照产烟量确定。产烟量与燃料的质量流量（单位：kg/s）有关，并乘以烟气生成率，见公式（7.13）和表7.4。排烟系统的设计应能排走所有的烟气。然而，烟气量不仅与HRR相关，而且与通风、隧道几何形状密切相关。换句话说，烟气量不是恒定的。此外，传统的方法总是试图避免吸穿，为了提高效率而降低排烟量，而不是有效地控制烟气流动。英格森和李颖臻的研究[21]已经证明，为了有效地控制烟流（将烟限制在通风口和火源之间），必须增加集中排烟系统排烟量，在其两侧形成一定的纵向风流。否则，烟流将沿隧道顶棚持续扩散，直至烟锋被来流空气所阻挡。

根据火灾时打开的排烟风口数量，排烟系统可分为单点排烟系统、两点排烟系统、三点排烟系统等，不同系统配置不尽相同。然而，不同系统这个概念本质上是相同的，从两侧提供足够大的通风速度，以阻止烟气进一步扩散。[21]不幸的是，在多数工程应用中，系统设计的主要目标只是部分消除烟流，为此大大降低了排烟能力，系统成本也随之下降。由于烟流不能完全被控制在通风口和火源之间的一个小区域内，它会继续扩散至更大的区域。下面我们重点讨论如何在通风口和火源之间的小区域内完全控制烟气流动。

对于采用半横向或全横向通风系统作为日常通风的隧道，常规通风系统可以非常便利地转换为排烟系统，但一般需要进一步提高排烟能力。对于横向通风隧道，在正常通风情况下，如果可能的话，两个通风口都可以设计成排烟，即保持排风机的运行，并使送风机反向运行。然而，当送风口位于地面时则不能用作排烟，否则烟层将被立刻破坏。此时，应立即关闭送风口以提高排烟系统的效率并避免向火场供应过多氧气。对于采用半横向通风系统的隧道，如果通风口位于隧道横截面上部，则火源附近的通风口可以开启用以排烟。

排烟系统需要由手动或自动火灾探测系统提供辅助支持才能运作。火灾发生时，火灾探测系统用于确定火灾发生位置，然后打开火场附近的排烟风口排走烟气。开启通风口的数量将取决于火灾规模和单个通风口的设计体积流量。此外，应同时保持其他通风口的关闭（图13.14）。其他通风设备，如安装在顶棚下的射流风机，可能需要与点排烟系统联动运行，以形成两侧的纵向风流来抑制烟气进一步扩散。

在给定的总排烟流量下，开启更多的排烟口（排烟口等间距布置），多点排烟系统的烟气控制范围必然比单点排烟系统更宽。此外，从实用性的角度来看，当开启的排风口数量较少或排风口分布密集时，排烟系统的控制要容易得多。接下来，我们将依次讨论单点排烟系统和两点排烟系统。这两种系统的一般要求同样适用于更多数量的通风口开启情况下的排烟系统。

13.4.1　单点排烟系统

图13.15所示的单点排烟系统中，排烟口的体积流量是一个关键参数，而体积流量随烟气温度的变化十分显著。这意味着：相对于排烟口，在排烟管道不同位置体积流量（单位：m³/s）的差异较大，特别是对于大型火灾（烟气温度非常高）尤为明显。因此，使用排烟质量流量（kg/s）作为排烟口的特征参数比使用体积流量更为合理。

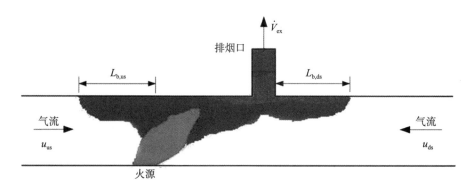

图13.15　单点排烟系统示意图

对于单点排烟系统，当从两侧提供足够新风时，可以建立有效的排烟系统，可以将烟气限制在火源和排风口之间区域。如果只控制排烟流量，而不管两侧通风速度如何，很难限制烟气的流动。

当通风速度小于临界速度时会出现烟气逆流层。如图13.15，定义左侧烟锋和火源之间的距离为上游烟气逆流长度，定义右侧烟锋与排烟口之间的距离为下游烟气逆流长度。

缩尺模型试验结果也表明：对于单辆重型货车火灾或者多辆重型货车火灾（HRR高达500 MW），如果火源上游通风速度不低于2.9 m/s（缩尺模型约为0.6 m/s），排风口下游通风速度在3.8 m/s（缩尺模型约0.8 m/s）以上，单点排烟系统可以完全控制火源上下游火灾及烟气的扩散。需要注意的是，该纵向通风隧道的临界速度在全尺寸下约为2.9 m/s（缩尺模型约为0.6 m/s）。这说明两侧风流速度与纵向通风隧道临界速度数值接近。根据质量守恒定律，可以近似估算将烟气限制在火源、排烟口之间区域内所需的排烟口临界排烟质量流量$\dot{m}_{ex}$，表示如下：

$$\dot{m}_{ex} = 2\rho_0 u_c A \qquad (13.13)$$

式中，ρ_0为新风密度，单位：kg/m³；u_c为临界速度，单位：m/s；A为隧道横截面积，单位：m²。

13.4.2　两点排烟系统

如图13.16，两点排烟系统将火灾和烟气限制在两个排烟口之间的区域。穿越火源的通风速度与特定隧道的通风系统有关。在大多数情况下，系统是不对称设置的，总有一个方向的纵向风流穿过火源。此时火源向一侧倾斜，如图13.16所示。如果穿过火源的通风速度很小，至少在烟气控制早期阶段，两个排烟口之间的区域能较好地保持烟气分层。当然，这个区域的烟气温度会非常高，但可以通过减少两个排烟口之间距离来限制危险区域，该区域是工程设计关注的重点区域。

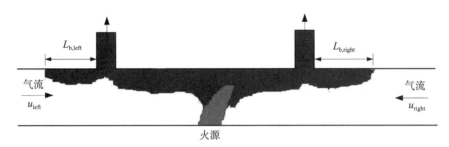

图13.16　两点排烟系统示意图

在如图13.16所示的两点排烟系统中，定义烟锋与左侧排烟口的距离为左侧逆流长度，用类似的方法也可以定义右侧逆流长度。

两点排烟系统也需要从两侧提供足够的新风，从而将火灾和烟气限制在两个排烟口之间。对于重型货车火灾（火灾规模达到500 MW），全尺寸下两侧纵向通风速度应大于2.9 m/s（缩尺模型约为0.6 m/s）。也就是说，两侧的控制风速与纵向通风隧道临界速度数值非常接近。因此，也可以使用公式（13.13）来估算两点排烟系统防烟所需的总排烟质量流量，每个排烟口的排烟质量流量约为估算总排烟质量流量的50%。

13.4.3　小结

当隧道两侧能够提供足够的新风时，单点和两点排烟系统都可以实现有效的烟气控制，将火灾和烟气限制在火源和排烟口之间（单点排烟系统），或两个排烟口之间（两点排烟系统）。点排烟系统所需的两侧通风速度与纵向通风排烟临界速度大致相同。这一要求也同样适用于多点排烟系统。此外，可以预见逆流长度公式也同样适用于这些类型的系统。

此外，高效排烟系统可以有效地将燃烧热量排出隧道，大大降低火灾向火场和控制烟区以外区域蔓延的风险。

示例13.4：一条高5 m、宽6 m的水下隧道，采用单点排烟通风系统进行排烟。计算将烟气限制在火源和排烟口之间的一个小区域所需的临界排烟质量流量。设计火灾为重型货车火灾，峰值HRR为100 MW，环境温度为20℃。

答案：首先计算$Q^* = 100000/(1.2 \times 1 \times 293 \times 9.81/2 \times 55/2) = 1.62 > 0.15$。根据公式（13.4），$u^* = 0.43$。可以估计出临界速度：

$u_c = 0.43 \times (9.8 \times 5)1/2 = 3.0$ m/s。

临界排烟质量流量：$\dot{m}_g = 2.0 \times 1.2 \times 3.0 \times 5 \times 6 = 216$ kg/s，对应正常通风情况下排风量为177 m³/s。

13.5　横通道

隧道横通道将主隧道与安全区域相连，为人员疏散和救援提供了一个安全路线。相邻横通道间距为100 m～500 m，具体间距数据值可以根据给定火灾场景下烟气流动和人员疏散分析来确定。

如图13.17所示，在发生火灾时，应供应足够的新风以保证横通道内无烟气。通过开启的防火门并防止烟气扩散到横通道的最小通风速度定义为横通道防烟的临界速度。

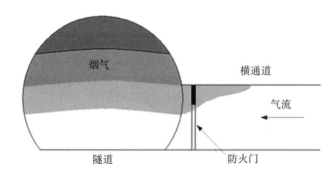

图13.17　横通道烟气侵入示意

足田（Tarada）提出了一种基于性能方法来计算位于火灾下游的横通道的特定临界速度[22]，并简单地采用丹齐格和肯尼迪提出的纵向通风烟气控制的临界Fr数=4.5。[3,4]事实上，结合第13.3.1.1节的分析，我们知道这个值是丹齐格和肯尼迪根据李（Lee）等人的小尺度试验数据[8]得到，数值的确定存在误区。尽管如此，李颖臻等人[23]基于临界Fr数，提出了隧道横通道临界速度u_{cc}的方程如下：

$$u_{cc} = \frac{gH_d\dot{Q}_c}{\rho_0 c_p A_d T_f Fr_{cc} V_{cc}^2} - \frac{A_t}{A_d}u_t \tag{13.14}$$

式中：

$$T_f = \frac{\dot{Q}_c}{\rho_0 c_p(u_t A_t + u_{cc}A_d)} + T_0, \quad Fr_{cc} = \frac{gH_d(\rho_0 - \rho_f)}{\rho_0 u_{cc}^2}$$

式中，H_d是防火门的高度，单位：m；A_d是防火门的横截面积，单位：m²；A_t是隧道的横截面积，单位：m²；u_t是隧道纵向通风速度，单位：m/s；T_f是烟气平均温度，单位：K；ρ_f是烟气平均密度，单位：kg/m³。

李颖臻等人进行了一系列小尺寸模型试验[23]，结果表明，临界Fr数在4～17内变化，且随防火门高度的增加而减小。为此，临界Fr数不适用于估算隧道横通道的临界速度。注意，如果临界Fr数是恒定的，横通道的临界速度大约随防火门高度的1/2次幂变化。

李颖臻等人在大量试验数据的基础上，综合考虑了防火门几何形状、HRR、纵向通风速度和火源位置等因素，对横通道临界速度进行了详细的参数研究。[23]研究表明，隧道横通道内的临界速度随防火门高度的3/2次幂、热释放速率的1/3次幂变化，和通风速度呈指数关系，且与防火门宽度基本无关。李颖臻在对临界速度影响因素进行参数研究和量纲分析的基础上，提出了一个粗略的无量纲方程，用于预测横通道烟气控制的临界速度[23]：

$$u_{cc}^* = 1.65 H_d^* Q_t^{*1/3}\exp(-u_t^*) \tag{13.15}$$

式中：

$$u_{cc}^* = \frac{u_{cc}}{\sqrt{gH_d}}, \quad H_d^* = \frac{H_d}{H_t}, \quad Q_t^* = \frac{\dot{Q}}{\rho_0 c_p T_0 g^{1/2} H_t^{5/2}}, \quad u_t^* = \frac{u_t}{\sqrt{gH_t}}$$

式中，u_{cc}^*为横通道无量纲临界速度；H_d^*为无量纲防火门高度；Q_t^*为隧道火灾无量纲HRR；u_t^*为隧道无量纲风速。

不同几何形状防火门条件下[23]，横通道的临界速度计算结果见图13.18。可以看出，试验数据与公式（13.15）预测值具有很好的相关性。

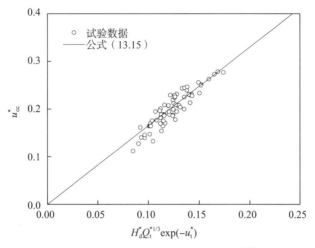

图13.18 横通道烟气控制临界速度[23]

李颖臻等人的研究表明，隧道横通道的临界速度与防火门高度的3/2次方相关，与防火门宽度无关。[23]然而，假设临界Fr数不变，横通道内的临界速度近似随防火门高度的1/2次方变化，这与结果相反。这也证明了隧道横通道烟气控制不存在临界Fr数。

对于非常大的火灾规模，上述公式的有效性尚未得到验证。部分原因是从安全设计的角度，针对如此巨大的火灾，火源附近的横通道的门通常不会打开。参考HRR对纵向通风隧道临界速度的影响，可以预见，对于非常大的火灾，根据公式（13.15）估算得到的横通道临界速度可能略显保守。

示例13.5：两条单向隧道由间隔250 m的横通道连接。纵向通风系统在正常和紧急情况下均可使用。当发生火灾时，隧道内会产生一个速度约为3 m/s的纵向风流，另一个隧道将通过安装在出口和/或竖井风机的操作来增压。对于最大热释放速率为30 MW的客车火灾、5 MW的轿车火灾和100 MW的重型货车火灾，估算通过2.2 m高防火门的临界速度。隧道高6 m，宽10 m，环境温度20 ℃。

答案：计算$Q^* = 30000/(1.2 \times 1 \times 293 \times 9.81/2 \times 65/2) = 0.31$，$H_d^* = 2.2/6 = 0.367$，$u_t^* = 3/(9.8 \times 6)1/2 = 0.39$，根据公式（13.15），即$u_{cc}^* = 1.65 \times 0.367 \times 0.311/3\exp(-0.39) = 0.276$。隧道横通道的临界速度为：$u_{cc} = 0.39 \times (9.8 \times 6)1/2 = 1.25$ m/s。在此基础上设计消防通风系统。由此可知，当$HRR = 5$ MW时，隧道横通道的临界速度为0.71 m/s；当$HRR = 100$ MW时，隧道横通道临界速度为1.9 m/s。

13.6 救援站

在长隧道中，使用救援站可以显著提高隧道的安全水平。热贝（Geber）[24]假设事故发生后列车仍能继续行驶20 km以上，且行驶过程中，事故列车无法到达任何紧急出口（例如救援站、隧道出口），并对这种情况下的风险进行了研究。结果表明，当紧急出口间距为30 km时，风险约为30%，当紧急出口间距为20 km时，风险约为0.01%。

目前，救援站主要设置在铁路长隧道中。其主要原因是列车在短时间内难以疏散大量乘客。当火灾发生时，救援站在疏散阶段为撤离人员提供路线，也在救援阶段为消防队员提供扑救火灾的捷径。一条长隧道的救援站，还配备了应急通信、应急灯、消防水龙带等安全设施。救援站在隧道施工阶段可作为主洞隧道的施工通道，正常运营时也可作为维修站。总之，救援站可用于紧急疏散、消防、维护和施工等多种用途。

虽然救援站并不常见，但从烟气控制的角度来看，它们是非常有趣的，因此，我们补充了这类系统的描述。

13.6.1 救援站的配置和功能

表13.1列举了全世界已建造或正在建造的救援站。这些隧道长度很长，长度约为16.2 km～53.9 km。显然，除了Seikan隧道外，这些隧道大多为双孔单轨隧道。救援站的长度从400 m到540 m不等。这些特长隧道，每个救援站至少有6个横通道可用或被规划。

已建成或在建救援站[25]   表13.1

隧道	年份	隧道长度/km	隧道类型[a]	救援站					
				数量	类型[b]	长度/m	间距/m	横通道数量	通风
Seikan[26]	1988	53.9	单洞	2	外部+服务	480	40	13	服务通道送风
Gotthard Base[27]	2012/2013	57	双洞	2	外部+服务	440/450	90	6	风井送风/排风
Lötschberg[27]	2007	34	双洞	1	内部	450	90	6	风井送风/排风
Young Dong[28]	2000	16.2	单洞	1	内部	—	—	8	风井送风/排风
Koralm[29]	2016	32.8	双洞	1	内部	400	50	8	风井送风
Guadar-rama[30]	2007	28.4	双洞	1	内部+服务	500	50	11	服务通道送风
太行山[25]	2007	39.4[c]	双洞	2	内部	540	60	9	风井送风/排风

注：[a] 单洞对应单洞双轨隧道，双洞对应双洞单轨隧道。
　　[b] 外部和内部对应外部、内部救援站。服务表示主洞旁边有至少一个服务隧道。
　　[c] 一条长27.8 km的隧道和一条长11.6 km的隧道通过高架桥连接，因此从安全角度来看，这两条隧道被视为一条隧道。

图13.19为某铁路长隧道救援站的通风系统示意图，设置1个斜井、1个竖井，用于应急通风。当一个隧道发生火灾时，斜井联合轴流风机，向安全隧道（非事故隧道）提供新风。同时，新风也送入火灾隧道（事故隧道）。部分烟气经由竖井排出，其余烟气由隧道排出。

根据平台和安全区域的布置位置，表13.1所示长隧道救援站可分为两类：内部救援站和外部救援站，见图13.20和图13.21。注意，这里只绘制了6个横通道，实际上可能会更多。内部救援站与相邻两条隧道通过横通道连接，相邻隧道视为安全区域。外部救援站与两条运行隧道是独立的，与事故隧道相连的额外区域视为安全区域。额外区域可以是服务隧道、导洞或专为救援站建造的大空间。

需要注意的是，对于这两种类型的救援站来说，安全区域被加压，以推动新风进入事故隧道，防止烟气从事故隧道扩散到逃生通道或安全区域。同时，事故隧道内的烟气可以通过事故隧道内的排烟竖井排出，也可以在纵向通风作用下沿预定方向排出隧道。这是特长隧道救援站烟气控制的基本模式。

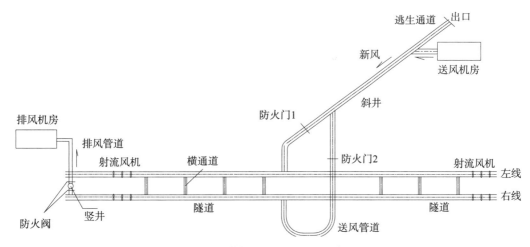

图13.19 隧道救援站通风系统示意图

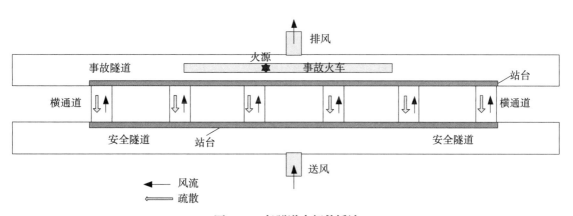

图13.20 长隧道内部救援站

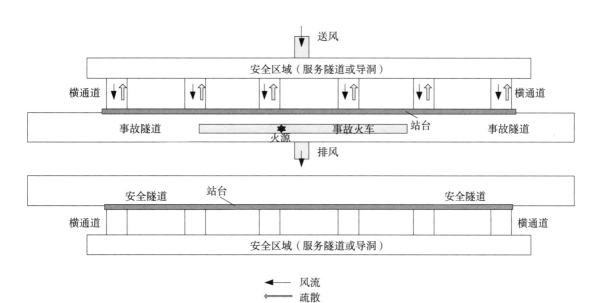

图13.21 长隧道外部救援站

13.6.2   烟气控制

救援站火灾防烟的主要方法是向事故隧道输送新风，以保证横通道无烟气。着火隧道中的烟流可以通过竖井排出，也可以通过纵向风流吹出隧道。

需要注意的是，救援站防排烟的主要方法与火源附近的横通道的防排烟方法相似。因此，可以采用相同的模型用于救援站烟气控制临界速度的估算。

李颖臻等人进行了54次救援站火灾缩尺模型试验，研究了救援站火灾烟气控制问题。[25]他们分析了HRR、列车障碍物、火源位置和通风条件对救援站横通道烟气控制的影响。结果表明：火源旁边横通道内临界速度最高，且随着距火源距离的增大，横通道内临界速度不断减小。两个相邻横通道的临界速度约为最大临界速度的80%~90%。横通道临界速度随HRR的1/3次幂变化，并会随列车的阻碍而减小。由于车辆阻塞造成的临界速度平均降低率约为14%，略低于试验中车辆阻塞比的20%。[25]由于试验方法偏向于保守[25]，救援站火灾试验得到的数值略高，但是救援站烟气控制临界速度与普通横通道临界速度具有良好的相关性[23]。

13.6.3   门侧气体温度

门侧烟温和烟层高度是决定疏散人员能否通过门进行疏散的关键参数。针对横通道门侧临界烟气温度（临界条件下防火门旁边烟层温度），李颖臻等人开展了理论和试验分析。[25]临界烟气温度可以很好地与横通道中的临界速度相关联，他们随即得到了一个与试验数据非常吻合的简单方程（图13.22），用以估算临界烟气温度ΔT_{cc}[25]：

$$\Delta T_{cc} = \frac{T_o u_{cc}^{*2}}{0.42 - u_{cc}^{*2}} \tag{13.16}$$

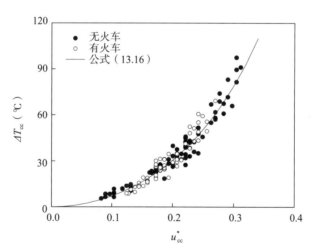

图13.22   横通道临界烟气温度随临界速度的变化[25]

此外，李颖臻等人对临界工况下门侧烟层高度也进行了研究，结果表明门旁烟层高度与临界烟气温度直接相关。他们还发现门侧烟气温度对通过门的气流流速并不敏感[25]，临界烟气温度可视为横通道门侧烟气特征温度。因此，基于横通道临界速度的计算，可以利用公式（13.16）估算门侧特征烟气温度。

13.6.4　防火门高度

李颖臻等人还研究了临界条件下门侧烟层的高度[25]。结果表明，门侧烟层高度与临界烟气温度直接相关。防火门高度不应低于2.2 m，以保证烟层高度高于1.74 m。[25]从这个角度看，防火门的高度应该尽可能高。但是，为了降低横通道防烟的临界速度，防火门的高度应尽可能低。为此，提出防火门高度等于2.2 m为合理的折中值。[25]

示例13.6：设计火灾30 MW情况下，估算某铁路隧道救援站横通道内（防火门高2.2 m）的临界速度及门侧烟气温度。隧道顶部设置排烟口（间距50 m）以排出烟气，纵向风速约为0.5 m/s。救援站横截面高8 m，宽8 m，环境温度20℃。

答案：利用普通隧道横通道计算公式（13.15）估算救援站横通道防烟临界速度。计算 $Q^* = 30000/(1.2 \times 1 \times 293 \times 9.81/2 \times 85/2) = 0.15$，$H_d^* = 2.2/8 = 0.275$，$u_t^* = 0.5/(9.8 \times 6)1/2 = 0.056$。根据公式（13.15），即 $u_{cc}^* = 1.65 \times 0.275 \times 0.151/3 \exp(-0.056) = 0.23$。下游横通道的最大临界速度为：$u_{cc} = 0.23 \times (9.8 \times 6)1/2 = 1.07$ m/s，略低于其他横通道临界速度。考虑到着火点、救援站位置随机布置，应采用该值进行救援站火灾排烟系统设计。

门侧最高烟气温度可由公式（13.16）估算，即 $\Delta T_{cc} = (273 + 20) \times 0.232/(0.42 - 0.232) = 42$ ℃，门侧烟气温度为：$T_{cc} = 20 + 42 = 62$ ℃。这个温度不是很高，因为隧道顶棚远高于防火门高度，门侧烟气温度并不是很高。这也表明，在给定的HRR条件下，铁路隧道的疏散环境要比地铁隧道的疏散环境好得多。

13.7　纵向风流简单分析模型

英格森等人提出了一个简单的隧道火灾通风流动理论模型，用于计算自然通风或纵向通风条件下的隧道通风速度。[31]该模型基于一维湍流管道流动理论（伯努利定律）推导得到。当火灾热烟气在外界风流影响下向洞口扩散时，隧道内风流压力平衡可表示为：

$$\Delta p_{fan} \pm \Delta p_w \pm \Delta p_T = \Delta p_{in} \pm \Delta p_e \pm \Delta p_{fr} \pm \Delta p_{HGV} \pm \Delta p_{ob} \tag{13.17}$$

式中，Δp_{fan} 为风机升压力，单位：Pa；Δp_w 为洞口间的风压，单位：Pa，其中 ± 符号由隧道内主流方向决定；Δp_T 为由火灾烟气密度变化产生的热压，单位：Pa，其中 ± 符号由热压是动力还是阻力来决定。Δp_{in} 和 Δp_e 分别为隧道进口、出口的压力损失，单位：Pa；Δp_{fr} 为壁面摩擦压力损失，单位：Pa；Δp_{HGV} 为重型货车货物堆积所造成的压力损失，单位：Pa；Δp_{ob} 为隧道内其他障碍物引起的总压损失，单位：Pa。下面将详细讨论方程中的每一项。

移动风机升压力 Δp_{fan} 可以表示为：

$$\Delta p_{fan} = \eta \frac{I_{fan}}{A_t} \tag{13.18}$$

式中，风机的动量通量为 $I_{fan} = \dot{m}_{fan} u_{fan}$（单位：N）；$\eta$ 为产生纵向风流的风机效率；$\dot{m}_{fan}$ 是风机的质量流率，单位：kg/s；A_t 是隧道的横截面积，单位：m^2。对于隧道中单独放置的射流风机，风机效率通常在0.9左右。

火灾引起的热压Δp_{T}可表示为：

$$\Delta p_{\mathrm{T}} = \left(1 - \frac{T_{\mathrm{e}}}{T_{\mathrm{m}}}\right)\rho_{\mathrm{e}}g\Delta h \qquad (13.19)$$

式中，高差Δh（单位：m）可由$\Delta h = \theta \times L_{\mathrm{ds}}/100$得到；$\theta$是斜率（百分数）；$L_{\mathrm{ds}}$为火灾下游隧道长度，单位：m。为了简单起见，我们使用平均烟气温度T_{m}（单位：K）作为火源和下游出口之间区域的代表温度，稍后将对此进行讨论。

隧道入口风流静压损失Δp_{in}可由下式求得：

$$\Delta p_{\mathrm{in}} = \xi_{\mathrm{in}}\frac{1}{2}\rho_0 u_0^{\,2} \qquad (13.20)$$

隧道出口风流静压损失Δp_{e}为：

$$\Delta p_{\mathrm{e}} = \xi_{\mathrm{e}}\frac{T_{\mathrm{e}}}{T_0}\frac{1}{2}\rho_0 u_0^{\,2} \qquad (13.21)$$

式中，u_0为平均纵向风速，单位：m/s；T_{e}为隧道出口处的烟气温度，单位：K。进口处压力损失系数为$\xi_{\mathrm{in}} = 0.5$，出口处压力损失系数为$\xi_{\mathrm{e}} = 1$。

摩擦引起的压力损失可由下式得到：

$$\Delta p_{\mathrm{fr}} = \frac{f}{D}\left[L + L_{\mathrm{ds}}\left(\frac{T_{\mathrm{m}}}{T_0} - 1\right)\right]\frac{1}{2}\rho_0 u_0^{\,2} \qquad (13.22)$$

式中，L为隧道长度，单位：m；L_{ds}为下游隧道长度，单位：m；f为达西—魏斯巴赫（Darcy-Weisbach）摩擦系数。

洞口间的风压差Δp_{w}可表示为：

$$\Delta p_{\mathrm{w}} = \left(\xi_{\mathrm{e}} + \xi_{\mathrm{in}} + f\frac{L}{D}\right)\frac{1}{2}\rho_0 u_{\mathrm{i}}^{\,2} \qquad (13.23)$$

式中，u_{i}为需要预先测试的着火前隧道内的初始风速。根据隧道表面的相对粗糙度和雷诺数，可以根据Moody图[32]确定摩擦系数f或使用其他流动阻力方程（见第10章热流通量）。隧道局部摩擦系数ξ主要与入口局部压力、出口局部阻力相关。

燃烧车辆对风流将产生一定的阻力，此外隧道内也有一些其他障碍物，例如困在隧道中的车辆或试验中的测量舱等。车辆和障碍物造成的压力损失可近似表示为：

$$\Delta p_{\mathrm{ob}} = \xi_{\mathrm{ob}}\frac{T_{\mathrm{g}}}{T_0}\frac{1}{2}\rho_0 u_0^{\,2} \qquad (13.24)$$

式中，T_{g}为车辆或障碍物附近烟气的平均温度，单位：K。管道内风流经过障碍物的局部阻力系数可根据下式计算[32]：

$$\xi_{\mathrm{ob}} = 1.15 c_x \frac{A_{\mathrm{ob}}/A_{\mathrm{p}}}{\left(1 - \gamma A_{\mathrm{ob}}/A_{\mathrm{p}}\right)^3}\left(1 - \frac{2y}{D}\right)^{1/3} \qquad (13.25)$$

式中，拉力系数c_x可参考弗雷德（Fried）和伊德切克（Idelchick）给出的数据表[32]；y为物体中心到壁面距离，单位：m；D为截面高度或直径，单位：m；γ是考虑管道形状和横截面收缩影响的校正因子。为简便起见，一般可以假定该物体是一个立方体，即$c_x = 1.05$，$\gamma = 1.5$。

关联本节所有方程，我们得到环境条件下隧道内平均纵向风速的解析解为：

$$u_o = \sqrt{\frac{2}{\rho_o}} \sqrt{\frac{\eta \dfrac{I_{fan}}{A_t} \pm \rho_o g \Delta h \left(1 - \dfrac{T_0}{T_m}\right) \pm \Delta p_w}{\xi_{in} + \xi_e \dfrac{T_e}{T_o} + \dfrac{f}{D}\left[L + L_{ds}\left(\dfrac{T_m}{T_o} - 1\right)\right] + \xi_{HGV} \dfrac{T_f}{T_o} + \xi_{ob} \dfrac{T_g}{T_o}}} \tag{13.26}$$

由此可知，隧道风流的质量流量 $\dot{m}$（单位：kg/s）可通过下式估算：

$$\dot{m} = \rho_0 u_0 A_t \tag{13.27}$$

为了计算平均纵向风速，上述方程中的烟气温度需要采用显式表达式。假设总 HRR 中辐射热占比为 1/3，则火灾位置烟气平均温度 T_f（单位：K）可由下式计算[31]：

$$T_f = T_0 + \frac{2}{3}\frac{\dot{Q}}{\dot{m}c_p} \tag{13.28}$$

在计算隧道内纵向速度时，摩擦压力损失项和热压项中的平均温度起着关键作用。平均温度是火源与下游出口间区域的代表性温度。英格森等人提出两种可行的计算平均温度的方法[31]。第一种方法以火源与下游出口中间点的平均温度为准，见下式[33]：

$$\Delta T_m = \Delta T_f \exp\left(-\frac{h w_p}{\dot{m}c_p}x\right) \tag{13.29}$$

式中，h 为总传热系数，单位：kW/（m²·K）；w_p 为隧道湿周长，单位：m。

第二种方法是基于下游区域能量平衡而确定的平均温度。以火源与下游出口间区域为控制体，其能量守恒可表示为[31]：

$$\Delta T_m = \frac{2}{3}\frac{\dot{Q}}{\dot{m}c_p + h w_p L_{ds}} \tag{13.30}$$

英格森等人比较了这两种计算方法[31]，发现第一种方法与卢恩海默隧道火灾试验数据拟合效果最好，第二种方法尽管其物理意义明确，但高估了平均温度。然而，如果基于第一种方法得到的平均温度与环境温度接近，那么，其结果可能会产生较大的误差；而第二种方法得到的结果则更为理想。

英格森和洛纳马克对公式（13.30）开展了验证工作[33]，卢恩海默隧道试验结果也表明，总传热系数为 0.025 kW/m² 时预测值与试验数据拟合最好。英格森等人也利用卢恩海默隧道试验数据对该公式进行了验证[31]，证明该公式也可用于简单估算隧道火灾中的通风量数值。

需要注意的是，在自然通风条件下，所提出的公式仍然是有效的。唯一的区别就是没有风机。但是，如果纵向风速很低，例如小于 1 m/s，则上述一维理论模型是无效的。

示例 13.7：环境压力条件下某水下隧道距右侧洞口 500 m 处发生 50 MW 火灾，估算隧道内的平均纵向通风速度。隧道纵向坡度下坡至隧道中部为 3%，然后上坡至隧道出口也为 3%。隧道几何尺寸为 $L = 2$ km，$H = 6$ m，$W = 9$ m。环境温度为 20℃。管壁平均粗糙度约为 5 cm，湍流摩擦系数约为 0.018。

答案：请注意，在倾斜隧道中，浮力仅对火源和烟气出口之间的部分有效。因此，高度差为 $\Delta h = 3 \times 500/100 = 15$ m。由于平均温度需要根据质量流量来估计，首先假设 $u_o = 2.5$ m/s。根据公式（13.27）估算质量流量 $\dot{m} = 1.2 \times 2.5 \times 6 \times 9 = 162$ kg/s。根据公式（13.28）估算最高温度为：

$\Delta T_f = (2/3) \times 50000/(162 \times 1) = 206$ K。

假设 $h = 0.025$ kW/(m²K)，采用第一种方法［公式 (13.29)］估算平均温度：

$\Delta T_m = 206 \times \exp[-0.025 \times 30 \times (500/2)/(162 \times 1)] = 65$ K。

用同样的方法，出口温度估计为313 K。隧道的等效直径为7.2 m，根据公式（13.26）可计算出纵向速度：

$$u_0 = \sqrt{\frac{2}{1.2}} \sqrt{\frac{1.2 \times 9.8 \times 15 \left(1 - \dfrac{293}{293+25}\right)}{0.5 + 1 \times \dfrac{313}{293} + \dfrac{0.018}{7.2}\left[1500 + 500\left(\dfrac{293+65}{293} - 1\right)\right]}} = 2.79 \text{ m/s}$$

注意，计算值2.79 m/s大于假设值2.5 m/s。因此，需要假设一个较低的纵向速度。第二次计算使用2.79 m/s的假设值，计算得到的数值为2.80 m/s，两者关联较好，准确的解约为2.80 m/s。

我们也可以检查第二种方法确定的平均温度。计算得到的纵向速度为2.69 m/s。显然，该值低于第一种方法计算结果，正如英格森等人所观测到的[31]。

如果隧道或竖井中存在射流风机或轴流风机，我们可以简单地根据公式（13.18）估算压升力。

13.8　小结

为减轻隧道火灾和烟气影响，通风系统是设计人员为协助疏散、救援和消防工作而采取的主要措施之一。本章首先介绍了各种常规通风系统，此后详细讨论了火灾通风系统，包括纵向通风和集中排烟系统。

对于纵向通风来说，临界风速和逆流层长度是控制排烟的两个关键问题。研究表明了不存在一个恒定的临界Fr数，临界Fr数也无法给出临界速度的合理估计值。相反，公式（13.4）所示的无量纲模型，可以更好地预测临界速度。本章节研究了车辆阻塞、隧道宽度、HRR对临界速度的影响，并对临界火焰倾角进行了讨论。根据公式（13.10），逆流层长度与临界速度有较好的相关性，可用于估算隧道火灾逆流层长度。

在此基础上，本章对隧道横通道火灾排烟进行了讨论。隧道横通道防烟临界速度随防火门高度的3/2次幂、HRR的1/3次幂和通风速度的指数规律变化，并几乎与防火门宽度无关。我们提出了一个有效方程［公式（13.14）］，可以估计隧道横通道临界速度。

此外，本章对救援站的烟气控制也进行了调查。有两种类型的救助站，即内部救助站和外部救助站。两种类型的救援站，安全隧道都需要进行加压通风，以推动新风进入事故隧道，以防止烟气扩散到安全区域。同时，事故隧道内的烟气可以通过排烟竖井排出，也可以通过机械纵向通风将其吹出隧道。需要注意的是，救援站烟气控制方法与火源附近横通道中烟气控制的方法相似。因此，可以采用相同的模型进行救援站烟气控制临界速度的估算。在计算临界速度的基础上，还可以根据公式（13.15）估算门侧烟气温度。

本章介绍了一种简单的一维纵向流动模型，可用于计算自然通风、机械通风下着火隧道内纵向通风量数值。但是，如果纵向风速非常低，这里提出的一维理论模型不再适用。

参考文献

1. Thomas P (1958) The movement of buoyant fluid against a stream and the venting of underground fires. Fire Research Note No. 351. Fire Research Station, Boreham Wood.

2. Thomas PH (1968) The Movement of Smoke in Horizontal Passages Against an Air Flow. Fire Research Note No. 723. Fire Research Station, Boreham Wood.
3. Danziger NH, Kennedy WD Longitudinal Ventilation Analysis for the Glenwood Canyon Tunnels. In: Fourth International Symposium on the Aerodynamics & Ventilation of Vehicle Tunnels, York, UK, 23–25 March 1982. BHRA Fluid Engineering, pp 169–186.
4. Kennedy W. D. Critical velocity: Past, Present and Future. In: Seminar of Smoke and Critical Velocity in Tunnels, London: JFL Lowndes, 1996, pp. 305–322, 9–11 March 1996. JFL Lowndes, pp 305–322.
5. Oka Y, Atkinson GT (1995) Control of Smoke Flow in Tunnel Fires. Fire Safety Journal 25:305–322.
6. Wu Y, Bakar MZA (2000) Control of smoke flow in tunnel fires using longitudinal ventilation systems—a study of the critical velocity. Fire Safety Journal 35:363–390.
7. Li YZ, Lei B, Ingason H (2010) Study of critical velocity and backlayering length in longitudinally ventilated tunnel fires. Fire Safety Journal 45:361–370.
8. Lee CK, Chaiken RF, Singer JM (1979) Interaction between duct fires and ventilation flow: an experimental study. Combustion Science and Technology 20:59–72.
9. Ingason H, Lönnermark A, Li YZ (2011) Runehamar Tunnel Fire Tests. SP Technicial Research Institute, SP Report 2011:55.
10. Lee Y-P, Tsai K-C (2012) Effect of vehicular blockage on critical ventilation velocity and tunnel fire behavior in longitudinally ventilated tunnels. Fire Safety Journal 53:35–42.
11. Memorial Tunnel Fire Ventilation Test Program—Test Report (1995). Massachusetts Highway Department and Federal Highway Administration, Massachusetts.
12. Li YZ, Ingason H (2012) The maximum ceiling gas temperature in a large tunnel fire. Fire Safety Journal 48:38–48.
13. Ingason H, Li YZ New concept for design fires in tunnels. In: Proceedings from the Fifth International Symposium on Tunnel Safety and Security (ISTSS 2012), New York, USA, 14–16 March 2012. SP Technical Research Institute of Sweden, pp 603–612.
14. Kunsch JP (2002) Simple Model for Control of Fire Gases in a Ventilated Tunnel. Fire Safety Journal 37:67–81.
15. Alpert RL (1975) Turbulent ceiling-jet induced by large-scale fires. Fire Technology 11:197–213.
16. Vauquelin O, Wu Y (2006) Influence of tunnel width on longitudinal smoke control. Fire Safety Journal 41:420–426.
17. Li YZ, Ingason H (2014) Position of Maximum Ceiling Temperature in a Tunnel Fire. Fire Technology 50:889–905.
18. Vauquelin O, Telle D (2005) Definition and experimental evaluation of the smoke "confinement velocity" in tunnel fires. Fire Safety Journal 40:320–330.
19. Vantelon JP, Guelzim A, Quach D, Son D, K., Gabay D, Dallest D Investigation of Fire-Induced Smoke Movement in Tunnels and Stations: An Application to the Paris Metro. In: IAFSS Fire Safety Science-Proceedings of the third international symposium, Edinburg, 1991. pp. 907–918.
20. Deberteix P., Gabay D., Blay D. Experimental study of fire-induced smoke propagation in a tunnel in the presence of longitudinal ventilation. In: Proceedings of the International Conference on Tunnel Fires and Escape from Tunnels, Washington, 2001. pp 257–265.
21. Ingason H, Li YZ (2011) Model scale tunnel fire tests with point extraction ventilation. Journal of Fire Protection Engineering 21 (1):5–36.
22. Tarada F. Critical Velocities for Smoke Control in Tunnel Cross-passages. In: 1st International Conference on Major Tunnel and Infrastructure Projects, Taiwan, 2000.
23. Li YZ, Lei B, Ingason H (2013) Theoretical and experimental study of critical velocity for smoke control in a tunnel cross-passage. Fire Technology 49:435–449.
24. Gerber P. Quantitative risk assessment and risk-based design of the Gotthard Base Tunnel. In: Proceedings of the 4th International Conference Safety in Road and Rail Tunnels, Madrid, Spain, 2006. pp 395–404.
25. Li YZ, Lei B, Ingason H (2012) Scale modeling and numerical simulation of smoke control for rescue stations in long railway tunnels. Journal of Fire Protection Engineering 22 (2):101–131.

26. Ozawa S. Ventilation and Fire Countermeasure in Seikan Tunnel. In: 6th Int. Symp. on Aerodynamics and Ventilation of Vehicle Tunnels, England, 1988. pp 481–493.

27. Rudin C. Fires in long railway tunnels—the ventilation concepts adopted in the AlpTransit projects. In: 10th Int. Symp. on Aerodynamics and Ventilation of Vehicle Tunnels, Boston, 2000. pp 481–493.

28. Tarada F., Bopp R., Nyfeler S. Ventilation and risk control of the Young Dong Rail Tunnel in Korea. In: 1st International Conference on Major Tunnel and Infrastructure Projects, Taiwan, 2000.

29. Bassler A., Bopp R., Scherer O., et al. Ventilation of emergency station in the Koralm tunnel. In: 12th International Symposium on Aerodynamics and Ventilation of Vehicle Tunnels, Portoroz, Slovenia, 2006.

30. Hilar M., Srb M. Long railway tunnels—comparison of major projects. In: WTC 2009, Budapest, Hungary, 2009.

31. Ingason H, Lönnermark A, Li YZ (2012) Model of ventilation flows during large tunnel fires. Tunneling and Underground Space Technology 30:64–73.

32. Fried E., Idelchick I.E. (1989) Flow Resistance: A Design Guide for Engineers. Hemisphere Publishing Corporation, New York.

33. Ingason H, Lönnermark A (2005) Heat Release Rates from Heavy Goods Vehicle Trailers in Tunnels. Fire Safety Journal 40:646–668.

第14章

能见度

摘　要：能见度对于火灾期间的人员疏散至关重要，因此，它也是隧道火灾安全的一个重要参数。质量比消光系数法或质量光密度法可用来估算被烟气侵袭空间的能见度。本章节对于这两种方法，给大家提供了一些比较有趣的材料燃烧试验数值。这一章首先会介绍质量比消光系数法，最后与质量光密度法进行比较和关联。此外，还给出了部分材料的参数数值，并讨论了参数之间的数值转换。最后，讨论了能见度对人员疏散过程中步行速度的影响。

关键词：能见度；消光系数；光密度；疏散

14.1　引言

隧道火灾安全在很大程度上取决于个体疏散的原则。能见度是影响火灾中人员疏散可能性的重要参数之一。虽然能见度的降低并不会导致人员行动能力的丧失，但能见度是人员承受能力分析中的一个重要参数。多数情况下，能见度会首先达到"耐受极限"（常用的评价标准），而其他参数（烟气浓度、温度和辐射）尚未达到类似"耐受极限"，详细内容参见第15章。为此，充分了解能见度以及影响能见度的火灾过程对于人员安全疏散意义重大。

如同其他与感知相关的参数一样，很难利用单一的数学方程来描述能见度和烟气密度之间的关系。火灾烟气颗粒的大小和形状随燃烧材料和燃烧条件的不同而变化，导致情况变得更为复杂。[1,2]因而，如何将可测量的（或估计的）物理参数与能见度联系起来，用以计算能见度，研究人员也有不同的建议。在接下来的章节中，我们将对估算能见度的不同方法进行介绍、比较和讨论。

14.2　能见度的预测方法

表征烟气密度的一种常用的方法是消光系数 C_s（$1/m$）：

$$C_s = \frac{1}{L}\ln\left(\frac{I_0}{I}\right) \tag{14.1}$$

式中，I_0 为入射光的强度；I 为透过烟气的光强度；L 为光的路径长度，单位：m。透射强度和入射强度的比值随烟气质量比消光系数 σ（单位：m^2/kg）、烟雾质量浓度 ρ_{sm}（单位：kg/m^3）和 L（单位：m）而变化，根据布格朗伯比尔定律表示如下[3]：

$$\frac{I}{I_0} = \exp(-\sigma\rho_{sm}L) \tag{14.2}$$

金（Jin）提出了能见度（V_s）与消光系数之间的几种关系。[4,5]对于发光标志物，关系如下：

$$V_s \approx \frac{1}{C_s}\ln\left(\frac{B_{EO}}{\delta_c k \varPi}\right) \tag{14.3}$$

式中，B_{EO} 为标志物的亮度，单位：cd/m^2；δ_c 为烟气中标志物在遮蔽水平下的对比度阈值；$k = \sigma_s/C_s$；C_s 为消光系数（$1/m$），$C_s = \sigma_s + \sigma_{ab}$；$\sigma_s$ 为散射系数，单位：$1/m$；σ_{ab} 为吸收系数，单位：$1/m$；$k = \sigma_s/C_s$；$\varPi$ 为烟气中来自各个方向光照辐射的平均照度的 $1/\pi$，单位：$1\ m/m^2$。

对比度阈值(δ_c)在0.01～0.05之间，通常选用0.02（例如ISO 13571）。对于反光标志，对应的方程可表示为[4,5]：

$$V_s \approx \frac{1}{C_s}\ln\left(\frac{\alpha}{\delta_c k}\right) \tag{14.4}$$

式中，α是信号的反射率。

金指出，处于遮蔽阈值（能见度介于5 m～15 m之间）时，能见度可以表示为[5]：

$$V_s = \frac{K}{C_s} \tag{14.5}$$

式中，K是一个常数，对于发光标志物取5～10，对于反光标志取2～4。

如果烟气具有刺激性，能见会降低，烟气密度和刺激性都会影响人员行走速度。随着消光系数的增加，能见度呈线性下降，这与$0.1 \leqslant C_s \leqslant 0.25$时无刺激性烟气中的情况相同。当$C_s \geqslant 0.25$时，刺激性烟气中的能见度为[4,5]：

$$V_s = (K/C_s)(0.133 - 1.47\lg C_s) \tag{14.6}$$

对上式进行试验表明，当$K = 6$时，公式（14.6）计算得到的可见度与试验结果一致。[5]需要注意的是，这些试验是在"火灾出口"标志点亮的情况下进行的。

由于：

$$C_s = \sigma \cdot \rho_{sm} \tag{14.7}$$

所以能见度可以写成：

$$V_s = \frac{K}{\sigma \rho_{sm}} \tag{14.8}$$

$$\rho_{sm} = Y_s \frac{\Delta m_f}{V} \text{或者} \tag{14.9}$$

$$\rho_{sm} = Y_s \frac{\dot{m}_f}{\dot{V}} \tag{14.10}$$

式中，ρ_{sm}取决于所关注的物体是由体积V（单位：m³；例如没有开口的火车）还是由空气流量$\dot{V}$（单位：m³/s；例如隧道）来定义的。Y_s为燃料在一般情况下的烟灰生成量（单位：kg/kg）。燃料质量的变化可以用质量差Δm_f（单位：kg）[公式（14.9）]或质量流量$\dot{m}_f$（单位：kg/s）[见公式（14.10）]来表示。表14.3中给出了部分材料的产烟率Y_s（单位：kg/kg）。第7章已经详细讨论了烟灰生成量和当量比的作用。

消光系数C_s可以通过测量，由公式（14.1）计算得出，也可以在已知σ和ρ_{sm}的情况下，由公式（14.7）计算得到。假设隧道中的烟气流动是一维的，则能见度计算如下：

$$V_s = \frac{KuA_t}{\sigma Y_s \dot{m}_f} \tag{14.11}$$

式中，u为隧道内空气流速，单位：m/s；A_t为隧道的横截面积，单位：m²。火灾的热释放速率$\dot{Q}$（单位：kW）为：

$$\dot{Q} = \chi \Delta H_c \dot{m}_f \tag{14.12}$$

式中，χ为燃烧效率；ΔH_c为燃烧热，单位：kJ/kg。将其代入公式（14.11），则能见度为：

$$V_s = \frac{KuA_t \chi \Delta H_c}{\sigma Y_s \dot{Q}} \tag{14.13}$$

这里需要注意：光密度（OD）和消光系数（C_s）之间的区别：

$$OD = \lg\frac{I_0}{I} = \frac{C_s \cdot L}{\ln 10} \approx \frac{C_s \cdot L}{2.303} \tag{14.14}$$

我们将在后续讨论比消光系数与质量光密度D_{mass}（单位：m^2/kg）关系时，详细讨论光密度（OD）和消光系数（C_s）之间的区别。

质量比消光系数和烟灰生成量都取决于燃料的类型，因此获得不同类型燃料的数据是重点。需要注意的是，此类数据有不同的定义和表示方式。

莫霍兰德（Mulholland）等人围绕比消光系数进行了一系列研究[6,7]，给出了通风良好条件下火灾焰后烟灰平均生成量为8700 m^2/kg（波长 = 632.8 nm）。表14.1和表14.2分别总结了不同研究给出的气体/液体和固体的质量比消光系数。前述提到的8700 m^2/kg（扩展不确定度为1100 m^2/kg，置信区间为95%）是从文献中获得比消光系数的平均值。需要注意的是：对于某些燃料，例如庚烷，不同研究得到的比消光系数存在差异，这可能受试验设置、规模的影响。然而，对于某些燃料，比如PS、PVC和橡胶，试验设置不同时数据也具有相对良好的一致性。

需要注意的是，标准SS-ISO 13571:2007中建议：比消光系数的平均值为10000 m^2/kg。[8]

图沃森（Tewarson）给出了很多不同类型燃料的数据[9]，给定信息如下：

$$D_{mass} = \frac{OD \cdot Y_s}{L \cdot \rho_s} \tag{14.15}$$

利用公式（14.7）、公式（14.14）、公式（14.15）可以得到比消光系数与D_{mass}的关系：

$$\sigma = \frac{\ln 10 \cdot D_{mass}}{Y_s} \tag{14.16}$$

气体和液体燃烧的质量比消光系数（632.8 nm）示例[6]　　　　表14.1

燃料	σ（m^2/kg）	说明
气体		
丙烷	8000	170 kW ~ 350 kW
乙烯	7800	湍流扩散燃烧器，5 kW ~ 10 kW
乙烯	8800	直径5 cm的燃烧器，2.0 kW
丙烷	7000	湍流扩散燃烧器，5 kW ~ 10 kW
丁二烯	7500	湍流扩散燃烧器，5 kW~10 kW
乙炔	5300	湍流扩散燃烧器，5 kW~10 kW
乙炔	7800	当量比为2.5的预混燃烧器的
乙炔	7800	直径5 cm的燃烧器，2.6 kW
液体		
庚烷	10300	小规模到大规模
庚烷	7800	30 cm（60 kW）和50 cm（250 kW）的气体池
庚烷	6400	湍流扩散燃烧器，5 kW ~ 10 kW
苯	7800	湍流扩散燃烧器，5 kW ~ 10 kW
苯乙烯	9700	直径2 cm的燃烧器

续表

燃料	σ（m^2/kg）	说明
环己烷	7500	湍流扩散燃烧器，5 kW ~ 10 kW
甲苯	7000	湍流扩散燃烧器，5 kW ~ 10 kW
煤油	10100	小规模到大规模
煤油	9200	小规模1 kW ~ 5 kW
汽油	11200	5 mL燃料
柴油	10300	5 mL燃料
燃油	11600	5 mL燃料
燃油	7200	小规模，1 kW~5 kW
燃油	9400	小规模，1 kW~5 kW
石蜡油	9100	5 mL燃料
丁烷	9900	5 mL燃料
原油	8800	直径为40 cm（60 kW）和60 cm（180 kW）的油池

固体燃烧的质量比消光系数示例（632.8 nm）[6]　　　　表14.2

燃料	σ（m^2/g）	说明
固体		
花旗松	10300	小规模到大规模
橡木	7600	小规模，1 kW ~ 5 kW
木垛	8500	1堆（50 kW），3堆（250 kW）
高密度聚乙烯	8800	小规模，1 kW ~ 5 kW
PP	7400	小规模，1 kW ~ 5 kW
有机玻璃（聚甲基丙烯酸甲酯）	10500	小规模到大规模
有机玻璃（聚甲基丙烯酸甲酯）	7900	小规模，1 kW ~ 5 kW
聚碳酸酯	10200	小规模到大规模
聚碳酸酯	7600	小规模，1 kW ~ 5 kW
聚氯乙烯	9900	小规模到大规模
聚氯乙烯	9000	小规模，1 kW ~ 5 kW
PS	10000	小规模到大规模
PS	9600	小规模，1 kW ~ 5 kW
丁苯橡胶	10400	小规模到大规模
橡胶	10100	小规模，1 kW ~ 5 kW
聚氨酯垛	8100	1堆（100 kW），3堆（300 kW）

注：PE聚乙烯，PP聚丙烯，PS聚苯乙烯，PUR聚氨酯

表14.3和表14.4中列出了一些燃料和建筑材料的Y_s和D_{mass}，利用公式（14.16）可以计算得出质量比消光系数。表格中的两列数据涉及烟灰生成量。主要原因是，与第一版手册相比，最新版本的SFPE手册给出了不同的数值（对应于已经公布的D_{mass}值）。

部分材料的烟灰产量、D_{mass} 和特定消光系数　表14.3

材料	Y_s (kg/kg)	Y_s (kg/kg)	D_{mass} (m²/kg)	σ (m²/kg)
文献	[9]	[10]	[9]	公式（14.16）计算值
乙烷	0.008	0.013	24	6900
丙烷	0.025	0.024	81	7500
丁烷	0.026	0.029	155	13700
乙烯	0.045	0.043	201	10300
丙烯	0.103	0.095	229	5100
1,3-丁二烯	0.134	0.125	319	5500
乙炔	0.129	0.096	315	5600
庚烷	0.037	0.037	190	11800
辛烷	0.039	0.038	196	11600
苯	0.175	0.181	361	4700
苯乙烯	0.184	0.177	351	4400
煤油	无数据	0.042	无数据	无数据
异丙醇	0.014	0.015	无数据	无数据
木材（红橡木）	0.015	0.015	37	5700
木材（铁杉）	无数据	0.015	无数据	无数据
甲苯	无数据	0.178	无数据	无数据
丙烯腈—丁二烯—苯乙烯塑料	无数据	0.105	无数据	无数据
PE	0.060	0.06	230	8800
PP	0.059	0.059	240	9400
PS	0.164	0.164	335	4700
尼龙	0.075	0.075	230	7100

部分建筑材料的烟灰产量、D_{mass} 和特定消光系数　表14.4

材料	Y_s (kg/kg)	Y_s (kg/kg)	D_{mass} (m²/kg)	σ (m²/kg)
文献	[9]	[10]	[9]	公式（14.16）计算值
PUR泡沫，柔性，GM21	0.131	0.131	无数据	无数据
PUR泡沫，柔性，GM23	0.227	0.227	326	3300
PUR泡沫，柔性，GM25	0.194	0.194	286	3400
PUR泡沫，柔性，GM27	0.198	0.198	346	4000
PUR泡沫，刚性，GM29	0.130	0.13	304	5400
PUR泡沫，刚性，GM31	0.125	0.125	278	5100
PUR泡沫，刚性，GM35	0.104	0.104	260	5800
PUR泡沫，刚性，GM37	0.113	0.113	290	5900
聚苯乙烯泡沫，GM47	0.180	0.18	342	4400
聚苯乙烯泡沫，GM49	0.210	0.21	372	4100
聚苯乙烯泡沫，GM51	0.185	0.185	340	4200
聚苯乙烯泡沫，GM53	0.200	0.2	360	4100

材料	Y_s (kg/kg)	Y_s (kg/kg)	D_{mass} (m²/kg)	σ (m²/kg)
PVC-1（LOI = 0.50）	无数据	0.098	无数据	无数据
PVC-2（LOI = 0.50）	无数据	0.076	无数据	无数据
PVC（LOI = 0.35）	无数据	0.088	无数据	无数据
PVC（LOI = 0.30）	无数据	0.098	无数据	无数据
PVC（LOI = 0.25）	无数据	0.078	无数据	无数据
电缆，PE/PVC1	0.076	0.076	242	7300
电缆，PE/PVC2	0.115	0.115	无数据	无数据
电缆，PE/PVC5	0.136	0.136	无数据	无数据

对于某些材料，表14.3和表14.4中由D_{mass}计算得到的比消光系数与表14.1和表14.2中所列的实测数值有很大的差别。如表14.1和表14.2所示，比消光系数取决于试验设置和火灾规模。其中一些情况，表14.1和表14.2中比消光系数数值与表14.3和表14.4中比消光系数数值有很好的相关性。

表14.5显示了一些燃料不同火灾规模下烟灰生成量的差异。可以看出，质量比消光系数取决于燃料类型，但似乎与火焰条件（层流或湍流）无关。[3]

不同燃料和不同HRR的烟灰生成量[7]   表14.5

燃料	烟灰生成量（kg/kg）
丙烷，50 kW	0.0106
丙烷，200 kW	0.0063
丙烷，450 kW	0.0052
庚烷，300 kW	0.0129
甲苯，250 kW	0.100
庚烷/甲苯，320 kW	0.082

利用公式（14.13）和公式（14.16）可以得到能见度与D_{mass}的关系：

$$V_s = \frac{K \cdot \chi}{\ln 10} \frac{uA\Delta H_c}{D_{mass}\dot{Q}} \tag{14.17}$$

假设燃烧效率为1，则式（14.17）可简化为：

$$V_s = \frac{K}{2.3} \frac{uA\Delta H_c}{D_{mass}\dot{Q}} \tag{14.18}$$

假设$K = 2$，式（14.18）可简化为：

$$V_s = 0.87 \frac{uA\Delta H_c}{D_{mass}\dot{Q}} \tag{14.19}$$

上式与英格森（Ingason）提出的方程[11]相同。此外，英格森还总结了不同车辆的质量光密度数据，见表14.6。

英格森等人[13]在挪威卢恩海默（Runehamar）隧道试验中，开展了模拟重型货车货物燃烧试验。试验中除了使用柴油池火，还使用了不同纤维素材料和塑料混合物（每次试验塑料含量为

18%～19%）作为燃料来模拟卡车货物。试验中测试了消光系数，得到不同型材料（货物）的质量光密度，数据见表14.7。表14.7中的数值与表14.6中"卡车"一行的数值一致，柴油的数值与表14.3中苯和苯乙烯的值相近。

不同类型车辆的质量光密度（D_{mass}）[11,12] 表14.6

车辆类型	质量光密度（m^2/kg）
公路车辆	
汽车（钢制）	381
汽车（塑料材质）	330
公交车	203
卡车	76～102
铁路车辆	
地铁（速度）	407
地铁（铝制）	331
城际列车类型（钢制）	153
城际特快类型（钢制）	127～229
两辆连接在一起的半挂车（钢制）	127～178

不同类型重型货车货物材料的质量光密度（D_{mass}） 表14.7

货物/燃料的类型	质量光密度（m^2/kg）
柴油	360～450
木材/聚乙烯	13～82
木材/聚氨酯	47～138
家具/橡胶	10～87
纸箱/聚苯乙烯塑料杯	30～120

根据可获得信息量情况，我们可以利用公式（14.13）或公式（14.17）来估算隧道能见度。如果要确定非恒定HRR火灾下游x（单位：m）处的视线能见度，还必须要考虑输运时间，并将瞬态能见度与相应HRR联系起来。相关内容在第8章烟气温度中也涉及，且给出了实际时间随非恒定速度的关系。为简便起见，假设恒定速度u下，火灾发展至距火源x处的实际时间τ（单位：s）为：

$$\tau = t - \frac{x}{u} \tag{14.20}$$

式中，t为从点火开始的测量时间，单位：s。

公式（14.13）或公式（14.17）中使用$\dot{Q}(\tau)$来估算烟灰生成量时还需要考虑输运时间。

示例14.1：一辆装有聚丙烯（$\Delta H_c = 38.6$ MJ/kg）的重型货车在截面$W = 9$ m，$H = 6$ m的隧道中发生了火灾，隧道内空气速度为2 m/s。火源HRR以210 kW/s的速度线性增加，持续时间12分钟。假设烟气没有刺激性，请问6分钟后火焰下游500 m的能见度是多少？

答案：首先利用公式（14.20）计算得出实际时间为：$\tau = 360 - 500/2 = 110$ s；根据已知条件，得到$\dot{Q}(\tau) = 210 \times 110 = 23100$ kW。查表14.3，聚丙烯的$D_{mass} = 240$ m²/kg。利用公式（14.18），假设$K = 2$，计算得出：

$$V_s = \frac{2}{2.303}\frac{2\times9\times6\times38600}{240\times23100} = 0.65 \text{ m}$$

在求解这个题目时，我们取 $K=2$（反光标志物区间下限）。需要注意的是，在很多情况下 K 值是需要调整的，例如 $K=3$，即反光标志物区间的中间值，在不同情况下会有所不同。

14.3　能见度对疏散的影响

能见度（消光系数）和行走速度之间最知名、最常用的关系之一由金[4]提出，相关数据见图14.1和图14.2，这些测试由有限数量的人完成。

弗兰齐克（Frantzich）和尼尔森（Nilsson）在长36.75 m、宽5.0 m、高2.55～2.70 m的隧道中进行了试验[14]，共有46人参与了测试，平均年龄约22岁。试验使用波长为670 nm的5 mW二极管激光器测量了消光系数。测量在隧道高2 m处，视线距离1 m情况下进行。

弗兰齐克和尼尔森在他们测试中使用公式（14.5）来计算能见度，K 值取反光标志物区间的下限（$K=2$）。这项研究的其中一个目的是验证金得出的结论。但是，弗兰齐克和尼尔森得出的消光系数

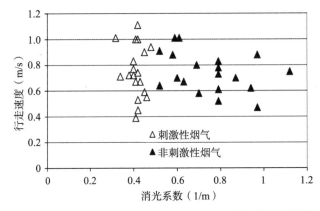

图14.1　人员在刺激性、非刺激性烟气中行走速度与消光系数的关系[4]

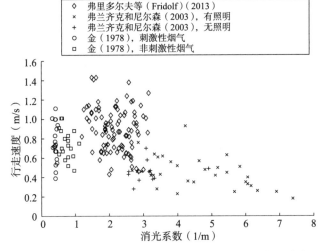

图14.2　人员在刺激性、无刺激性烟气中行走速度与消光
系数的关系[15]，表中数据摘自多位研究人员成果[16,14,17]

介于2 m^{-1}～8 m^{-1}之间，金得到的消光系数在2 m^{-1}以下。另一个不同之处是，金的试验使用的是黑色的火灾烟，而弗兰齐克和尼尔森使用的是添加了醋酸的白色人工烟。很难说这些差异对结果意味着什么，但是弗兰齐克和尼尔森的研究证实，能见度方程对黑烟和白色人工烟都是有效的[14]，行走速度测试结果见图14.2。

基于测试结果，弗兰齐克和尼尔森得出[14]：

$$u_w = -0.057 \cdot C_s + 0.706 \tag{14.21}$$

当涉及普通照明（隧道内正常照明）时，u_w为行走速度。不采用普通照明时，消光系数对行走速度的影响没有统计学意义。此外，弗兰齐克和尼尔森的研究还表明，人员是否沿墙行走的行为也会对行走速度产生一定影响。[14]

弗兰齐克和尼尔森取得的行走速度在0.2 m/s～0.8 m/s之间，低于金的测量数值。这是预料之中的，因为金的测试中能见度要高一些。考虑人员中途停留以及没有选择最近的疏散路线等情况，弗兰齐克和尼尔森认为，测量得到的行走速度应该乘以一个小于1的系数，以得到有效行走速度。参与测试人员的系数应该会存在很大差异，平均值约为0.9。而且，行走速度与消光系数的相关性具有较高的不确定性。此外，他们还发现：试验中至少有2/3步行沿隧道侧壁行走的人员，行走速度通常较高。参与者沿墙壁行走的情况下，他们对消光系数的依赖也更加明显。因此，路线的选择对于确定有效行走速度似乎很重要，此外其他特性或状况（例如人的身高和性别）也可能影响行走速度。

为了增加测试数据的数量，弗里多尔夫（Fridolf）等人进行了与弗兰齐克和尼尔森类似测试，消光系数在1.2 m^{-1}～7.5 m^{-1}，结果见图14.2。他们将测试结果与弗兰齐克和尼尔森的结果相结合，得出一个新的行走速度关系式：

$$u_w = -0.1423 \cdot C_s + 1.177 \tag{14.22}$$

或（如果能见度被认为是独立参数）：

$$u_w = 0.5678 \cdot V_s + 0.3033 \tag{14.23}$$

式中，计算能见度时取$K = 2$。行走速度与消光系数的相关性$R^2 = 0.4132$，统计学意义上优于与能见度（$R^2 = 0.3612$）的相关性。此外，直接使用消光系数来计算行走速度，也可避免选取常数K数值的困扰。行走速度随上述系列测试能见度的变化关系见图14.3。[15]需要注意的是，图14.3中的数据是在

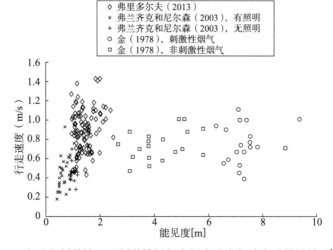

图14.3　人员在刺激性、无刺激性烟气中行走速度与消光系数的关系[15]，
表中数据摘自多位研究人员成果[16,14,17]。需要注意的是，图中数据是在$K = 3$时取得

$K=3$时取得的。

瑞典的建筑规范给出了在设计基于性能的疏散方式时可用的行走速度的建议。[18]需要注意的是，这些规范中的建议数值只适用于建筑物而不是隧道。而且，规范中将基本的无障碍行走速度设定为1.5 m/s。此外，还需要注意的是，规范对能见度的影响没有任何讨论，这主要是因为高能见度（>100 m²的区域可见度为10 m）是设计标准之一。对于儿童或残疾人（行动能力或方向性欠缺），行走速度取0.7 m/s。与基本的无障碍行走速度相比，楼梯上的行走速度的取值也有所下降（上楼梯取0.6 m/s，下楼梯取0.75 m/s）。

弗兰齐克还证明了人们适应地面和环境状况的影响。[19]在地铁列车的疏散试验中，人员在列车附近的步行速度为1.0 m/s ~ 1.4 m/s，而距离列车较远（130 m）人员的步行速度为1.0 m/s ~ 1.8 m/s。该测试是在没有烟雾和应急照明的情况下进行的，但是弗兰齐克认为，这种适应效果也应该存在于人员在火灾烟气或黑暗环境中疏散过程。当在黑暗的环境中（没有烟雾）进行试验时，人员行走速度在0.5 m/s ~ 1.0 m/s之间变化。

示例14.2：示例14.1中的人员行走速度是多少？

答案：根据弗里多尔夫等人提出的公式（14.23），得到：

$u_w = 0.568 \cdot V_s + 0.3 = 0.568 \times 0.65 + 0.3 = 0.47$ m/s。

在此应再次注意，这个公式是在$K=2$时推导得出，而图14.3数据推导时采用的是$K=3$。可以看出在这种情况下，能见度位于图表下端，所得到的行走速度并没有比公式（14.23）给出的恒定值高很多。

示例14.3：示例14.1中所描述的火灾，估算何时火源下游150 m处的可见度为9 m？

答案：热释放速率$\dot{Q}(\tau) = 210 \cdot \tau$，$\tau = t - 150/2$。代入公式（14.18）计算得到：

$$t = \frac{1}{210} \times \frac{K}{2.3} \frac{uA\Delta H_c}{D_{mass}V_s} + \frac{150}{2} = \frac{1}{210} \times \frac{2}{2.303} \frac{2\times9\times6\times38600}{240\times0.9} + \frac{150}{2} = 155 \text{ s}$$

14.4　小结

能见度是火灾时人员疏散和隧道消防安全的重要参数。本章给出并讨论了几种不同描述及确定能见度的方法。估算充满烟雾空间的能见度的主要方法有质量比消光系数法和质量光密度法。对于这两种方法，可以获取到一些常用材料的试验数据。此外，本章还重点介绍了质量比消光系数法，并与质量光密度法进行了比较；给出了部分材料的参数值，并讨论了参数数值间的转换。最后，本章讨论了能见度对疏散过程中人员行走速度的影响，提出了几种估算行走速度的方法。

参考文献

1. Mulholland GW, Liggett W, Koseki H (1997) The Effect of Pool Fire Diameter on the Property of Smoke Produced by Crude Oil Fires. Fire Science and Technology 17 (1):64–69.

2. Widmann JF, Yang JC, Smith TJ, Manzello SL, Mulholland GW (2003) Measurement of the optical extinction coefficients of post-flame soot in the infrared. Combustion and Flame 134:119–129.

3. Mulholland GW, Choi MY Measurement of the Mass Specific Extinction Coefficient for Acetylene and Ethene Smoke Using the Large Agglomerate Optics Facility. In: Twenty-Seventh Symposium (International) on Combustion, 1998. The Combustion Institute, pp 1515–1522.

4. Jin T, Yamada T (1985) Irritating Effects of Fire Smoke on Visibility. Fire Science and Technology 5 (1):79–89.

5. Jin T (2008) Visibility and Human Behavior in Fire Smoke. In: The SFPE Handbook of Fire Protection Engineering. National Fire Protection Engineering, pp 2–54 -- 52–66.

6. Mulholland G, Croarkin C (2000) Specific Extinction Coefficient of Flame Generated Smoke. Fire and Materials 24:227–230.

7. Mulholland GW, Johnsson EL, Fernandez MG, Shear DA (2000) Design and Testing of a New Smoke Concentration Meter. Fire and Materials 24:231–243.

8. ISO (2007) Life-threatening components of fire—Guidelines for estimation of time available for escape using fire data. ISO 13571:2007.

9. Tewarson A (1988) Generation of Heat and Chemical Compounds in Fires. In: DiNenno PJ, Beyler CL, Custer RLP, Walton WD, Watts JM (eds) SFPE Handbook of Fire Protection Engineering. First Edition edn. NFPA, pp 1–179 -- 171–199.

10. Tewardson A (2008) Generation of Heat and Gaseous, Liquid, and Solid Products in Fires. In: SFPE Handbook of Fire Protection Engineering. NFPA, pp 2–109 – 103–194.

11. Ingason H (2012) Fire Dynamics in Tunnels. In: Beard AN, Carvel RO (eds) In The Handbook of Tunnel Fire Safety, 2nd Edtion ICE Publishing, London, pp 273–304.

12. Steinert C Smoke and Heat Production in Tunnel Fires. In: The International Conference on Fires in Tunnels, Borås, Sweden, 10–11 October 1994. SP Swedish National Testing and Research Institute, pp 123–137.

13. Ingason H, Lönnermark A, Li YZ (2011) Runehamar Tunnel Fire Tests. SP Report 2011:55. SP Technicial Research Institute of Sweden, Borås, Sweden.

14. Frantzich H, Nilsson D (2003) Utrymning genom tät rök: beteende och förflyttning. Avd. för brandteknik, Lunds tekniska högskola, Lund.

15. Fridolf K (2014) Walking speed as function of extinction coefficient. Personal communication, Jan. 10.

16. Jin T (1978) Visibility through smoke. Journal of Fire & Flamability 9:135–157.

17. Fridolf K, Andrée K, Nilsson D, Frantzich H (2013) The impact of smoke on walking speed. Fire and Materials.

18. BFS (2011) Boverkets allmänna råd om analytisk dimensionering av byggnaders brandskydd. Boverkets Författningsamling, BFS 2011:27 BBRAD (in Swedish).

19. Frantzich H (2000) Utrymning av tunnelbanaetåg—Experiemntell utvärdering av möjligheten att utrymma i spårtunnel. Räddningsverket, Karlstad.

第 15 章

耐受性

摘　要：隧道发生火灾时，是否具有安全逃生的可能性是最重要的问题之一。在人员疏散过程中，隧道内人员暴露在有毒烟气、热辐射、高温和浓烟之中。本章介绍了人员暴露在不同烟气成分、热辐射和对流热下可能的严重后果，举例说明了窒息性和刺激性气体及其对疏散人员的影响，讨论了用于估算因暴露导致能力丧失的时间和其他节点时间的不同模型。

关键词：耐久性（Tenability）；毒性（Toxicity）；烟气浓度；一氧化碳；二氧化碳；氧气；氰化氢；热辐射；对流热

15.1　引言

火灾发生时，建筑、隧道内的人员或火车上的乘客可能暴露在高温（高温烟气或热辐射）、烟气或有毒气体（有毒物质）中。一方面这会阻碍人员疏散，另一方面也会导致人员行动能力的丧失，最终造成人员死亡。

烟气的产生和成分主要取决于三个参数：燃料、温度和通风条件（氧气浓度）。烟雾的成分不仅取决于氧气的总体可用性，还取决于燃料的空间分布/几何排列，以及氧气到达燃烧区并与热解气体混合的可能性，这部分内容在第7章中已经进行了详细讨论。此外，烟雾对能见度、逃生和行走速度的影响在第14章中也进行了介绍。

英国的统计数据显示，英国发生的火灾中，"烟气"致死和"烧伤/烟气"（死因不明）致死的人数占火灾死亡人数的很大比例。[1]英国的火灾死亡人数在1979年达到高峰，自1985年以来一直呈下降趋势。死亡人数下降可能的原因包括阻燃性家具的使用以及低成本烟雾报警器使用量的增加。在非致命火灾中，因吸入有毒气体而住院的比例也很高。虽然这些统计数据不是专门针对隧道火灾，但烟雾的影响对隧道火灾情况也是一样重要的。如前所述，由于能见度的降低和人员行动能力的丧失，火灾烟气将直接影响人员安全逃生的可能性。

很长一段时间以来，一氧化碳一直被视为唯一重要的有毒物质，原因是它很容易在血液中量化，并可作为法医调查中的常规分析。然而，事实有试验已经证明其他毒物也很关键，例如氰化氢。本章总结了最常见的火灾烟气中的有毒物质及其影响，以及如何计算失能剂量的分数。

15.2　燃烧产生的有毒物质

第7章讨论了各种参数对有毒物质生成的影响，并指出通风状况对燃烧化学产物及其危害至关重要。通风不良火灾主要毒物质生成量较高，此外产生的废气总量也较大。[1]火灾烟气中的有毒物质可分为两类：窒息性（或麻醉性）气体和刺激性气体。烟气中的颗粒物也是重要影响因素。

窒息性气体是会阻止身体对氧气的摄取或减少输送到身体组织（例如脑组织）的氧气量从而导致身体缺氧的气体[1,2]，它会进一步导致人员意识丧失甚至死亡。我们将这一类气体分为两个亚类：简单的窒息性气体和化学窒息性气体。[2]第一亚类仅置换氧气，导致氧气浓度较低，例如氮气（N_2）和二氧化碳（CO_2）。需要注意的是，火灾情况下CO_2还会对身体造成其他影响，比如呼吸频率加快，从而加速其他有毒气体的吸入。此外，高浓度的CO_2也会产生毒性作用，CO_2浓度超过7%时，人员在几分钟内就存在失去意识的风险。[3]第二亚类，化学窒息性气体会影响线粒体电子传递链系统中的一个步骤，从而导致组织缺氧。[2]一氧化碳（CO）和氰化氢（HCN）是典型的化学窒息性气体。着火过程中随着氧气的消耗也会导致低氧情况的发生，产生窒息效应。大多数火灾情况下，有毒气体（例如CO），在氧气浓度降低到无法生存的水平之前就已经达到了致命浓度。考虑累加效应，低氧气浓度效应也应该包含在失能计算中。

刺激性气体可影响眼睛和上呼吸道，导致瞬时失能[1]，也可能对人员产生长期影响。表15.1中列出了一些刺激性气体。

窒息和刺激性气体的例子　　　　　　　　　　　　　　表15.1

窒息性气体		刺激性气体
简单窒息性气体	化学窒息性气体	
氮气（N_2）	一氧化碳（CO）	氟化氢（HF）
二氧化碳（CO_2）	氰化氢（HCN）	氯化氢（HCl）
—	—	溴化氢（HBr）
—	—	二氧化氮（NO_2）
—	—	二氧化硫（SO_2）
—	—	丙烯醛（C_3H_4O）
—	—	甲醛（CH_2O）

烟气中还含有对健康有害的颗粒物，这些颗粒物也会造成视觉模糊，阻碍人员逃生。烟气会造成能见度的降低，减慢人们逃离火灾现场的速度。此外，可吸入的小颗粒会对呼吸系统造成危害。不同大小的颗粒可以进入并影响呼吸系统的不同部位，例如使身体组织释放液体和产生炎症反应。直径小于0.5 μm的颗粒可引起组织间隙和管腔水肿，或进入血液引发危险的免疫反应。[1]颗粒还可以携带其他有害物质深入呼吸系统。

本章将介绍并讨论火灾烟气的主要成分以及具有已知效应的成分。需要强调的是：在某些情况下，可能还有其他未经常讨论（或具有未知影响）的气体，对烟气总体毒性影响也很大。

15.3　毒性

15.3.1　窒息性气体

CO是一种窒息性气体，也是与火灾有关的一种重要气体。CO毒性作用的过程是它与血液中的血红蛋白结合形成碳氧血红蛋白（COHb）。表15.2总结了血液中不同COHb浓度对健康的影响。

不同COHb水平对健康的影响[5]　　　　　　　　　　表15.2

COHb水平[%]	症状
10	无症状或头痛

续表

COHb水平[%]	症状
20	头晕、恶心、呼吸困难
30	视觉障碍
40	混乱和晕厥
50	痉挛和昏迷
≥60	心肺功能障碍和死亡

CO的毒性及其与COHb的关系，以及对携氧血容量的影响，是我们所熟知的。此外，CO还会造成其他不利影响，例如阻断细胞的能量生产，干扰氧气输送和其他细胞活动。[4]这些影响并没有像CO结合生成COHb（导致血红蛋白不能运输足够多的O_2，也不能使O_2更紧密地与血红蛋白结合）那样被很好地理解和广泛地讨论。表15.2中的数值仅是示例，并不是精确的限值。50%的COHb浓度通常被视为致命阈值。[3]然而，尼尔森（Nelson）指出，COHb浓度限值可能存在较大的波动范围，实际的限值应视情况来确定。[4]与短时间、高浓度水平暴露相比，低浓度水平长时间暴露会对细胞的生理活动产生更严重的影响，从而导致死亡。

CO降低了血液吸收、携带和输送O_2到身体各组织的可能性，HCN降低了身体组织使用O_2的能力。[3]HCN在血液中形成氰化物离子，氰化氢的毒性大约是CO的25倍。[1]然而，人们对HCN在人体内的动态知之甚少，血液氰化物的分析也不像COHb那样常规。这主要是由于火灾受害者血液中HCN的测量较为困难，以及死亡后血液中HCN水平不断衰减等原因。

低O_2浓度会导致类似CO和HCN引起的缺氧效应。多数情况下，在O_2浓度降至可维持水平（约6%）之前，热暴露或有毒气体已达到致命极限。[1]CO_2影响丧失能力时间的方式有两种：低浓度时，CO_2会刺激呼吸，增加呼吸频率（RMV = 呼吸分钟体积量），这会增加其他有毒气体的吸入；高浓度（5%以上）时，尽管CO_2不会增加CO和HCN的影响，但会成为一种窒息性气体。

15.3.2 刺激性气体

刺激性气体也是影响人们能否从火灾中逃生的重要因素。这些气体有无机物［例如，氯化氢（HCl）］，也有有机物（例如丙烯醛）。

无机刺激性卤化物HCl和HBr完全溶于水会形成强酸。氟化氢（HF）是另一种卤化物，是一种具有强刺激性气味的气体。此外，二氧化氮（NO_2）在水中溶解时可形成硝酸和亚硝酸，在高浓度时可引起肺水肿和死亡。表15.3和表15.4分别给出了不同浓度HCl和HF的影响。

刺激性气体的主要作用是刺激黏膜，例如眼睛黏膜、上呼吸道黏膜，有些情况甚至涉及肺部黏膜。症状主要包括流泪，反射性眨眼，鼻子、喉咙和胸部疼痛，憋气和喉部痉挛。此外，这些气体会导致肺部水肿和炎症，在接触6~24小时后导致死亡。[3]表15.5总结了不同研究者提出的刺激性有机气体的限值。

不同浓度盐酸的影响　　表15.3

盐酸浓度（ppm）	影响	文献
10	可耐受	[1]
10~50	被认为是刺激物，但可以工作	[3]

续表

盐酸浓度（ppm）	影响	文献
50～100	可耐受1小时	[1]
100	严重刺激影响	[1]
200	预计会影响一半人员的逃生	[3]
309	老鼠RD_{50}	[3]
900	半数人员丧失行为能力	[3]
1000～2000	短时间接触对人员具有危险性	[1,3]
2600	小鼠暴露30分钟后的致死浓度	[1]
3800	大鼠暴露30分钟后的致死浓度	[3]
4700	大鼠暴露30分钟后的致死浓度	[1]
15000	大鼠和狒狒暴露5分钟的致死浓度	[3]

不同浓度HF的影响　　　　　表15.4

HF浓度（ppm）	影响	文献
62	30分钟AEGL-3	[6,7]
170	10分钟AEGL-3	[6,7]
200	预计会影响半数人员的逃生	[3]
500	丧失能力	[8]
900	半数人员丧失行为能力	[3]
2900	暴露30分钟的致死浓度（LC_{50}）	[3]

刺激性有机气体的极限值（刺激性和致死浓度）　　　　　表15.5

物质	IDLH（ppm）	OEL, 15 min（ppm）	RD_{50}老鼠[c]（ppm）	人类感觉到严重刺激（ppm）	30分钟LC_{50}哺乳动物（ppm）
文献	[9]	[10]	[3]	[3]	[3]
乙醛	2000	50[a]	4846	＞1500	20000～128000
丙烯醛	2	0.3[a]	1.7	1～5.5	140～170
丙烯腈	6	85	10～100	＞20	4000～4600
苯	500	3[a]	—	—	—
巴豆醛	50	—	10～100	4～45	200～1500
甲醛	20	0.6[b]	3.1	5～10	700～800
苯酚	250	2[a]	10～100	＞50	400～700
苯乙烯	700	20[a]	980	＞700	10000～80000
甲苯	500	100[a]	—	—	—
甲苯2,4—二异氰酸酯	2.5	0.005[b]	0.20	1.0	100

注：[a] 短期数值；
　　[b] 上限值；
　　[c] 给定时间下，根据老鼠的反应报告来得到对人类刺激性影响的等级[3]。

15.4 有效剂量分数（*FED*）

估算烟雾成分毒性的一般方法是假设各种有毒气体的作用是叠加的，在毒性作用总和的计算式中，每种有毒气体的浓度表示为其致死浓度的分数（LC_{50}），下标表示在这种烟气中暴露30分钟，预计致死率为50%。这一数据的获取，可以使用有效剂量分数（*FED*）来进行计算。根据ISO 13344，有效剂量分数被定义为"窒息性有毒物质的暴露剂量与预期对具有平均易感性暴露对象产生特定影响的窒息性有毒物质的暴露剂量之比"，即在这种情况下有50%的致死率。可以用以下数学表达式来描述：

$$FED = \sum_{i=1}^{n} \int_0^t \frac{C_i}{(C \cdot t)_i} dt \tag{15.1}$$

式中，C_i为有毒组分i的浓度。一种常用的模型是ISO 13344中提出的N-gas模型[11]：

$$FED = \frac{m \cdot [CO]}{[CO_2] - b} + \frac{21 - [O_2]}{21 - LC_{50,O_2}} + \frac{[HCN]}{LC_{50,HCN}} + \frac{[HCl]}{LC_{50,HCl}} + \frac{[HBr]}{LC_{50,HBr}} \tag{15.2}$$

式中，m为CO—CO_2曲线的斜率，b为CO—CO_2曲线的截距，表示随着CO_2浓度的增加，CO的毒性作用的增加。$[CO]$，$[CO_2]$，$[O_2]$表示体积百分比浓度，$[HCN]$，$[HCl]$，$[HBr]$代表体积浓度，用ppm表示。烟气浓度为30分钟测试期内组分浓度（$C \cdot t$）的积分值除以30分钟。公式（15.2）中的*FED*描述了基于致死率的有效剂量分数。

式（15.2）中的参数m和b的值取决于CO_2的浓度。$[CO_2] \leqslant 5\%$时，$m = -18$，$b = 122000$。如果$[CO_2] > 5\%$，$m = 23$，$b = -38600$。需要注意的是，ISO 13344中式（15.2）中LC_{50}的值是莱文（Levin）给出的老鼠的LC_{50}值（表15.6，其中也给出了其他来源的LC_{50}值）。根据ISO 13344，在CO浓度为5700 ppm的环境中中暴露30分钟会导致老鼠死亡。[11]

火灾烟气中常见组分的 LC_{50} 浓度（30分钟）　　　　　表15.6

成分	老鼠（Levin）[12]	老鼠（ISO 13344）[3,11]	老鼠[1]	小鼠[1]	灵长类[1]
CO（ppm）	—	5700	5300 ~ 6600	3500	2500 ~ 4000
低氧（%）	5.4	—	7.5	6.7	6 ~ 7
HCN（ppm）	150	165	110 ~ 200	165	170 ~ 230
HCl（ppm）	3700	3800	3800	2600	5000
HBr（ppm）	3000	3800	—	—	—
HF（ppm）	—	2900	—	—	—
SO$_2$	—	1400	—	—	—
NO$_2$	—	170	—	—	—
丙烯醛（ppm）	—	150	—	—	—
甲醛（ppm）	—	750	—	—	—

如公式（15.2）所示，高浓度的CO_2导致呼吸速率增加仅对CO产生影响。为此，珀泽（Purser）开发了一个模型，其中强力呼吸会影响所有有毒物质的作用效果。此外，CO_2本身可能也是有毒的，它的影响也被考虑在内，用酸中毒因子Z_A来表示。

$$FED = \left(\frac{[CO]}{LC_{50,CO}} + \frac{[CN]}{LC_{50,HCN}} + \frac{[X]}{LC_{50,X}} + \frac{[Y]}{LC_{50,Y}}\right) \times V_{CO_2} + Z_A + \frac{21-[O_2]}{21-5.4} \tag{15.3}$$

式中，$[CN]$为HCN浓度（用ppm表示），修正其他腈存在的影响以及NO_2的保护作用，可根据下式计算：

$$[CN] = [HCN] + [总有机腈] - [NO_2] \tag{15.4}$$

式中，$[X]$为各种酸性气体刺激物的浓度，单位：ppm；$[Y]$为各种有机刺激物的浓度，单位：ppm。CO_2驱动的过度呼吸的倍增因子可表示为：

$$V_{CO_2} = 1 + \frac{\exp(0.14[CO_2]) - 1}{2} \tag{15.5}$$

式中，Z_A是酸中毒因子，等于$[CO_2] \times 0.05$。

人员的相关活动引起的CO失能有效剂量分数参数的变化[13]　　表15.7

活动	RMV（L/min）	I（%COHb）
休息或睡觉	8.5	40
轻作业或步行逃生	25	30
繁重的工作、慢跑、爬楼梯	50	20

15.5　失能有效剂量分数

15.4节讨论了暴露在有害烟气中的致命性。本节将重点讨论丧失行动能力（或丧失部分行动能力）的时间，即导致丧失行动能力（而不是立即死亡）的条件，这种情况将阻碍疏散，并最终导致致命风险显著增加。为此，计算得到了失能的有效剂量分数（FED）（或失能剂量分数）。所有窒息性气体（不包括刺激性物质的作用）的失能剂量分数F_{IN}，可以表示如下（对于某一特定时间步长）：

$$F_{IN,n} = \left(F_{I_{CO},n} + F_{I_{CN},n}\right) \cdot V_{CO_2,n} + F_{I_{O_2},n} \tag{15.6}$$

式中，失能剂量总分数根据CO、HCN和低O_2浓度的贡献计算得到。此外，CO_2影响呼吸速率，增加了CO和HCN的影响。下面将描述和解释他们的不同作用。

基于珀泽（Purser）给出的表达式[3]，得到：

$$F_{I_{CO},n} = \frac{3.317 \cdot 10^{-5} \cdot [CO]^{1.036} \cdot RMV \cdot (t_n - t_{n-1})}{I} \tag{15.7}$$

式中，F_I是失能剂量分数；$[CO]$代表时间步长内CO的浓度，单位：ppm；RMV为呼吸频率（轻微活动的情况下为25 L/min）；$t_n - t_{n-1}$表示时间步长，单位：分钟；I是失能时COHb（碳氧血红蛋白）浓度（轻微活动情况下为30%）。代入轻微活动情况数值，公式（15.7）可简化为：

$$F_{I_{CO},n} = 2.7642 \cdot 10^{-5} \cdot [CO]^{1.036} \cdot (t_n - t_{n-1}) \tag{15.8}$$

其他活动强度下数值列于表15.7。COHb浓度超过50%就可能导致死亡。然而，需要注意的是，失能后RMV是下降的（约为6 L/min）。

HCN对失能有效剂量分数的影响，整理如下[3]：

$$F_{I_{CN},n} = \frac{t_n - t_{n-1}}{\exp(5.396 - 0.023[HCN]_n)} \tag{15.9}$$

式中，$[HCN]_n$是时间步长内HCN的浓度，单位：ppm。

珀泽进一步简化了$F_{I_{CN},n}$方程，提出如下表达式[14]：

$$F_{I_{CN},n} = \frac{(t_n - t_{n-1})}{1.2 \cdot 10^6 \cdot [HCN]^{-2.36}}$$ （15.10）

该公式在ISO 13571[8]中也有相关描述。如果要考虑其他类型腈的附加作用和NO_2的保护作用，也可以参照公式（15.4）形式作类似修正。然而，与HCN的影响相比，它们的影响相对较小。为此，珀泽认为可以忽略其他类型的腈和NO_2的影响，只考虑HCN的浓度［公式（15.10）］。[14]

以下公式可用于计算O_2浓度下降的影响[3]：

$$F_{I_{O_2},n} = \frac{t_n - t_{n-1}}{\exp[8.13 - 0.54(20.9 - [O_2])]}$$ （15.11）

式中，$[O_2]$为时间步长内O_2的浓度，以vol-%表示。

由于过度通气而增强的窒息性气体（CO_2除外）吸收的倍增因子，计算如下：

$$V_{CO_2,n} = \frac{\exp(0.1903[CO_2] + 2.0004)}{RMV_r}$$ （15.12）

式中，$[CO_2]$为时间步长内的CO_2浓度（单位：vol-%）；RMV_r为静止状态时的RMV（7.1 L/min）。公式（15.12）可以简化为[3]：

$$V_{CO_2,n} = \exp\left(\frac{C_{CO_2,n}}{5}\right)$$ （15.13）

为此，结合上述各式，根据公式（15.6）可以计算所有窒息性气体（不包括刺激性物质的影响），每个时间步长的失能剂量分数F_{IN}。计算得到的失能剂量的总分数为多个时间步长的总和：

$$FI(t = t_N) = \sum_{n=2}^{N} F_{IN,n}$$ （15.14）

由于CO_2的窒息效应没有与其他气体的作用相叠加，未包括在公式（15.6）中。CO_2的失能剂量分数可以单独计算：

$$F_{I_{CO_2},n} = \frac{t_n - t_{n-1}}{\exp(6.1623 - 0.5189[CO_2])}$$ （15.15）

珀泽总结了人员暴露于火灾烟气中一些常见窒息性气体时失能或死亡的耐受极限[3]，见表15.8。假设烟气浓度恒定，失能时间为：

$$t_{IN} = \frac{1}{\left(\frac{3.317 \cdot 10^{-5} \cdot [CO]^{1.036} \cdot RMV}{I} + \frac{[HCN]^{2.36}}{1.2 \cdot 10^6}\right)V_{CO_2} + \frac{1}{\exp[8.13 - 0.54(20.9 - [O_2])]}}$$ （15.16）

某些火灾气体中常见窒息性气体导致失能或死亡的可维持性限值汇总[3]   表15.8

种类	5分钟暴露		30分钟暴露	
—	失能	死亡	失能	死亡
CO（ppm）	6000 ~ 8000	12000 ~ 16000	1400 ~ 1700	2500 ~ 4000
HCN（ppm）	150 ~ 200	250 ~ 400	90 ~ 120	170 ~ 230
低氧（%）	10 ~ 13	< 5	< 12	6 ~ 7
CO_2（%）	1 ~ 8	> 10	6 ~ 7	> 9

示例15.1：一个人在逃生时，在含有CO（浓度1000 ppm）、CO_2（浓度0.5%）和O_2（浓度20.2%）的环境中暴露5分钟，紧接着在含有CO（浓度5000 ppm），CO_2（浓度3%）和O_2（浓度16.5%）的环境中暴露2.5分钟。计算人员失能剂量总分数。

答案：由于CO_2的窒息效应与其他气体的作用效果不进行叠加，$[CO_2] > 5\%$时才具有窒息作用，所以根据公式（15.13）的计算不包括CO_2，只包括倍增因子。根据公式（15.7）、公式（15.10）和公式（15.11）：

$$FI = F_{I,0-5min} + F_{I,5-7.5min}$$
$$= F_{I_{CO},0-5min} \cdot F_{CO_2,0-5min} + F_{I_{O_2},0-5min} + F_{I_{CO},5-7.5min} \cdot V_{CO_2,5-7.5min}$$
$$+ F_{I_{O_2},5-7.5min} = 0.177 \cdot 1.105 + 0.002 + 0.470 \cdot 1.822 + 0.008 = 1.06$$

$FI > 1$意味着逃跑人员很可能在到达安全避难所之前失能。

以上部分讨论的重点是烟气成分。然而，温度（热暴露）也会影响人员的逃生。热暴露对人员造成的威胁主要有三种形式：体表烧伤、体温过高和呼吸道烧伤。因体温过高，热暴露可同时导致人员失能和死亡。

在干燥的空气中，如果没有皮肤烧伤，就不会出现呼吸道烧伤，也就是说，大多数情况下，皮肤烧伤的耐受极限低于呼吸道烧伤的相应极限。然而，在空气中水蒸气饱和的情况下，吸入温度高于60℃的空气就会发生呼吸道烧伤。[1]温度超过120℃的热流会让人非常痛苦，并会在几分钟内灼伤皮肤。根据珀泽的研究成果，皮肤可承受射热流的极限约为2.5 kW/m²。[3]瑞典建筑规范[15]也采用了同样的限值。热流低于此限值时，人员至少可以忍受几分钟，并不影响疏散。然而，当辐射热流为2.5 kW/m²时，人员仅可承受30 s，对于10 kW/m²的辐射热流，承受时间仅为4 s。[3]

辐射热流大于2.5 kW/m²时，因暴露产生的不同影响的时间可以利用下式计算：

$$t_{Irad} = \frac{r}{\dot{q}''^{4/3}} \tag{15.17}$$

式中，r为达到某一终结点所需的辐射热暴露剂量，单位：$(kW/m^2)^{4/3}$。表15.9给出了一些终结点对应的r值。[3]

不同辐射剂量终结点所需的辐射热暴露剂量　　　　表15.9

$r[(kW/m^2)^{4/3}]$	辐射剂量终结点
1.33	耐受性极限，疼痛，一度烧伤
10	严重失能及二度烧伤
16.7	致命暴露和三度烧伤

对于对流热，根据SS-ISO 13571:2012[8]，珀泽提出一个适用于赤裸人员或着轻装人员的关联式如下：

$$t_{I_{conv\_L},n} = 5 \cdot 10^7 T^{-3.4} \tag{15.18}$$

式中，T为烟气温度，单位：℃。在ISO标准中，还给出了适用于穿戴整齐的人暴露于对流热中的表达式：

$$t_{I_{conv\_L},n} = 4.1 \cdot 10^8 T^{-3.61} \tag{15.19}$$

对流热的作用效果取决于湿度，公式（15.18）趋于遵循100%湿度线（最坏情况）。珀泽还提出了中等湿度条件下的耐受时间方程：

$$t_{tol} = 2 \cdot 10^{31} \cdot T^{-16.963} + 4 \cdot 10^8 \cdot T^{-3.7561} \tag{15.20}$$

这也更符合经验数据。

所选的对流热暴露效应方程可与公式（15.17）结合使用，以计算热有效剂量分数：

$$FED = \int_{t_1}^{t_2} \left(\frac{1}{t_{Irad}} + \frac{1}{t_{Iconv}} \right) \Delta t \tag{15.21}$$

15.6　失能剂量分数大尺度火灾案例

2003年，研究人员在卢恩海默隧道进行了重型货车（满载货物）火灾燃烧试验。[16-18]试验隧道为1600 m长的废弃公路隧道，试验中使用了不同的纤维素材料和塑料混合物作为燃料，在距离火源中心458 m的测试点对不同高度处的烟气进行采样分析。由于部分试验仅有道路上方高2.9 m处测量数值，因此以此高度数值评估烟气浓度。尽管这一高度要高于隧道内人员高度，但以此为准主要是为了比较烟气对失能剂量分数的影响。

勃兰特（Brandt）对HCN进行了分析。[19]其浓度受到一些不确定因素的影响，例如T1、T3和T4试验的不同时间段内，会出现HCN浓度低于零的情况（计算仅使用正值）。他给出了考虑HCN作用和不考虑HCN作用的失能剂量总分数。计算分析时他使用了公式（15.6）、公式（15.8）以及公式（15.10）。图15.1展示了T2试验（燃料是木托盘和PUR床垫）中O_2和CO各自的作用效果，还包括CO_2窒息效应的失能剂量分数［公式（15.15）］。该效应不对其他气体产生叠加影响，也未包括在失能剂量的总分数中。

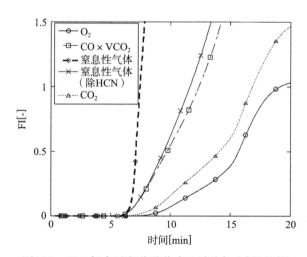

图15.1　2003年卢恩海默隧道（T2试验）分析得到的
窒息性气体失能剂量分数[18]

HCN浓度会对失能时间（$F_I = 1$）造成显著影响。在这些测试中，在HCN浓度开始增加的几分钟内，人员很快就会失能。在卢恩海默隧道的4次测试中，都产生了大量的HCN，含氮材料的燃烧也会形成HCN。T2试验中的聚氨酯床垫是最明显的氮源（按重量计，氮含量为4.6%）。此外，所有试验中，燃料都放置在刨花板上，文献数据表明这种板的含氮量约为百分之几的量级。[20,21]此外，木材也含氮，但含量较低，按重量计算约为0.1% ~ 0.2%。[22,20,23]此外，HCN的形成也受燃烧条件的影响，高

温、通风不足或空气污染都有利于HCN的形成。[24-26]

即使开始阶段烟气中不含有HCN，在HCN开始增加后大约5分钟，就会很快达到失能剂量。这里需要注意的是，由于没有折减烟气扩散时间，图15.2中所示的时间为点火后测点处计量时间。

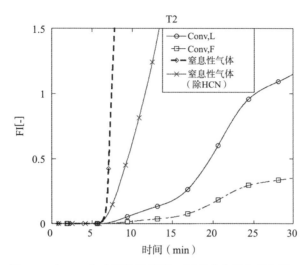

图15.2　与2003年卢恩海默隧道T2试验窒息性气体相比，
对流热暴露的失能剂量分数[18]

以卢恩海默隧道T2试验为例，图15.2比较了对流热暴露、窒息性烟气失能剂量分数（FI）。结果发现：着轻装者人员（C_{onv}，L）在25 分钟后达到失能剂量，即T2试验的对流热失能剂量分数曲线远远落后于窒息性烟气失能剂量分数曲线。在穿戴完整的情况下（C_{onv}，F），对流热则无法达到使人失能的剂量水平。需要注意的是，这是基于距离火源位置458 m处的测量数据所得到的计算结果。当人员靠近火源时，热暴露的影响会增加。英格森等人的研究表明[27]：多数火灾场景下，隧道内的温度和热辐射会迅速升高，直至超过人员可承受的临界值（计算表明临界值约为75 MW）；一旦超过该临界值，隧道内人员很难疏散至逃生通道并在火灾中幸存。如果人员无法疏散，假定人员距离火源70 m或150 m，则仅在最小火灾规模（8 MW）下，人员方可幸存。在公交车火灾（25 MW）中，人员暴露较长时间后会达到可承受临界值；而随着火灾规模的增大，热耐受达到临界值的时间更短。

前述试验结果分析应视为烟气成分和热量对失能剂量分数影响的一个典型示例。事实上，隧道火灾具体情况是非常复杂的，很多参数（例如人员活动程度）也会对结果造成影响。此外，还应注意，年龄和不同类型的缺陷（例如疾病和身体状况）也会显著影响COHb的临界水平（受害者体内COHb水平）。[4]然而，研究结果确实证实了隧道火灾发生后的最初几分钟对隧道内人员逃生能力的重要性。值得注意的是，$FI = 1$的标准与50%的人员预计经历的耐受限值有关，而且预计50%人员将遭受持续性损伤。[8]因此，对于设计师、监管部门或消防安全工程师来说，使用更保守的标准是很重要的。此外，许多火灾呈现快速发展的特点（t^2），这意味着个体敏感性变化产生的不确定性对预测失能时间的影响将变小。[3]

15.7　刺激性气体模型

通常使用有效浓度分数（FEC）来评估刺激性气体的影响。这意味着FEC是针对某种刺激性气体的每个时间步长确定的，当某种刺激性气体的FEC总和超过某个阈值时，表示超过特定持续性限制的时间。这可以表示为[8]：

$$FEC = \frac{HCl}{IC_{HCl}} + \frac{HBr}{IC_{HBr}} + \frac{HF}{IC_{HF}} + \frac{SO_2}{IC_{SO_2}} + \frac{NO_2}{IC_{NO_2}} + \frac{丙烯醛}{IC_{丙烯醛}} + \frac{甲醛}{IC_{甲醛}} + \sum \frac{刺激物}{IC_{刺激物}} \qquad (15.22)$$

式中，每种刺激性气体的IC值（失能浓度）代表耐受性受到严重损害时浓度，单位：ppm。表15.10给出了公式（15.22）中各种刺激性气体的IC值。

某些刺激性气体的IC值[8]　　　　　　　　　　　　　　　表15.10

刺激性气体	IC（ppm）
HCl	1000
HBr	1000
HF	500
SO$_2$	150
NO$_2$	250
丙烯醛	30
甲醛	250

在大多数火灾测试中，公式（15.22）和表15.10中的许多气体（除HCl外）并未进行分析或检测。洛纳马克和布洛姆奎斯特（Blomqvist）报告了汽车火灾测试中产生的一些刺激性组分的量值[28]，数据汇总见表15.11。

汽车火灾产生的一些刺激性气体[28]　　　　　　　　　　表15.11

刺激性气体	产量
HCl	2400
SO$_2$	5.0
丙烯醛	< 0.3
甲醛	1.1

15.8　可接受标准

第15.5节介绍了不同方面的耐久性。无论利用高级计算模型或是简单的一维隧道环境分析模型，我们均可以采用失能剂量分数，进行人员疏散性能评估。除此之外，还有几种可接受的标准或可接受的暴露来源。其中最主要的问题是确保安全逃生。影响人员从隧道中逃生的因素有很多，包括能见度、烟气温度、辐射和有毒气体。能见度已在第14章中进行了详细讨论。

相关研究、监管机构给出了这些参数的建议可接受标准。在欧盟UPTUN项目中，研究人员进行了不同方面的分析，并建议使用表15.12中给出的限值。[29]

在一个旨在制定瑞典公路隧道消防安全性能设计指南的瑞典研究项目中，还讨论了不同的可接受标准[30]，这些数据也包括在表15.12中。瑞典交通管理局（Trafikverket）已发布了有关瑞典公路和铁路隧道技术要求的建议[31]，见表15.12"TRVR"列数据。此外，表15.12中还包含了瑞典建筑性能（分析）设计数值（BBRAD 1）[15]进行比较。

不同暴露类型的可接受的标准示例　　　　　表 15.12

参数	UPTUN[29]	FKR-BV12[30]	TRVR[31]	BBRAD1[15]
能见度	≥10 m		未知环境为10 m；已知环境为5 m；烟气层下高度 > 1.6 m + H × 0.1m	> 100 m^3空间为10 m；≤100 m^3空间为5 m；烟气层下高度 > 1.6 m + H_{room} × 0.1 m
气体温度	≤60 ℃	< 80 ℃	< 80 ℃	≤80 ℃
辐射（kW/m^2）	≤2 kW/m^2	< 2.5 kW/m^2	< 2.5 kW/m^2或短时间 < 10 kW/m^2	≤2.5 kW/m^2
毒气	$F_{I,tot}$ < 1[a]	$[CO_2]$ 5% $[CO]$ > 2000 ppm $[O_2]$ > 15%最长一分钟内或$F_{I,tot}$ 0.3（至少包括CO，CO_2，O_2和HCN）		$[CO_2]$ > 5% $[CO]$ > 2000 ppm $[O_2]$ > 15%
热量			≤60 kJ/m^2 + 1 kW/m^2 辐射能量	≤60 kJ/m^2 + 1 kW/m^2 辐射能量

注：[a] 与公式（15.6）描述相似方式。

　　UPTUN报告对消防和救援服务也给出了具体的可接受标准[29]：（1）烟气温度≤100 ℃；（2）辐射≤5 kW/m^2；（3）有毒气体：由于配有呼吸装置（BA），数值无限制；（4）能见度：由于配有红外摄像头，数值无限制。

15.9　小结

　　隧道内人员在逃生过程中可能会遇到不同类型的危险。本章介绍了暴露于火灾烟气主要气体成分、辐射和热的最严重后果，给出了最常见的窒息剂（CO和HCN）和刺激性气体对人体的影响。隧道火灾期间最重要的问题之一是安全逃生的可能性，因此本章讨论了不同暴露情况对逃生的影响。对逃生的影响程度通常取决于所暴露气体的浓度和暴露时间，讨论了估计因人员暴露而导致的失能时间和其他节点时间的计算模型。本章所引用的大尺度火灾试验示例分析，足以证明这些模型在评估火灾逃生可能性时的可用性。一些指南给出了暴露的绝对水平，本章也给出并讨论了此类示例。

参考文献

1. Hull TR, Stec AA (2010) Introduction to fire toxicity. In: Stec A, Hull R (eds) Fire Toxicity. CRC.
2. Tan K-H, Wang T-L (2005) Asphyxiants: Simple and Chemical. Annals of Disaster Medicine 4 (1):S35-S40.

3. Purser DA (2008) Assessment of Hazards to Occupants from Smoke, Toxic Gases, and Heat. The SFPE Handbook of Fire Protection Engineering, 4th ed. edn. Quincy: National Fire Protection Association., 2–96 -- 2–193.

4. Nelson GL (1998) Carbon Monoxide and Fire Toxicity: A Review and Analysis of Recent Work. Fire Technology 34 (1):39–58.

5. Varon J, Marik PE, Fromm RE, Gueler A (1999) Carbon Monoxide Poisoning: A Review for Clinicians. The Journal of Emergency Medicine 17 (1):87–93.

6. EPA (2012) Acute Exposure Guideline Levels (AEGLs): Hydrogen fluoride Results. United States Environmental Protection Agency, http://www.epa.gov/oppt/aegl/pubs/results53.htm, Updated Jan. 11 2012, Accessed Jan. 14 2014.

7. Acute Exposure Guideline Levels for Selected Airborne Chemicals, Volume 4 (2004).

8. ISO (2012) Life-threatening components of fire – Guidelines for the estimation of time to compromised tenability in fires. International Organization for Standardization, SS-ISO 13571:2012.

9. IDLH (1994) Documentation for Immediately Dangerous To Life or Health Concentrations (IDLHs) – Chemical Listing and Documentation of Revised IDLH Values (as of 3/1/95). NIOSH.

10. AFS (2011) Occupational Exposure Limit Values. The Swedish Work Environment Authority, AFS 2011:18.

11. ISO (2004) Estimation of the lethal toxic potency of fire effluents. International Organization for Standardization, ISO 13344, Second edition.

12. Levin BC, Paabo M, Gurman JL, Clark HM, Yoklavich MF Further Studies of the Toxicological Effects of different Time Exposures to the Individual and Combined Fire Gases: Carbon Monoxide, Hydrogen Cyanide and Reduced Oxygen. In: Polyurethane '88, Proceedings of the 31st Society of Plastics Meeting, Lancaster, PA, 1988. Technomic Publishing Co., pp 249–252.

13. Purser DA (2010) Toxic hazard calculation models for use with fire effluents data. In: Stec A, Hull R (eds) Fire toxicity. CRC.

14. Purser D (2014) Models for toxicity and tenability limits. Personal communication, Jan. 5,.

15. BFS (2011) Boverkets allmänna råd om analytisk dimensionering av byggnaders brandskydd. Boverkets Författningsamling, BFS 2011:27 BBRAD 1 (in Swedish).

16. Ingason H, Lönnermark A, Li YZ (2011) Runehamar Tunnel Fire Tests. SP Technicial Research Institute, SP Report 2011:55.

17. Ingason H, Lönnermark A (2005) Heat Release Rates from Heavy Goods Vehicle Trailers in Tunnels. Fire Safety Journal 40:646–668.

18. Lönnermark A (2005) On the Characteristics of Fires in Tunnels. Doctoral Thesis, Doctoral thesis, Department of Fire Safety Engineering, Lund University, Lund, Sweden.

19. Brandt AB Presentation of test result from large scale fire tests at the Runehamar tunnel. In: Ingason H (ed) International Symposium on Catastrophic Tunnel Fires (CTF), SP Report 2004:05, Borås, Sweden, 20–21 November 2003. SP Swedish National Testing and Research Institute, pp 117–120.

20. Lighty JS, Pershing DW (1993) Control of Pollutant Emissions from Waste Burning. University of Utah, Project number AQ93-4.

21. Risholm-Sundman M, Vestin E (2005) Emissions during combustion of particleboard and glued veneer. Holz als Roh- und Werkstoff 63:179–185.

22. Grønli M (1996) A Theoretical and Experimental Study of the Thermal Degradation of Biomass. Doctoral Thesis, The Norwegian University of Science and Technology, Trondheim, Norway.

23. Zevenhoven R, Axelsen EP, Kilpinen P, Hupa M Nitrogen oxides from nitrogen-containing waste fuels at FBC conditions – Part 1. In: The 39th IEA FBC meeting, Madrid, Spain, 22–24 November 1999.

24. Simonson M, Tuovinen H, Emanuelsson V (2000) Formation of Hydrogen Cyanide in Fires – A Literature and Experimental Investigation. SP Swedish National Testing and Research Institute, Borås, Sweden.

25. Tuovinen H, Blomqvist P (2003) Modelling of Hydrogen Cyanide Formation in Room Fires. SP Swedish National Testing and Research Institute, Borås, Sweden.
26. Hansson K-M, Samuelsson J, Tullin C, Åmand L-E (2004) Formation of HNCO, HCN, and NH3 from the pyrolysis of bark and nitrogen-containing model compounds. Combustion and Flame 137:265–277.
27. Ingason H, Bergqvist A, Lönnermark A, Frantzich H, Hasselrot K (2005) Räddningsinsatser i vägtunnlar. Räddningsverket,.
28. Lönnermark A, Blomqvist P (2006) Emissions from an Automobile Fire. Chemosphere 62:1043–1056.
29. Ingason H (ed) (2005) TG2.2– Target criteria. UPTUN Report WP2– task Group 2,.
30. Gehandler J, Ingason H, Lönnermark A, Frantzich H, Strömgren M (2013) Performance-based requirements and recommendations for fire safety in road tunnels (FKR-BV12). SP Technical Research Institute of Sweden.
31. TRV (2011) TRVR Tunnel 11: Trafikverkets tekniska råd Tunnel. Trafikverket, TRV publ nr 2011:088 (in Swedish).

第 16 章
隧道火灾的扑救与探测

摘 要: 本章描述了灭火系统的基本概念。隧道中使用的水基灭火系统主要有两种,即水喷淋系统和细水雾灭火系统。两种系统的主要的区别在于供水密度、压力和液滴的大小。本章还探讨了灭火的机理,论述了灭火的临界条件。此外,从灭火用水流量和灭火用总水流量两方面讨论了实际火灾的灭火问题。简要介绍了在隧道内进行的灭火试验和隧道火灾的探测。

关键词: 灭火;雨淋;水喷淋;细水雾;表面冷却;烟气冷却;扑灭;临界水流量;火灾探测;火灾试验

16.1 引言

建筑和仓库内使用自动雨淋灭火系统已经有100多年的历史。建筑物自动雨淋灭火系统的定义见NFPA13。[1]自1963年起,日本开始在隧道中使用自动喷淋灭火系统[2],但关于如何在隧道中设计自动喷淋灭火系统,人们仍然感到困惑。迄今为止,隧道中最常用的系统是固定式消防系统(FFFS Fixed Fire Fighting System),包括各种类型的固定式水基系统和泡沫基系统。这种分类主要取决于所使用的灭火介质。如果系统使用泡沫剂作为主要灭火介质(轻水泡沫、压缩空气泡沫),称为"泡沫基系统"(foam-based systems);如果系统以水为主要灭火介质(即使有少量泡沫添加剂),则称为"水基系统"(water-based systems)。

此外,所使用的系统的命名还取决于系统的构造、启动和操作方式。目前,在隧道中最常见的系统是分区独立运行的雨淋灭火系统(deluge systems),但也有少数系统与建筑使用的系统相同,通过单个的球状物(自动系统)激活启动。

这里需要说明的是:本章中讨论"FFFS"或"喷头"时,所指的是所有类型的水基FFFS。

根据操作压力和水滴的大小,水基系统可分为水喷雾(water spray)系统和水雾(water mist)系统。水基系统在低压(通常是几个大气压力)下运行,称为"水喷雾系统";如果在高压(通常超过10个大气压)下运行并且液滴非常小,则被称为"水雾系统"。水雾系统可细分为低压水雾系统(约10个大气压)和高压水雾系统(例如,80个大气压)。水喷雾系统和水雾系统通常通过远程控制阀门在区域内实现开启或关闭。不同类型系统的详细介绍可参见16.2节。

根据不同的系统对火灾适应性的差异,FFFS可以按不同的方式进行分类。但是,目前并没有标准的设计火灾曲线可用于测试或分类隧道中FFFS的性能。通常,一般会从以下几个方面讨论水基FFFS在隧道中的性能:(1)抑制火势(灭火);(2)火灾控制;(3)火灾的热管理。

缩略词FFFS(Fixed Fire Fighting System)当中的"fighting"可能会导致人们对这一系统性能的误解。我们首先要做的是启动系统(如有必要),然后是保护隧道结构,控制和阻止火灾进一步发展,缓解隧道内人员的危险状况。这也成为消防救援的重要补充。

根据NFPA13[1],灭火被定义为"将足够量的水直接通过火羽流倾倒至燃料表面,以大幅降低火灾热释放率(HRR)并且阻止火灾进一步发展"。在公路隧道标准NFPA 502(公路隧道、桥梁和其他限定通行的高速公路标准)[3]中,灭火被解释为"灭火系统旨在阻止火灾增长速度,并在运行后不久显著降低火灾的能量输出"。这一描述比NFPA13[1]中的定义更通用。

火灾控制在 NFPA 13 中被定义为"通过水的分配来限制火灾规模，以降低HRR并且预先湿润相邻的可燃物，同时控制顶棚烟气温度以避免结构损坏"。NFPA502[3]给出的定义为"火灾控制系统旨在显著降低或阻止火势蔓延的速度，但不一定减少已发生火灾的能量输出"。相比较，NFPA13中给出的定义更为详细具体。

"热管理"的定义可能与NFPA502附录中所述的"容积冷却系统"有关："容积冷却系统旨在降低燃烧的高温产物、系统和隧道结构的温度，但可能不会对火灾规模或火灾增长率产生任何直接影响。"

雨淋灭火系统还可能会实现的另一种性能，即灭火。这意味着在此系统启动后不久，可以完全消除火灾HRR并保护所有表面。然而，隧道内灭火通常不是FFFS设计的首要目标。此外，大多数系统在充水模式（给定水容量下）工作。相比之下，建筑内的灭火更容易实现，因为大多数喷头都是自动运行的。这意味着在火灾的早期阶段，火源正上方的喷淋装置可以在非常高的水容量下运行。图16.1给出了每个术语的示意图。

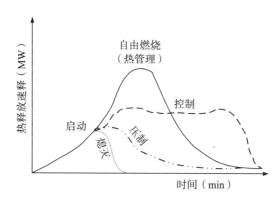

图16.1　水基FFFS的性能目标示意图

人们对隧道消防安全中常用术语"灭火"的理解可能存在一定的误区，因为它通常并不意味着要完全或有效地灭火。其主要意思是控制火焰体积，以便迅速减少热反馈。与此同时，需要用水将燃料表面迅速冷却，以显著减少燃料热解过程（尽管不是完全抑制）。通常，固体燃料燃烧更为顽固，为了扑灭火灾，需要进一步增加水流量。因此，抑制和熄灭之间的主要区别在于单位面积到达燃料表面的水量。自动喷淋系统在建筑火灾初期启动时，通常喷头供水量要大于设计标准规定数值。但是隧道雨淋系统则不需要考虑这个问题，只需要在每个区域内按照设计标准，提供灭火介质即可。此外，它们可以覆盖更大的区域，大大降低火灾扩散的风险。当人们意识到，设置自动雨淋灭火系统，开启喷头仅能覆盖隧道内一定区域时，它的作用是"控制火灾而不是扑灭火灾"就更好理解了。任何情况下，所供给的水流量都应该足以控制火灾，即控制燃烧速率以保护结构。

供水密度的术语与受保护的燃料有关，但它也已同样适用于隧道，与燃料类型没有任何明确的对应关系。1960—1990年，研究人员开展了大量的池火（有时称为B类火灾）、汽车、小型卡车和公交车（有时称为固体材料火灾或A类火灾）燃烧试验。[2]这些试验结果为隧道雨淋灭火系统设计供水密度采用6 mm/min［6 L/（min·m²）］提供了参考依据，即6 mm/min的供水密度应足以控制和防止火灾蔓延。澳大利亚雨淋灭火系统设计供水密度介于7.5 mm/min～10 mm/min范围，但是该范围下的雨淋灭火系统并没有在隧道中进行现场试验。新加坡陆地运输管理局（LTA）进行了供水密度为8 mm/min和12 mm/min的大尺度现场试验，取得了良好的效果。[4,5]比荷卢（Benelux）试验[6]也涉及供水密度为12 mm/min的情况。相比较，大多数细水雾系统使用的供水密度要低得多，大约在1 mm/min～4 mm/min。

　　将这些供水密度与适用于建筑的NFPA13标准进行对比是很有趣的。图16.2给出了喷淋灭火系统的设计覆盖面积与供水密度的函数关系。随着覆盖面积的增加，设计对供水密度的要求有所降低，但使用的总水流量会增加。设计路线的选择基于建筑物内预期燃料负荷和其活跃程度的分类等级。危险组被分为不同的类别。本节给出了不同使用性质建筑危险程度的划分示例（此处给出了每种危险程度的3个示例，其他示例见NFPA13）：

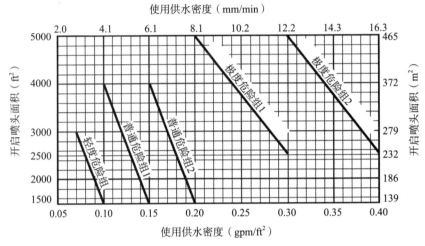

图16.2　NFPA13中雨淋灭火系统所需要的供水密度图

- 轻度危险场所：
  —教堂
  —医院
  —餐厅
- 普通危险场所（第1组）
  —汽车停车场
  —电子工厂
  —洗衣店
- 普通危险场所（第2组）
  —化工厂
  —机械车间
  —造纸厂
- 极度危险场所（第1组）
  —胶合板和刨花板加工
  —锯木厂
  —塑料泡沫装饰
- 极度危险场所（第2组）
  —可燃液体喷洒
  —塑料成形加工
  —溶剂清洗

从这一火灾危险分类可以清楚地看出，车辆和其他类型的燃料负载（例如重型货车装载的货物）的形式与隧道占用率存在相关性。设置雨淋灭火系统主要用于控制给定设计区域内（喷头开启区域）火灾。根据NFPA13，该区域的面积范围为$140 m^2 \sim 465 m^2$，如图16.2所示。对于一条10 m宽的隧道，大致相当于约15 m ~ 50 m的区域长度，这个数值位于目前隧道设计的区域长度范围之内。16.2节将对区域长度进行详细讨论。在隧道中，虽然局部燃料密度可能会高于建筑物，但受保护区域的平均燃料密度通常比建筑物低很多。此外，隧道内的通风条件与建筑物的差异很大，但通风依旧起到重要的作用。隧道供水密度显然与建筑供水密度存在一定的合理对应关系。

16.2　消防系统的基本概念

本节会对不同类型的FFFS进行详细的描述。如前所述，隧道中的灭火系统可分为水基FFFS灭火系统和泡沫基灭火系统。水基FFFS可细分为喷淋水系统和细水雾系统，包括使用泡沫添加剂和不使用泡沫添加剂。所有这些系统都已应用于隧道，尽管大多数系统为不含添加剂的雨淋灭火系统。

16.2.1　雨淋灭火系统

16.2.1.1　概述

雨淋灭火系统由连接在隧道顶部管道上开放式洒水器[①]或雨淋喷嘴[②]组成。管路系统由干管、分流管、给水干管和支管组成。喷头或喷嘴安装在顶棚上均匀布置的支管上，以便覆盖路面上所有区域。支管与给水干管相连，给水干管与雨淋阀门相连。雨淋阀门安装在与蓄水池（一个或多个）或消防泵站连接的汇管上。通常情况下，主管道内会充水至雨淋阀门的连接点处。因此，必须对主管道和雨淋阀门进行相应的防冻保护。雨淋阀门将充满水的总管与负责向喷头或喷嘴供应水的给水干管和支管（干的、空的）分隔开。当雨淋阀门开启时，水流入给水干管和支管，并从打开的喷头排出。

支管被划入雨淋区，通常长度为25 m ~ 50 m，每个区域都有独立的雨淋阀门。这就需要一个能够准确定位火灾位置的独立的火灾探测系统，以便能够开启火灾所在区域的雨淋阀门。雨淋阀门可以通过检测系统自动开启，也可以根据隧道操作员发出的信号手动打开。如果在两个雨淋区之间的交接区域发生火灾事故，则可能需要激活两个雨淋区的雨淋阀门。当阀门打开时，水流入给水干管和支管，并从雨淋区的所有喷头或喷嘴排出。当喷嘴（或喷头）孔口打开时，支管处于大气压力下，直到将水引入过来。由于操作阀门（取决于是自动或是手动开启）以及向支管网络注水并达到所需操作压力均需要一定的时间，这必然导致从火灾探测报警到雨淋装置出水存在一定的时间延迟。

根据NFPA 502[3]的建议，标准喷嘴的间距应确保雨淋覆盖范围延伸至路肩，以及维护和巡逻的走道（如果适用情况下）。所设计的系统应具有足够的水容量，以便允许至少两个雨淋区同时连续运行，受制于探测系统的探测精度，可能需要设计三个运行区，事故区、与事故区相邻的上游区和下游区。

雨淋区的长度应与泵的输送能力、火灾探测和通风区域相配合。管道设计应允许水流停止后，水依旧能够从阀门、喷头（或喷嘴）之间的管道中排出。

---

① 开式洒水器是一种没有执行器或热响应元件的喷水灭火器。

② 开式喷嘴是一种开式排水装置，它以特定、定向的模式进行水的分配。喷嘴通常用于需要特殊的水排放模式、定向喷洒或其他排放特性的工程中。

16.2.1.2　详细技术信息

雨淋区的长度通常在25 m ~ 50 m之间。通常使用最小工作压力为1.5 bar ~ 5 bar的标准喷嘴，在保护区域内均匀喷洒直径小于2 mm的水滴。针对隧道火灾，雨淋区或指定区域长度上的雨淋密度通常介于6 mm/min ~ 12 mm/min[L/（min·m²）]范围内，喷嘴的K系数通常取80 L/（min·bar$^{1/2}$）。研究人员针对25 MW ~ 140 MW数量级的自由燃烧火灾，对雨淋系统性能进行了试验测试。

雨淋区的长度必须基于隧道宽度和供水能力来确定。大区域可以减少控制阀的数量，但需要更大的供水量。[7]典型的应用速率和区域尺寸需要供水流量介于7500 L/min ~ 15000 L/min，这可能会对供水、排水系统的要求产生显著影响。[8]其数值在很大程度上取决于隧道宽度。例如，在15 m宽隧道中，供水密度为10 mm/min，两个长度均为50 m的雨淋工作区将需要15000 L/min的供水量。如果隧道宽度为10 m，则相应供水密度大幅降低，减少为10000 L/min。

设计应根据所服务场所的危险性来选择火灾探测装置的类型（例如，烟雾探测器、热探测器、闭路电视或光学火焰探测器）。启动装置向火灾报警面板发出信号，火灾报警面板又向雨淋阀门发出开启信号。根据系统的防火目标，也可以手动启动。手动激活通常通过电动或气动火警报警按钮完成，它向火灾报警面板发出信号，火灾报警面板又向雨淋阀门发出开启信号。根据SOLIT指南[9]，雨淋系统可以手动或自动开启和操作，具体取决于是否有受过培训的人员，预期的风险、雨淋系统的类型、所使用的控制系统以及适用法规。NFPA 502[3]建议延迟时间不应超过3分钟，以防止发生重大火灾；自动火灾探测系统能在3 m/s的测试环境中，在90 s或更短时间内探测到5 MW以下隧道火灾事故。有关隧道火灾探测的更多内容详见第16.5节。

UPTUN[10,11]和SOLIT[9]指南建议泵的安装应符合制造商的文件要求。泵应安装在专用泵房或其他指定区域，并配备适当的通风和排水设施。泵房可上锁，以防止未经授权的人员进入。雨淋系统的设计流量应不少于隧道内要求最高保护区域额定流量的110%。该流量应根据大尺度火灾试验中测试得到的最小喷嘴压力计算得到，并应由一台或多台泵提供动力。

根据SOLIT指南[9]，应根据每个隧道的特定风险分析，来确定系统开启时间。系统应能有至少30 min的开启时间，但通常实际的开启时间更长。对于超过500 m长的隧道，系统开启时间应保持60 min以上，在实际工程中，考虑到消防部门的响应能力，可能需要更长的开启时间，达到90 min ~ 120 min。

雨淋灭火系统在澳大利亚和日本隧道中应用较为广泛。

（1）澳大利亚雨淋灭火系统

自1992年悉尼海港隧道开通以来，澳大利亚已将FFFS系统安装在公路隧道中。目前有19条隧道设有雨淋系统，沿隧道长度一般每120 m设置一个雨淋阀站房。雨淋阀站房的位置与交叉通道或出口通道的位置重合，因此站房位于防火空间内。由于雨淋阀站房距离隧道控制室较远，所以系统设计时考虑阀门定时启闭。这意味着在火灾情况下，操作员可以根据需要打开和关闭阀门，尤其是在火势移动或蔓延的情况下。

雨淋区长度可能有所不同，但设计通常都考虑300 m²的雨淋区范围（覆盖了整个路面宽度）。这也意味着，雨淋区的长度根据隧道宽度而变化。该系统在设计时考虑多区域雨淋系统同时启动。但是，实现最大长度车辆的完全覆盖需要多区域的共同作用，并考虑车辆可能位于在两个区域的边界处的可能性。目前，公路隧道雨淋灭火系统常用做法是提供雨淋密度为7.5 mm/min ~ 10 mm/min的水量。澳大利亚也有一些只供公交车使用的隧道。这些隧道的雨淋密度一般为6 mm/min。火灾发生时，系统的设计流量按照满流量运行60 min考虑，同时多个消火栓同时运行供水。在需要的情况下设有备用的泵和水箱，这样单一部件故障就不会影响雨淋系统的性能。

通常通过远程控制室的手动操作来启动雨淋系统。操作员接收来自一个或多个检测系统的报警，如视频自动事故检测（VAID）系统、线性热检测系统、其他闭路电视（CCTV）摄像机和手动报警呼叫。接到报警后，操作员确认发生火灾事故，并启动雨淋系统。大多数系统的配置为报警时，雨淋灭火系统自动启动，除非操作员介入。此外，操作员也可以在系统自动启动之前，预先启动系统。其目的是，在火灾规模仍然很小（不到10 MW～20 MW[12]）时，尽快启动FFFS。

（2）日本雨淋灭火系统

40年前，日本就在火灾风险较高的城市隧道中引入了雨淋灭火系统，目前共计120多个系统仍在运行。不同隧道采用不同的技术解决方案。日本雨淋灭火系统的设计流量为6 mm/min。喷嘴处压力在3 bar～3.5 bar之间，雨淋区长度分为50 m、100 m等。不同的隧道，每个区域喷嘴之间的距离也不一样。设计的蓄水量可满足两个雨淋区（50 m或100 m）运行40分钟。[14]系统设计和操作如下[13]：

- 火焰探测器位于隧道侧壁上，距地面高度为1.1 m～1.3 m，沿隧道纵向间距为10 m～13 m，用于火灾的初步监测；
- 监控室通过闭路电视确认火灾位置，此时手动启动雨淋系统，覆盖火源周围 50 m 区域，直到消防队到达火灾现场；
- 为了最大限度地降低火灾蔓延风险，还将多启动一个雨淋区。

从技术层面上讲，由于结合了火灾探测器、阀门自动控制技术，日本的水、泡沫喷淋系统可以实现系统的自动启停控制。然而，由于雨淋装置的自动操作也可能导致交通事故，隧道操作人员必须在启动自动雨淋灭火系统前，通过闭路电视识别火灾并确认其真实发生。操作人员一旦确认火灾发生，应尽快手动启动自动雨淋灭火系统。[13]

（3）瑞典雨淋喷水系统

2012年，瑞典交通管理局开始在北线隧道安装一个简易的雨淋系统。该系统的升级版也将在斯德哥尔摩环线上应用，计划2020年通车。该系统应用隧道里程总计达到 50 km。

系统设计时考虑的因素包括：简单、坚固、投资成本和维护。为了满足这些设计要求，该系统作出以下几点设计。

- 隧道顶棚中心线上布设的单根管道上装设有两个扩展覆盖喷嘴（大K系数喷嘴），喷嘴方向水平面向隧道侧壁。14 m宽的隧道横截面仅设置一根管道。用于北线隧道的喷嘴的K系数为240 L/（min·bar$^{1/2}$）、斯德哥尔摩环线隧道喷嘴的K系数为360 L/（min·bar$^{1/2}$）。
- 采用50 m～75 m的长断面设计，可在不使用任何水添加剂的情况下实现5 mm/min～10 mm/min的水量输送。如果火灾发生在两个区域之间，两个区域的雨淋系统均开启，可采用较低水流量供水。
- 雨淋灭火系统与消火栓系统相结合，隧道内仅需要设置一条供水干管。
- 系统供水与公共供水管道相连，不需要设置额外的水泵，这意味着供水的持续时间是不受限制的。
- 用热塑性涂层钢管和夹紧式联轴器代替焊接不锈钢管。

该系统的主要目的是在交通拥堵情况下控制火灾规模，防止火灾在隧道内进一步蔓延。当交通畅通无阻时，对该系统的需求则降低。根据CCTV系统的检测，可从交通控制中心手动操作系统启停，也可以从设有雨淋阀门的隧道逃生通道手动操作系统启停。如果热敏电缆检测到火灾产生高温，系统也会自动启动。由于存在冻结风险，喷淋管会自动排水。在冬季，隧道通行空间内空气温度预计会降至−20 ℃以下。

16.2.2　细水雾系统

细水雾系统与雨淋灭火系统基本相似，即管道系统由充水干管、分流管、雨淋阀、干的（空的）给水管和连接喷嘴的支管组成。干管与供水系统相连，由水泵提供动力。细水雾喷淋系统因其工作压力的不同分为低压和高压喷雾系统。系统中使用的管道必须根据相应的工作压力进行设计。为了防止小孔喷嘴堵塞，水雾系统采用耐腐蚀材料，如不锈钢管或塑料管。系统之间的主要区别是小尺寸液滴（粗略估计，液滴尺寸与工作压力成反比）所占的百分比，以及喷嘴喷出水雾的动量（给定水流量，高压喷嘴喷出水雾比低压喷嘴喷出水雾的动量要高）。

根据UPTUN指南[10]中给出的定义，低压细水雾系统的原理是在3 bar ~ 10 bar的喷嘴压力下产生由小水滴组成的水雾。高压细水雾系统在60 bar ~ 120 bar的喷嘴压力下，产生不同大小的水滴混合水雾。

根据UPTUN文件的附件表格[11]，每25 m长区域，低压系统（无添加剂）和高压系统的总水流量分别为221 L/min ~ 683 L/min和140 L/min ~ 550 L/min。然而，需要注意的是，总水流量取决于隧道宽度、区域长度和运行区域的数量。在10 m宽的隧道中，一个25 m的区域，假定喷洒密度为2.3 mm/min，大致需要水流量为575 L/min。如果考虑两个区域供水，水泵流量需要达到1150 L/min（可以进一步附加额定流量的10%）；考虑3个25 m长的区域供水时，水泵流量需要达到1725 L/min（可以进一步附加额定流量的10%）。如果隧道宽度大于10 m且区域长度大于25 m，水泵动力和流量的要求则更高。

低压系统的喷洒密度范围为1.1 mm/min ~ 3.3 mm/min，高压系统为0.5 mm/min ~ 2.3 mm/min。需要注意的是，设计应用密度是基于单位覆盖面积的密度［l/（min·m²）或mm/min］。在讨论细水雾系统时，有时会将其转换为另一种常用的测量方法，以喷洒密度（mm/min）除以隧道顶棚高度（以m为单位），即体积密度［单位体积流量，单位：L/（min·m³）］来表示。这意味着，对于宽度相同但高度不同的两条隧道，雨淋密度以隧道面积表示时是相同的，但以体积表示时则有很大的不同。高压系统的K系数在4.0 L/（min·bar$^{1/2}$）~ 5.5 L/（min·bar$^{1/2}$）之间变化。每个区域的长度在20 m ~ 25 m不等，最多可以同时使用3个区域。

细水雾系统使用的水量明显少于雨淋灭火系统。但它们需要更高的压力，特别是高压系统。因此，细水雾系统的管道、水箱和泵的容量可以更小，继而其对水量的需求也会相应降低，排水量也会降低。[12]

根据SOLIT指南[9]，高压细水雾系统的喷嘴压力高于35 bar。低压细水雾系统的喷嘴压力小于12 bar。中压细水雾系统的喷嘴压力介于12 bar ~ 35 bar之间。细水雾系统采用小水滴作为灭火剂。在最小工作压力下，在距离喷嘴1 m的平面上测量细水雾喷嘴喷出的水雾中包含的液滴直径，即"Dv0.90"值（意味喷雾中90%的液滴粒径小于1 mm）[9]。NFPA 750使用"Dv0.99"的值代替"Dv0.90"值来定义"细水雾"。NFPA 750的定义确保喷雾中几乎没有直径大于1 mm的液滴。

离心泵通常用于低压和中压系统，而容积式（PD）泵（或PD泵的组件）通常用于中高压系统。对于泵的流量，应采用与雨淋系统相同的规则来确定。容积式泵或PD泵组件的最小输出流量应为90 L/min。离心泵的最小流量应为750 L/min。水箱应满足同时启动区域（通常两个或三个）供水需求，并根据规定的最短运行时间计算所需的流量。[9]

16.2.3　泡沫系统

泡沫系统主要有3种类型：注入泡沫浓缩物的泡沫水喷淋系统，高膨胀泡沫系统（Hi-Ex）和压缩空气泡沫（CAF）系统。

泡沫水喷淋系统（foam water spray system）是一种特殊的应用系统，喷洒低膨胀泡沫，使泡沫从喷头中喷出。泡沫水喷淋系统对于控制隧道内易燃液体泄漏引发火灾非常有效，对于传统卡车装载燃料火灾也效果明显。如第16.1节所述，使用注入泡沫浓缩液的系统可以是雨淋系统，也可以是细水雾系统。

使用含成膜添加剂水进行灭火或控制易燃液体火灾所需的喷水密度标准也确定，具体信息见NFPA16，建议平均喷水密度为6.5 mm/min。大规模隧道灭火试验表明，泡沫水雨淋灭火系统具有良好的性能。2010年，在Arvidson进行的试验测试中[16]，使用泵将水和泡沫添加剂（3% AFFF）从容器送至雨淋区喷嘴处。试验表明，纵向通风速度为4.2 m/s时，雨淋泡沫喷水系统的有效性未受影响，试验中火灾在30 s内被扑灭。

针对固体、液体燃料火灾，研究人员对CAF[17]或Hi-Ex[18]技术进行了性能测试。这些泡沫系统试验结果表明它们具有良好的火灾控制性能。正如默威尼（Mawhinney）[15]所指出的，CAF和Hi-Ex系统未在隧道中得到广泛应用的原因之一，是其使用过程中（尤其是Hi-Ex泡沫）可能会造成能见度降低，影响消防和救援行动。

16.2.4　运行模式

不同厂家生产的系统运行模式不尽相同，其中最常见的是雨淋模式。默威尼和特莱斯（Telles）[19]提出了3种运行方式：雨淋模式、喷淋模式、混合模式。三种模式的主要区别在于着火区域之外的喷水量。这在不削弱消防性能的情况下，为尝试降低成本奠定了基础。

雨淋模式下，所有喷嘴都是打开的。一旦管道充水加压，打开区域阀门后，区域内所有的喷嘴都会开始喷水。与其他两种模式相比，这种模式使用的总水量最高。

在喷淋模式下使用自动喷嘴意味着，每个喷嘴都会根据火灾释放热量的情况而独立启动。连接自动喷嘴支管的供水由区域控制阀控制。正常情况下，喷嘴上盖有保护帽，以保护热敏玻璃球免受灰尘、机械冲击，在火灾发生时也可以防止热敏玻璃球因过热而破碎。正常情况下，支管内并没有充水，除非区域控制阀被手动开启或被独立火灾探测系统自动打开。系统启动后，区域支管内将灌满水，加压区域内的保护帽也会被液压释放。在有较大热量释放的区域，喷嘴将开始工作。即使热量扩散至着火区域以外，水也仅从区域控制阀开启区域的喷嘴中喷出。喷淋模式使用的总水量最低。

混合模式是雨淋和喷淋模式的组合，其中一半喷嘴为自动喷嘴，另一半为开式喷嘴。开式喷嘴和自动喷嘴沿各支管顺序隔开。打开区域阀门后，水立即从开启喷嘴中喷出，并去除自动喷嘴上的保护盖。这种方法可以确保仅使最靠近火灾位置的自动喷嘴喷水，从而使最大喷水密度集中在着火区域，同时在远离火源的区域内开启喷嘴以进行冷却。混合运行模式比雨淋系统使用的水要少得多。

还有一种可用的水基FFFS系统，可设计为与消火栓系统共享管道和泵装置。泡沫系统的运行与上述系统相似，这里不作进一步讨论。

16.3　隧道火灾灭火试验

研究人员在全尺寸或大尺度隧道中进行了许多FFFS性能测试试验。日本进行了几次试验，例如1969年的Futatsugoya隧道火灾试验[14]，1980年的Kakeitou隧道火灾试验[20]，以及2001年的新东美高速

（New Tomei Expressway）火灾试验。[14]然而，这些试验结果不仅缺乏良好的数据记录，而且相关技术信息也十分有限。2000年以后，研究人员在隧道内开展了一系列大尺度火灾灭火试验，其中多数试验在欧洲开展。表16.1总结了部分数据记录良好的试验，结果在下面进行简要讨论。此外，还进行了一些模型比例试验（例如，文献[21,22]），这里不再详述讨论。

16.3.1   第2比荷卢隧道试验（2000—2001年）

2000—2001年，研究人员在荷兰鹿特丹附近第2比荷卢隧道内进行了14次大尺度火灾燃烧试验。[6]试验隧道断面为矩形，宽9.8 m，高5.1 m，长980 m，双车道单向交通。隧道最大坡度为4.4%，最低点位于隧道中间。上游隧道洞口处装设了6台风机，隧道内可形成高达6 m/s的纵向风流。试验段距下游洞口约265 m。研究人员在火源上游50 m至下游200 m范围内进行了详细的参数测量。

4次模拟卡车荷载的火灾试验对开式雨淋喷水系统性能进行了测试，试验编号为11～14。试验工况11包括一辆装有18个木托盘的货车，托盘总重量为400 kg，顶部放置3个轮胎。试验工况12和13的卡车荷载上部覆盖铝制盖板，试验工况14的卡车荷载则是敞开的。敞篷卡车荷载由72个木托盘和6个轮胎组成，总重量为1600 kg。铝盖卡车荷载由36个木托盘组成，上部放置4个轮胎，总重量达800 kg，堆叠在铝制盖板下（后侧可开启）。

所设计的开式雨淋系统，由两部分组成，喷水密度为12 mm/min。第一部分位于火源正上方，沿着隧道轴向安装两排平行喷头（单排长度为17.5 m），第二部分位于火源下游，紧挨着第一部分，设置两排喷嘴（单排长度为20 m）。

根据试验不同的目的，试验工况所选择的系统启动时间也不同。试验工况11的一个重要目的是在启动喷水装置之前，尽可能多地加热厢式货车以检查蒸气的产生情况。试验工况12和试验工况13的目的是评估水滴、蒸气和烟雾造成的能见度降低的情况。在检测到事故或者在停止交通、疏散隧道之后，系统会尽快启动。试验工况14研究了火源附近油罐车或卡车起初被加热，然后被喷水系统冷却的效果。为此，试验工况11、12和13中，两部分喷嘴分别在14 min、4 min和10 min后启动。在试验工况14中，第一部分在21 min后启动，第二部分延迟10 min，即在31 min后启动。此外，所有的试验工况，喷水系统都是手动启动的。

试验工况11中，当两部分喷水系统被启动时，火灾规模在14 min内达到约7.2 MW。喷水系统启动后，火灾HRR在20 min左右降至5 MW，在25 min左右降至1.6 MW。试验工况12，火灾规模在4 min左右达到6.3 MW，两部分喷水系统启动，但是系统启动后未测试HRR数据。在试验工况13中，HRR在10 min时达到13.5 MW左右，然后启动两部分喷水系统，系统启动后同样未测试HRR数据。然而，根据温度测量数据中可以看出，所有的热电偶测量温度都接近环境温度，表明火灾应得到了有效控制，即灭火成功。在试验工况14中，火灾规模在11.5 min时达到26 MW峰值，然后从18 min开始下降。第一部分喷水系统在HRR下降到14 MW时启动，HRR数值继续下降。当第二部分喷水系统启动时，火灾HRR在30 min内降到1或2 MW。需要注意的是，根据燃料类型和配置，可估计试验工况11～13的HRR峰值分别为7.2 MW、14 MW和14 MW。此外，除了试验工况12，其他试验工况的喷水系统都是在火灾HRR接近峰值后启动的。

此外，喷水系统显著降低了烟气温度，也降低了火势蔓延的风险。下游的烟气温度没有达到致命的耐受极限，蒸气产量也是微不足道。然而，这些试验工况都出现了能见度降低、人员难以发现逃生路线的情况。

表16.1

采用水基灭火系统进行的隧道灭火试验汇总表

试验名称、国家、试验者	年份	试验次数	灭火方式	隧道长度（m）	隧道宽度（m）	隧道高度（m）	系统配置	水流量（mm/min）	启动时间或类型	速度（m/s）	火源	自由燃烧HRR（MW）
第2比荷兰隧道试验，荷兰	2000—2001	4	喷淋	900	9.8	5.1	17.5 m + 20 m	12.5	4 min~21 min	0~6	模拟卡车荷载	5~30
IF隧道试验，挪威，UPTUN	2002—2004	低压19次，高压56次[a]	低压喷雾 高压喷雾	100	8	6	24 m 36 m	1.1-3.3	2 min或3 min	3	池火、托盘火、车辆	2~25
IF隧道试验，挪威，Marioff	2004	24	高压	100	8	6	24 m（1个区）	1.4-3.7	2 min或3 min	3	池火、托盘火	5~25
VSH Hagerbach, Marioff	2005	10	HI-FOG	200	9.3	2.55	无数据	无数据	10 min	3	汽车	5~30
圣佩德罗安内斯（San Pedro de Annes）隧道试验，西班牙，马里奥夫（Marioff）	2006	40	HI-FOG	600	9.5	5.2	72 m（3个区）	3.7-4.7	混合大多数为 5 min~7 min	3.5	托盘火	75/90
卢恩海默隧道试验，SINTEF和Effectis	2007	5		1600	9	6	72 m（3个区）	无数据	1.5 min~7 min	3~4	托盘火、池火	200
圣佩德罗安内斯隧道试验，西班牙，SOLIT	2008	50	水雾	600	9.5	5.2	无数据	无数据	无数据	无数据	托盘火、池火	200
圣佩德罗安内斯隧道试验，西班牙，SOLIT2	2011—2012	30	水雾	600	7.5	5.2	60 m	无数据	3 min	2~3	托盘火、池火	5~160
新加坡隧道试验	2011—2012	7	喷淋	600	7.2~9.5	5.2	50 m	8-12	4 min[b]	3	托盘火	150
卢恩海默隧道试验，SP	2013	6	喷淋	1600	9	6	30 m	10	2 min~12 min[b]	3	托盘火	100

注：[a]19次低压喷雾试验和56次高压喷雾试验以及8次自由燃烧参考测试；
[b]火灾探测后的延迟时间。

16.3.2   UPTUN项目IF隧道试验（2002—2004年）

在UPTUN项目[23]框架内，研究人员在IF隧道（位于挪威奥斯陆南部的一个训练隧道）内进行了两个系列的灭火试验，包括19次低压细水雾试验和56次高压细水雾试验。在每个系列的试验中，共进行了8次自由燃烧的隧道火灾试验以供参考。

火源采用柴油池火，形成一个相对较厚的燃料床，这使燃料的单位面积质量燃烧速率比漂浮在路面上的薄燃料层要高得多。此外，喷入火源的水与燃料混合落入油盘，而不是像实际泄漏火灾那样将易燃液体冲走。因此，这种类型的油池不能模拟真实的隧道火源。除了池火外，每个系列试验中均有两次试验工况使用80个木托盘作为火源，还有一次试验中使用小型车辆作为火源。

低压水雾系统在顶棚下设置一排长度为20 m的喷嘴，另外在地面与隧道侧壁之间的拐角处布置了长度为16 m两排喷嘴。高压水雾系统在顶棚下设置三排喷嘴。

低压水雾系统的工作压力为5 bar ~ 9 bar，高压系统的工作压力为60 bar ~ 120 bar。据报道，两种系统喷嘴产生的水滴都远远小于1000 μm（1 mm）。低压水雾系统的供水流量为1.1 mm/min ~ 3.3 mm/min，高压水雾系统的供水流量为0.5 mm/min ~ 2.3 mm/min。在大多数试验中，火势得到控制但没有被扑灭。

16.3.3   IF隧道试验（Marioff，2004年）

2004年，马里奥夫公司（Marioff）在挪威 IF隧道进行了24次灭火试验。[24]该隧道横截面呈马蹄形，他在隧道中安装了三排喷水装置，其中一排位于隧道中心线和顶棚正下方，其余两排位于墙壁的两侧。其中大多数试验喷嘴间距为3 m，最后5组试验喷嘴间距调整为4 m。

柴油托盘和不同数量的木托盘被用作火源。托盘的尺寸分别为1.4 m、1.6 m和0.4 m。为模拟隧道阻塞的影响，在前两个油池前垂直放置一堵1.1 m高挡墙。此外，部分试验在油池上方的近距离范围放置了一块钢板，大约可覆盖75%的油池面积。试验中HRR范围为5 MW ~ 25 MW，供水流量介于1.4 mm/min ~ 3.7 mm/min范围。在大多数测试中，火灾虽未被扑灭，但都得到了控制。但是，烟气温度却显著降低。

16.3.4   VSH Hagerbach隧道试验（2005年）

默威尼[25]和图奥米萨里（Tuomissaari）[24]描述了2005年研究人员在瑞士萨尔甘斯哈格巴赫（Hagerbach）试验隧道研究所中开展的一系列针对低顶棚隧道乘用车火灾试验。

试验隧道参照法国巴黎环城公路"A86"乘用车隧道搭建。A86客运隧道宽约9 m，高2.5 m，沿车辆行进方向以大约2%坡度向上倾斜，横向坡度从左到右。燃料由破裂油箱向下流出，沿坡向溢流，布满路面。试验模拟了隧道中两辆或多辆客车相撞的火灾场景。

为了估算HRR，在隧道排烟口附近安装了测量氧气消耗的仪器。这些试验表明：在水雾系统启动前，乘用车火灾HRR通常超过NFPA 502中单辆乘用车HRR峰值（5 MW）。在隧道风速约为3 m/s情况下，一组（三辆）乘用车起火，火灾HRR峰值在25 MW ~ 35 MW之间，三辆车乘用车燃烧HRR约为15 MW。当HRR峰值比设计火灾大两倍时，额外的热量和浮力可能会使通风系统不堪重负，可供逃生和救援的时间会减少。火灾蔓延至隧道内其他车辆的风险也会增加。

火灾场景涉及两个车道内、三个车道内的三辆汽车着火，主要区别包括引燃车辆周围的车辆数量，以及车辆与上方喷嘴的相对关系等。在"双车道"火灾场景中，着火车辆的右侧没有车辆。

水雾系统由两个长33 m的区域组成，顶棚布置了三排喷嘴。根据视觉观察评估火灾大小，手动开启水雾系统。所有喷嘴均为90°锥形喷嘴，工作压力约80 bar，喷嘴间距离为2.8 m。该雨淋系统所有的喷嘴流动保持畅通。

在试验中，纵向风速最初约为6 m/s，在点火后4 min时间内降低到3 m/s。试验结果表明，启动灭火系统后，火灾蔓延到相邻车辆的情况得到了有效控制。

16.3.5　圣佩德罗安内斯（San Pedro de Anes）试验（Marioff，2006年）

2006年2月2日至27日，Marioff公司在西班牙北部阿斯图里亚斯的San Pedro de Anes试验隧道中进行了一系列全尺度的火灾燃烧试验[24,25]。试验的目的是评估HI-FOG水雾系统对抗燃料包（类似于重型货车拖车荷载）特大火灾的性能。研究人员共进行了11次试验，多数情况下，使用放置在平台上的标准欧洲木托盘（也被称为"标准危险性"火源包裹）来模拟重型货车拖车的高荷载。其中2次火灾试验使用了木托盘和高密度聚乙烯托盘（按重量计为16%）作为燃料，这些燃料也被称为"高危险性"火源包裹。

在不受抑制的条件下，带有木托盘的燃料包仅可能达到75 MW。同样，在不受抑制的条件下，带有聚乙烯托盘的高危险性火灾燃料包的燃烧HRR峰值预计可达95 MW。除了燃料包装的类型外，隧道内的风力条件、燃料荷载与喷嘴管路的相对位置以及水压也会发生变化。纵向风速变化范围小于2 m/s ~ 3.5 m/s；燃料荷载放置在中心喷嘴或两排喷嘴之间的下方；水雾系统末端喷嘴名义压力在100 bar或80 bar下运行。此外，考虑燃油包后面设置防风板或者未设置防风板情况，对燃料荷载进行了测试，以模拟重型货车拖车上常见的实心后门和实心前驾驶室的影响。

供水系统由三段长度均为24 m的部分组成。每一部分都安装有水平间距为4 m、纵向间距为3 m的三排喷嘴。测试了三种启动模式，即雨淋模式、喷淋模式和混合模式。喷淋模式为每个部分都使用了专用保护帽。打开分段阀后，该分段所有的保护帽都被释放，喷嘴暴露在高温烟气中。混合模式是雨淋和喷淋系统的混合。开式喷嘴和闭式喷嘴间隔布置。所有试验工况下，名义体积通量密度几乎恒定，为3.7 mm/min ~ 4.3 mm/min。

在每一次试验中，细水雾系统都阻止了火灾的进一步发展。细水雾系统将"标准危险性"火灾的HRR降低至其峰值HRR（75 MW）的20% ~ 37%。在两次高危险性试验中，细水雾系统将火灾HRR降低至峰值HRR（95 MW）的68%和29%。

根据细水雾区末端和燃料包上方15 m范围内的顶棚烟气温度，研究人员对细水雾系统的热管理进行了评估。细水雾区末端顶棚处的温度通常低于80℃，只有一次试验温度高达213℃。在道路上方1.5 m高度，细水雾区末端下游8 m ~ 15 m范围平均烟气温度低于65℃。

在11次试验中，其中有5次试验结束后发现28% ~ 60%的可用燃料未燃烧，剩余6次试验平台上所有可用的燃料均已燃烧。高危险性燃料包在试验中完全消耗殆尽。

细水雾系统在所有火灾中都阻止了目标阵列的点燃，只有一次试验（T14，两排之间）例外，试验中距离4 m的前3个托盘被点燃，但是距离燃料包末端4 m以外所有目标均未被引燃[24,25]。

16.3.6　卢恩海默隧道试验（SINTEF，2007年）

2007年12月到2008年1月，挪威科技工业研究所（SINTEF）与Effectis Nederland BV[26]在挪威卢恩海默隧道进行了多次灭火试验。火灾场景包括池火和固体燃料火，名义HRR高达200 MW。试验的主要目的是确定细水雾系统对充分发展的火灾的抑制和灭火效果。应荷兰公共工程部下属负责隧道安全的部门Rijkswaterstaat的要求,挪威火灾研究试验室(SINTEF NBL)和Aquasys开展了系列试验,旨在获得火源下风区发生沸腾液体膨胀蒸气爆炸(BLEVE,Boiling Liquid Expanding Vapor Explosion)风险的测试数据,并对火灾下游前100 m范围内的耐受环境进行测试评估。

最大的固体火灾荷载由720个托盘组成,代表满载货物的重型货车。池火内的燃料为柴油,表面积为100 m²。试验对BLEVE风险和耐受环境进行了调查。但是,没有关于灭火试验中HRR的相关数据。

16.3.7　SOLIT项目(2008年)SOLIT2项目(2012年)

在SOLIT项目[27]中,研究人员在圣佩德罗安内斯隧道试验中开展了50多次火灾试验。试验工况包括25辆卡车着火火灾(峰值HRR约为200 MW),以及表面部分区域被覆盖的油池火(HRR高达35 MW),测试得到两次试验的HRR。当HRR小于10 MW时,两次试验中的细水雾系统在点火4 min后启动。细水雾系统启动后,被水雾覆盖火源的HRR缓慢增至50 MW左右,人工扑灭;未被水雾覆盖的火源在11 min时增加到30 MW,然后逐渐减弱。数据显示,这两次试验中的火灾都得到了有效控制,但无法取得详细的技术资料。

在SOLIT2项目[9]中,研究人员使用细水雾系统在圣佩德罗安内斯隧道试验中进行了超过30次燃烧试验。试验在火源附近另外加装了墙体,使隧道宽度变为7.5 m。试验使用木托盘和柴油池火作为燃料。木托盘燃烧峰值HRR为150 MW。柴油池火的名义HRR达到5 MW、60 MW、100 MW。细水雾系统安装长度为60 m,沿隧道安装两排喷嘴。研究人员针对纵向通风、半横向通风系统,分别开展了测试。半横向通风系统主要针对30 MW自由燃烧火灾,研究报告中提供了5次试验的测试数据。纵向通风条件下,木托盘(以PVC防水布覆盖)火灾强度控制在30 MW,无覆盖的木托盘燃烧的火灾强度限制在15 MW。试验中细水雾系统开启时间约为7 min和3 min,对应HRR约为8 MW和5 MW。对于纵向通风条件下的油池火灾,系统启动时间也是3 min,相应HRR约为25 MW。但需要注意的是,试验名义HRR约为60 MW,峰值HRR达到70 MW。因此,除了冷却作用降低烟气温度以外,燃烧火势并未得到有效控制。

在2次半横向通风、油池火灾中(通风量为120 m³/s、80 m³/s),系统启动时间约为4 min和3 min,相应HRR分别为15 MW和35 MW。试验中峰值HRR分别约为65 MW和70 MW,名义HRR未知。但是,根据HRR曲线可以预测两次试验的名义HRR也是60 MW。综上所述,细水雾系统有效控制或抑制了木托盘火灾,但对油池火灾发展的影响是有限的。需要强调的是,试验中水流速度未知。

16.3.8　新加坡试验(2011—2012年)

2011年,新加坡陆地运输管理局(LTA)委托Efectis公司进行火灾试验项目[4,5],研究灭火对HRR和隧道通风的影响,目的是在未来减少车辆火灾蔓延的风险,并获取可用的相关信息用于指导后续设计。研究人员在装有喷水系统的圣佩德罗安内斯隧道中,共开展了7次大规模的火灾试验。

试验火源采用228个木制(占比80%)和塑料(占比20%)托盘。重型货车模型的宽2 m、高3 m、长7.5 m,以防水油布覆盖。隧道内通风速度约为3 m/s。两堆托盘放置在重型货车模型后侧5 m处,以测试火灾蔓延至邻近目标的可能性。

试验中使用的喷水系统由两排喷嘴组成。喷嘴的K系数为80,工作压力为1 bar ~ 2 bar。水流量为8 mm/min ~ 12 mm/min。喷水系统在"火灾探测"(对应顶棚下方烟气温度为60 ℃)后4 min启动。

试验数据显示,如果雨淋系统在探测到火灾后4 min启动,则峰值HRR低于40 MW。值得注意的是，自由燃烧试验中*HRR*会维持在115 MW左右约5 min，随后短时间内（1 min～2 min）升至峰值*HRR*（150 MW）。达到峰值的原因尚未给出，但可以推测这与部分燃料堆的突然坍塌有关，这将直接增加暴露的燃料表面积，使*HRR*升高。*HRR*从115 MW/150 MW降至40 MW以下，表明雨淋系统有效地抑制了火灾发展。然而，试验的持续时间也相应延长，消耗了大部分燃料。如果雨淋系统在探测到火灾后8 min启动，*HRR*将高达100 MW，*HRR*曲线与自由燃烧试验相似。与自由燃烧试验中的1200 ℃相比，尽管暴露于水喷雾时测量可能失败，试验1中的顶棚烟气温度依旧降至300 ℃，并且热流通量也如预期一样显著降低。

16.3.9　卢恩海默隧道灭火试验（SP，2013年）

2013年，瑞典国家技术研究所（SP）在挪威卢恩海默隧道开展了一系列灭火试验以研究简化的喷淋水系统的性能[28]，以便在斯德哥尔摩环线隧道内应用。研究人员共进行了6次试验，使用木托盘作为燃料，预估峰值*HRR*为100 MW。灭火系统总长度为30 m，配备了由TYCO（此前称为T-Rex）制造的TN-25型隧道喷嘴。1.1 bar水压下K-360［L/（min bar$^{1/2}$）］喷嘴喷水流量为375 L/min，覆盖面积为37.5 m^2，大致相当于供水密度为10 mm/min。确定"探测到火灾"的标准是顶棚烟气温度为141 ℃。灭火系统在确定后延迟2 min～12 min启动。

试验结果表明，系统启动后*HRR*范围约为10 MW～30 MW，经过10 min～20 min，*HRR*得到有效控制。在此之后的10 min～30 min内火灾被扑灭。这意味着灭火系统可防止火势在燃料内部进一步蔓延。开启FFS的5次试验火灾峰值*HRR*均低于50 MW，这也是LTA提出的原始问题之一。灭火系统启动后，顶棚最高烟气温度未超过400 ℃～800 ℃。在所有试验中，灭火系统启动后的第一个阶段火势即得到控制，并在仍有大量剩余燃料的情况下扑灭火灾。同时，试验还将一堆托盘组成的目标对象，放置在距离火源一端5 m的地方，用于评估火灾蔓延至相邻车辆的风险。在FFFS运行的所有试验中，该目标对象都未受到火源影响。

试验不仅证明了早期启动FFFS的重要性，此外，从试验中可以清楚地看出，该系统具有足够的安全裕度以应对响应延迟，同时保留对抗这种延迟产生的更严重火灾的能力。该系统能够防止火势进一步蔓延，并且能够明显降低隧道内的烟气温度。这对疏散设计和安全具有重要意义。试验表明，由于FFFS的存在，隧道设计火灾强度可以由最初的100 MW降低至50 MW以下，显著节省通风系统的投资成本。试验表明，如果系统启动得较晚，会产生更多有毒物质和烟雾，提前启动系统可以减轻这一影响。

16.3.10　简要讨论

通常水喷淋系统使用的流量为10 mm/min～12.5 mm/min。水雾系统使用的流量为1 mm/min～4 mm/min。这两个系统中使用的水流量的比值在3～4之间。上述供水流量数值主要适用于住宅和工业建筑的灭火。这两种系统的主要灭火机制不同，雨淋喷水系统主要通过冷却燃料表面来抑制火灾，而水雾系统主要通过稀释和气体冷却来抑制火灾。

与普通建筑火灾相比，隧道内的重型货车火灾的燃料荷载密度要高得多。此外，通风会显著降低稀释效果。因此，在纵向通风隧道中，以稀释灭火为主的低流量、小液滴灭火系统不具备在无风环境下建筑灭火的性能。

在这里讨论的大多数试验，特别是涉及细水雾系统的试验，火灾既没有被扑灭，也没有被抑制，只是被控制了。普遍的观点认为，灭火系统并不能抑制隧道火灾，而只能减轻火灾的影响。我们可以得出这样的结论：测试的大多数系统无法成功抑制或扑灭隧道火灾。其中的主要原因就是将建筑中使用的灭火系统（低水流量，尤其是细水雾系统）未作改进，直接应用于隧道火灾。换言之，为了成功地抑制隧道火灾，需要进一步改进灭火系统的性能。

也有一种观点认为细水雾系统的性能优于喷水系统。然而，在测试水流量下，喷水系统的性能要比细水雾系统好得多。此外，需要说明的是，在这里讨论的喷水系统和细水雾系统所使用的水流量有明显不同。因此，简单地比较两种系统性能显然也是不公平、不合理的。

在隧道中使用灭火系统始终是一个成本效益问题。需要提高灭火系统的能力，有效地扑灭火灾，而不仅仅是控制火灾。只是随机成本肯定会增加。从经济角度来看，研究扑灭火灾所需要的最小能力（capacity）具有特殊意义。

16.4　灭火相关理论

16.4.1　灭火机理

水基灭火系统的灭火机理可分为两类：凝聚相灭火和气相灭火。凝聚相灭火的主要机制是表面冷却。气相灭火的机理可分为气体冷却、热容量和稀释效应，以及动力学效应。

16.4.1.1　表面冷却

到达燃料表面的水滴蒸发并带走热量，从而导致燃烧速率降低或扑灭火灾，这个过程被称为表面冷却。需要注意的是，温度为100℃时，1 kg的水蒸发为水蒸气带走约2.6 MJ的热量。对于隧道火灾中的水基灭火系统，燃料表面冷却被视为抑制固体燃料火灾的主要机制。

为了有效对表面进行冷却，水滴必须能够穿透火羽流。在这个过程中，水滴的动量和蒸发都占主导地位。此外，在此过程中残留并到达燃料表面的水滴的流速必须足够大，以扑灭火灾。对于暴露在外的固体燃料，传统的喷水系统水流量大，水滴大，性能更好。灭火所需的水量只需要大致等于燃料表面吸收的热量即可，而不是总HRR。

在隧道火灾中，表面冷却通过预先润湿附近未燃烧的燃料来延缓火势蔓延的速度。此外，远离火源的喷嘴将水喷洒到附近车辆的表面，从而抑制火势进一步蔓延。表面冷却很容易延迟或防止着火。许多试验表明，即使是少量的水也能阻止火势蔓延到邻近的目标。

喷洒到隧道壁上的水也为隧道结构提供保护，因此可以降低被动防火的要求。

16.4.1.2　气相冷却

从喷嘴喷出的水被雾化成大量的水滴，总的水滴表面积非常大。液滴蒸发可有效冷却火焰和高温烟气。火焰的冷却提高了氧气的可燃性下限，降低了燃烧强度。此外，也减少了对火源的热反馈。在隧道火灾中，高温烟气的冷却可以改善疏散环境的耐受性，虽然引入的蒸气会略微降低呼吸烟气温度的耐受极限。对于HRR非常高的大型隧道火灾，完全通过气相冷却灭火将需要大量水，这几乎是不可能的。因此，这并不是隧道火灾灭火的主要机制。

如果存在回流区，火源上游的喷嘴对流向火源的烟气进行冷却，起到灭火的作用。此外，可以将少量喷射的水滴吹向附近的火源。

16.4.1.3　稀释效应和热容

水基灭火系统中的稀释效应是由水滴蒸发产生的。需要注意的是，在300℃的温度下，由于蒸发，水滴的体积会膨胀约2700倍，这会稀释燃料表面附近和火焰中燃料和氧气的浓度。同时，与空气相比，水蒸气具有更高的热容量，从而可以降低烟气温度。

稀释效应可能是抑制气体和液体火灾的关键机制，尤其是对于细水雾系统。然而，在强制通风的隧道火灾中，水蒸气会被吹走，稀释效应会显著降低。

16.4.1.4 辐射衰减

与烟尘类似，水喷雾和水蒸气也能吸收辐射。由水雾引起的辐射衰减取决于水流量和液滴尺寸。对于连续水幕，由于水的高吸收率，辐射衰减非常明显。众所周知，水蒸气的吸收率较低，但由于体积大，它仍然可以起到关键作用。

辐射衰减减少了对燃料表面的热反馈，并降低了HRR。在隧道火灾中，它还可以延迟火灾发展速度，防止火灾蔓延到附近车辆。

另一方面，蒸发产生的水蒸气作为辐射介质，吸收火焰和高温烟气中的热量，并以较低的辐射强度重新辐射热量。

16.4.1.5 动力学和其他因素

动力学效应包括水滴撞击燃料表面、喷水引起的湍流、喷嘴之间的相互作用以及水滴对火焰温度的影响。其他因素可能包括隧道通风、隧道壁面对水滴和水蒸气运动的影响。这些只是次要效应，预计不会显著影响隧道喷水灭火系统的性能，因此不作进一步讨论。

16.4.2 灭火的临界条件

16.4.2.1 凝析相灭火

燃点方程广泛应用于灭火理论，它实际上是应用于燃料表面的能量方程，可以表示为：

$$\dot{q}''_{\text{net}} - \dot{m}''_{\text{f}} L_{\text{g}} - \dot{m}''_{\text{w}} L_{\text{v,w}} = 0 \tag{16.1}$$

式中，$\dot{q}''_{\text{net}}$为燃料表面吸收的净热通量，单位：kW/m^2；L_{g}为燃料的汽化热（汽化热与热焓增加之和），单位：kJ/kg；$\dot{m}''_{\text{f}}$为燃料质量燃烧率，单位：$kg/(m^2 \cdot s)$；$\dot{m}''_{\text{w}}$为单位燃料表面积的水流量，单位：$kg/(m^2 \cdot s)$；$L_{\text{v,w}}$为水的汽化热，单位：kJ/kg。

方程左边项分别是燃料表面吸收的净热通量、汽化吸收的热量和水滴蒸发吸收的热量。燃料表面吸收的热通量可分为两部分，即自支持火焰本身的热流通量（无外部热流）和来自其他位置火焰或热源的热流通量。自支持火焰的热通量可表示为局部HRR乘以动力学参数φ。因此，公式（16.1）也可以表示为：

$$\dot{m}''_{\text{f}}(\varphi \Delta H_{\text{c,eff}} - L_{\text{g}}) + \dot{q}''_{\text{e}} - \dot{q}''_{\text{l}} - \dot{m}''_{\text{w}} L_{\text{v,w}} = 0 \tag{16.2}$$

式中，$\dot{q}''_{\text{e}}$是外部火源或其他火焰的辐射，单位：kW/m^2；$\dot{q}''_{\text{l}}$是辐射损失，单位：kW/m^2。动力学参数φ的定义为燃料表面吸收的热量与HRR的比率[29]：

$$\varphi = \frac{\Delta H_{\text{g}}}{\Delta H_{\text{c,eff}}} \tag{16.3}$$

式中，ΔH_{g}为单位质量的燃料蒸气传递到燃料表面的自支持火焰热量，单位：kJ/kg；$\Delta H_{\text{c,eff}}$为有效燃烧热，单位：kJ/kg。应该注意的是，动力学参数φ不是常数。但是，以这种形式表示的方程在分析临界燃点方程时很有用。

下面我们将讨论灭火的临界条件，即临界燃料质量燃烧率和灭火所需的临界水流量。需要注意的是，对于熄灭时的自支持火焰，可以忽略辐射损失，假定燃料表面仅通过小火燃烧的对流热传递获得汽化热量。因此，临界燃点可表示为：

$$\dot{m}''_{\text{cr}}(\varphi \Delta H_{\text{c,eff}} - L_{\text{g}}) = 0 \tag{16.4}$$

式中，$\dot{m}_{cr}''$是自持燃烧材料的临界燃料质量燃烧率，单位：kg/(m²·s)。

自支持火焰熄灭时的临界质量燃烧速率由对流热反馈决定，根据斯波尔丁（Spalding）B数理论，有[30]：

$$\dot{m}_{cr}'' = \frac{h_c}{c_p} \cdot \ln(1 + B_{cr}) \qquad (16.5)$$

火焰熄灭时的B数为临界B_{cr}，定义如下[30]：

$$B_{cr} = \frac{Y_{O_2,\infty}\Delta H_{O_2}}{\varphi \Delta H_{c,eff}} \qquad (16.6)$$

式中，h_c为对流传热系数，单位：kW/(m²·K)；c_p为空气的比热容；$Y_{O_2,\infty}$为周围氧气质量浓度，ΔH_{O_2}为消耗1 kg氧气放出的热量，单位：kJ/kg。

需要注意的是，斯波尔丁B数理论只是一个近似理论。公式（16.6）的物理意义是燃烧仅靠对流传热到燃料表面来维持。这里假设所有的O_2都在燃料表面附近消耗掉，并且还假设火焰熄灭时获得的热量等于获得临界质量燃烧率所需的热量，即：

$$L_g = \varphi \cdot \Delta H_{c,eff} \qquad (16.7)$$

普通塑料的单位面积临界质量燃烧率在强制对流条件下为2.5 g/(m²·s) ~ 4.4 g/(m²·s)，在自然对流条件下为1.9 g/(m²·s) ~ 3.9 g/(m²·s)。[31]图沃森（Tewarson）和皮翁（Pion）给出了理想质量燃烧率的概念[32]，假设没有热量从表面损失或热量损失已被外部热通量补偿。英格森和李颖臻将这些数值与从测试数据进行了比较，发现它们之间有良好的相关性。[33]这些普通塑料对应的单位面积理想质量燃烧率在 14 g/(m²·s) ~ 35 g/(m²·s)范围内。单位面积临界质量燃烧率与理想质量燃烧率之比为10%~18%。然而，根据上述模型，临界质量燃烧率是一个变量，有时甚至可以获得非常高的质量燃烧率，尽管这可能并不现实。通常认为进行粗略判断时，将其视为固定值或变量都是合理的。

灭火所需临界水流量的表达式可根据公式（16.2）获得：

$$\dot{m}_{w,cr}'' = \frac{\dot{m}_{cr}''\left(\varphi \cdot \Delta H_{c,eff} - L_g\right) + \dot{q}_e'' - \dot{q}_l''}{L_{v,w}} \qquad (16.8)$$

上述模型给出的只是一个近似解，不确定性较高。但是该模型显示了多参数之间的关系，对于理解灭火机理还是非常有用。

16.4.2.2 气相灭火

贝莱（Beyler）假设预混火焰和扩散火焰的可燃性极限相似[30]，提出了在化学计量极限下熄灭之前可能损失的反应焓分数方程φ_{SL}表示为：

$$\varphi_{SL} = 1 - \frac{c_p(T_{AFT} - T_o)(1 + 1/r)}{Y_{O_2,\infty}\Delta H_{O_2}} \qquad (16.9)$$

式中，T_{AFT}是扩散火焰的绝热火焰温度，单位：K；r是基于质量的化学计量空燃比，在大多数情况下可以忽略。

同时，贝莱提出了下式[30]，以考虑稀释和热容量对灭火的影响：

$$\varphi = k\varphi_{SL} = k\left[1 - \frac{c_p(T_{AFT} - T_o) + Y_{ext}\Delta c_p(T_{AFT} - T_o)}{Y_{O_2,\infty}\Delta H_{O_2}(1 - Y_{ext})/(1 + 1/r)}\right] \qquad (16.10)$$

式中，k为实际和化学计量限值之间的校正比率（接近1）；Y_{ext}为灭火剂的质量分数；Δc_p是稀释剂和环境烟气之间的热容差，单位：kJ/(kg·K)。需要注意的是，公式（16.10）中的化学计量参数项已根据原来的公式[30]进行了修正。

虽然贝莱将参数T_{AFT}称为在化学计量极限下的绝热火焰温度[30]，实际上却使用了1700 K的温度（可燃性极限下的绝热火焰温度）。该参数的物理意义也预示着使用后者更为合理。

需要注意的是，这个分数必须是正值才能维持火焰。事实上，这表明的是扩散火焰可燃性极限的控制方程。其中，环境氧质量浓度和环境温度都是关键参数。

需要注意的是，稀释剂（即水蒸气或其他灭火剂）的引入会导致氧气浓度降低［分母中（$1 - Y_{ext}$）项考虑其影响］。热容的影响由分子中的附加项表示，稀释剂与环境气体的热容差为Δc_p。

在火焰熄灭前丧失的反应焓分数的表达式是值得怀疑的。此外，在灭火的情况下，公式（16.9）中的考虑的假设可能并不适应。

对于水基灭火系统，惰性气体是水蒸气。考虑到与火焰体的总质量相比，燃料质量通常可以忽略不计，则公式（16.10）中的参数r可以忽略不计。假设水蒸气浓度为Y_w，$k = 1$，反应焓分数可表示为：

$$\phi = 1 - \frac{c_p(T_{AFT} - T_o) + Y_w \Delta c_p(T_{AFT} - T_o)}{Y_{O_2,\infty} \Delta H_{O_2}(1 - Y_w)} \tag{16.11}$$

将公式（16.11）与公式（16.8）、公式（16.5）和公式（16.6）结合使用，则可以将气相灭火与凝聚相灭火联系起来。根据公式（16.11），可以得到灭火火焰的熄灭判据：

$$Y_{O_2,\infty} \Delta H_{O_2}(1 - Y_w) < c_p(T_{AFT} - T_o) + Y_w \Delta c_p(T_{AFT} - T_o) \tag{16.12}$$

这也表明：在灭火的情况下再次引燃，需要更高的氧气水平。对于通风不良火灾或者被抑制的火灾，该判据对于判定燃烧条件是非常有帮助的。

示例16.1：估算正常条件下小木材样品的临界质量燃烧率。假设燃烧热为15 MJ/kg，汽化热为2.5 MJ/kg，对流传热系数为10 W/(m²K)。

答案：首先使用公式（16.6）计算临界B数，即$B_{cr} = 0.023 \times 13.1/2.5 = 0.12$。

然后根据公式（16.5）计算临界质量燃烧率，即：

$$\dot{m}''_{cr} = 10/1 \times \ln(1 + 0.12) = 0.00114 \text{ kg/(m}^2 \cdot \text{s)} \text{或} 1.14 \text{ g/(m}^2 \cdot \text{s)}。$$

16.4.3　灭火

需要注意的是，临界质量燃烧率和临界水流量对应于火势接近熄灭时灭火的临界状态，相应的熄灭时间可能无穷大。为了有效地抑制火势蔓延，需要更大的水流量，以确保有足够的水滴能够在蒸发之前穿透火羽流到达燃料表面，抑或产生足够的水蒸气来冷却火焰和稀释可燃混合物。

16.4.3.1　气体和池火火灾灭火

拉斯巴什（Rasbash）等人开展了一系列液体池火的灭火试验。[34,35]试验确定了喷水灭火的两组过程，即将燃烧的燃料表面冷却到着火点，喷水对火焰的作用致使火焰迅速消失。得出的结论是，除了酒精火灾是通过表面稀释来灭火外，液体火灾都是通过燃料表面冷却来灭火；灭火时间随水流量的增加而减少，随水滴尺寸的增大而增加；与燃料表面冷却相关的临界水流量，随液滴尺寸线性增加。

孔（Kung）报道了在通风房间内通过喷水（位于房间中心）冷却火焰来抑制位于房间角落的己烷池火灾的情况。[36]当喷水喷射后立即产生蒸气，当摩尔分数数值大于0.3～0.39时，池火被扑灭。水分蒸发率与HRR和水流量成正比，并随平均液滴尺寸的-0.73次方变化。

赫克斯塔德（Heskestad）使用液体池火进行了一系列喷水测试[37]，考虑了未按几何比例缩放的喷嘴的影响。他提出了一个用于气体、液体池火火灾预测临界水流量的公式，该临界水流量与有效喷嘴直径、喷嘴高度和自由燃烧 HRR 成指数关系。临界水流量的公式可以表示为：

$$\dot{q}_{w} = 0.312 D_{ne}^{1.08} H^{0.4} \dot{Q}^{0.41} \tag{16.13}$$

式中，$\dot{q}_{w}$ 为水的体积流量，单位：L/min；H 为喷嘴与油池表面的净高度，单位：m；$\dot{Q}$ 为 HRR，单位：kW；D_{ne} 为喷嘴出口直径，单位：mm。为了比较不同几何形状的喷嘴，建议使用有效喷嘴直径代替出口直径。基于质量和动量守恒公式，有效喷嘴直径 D_{ne}（单位：mm），定义为：

$$D_{ne} = [4\dot{m}_{w}^{2} / (\pi M \rho_{w})]^{1/2} \tag{16.14}$$

式中，M 是动量，单位：N；ρ_{w} 是水的密度，单位：kg/m^3。赫克斯塔德认为，喷水引起的可燃气体稀释是扑灭气体火灾的一个主要因素，与气体灭火相比，扑灭液体池火灾需要更高的水流量。[37]

需要说明的是：上述赫克斯塔德提出的方程仅适用于使用油池正上方的喷嘴来扑灭池火的情况。

示例16.2：估算一个喷嘴在高5.5 m的隧道中扑灭5 MW池火所需的水流量。喷嘴的出口直径为7 mm，位于液池上方5 m处，设计用于覆盖25 m^2 的隧道区域。

答案：所需的水流量可以使用公式（16.13）估算，即：

$$\dot{V}_{w} = 0.312 \times 7^{1.08} \times 5^{0.4} \times 5000^{0.41} = 160 \text{ L/min}$$

然后可以计算出水的流量：

$$q_{w}'' = 160/25 = 6.41/(m^2 \cdot min) \text{ 或 } 6.4 \text{ mm/min}$$

如果水雾喷嘴有多个小出口时，公式（16.14）可用于大致估算有效喷嘴直径，尽管这种估算方法尚未得到验证。

16.4.3.2 固体燃料灭火

由于固体火源的三维特性，抑制固体火灾通常需要较长的时间。灭火所需的时间与水流量相关。较高的水流量可以缩短灭火时间，并减少燃料消耗。

孔和希尔（Hill）对木垛、托盘火灾的扑灭进行了一系列试验研究，并得到了一些有用的经验方程。[38]喷嘴设置在木垛、木托盘正上方，通过一个由穿孔不锈钢管组成的耙子在顶部供水来扑灭火灾。他们提出了非常有趣的无量纲变量，这些变量基本上解释了预燃百分比随木垛高度的变化，展示了无量纲燃料消耗量和总蒸发水量作为无量纲水流量的函数。

更具体地说，研究表明，对于3种具有相同尺寸但高度不同的木垛，灭火期间消耗的木垛质量和喷水前剩余的可燃材料的比值 R，与喷水系统启动时实际用水量和燃料燃烧速率的比值之间，可以建立如下经验关联式：

$$R = \frac{\Delta m_{f,ex}}{m_{f,a}} = \xi \left[\frac{\dot{m}_{w}(1-c)}{\dot{m}_{f,a}} \right]^{-1.55} \tag{16.15}$$

式中，$\Delta m_{f,ex}$ 是灭火期间燃料消耗，单位：kg；$m_{f,a}$ 是喷水启动时可燃燃料质量，单位：kg；$\dot{m}_{w}$ 是供水流量，单位：kg/s；c 为直接通过木垛落下的水的比例；$\dot{m}_{f,a}$ 是喷水启动时燃料的燃烧速率，单位：kg/s；ξ 是相关系数。需要注意的是，比例因子 c 由英格森建议引入。[22]

在孔和希尔的研究工作中[38]，相关系数 ξ 是一个变量，当比例因子 c 设为0时，从木垛中心点燃的火灾为0.312，从底部点燃的木垛火灾为0.26，木托盘火灾为0.15。孔和希尔还提出了灭火过程中蒸发总水量和燃料消耗总质量的比率与"真实"用水量与木垛自由燃烧最大燃烧速率比率之间的简单线性关系[38]：

$$\frac{\Delta m_{\text{w,ev}}}{\Delta m_{\text{ex}}} = \Psi \frac{\dot{m}_{\text{w}}(1-c)}{\dot{m}_{\text{f,max}}} \tag{16.16}$$

式中，$\Delta m_{\text{w,ev}}$是蒸发总水量，单位：kg；$\dot{m}_{\text{f,max}}$是自由燃烧最大燃烧速率，单位：kg/s；Ψ是相关系数，孔和希尔确定其数值为2.5。[38]

英格森[22]利用雨淋系统和水幕系统（使用空心锥形喷嘴）进行了一系列缩尺模型试验，以便更好地了解纵向通风隧道中喷水系统性能。所使用的喷水系统采用商用轴流空心锥形喷嘴。基于孔和希尔的研究结果[38]，英格森提出用以下公式将能量与HRR相关联[22]：

$$\frac{\Delta E_{\text{w}}}{\Delta E_{\text{ex}}} = \Psi \frac{\dot{Q}_{\text{w}}(1-c)}{\dot{Q}_{\text{f,max}}} \tag{16.17}$$

式中，ΔE_{w}是水蒸发所吸收的总能量，单位：kJ；ΔE_{ex}是系统启动时燃烧总放能量，单位：kJ；$\dot{Q}_{\text{w}}$是水吸收的热流通量，单位：kW；$\dot{Q}_{\text{f,max}}$是自由燃烧试验中HRR峰值，单位：kW。英格森将HRR、烟气温升、燃料消耗量、氧气消耗量和火源下游热流通量的无量纲比率与无量纲的水流变量［公式（16.17）右侧项］相关联，发现他们具有良好的一致性。[22]当系数c取值为0.89时，英格森的结果与孔和希尔的公式能较好吻合。[38]上述取值（$c=0.89$）也是合理的，因为在试验中木垛的布置较为松散。[22]

塔马尼尼（Tamanini）也对喷水灭火在木垛火灾中的应用进行了研究[39]，使用修正后的水流量对结果进行了关联。研究发现灭火过程中，燃料消耗的质量随水流量的幂函数变化。孔和希尔使用的指数为–1.55，塔马尼尼给出的指数介于–1.86到–2.18之间[39]。灭火时间还与修正后的水流量和启动参数相关，这表明随着水流量的降低，灭火时间显著延长。

余（Yu）等人针对高架仓库火灾，对燃料表面冷却灭火进行了理论分析。[9]将热解的燃料薄层视为温度分布均匀的板（类似于钢板），假设该"板"表面吸收的能量导致燃烧面积增加。这些假设很简单，但效果很好。确定了灭火参数k，以关联使用布置在不同高度的钢架上的两种不同商品进行的大尺度试验所获得的灭火结果。Ⅱ类商品的估计临界水流量约为6 g/(m^2·s)，塑料商品估计临界水流量为17 g/(m^2·s) ~ 20 g/(m^2·s)。需要注意的是，这些值是根据燃料表面积而不是燃料顶部的投影面积估算的。某个时间系统启动后，HRR可使用下式估算：

$$\frac{\dot{Q}(t)}{\dot{Q}_{\text{a}}} = \exp\left[-k(t-t_{\text{a}})\right] \tag{16.18}$$

式中，灭火参数k为：

$$k = \frac{C_{\text{o}}(\dot{m}''_{\text{w}}L_{\text{v,w}} - \varphi\dot{m}''_{\text{f}}\Delta H_{\text{c}} + \dot{m}''_{\text{f}}L_{\text{p}})}{\rho_{\text{f}}c_{\text{p}}(T_{\text{p}} - T_{\text{o}})}$$

式中，C_{o}是与有效热解厚度相关的系数；L_{p}是热解的热量，单位：kJ/kg；T_{p}是热解温度，单位：K；t是时间，单位：s；t_{a}是水系统启动时间，单位：s；Q_{a}是水系统启动时HRR，单位：kW。

欣（Xin）和塔马尼尼还使用代表性燃料进行了一系列灭火试验，以评估喷淋系统保护的商品类别。[11]他们将喷头临界喷水通量定义为输送至燃料阵列顶部的能够抑制或防止火灾进一步发展的最小水量，并通过试验数据的线性内插得到。在顶棚净空高为3.05 m的情况下，用经验关联法估算了实际喷洒到燃料表面的水通量，该水通量与喷头流量和对流HRR相关。他们提出了一个类似于公式（16.14）的方程，将灭火过程中消耗的能量与水流量关联起来。Ⅱ类商品的估计临界喷淋通量为6.9 mm/min，三类和四类商品为19.9 mm/min，塑料商品为25.6 mm/min，盒装肉盘为26.9 mm/min。需要注意的是，这些值对应于存储货架顶部的喷淋区。结论是：基于喷头喷洒通量的分类代表了相关商品的火灾危险等级。

我们还可以从临界水流量公式［公式（16.8）］中得到一些启示。需要注意的是，在喷水系统启动时，该区域的燃料可能完全参与燃烧，辐射热流应远高于对流热流通量。此外，对于三维火源，燃料的辐射损失可能非常有限，其中大部分位于火焰内部。因此，公式（16.8）可简化为：

$$\dot{m}''_{w,cr} = \frac{\dot{q}''_{net,r}}{L_{v,w}}$$ （16.19）

这表明临界水流量与净热通量成正比，净热通量主要由辐射热通量组成。此外，为了在短时间内扑灭这类火灾，供给水流量必须远高于前面讨论的临界水流量。

总之，HRR 和灭火过程中消耗的能量与喷洒水流量（或实际水流量）相关，由此也得到了一些有用的公式，虽然大多数是经验公式，使用时需要加以注意。

示例16.3：粗略估算在宽9 m的隧道中有效抑制木托盘火灾所需的水流量。预计火灾规模可达100 MW，在喷水系统启动时 $HRR = 20$ MW。在这里，我们将有效抑制定义为：灭火期间仅消耗系统启动时燃料质量的20%。木托盘宽3 m，长8 m，燃烧热约为15 MJ/kg。

答案：喷洒到木托盘上的水流量可以使用公式（16.16）估算。首先，我们需要估算没有落到燃料表面上的水的比例 c。考虑到木托盘包装紧密，假设落在木托盘上的所有水滴均未穿透燃料到达隧道底板。因此，参数 c 计算得到：$c = (9-3)/9 = 2/3$。这表明喷嘴喷出的2/3水量对燃料的燃烧没有直接影响。需要注意的是，根据此假设，木托盘相关系数 $\xi = 0.15$，参数 $R = 0.2$。使用公式（16.16）来估算水流量：

$\dot{m}_w = \dot{m}_{f,a}(R/\xi)^{-0.645}/(1-c) = (20/15) \times (0.2/0.15)^{-0.645}/(1-2/3) = 3.32$ kg/s或 199 L/min。

燃料燃烧时隧道断面长度可粗略估算为：$20/100 \times 9 \times 8 = 14.4$ m²。因此可以估算供水量：$199/14.4 = 13.8$ mm/min或L/(min·m²)。

16.4.4 简短讨论

在露天火灾和室内火灾中，蒸发的水蒸气可以包围火和火焰，稀释作用可能非常显著，足以作为灭火的主要机制。而在通风的隧道火灾中，水蒸气会被吹离燃料表面，从而大大降低稀释效果。小水滴也可以被吹走。为此，为扑灭露天火灾和室内火灾所建立的模型和公式需要在隧道火灾中加以验证，强烈建议开展隧道灭火机理研究。

16.5 隧道火灾探测

隧道中使用的所有灭火系统都需要火灾探测系统报警进而启动。唯一例外的系统是单独嵌入了热敏元件的自动喷水装置组成的系统。在下面章节中，将简要总结隧道中使用的不同类型的火灾探测系统，并对隧道火灾探测试验进行总结。

16.5.1 火灾探测的类型

隧道中使用的火灾探测系统包括线型热探测、烟雾探测、火焰探测、视觉图像火灾探测、闭路电视系统、点热探测和CO_2/CO感应火灾探测。

线型热探测（line type heat detection，LTHD）应用于公路隧道火灾探测大约有40年历史。线型热检测通过绝对温度值或温度变化来检测火灾。隧道中使用的线型热检测系统有四种类型，即电缆、光纤、热电偶和气动热检测系统。电缆热探测器可分为4类，即热敏电阻式、模拟积分电路、数字电路和半导体电路。光纤电缆通过光传输的变化或反向散射的变化，来检测因热暴露而导致的电缆变形。线型热电偶用于检测的测量结果未固定，当温度升高时，它会集中在传感器整个长度的最热点。气动热检测系统的检测管暴露于火焰或热烟流后的气体膨胀，会使压力升高。在这些系统中，光纤热探测是隧道中应用最广泛的LTHD系统。不同的系统的响应也各不相同。除了下文讨论的点热探测器外，针对系统响应情况这一问题尚缺乏系统的研究。

烟雾探测器通过消光传感器、光散射传感器或电离衰减传感器来探测烟雾颗粒。消光感烟探测器通过测量由于烟雾颗粒的吸收而引起的消光来检测烟雾，而光散射烟雾探测器通过测量由于烟雾颗粒散射而引起的光信号来探测烟雾。电离感烟探测器使用放射性同位素产生电离，可以检测到烟雾引起的一定程度的差异，但研究发现它对阴燃火灾并不敏感。与热探测器类似，烟雾探测器的响应也有延迟，可以使用一些经过验证的模型进行估计，例如Cleary等人提出的模型。[40]工程实际中可以利用灰尘传感器（用于空气质量控制）在发生火灾时用作辅助烟雾探测器。

火焰探测器感应电磁辐射，并设计用于区分火焰辐射与其他来源的辐射。辐射波长可以位于光谱的紫外段、可见光或红外段部分。但是必须采取相关措施以防止因阳光、隧道中的照明系统和车辆发出的光线引起的误报警。

视觉图像（Visual Image）火焰或烟雾探测器将摄像机的视频图像数字化，并使用计算机软件识别火焰或烟雾。为了区分火焰和烟雾与光和灰尘等其他物质，所使用的算法可能会非常复杂。

此外，闭路电视监控器已用于许多隧道，主要用于交通控制，也可用于监测火灾事故、手动触发报警。

点热检测以一定的间隔（例如每30 m布置一个热电偶）测量隧道内的热量变化。研究人员系统地研究了点热探测器的响应。赫克斯塔德建议使用响应时间指数（Response Time Index，RTI）对不同类型的自动喷水装置和探测器进行排序。[41]

CO_2和CO传感器已用于许多隧道，在正常通风下控制隧道内的空气质量。虽然它们不是为火灾探测而设计的，但可以用作隧道火灾探测的补充系统。除了这些探测系统外，经过火源的司机或乘客也可以立即发现火灾，他们可以按下隧道内的火警按钮发出警报，并与隧道管理人员或消防队联系。有关火灾探测的更多信息可以查阅相关文献，例如，斯基菲利蒂（Schifiliti）等人[42]、马乔怡（Maciocia）和罗格纳（Rogner），以及扎洛什（Zalosh）和尚特拉努瓦（Chantranuwat）[43]等人的研究成果。

综上所述，隧道之所以采用不同的探测系统，主要取决于隧道具体的设计安全等级。对于与灭火系统相结合的探测系统，它必须能够准确地确定现场火灾的位置。从这个角度来看，非常需要设置LTHD。此外，使用专为正常通风设计的粉尘探测器和 CO/CO_2 测量设备作为补充火灾探测器也是一个很好的组合，但应缩短安装间距以获得更好的性能。

16.5.2　隧道火灾探测试验总结

表16.2总结了相关隧道火灾探测试验。其中大多数试验在欧洲进行，主要针对LTHD系统，文献中提供的信息非常有限。下面将详细介绍3个信息相对较全的系列试验，即第2比荷卢隧道火灾探测试验（2000—2001年）、卢恩海默隧道火灾探测试验（2007年），以及瓦伊格（Viger）隧道火灾探测试验（2007年）。

16.5.2.1　第2比荷卢隧道火灾探测试验（2000—2001年）

2000—2001年，研究人员在第2比荷卢隧道中进行了13次火灾探测试验[45]，其中包括8次小规模火灾和5次大规模火灾（3次液体池火灾、1次货车火灾和 1 次模拟卡车荷载火灾）。3种不同的LTHD

系统均布置在靠近侧墙、距离侧墙约3.5 m（估计值）处的位置。一个探测系统由一根玻璃纤维探测电缆组成，另外两个是电子传感器，间隔几米放置。试验测试了三个不同的火源位置，通风速度从0～5 m/s不等，试验中使用的油池尺寸在0.5 m²～2 m²之间变化。

　　每次试验检测系统测得的最高温度都在20 ℃～30 ℃范围内，然而，在一些风速较高的试验中，探测到的位置与着火点相差超过20 m，这种差异主要受通风影响。此外，火灾位置、探测器之间的位置，以及LTHD的测量误差也是原因之一。

16.5.2.2　卢恩海默隧道火灾探测试验（2007年）

　　为分析不同LTHD和烟雾探测的性能，2007年研究人员在卢恩海默隧道进行了8次试验。[46]其中，7次试验火源采用边长为0.4 m～1 m的方形庚烷油池，1次试验火源燃烧一辆真实的汽车。LTHD固定的报警限值为4 min内上升3 ℃，而烟雾探测器一般在烟尘浓度大于3000 μg/m³才会报警。烟雾探测器分别设置于火源下游62.5 m和125 m处。结果表明：对于庚烷池火灾，热检测效果较好；但在汽车火灾试验中热检测效果不佳。烟气和粉尘探测器在汽车火灾试验中效果较好，但在池火试验中效果不佳。此外，研究人员也发现，气流增加了热探测系统的探测时间，减少了烟雾探测系统的探测时间。然而，这个结论或许值得怀疑。需要注意的是，池火也会导致温度在早期迅速上升，因此早期的快速升温并不能代表典型的车辆火灾。在这种情况下，使用温升速率作为火灾探测的标准是比不上烟雾探测的。此外，在汽车火灾情况下，烟雾探测性能较好，主要归因于缓慢增长的火灾并未触发热探测器。测试的烟雾探测器比热探测器更敏感，但由于烟雾扩散、吸入管道和采集器内参数测量都需要时间，使烟雾探测器存在测量时间长的问题。此外其无法为灭火系统、疏散或消防员提供确切的火灾位置。在火势快速增长的情况下，热探测系统的性能可能会更好。

隧道内火灾探测试验汇总表[43-47]　　　　　　　表16.2

年份	隧道名称	国别	探测类型	火源	HRR（MW）	通风速度 u_0（m/s）
1992	Mositunnel	瑞士	线型热探测器、点热探测器、烟雾热探测器	油池火 0.5 m²～4 m²	—	多数为1
1999	Schonberg和Gubrist隧道	瑞士	线型热探测器（光纤）	汽油	—	—
1999	Colli Berici隧道（未开放）	意大利	线型热探测器	—	—	—
1999	CSIRO	澳大利亚	线型热探测器	热烟	1.36	—
2000	Hagerbach模型隧道	瑞士	—	汽油 0.25 m²～0.75 m²	0.42～1	0.75～2.8
2000	Felbertauern隧道	瑞士	—	柴油2 m²/3 m²/乙醇1 m²	—	3.5～11.0
2000	Boemlafjord隧道	芬兰	—	—	—	3
2001	清水（Shimizu）隧道	日本	—	汽油，汽车，1 m²～9 m²	—	2～3
2001	第2比荷卢隧道	荷兰	线型热探测器	汽油，货车，模拟卡车	1～25	0～5
2007	卢恩海默隧道	挪威	线型热探测器、烟雾探测器	庚烷，汽车	0.2～3	1.1～1.8
2007	瓦伊格隧道	加拿大	线型热探测器、火焰探测器和视觉图像火灾监测器	汽油池火，0.09 m²～0.36 m²	0.125～0.65	0～2.5

16.5.2.3　瓦伊格隧道火灾探测试验（2007年）

2007年，研究人员在加拿大蒙特利尔市中心的Carré-Viger隧道A洞中进行了9次试验。[47]隧道测试段（四车道）长400 m，高5 m，宽16.8 m。试验中评估了6个火灾探测系统，包括两个线型热探测系统、一个光学火焰探测器和3个视频图像探测（VID）系统。试验在隧道顶部安装了两个LTHD。

所有试验中都使用汽油作为燃料，火灾场景包括小型汽油池火（0.09 m²）、模拟车辆下方的汽油池火（0.36 m²）和大型模拟车辆后部的汽油池火（0.36 m²）。热量计测量得到HRR范围为125 kW ~ 650 kW。试验在隧道内不同位置用小型汽油池火（0.09 m²）进行了4次燃烧试验，峰值HRR接近125 kW。这些试验旨在研究火灾位置改变时，探测系统对小型露天池火灾的响应情况。试验期间，隧道内的气流很小。在这种情况下，火势发展得非常快，并产生了大量烟雾。试验使用位于模拟车辆下方的池火进行了3次试验，以研究气流（风速介于0 ~ 2.5 m/s）对小型池火（0.6 m × 0.6 m）火灾探测响应的影响。

16.5.3　简要讨论

与灭火系统结合使用的探测系统需要能够准确地确定火源位置。从这个角度来看，LTHD的使用是必要的。此外，隧道内烟雾探测器可以作为很好的探测辅助，在发生火灾时，使用普通粉尘探测器作为烟雾探测器可能是一个不错的选择。此外，在交通控制中使用的CCTV系统也可用于确认火灾事故的确切位置，其他检测技术也可作为辅助手段。简言之，不同的探测系统的组合至少包括LTHD、烟雾/灰尘探测器和/或者CCTV监控，从而形成一个可靠的火灾探测系统。

16.6　小结

本章给出了灭火系统的基本概念。隧道中使用的水基灭火系统主要有两种，即水喷淋系统和细水雾系统，两种系统的主要区别在于压力和水滴的大小。

本章介绍了采用水基灭火系统的灭火机制，可分为凝析相灭火和气相灭火两类。凝析相灭火的主要的机制是表面冷却。气相灭火可分为气体冷却、热容、稀释效应和动力学效应。在通风影响下，隧道火灾燃料表面蒸发的水蒸气会被吹走，甚至小水滴也可以被吹走，进而使稀释效应显著降低。此时，隧道火灾主要的灭火机制是燃料表面冷却。这说明在纵向通风的隧道火灾中，水量较大的喷水系统抑制火灾的性能较好。此外，本章讨论了灭火的临界条件，讨论了实际火灾的灭火问题，以及用于灭火的水流量和总水流量等。

本章总结了在隧道中开展的相关灭火试验及主要研究发现。在隧道中使用灭火系统总会涉及成本效益问题，必须提高灭火系统的能力，以有效地扑灭火灾，而不仅是控制火灾。

参考文献

1. NFPA 13—Standard for the Installation of Sprinkler Systems (2013). National Fire Protection Association.
2. Carvel RO, Marlair G (2005) A history of experimental tunnel fires. In: Beard AN, Carvel RO (eds) The handbook of tunnel fire safety. Thomas Telford Publishing, London, pp 201–230.
3. NFPA 502—Standard for Road Tunnels, Bridges, and Other Limited Access Highways (2011 Edition). National Fire Protection Association.

4. Cheong MK, Cheong WO, Leong KW, Lemaire AD, Noordijk LM (2014) Heat Release Rates of Heavy Goods Vehicle Fire in Tunnels with Fire Suppression System. Fire Technology 50:249–266.

5. Cheong MK, Cheong WO, Leong KW, Lemaire AD, Noordijk LM, Tarada F Heat release rates of heavy goods vehicle fires in tunnels. In: 15th International Symposium on Aerodynamics, Ventilation & Fire in Tunnels, Barcelona, Spain, 2013. BHR Group, pp 779–788.

6. Lemaire T, Kenyon Y (2006) Large Scale Fire Tests in the Second Benelux Tunnel. Fire Technology 42:329–350.

7. Arvidson M Fixed Fire suppression System Concepts for Highway Tunnels. In: International Conference on Tunnel Fires and Escape from Tunnels, Lyon, France, 5–7 May 1999. Independent Technical Conferences Ltd., pp 129–136.

8. Harris KJ Water Application Rates for Fixed Fire Fighting Systems in Road Tunnels. In: Fourth International Symposium on Tunnel Safety and Security, Frankfurt am Main, Germany, 2010.

9. SOLIT (2012) Engineering Guidance for a Comprehensive Evaluation of Tunnels with Fixed Fire Fighting Systems Scientific report of the SOLIT² research project, prepared by the SOLIT² consor-tium. Annex 3—Engineering Guidance for Fixed Fire Fighting Systems in Tunnels.

10. UPTUN (2008) Workpackage 2 Fire development and mitigation measures—D251. Engineering Guidance for Water Based Fire Fighting Systems for the Protection of Tunnels and Sub Surface Facilities.

11. UPTUN (2008) Workpackage 2 Fire development and mitigation measures—D253. Summary of Water Based FireSafety Systems in Road Tunnelsand Sub Surface Facilities.

12. Jönsson J, Johnson P Suppression System—Trade-offs & Benifits. In: Fourth International Symposium on Tunnel Safety and Security, Frankfurt am Main, 2010. pp 271–282.

13. OTA O (December 2002) Automatic fire extinction (sprinkler) system. OTA Engineering, Tokyo, Japan.

14. Stroeks R (2001) Sprinklers in Japanese Road Tunnels. Bouwdienst Rijkswaterstaat, Directoraat-Generaal Rijkswaterstaat, Ministry of Transport, The Netherlands.

15. Mawhinney J (2013) Fixed Fire Protection Systems in Tunnels: Issues and Directions. Fire Technology 49:477–508.

16. Arvidson M Large-Scale Water Spray and Water Mist Fire Suppression System Tests. In: Fourth International Symposium on Tunnel Safety and Security, Frankfurt am Main, 2010. pp 283–296.

17. Brandt A, Wighus R (2006) Real-scale tests of compressed air foam system in Runehamar test tunnel 2005. Sintef NBL.

18. Lönnermark A, Kristensson P, Helltegen M, Bobert M Fire suppression and structure protection for cargo train tunnels: Macadam and HotFoam. In: Lönnermark A, Ingason H (eds) 3rd International Symposium on Safety and Security in Tunnels (ISTSS 2008), Stockholm, Sweden, 12–14 March 2008. SP Technical Research Institute of Sweden, pp 217–228.

19. Mawhinney JR, Trelles J (2007) Computational fluid dynamics modelling of water mist systems on large HGV fires in tunnels. Paper presented at the Journée d'Etude Technique: Brouillard d'Eau—Quoi de Neuf?, at Pôle Européen de Sécurité CNPP -. Vernon, France, 22 Nov.

20. State of the Road Tunnel Equipment in Japan—Ventilation, Lighting, Safety Equipment (1993). Public Works Research Institute, Japan.

21. Li YZ, Ingason H (2013) Model scale tunnel fire tests with automatic sprinkler. Fire Safety Journal 61:298–313.

22. Ingason H (2008) Model scale tunnel tests with water spray. Fire Safety Journal 43 (7):pp 512–528.

23. Development of new innovative technologies (2006). UPTUN Work Package 2.

24. Tuomisaari M Full Scale fire testing for raod tunnel applications—evaluation of acceptable fire protection performance. In: Lönnermark A, Ingason H (eds) Third International Symposium on Tunnel Safety and Security, Stockholm, 2008. pp 181–193.

25. Mawhinney JR Evaluating the performance of water mist systems in road tunnels. In: IV Congreso Bienal Apci Ingenieria de Pci Madrid, 21–23rd of February 2007.

26. Lemaire AD, Meeussen VJA (2008) Effects of water mist on real large tunnel fires: Experimental determination of BLEVE-risk and tenability during growth and suppression. Efectis Nederland BV,.

27. Kratzmeir S, Lakkonen M Road Tunnel Protection by water mist systems—Implementation of full scale fire test results into a real project. In: Third International Symposium on Tunnel Safety and Security, Stockholm, 2008. SP pp 195–203.

28. Ingason H, Appel G, Li YZ, Lundström U, Becker C Large scale fire tests with a Fixed Fire Fighting System (FFFS). In: ISTSS 6th International Symposium on Tunnel Safety and Security, Marseille, 2014.

29. Rasbash DJ The Extinction of Fire with Plane Water: A Review. In: Fire Safety Science—Proceedings of the First International Symposium, 1985. pp 1145–1163.

30. Beyler C (1992) A unified model of fire suppresssion. Journal of Fire Protection Engineering 4 (1):5–16.

31. Tewarson A (2002) Generation of Heat and Chemical Compounds in Fires. In: DiNenno PJ, Drysdale D, Beyler CL et al. (eds) The SFPE Handbook of Fire Protection Engineering. Third edition edn. National Fire Protection Association, Quincy, MA, USA, pp 3–82 – 3–161.

32. Tewarson A, Pion RF (1976) Flammability of plastics. I. Burning intensity. Combustion and Flame 26:85–103.

33. Ingason H, Li YZ (2010) Model scale tunnel fire tests with longitudinal ventilation. Fire Safety Journal 45:371–384.

34. Rasbash DJ, Rogowski ZW, Stark GWV (1960) Mechanisms of Extinction of Liquid Fires and Water Sprays. Combustion and Flame 4:223–234.

35. Rasbash DJ (1962) The extinction of fires by water sprays. Fire Research Abstracts and Reviews 4:17–23.

36. Kung H-C (August 1977) Cooling of Room Fires by Sprinkler Spray. Jounal of Heat Transfer 99 (No. 3):353–359.

37. Heskestad G (2003) Extinction of gas and liquid pool fires with water spray. Fire Safety Journal 38:301–317.

38. Kung H-C, Hill JP (1975) Extinction of Wood Crib and Pallet Fires. Combustion and Flame 24:305–317.

39. Tamanini F (1976) The Application of Water Sprays to the Extinguishemnt of Crib Fires. Combustion Science and Technology 14:p. 17.

40. Cleary T, Chernovsky A, Grosshandler W, Anderson M Particulate Entry Lag in Spot-Type Smoke Detectors. In: Fire Safety Science—Proceedings of the Sixth International Symposium, Poitiers, France, 5–9 July 1999. IAFSS, pp 779–790.

41. Heskestad G (1988) Quantification of thermal responsiveness of automatic sprinklers including conduction effects. Fire Safety Journal 14:113–125.

42. Schifiliti RP, Meacham BJ, Custer RLP (2002) Design of Detection Systems. In: DiNenno PJ (ed) The SFPE Handbook of Fire Protection Engineering (2nd ed). National Fire Protection Association, Quincy, MA, pp 4–1–4–43.

43. Zalosh R., Chantranuwat P. (2003) International road tunnel fire detection research project—Phase I, Review of prior test programs and tunnel fires. The Fire Protection Research Foundation, Massachusetts, USA.

44. Ingason H (2006) Fire Testing in Road and Railway Tunnels. In: Apted V (ed) Flammability testing of materials used in construction, transport and mining. Woodhead Publishing, pp 231–274.

45. Huijben Ir. J.W. (2002) Tests on Fire Detection and Sprinkler. Paper presented at the ITC Conference, Basel, 2–4 December.

46. Aralt T.T., Nilsen A.R. (2009) Automatic fire detection in road traffic tunnels. Tunnelling and Underground Space Technology 24:75–83.

47. Liu Z.G., Crampton G.P., Kashef A., Lougheed G., Muradori S. (2008) International road tunnel fire detection research project—Phase II, Task 4: Field Fire Tests on Performance of Fire Detection Systems in an Operating Road Tunnel in Montreal. The Fire Protection Research Foundation, Massachusetts, USA.

第 17 章

隧道火灾CFD模型

摘　要：计算流体力学（computational fluid dynamics，CFD）模型已广泛应用于基于性能的隧道防火设计中。CFD将一个计算域划分为许多的小单元，并使用不同的求解算法求解一系列带有子模型的微分方程。CFD用户不仅需要高效地使用CFD工具，还需要了解其嵌入机制。本章介绍了CFD建模的基础知识，包括控制方程、不同的湍流模型和数值方法。描述了隧道火灾重要的子模型，即气相燃烧模型（gas phase combustion model）、凝聚相热解模型（condensed phase pyrolysis model）、灭火模型（fire supression model）、壁面函数（wall functions）和传热模型（heat transfer model）等。尽管这些与火灾现象相关模型的发展迅速且完善，但仍然存在许多局限性，用户使用时应该始终牢记这些局限性。本章对隧道火灾的CFD建模提出了诸多建议。

关键词：CFD；湍流；离散；燃烧；热解；灭火；壁面函数；传热；局限性；建议

17.1　引言

在过去的几十年里，随着计算机性能的显著提升，CFD建模得到迅速发展。目前已有一些商用CFD工具广泛应用于各个领域，如ANSYS Fluent、ANSYS CFX、PHOENICS、STAR-CCM + 等。尽管这些通用的CFD工具已嵌入许多模型，并具有很强的对不同现象进行建模的能力，但它们通常不能很好地用于火灾模拟。此外，研究人员还开发了一些专门用于火灾建模的CFD工具，如JASMINE、SMARTFIRE、SOFIE、火灾动力学模拟器（FDS）[1]和FireFoam[2]。其中，NIST[1]开发的FDS已成为消防领域的标准模拟软件。

迄今为止，CFD建模已广泛应用于基于性能的消防安全设计中，在很多文献中可以找到关于隧道火灾CFD建模的研究、应用论文。例如，昌（Cheong）等人[3]模拟了木托盘的燃烧过程，李颖臻等人[4]模拟了英格森（Ingason）等人开展的卢恩海默（Runehamar）隧道试验中大型火灾的烟气扩散特性[5,6]。CFD建模会使用大量的模型来模拟复杂的现象。CFD使用者不仅需要高效地使用工具，还需要了解嵌入式机制。本章介绍了CFD建模的基础知识和与火灾动力学相关的模型，并提出其局限性并给出相应建议。

17.2　CFD基础

CFD建模的基本思想是将一个计算域划分为大量的小单元，用不同的求解算法求解一组带有子模型的微分方程。在每个单元中，假定属性是一致的，大于单元尺寸范围中的现象可使用控制方程直接求解，而较小尺寸中的现象可使用子模型模拟。

17.2.1　控制方程

描述质量守恒、动量守恒和能量守恒的控制方程可以表示如下：

质量：

$$\frac{\partial \rho}{\partial t} + \frac{\partial(\rho u)}{\partial x} + \frac{\partial(\rho v)}{\partial y} + \frac{\partial(\rho w)}{\partial z} = S_{\mathrm{m}} \qquad (17.1)$$

就单个组分而言（质量分数 Y）：

$$\frac{\partial \rho Y_i}{\partial t} + \frac{\partial(\rho u Y_i)}{\partial x} + \frac{\partial(\rho v Y_i)}{\partial y} + \frac{\partial(\rho w Y_i)}{\partial z} = \frac{\partial}{\partial x}\left(\rho D_i \frac{\partial Y_i}{\partial x}\right) + \frac{\partial}{\partial y}\left(\rho D_i \frac{\partial Y_i}{\partial y}\right) + \frac{\partial}{\partial z}\left(\rho D_i \frac{\partial Y_i}{\partial z}\right) + S_{\mathrm{m},i} \qquad (17.2)$$

动量：

$$\frac{\partial(\rho u)}{\partial t} + \frac{\partial(\rho u u)}{\partial x} + \frac{\partial(\rho u v)}{\partial y} + \frac{\partial(\rho u w)}{\partial z} = \frac{\partial}{\partial x}\left(\mu \frac{\partial u}{\partial x}\right) + \frac{\partial}{\partial y}\left(\mu \frac{\partial u}{\partial y}\right) + \frac{\partial}{\partial z}\left(\mu \frac{\partial u}{\partial z}\right) - \frac{\partial p}{\partial x} + S_{\mathrm{M},x} \qquad (17.3)$$

$$\frac{\partial(\rho v)}{\partial t} + \frac{\partial(\rho u v)}{\partial x} + \frac{\partial(\rho v v)}{\partial y} + \frac{\partial(\rho v w)}{\partial z} = \frac{\partial}{\partial x}\left(\mu \frac{\partial v}{\partial x}\right) + \frac{\partial}{\partial y}\left(\mu \frac{\partial v}{\partial y}\right) + \frac{\partial}{\partial z}\left(\mu \frac{\partial v}{\partial z}\right) - \frac{\partial p}{\partial y} + S_{\mathrm{M},y} \qquad (17.4)$$

$$\frac{\partial(\rho w)}{\partial t} + \frac{\partial(\rho u w)}{\partial x} + \frac{\partial(\rho v w)}{\partial y} + \frac{\partial(\rho w w)}{\partial z} = \frac{\partial}{\partial x}\left(\mu \frac{\partial w}{\partial x}\right) + \frac{\partial}{\partial y}\left(\mu \frac{\partial w}{\partial y}\right) + \frac{\partial}{\partial z}\left(\mu \frac{\partial w}{\partial z}\right) - \frac{\partial p}{\partial z} + S_{\mathrm{M},z} \qquad (17.5)$$

能量：

$$\frac{\partial(\rho h)}{\partial t} + \frac{\partial(\rho u h)}{\partial x} + \frac{\partial(\rho v h)}{\partial y} + \frac{\partial(\rho w h)}{\partial z} = \frac{\partial}{\partial x}\left(k \frac{\partial T}{\partial x}\right) + \frac{\partial}{\partial y}\left(k \frac{\partial T}{\partial y}\right) + \frac{\partial}{\partial z}\left(k \frac{\partial T}{\partial z}\right) + S_{\mathrm{h}} \qquad (17.6)$$

$$S_{\mathrm{m}} = \dot{m}'''_{\mathrm{net}}, \quad S_{\mathrm{m},i} = \dot{m}'''_{\mathrm{net},i}$$

$$S_{\mathrm{M},x} = \frac{\partial}{\partial x}\left(\mu \frac{\partial u}{\partial x}\right) + \frac{\partial}{\partial y}\left(\mu \frac{\partial u}{\partial y}\right) + \frac{\partial}{\partial z}\left(\mu \frac{\partial u}{\partial z}\right) - \frac{2}{3}\frac{\partial}{\partial x}\left[\mu\left(\frac{\partial u}{\partial x} + \frac{\partial v}{\partial y} + \frac{\partial w}{\partial z}\right)\right] + \rho g_x + \sum F_x$$

$$S_{\mathrm{M},y} = \frac{\partial}{\partial x}\left(\mu \frac{\partial v}{\partial x}\right) + \frac{\partial}{\partial y}\left(\mu \frac{\partial v}{\partial y}\right) + \frac{\partial}{\partial z}\left(\mu \frac{\partial v}{\partial z}\right) - \frac{2}{3}\frac{\partial}{\partial y}\left[\mu\left(\frac{\partial u}{\partial x} + \frac{\partial v}{\partial y} + \frac{\partial w}{\partial z}\right)\right] + \rho g_y + \sum F_y$$

$$S_{\mathrm{M},z} = \frac{\partial}{\partial x}\left(\mu \frac{\partial w}{\partial x}\right) + \frac{\partial}{\partial y}\left(\mu \frac{\partial w}{\partial y}\right) + \frac{\partial}{\partial z}\left(\mu \frac{\partial w}{\partial z}\right) - \frac{2}{3}\frac{\partial}{\partial z}\left[\mu\left(\frac{\partial u}{\partial x} + \frac{\partial v}{\partial y} + \frac{\partial w}{\partial z}\right)\right] + \rho g_z + \sum F_z$$

$$S_h = \dot{Q}'''_{\mathrm{net}} + \varPhi + \frac{\partial p}{\partial t} + u\frac{\partial p}{\partial x} + v\frac{\partial p}{\partial y} + w\frac{\partial p}{\partial z}$$

$$\varPhi = \mu\left\{2\left[\left(\frac{\partial u}{\partial x}\right)^2 + \left(\frac{\partial v}{\partial y}\right)^2 + \left(\frac{\partial w}{\partial z}\right)^2\right] + \left(\frac{\partial u}{\partial y} + \frac{\partial v}{\partial x}\right)^2 + \left(\frac{\partial u}{\partial z} + \frac{\partial w}{\partial x}\right)^2 + \left(\frac{\partial v}{\partial z} + \frac{\partial w}{\partial y}\right)^2\right\} - \frac{2}{3}\mu\left(\frac{\partial u}{\partial x} + \frac{\partial v}{\partial y} + \frac{\partial w}{\partial z}\right)^2$$

式中，ρ 为密度，单位：kg/m^3；t 为时间，单位：s；x，y，z 为直角（笛卡儿）坐标系，单位：m；u，v，w 分别为 x，y，z 方向上的速度，单位：m/s；D 是质量扩散系数，单位：m^2/s；μ 是粘度，单位：kg/(m·s)；k 是导热系数，单位：kW/(m·K)；p 是压力，单位：Pa；g 是重力加速度，单位：m^2/s；h 是比焓，单位：kJ/kg；S 是源项；F 是作用力项，单位：N/m^3；Y 是组分质量分数；$\varPhi$ 是耗散函数。下标 m 表示质量，M 表示动量，h 表示焓，F 表示外力（如水滴施加的拉力），i 表示第 i 种物质。上标 "·" 表示单位时间，"″″" 表示单位体积。

需要注意的是，动能已经被张量和作用力项所取代，g 是重力矢量。应力通过流体体积的变形率来求解。

17.2.2　状态方程

假设理想气体的热力学状态平衡，压力可表示为：

$$p = \frac{\bar{R}}{M}\rho T \qquad (17.7)$$

环境压力分布满足：

$$\frac{dp_o}{dz} = -\rho_o g \qquad (17.8)$$

内能e和焓h的状态可表示为：

$$e = c_v T, h = c_p T \qquad (17.9)$$

对于由N种组分组成的混合气体，压力可表示为：

$$p = \sum_{i=1}^{N} p_i = \sum_{i=1}^{N} \left(\frac{\bar{R}\rho_i T_i}{M_i} \right) \qquad (17.10)$$

混合气体总可焓通过下式估算：

$$h = \sum_{i=1}^{N} \int_{T_0}^{T} c_{p,i} dT \qquad (17.11)$$

式中，$\bar{R}$为通用气体常数，数值为8.314 kJ/(kmol·K)；M是分子量，单位：kg/kmol；T是气体温度，单位：K；e是比内能，单位：kJ/kg；h是焓，单位：kJ/kg；c_p是定压比热容，单位：kJ/(kg·K)，c_v是定容比热容，单位：kJ/(kg·K)；p_0为环境压力，单位：Pa；z为海拔高度，单位：m。下标i表示第i种组分。

17.2.3 湍流

所有流动在低于某个雷诺数（$Re = \rho ul/\mu$，l为长度尺度）时都是稳定的，称为层流。然而，当雷诺数超过一定上限，流动会变得不稳定和混乱，称为湍流。介于层流和湍流之间的流动称为过渡流。

CFD模拟中可以使用不同的模型来模拟湍流，主要分为3种：Navier-Stokes模型、大涡模拟（large eddy simulation，LES）和直接数值模拟（direct numerical simulation，DNS）。在湍流中，脉动会对流体产生附加应力，称为雷诺应力。层流和湍流的动量和能量扩散机理不同。

17.2.3.1 平均Navier-Stokes模型

平均Navier-Stokes模型用作求解平均控制方程，并引入子模型求解动量和能量方程中与脉动分量相关的项。流速和压力这两个流量变量被分解为两个分量：一个均值分量和一个脉动分量，例如$\varphi = \bar{\varphi} + \varphi'$。通常可以使用的平均方法有：雷诺平均Navier-Stokes（RANS）模型和法夫尔（Favre）平均Navier-Stokes（FANS）模型。雷诺平均法求解时间平均控制方程，法夫尔平均法求解基于雷诺平均控制方程的加权平均方程。在某些特定情况下，密度波动很小，用这两种方法可以得到相同的方程。与RANS相比，FANS更加适于分析可压缩流情况。下面简要介绍法夫尔平均Navier-Stokes模型。法夫尔平均本质是一种加权平均法，表示如下：

$$\tilde{\varphi}(x,t) = \frac{\overline{\rho\varphi}}{\bar{\rho}} \qquad (17.12)$$

式中，φ为变量。上标"–"表示一小段时间增量的平均值，"~"表示法夫尔平均值。

因此，直角（笛卡儿）坐标系下的控制方程可以表示为：

质量：

$$\frac{\partial \bar{\rho}}{\partial t} + \frac{\partial(\bar{\rho}\tilde{u})}{\partial x} + \frac{\partial(\bar{\rho}\tilde{v})}{\partial y} + \frac{\partial(\bar{\rho}\tilde{w})}{\partial z} = S_m \qquad (17.13)$$

就单个组分而言：

$$\frac{\partial\left(\bar{\rho}\tilde{Y}\right)}{\partial t}+\frac{\partial\left(\bar{\rho}\tilde{u}\tilde{Y}\right)}{\partial x}+\frac{\partial\left(\bar{\rho}\tilde{v}\tilde{Y}\right)}{\partial y}+\frac{\partial\left(\bar{\rho}\tilde{w}\tilde{Y}\right)}{\partial z}$$

$$=\frac{\partial}{\partial x}\left(\bar{\rho}D\frac{\partial\tilde{Y}}{\partial x}\right)+\frac{\partial}{\partial y}\left(\bar{\rho}D\frac{\partial\tilde{Y}}{\partial y}\right)+\frac{\partial}{\partial z}\left(\bar{\rho}D\frac{\partial\tilde{Y}}{\partial z}\right)-\left[\frac{\partial\left(\overline{\bar{\rho}u'Y'}\right)}{\partial x}+\frac{\partial\left(\overline{\bar{\rho}v'Y'}\right)}{\partial y}+\frac{\partial\left(\overline{\bar{\rho}w'Y'}\right)}{\partial z}\right]+\tilde{S}_{\mathrm{m},Y}$$

（17.14）

动量（x轴）：

$$\frac{\partial\left(\bar{\rho}\tilde{u}\right)}{\partial t}+\frac{\partial\left(\bar{\rho}\tilde{u}\tilde{u}\right)}{\partial x}+\frac{\partial\left(\bar{\rho}\tilde{u}\tilde{v}\right)}{\partial y}+\frac{\partial\left(\bar{\rho}\tilde{u}\tilde{w}\right)}{\partial z}$$

$$=\frac{\partial}{\partial x}\left(\mu\frac{\partial\tilde{u}}{\partial x}\right)+\frac{\partial}{\partial y}\left(\mu\frac{\partial\tilde{u}}{\partial y}\right)+\frac{\partial}{\partial z}\left(\mu\frac{\partial\tilde{u}}{\partial z}\right)-\frac{\partial\tilde{\rho}}{\partial x}-\left[\frac{\partial\left(\overline{\bar{\rho}u'^2}\right)}{\partial x}+\frac{\partial\left(\overline{\bar{\rho}u'v'}\right)}{\partial y}+\frac{\partial\left(\overline{\bar{\rho}u'w'}\right)}{\partial z}\right]+\tilde{S}_{\mathrm{M},x}$$

（17.15）

动量（y轴）：

$$\frac{\partial\left(\bar{\rho}\tilde{v}\right)}{\partial t}+\frac{\partial\left(\bar{\rho}\tilde{u}\tilde{v}\right)}{\partial x}+\frac{\partial\left(\bar{\rho}\tilde{v}\tilde{v}\right)}{\partial y}+\frac{\partial\left(\bar{\rho}\tilde{v}\tilde{w}\right)}{\partial z}$$

$$=\frac{\partial}{\partial x}\left(\mu\frac{\partial\tilde{v}}{\partial x}\right)+\frac{\partial}{\partial y}\left(\mu\frac{\partial\tilde{v}}{\partial y}\right)+\frac{\partial}{\partial z}\left(\mu\frac{\partial\tilde{v}}{\partial z}\right)-\frac{\partial\tilde{\rho}}{\partial y}-\left[\frac{\partial\left(\overline{\bar{\rho}u'v'}\right)}{\partial x}+\frac{\partial\left(\overline{\bar{\rho}v'^2}\right)}{\partial y}+\frac{\partial\left(\overline{\bar{\rho}v'w'}\right)}{\partial z}\right]+\tilde{S}_{\mathrm{M},y}$$

（17.16）

动量（z轴）：

$$\frac{\partial\left(\bar{\rho}\tilde{w}\right)}{\partial t}+\frac{\partial\left(\bar{\rho}\tilde{u}\tilde{w}\right)}{\partial x}+\frac{\partial\left(\bar{\rho}\tilde{v}\tilde{w}\right)}{\partial y}+\frac{\partial\left(\bar{\rho}\tilde{w}\tilde{w}\right)}{\partial z}$$

$$=\frac{\partial}{\partial x}\left(\mu\frac{\partial\tilde{w}}{\partial x}\right)+\frac{\partial}{\partial y}\left(\mu\frac{\partial\tilde{w}}{\partial y}\right)+\frac{\partial}{\partial z}\left(\mu\frac{\partial\tilde{w}}{\partial z}\right)-\frac{\partial\tilde{\rho}}{\partial z}-\left[\frac{\partial\left(\overline{\bar{\rho}u'w'}\right)}{\partial x}+\frac{\partial\left(\overline{\bar{\rho}v'w'}\right)}{\partial y}+\frac{\partial\left(\overline{\bar{\rho}w'^2}\right)}{\partial z}\right]+S_{\mathrm{M},z}$$

（17.17）

能量：

$$\frac{\partial\left(\bar{\rho}\tilde{h}\right)}{\partial t}+\frac{\partial\left(\bar{\rho}\tilde{u}\tilde{h}\right)}{\partial x}+\frac{\partial\left(\bar{\rho}\tilde{v}\tilde{h}\right)}{\partial y}+\frac{\partial\left(\bar{\rho}\tilde{w}\tilde{h}\right)}{\partial z}$$

$$=\frac{\partial}{\partial x}\left(k\frac{\partial\tilde{T}}{\partial x}\right)+\frac{\partial}{\partial y}\left(k\frac{\partial\tilde{T}}{\partial y}\right)+\frac{\partial}{\partial z}\left(k\frac{\partial\tilde{T}}{\partial z}\right)-\left[\frac{\partial\left(\overline{\bar{\rho}u'h'}\right)}{\partial x}+\frac{\partial\left(\overline{\bar{\rho}v'h'}\right)}{\partial y}+\frac{\partial\left(\overline{\bar{\rho}w'h'}\right)}{\partial z}\right]+\tilde{S}_{\mathrm{h}}$$

（17.18）

注意，上述湍流方程和层流方程之间的主要区别在于动量公式（17.15）~公式（17.17）、组分输运公式（17.14）和能量公式（17.18）的右侧的附加项。这些附加项表示动量和质量的额外扩散，以及能量的额外耗散。动量方程中的项被称为雷诺应力，因此，动量方程被称为雷诺方程。建议利用 Navier-Stokes 湍流模型将这些湍流项与流动平均值相关联。通过对原始项求平均，可以很容易地获得源项。

平均 Navier-Stokes 湍流模型主要包括：零方程模型（混合长度模型）、$k-\varepsilon$ 两方程模型、雷诺应力方程模型和代数应力模型。在这里，简要介绍应用最广泛、广为认可的标准 $k-\varepsilon$ 模型。

定义湍流动能K（单位：m^2/s^2）和粘性耗散率ε（单位：m^2/s^3）如下：

$$K = \frac{1}{2}\widetilde{u_i'u_i'} = \frac{1}{2}\left(\widetilde{u'^2} + \widetilde{v'^2} + \widetilde{w'^2}\right), \quad \varepsilon = \frac{\mu_t}{\bar{\rho}}\widetilde{\frac{\partial u_i'}{\partial x_j}\cdot\frac{\partial u_i'}{\partial x_j}}, \quad i,j=1,2,3 \quad (17.19)$$

式中，μ_t为湍流粘度，单位：$kg/(m\cdot s)$。在$k-\varepsilon$模型中，假设湍流粘度为各向同性。u'、v'和w'分别是速度u、v和w的脉动分量，单位：m/s。下标i和j表示x（1）、y（2）或z（3）轴。

动量方程中的雷诺应力$\tau_{ij}[kg/(m\cdot s^2)]$与平均变形率的关系为：

$$\tau_{ij} = -\bar{\rho}\widetilde{u_i'u_j'} = \mu_t\left(\frac{\partial \tilde{u}_i}{\partial x_j} + \frac{\partial \tilde{u}_j}{\partial x_i}\right) - \frac{2}{3}\left(\mu_t\frac{\partial \tilde{u}_i}{\partial x_j} + \bar{\rho}K\right)\delta_{ij} \quad (17.20)$$

式中，克罗内克（Kronecher）函数δ_{ij}的定义如下：

$$\delta_{ij} = \begin{cases} 1 & i=j \\ 0 & i\neq j \end{cases} \quad i,j=1,2,3 \quad (17.21)$$

注意，动量方程中的湍流项与平均项相关。下面来估算湍流粘度μ_t。在标准$k-\varepsilon$模型中，假设湍流涡度粘度与湍流速度尺度和长度尺度成正比，湍流粘度可以用湍流动能和粘性耗散率来代替，可得：

$$\mu_t = \rho C_\mu \frac{k^2}{\varepsilon} \quad (17.22)$$

K方程可以表示为：

$$\frac{\partial(\bar{\rho}K)}{\partial t} + \frac{\partial(\bar{\rho}\tilde{u}_j K)}{\partial x_j} = \frac{\partial}{\partial x_j}\left(\frac{\mu_t}{\sigma_k}\frac{\partial K}{\partial x_j}\right) + \mu_t\frac{\partial \tilde{u}_i}{\partial x_j}\left(\frac{\partial \tilde{u}_i}{\partial x_j} + \frac{\partial \tilde{u}_j}{\partial x_i}\right) - \frac{2}{3}\frac{\partial \tilde{u}_i}{\partial x_j}\left(\mu_t\frac{\partial \tilde{u}_i}{\partial x_j} + \bar{\rho}K\right)\delta_{ij} - \bar{\rho}\varepsilon \quad (17.23)$$

ε方程可以表示为：

$$\frac{\partial(\bar{\rho}\varepsilon)}{\partial t} + \frac{\partial(\bar{\rho}\tilde{u}_j\varepsilon)}{\partial x_j} = \frac{\partial}{\partial x_j}\left(\frac{\mu_t}{\sigma_\varepsilon}\frac{\partial \varepsilon}{\partial x_j}\right) + C_{\varepsilon1}\frac{\varepsilon}{K}\left[\mu_t\frac{\partial \tilde{u}_i}{\partial x_j}\left(\frac{\partial \tilde{u}_i}{\partial x_j} + \frac{\partial \tilde{u}_j}{\partial x_i}\right) - \frac{2}{3}\frac{\partial \tilde{u}_i}{\partial x_j}\left(\mu_t\frac{\partial \tilde{u}_i}{\partial x_j} + \bar{\rho}K\right)\delta_{ij}\right] - C_{\varepsilon2}\bar{\rho}\frac{\varepsilon^2}{K} \quad (17.24)$$

式中，$C_\mu = 0.09$，$C_{\varepsilon1} = 1.44$，$C_{\varepsilon2} = 1.92$，$\sigma_k = 1.0$，$\sigma_\varepsilon = 1.30$

通过类比，其他方程中的湍流项与湍流粘度直接相关。能量方程中的湍流项可以表示为：

$$-\bar{\rho}\widetilde{u_i'h} = k_t\frac{\partial \tilde{h}}{\partial x_i} \quad (17.25)$$

组分标量方程中的湍流项表示为：

$$-\bar{\rho}\widetilde{u_i'Y} = (\rho D)_t\frac{\partial \tilde{Y}}{\partial x_i} \quad (17.26)$$

相应的湍流传导率k_t可通过下式估算：

$$k_t = \frac{\mu_t}{Pr_t} \quad (17.27)$$

湍流质量扩散系数$(\rho D)_t$为：

$$(\rho D)_t = \frac{\mu_t}{Sc_t} \quad (17.28)$$

式中，Pr_t为湍流普朗特（Prandtl）数，Sc_t为湍流施密特（Schdmit）数。需要注意的是，标准$k-\varepsilon$模型只适用于高雷诺数的流动，即湍流。也有低雷诺数的$k-\varepsilon$方程，需要考虑粘性扩散项。

17.2.3.2　大涡模拟（LES）

如上一节所述，RANS引入了额外的公式来模拟湍流，并使用湍流子模型来模拟大涡和小涡。相比之下，LES直接模拟平均流量和最大涡流，仅使用亚网格模型模拟小涡流。LES模型可以使用显式滤波函数对小涡进行过滤。空间滤波操作可表示为：

$$\hat{\varphi}(x,t) = \int_{\Delta} \varphi(r,t) G(|x-r|) dr \tag{17.29}$$

式中，G是滤波函数，Δ是滤波宽度，通常等于单元尺寸。最常见的滤波函数包括：高帽（Top-hat）滤波函数、高斯（Gaussian）滤波函数和傅里叶Cut-Off滤波函数。[7]

与Navier-Stokes湍流模型相似，这里采用法夫尔平均法，如下：

$$\tilde{\varphi}(x,t) = \frac{\widehat{\rho\varphi}}{\hat{\rho}} \tag{17.30}$$

除了湍流应力项外，大涡模拟的控制方程与FANS模型相似。

质量为：

$$\frac{\partial \hat{\rho}}{\partial t} + \frac{\partial (\hat{\rho}\tilde{u}_j)}{\partial x_j} = S_{\mathrm{m}} \tag{17.31}$$

就单个组分而言：

$$\frac{\partial (\hat{\rho}\tilde{Y})}{\partial t} + \frac{\partial (\hat{\rho}\tilde{u}_j\tilde{Y})}{\partial x_j} = \frac{\partial}{\partial x_j}\left(\hat{\rho}D\frac{\partial \tilde{Y}_j}{\partial x_j} \right) - \frac{\partial}{\partial x}\left(\hat{\rho}\widetilde{u_j Y} - \hat{\rho}\widetilde{u_j}\tilde{Y} \right) + \tilde{S}_{\mathrm{m},Y} \tag{17.32}$$

动量为：

$$\frac{\partial (\hat{\rho}\tilde{u})}{\partial t} + \frac{\partial (\hat{\rho}\tilde{u}_i\tilde{u}_j)}{\partial x_j} = -\frac{\partial}{\partial x}\left[\tilde{p}\delta_{ij} - \mu_{\mathrm{t}}\frac{\partial \tilde{u}_i}{\partial x_j}\left(\frac{\partial \tilde{u}_i}{\partial x_j} + \frac{\partial \tilde{u}_j}{\partial x_i}\right) + \frac{2}{3}\left(\mu_{\mathrm{t}}\frac{\partial \tilde{u}_i}{\partial x_j}\right)\delta_{ij} \right] - \frac{\partial \left(\hat{\rho}\widetilde{u_i u_j} - \hat{\rho}\tilde{u}_i\tilde{u}_j \right)}{\partial x_j} + S_{\mathrm{M},i} \tag{17.33}$$

能量为：

$$\frac{\partial (\hat{\rho}\tilde{h})}{\partial t} + \frac{\partial (\hat{\rho}\tilde{u}_j\tilde{h})}{\partial x_j} = \frac{\partial}{\partial x_j}\left(\frac{k}{c_p}\frac{\partial \tilde{h}}{\partial x_j} \right) - \frac{\partial}{\partial x}\left(\hat{\rho}\widetilde{u_j h} - \hat{\rho}\tilde{u}_j\tilde{h} \right) + \tilde{S}_{\mathrm{h}} \tag{17.34}$$

应该记住，所有的变量都是过滤后数值。此外，由于定义不同，LES控制公式中的湍流应力项与FANS的雷诺应力项是不同的。尽管存在差异，湍流应力也需要使用亚网格模型（SGS）来求解。常用的SGS模型主要包括Smagorinsky模型、结构功能模型、混合尺度模型、动态SGS模型和单方程SGS模型[7]。下面简要描述FDS[1]中所使用的基本Smagorinsky模型。

在Smagorinsky模型中，假定湍流漩涡为各向同性。亚网格湍流应力模型为：

$$\tau_{ij} = \hat{\rho}\widetilde{u_i u_j} - \hat{\rho}\tilde{u}_i\tilde{u}_j = -2\mu_{\mathrm{SGS}}\widetilde{S}_{ij} \tag{17.35}$$

式中，应变率张量$\tilde{S}_{ij}$定义为：

$$\tilde{S}_{ij} = \frac{1}{2}\left(\frac{\partial \tilde{u}_i}{\partial x_j} + \frac{\partial \tilde{u}_j}{\partial x_i} \right) - \frac{1}{3}\frac{\partial \tilde{u}_n}{\partial x_n}\delta_{ij}, n = 1,2,3 \tag{17.36}$$

假设湍流粘度可以用长度尺度和流动的平均应变率来描述：

$$\mu_{\mathrm{SGS}} = \rho(C_{\mathrm{s}}\Delta)^2\left[2\tilde{S}_{ij}\cdot\tilde{S}_{ij} - \frac{2}{3}\left(\frac{\partial \tilde{u}_n}{\partial x_n}\right)^2 \right]^{\frac{1}{2}} \tag{17.37}$$

式中，C_{s}是数值介于0.065～0.3之间的系数。在FDS中该值设置为0.2。[1]

与法夫尔平均Navier-Stokes模型相似，其他公式中的湍流项也与湍流粘度进行了类比关联。能量公式中的湍流项可以表示为：

$$\hat{\rho}\widetilde{u_i h} - \hat{\rho}\tilde{u}_i \tilde{h} = -k_{SGS}\frac{\partial \tilde{T}}{\partial x_j} \tag{17.38}$$

标量公式中的湍流项表示为：

$$\hat{\rho}\widetilde{u_i Y} - \hat{\rho}\tilde{u}_i \tilde{Y} = -(\rho D)_{SGS}\frac{\partial \tilde{Y}}{\partial x_j} \tag{17.39}$$

相应的湍流传导率和质量扩散率可通过下式估算：

$$k_{SGS} = \frac{\mu_{SGS}c_p}{Pr_{SGS}} \tag{17.40}$$

$$(\rho D)_{SGS} = \frac{\mu_{SGS}}{Sc_{SGS}} \tag{17.41}$$

在FDS中，湍流普朗特数和施密特数均设置为0.5。

17.2.3.3　直接数值模拟

直接数值模拟（DNS）可直接求解控制方程，直接模拟最大和最小涡流。需要注意的是，DNS的控制公式与层流公式相同。因此，网格尺寸应小于流动中的最小涡流，其中雷诺数等于1。三维模拟中的网格数按雷诺数的9/4次幂选取。随着雷诺数的增大，最小和最大涡流之间的差值也会增大，进而所需网格数迅速增加。一些研究表明，在不显著降低准确性的情况下，网格数可以减少到原来的1/100，尽管如此，但DNS计算成本仍旧非常高。需要注意的是，使用DNS仅能较好地模拟常规流动，对于火灾诱导的烟气流动情况则不然。后者不仅取决于流动模型，还与稍后讨论的其他子模型密切相关。

17.2.4　离散化方法

控制方程需要在单元上进行离散和求解。广泛采用的离散方法有3种，即有限体积法（FVM）、有限元法（FEM）和有限差分法（FDM）。此外，还可以采用边界元法、谱元法等其他高分解率离散化方法，这里重点讨论有限体积法。有限体积法因其明确的物理意义和完备性而在计算流体力学中得到广泛应用。首先，需要将计算域离散成大量的小控制体。

需要注意的是，质量、动量和能量的控制公式可以用以下简单的形式表示：

$$\frac{\partial(\rho\varphi)}{\partial t} + \mathrm{div}(\rho\varphi u) = \mathrm{div}[\Gamma\,\mathrm{grad}(\varphi)] + S \tag{17.42}$$

式中，φ是变量（其中，质量方程为1，动量方程为u，能量方程为h）；u是速度矢量；S是源项。符号div表示散度，grad表示梯度。

对控制体积（CV）从时间t到$t+\Delta t$积分得到：

$$\int_{CV}\int_t^{t+\Delta t}\frac{\partial(\rho\varphi)}{\partial t}dtdV + \int_{CV}\int_t^{t+\Delta t}\mathrm{div}(\rho\varphi u)dtdV$$
$$= \int_{CV}\int_t^{t+\Delta t}\mathrm{div}[\Gamma\,\mathrm{grad}(\varphi)]dtdV + \int_{CV}\int_t^{t+\Delta t}SdtdV \tag{17.43}$$

17.2.4.1　时间离散

上述方程中，除左边第一项表示变化率外，各项从时间t到$t+\Delta t$的积分可以表示为：

$$\int_t^{t+\Delta t}\varphi dt = \Delta t\left[\xi\varphi(t+\Delta t) + (1-\xi)\varphi(t)\right] \tag{17.44}$$

式中，Δt 为时间步长，单位：s；ξ 为离散化系数。

　　如果 $\xi=0$，则 $t+\Delta t$ 时刻的 φ 项可以完全根据 t 时刻的数值进行估计，得到的格式称为全显式格式或欧拉（Euler）显式格式；如果 $\xi=1$，$t+\Delta t$ 时刻的 φ 项完全根据 $t+\Delta t$ 时刻的值进行估计，得到的格式称为全隐式格式或欧拉隐式格式；如果 $\xi=1/2$，则该格式称为克兰克-尼科尔森（Crank-Nicolson）格式。但需要注意的是，公式（17.43）中表示变化率的第一项包含了时间的导数，时间增量可以被削弱，因此无论是什么格式，其形式都是相同的。

　　对于全显式格式，需要满足稳定性条件，即 Courant-Friedrichs-Lewy（CFL）条件和冯·诺依曼（Von Neumann）准则，以避免不稳定性。

　　对于结构化网格，CFL 条件可以简单地表示为：

$$\Delta t_{\max}\left(\frac{|u|}{\Delta x},\frac{|v|}{\Delta y},\frac{|w|}{\Delta z}\right)<1 \tag{17.45}$$

　　冯·诺依曼准则为：

$$\Delta t_{\max}(D,v,a)\left(\frac{1}{\Delta x^2}+\frac{1}{\Delta y^2}+\frac{1}{\Delta z^2}\right)<\frac{1}{2} \tag{17.46}$$

式中，Δx、Δy、Δz 分别是网格单元在 x、y 和 z 方向上的尺寸；D 是质量扩散率，单位：m^2/s；v 是运动粘度，单位：m^2/s；a 是热扩散率，单位：m^2/s。

　　借助这些约束条件，使保证数值公式中的系数大于零，达到稳定数值解的目的。其物理意义是避免质量流、动量和能量传递速度过快。

　　理论上说，全隐式格式所得结果总是稳定的。然而，由于全隐格式的精度通常为一阶或二阶，因此需要较小的时间步长以减少计算误差。此外，在涉及瞬时边界条件或非常复杂现象的瞬态流的情况下，也可能需要小的时间步长。

17.2.4.2　空间离散化

　　对于对流项和扩散项，我们需要将其离散为体积的导数。假定：一个控制体由西（W）和东（E）两个相邻的体所包围，相应的边界被称为 w 和 e（x 轴方向从 w 到 e）。

$$\int_{CV}\frac{\partial\varphi}{\partial x}dV=(\Delta y\Delta z)(\varphi_e-\varphi_w) \tag{17.47}$$

　　边界上的数值需要使用控制体旁边的节点参数数值进行替换。边界项的离散有很多格式，包括：中心差分格式、逆风差分格式、混合差分格式、幂律格式、QUICK 格式和其他高阶格式，如适合用作对流分析的 Superbee 格式。[8]

　　控制体的中心差分格式可以表示为：

$$\varphi_w=\frac{\varphi_W+\varphi_{CV}}{2},\quad \varphi_e=\frac{\varphi_{CV}+\varphi_E}{2} \tag{17.48}$$

　　对于对流和扩散的问题，中心差分格式可能导致不稳定，除非佩克莱（Peclet）数满足以下条件：

$$Pe=\frac{\rho u}{\Gamma\Delta x}<2 \tag{17.49}$$

　　其物理意义是，流动中使用中心差分格式无法很好地表达影响的方向性。

　　迎风格式建议使用迎风节点的值作为边界值，例如，如果风是从西向东，则：

$$\varphi_w=\varphi_W,\quad \varphi_e=\varphi_{CV} \tag{17.50}$$

　　虽然迎风格式非常简单，其精度仅为一阶，但它对对流问题很有用。为了在高 Pe 数时提高精度，可以采用斯波丁（Spalding）混合差分格式。混合差分格式是迎风差分格式和中心差分格式的结合，适用于整个佩克莱数范围。

混合格式和迎风格式的精度仅为一阶。采用高阶差分格式可以加快计算速度，二次迎风差分格式（QUICK）[9]就是一个很好的例子：

$$\varphi_w = \frac{6}{8}\varphi_P + \frac{3}{8}\varphi_W - \frac{1}{8}\varphi_E, \quad \varphi_e = \frac{6}{8}\varphi_E + \frac{3}{8}\varphi_P - \frac{1}{8}\varphi_{EE} \tag{17.51}$$

式中，EE是东侧再向东的网格。

17.2.5　求解算法

方程离散化后，可以得到每个网格的多个离散化方程。为了求解这些大量的代数方程，需要应用特殊的算法，其中求解的核心是求解动量方程。

求解算法包括全耦合法和压力—速度耦合法。全耦合法用作求解系统的所有代数方程，然而问题在于系统是高度非线性的，因此，与压力—速度耦合方法相比，全耦合方法的效率要低得多。大多数商用CFD软件仅采用压力—速度耦合法。

压力—速度耦合法可分为基于压力的方法和基于密度的方法。基于压力的方法常用于不可压缩流动，而基于密度的方法则适用于可压缩流动。基于压力的方法可分为基于SIMPLE的算法和泊松（Poisson）算法。基于SIMPLE的算法包括SIMPLE、SIMPLER、SIMPLEC和PISO。它们按照"猜测—纠正"的程序计算交错网格布置上的压力。SIMPLER算法在修正压力方面比SIMPLE算法更有效，因此在许多CFD代码中被视为标准算法。泊松算法包括Marker-And-Cell（MAC）方法[10]、简化MAC方法SMAC[11]和ALE。[12]这些方法可以直接求解压力泊松方程，显示出很高的效率。但相比而言，基于SIMPLE的算法在通用CFD程序中应用更为广泛。

17.3　与隧道火灾相关的子模型

17.3.1　气相燃烧

从理论上讲，气相燃烧总会需要一定的离散时间。然而，与流动时间相比，反应时间通常可以忽略。达姆科勒（Damköhler）数用于表征这两个时间[13,14]：

$$Da = \frac{t_{turbulent}}{t_{combustion}} \tag{17.52}$$

气相燃烧模型可以分为两种：广义有限速率燃烧模型（generalized finite rate combustion model）、无限速率守恒标量燃烧模型（infinite rate conserved scalar combustion）。

广义有限速率燃烧模型要求精确地模拟燃料和氧气的扩散，因此需要非常精细的网格和较小的时间步长。广义有限速率燃烧模型包括层流有限速率化学模型、涡破碎和涡耗散模型等。[7,15]有限速率化学模型使用阿伦尼乌斯（Arrhenius）动力学表达式表示反应速率。涡破碎和涡耗散模型假设湍流火焰的反应速率由湍流的局部应变率主导。而涡破碎分解反应速率可以简单地根据物质浓度和涡破碎速率计算。

由于引入了混合分数，守恒标量燃烧模型的标量方程中不再包含化学源项。这些模型包括：无限速率混合分数模型、层流小火焰模型、概率密度函数模型等。无限速率混合分数模型假设燃料和O_2的反应在混合后立即完成。层流小火焰模型假设火焰是层流小火焰的集合。概率密度函数模型应用概率函数来解释湍流与燃烧之间的相互作用。

隧道火灾的CFD建模与火源尺寸相比，计算域通常非常大，极大地限制了网格尺寸的细化。而有限速率燃烧模型则需要非常细的网格尺寸和小的时间步长来模拟火域。这就意味着有限速率方法下的火焰模拟与隧道烟气扩散模拟需要采用不同的尺度。为此，有限速率燃烧模型目前在工程实践中应用并不广泛。在隧道火灾建模中，无限速率混合分数模型更为实用，因而应用也更为广泛。下面简要介绍FDS[1]中使用的混合分数模型。

假设化学反应方程式为：

$$v_F \text{Fuel} + v_O O_2 \rightarrow \sum_i v_{P,i} \text{Products} \tag{17.53}$$

由此得到：

$$\frac{\dot{m}_F'''}{v_F M_F} = \frac{\dot{m}_O'''}{v_O M_O} \tag{17.54}$$

混合物分数Z定义为：

$$Z = \frac{sY_F - (Y_O - Y_O^\infty)}{sY_F^I + Y_O^\infty} \tag{17.55}$$

式中：

$$s = \frac{v_O M_O}{v_F M_F}$$

质量守恒方程：

$$\rho \frac{DZ}{Dt} = \nabla \cdot \rho D \nabla Z \tag{17.56}$$

定义火焰表面为：

$$Z(x,t) = Z_f = \frac{Y_O^\infty}{sY_F^I + Y_O^\infty} \tag{17.57}$$

火焰表面条件为：

$$Y_O(Z) = \begin{cases} Y_O^\infty \left(1 - \dfrac{Z}{Z_f}\right) & Z < Z_f \\ 0 & Z > Z_f \end{cases} \tag{17.58}$$

式中，v_F、v_O、v_P为燃料、氧气和燃烧产物的化学计量系数；$\dot{m}'''$为质量源项，单位：kg/m³s；M为分子量，单位：kg/kmol；Y为燃料体积质量分数；Z为混合物分数。下标F是燃料，f是火焰，O是氧气，P是燃烧产物。上标∞表示环境条件，I表示入口。

混合分数模型已被证明是简单且可靠的，并且可以在粗网格条件下使用，但在较粗网格条件会使确定可燃性条件变得困难。

17.3.2　凝聚相热解

大多数工程应用都会简单地使用气体燃烧器模拟隧道火灾产生的固定*HRR*或*HRR*曲线。在某些情况下，模拟池火或固体火也可能很有趣。例如，使用CFD研究火灾灭火系统的性能，通常需要对池火或更真实的固体火进行模拟。但是由于缺乏对这些凝聚相热解机理的了解，目前CFD工具很少能成功完成这类任务。这里，仅对热解模型进行简短描述，供读者参考。

17.3.2.1　固相

固体燃料的热解速率主要与燃料的温度和质量浓度有关，此外，也与燃料内部小体积的阿伦尼乌斯表达式[16,17]相关：

$$\frac{dY_f}{dt} = -A_{pef}Y_f\exp\left(-\frac{E_A}{RT_f}\right) \quad (17.59)$$

式中，Y_f为燃料质量分数；T_f为燃料温度，K；A_{pef}为预指数因子，单位：pef；E_A为活化能，单位：kJ/kmol。对于特定燃料，活化能和预指数因子通常认为是常数，可以从小尺度试验中获得。

此外，还需要对燃料内部的热传导进行建模。热量被燃料表面吸收并传导到燃料内部支持热解反应。燃料变成蒸气蒸发，渗透到表面，与氧气混合并在空气中燃烧。需要注意的是，对于热塑性材料，热传递到燃料中的机理略有不同。

17.3.2.2 液相

根据克拉伯龙（Clausius-Clapeyron）关系式，液池或液滴表面正上方的蒸气体积分数的估算如下[18]：

$$X_f = \exp\left[-\frac{L_vM_f}{R}\left(\frac{1}{T_s} - \frac{1}{T_b}\right)\right] \quad (17.60)$$

式中，T_s为液体表面温度，单位：K；T_b为沸腾温度，单位：K；L_v为汽化热，单位：kJ/kg；X_f为燃料蒸气体积分数。产生的燃料蒸气离开燃料表面，与空气混合并燃烧。通过比较燃料蒸气浓度估计值（根据克拉伯龙关系式估算）与表面上方燃料蒸气的实际体积分数，可以估计质量燃烧速率。由公式（17.60）可以看出，燃料蒸发率对表面温度非常敏感。液体燃料的流动规模要小得多，因此更加难以模拟。

17.3.3 灭火

最近，人们对在隧道中使用水基灭火系统的兴趣显著增加。对于隧道灭火的建模，通常需要对固体火灾进行建模。然而，如前所述当前CFD技术仍旧无法很好地模拟凝聚相热解。隧道中的灭火同样也无法很好地建模。尽管如此，本文所阐述的与水基灭火相关的基本理论在某些情况下也可能有较大用处。

水滴喷洒到隧道内后，与空气、燃料表面的热气体进行动量和热量交换。所有这些过程都需要被模拟。水从喷嘴排出后，在很短的距离内就会变成大量尺寸大小不同的小液滴。水滴的总体积分布可表示为[28]：

$$F_v(d) = \begin{cases} \dfrac{1}{\sqrt{2\pi}}\displaystyle\int_0^D \dfrac{1}{\sigma d'}\exp\left(-\dfrac{\left[\ln\left(\dfrac{d'}{d_m}\right)\right]^2}{2\sigma^2}\right)dd', & d \leqslant d_m \\[4mm] 1 - \exp\left[-0.693\left(\dfrac{d}{d_m}\right)^\gamma\right], & d > d_m \end{cases} \quad (17.61)$$

式中，d为水滴直径，单位：m；d_m为中位体积液滴（对应半数质量）粒径，单位：m；γ和σ是经验常数，分别等于2.4和0.6。中位水滴粒径取决于喷嘴的特性，参见第18.6.4节。

需要注意的是，水喷雾由数百万个大小不同的液滴组成。在CFD模拟中，只能对有限数量不同尺寸的水滴进行建模来代表喷嘴喷出的所有水滴的特性。当只模拟少量的液滴时，这种简化可能会导致一些错误。喷洒到隧道中的水滴与热空气进行质量、动量和能量交换，液滴的控制公式见第18.6.1节。

模拟灭火时采用的灭火标准起着关键作用。第16章详细介绍了灭火原理。有两种灭火机制：气相灭火和凝聚相灭火。对于气相灭火，可采用公式（16.12）。FDS虽使用了相同的模型，但却忽略了水的影响。另一种选择是使用威廉斯（Willians）[13]提出的模型，但需要注意的是它的使用依赖于有限速率气相燃烧的精确建模。液滴与燃料表面的相互作用是隧道灭火的关键机制。然而，现有的关于凝聚相灭火的模型却过于经验化。例如，FDS采用于（Yu）等人[19]提出的简单灭火模型。单位面积的局部 HRR、$\dot{q}''(t)$，表示为[1]：

$$\dot{q}''(t) = \dot{q}_0''(t)\mathrm{e}^{-\int k(t)\mathrm{d}t} \tag{17.62}$$

式中，系数 $k(t)$ 表示为：

$$k(t) = a\dot{m}_\mathrm{w}''(t)$$

式中，$\dot{q}_0''(t)$ 是不加水时单位面积的 HRR，单位：kW/m^2；$\dot{m}_\mathrm{w}''(t)$ 是水流量，单位：mm/min；a 是经验系数，取决于固体燃料的材料特性及其几何结构。

17.3.4 壁面函数

隧道壁面阻力是正常通风主要的压力损失，也是火灾通风压力损失的主要来源。隧道壁面是隧道内气流流动的关键边界，这使得隧道火灾不同于其他建筑火灾。需要注意的是，只有使用非常精细的网格，边界层的剪切应力和传热才能得到合理的解决。大多数情况下，利用子模型对近壁区域进行建模。

首先定义无量纲壁面法向距离 y^+：

$$y^+ = \frac{\rho u^* y}{\mu} \tag{17.63}$$

式中，$u^* = \sqrt{\dfrac{\tau_\mathrm{w}}{\rho}}$ 为摩擦速度，单位：m/s；y 为壁面法向距离，单位：m；T_w 为壁面应力，单位：N/m^2。如第10章所述，边界层由3个子层组成，即粘性底层、过渡层和对数层。过渡层位于粘性底层和对数层之间，但它通常包含在壁面函数的其他两层中。在粘性底层，即 $y^+ < 11.63$ 时，粘性力占主导地位，速度分布满足下式[20]：

$$\frac{u}{u^*} = y^+ \tag{17.64}$$

在对数层，即 $11.63 < y^+ < 500$ 时，速度分布可表示为：

$$\frac{u}{u^*} = 2.4\ln\left(9.8y^+\right) \tag{17.65}$$

通过估算参数 u/u^*，可以得到壁面处的剪应力。对于粗糙的隧道壁面，粗糙度容易破坏粘性底层，因此需要考虑其影响。在这种情况下，通常会降低原本9.8的系数，并需要为其设置适当的值，更多信息可见参考文献[21,22]。

17.3.5 热传递

17.3.5.1 对流传热

可以根据雷诺类比对壁面传热进行类似的处理。劳恩德（Launder）和斯波丁[23]发现，暴露于高雷诺数气流中壁面的对流热通量 $\dot{q}_\mathrm{c}''$（单位：kW/m^2）与局部参数满足如下关系：

$$\frac{(T_p - T_w)\rho c_p \sqrt{\tau_w / \rho}}{\dot{q}_c''} = Pr_t \left[\frac{u}{u^*} + P\left(\frac{Pr}{Pr_t}\right) \right] \tag{17.66}$$

式中，T_p 为近壁面点 p 的温度，单位：K；T_w 为壁面温度，单位：K；Pr 为普朗特数，Pr_t 为湍流普朗特数（对大多数非金属流体为 0.85[24]）。函数 P 称为 "pee函数"，是一个与两个普朗特数比值密切相关的修正函数。实际上，上述公式是雷诺类比的另一种形式。类似模型可以在文献中找到。[25]

　　另一种方法是直接使用对流换热系数方程，而不考虑近壁参数，例如FDS中使用的模型。[1]李颖臻等人指出，这种简化方法在模拟大型隧道火灾时会产生较大误差。[4]

17.3.5.2　辐射传热

辐射传输公式（RTE）可写成以下形式：

$$s \cdot \nabla I_\lambda(r,s) = \left[\kappa(r,\lambda) + \sigma_s(r,\lambda) \right] I_\lambda(r,s) + \kappa(r,\lambda) I_b(r,\lambda) + \frac{\sigma_s(r,\lambda)}{4\pi} \int_{4\pi} \Psi(s,s') I_\lambda(r,s') d\Omega \tag{17.67}$$

式中，I 为辐射强度，单位：$kW/(m^2 \cdot steradian)$；r 为位置矢量，单位：m；s 为方向矢量，单位：m；s' 为散射方向矢量，单位：m；κ 为吸收系数，单位：$1/m$；σ_s 为散射系数，单位：$1/m$；Ψ 为 s 方向的入射辐射散射到立体角增量 $d\Omega$ 的概率；下标 λ 表示波长，b 表示黑体。

　　散射效应通常可以忽略，并假设烟雾是灰色气体。气体的吸收系数需要根据烟气和燃烧产物的局部质量分数来估算，见第10章。需要注意的是，隧道火灾通常会产生大量的烟雾颗粒，在总吸收系数中占主导地位的是这些烟雾颗粒，而不是 CO_2 和 H_2O。此外，需要注意的是，烟灰持续吸收热量的过程与波长无关。因此，一般来说，简化为单波段模型是合理的，灰色气体的假设在多数情况下也是合理的。

　　壁面入射热通量可以表示为：

$$\dot{q}_{w,in}''(x) = \int_{2\pi} I(x,s) ds = \int_{\varphi=0}^{\pi/2} \int_{\theta=0}^{\pi/2} I_{w,in}(\theta,\varphi) \cos\theta \sin\theta \, d\theta d\varphi \tag{17.68}$$

　　壁面对外输出的总热通量可以表示为：

$$\dot{q}_{w,out}''(x) = \varepsilon_w \sigma T_w^4 + (1 - \varepsilon_w) \dot{q}_{w,in}''(x) \tag{17.69}$$

式中，θ 为入射辐射与壁面法线的夹角，单位：rad；φ 为表面上投射的入射辐射线与参考线之间的夹角，单位：rad；ε_w 为壁面发射率。

　　目前可使用的辐射模型主要包括：P-1辐射模型、离散坐标模型、有限体积法模型、离散传递辐射模型以及蒙特卡洛（Monte Carlo）模型，这些模型的计算成本依次增加。

　　P-1辐射模型采用一阶球面谐波近似函数。对于光学厚度或密度较高情况，这一模型的计算结果是准确的；但对于光学厚度较薄的情况结果则不准确，需要高阶微分近似来提高计算精度。

　　离散坐标模型利用有限数量的带权重因子的坐标方向离散整个立体角。通过在控制体上积分得到离散方程，并通过空间加权近似将控制体的边缘通量与体中心的通量关联起来。

　　有限体积法模型与离散坐标模型非常相似。通过对控制体和立体角微分方程的积分，得到离散方程。通过应用高斯（Gauss）散度定理，将强度导数项转换为对体积所有表面的曲面积分。利用迎风格式的概念，可解决行进方向问题（与辐射强度主要传播方向有关）。

　　离散传递辐射模型主要基于求解封闭空间中的辐射的概念。沿着墙与墙之间的路径求解辐射线。可以将墙面分为许多单元，对于每个表面单元，立体角被初步划分为有限数量的角，并假设在任何给定的角内的出射强度是恒定的。控制方程的形式类似于比尔定律，用于快速计算出射强度。

　　蒙特卡洛模型本质上是一种统计方法，它的名字来源于许多不同的统计方法。该模型利用随机数发生器模拟有限数量的光子发展过程，随机确定发射位置和方向，以产生传播距离的概率分布。

总而言之，P-1 模型是光学致密情况下能够产生准确结果的基本模型，然而，对于同时存在光学致密和薄的情况，可能需要使用其他模型。离散坐标法和有限体积法非常相似，精度相同。离散传递辐射模型和蒙特卡洛模型虽然耗时较长，但具有较高的精度。对于隧道火灾安全的应用，建议采用离散坐标法和有限体积法，以降低计算成本。

17.3.5.3 热传导

无内热源各向异性介质的一般三维热传导公式可表示为：

$$\rho_s c_s \frac{\partial T_s}{\partial t} = \frac{\partial}{\partial x_i}\left(k_{ij}\frac{\partial T_s}{\partial x_j}\right) \quad i,j=1,2,3 \tag{17.70}$$

式中，k 是导热系数，单位：$kW/(m^2K)$；T_s 是固体内部温度，单位：K；下标 s 表示固体，i 和 j 对应不同的坐标轴，例如 x 轴（1）、y 轴（2）或 z 轴（3）。需要注意的是，对于各向异性介质（如木材），各个方向的导热系数是不同的。

一般情况下，介质是各向同性的，如隧道壁。因此，上述公式可以简化为：

$$\rho_s c_s \frac{\partial T_s}{\partial t} = k_s\left(\frac{\partial^2 T_s}{\partial x^2} + \frac{\partial^2 T_s}{\partial y^2} + \frac{\partial^2 T_s}{\partial z^2}\right) \tag{17.71}$$

壁面边界条件下，例如，$x=0$：

$$-k_{s,x}\frac{\partial T_s}{\partial x}\bigg|_{x=0} = \dot{q}''_{w,net} \tag{17.72}$$

壁面处的净热通量同时考虑了辐射和对流传热。在大多数情况下，公式可以简化为一维问题，同时保证足够的精度。例如，可以假设隧道壁是一个无限大的板，所对应的控制方程是一个易于求解的能量扩散方程。

17.4 对 CFD 使用者的建议

17.4.1 计算域和边界条件

隧道通常是一个很长的空间。隧道的高度和宽度相对于隧道长度来说非常小。模拟整个隧道是不可能的，而且在实践中也是不必要的。在进行 CFD 模拟时，需要确定适当的计算域及适当的边界条件。计算范围应包括火灾区域和一定长度的隧道区域，同时应适当设置边界条件从而避免产生较大的误差。

对于采用纵向通风防止烟气逆流的隧道，计算区域选择包括火灾区域在内的有限长度。上游隧道入口可采用速度、体积流量或质量流量边界，下游隧道出口可采用压力或质量流量边界。最好是上游段足够长，以模拟整个逆流区。在这种情况下，下游出口之所以能被认为是压力边界，是因为在火灾下游一定距离处，垂直压力梯度较小，接近等压面，烟气未分层。对于靠近出口的流场将会产生较小的误差。因此，该区域的模拟结果不可信，在确定计算域时应考虑到这一点。从这个角度来看，将质量流量作为计算域出口边界条件会更好一些，但由于计算误差的积累，可能会出现收敛问题。

对于长隧道中的地铁站或救援站，通风系统中可能有多个通风口，因此需要确定多个边界条件。此外，其横截面大小通常比单一隧道大得多，这意味着在确定计算域时应适当压缩计算区域的长度。这种情况下，计算域的边界条件也需要酌情考虑。需要注意的是，通风系统作为一个系统而工作，将边界设置为环境边界通常是不合理的。一般的解决方案是通过一维模型模拟火灾通风系统来获得随时间变化的边界条件。对于只有新鲜空气进出的通风口，可以使用速度、体积或质量流量边界。对于每个可能有热气体流入的通风口，通常应使用体积流量边界而不是质量流量边界。例如，可以使用体积流量边界或风机性能曲线来模拟风机通风。另一种解决方案是，如果可以根据一维模型估算出恰当的压力值，则可以使用压力边界。

17.4.2　火源

模拟车辆火灾的发展过程是一项艰巨的任务，在非必要的情况下都应避免。一般来说，工程应用应首先确定一个典型或最不利场景，然后针对特定场景提出火灾设计，作为隧道火灾CFD模型的输入参数。目前研究人员已经开发了不同的方法来模拟火源，例如燃烧模型和体积热源法。体积热源法只模拟热量输出，忽略燃烧过程和燃烧产物。因此，无法合理模拟大型隧道火灾中最重要的辐射和对流热传递。这里我们仅关注和讨论燃烧模型。

火灾可能涉及不同类型的燃料，通过计算每种燃料类型的分数获得燃料的组合化学公式。在气相燃烧中，尽管燃烧的过程包含大量的反应，但大多数情况下都假设为一步反应。

也需要清楚地知道燃料的一些关键参数，例如燃烧热、烟灰产率、CO产率。燃烧热，即每千克燃料燃烧产生的热量，将影响燃烧产物的产生。烟灰产率，即每千克燃料燃烧产生的烟灰量，是模拟辐射和能见度所必需的。与烟灰产率相似，CO产率代表每千克燃料产生的CO量，是估算环境耐久性所必需的参数。对于与毒性评估相关的CFD模型，在火源中也需要以类似的方式考虑有毒气体的生成。燃烧热、烟灰、CO和其他有毒气体的产率可以通过类似燃烧条件下的小尺度试验获得。注意，烟灰和燃烧产物的产率取决于燃烧条件，在通风不良的封闭环境下，充分发展的火灾阶段可能会出现产率激增。有关通风不良火灾中燃烧产物的更多信息，详细内容见第7章。一般而言，隧道内的火灾通风条件良好，从试验室测试获得的数据可以作为输入条件加以使用。

17.4.3　网格尺寸

网格单元尺寸的大小是关系到计算时间和精度的关键问题。在火灾建模中，我们特别关注的是着火区域。需要注意的是，火焰特性与火的特征尺寸直接相关，可表示为[26]：

$$D^* = \left(\frac{\dot{Q}}{\rho_0 c_p T_0 \sqrt{g}} \right)^{2/5} \tag{17.73}$$

式中，$\dot{Q}$为HRR，单位：kW；D^*为火灾特征尺寸，单位：m。注意，特征尺寸D^*与HRR直接相关。李颖臻等人建议，模拟隧道火灾，单元格的大小为$0.075D^*$较为合理。[27]

注意，根据上式，较小的火也对应较小的单元格尺寸。即缩尺模型隧道火灾中，网格的尺寸比全尺寸火灾的网格的尺寸要小得多。对于高度为H的隧道，公式（17.73）可变形为：

$$\frac{D^*}{H} = \left(\frac{\dot{Q}}{\rho_0 c_p T_0 g^{1/2} H^{5/2}} \right)^{2/5} = Q^{*2/5} \tag{17.74}$$

式中，H为隧道高度，这里作为特征长度。

这意味着，在相同的无量纲HRR下（即，Q^*），火源特征尺寸与隧道高度直接相关。即，模拟合理的网格尺寸与隧道高度成正比。这说明缩尺模型和全尺寸模型的合理网格尺寸的比值约等于几何缩放比率。换句话说，缩尺和全尺寸模型所需的网格数大致相同。注意，这一结论是基于相似的流动模式和相同的无量纲HRR推导得到的。

对单元格尺寸的另一个要求是壁面应力和相关的热传递。对于层流，靠近壁面的第一个网格单元需要进入入粘性底层，即y^+小于1或略高，但不大于11.63；对于湍流，第一个网格单元需要落在对数层，即$11.63 < y^+ < 500$。这通常会影响壁面附近的流场，还有温度场。

17.4.4　建模验证

由于CFD模拟本身的复杂性和应用领域的多样性，CFD模拟的试验验证是必要的，尤其是对于任何新应用的模拟。可以使用与相同现象相关的全尺寸试验或模型试验的数据进行验证，在此基础上，可以获得特定场景下CFD模型的一般不确定性。

17.5　CFD模型的局限性

当前最先进的CFD模拟技术仍然存在一定的局限性。火灾模拟的最大局限性是无法完全模拟热解反应。首先，燃料通常具有复杂的几何形状，其厚度可能与网格尺寸不兼容，即火源和流场处于不同的网格尺度。其次，热解是一个非常复杂的现象，现有模型即使对一个简单的样品进行模拟也很难成功。现有的热解模型缺乏可信度，目前只能用于研究。

为了模拟大量的细小火焰，燃烧模拟通常需要设置非常精细的网格；同时为了降低计算成本，研究人员希望采用粗网格和无限速率混合分数燃烧模型。显然，这是一个矛盾的问题。此外，对于粗网格，可燃性极限还没有很好地确定，为此，近似燃烧模型并不能很好地模拟燃烧产物。

考虑到多数情况下，表面冷却是抑制隧道火灾的关键机制，热解模型的局限性直接导致灭火模型的不可靠性。此外，火灾抑制条件下的熄灭标准或可燃性极限也未得到很好的确定，这也体现了灭火模型的一个局限性。

辐射是热传递的关键机制之一，特别是在大型隧道火灾附近。为此，火焰辐射模型的准确性很大程度上影响了火焰模拟的可靠性。烟气辐射的模拟取决于烟灰和其他燃烧产物的产率，这些产物通过试验室测试或对典型燃料的估算是可以获得的。

对流传热实际上是表面与其相邻烟气之间的热传导、热对流。对流传热的直接求解只能使用具有非常精细的网格的DNS。对于RANS和LES，对流传热过程需要用半经验公式进行模拟，这在某些情况下可能导致较大的误差。特别是对于隧道火灾的建模，墙壁可能非常粗糙，其对流传热的影响可能会被忽略，例如FDS软件。[1]

CFD模型很大程度上依赖于计算机的硬件性能，这显然是一个瓶颈。近年来，并行处理作为一种减少计算时间的新技术被广泛应用于CFD建模，但这却降低了CFD模拟的准确性，还容易引起求解稳定性问题。为此，在工程应用时使用并行处理需要额外谨慎。这些局限性以及在特定应用领域中通过验证模型获得的不确定性需要牢记于心。

17.6　小结

CFD建模是一种可用于工程应用的强大工具。CFD使用者不仅需要有效地使用CFD工具，还需要了解所使用CFD建模的嵌入式机制和局限性。目前，CFD建模主要用于模拟设计火灾下烟气运动分析，以研究通风系统对隧道火灾烟气控制的效果及性能，进而模拟火灾环境下可用的人员疏散时间。需要注意的是，目前燃料热解和灭火的建模仍然是一个艰巨的挑战，具有很大局限性。

虽然目前已有许多通用的CFD计算工具，但建议在隧道火灾安全设计中使用专门为火灾建模开发的CFD工具。由于CFD建模本身的复杂性和应用领域的多样性，对模型进行验证是十分必要的。此外，计算域的选择需要与边界条件、网格大小相结合。

参考文献

1. McGrattan K, Hostikka S, Floyd J, Baum HR, Rehm R, Mell W, McDermott R (2008) Fire Dynamics Simulator (Version 5), Technical Reference Guide: Volume 1: Mathematical Model. National Institute of Standards and Technology, Gaithersburg, Maryland, USA.
2. Wang Y, Chatterjee P, de Ris JL (2011) Large eddy simulation of fire plumes. Proceedings of the Combustion Institute 33 (2):2473–2480.
3. Cheong MK, Spearpoint MJ, Fleischmann CM (2009) Calibrating an FDS Simulation of Goods-vehicle Fire Growth in a Tunnel Using the Runehamar Experiment. Journal of Fire Protection Engineering 19 (3):177–196.
4. Li Y.Z., Ingason H., Lönnermark A. Numerical simulation of Runehamar tunnel fire tests. In: 6th International Conference on Tunnel safety and Ventilation, Graz, Austria, 2012. pp 203–210.
5. Ingason H, Lönnermark A (2005) Heat Release Rates from Heavy Goods Vehicle Trailers in Tunnels. Fire Safety Journal 40:646–668.
6. Ingason H, Lönnermark A, Li YZ (2011) Runehamar Tunnel Fire Tests. SP Technicial Research Institute, SP Report 2011:55, Borås, Sweden.
7. Yeoh GH, Yuen KK (2009) Computational Fluid Dynamics in Fire Engineering - Theory, Modelling and Practice. Elsevier, Burlington, USA.
8. Roe PL (1986) Characteristic-Based Schemes for the Euler Equations. Annual Review of Fluid Mechanics 18:337–365.
9. Leonard BP (1979) A stable and accurate convective modelling procedure based on quadratic upstream interpolation. Computer Methods in Applied Mechanics and Engineering 19:59–98.
10. Harlow FH, Welch JE (1965) Numerical Calculation of Time-Dependent Viscous Incompressible Flow of Fluid with Free Surface. Phys Fluids 8:2182–2189.
11. Amsden AA, Harlow FH (1970) The SMAC Method: A Numerical Technique for Calculating Incompressible Fluid Flows. Report LA-4370. Las Alamos Scientific Laboratory, Los Alamos, New Mexico.
12. Hirt CW, Amsden AA, Cook JL (1997) An arbitrary lagrangian-eulerian computing method for all flow speeds. Journal of Computational Physics 135:203–216.
13. Williams F.A. (1974) A unified view of fire suppression. Journal of Fire and Flammability 5:54–63.
14. Williams F.A. (1974) Chemical kinetics of pyrolysis. In: Blackshear P.L. (ed) Heat Transfer in Fires. John Wiley & Sons, New York, pp 197–237.
15. Novozhilov V (2001) Computational fluid dynamics modeling of compartment fires. Progress in Energy and Combustion Science 27:611–666.
16. Atreya A (1983) Pyrolysis, ignition and fire spread on horizontal surfaces of wood. PhD thesis. Harvard University.
17. Drysdale D (1999) An Introduction to Fire Dynamics. 2nd Edition edn. John Wiley & Sons, England.
18. Prasad K., Li C., Kailasanath K., Ndubizu C., Ananth R., Tatem P.A. (1999) Numerical modelling of methanol liquid pool fires. Combustion Theory and Modelling 3:743–768.
19. Yu H-Z, Lee JL, Kung H-C Suppression of Rack-Storage Fires by Water. In: Fire Safety Science – Proceedings of the fourth International Symposium, 1994. pp 901–912.
20. Versteeg HK, Malalasekera W (1995) An Introduction to Computational Fluid Dynamics. Longman, England.
21. Schlichting H (1979) Boundary-layer theory. 7th edn. McGraw-Hill, New York.
22. Stephen BP (2000) Turbulent Flows. Cambridge University Press.

23. Launder BE, B. SD (1974) The Numerical Computation of Turbulent Flows. Computer Methods in Applied Mechanics and Engineering 3:269–289.
24. Lienhard IV JH, Lienhard V, John H. (2012) A heat transfer textbook , Phlogiston Press, Cambridge, Massachusetts.
25. Kader BA (1981) Temperature and concentration profiles in fully turbulent boundary layers. International Journal of Heat and Mass Transfer 24:1541–1544.
26. McGrattan K, Forney G (2004) Fire Dynamics Simulator (Version 4), User's Guide. National Institute of Standards and Technology, Gaithersburg, Maryland, USA.
27. Li YZ, Lei B, Ingason H (2012) Scale modeling and numerical simulation of smoke control for rescue stations in long railway tunnels. Journal of Fire Protection Engineering 22 (2):101–131.
28. Chan TS (1994) Measurements of water density and droplet size distributions of selected ESFR sprinklers. Journal of Fire Protection Engineering 6(2):79–87.

第18章
缩尺模型技术

摘　要：在过去的几十年里，物理缩尺模型已成功应用于消防安全科学的众多研究领域。它是一个非常强大且经济高效的工具，可以助力研究人员获取有关火灾特性、烟气运动、烟气控制、火灾发展和灭火等方面有价值的信息。本章总结了已有的典型缩尺技术，为进一步开发更高级的缩尺模型方法提供了理论基准和支持。介绍了不同的缩尺技术，重点介绍了火灾安全科学中最常用的弗劳德（Froude）缩尺模型。研究了对流换热、辐射换热、导热的缩尺模型，以及水雾、喷头响应时间和可燃材料的缩尺模型。

关键词：缩尺模型；热传递；水喷雾；可燃材料；封闭空间火灾；隧道火灾

18.1　引言

　　物理缩尺模型在消防安全科学领域得到了广泛的应用。其应用几乎渗透到火灾研究的各个方面，从自由羽流到灭火。尽管在各种应用中进行了简化，但缩尺模型技术显著提高了我们对火灾动力学的理解。赫克斯塔德（Heskestad）对缩尺模型技术进行了回顾[1]，涉及压力模型和弗劳德模型，这也是目前使用的两种主要模型。昆蒂尔（Quintiere）对缩尺模型在火灾研究中的应用进行了回顾总结，重点关注的是顶棚射流、燃烧速率、火焰传播和封闭空间火灾。[2]英格森（Ingason）利用大尺度试验和缩尺模型试验，对高架仓库火灾的火势发展进行了大量的研究。[3]研究发现货架内情况可以很好地按比例缩放。佩里科内（Perricone）等人对覆盖有绝缘材料的钢管的热响应进行了缩尺试验研究。[4]然而，对于绝缘材料很厚的情况，缩放定律可能并不准确。克罗斯（Cross）和欣（Xin）对木垛火灾进行了缩尺试验研究，发现不同缩尺比例之间具有很好的一致性。[5]李颖臻和赫茨伯格（Hertzberg）对室内火灾中的热传导和热平衡进行了缩尺试验研究。[6]他们在三个不同缩放比例下开展了两组室内火灾试验，以了解缩放比例对墙内温度的影响，发现不同比例缩尺模型之间具有很好的一致性。

　　研究人员在开放空间、封闭空间火灾中也开展了水基灭火系统的缩尺试验。赫克斯塔德进行了一系列气体火和油池火灭火试验[7,8]，以研究缩尺模型试验应用于水喷雾、火焰相互作用研究的可信度，并获得了水喷雾灭火（气体火灾、油池火灾）的简单的关系式。昆蒂尔等人的工作表明：尽管高架仓库火灾缩尺模型试验和全尺寸试验的结果没有显示出很好的相关性，但总体而言气体、油池火灾的缩尺模型试验依旧具有不错的效果。[9]余（Yu）等人开展了利用水雾系统抑制气体火灾、油池火灾的缩尺模型试验研究[10-12]，结果发现：缩尺模型与全尺寸原型之间具有良好的一致性。简而言之，尽管研究人员开展了大量的水基灭火系统缩尺模型试验研究，但对其现象的了解还并不充分。

　　在隧道火灾安全领域，缩尺模型技术得到了广泛的应用。推广应用缩尺模型的主要原因是全尺寸隧道试验的高成本。需要注意的是，即使在缩尺模型中，隧道长度与高度的比值也应该足够大以真实地缩放隧道火灾。幸运的是，与封闭空间火灾相比，纵向风流的引入使我们能够稍微降低缩放比例。在过去的20年中，研究人员进行了大量的隧道火灾模型试验。贝蒂斯（Bettis）等人在一个隧道模型中使用汽车模型进行了9次火灾试验[13]来模拟英吉利海峡隧道内用于运输重型货车的部分列车。奥卡（Oka）和阿特金森（Atkinson）对模型隧道的临界速度进行了研究。[14]此外，吴（Wu）和巴卡尔（Bakar）进行了一系列缩尺试验[15]研究隧道几何形状对临界速度的影响。英格森和李颖臻在模型隧道内研究了大规模火灾下纵向通风[16]和点排式通风[17]的关键参数。英格森还进行了一系列1∶10缩尺的轨道车辆隧道火灾模型试验[18]，研究了开口对火灾规模的影响。沃克兰（Vauquelin）等人在等温试验装置中，利用氦气/氮气混合物进行了一系列缩尺模型试验[19]以研究两点排烟系统的排烟能力和效率。李颖臻和英格森（Ingason）指出[17]：沃克兰等人[19]采用的冷气体法会导致试验结果不准确，因此不建议在隧道火灾试验中使用。李颖臻等开展了一系列缩尺模型隧道火灾试验[20-24]，研究了临界速度[20]、逆流长度[20]、顶棚最高烟气温度[21,22]、横通道内烟气控制[23]和铁路长大隧道救援站烟气控制[24]。洛纳马克（Lönnermark）等人进行了1∶3缩尺地铁车辆火灾模型试验[25]，以便为布伦斯伯格（Brunsberg）隧道全尺寸火灾试验作准备。[26]

　　研究人员还开展了水基灭火的隧道火灾缩尺模型试验。针对木垛火灾，英格森测试了喷水系统（中空锥形喷嘴）在隧道内的使用效果[27]，对雨淋系统和水幕系统也进行了试验。李颖臻和英格森研究了自动喷水系统（全锥形喷嘴）在隧道木垛火灾中使用性能[28,29]，使用缩放理论对单个喷头的响应时间进行了模拟。

18.2　确定缩尺关系的方法

　　目前，主要有两种方法来获得缩放比例关系，控制方程法和量纲分析。控制方程法引入归一化参数，得到无量纲方程。无量纲数群通常是微分项的系数。对于量纲分析方法，需要人工确定与现象相关的所有关键参数，然后将每个识别的参数的量纲转换为基本物理量纲的组合。因此，通过检查所确定的物理参数的范围，可以获得无量纲数组。例如π定理。还有其他一些方法也可以使用，例如根据一些基本方程可以直接得到一些无量纲数群，但这个方法也属于微分方法。

　　在任何情况下，控制方程方法是最基本的和最好用的方法。然而，研究人员需要对现象背后的本质有很好的理解，才能确定缩放试验必须保证的关键参数。

18.3　缩尺模型技术分类

　　应用于消防安全的缩尺模型技术可分为三种类型：弗劳德缩尺模型、压力缩尺模型和类比缩尺模型。

18.3.1　弗劳德缩尺模型

　　弗劳德缩尺模型表明，火灾试验中主要保证的无量纲数是描述惯性力和浮力比值的弗劳德数。需要注意的是，所有的烟气流动都是由浮力驱动的。这就是弗劳德缩尺模型仅通过保证弗劳德数相等的主要原因。

　　根据弗劳德缩尺模型，试验可以在周围环境中进行。雷诺数并不要求相等，但流动模式应保持不变，以保证流场的相似性。此外，许多隐式保证的相关无量纲数组，也已被证明缩放合理。

18.3.2　压力缩尺模型

　　通过调整试验台的环境压力，压力缩尺模型可以同时保证弗劳德数和雷诺（Reynold）数满足要求。这也表明了保证格拉晓夫（Grashof）数不变。因此，浮力和流场都可以被很好地缩放。然而，压力缩尺模型的实际使用非常困难，因为压力按长度的 3/2 次方进行缩放。这意味着在缩尺模型中压力需要调整到非常高的水平，例如，在比例为1∶10的模型中需要32个大气压，在比例为1∶20的模型中，需要89个大气压。这就限制了压力缩尺模型在火灾模拟中的应用。此外，因大多数情况下弗劳德数比雷诺数更重要，压力缩尺模型的优势也就不再明显。

18.3.3　类比缩尺模型（冷烟气、盐水）

类比缩尺模型是使用两种不同密度的流体来模拟火灾场景中烟雾运动的模型。这两种流体可以是空气和氦气或者水和饱和盐水等。这种方法使用的是密度差而不是温差来模拟火灾。在一定程度上，采用不同的混合比例可以获得所需的密度。类比缩尺模型实际上也是弗劳德缩尺模型的一种，但它与传统的弗劳德缩尺模型有很大不同，因此被归为一种独立的方法。弗劳德数也是主要的无量纲数。此外，由于水的粘度小，模型更容易获得湍流条件。

但这种方法有一定缺陷。首先，当使用类比试验时，必须根据特定火灾中的参考烟气温度来确定流体密度。众所周知，在众多火灾场景中，烟气温度会随位置而发生显著的变化。换句话说，真实的火灾没有所谓的通用或特征烟气温度或烟气密度。尽管如此，最先进的技术是在给定场景中使用估计的特征温度，然后根据对流热释放率守恒来计算火源的质量流量。此方法仅适用于可以准确估计烟气温度的典型封闭空间火灾。其次，除火源附近外，该方法还忽略了向周围环境的热损失。即，利用对流HRR建立能量方程，能量仅通过与环境流体的混合而耗散。但是需要记住的是，在隧道火灾中，墙壁的热损失主导着传热过程或沿隧道的烟气温度的变化。这表明类比缩尺模型不适用于沿隧道温度分布的研究。再次，类比缩尺模型一般只能模拟小型火灾。正常环境条件下，饱和盐水的密度约为1200 kg/m³。因此，密度的最大变化幅度在20%左右。然而，烟气温度为600℃时对应的密度差值幅度已达67%。也就是说，正常环境条件下的盐水只能模拟烟气温度在94℃左右的火灾。另外，由于会将具有一定动量的额外气体或液体引入流体域，可能会导致较大的误差。

18.4　广义弗劳德相似

此类应用中通常采用控制方程法得到了无量纲参数群。首先，我们聚焦流场的缩尺关系，详细的热传递缩尺关系分析将在后续的章节中进行讨论。为了简化，这里我们以一维质量、动量和能量方程为例，控制方程如下：

质量：

$$\frac{\partial \rho}{\partial t}+\frac{\partial(\rho u)}{\partial x}=\dot{m}_i'''$$ （18.1）

对单个组分而言（质量分数Y）：

$$\frac{\partial \rho Y_i}{\partial t}+\frac{\partial(p u Y_i)}{\partial x}=\frac{\partial}{\partial x}\left(\rho D_i \frac{\partial Y_i}{\partial x}\right)+\dot{m}_i'''$$ （18.2）

动量：

$$\frac{\partial(\rho u)}{\partial t}+\frac{\partial(\rho u u)}{\partial x}=\frac{\partial}{\partial x}\left(\frac{4}{3}\mu\frac{\partial u}{\partial x}\right)-\frac{\partial p}{\partial x}+(\rho_o-\rho)g_x$$ （18.3）

能量：

$$\left[\frac{\partial(\rho c_p T)}{\partial t}+\frac{\partial(\rho u c_p T)}{\partial x}=\frac{\partial}{\partial x}\left(k\frac{\partial T}{\partial x}\right)+\dot{Q}'''-\dot{Q}_{loss}'''+\frac{4}{3}\mu\left(\frac{\partial u}{\partial x}\right)^2+\frac{\partial p}{\partial t}+\mu\frac{\partial p}{\partial x}\right]$$ （18.4）

气体状态方程：

$$p = \frac{\overline{R}}{M} \rho T \tag{18.5}$$

式中，ρ为密度，单位：kg/m^3；t为时间，单位：s；x为轴，单位：m；u为x方向速度，单位：m/s；D为质量扩散系数，单位：m^2/s；m为质量，单位：kg；Y为组分的质量分数，单位：%；μ为动力粘度，单位：kg/(m·s)；p为压力，单位：Pa；g为重力加速度，单位：m/s^2；T为烟气温度，单位：K；k为导热系数，单位：kW/(m·K)；c_p为恒压比热，单位：kJ/(kg·K)；$\overline{R}$为通用气体常数，数值为8.314 J/(mol·K)；M为分子量，单位：kJ/kmol；Q为热量，单位：kJ。下标i表示第i种组分，loss表示热损失。上标（·）表示单位时间，（‴）表示单位体积。需要注意的是，方程式中的压力是绝对压力。

引入特征长度l（单位：m）、特征速度u_o（单位：m/s）、特征时间t_o（单位：s）、特征压力p_r（单位：Pa）、特征环境温度T_o（单位：K）、特征环境密度ρ_o（单位：kg/m^3）作为参考值，对前述控制方程归一化得到：

质量：

$$\pi_1 \frac{\partial \hat{\rho}}{\partial \hat{t}} + \frac{\partial(\hat{\rho}\hat{u})}{\partial \hat{x}} = \pi_2 \tag{18.6}$$

对单个组分而言（质量分数Y_i）：

$$\pi_1 \frac{\partial \hat{\rho} Y_i}{\partial \hat{t}} + \frac{\partial \hat{\rho}\hat{u} Y_i}{\partial \hat{x}} = \pi_3 \frac{\partial}{\partial \hat{x}}\left(\hat{\rho}\frac{\partial Y_i}{\partial \hat{x}}\right) + \pi_4 \tag{18.7}$$

动量：

$$\pi_1 \frac{\partial \hat{\rho}\hat{u}}{\partial \hat{t}} + \frac{\partial \hat{\rho}\hat{u}\hat{u}}{\partial \hat{x}} = \frac{4}{3}\pi_5 \frac{\partial^2 \hat{u}}{\partial \hat{x}^2} - \pi_6 \frac{\partial \hat{p}}{\partial \hat{x}} + \pi_7(1-\hat{\rho}) \tag{18.8}$$

能量：

$$\pi_1 \frac{\partial \hat{\rho}\hat{T}}{\partial \hat{t}} + \frac{\partial \hat{\rho}\hat{u}\hat{T}}{\partial \hat{x}} = \pi_8 \frac{\partial^2 \hat{T}}{\partial \hat{x}^2} + \pi_9 - \pi_{10} + \pi_{11}\frac{4}{3}\left(\frac{\partial \hat{u}}{\partial \hat{x}}\right)^2 + \pi_1\pi_{12}\frac{\partial \hat{p}}{\partial \hat{t}} + \pi_{12}\frac{\partial \hat{p}}{\partial \hat{x}} \tag{18.9}$$

在上述方程中，无量纲变量，即参数除以相应的参考值，用"^"表示，例如，$\hat{\rho} = \rho / \rho_o$。需要注意的是，对流项是需要保留的主要项。因此，这些是获得无量纲组的基础。此外，需要注意的是，与环境压力相比，普通火灾场景下的压力上升非常小，因此状态方程总是适用的，不再需要特别注意。

得到的无量纲参数组，汇总如下：

质量：

$$\pi_1 = \frac{l}{u_o t_o}, \quad \pi_2 = \frac{\dot{m}'''l}{\rho_o u_o}, \quad \pi_3 = \frac{D_i}{u_o l}, \quad \pi_4 = \frac{\dot{m}_i'''l}{\rho_o u_o} \tag{18.10}$$

动量：

$$\pi_5 = \frac{\mu}{\rho_o u_o l}, \quad \pi_6 = \frac{p_r}{\rho_o u_o^2}, \quad \pi_7 = \frac{gl}{u_o^2} \tag{18.11}$$

能量：

$$\pi_8 = \frac{k}{\rho_o u_o c_p l}, \quad \pi_9 = \frac{\dot{Q}'''l}{\rho_o u_o c_p T_o}, \quad \pi_{10} = \frac{\dot{Q}_{loss}'''l}{\rho_o u_o c_p T_o}, \quad \pi_{11} = \frac{\mu}{\rho_o c_p T_o l}, \quad \pi_{12} = \frac{p_r}{\rho_o c_p T_o} \tag{18.12}$$

需要注意的是：

$$\pi_7 = \frac{gl}{u_0^2} = \frac{1}{Fr}, \quad \frac{\pi_5}{\pi_3} = Sc, \quad \frac{\pi_5}{\pi_8} = Pr, \quad \pi_5 = \frac{1}{Re} \tag{18.13}$$

式中，Re是雷诺数，Fr是弗劳德数，Sc是施密特数，Pr是普朗特数。我们还需要再核实一下，缩尺模型试验中那些项需要保留。首先，对于浮力驱动的流动，必须保留弗劳德数，即π_7。为了保持关键参数的瞬态特性，必须保留时间导数项，即π_1。因此，我们有：

$$u \propto t \propto l^{1/2} \tag{18.14}$$

这表明缩尺模型中速度和时间比尺为长度比尺的1/2次幂。换言之，如果几何比尺为L_M/L_F（M代表模型和F代表全尺寸原型），则速度和时间的比尺为$u_M/u_F = t_M/t_F = (L_M/L_F)^{1/2}$。

此外，需要保留源项，包括质量源项（π_2和π_4）和热源项（π_9和π_{10}），特别是热源项。为了保留质量源项，有：

$$\dot{m} \propto \dot{m}_i \propto l^{5/2} \tag{18.15}$$

为了保持热源项，有：

$$\dot{Q} \propto \dot{Q}_{loss} \propto l^{5/2} \tag{18.16}$$

保留上述源项，可以发现不同比尺试验温度应该大致相同。此外，需要注意的是，如果使用不同的燃料，则无法同时实现质量和能量的缩放。在这种情况下，热量项应具有更高的优先级。

我们进一步检查3个控制方程中的每一项。根据质量方程，质量可以被很好地缩放。考虑到燃料质量在烟气流中通常较小，可以忽略不计。即使燃料质量没有完全地按比例缩放，不同缩放比例下仍然可以得到较好的一致性。对于组分方程，如果质量源按比例缩放，组分浓度也会很好地按比例缩放。

需要注意的是，默认情况下动压与速度的二次方成正比。此外，从动量方程中可以看出，浮力已经被缩放了。考虑到在大多数情况下，与浮力相比，粘性项可以忽略不计，因此压力项应该缩放为：

$$p_r \propto l \tag{18.17}$$

这说明压力升高与长度比尺成正比。

根据能量方程，热源是按比例缩放的，但扩散项和压力项却没有按比例缩放。但是这并不重要。此外，需要注意的是热损失项通常很难理想地缩放。但其影响应该是有限的，尤其是靠近火源区域，因为大部分热量已经通过气流对流作用所带走。因此，能量应该能很好地按比例缩放。

简而言之，控制方程中所有关键项均已进行了缩放，包括时间导数项。因此，弗劳德缩尺模型的基本理论是正确的，可以很好地指导模型试验的设计。通过检查湍流理论，我们发现一个有趣的事情。注意，如上所述，层流很难保持粘性应力不变。然而，对于湍流情况则不然。我们很容易地发现：在雷诺时均纳维-斯托克斯（Reynolds-averaged Navier-Stokes，RANS）模型和大涡模拟（LES）模型中，所有湍流扩散项都可以很好地缩放。这表明弗劳德缩尺模型在湍流中应用可以得到理想的效果。因此，进行比例缩尺模型试验，应保证在湍流模式下开展。

此外，对于封闭空间火灾或隧道火灾中，还需要仔细考虑到对周围结构的热传递，这将在下一节中详细讨论。

18.5　热流通量相似

下面主要介绍热传导、对流传热和辐射传热的缩尺模型方法。章节最后会给出封闭空间热平衡的缩尺模型。

18.5.1　对流传热的缩尺模型

在封闭空间火灾或隧道火灾中，对流传热的主要模式包括：由于上层热烟气流动，而产生的强制传热；新鲜空气通过开口流入而产生的下层强制传热。因此，主要的机制应该是强制对流传热。墙体的对流传热 $\dot{Q}_{\text{loss,c}}$ 可以表示为：

$$\dot{Q}_{\text{loss,c}} = h_c A_w (T_g - T_w) \tag{18.18}$$

式中，h_c 是对流传热系数，单位：$kW/(m^2K)$；A_w 是接触墙体表面积，单位：m^2；T_g 是烟气温度，单位：K；T_w 是壁面温度，单位：K。这表明对流热换热通量应按长度比尺的1/2次幂进行缩放。下面我们就光滑、粗糙表面上不同流动模式下缩放比尺的关系式，逐一核对是否遵循这一定律。

对于光滑墙体上的湍流，对流传热系数 h_c 与努赛尔（Nusselt）数和普朗特数关系如下：

$$Nu = \frac{h_c l}{k} = 0.037 Re^{4/5} Pr^{1/3} \tag{18.19}$$

上式表明：

$$\dot{q}_c'' \propto h_c \propto l^{1/5} \tag{18.20}$$

对于光滑表面上的层流，对流传热系数 h_c 与努赛尔数和普朗特数相关，关系如下：

$$Nu = \frac{h_c l}{k} = 0.66 Re^{1/2} Pr^{1/3} \tag{18.21}$$

这意味着：

$$\dot{q}_c'' \propto h_c \propto l^{-1/4} \tag{18.22}$$

对于封闭空间火灾下层受热壁面，其对流传热主要为自然对流，努赛尔数可以表示为：

$$Nu_L = 0.678 Ra_L^{1/4} \left(\frac{Pr}{Pr + 0.952} \right) \tag{18.23}$$

式中，瑞利（Rayleigh）数 Ra_L 定义为：

$$Ra_L = \frac{g\beta \Delta T L^3}{v^2} Pr \tag{18.24}$$

式中，v 为运动粘度，单位：m^2/s；β 为膨胀系数（对于理想气体等压过程而言，相当于 $1/T$）。根据上式分析，我们也可以确定比尺系数为-1/4。

注意，有些隧道的墙壁可能非常粗糙，例如，岩石隧道的墙壁。努赛尔数的表达式需要修正，以考虑墙体粗糙度的影响。根据Reynold-Colburn类比：

$$St = \frac{h_c}{\rho c_p u} \approx \frac{1}{2} C_f \tag{18.25}$$

对于粗糙表面上的湍流，表面摩擦系数 C_f 主要取决于相对粗糙度。对于任意相对粗糙度 ε/D，高雷诺数下 C_f 数值接近于常数。因此，不同缩放比尺下，如果壁面相对粗糙度保持一致，且流动模式为湍流，则对流热通量的比尺为：

$$h_c \propto u \propto l^{1/2} \tag{18.26}$$

这表明：对于湍流，相对粗糙度在缩尺模型中保持相同，则对流热热通量可以很好地按比例缩放。实际上，由于摩擦系数对墙体粗糙度不是非常敏感，因此相对粗糙度相同的要求可以适当放宽。通常对于湍流，隧道壁面的相对粗糙度范围介于0.1% ~ 1%，相对应的表面摩擦系数 C_f 范围为0.005 ~ 0.01。

基于上述分析，对于具有相同相对粗糙度的湍流流动，隧道内对流传热可以很好地按比例缩放。

对于层流，缩尺模型试验可能会造成估算值略高。

18.5.2 辐射传热的缩尺模型

墙体辐射传热通量，$\dot{q}''_{w,r}$（单位：kW/m^2），可表示为：

$$\dot{q}''_{w,r} = \varepsilon_w \int_{2\pi} I d\Omega - \varepsilon_w \sigma T_w^4 \qquad (18.27)$$

式中，ε_w 为墙体的发射率；I 为入射辐射强度，单位：$kW/(m^2\cdot$ 球面度$)$；Ω 为立体角；σ 为斯蒂芬—玻尔兹曼（Stefan-Boltzmann）常数，数值为 $5.67 \times 10^{-11} kW/(m^2K^4)$。

利用控制方程方法对上述控制方程进行归一化，可以得到下式：

$$\pi_{13} = \frac{\dot{q}''_{w,r}}{\varepsilon_w \sigma T_o^4}, \ \pi_{14} = \frac{I_o}{\sigma T_o^4} \qquad (18.28)$$

需要注意的是，无量纲数 π_{14} 表示辐射强度的定义。另一个无量纲数表示墙体发射率的缩放比尺：

$$\varepsilon_w \propto l^{1/2} \qquad (18.29)$$

通常，墙壁发射率并未按比例缩放。这表明缩尺模型中墙体的辐射通常可能被高估，这往往会造成垂直温差减小。

现在，我们分析流体单元中辐射传热的缩放比例。辐射传输公式（RTE）表示为：

$$\frac{dI}{dx} = -\kappa \left(I - \frac{\sigma T^4}{\pi} \right) \qquad (18.30)$$

式中，κ 为吸收系数，单位：$1/m$。

对于流体单元，能量公式中有关辐射热损失的项可以写成：

$$\dot{Q}'''_{loss,r} = 4\kappa\sigma T^4 - \kappa \int_{4\pi} I d\Omega \qquad (18.31)$$

式中，Ω 为实立体角，单位：球面度。利用控制方程法，可以得到下式：

$$\pi_{15} = \kappa l, \ \pi_{16} = \frac{\dot{Q}'''_{loss,r}}{\kappa \sigma T_o^4} \qquad (18.32)$$

这两个无量纲数表明：

$$\kappa \propto l^{-1}, \ \kappa \propto l^{-1/2} \qquad (18.33)$$

在封闭空间火灾或隧道火灾中，烟尘通常主导吸收系数。因此，使用相同的燃料，在不同缩放比例下，吸收系数应该基本相同。因此，局部区域吸收系数可能无法很好地按比例缩放，造成局部吸热量、向外辐射热量偏低，总体效果难以很好地评估。

但需要注意的是，这一结论是基于对流体单元的分析而得出的。事实上，在封闭空间火灾中，总体辐射热传递的缩放意义更为重要，也更为实用。从全局来看，火焰和热气体对墙体的辐射传热可以用与对流传热类似的方式表示，即：

$$\dot{Q}_{loss,r} = h_r A_w (T_g - T_w) \qquad (18.34)$$

简单起见，墙体表面的辐射传热系数可以表示为：

$$h_r = \varepsilon\sigma(T_g^2 + T_w^2)(T_g + T_w) \qquad (18.35)$$

式中，发射率为：

$$\varepsilon = 1 - e^{-\kappa_m L_m}$$

式中，h_r 为等效辐射传热系数，单位：$kW/(m^2 K)$；κ_m 和 L_m 分别为火焰、烟流的平均吸收系数，单位：$1/m$，以及平均光束长度，单位：m。

　　显然，缩尺模型试验中烟气的发射率通常比全尺寸试验要小。但是，发射率与几何比尺高度相关，而且在实际中也难以估算。

　　这里，我们对光学偏厚和光学偏薄的情况进行简单的分析。在光学偏厚的情况下，发射率接近1。因此，总体辐射热通量的缩放比例为：

$$\dot{q}_r'' \propto l^0 \tag{18.36}$$

　　在光学偏薄的情况下，辐射热通量的比例为：

$$\dot{q}_r'' \propto \kappa_m L_m \propto l^1 \tag{18.37}$$

　　需要注意的是，辐射热通量是辐射热阻 R 的倒数。对于封闭空间火灾，火灾刚开始时属于光学偏薄情况。但是，经过一段时间后，可能会变成光学偏厚情况。因此，辐射热通量可以按照 l^a（$0 < a < 1$）来缩放。需要注意的是，热通量应按 $l^{1/2}$ 比例缩放。因此，对于缩尺模型试验，我们可以预判辐射热通量在火灾初期可能被低估，而在后期则有可能被高估。我们也可以尝试确定光学偏厚情况下的系数 a。

　　吸收系数主要取决于产烟率和烟气的体积流量。换句话说，它取决于燃料类型、通风条件，以及房间和火源的特定几何形状。在缩尺模型试验中，如果燃料与全尺寸试验相同，假定通风条件、特定几何形状按比例缩放良好，吸收系数预期也与全尺寸原型试验相同。因此，辐射热通量的缩放比例主要与平均光束长度有关。在工程应用中，总体辐射热通量可以通过平均光束长度 L_m 来计算，估计如下：

$$L_m = 3.6 \frac{V_b}{A_b} \tag{18.38}$$

式中，V_b 是热烟气的体积，单位：m^3；A_b 是其边界面积，单位：m^2。封闭空间火灾中的平均光束长度主要与烟雾厚度有关。因此，对于不同火灾规模，该数值也是变化的。对于大型火焰和夹杂大量烟尘的烟气，其发射率总是接近1，平均光束长度对辐射没有影响。然而，对于小型火灾，吸收系数、烟层深度数值较小，因此平均光束长度对总发射率影响显著。

　　我们可以在缩尺模型试验中选择不同的燃料以明确衡量封闭空间火灾中的辐射热流通量。然而，需要注意的是，吸收系数不仅与燃料类型和 HRR 有关，而且还与长度比尺、烟流卷吸、燃烧条件有关。例如，通风不良的火灾会产生更多的烟尘。实际火灾在发展过程中，吸收系数可能随时间不断变化。基于上述分析，辐射的缩放是较为困难的。事实上，由于可辐射损失的热量有限，火灾本身也会对辐射进行缩放。因此，在实际火灾中，如果缩尺模型试验中发射率过高，温度则会降低。在开敞空间火灾和封闭空间火灾中，总 HRR 的辐射分数约为20%～40%，这也是热辐射的自我调节的结果。虽然缩尺模型试验中的烟气温度会降低，但由于热辐射与烟气温度的四次方成正比，因此不同缩尺模型试验其烟气温度差异仍然是微不足道的。简而言之，如李颖臻和赫茨伯格[6]所证实那样，缩尺模型试验中辐射传热的缩放关系仍然是可以接受的。

18.5.3　热传导的缩尺模型

18.5.3.1　热厚型材料

　　多数情况下，垂直于墙面方向的热传导主导控制墙壁内热传导。因此，这里我们只讨论一定温度下材料的一维热传导方程。

　　墙体材料大致可分为两类：热厚型材料和热薄型材料。对于热厚型材料，即使经过热渗透后，材料内部也始终存在一定的温度梯度。考虑火灾产生的温度时，热厚型材料这一特性则非常重要。对于热薄型材料，材料内部的温度是均匀的。事实上，热薄型材料只是热厚型材料的一种特例。这两种"材料"之间实际没有明确的区别，它们的定义也随研究的具体案例而变。通常，金属物体和非常薄的材料可以被认为是热薄型材料，而其他的则是热厚型材料。

对于热厚型材料，热传导的控制方程可写为：

$$\rho_s c_s \frac{\partial T_s}{\partial t} = k_s \frac{\partial^2 T_s}{\partial z^2} \tag{18.39}$$

在 $z = 0$ 和 $z = \delta_s$ 处，边界条件可以表示为：

$$k_s \frac{\partial T_s}{\partial t} = \dot{q}_c'' + \dot{q}_r'' \tag{18.40}$$

式中，z 是材料表面以下的厚度，单位：m。下标 s 表示固体，c 和 r 分别表示对流和辐射传热。

在接下来分析中，假设表面上对流热通量和辐射热通量为长度比尺的 1/2 次幂函数。

引入以下特征参数：参照时间 t_o、参照温度 T_o 和参照材料厚度 δ_s，对上述等式进行无量纲化：

$$\frac{\partial \hat{T}_s}{\partial \hat{t}} = \frac{k_s t_o}{\rho_s c_s \delta_s^2} \frac{\partial^2 \hat{T}_s}{\partial \hat{z}^2} \tag{18.41}$$

$$\frac{\partial \hat{T}_s}{\partial \hat{z}} = \frac{(\dot{q}_c'' + \dot{q}_r'')\delta_s}{k_s T_o} \tag{18.42}$$

得到无量纲参数组：

$$\pi_{17} = \frac{k_s t_o}{\rho_s c_s \delta_s^2} \tag{18.43}$$

$$\pi_{18} = \frac{(\dot{q}_c'' + \dot{q}_r'')\delta_s}{k_s T_o} \tag{18.44}$$

需要注意的是，由于 $\dot{q}_c'' \propto l^{1/2}$ 和 $\dot{q}_r'' \propto l^{1/2}$，以上两个公式表明：

$$\frac{\rho_s c_s \delta_s^2}{k_s} \propto l^{1/2} \tag{18.45}$$

$$\frac{\delta_s}{k_s} \propto l^{-1/2} \tag{18.46}$$

将公式（18.44）代入公式（18.43）得到：

$$k_s \rho_s c_s \propto l^{3/2} \ （热惯性） \tag{18.47}$$

$$\frac{k_s}{\delta_s} \propto l^{1/2} \ （厚度） \tag{18.48}$$

墙体材料和不可燃表面材料可以根据上述两个公式进行选择。需要注意的是，根据缩尺关系，全尺寸原型试验深度 δ 处的壁温通常对应于缩尺模型中不同位置处的壁温。

在下文中，我们将简单核对热传导的缩尺关系。在封闭空间火灾的初期，也就是热量还没有穿透墙体的时候，通过墙体表面的传导热流可以写成：

$$\dot{q}_k'' = k_s \frac{dT_s}{dz} \propto \frac{k_s(T_w - T_o)}{\sqrt{k_s t / \rho_s c_s}} \tag{18.49}$$

这表明：

$$\dot{q}_k'' \propto (k_s \rho_s c_s)^{1/2} l^{-1/4} \tag{18.50}$$

需要注意的是，由于 $k_s \rho_s c_s \propto l^{3/2}$，上述公式可写为：

$$\dot{q}_{\mathrm{k}}'' \propto l^{1/2} \tag{18.51}$$

经过一段时间的热渗透后，通过墙体的传导热通量可以表示为：

$$\dot{q}_{\mathrm{k}}'' = \frac{k_{\mathrm{s}}}{\delta_{\mathrm{s}}}(T_{\mathrm{w}} - T_{\mathrm{wb}}) \tag{18.52}$$

需要注意的是，由于 $k_{\mathrm{s}}/\delta_{\mathrm{s}} \propto l^{3/2}$，上式还表明了热传导通量的缩尺关系。为此，如果上述两个无量纲参数组在是缩尺模型中保持不变，并且墙体温度缩放良好，则热厚型材料中的热传导也可以很好地进行缩放。

18.5.3.2　热薄型材料

对于热薄型材料，例如薄壁材料或金属物体，可以假定材料内部是均质的，控制方程可以简单地表示为：

$$\rho_{\mathrm{s}} V_{\mathrm{s}} c_{\mathrm{s}} \frac{\partial T_{\mathrm{s}}}{\partial t} = \dot{q}_{\mathrm{net}}'' A_{\mathrm{s}} \tag{18.53}$$

式中，V 表示体积，单位：m^3；A_{s} 为表面积，单位：m^2。引入特征参数，对上述公式进行无量纲化，得到：

$$\frac{\partial \hat{T}_{\mathrm{s}}}{\partial \hat{t}} = \frac{\dot{q}_{\mathrm{net}}'' A_{\mathrm{s}} t_{\mathrm{o}}}{\rho_{\mathrm{s}} V_{\mathrm{s}} c_{\mathrm{s}} T_{\mathrm{o}}} \tag{18.54}$$

在这种情况下，我们还假设对流和辐射热通量缩放良好，即 $\dot{q}_{\mathrm{net}}'' \propto l^{1/2}$。因此，上述等式表明：

$$\rho_{\mathrm{s}} V_{\mathrm{s}} c_{\mathrm{s}} \propto l^3 \tag{18.55}$$

这表明：为了缩放热薄型材料中的热传导，可以使用相同的材料，按几何比例缩放。实际上，假设材料内部的温度均匀或传导率无限大，热厚型材料的缩放也满足公式（18.55）。因此，如前所述热薄型材料只是热厚型材料中的一种较为特殊情况。

总之，为了缩放热厚型材料内部的热传导，需要在选择材料和壁厚时满足公式（18.45）和公式（18.46）。对于热薄型材料，如果材料按几何比例缩放，则可以使用相同的材料。

18.5.4　封闭空间热平衡的比例模型

需要注意的是，隧道可以被视为一种特殊类型的封闭空间。封闭空间中释放总热量为通过开口（门和窗）烟气流动损失热量 $\dot{Q}_{\mathrm{c}}$（单位：kW）、墙壁热传导损失热量 $\dot{Q}_{\mathrm{k}}$（单位：kW）、通过开口辐射损失热量 $\dot{Q}_{\mathrm{r}}$（单位：kW）三者平衡的结果，表示如下：

$$\dot{Q} = \dot{Q}_{\mathrm{c}} + \dot{Q}_{\mathrm{k}} + \dot{Q}_{\mathrm{r}} \tag{18.56}$$

18.5.4.1　通过通风口对流热量损失

通过通风口对流损失热量表示为：

$$\dot{Q}_{\mathrm{c}} = \dot{m}_{\mathrm{g}} c_{\mathrm{p}}(T_{\mathrm{g}} - T_{\mathrm{o}}) \tag{18.57}$$

式中，$\dot{m}_{\mathrm{g}}$ 为烟气质量流量，单位：kg/s；T_{g} 为烟气温度，单位：K。

在封闭空间火灾中，通过开口的烟气质量流量通常可以表示为：

$$\dot{m}_{\mathrm{g}} \propto C_{\mathrm{d}} A_{\mathrm{o}} \sqrt{\Delta P} \tag{18.58}$$

式中，C_{d} 为流量系数（多数情况下为0.7）；ΔP 为热压，单位：Pa。

假设烟层按比例缩放，并注意压差随长度缩放，那么通过开口的烟气质量流量可以近似地缩放为：

$$\dot{m}_{\mathrm{g}} \propto l^{5/2} \tag{18.59}$$

对于轰燃（有可能为通风控制型），流入封闭空间的新鲜空气质量流量应等于流出开口的烟气质量流量，两者可近似表示为：

$$\dot{m}_a = \dot{m}_g = 0.5A_o\sqrt{H} \propto l^{5/2} \tag{18.60}$$

式中，H 为开口的高度，单位：m；$\dot{m}_a$ 为新鲜空气质量流量，单位：kg/s。

通过开口流出的烟气损失热量为：

$$\dot{Q}_c \propto l^{5/2} \tag{18.61}$$

显然，对于闪燃火灾，通过开口流出的烟气带来的热量损失也可以很好地按比例缩放。此外，开口处流出烟气带走了封闭空间火灾中释放的大量热量，这些热量通常称为对流 HRR。对流 HRR 通常约为总 HRR 的 60% ~ 70%。这也是简化的弗劳德缩尺模型可以很好地模拟火灾场景的主要原因，甚至在热通量被隐式缩放的缩尺模型试验中也能获得理想的效果。

18.5.4.2 墙体内热传导热量损失

根据以上分析，对流热流通量和辐射热流通量并不能精确地按 $l^{1/2}$ 进行缩放。这必将会影响墙内的热传导，因为所有进入墙体的热量都来自墙体表面。为了分析对流和辐射传热对墙体热传导的影响，图 18.1 给出了封闭空间火灾墙体热损失的电路类比。

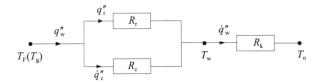

图18.1   封闭空间火灾中墙体热损失电路类比分析

传导到墙体表面造成的总热量损失可以表示为：

$$\dot{Q}_k = \dot{q}_w'' A_w = h_t A_w (T_g - T_o) = A_w \frac{(T_g - T_o)}{R_t} = A_w \frac{(T_g - T_o)}{\overline{R} + R_k} \tag{18.62}$$

其中热阻定义为：

$$R_k = \frac{1}{h_k}, \quad R_c = \frac{1}{h_c}, \quad R_r = \frac{1}{h_r}, \quad \overline{R} = \frac{R_r R_c}{R_r + R_c}$$

导热传热系数 h_k（单位：kW/m²·K）的定义与对流传热系数 h_c 相似，针对不同的边界条件其表达式都易于得到。需要注意的是，$\dot{q}_k''$ 是进入墙体表面的热通量，而不是进入墙体深处的热通量。为此，电路类比仅是根据热通量公式之间关系进行的示意性描述。显然，对于非稳态的热传导问题，导热传热系数还将随时间变化。

需要注意的是，假设辐射传热与火焰或烟气温度直接相关，并与温差成正比，即与对流传热的形式相同。然而，除了辐射温度是恒定的，其他的辐射传热系数都不是常数。这个类比只是用来阐明不同传热方式之间的相互作用。

上式表明所有热阻都应该按以下比例缩放：

$$R \propto l^{-1/2} \tag{18.63}$$

需要注意的是，R_r 和 R_c 中的较小者主导了向墙体表面的传热。昆蒂尔给出了不同传热系数的通用区间[30]，$h_k \approx 10$ W/(m²·K) ~ 30 W/(m²·K)，$h_r \approx 5$ W/(m²·K) ~ 100 W/(m²·K)，$h_c \approx 5$ W/(m²·K) ~ 60 W/(m²·K)。对于常用的石膏板，其导热传热系数在点火后半小时约为 28 W/(m²·K)，1 小时后约为 14 W/(m²·K)。根

据公式（18.35），我们还可以计算辐射传热系数。假设发射率等于0.8，考虑墙体表面被热烟气所包围，烟气温度为500 ℃时对应的辐射传热系数约为34 W/(m²·K)，烟气温度为1000 ℃时对应的辐射传热系数为125 W/(m²·K)。烟气温度增加到约500 ℃后，辐射主导了向墙体表面的热传热。为此，我们可以判断：对于大型封闭空间火灾，在着火后很长一段时间内，热烟气与周围墙壁的热传递中，导热占主导地位。这意味着：如果导热按比例缩放，那么总的或整体热传递也会得到很好的缩放。在我们的一些研究案例中，墙体表面(T_g)和背面(T_o)之间的墙体温度差是关注的重点。

需要注意的是，总热传递对应从火焰、热烟气(T_g)到墙体内渗透边界(T_o)的热传递。然而，随着时间的推移，渗透边界向墙体内移动得更深。因此，墙体的有效热阻并不是恒定的，而是随时间不断增加的。对于邻近表面位置（远离渗透边界）的墙体温度，火灾刚开始时墙体有效热阻并不主导热烟气向墙体的整体传热，因此墙体内部温度难以很好地缩放。然而，随着时间持续，穿透深度不断增加，墙体有效热阻成为从热烟气到墙体内部的整体热传递中的主导项。在这种情况下，墙体内部的温度应该能够被很好地按比例缩放。

18.5.4.3　通过风口的辐射热损失

通过风口的辐射热量损失可通过以下方法进行估算：

$$\dot{Q}_r = \varepsilon \sigma A_o \left(T_g^4 - T_o^4 \right) \tag{18.64}$$

当封闭空间开口较小，相对于其他损失，通过风口的辐射热损失可以忽略。但是，对于带有大开口的封闭空间，应考虑通过风口辐射热损失。通过风口的辐射热损失与辐射热通量成比例。它对整个热平衡的影响主要取决于风口面积。

18.5.4.4　封闭空间火灾的总体热平衡

需要注意的是：封闭空间或隧道火灾释放的主要热量会被烟气带走，通常相当于总HRR的60%～80%。即使通过墙壁导热和通过开口的辐射损失被隐式地按比例缩放，这部分热量仍可以被很好地缩放。因此，封闭空间火灾中的热流量可以很好地按比例缩放。实际上，如果按上述比例缩放热传导，则可以更好地缩放总体热平衡。

18.6　水喷淋相似

如果缩尺模型试验中涉及水基灭火系统，则需要考虑另外的一些公式。

18.6.1　单水滴

首先，我们分析单水滴的公式。
单个水滴的质量可表示为[31]：

$$\frac{dm_1}{dt} = -A_1 h_m \rho_1 (Y_1 - Y_g) \tag{18.65}$$

式中，

$$h_m = \frac{Sh D_1}{d_1} \propto u_1^{1/2} d_1^{-1/2}$$

$$Y_1 = \frac{X_1}{X_1 (1 - M_a / M_1) + M_a / M_1}$$

$$X_1 = \exp\left[\frac{L_v M_1}{R}\left(\frac{1}{T_b} - \frac{1}{T_1}\right)\right]$$

单个水滴的动量可以表示为：

$$m_1 \frac{du_1}{dt} = m_1 \mathbf{g} - \frac{1}{8} C_d \rho_1 \pi d_1^2 |\mathbf{u}_1 - \mathbf{u}|(\mathbf{u}_1 - \mathbf{u}) \tag{18.66}$$

式中，阻力系数C_d可以表示为[32]：

$$C_d = \mathrm{B}Re^{-1/2} = \mathrm{B}\left(\frac{|u_1 - u|d}{v}\right)^{-1/2}$$

$$u_1 = \frac{dx_1}{dt}$$

单个水滴的能量可以表示为：

$$m_1 c_1 \frac{dT_1}{dt} = h_1 A_1 (T_g - T_1) + h_s A_1 (T_s - T_1) + \frac{dm_1}{dt}\left[c_p(T_{boil} - T_1) + L_{v,w}\right] + \dot{Q}_r \tag{18.67}$$

式中，

$$h_1 = \frac{Nuk}{d_1} \propto u^{1/2} d_1^{-1/2}$$

式中，h_m为传质系数，单位：m/s；h_1为烟气与液滴之间的对流传热系数，单位：kW/(m²·K)；h_s为液滴与固体表面之间的对流传热系数，单位：kW/(m²·K)；Sh为舍伍德（Sherwood）数；D为质量扩散率，单位：m²/s；d为液滴直径，单位：m；Y_g为蒸气质量分数；Y_1为平衡蒸气质量分数；X_1为平衡蒸气体积分数；x_1为液滴轨迹，单位：m；B为常数；c为比热容，单位：kJ/(kg·K)；C_d为阻力系数；A_1为液滴的暴露表面积，单位：m²；T_g为烟气温度，单位：K；u_1为液滴速度，单位：m/s；u为烟气速度，单位：m/s；k为烟气的导热系数，单位：kW/(m·K)；$\dot{Q}_r$是液滴吸收的辐射热量，单位：kW；$L_{v,w}$是水滴的汽化热，单位：kJ/kg。下标l表示液体，b表示气泡，boil表示沸腾状态，v表示汽化，s表示固体表面，a表示空气。粗体字表示矢量。

引入特征参数对上述公式进行无量纲化，得到：

质量：

$$\frac{d\hat{m}_1}{d\hat{t}} = -\pi_{19}(\hat{Y}_1 - \hat{Y}_g) \tag{18.68}$$

动量：

$$\frac{d^2\hat{\mathbf{x}}_1}{d\hat{t}^2} = \pi_{20}\mathbf{g} - \pi_{21}\left|\pi_1\frac{d\hat{\mathbf{x}}_1}{d\hat{t}} - \hat{\mathbf{u}}\right|^{1/2}\left(\pi_1\frac{d\hat{\mathbf{x}}_1}{d\hat{t}} - \hat{u}\right) \tag{18.69}$$

能量：

$$\hat{m}_1 \frac{d\hat{T}_1}{d\hat{t}} = \pi_{22}\left(\hat{T}_g - \hat{T}_1\right) + \pi_{23}\left(\hat{T}_s - \hat{T}_1\right) + (\pi_{24} + L_v)\frac{d\hat{m}_1}{d\hat{t}} - \hat{T}\frac{d\hat{m}_1}{d\hat{t}} + \pi_{25} \tag{18.70}$$

可得如下无量纲参数组：

$$\pi_{19} = \frac{h_m A \rho_1 Y_o t_o}{m_o}, \quad \pi_{20} = \frac{t_o^2}{l}, \quad \pi_{21} = \frac{3\mathrm{B}\rho v^{1/2} u_o^{3/2} t_o^2}{4\rho_1 l d^{3/2}} \tag{18.71}$$

$$\pi_{22} = \frac{h_1 A t_o}{m_{1,o} c_1}, \quad \pi_{23} = \frac{h_s A t_o}{m_{1,o} c_1}, \quad \pi_{24} = \frac{T_{boil}}{T_o}, \quad \pi_{25} = \frac{\dot{Q}_r t_o}{m_{1,o} c_1 T_o} \tag{18.72}$$

需要注意的是，无量纲参数π_1也需要保持相等，这也就表明：

$$u_1 \propto l^{1/2} \tag{18.73}$$

根据无量纲参数$\pi 19$，我们得到：

$$d_1 \propto l^{1/2} \tag{18.74}$$

液滴直径的公式也可以通过无量纲参数π_{21}、π_{22}或π_{23}维持不变来获得。另外需要注意的是，需要始终保证π_{24}。无量纲参数π_{25}的保证将在后面详细讨论。截至目前，除π_{25}之外的所有无量纲参数均保持不变。如果辐射损失微不足道，我们可以预期这种缩尺试验效果很好。

18.6.2　水喷淋

将喷淋水视为一个整体。需要注意的是，喷淋水吸收的热量是热烟气和固体表面的热损失项之一。因此，水流量需要按比例缩放：

$$\dot{m}_1 \propto l^{5/2} \tag{18.75}$$

此外，需要注意的是，喷淋水的初始速度非常重要，故其需要按比例缩放。因此，喷嘴或喷头的直径d_n（单位：m）需要进行几何缩放如下：

$$d_n \propto l \tag{18.76}$$

其他参数，包括喷嘴的锥角、水滴的空间分布和水滴尺寸分布，也需要考虑在内。

假设水滴的大小相同，可以估算出喷嘴每秒产生的水滴总数N为：

$$N \propto \dot{m}_1 / d_1^3 \propto l \tag{18.77}$$

接下来，我们分析喷水对烟气流控制方程的影响。图18.2为1个喷水装置的喷水示意图。我们重点聚焦体积为dV（单位：m^3）、深度为dx（单位：m）覆盖所有液滴的单元。液滴相对于流体的平均下降速度为u（单位：m/s），覆盖面积为A（单位：m^2）。因此，我们可以得到：

$$dV = Adx, \quad dx = u_1dt \tag{18.78}$$

喷水会影响烟气流动的控制方程，所有与喷水有关的项都可以视为是烟气流动控制方程中的源项。

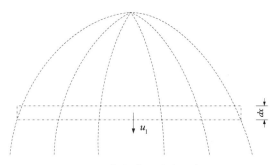

图18.2　单个喷头喷水示意图

考虑图18.2所示的流体单元，假设单个水滴缩放良好，我们由此可以进一步探索由喷水引起的流体单元控制方程中的源项。

流体单元的质量源项为：

$$\dot{m}_{1,tot}^{'''} = \frac{N}{Au}\frac{dm_1}{dt} \propto l^{-1/2} \tag{18.79}$$

流体单元的动量源项为：

$$S_M = \frac{dP_1}{dx} = \frac{Ndt C_d \rho_1 \pi d_1^2 u_1^2}{8 A dx} \propto \frac{N C_d d_1^2 u_1^2}{Au} \propto l^0 \tag{18.80}$$

流体单元的能量源项为：

$$\dot{Q}_{loss}''' = \frac{N m_1 c_1}{Au} \frac{dT_1}{dt} \propto l^{-1/2} \tag{18.81}$$

由此可以得出，若单个水滴能够很好地被缩放，那么喷淋水亦可被缩放。

18.6.3　喷淋水吸收的辐射热

喷淋水对辐射的吸收类似于烟流中烟尘对辐射的吸收。采用相似的方法，喷淋水的透射率 τ_1 可以表示为[7,33]：

$$\tau_1 \propto e^{-4 f_v L / d_l} \tag{18.82}$$

式中，f_v 为喷淋水的体积分数；L 为路径长度，单位：m。这表明喷淋水吸收系数的缩放比例为：

$$\kappa_1 \propto f_v / d_1 \propto l^{-1/2} \tag{18.83}$$

这与已有的辐射关联公式可以很好地联系在一起。赫克斯塔德认为透射率需要保持相等。[7]然而，基于上述分析我们知道，在不同的缩放比例下，透射率并非一个常数。

如前所述，在封闭空间或隧道火灾中，总的辐射热传递的缩放更有意义，更实用。从总体角度来看，喷水所吸收的辐射热可以表示为：

$$\dot{q}_{r,tot}''' \propto \alpha_{1,tot} \sigma T^4 \tag{18.84}$$

式中，吸收率 $\alpha_{1,tot}$ 为：

$$\alpha_{1,tot} = 1 - e^{-\kappa_1 L}$$

需要注意的是，与其吸收的辐射相比，喷水对外辐射的重要性要小得多，可以被忽略。上式表明，在缩尺模型下，吸收率可能会变低。根据热通量的缩放分析，我们认为这是合理的。

18.6.4　液滴直径

东布罗夫斯基（Dombrowski）等人发现液滴直径的中位数与韦伯数（We）有关[34]，即惯性力与表面张力的比值，可以表示为：

$$\frac{d_1}{d_n} \propto We^{-1/3} \tag{18.85}$$

式中，韦伯数定义如下：

$$We = \frac{\rho_1 u_n^2 d_n}{\sigma}$$

式中，σ 为液体表面张力（单位：N/m），在一定温度下其数值可视为常数；u_n 为液滴的初始喷出速度，单位：m/s。因此，几何相似的喷头产生的液滴直径的中位数为：

$$d_n \propto l^{1/3} \tag{18.86}$$

将其与之前获得的公式进行比较，发现液滴尺寸的缩放存在差异。赫克斯塔德指出，对于中等范围内变化的比例缩放，这种差异可能并不严重。[7]

18.6.5 表面冷却

根据上述分析，在到达燃料表面之前，喷水的缩放比例是合理的。因此，到达燃料表面的水的质量流量 $\dot{m}_{w,s}$（单位：kg/s），大致可以按以下比例缩放：

$$\dot{m}_{w,s} \propto l^{5/2} \tag{18.87}$$

在燃料表面，水滴通过蒸发吸热来冷却燃料表面。当燃料表面吸收的净热量减小到一定值时，即到达图沃森[35]定义的临界质量燃烧率，就会出现表面冷却引起熄火。由此得到热量和热损失的缩放比例为：

$$\dot{m}_{w,s} L_{v,w} \approx \dot{m}_f L_{v,f} \propto l^{5/2} \tag{18.88}$$

式中，$\dot{m}_f$ 为燃料燃烧速率，单位：kg/s；L_v 为汽化热，单位：kJ/kg。下标 w 和 f 分别表示水和燃料。

这表明表面冷却可以很好地进行比例缩放。需要注意的是，在到达燃料表面之前，喷淋水也可以被很好地缩放。因此，我们可以得出结论，灭火系统的缩放比例也是合理的。

18.6.6 自动喷水装置

对于自动喷水装置的比例缩放，热敏玻璃泡的响应时间需要与喷水一起进行缩放。喷水装置的热响应方程式如下[28,29,36-39]：

$$\frac{dT_b}{dt} = RTI^{-1} u^{1/2}\left(T_g - T_b\right) - C \cdot RTI^{-1}\left(T_b - T_m\right) - C_2 \cdot RTI^{-1} X_w u \tag{18.89}$$

式中，

$$C = \frac{C'RTI}{m_b m_b}, \quad RTI = \tau u^{1/2}, \quad \tau = \frac{m_b c_b}{h_b A_b}$$

式中，RTI 为响应时间指数，单位：$m^{1/2}/s^{3/2}$；c 为比热容，单位：kJ/(kg·K)；C 为 C 因子；C_2 为考虑上游喷淋影响的因子；T_g 为烟气温度，单位：K；T_b 为玻璃泡的温度，单位：K；T_m 为喷水装置的温度（接近环境温度），单位：K；X_w 为烟流中水滴的体积分数。下标 b 代表玻璃泡。需要注意的是，C_2 和 C' 是常数，但 C 不是。

引入特征参数对上述公式进行无量纲化：

$$\frac{d\hat{T}_e}{d\hat{t}} = \pi_{26}\left(\hat{T}_g - \hat{T}_b\right) - \pi_{27}\left(\hat{T}_b - \hat{T}_m\right) - \pi_{28} \tag{18.90}$$

得到无量纲参数组如下：

$$\pi_{26} = \frac{u^{1/2} t_o}{RTI} = \frac{h_b A_b t_o}{m_b c_b} = \frac{t_o}{\tau}, \quad \pi_{27} = \frac{C t_o}{RTI}, \quad \pi_{28} = \frac{C_2 u t_o X_w T_o^{-1}}{RTI} \tag{18.91}$$

对于喷水灭火装置，其响应时间也需要按比例进行缩放。至此已经得到与 RTI 相关的 3 个无量纲组。为了保持 π_{26} 不变，RTI 需要缩放为：

$$RTI \propto l^{3/4} \tag{18.92}$$

为了保持 π_{27} 不变，RTI 缩放比例需要满足：

$$RTI \propto l^{-1} \tag{18.93}$$

为了保持 π_{28} 不变，RTI 需要缩放为：

$$RTI \propto l^1 \tag{18.94}$$

通过比较上述 3 个公式，可以看出它们之间似乎自相矛盾。值得注意的是，π_{26} 和 π_{28} 的比值相近，并且在喷淋装置启动前，对流热传递基本主导了单元体的热平衡。因此，不再考虑π_{28}。简而言之，*RTI*应缩放比例应满足：

$$RTI \propto l^{3/4} \tag{18.95}$$

通常不可能获得一个尺寸非常小的自动喷嘴，我们可以考虑用两种方法来缩放*RTI*。首先，我们可以使用特定材料、直径的小圆柱体，它满足稍后讨论的条件。需要注意的是，典型的传感元件可以视作是圆柱体。由于雷诺数介于40~4000的范围，对流传热系数可以近似表示为：

$$h_c = \frac{kNu}{d_b} = \frac{k}{d_b}C_k Pr^{1/3}Re^{1/2} = C_k Pr^{1/3}\frac{k}{d_b}\left(\frac{ud_b}{v}\right)^{1/2} \tag{18.96}$$

式中，C_k是系数；d是直径，单位：m；下标b表示玻璃泡。为此，有：

$$RTI = \frac{m_b c_b u^{1/2}}{h_c A_b} = \frac{v^{1/2}}{4C_k Pr^{1/3}k}\rho_b c_b d_b^{3/2} \tag{18.97}$$

这表明：

$$\rho_b c_b d_b^{3/2} \propto l^{3/4} \tag{18.98}$$

如果小圆柱体可以满足上述条件，则表明单元体的*RTI*可以被很好地缩放。但问题是缩尺模型中的单元通常很小，难以找到合适的小圆柱体。缩放*RTI*的第二种方法是使用小*RTI*的玻璃泡。

18.7 可燃材料相似

要缩放可燃材料，需要保留3个基本参数：几何形状、*HRR*和能量含量。燃料的覆盖物也需要按几何比例缩放。*HRR*可以简单地表示为：

$$\dot{Q} = \dot{m}_f'' A_f \chi \Delta H_c \propto l^{5/2} \tag{18.99}$$

式中，$\dot{m}_f''$为燃料质量燃烧率，单位：kg/(m²s)；A_f为燃料表面积，单位：m²；χ为燃烧效率；ΔH_c为燃烧热，单位：kJ/kg。

总能量可以按下式估算：

$$E = m_f \chi \Delta H_c = \rho_f V_f \chi \Delta H_c \propto l^3 \tag{18.100}$$

式中，m_f为燃料质量，单位：kg；V_f为燃料体积，单位：m³。

李颖臻等人[40,41]提出了地铁车厢内峰值*HRR*的理论预测模型，该模型与不同缩尺地铁车厢火灾试验的数据具有很好的相关性。结果表明，对于充分发展的车辆火灾中峰值*HRR*的缩放，还需要满足下式：

$$\frac{\Delta H_c}{L_{v,f}} \propto l^0 \tag{18.101}$$

式中，$L_{v,f}$为燃料汽化热，单位：kJ/kg。

可燃材料的缩放是物理缩放中最具挑战性的任务之一。主要原因是难以根据缩放理论[40,41]选择满足所有要求的材料。目前，可燃材料缩放的主要实际应用是木垛火灾的缩放。

18.8 消防安全工程中相似试验应用示例

本书多个章节涉及缩尺试验在隧道火灾中的应用分析，例如，第8章烟气温度、第9章火焰长度和

第13章隧道火灾通风等。模型试验和原型试验之间存在良好的一致性，这里不再对它们进行进一步描述。

　　这里以封闭空间火灾墙体内部温度模型试验为例，说明缩尺比例的影响。李颖臻和赫茨伯格提出了一种内壁温度缩放的方法。[6]在此基础上，他们在3种不同缩尺比例的封闭空间中进行了两个系列的火灾试验，涉及全尺寸试验（1∶1）、中等比例试验（1∶2）、小比例试验（1∶3.5）。第18.5.3章节已经对该方法进行了描述。图18.3展示了火源位于房间中心时，全尺寸和中等比例试验内壁温度的对比。图18.4展示了全尺寸和小比例试验内壁温度的对比。图中10%对应墙表面下10%壁厚处。显然，全尺寸试验与中等比例试验结果有很好的相关性。尽管小比例试验在某些位置内壁温略低，但全尺寸试验和小比例试验结果具有较好的相关性，多数数据都位于等值线附近。

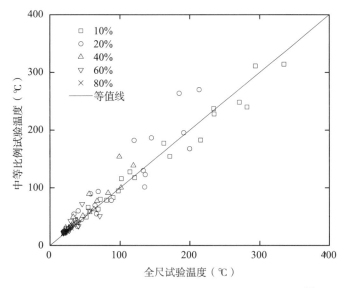

图18.3　全尺寸试验和小尺度试验墙体内部温度对比[6]

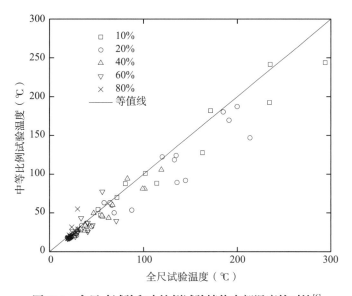

图18.4　全尺寸试验和小比例试验墙体内部温度的对比[6]

缩放比例关系

表18.1

类型（单位）	缩放比例关系
热释放速率，HRR（kW）	$\dot{Q}_M / \dot{Q}_F = \left(l_M / l_F\right)^{5/2}$
速度（m/s）	$V_M / V_F = \left(l_M / l_F\right)^{1/2}$
时间（s）	$t_M / t_F = \left(l_M / l_F\right)^{1/2}$
能量含量（kJ）	$E_M / E_F = \left(l_M / l_F\right)^3$
质量（kg）[a]	$m_M / m_F = \left(l_M / l_F\right)^3$
温度（K）	$T_M / T_F = 1$
烟气浓度[a]	$Y_M / Y_F = 1$
压力（Pa）	$P_M / P_F = l_M / l_F$
燃料质量燃烧率［kg/(m²·s)］	$\left(\dot{m}_r'' \Delta H_c\right)_M / \left(\dot{m}_r'' \Delta H_c\right)_F = \left(l_M / l_F\right)^{1/2}$
燃料密度（kg/m³）	$\left(\rho \Delta H_c\right)_M / \left(\rho \Delta H_c\right)_F = 1$
燃料热解热	$\left(\Delta H_c / L_p\right)_M / \left(\Delta H_c / L_p\right)_F = 1$
热惰性（kW²·s·m⁻⁴·K⁻²）	$\left(k\rho c\right)_{s,M} / \left(k\rho c\right)_{s,F} \propto \left(l_M / l_F\right)^{3/2}$
厚度（m）	$\left(k / \delta\right)_{s,M} / \left(k / \delta\right)_{s,F} \propto \left(l_M / l_F\right)^{1/2}$
热通量（kW/m²）[b]	$\dot{q}_M'' / \dot{q}_F'' = \left(l_M / l_F\right)^{1/2}$
液滴尺寸（mm）	$d_M / d_F = \left(l_M / l_F\right)^{1/2}$
水流密度（mm/min）	$\dot{q}_{w,M}'' / \dot{q}_{w,F}'' = \left(l_M / l_F\right)^{1/2}$
水流量（l/min）	$\dot{q}_{w,M} / \dot{q}_{w,F} = \left(l_M / l_F\right)^{5/2}$
工作压力（bar）	$P_M / P_F = l_M / l_F$
响应时间指数，RTI	$RTI_M / RTI_F = \left(l_M / l_F\right)^{3/4}$

M代表缩尺模型，F代表全尺寸原型。

注：[a] 假设$\Delta H_{c,F} = \Delta H_{c,M}$。

　　[b] 导热和辐射热流通量的缩放可能偏离缩放定律。导热热流通量的缩放比例取决于导热热流通量和辐射热流通量，详细信息见 18.5章节。

18.9 小结

　　过去几十年中，缩尺模型技术已成功应用于消防安全科学的各个领域。它已经成为一种非常强大且经济高效的工具，可助力研究人员获得有关火灾发展和灭火、火灾特性、烟气运动和烟气控制等方面的宝贵信息。

　　本章详细描述了已有的缩尺试验理论，便于研究人员理解其机理，为进一步开发更先进的缩尺试验方法提供支持。本章的重点是弗劳德缩尺方法，这是消防安全科学中最常用的方法。研究了对流传热、辐射传热和导热的缩尺模型，以及喷水、喷头的响应时间和可燃材料的缩尺模型。表18.1汇总列出了缩放比例关系。

热传导可以被很好地缩放。对于隧道中的湍流流动（具有相同相对粗糙度），对流热传递也可以得到很好的缩放。相比较，在缩尺模型试验中，层流流动的对流传热估算值可能略高。

火灾期间，辐射热通量可能是一个随时间变化的变量，并且在缩尺模型中墙壁的向外辐射和吸收通常会被高估。然而，火灾本身可以很好地自我调节缩放辐射。这可能会导致不同缩尺比例之间的烟气温度略有不同。

我们应始终牢记，本章介绍的缩尺模型技术只能再现与全尺寸原型中相似的场景，而并不是严格准确的结果。尽管如此，试验中用到的火灾本身仍然是真实的火灾。

参考文献

1. Heskestad G (1975) Physical Modeling of Fire. Journal of Fire & Flammability 6:253–273.
2. Quintiere JG (1989) Scaling Applications in Fire Research. Fire Safety Journal 15:3–29.
3. Ingason H In-Rack Fire Plumes. In: Fire Safety Science – Proceedings of the Fifth International Symposium, Melbourne, Australia, 3–7 March 1997. IAFSS, pp 333–344.
4. Perricone J, Wang M, Quintiere J (2007) Scale Modeling of the Transient Thermal Response of Insulated Structural Frames Exposed to Fire. Fire Technology 44 (2):113–136.
5. Croce PA, Xin Y (2005) Scale modeling of quasi-steady wood crib fires in enclosures. Fire Safety Journal Vol. 40:245–266.
6. Li YZ, Hertzberg T (2013) Scaling of internal wall temperatures in enclosure fires. SP Report 2013:12. SP Technical Research Institute of Sweden, Borås, Sweden.
7. Heskestad G (2002) Scaling the interaction of water sprays and flames. Fire Safety Journal 37:535–548.
8. Heskestad G (2003) Extinction of gas and liquid pool fires with water spray. Fire Safety Journal 38:301–317.
9. Quintiere J.G., Su G.Y., N. S (2007) Physical scaling for water mist fire suppression – a design application. International Journal on Engineering Performance-Based Fire Codes 9 (2):87–108.
10. Yu H.Z., Zhou X.Y., Ditch B.D. Experimental validation of Froude-modeling-based physical scaling of water mist cooling of enclosure fires. In: 9th International Symposium on Fire Safety Science (Poster), Karlsruhe, Germany, 21–26 September 2008. IAFSS, pp 553–564.
11. Jayaweera T.M., Yu H.Z. (2008) Scaling of fire cooling by water mist under low drop Reynolds number conditions. Fire Safety Journal 43:63–70.
12. Yu H.Z. Physical scaling of water mist suppression of pool fires in enclosures. In, College Park, MD, 2011. 10th International Symposium on Fire Safety Science.
13. Bettis RJ, Jagger SF, Wu Y (1993) Interim Validation of Tunnel Fire Consequence Models: Summary of Phase 2 Tests. Health and Safety Executive, Buxton, Derbyshire, UK.
14. Oka Y, Atkinson GT (1995) Control of Smoke Flow in Tunnel Fires. Fire Safety Journal 25:305–322.
15. Wu Y, Bakar MZA (2000) Control of smoke flow in tunnel fires using longitudinal ventilation systems – a study of the critical velocity. Fire Safety Journal 35:363–390.
16. Ingason H, Li YZ (2010) Model scale tunnel fire tests with longitudinal ventilation. Fire Safety Journal 45:371–384.
17. Ingason H, Li YZ (2011) Model scale tunnel fire tests with point extraction ventilation. Journal of Fire Protection Engineering 21 (1):5–36.
18. Ingason H (2007) Model Scale Railcar Fire Tests. Fire Safety Journal 42 (4):271–282.
19. Vauquelin O, Telle D (2005) Definition and experimental evaluation of the smoke "confinement velocity" in tunnel fires. Fire Safety Journal 40:320–330.

20. Li YZ, Lei B, Ingason H (2010) Study of critical velocity and backlayering length in longitudinally ventilated tunnel fires. Fire Safety Journal 45:361–370.

21. Li YZ, Lei B, Ingason H (2011) The maximum temperature of buoyancy-driven smoke flow beneath the ceiling in tunnel fires. Fire Safety Journal 46 (4):204–210.

22. Li YZ, Ingason H (2012) The maximum ceiling gas temperature in a large tunnel fire. Fire Safety Journal 48:38–48.

23. Li YZ, Lei B, Ingason H (2013) Theoretical and Experimental Study of Critical Velocity for Smoke Control in a Tunnel Cross-Passage. Fire Technology 49 (2):435–449.

24. Li YZ, Lei B, Ingason H (2012) Scale modeling and numerical simulation of smoke control for rescue stations in long railway tunnels. Journal of Fire Protection Engineering 22 (2):101–131.

25. Lönnermark A, Lindström J, Li YZ (2011) Model-scale metro car fire tests. SP Report 2011:33. SP Technical research Institute of Sweden, Borås, Sweden.

26. Lönnermark A, Lindström J, Li YZ, Claesson A, Kumm M, Ingason H (2012) Full-scale fire tests with a commuter train in a tunnel. SP Report 2012:05. SP Technical Research Institute of Sweden, Borås, Sweden.

27. Ingason H (2008) Model scale tunnel tests with water spray. Fire Safety Journal 43 (7):512–528.

28. Li YZ, Ingason H (2013) Model scale tunnel fire tests with automatic sprinkler. Fire Safety Journal 61:298–313.

29. Li YZ, Ingason H (2011) Model scale tunnel fire tests - Automatic sprinklers SP Report 2011:31 SP Technical Research Institute of Sweden, Borås, Sweden.

30. Quintiere JG Fire behaviour in building compartments. In: Proceedings of the Combustion Institutes, 2002. pp 181–193.

31. Cheremisinoff N (1986) Encyclopedia of Fluid Mechanics, Volume 3: Gas-Liquid Flows. Gulf Publishing Company, Houston, Texas.

32. Schlichting H (1968) Boundary-layer theory. 6th edn. McGraw-Hill, New York.

33. Dembele S, Wen JX, Sacadura JF (2000) Analysis of the two-flux model for predicting water spray transmittance in fire protection applications. Journal of Heat Transfer 122 (1):183–186.

34. Dombrowski N., Wolfsohn DL. (1972) The atomization of water by swirl spray pressure nozzles. Trans Inst Chem Engrs 50:259–269.

35. Tewarson A (2002) Generation of Heat and Chemical Compounds in Fires. In: DiNenno PJ, Drysdale D, Beyler CL et al. (eds) The SFPE Handbook of Fire Protection Engineering. Third edition edn. National Fire Protection Association, Quincy, MA, USA, pp 3–82 – 83–161.

36. Heskestad G (1988) Quantification of thermal responsiveness of automatic sprinklers including conduction effects. Fire Safety Journal 14:113–125.

37. Ruffino P., Di Marzo M. (2003) Temperature and Volumetric Fraction Measurements in a Hot Gas Laden with Water Droplets. Journal of Heat Transfer 125 (2):356–364.

38. Ruffino P., Di Marzo M. (2002) The Effect of Evaporative Cooling on the Activation Time of Fire Sprinklers. Proceedings of the Seventh International Symposium on Fire Safety Science, pp. 481–492.

39. Gavelli F., Ruffino P., Anderson G., Di Marzo M. (1999) Effect of Minute Water Droplets on a Simulated Sprinkler Link Thermal Response. NIST GCR 99-776. National Institute of Standards and Technology, Maryland.

40. Li YZ, Ingason H, Lönnermark A (2014) Fire development in different scales of train carriages. In: 11th International Symposium on Fire Safety Science (IAFSS) New Zealand.

41. Li YZ, Ingason H, Lönnermark A (2013) Correlations in different scales of metro carriage fire tests. SP Report 2013:13. SP Technical Research Institute of Sweden, Borås, Sweden.

译后记

《隧道火灾动力学》原版《Tunnel Fire Dynamics》出版于 2015 年，由瑞典国家技术研究院火灾研究所赫伊屈尔·英格森教授、李颖臻博士、安德斯·洛纳马克博士著。详尽介绍了隧道火灾科学与消防工程领域的最新研究成果，是一本关于隧道火灾现象及其背后物理问题的力作。

作者归纳整理了已有隧道火灾试验成果，系统地介绍了隧道火灾类型、隧道火灾热释放速率、火灾增长速率、设计火灾曲线的确定方法、通风条件对燃烧产物生成的影响、顶棚烟气温度及其纵向衰减、火焰长度的理论预测、表面热流通量的计算、火灾蔓延风险、烟气分层现象及形成机理、隧道通风排烟方式及其关键参数的确定、隧道内能见度及人员耐受性评估、隧道火灾扑救与探测、隧道火灾CFD模型以及相似理论在隧道火灾试验中的应用等。全书内容完整、可读性强、学术价值高，成功搭建起一座连接火灾物理学与工程实践的桥梁，可以满足隧道工程师、科研人员解决隧道消防安全问题的需要。

本书的翻译工作由山东建筑大学热能工程学院建筑通风与火灾烟气控制团队集体完成。全书由徐琳组织翻译和统稿，第1、2、3、4、5章由徐琳翻译，第9、11、12、13章由赵胜中翻译，第14、15、17、18章由雷文君翻译，第7、8章由王飞翻译，第6章由杨勇翻译，第10章由许甜甜翻译，第16章由邰传民翻译。由于原著内容丰富、新颖，尽管我们努力推敲原文，力求用中文忠实地表达原文的科学内容，但受学识所限，经常因词不达意而深感困惑，有所不当之处，敬请读者批评指正。

在本书的翻译、出版过程中，得到了原著作者赫伊屈尔·英格森教授、李颖臻博士、安德斯·洛纳马克博士，以及中国建筑工业出版社责任编辑的大力支持和帮助，在此表示衷心感谢。多年来，建筑通风与火灾烟气控制团队得到山东省自然科学基金（ZR2021ME200, ZR2020QE279）、国家自然科学基金（52208115）、山东省高等学校青创科技支持计划（2023KJ122）等项目的资助，这些工作为我们奠定了坚实的隧道通风、火灾烟气控制研究基础，助力我们顺利完成《Tunnel Fire Dynamics》的翻译工作，在此表示感谢。

2024年10月